应对气候变化的城市规划

洪亮平　华　翔　等著

中国建筑工业出版社

图书在版编目（CIP）数据

应对气候变化的城市规划／洪亮平，华翔等著.—北京：中国建筑工业出版社，2015.9

ISBN 978-7-112-18495-8

Ⅰ.①应… Ⅱ.①洪…②华… Ⅲ.①城市规划－研究 Ⅳ.①TU984

中国版本图书馆CIP数据核字（2015）第218618号

本书是国内第一部从城市规划的角度系统研究应对气候变化的城市规划技术与编制方法的著作。全书分为理论篇与实践篇两大部分。（上篇）理论篇从政策法规、组织运作、技术方法和实施管理四个方面建构了我国应对气候变化的城市规划响应机制，提出了城市规划在规模控制、空间管制、土地利用、空间形态、生态环境绿化、道路交通、产业经济、工程系统和城市更新九个重点领域应对气候变化的规划编制关键技术；（下篇）实践篇编辑了国际组织和西方发达国家应对气候变化的若干城市规划政策、行动计划和规划指引，精选了近年来国内外若干应对气候变化的城市规划应用技术与实践案例。

本书可供从事城市规划与区域研究、气候变化与环境研究、城市规划与城市设计、城市工程系统规划、城市安全规划等专业领域的人员阅读参考，也可用作大专院校相关专业教学参考书。

责任编辑：王玉容
责任校对：姜小莲 党 蕾

应对气候变化的城市规划
洪亮平 华 翔 等著
*
中国建筑工业出版社出版、发行（北京西郊百万庄）
各地新华书店、建筑书店经销
北京京点图文设计有限公司制版
北京君升印刷有限公司印刷
*
开本：880×1230 毫米 1/16 印张：22 字数：660千字
2015年10月第一版 2015年10月第一次印刷
定价：59.00元
ISBN 978-7-112-18495-8
（27749）

前　言

21 世纪以来，以气候变暖为主要特征的全球气候变化趋势日益明显。大多数研究表明，维持城市生产与生活的能源消耗和土地利用变化造成了大量的温室气体排放，由此引发自然温室效应极速增强是全球气候变化的主要原因，城市因此成为全球气候变化的主要“源头”。与此同时，伴随气候变化而来的种种极端气候灾害日益频繁，对城市造成的破坏也愈加突出，城市又成为应对气候变化的“主战场”。提高城市应对气候变化的能力刻不容缓。

城市规划作为城市建设发展的“龙头”，在提升城市应对气候变化能力的挑战中首当其冲。加强城市规划应对气候变化的能力已成当务之急。针对这一世界性前沿课题，我国城市规划领域的相关研究仍处于起步阶段。对气候变化问题的认识不够深入，缺乏完善的应对气候变化的机制与技术体系。有鉴于此，本书按照理论—方法—技术—实践的思路，尝试研究与探索城市规划应对气候变化的具体实施路径与策略。全书分为理论篇与实践篇两大部分。（上篇）理论篇系统剖析了气候变化与城市之间的相互影响关系，总结了在应对气候变化领域处于领先地位的先进国家成功经验。以此为借鉴，首先提出应当从政策法规保障、组织机制运作、技术方法引导和实施管理控制四个方面构建我国应对气候变化的城市规划响应机制。其次，以应对气候变化的城市规划技术方法研究为重点，通过分析城市规划在应对气候变化中的作用与基本策略，提出城市规模控制、空间管制、土地利用、空间形态、生态环境绿化、道路交通、产业经济、工程系统和城市更新九个重点技术领域。在此基础上，以城市规划编制为核心，分别就应对气候变化的城市规划编制方法和关键技术展开进一步探讨：一方面根据城市规划编制工作特点，将应对气候变化的规划编制内容划分为“事前评估”（Assessment）、“事中应用”（Application）、“事后评价”（Appraisal）三个阶段，以此构建了应对气候变化的城市规划编制“3A”方法；另一方面，紧扣应对气候变化的核心内涵，分别针对城市规划应对气候变化的九个重点技术领域在城市总体规划与控制性详细规划编制中的相关内容展开研究，提炼和集成了应对气候变化的城市规划编制关键技术。

在（下篇）实践篇中，编辑了世界银行、联合国人居署等国际组织和美国、德国等发达国家应对气候变化的城市规划政策、行动计划与规划指引。精选了近年来国内外若干应对气候变化的城市规划应用技术与实践案例。

本书研究的总体目标是希望从宏观与微观两个方面促进我国城市规划应对气候变化的能力提升。在宏观体系方面，通过建构城市规划应对气候变化的响应机制，有助于改变当前我国城市规划业界在应对气候变化行动中“分散作战”的局面；通过全面而系统的体系构建提升我国城市规划应对气候变化的整体合力。在微观技术方面，通过应对气候变化的城市规划编制方法和关键技术研究，有利于提高相关应对气候变化规划编制的规范性与针对性，为城市加强应对气候变化的能力提供规划技术支持。

洪亮平　华翔

于华中科技大学

2015.6.25

目　录

上篇　理论篇

下篇 实践篇

上篇 理论篇

1 绪论

1.1 研究背景

1.1.1 宏观背景

进入 21 世纪以来，以变暖为显著特征的全球气候变化趋势日益明显，如果未来气候变化的幅度和速率因未得到有效控制而变得更大、更快，那么已适应当前气候状态的地球生态系统和人类社会系统将难以承受气候变化的灾难性影响，突然的和不可逆转的后果将很有可能噩梦成真（图 1-1）。因此，如何应对气候变化已经成为关乎人类命运的重大问题，需要各国政府与民众、各行业社会团体共同审慎面对。

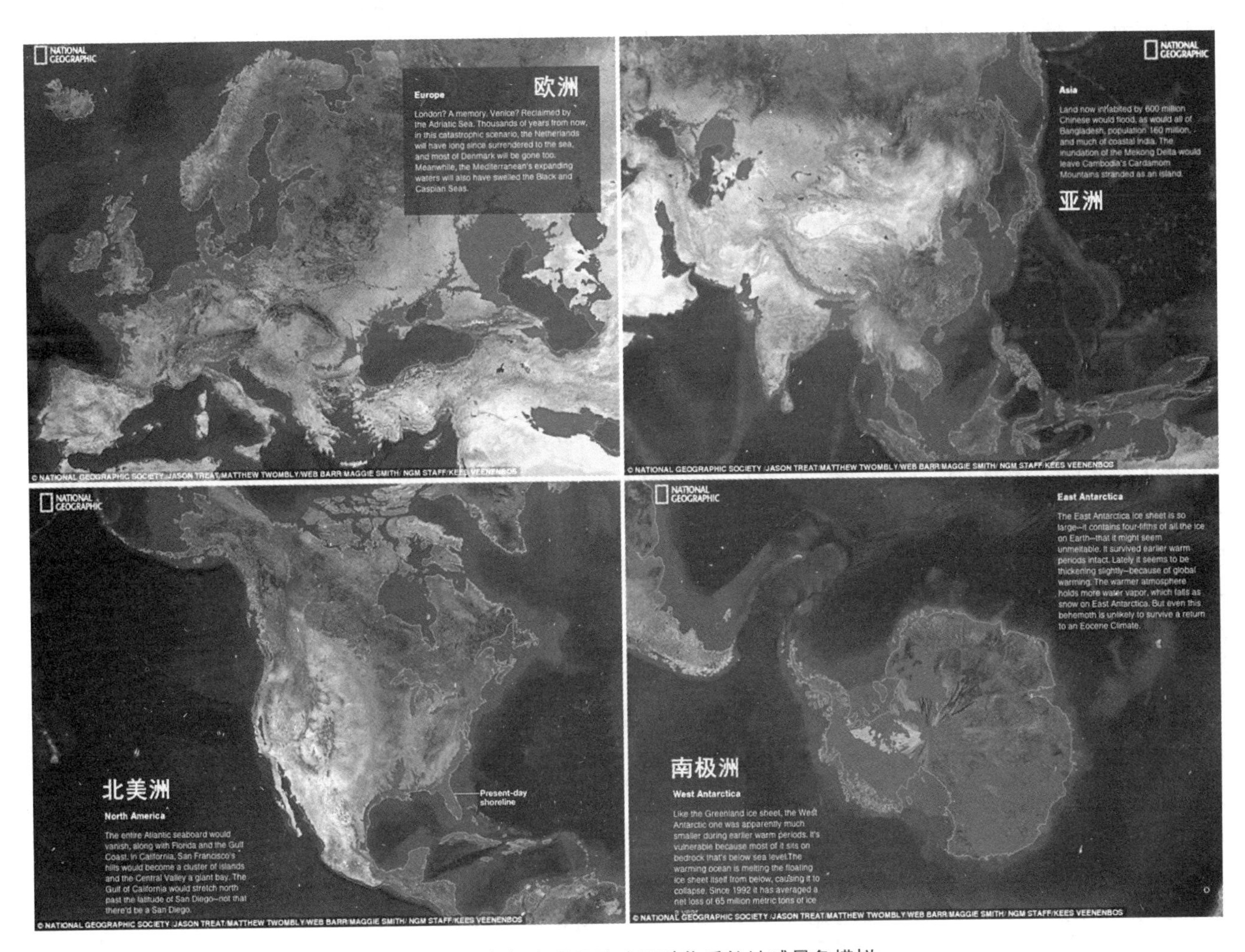

图1-1 因气候变暖导致冰层融化后的地球景象模拟

（资料来源：根据美国《国家地理杂志》网络公开图片编辑整理 http://slide.geo.sina.com.cn/slide_29_16805_26633.html/d/2#p=1）

1）应对气候变化的国际形势

在应对气候变化这一事关全球可持续发展和国计民生的重大问题上，各国间的利益博弈不断引发新的挑战和机遇。一方面，各国政府希望通过达成全球性气候变化管理公约，统筹开展全球应对气候变化的工作，力求推进发展模式的可持续化转变。从1992年6月在巴西里约热内卢达成的《联合国气候变化框架公约》(United Nations Framework Convention on Climate Change, UNFCCC) ①，到1997年12月在日本京都签署的《京都议定书》(Kyoto Protocol) ②，再到2007年在印度尼西亚巴厘岛通过的《巴厘路线图》(Bali Roadmap) ③，都记载了各国政府达成的点滴共识。另一方面，美国气候立法的停滞、经济危机对发达国家出资意愿的影响、日本核泄漏事故引发的全球对核技术安全性的关注以及南北国家政治经济格局的变化等原因又都极大地影响着国际气候谈判的进程，导致2009年丹麦哥本哈根、2010年墨西哥坎昆、2011年南非德班、2012年卡塔尔多哈和2013年波兰华沙等近五次联合国气候变化大会的收效甚微。

解读当前应对气候变化的国际形势，不难发现，资金、技术、减排目标是发达国家与发展中国家在应对气候变化国际公约谈判中的主要矛盾。而各国在寄希望国际谈判的同时，更为重要的是要提高自身应对气候变化的能力，这是在未来国际竞争中掌握主动并向可持续发展模式转变的根本。

2）我国应对气候变化的战略选择

我国地域广阔，气候条件复杂，加之多年来因过度追求经济发展而忽视环境保护建设，导致我国整体生态环境脆弱，极易受天气变化影响而导致自然灾害频发。若想实现我国经济社会发展又好又快这一目标，必须高度重视和有效解决应对气候变化这一现实问题。坚持减缓与适应气候变化并重，是立足于我国基本国情和发展阶段的正确选择，必须在科学认识应对气候变化的重大意义基础上，全面增强我国应对气候变化的能力建设。

1.1.2 学科背景

1）气候变化对城市的新挑战

城市作为人类工作与生活的主要场所，其排放的温室气体（Green House Gas，GHG）④ 是导致全球气候变暖的主要原因。地球气候模式因大气中的热能不断堆积而改变，具体表现为气温异常升高、降水急遽加剧、海平面升高以及极端气候事件频繁爆发等形式，极大地影响到城市及城市化地区，城市的适应能力以及应对其他破坏性事件的能力也随之大幅降低。据估计，在东亚地区，从洪水泛滥到风暴潮等各种灾害每年威胁着近4600万城市居民的生命和财产安全[1]。因此，如何避免或减小气候变化对城市造成的不利影响，是城市建设面临的新挑战。

---

① 《联合国气候变化框架公约》(United Nations Framework Convention on Climate Change，简称UNFCCC)，是1992年5月22日联合国政府间谈判委员会就气候变化问题达成的公约，于1992年6月4日在巴西里约热内卢举行的联合国环发大会（地球首脑会议）上通过。《联合国气候变化框架公约》是世界上第一个为全面控制二氧化碳等温室气体排放，以应对全球气候变暖给人类经济和社会带来不利影响的国际公约，也是国际社会在对付全球气候变化问题上进行国际合作的一个基本框架。公约由序言及26条正文组成。这是一个有法律约束力的公约，旨在控制大气中二氧化碳、甲烷和其他造成"温室效应"的气体的排放，将温室气体的浓度稳定在使气候系统免遭破坏的水平上。公约对发达国家和发展中国家规定的义务以及履行义务的程序有所区别。

② 《京都议定书》(Kyoto Protocol，又译《京都协议书》、《京都条约》，全称《联合国气候变化框架公约的京都议定书》)，是《联合国气候变化框架公约》的补充条款。是1997年12月在日本京都由联合国气候变化框架公约参加国三次会议制定的。其目标是"将大气中的温室气体含量稳定在一个适当的水平，进而防止剧烈的气候改变对人类造成伤害"。

③ 《巴厘路线图》(Bali Roadmap)是在印度尼西亚巴厘岛举行的联合国气候变化大会通过的最重要决议。"巴厘路线图"确定了世界各国今后加强落实《联合国气候变化框架公约》的具体领域，为应对气候变化谈判的关键议题确立了明确议程。按此要求，一方面，签署《京都议定书》的发达国家要履行《京都议定书》的规定，承诺2012年以后的大幅度量化减排指标；另一方面，发展中国家和未签署《京都议定书》的发达国家（主要指美国）则要在《联合国气候变化框架公约》下采取进一步应对气候变化的措施。此谓"双轨"谈判。"巴厘路线图"设定了两年的谈判时间，即2009年年底的哥本哈根大会完成2012年后全球应对气候变化新安排的谈判。

④ 温室气体（Green House Gas，简称GHG）是指那些允许太阳光无遮挡地到达地区表面，而阻止来自地表和大气发射的长波辐射逃逸到外空并使能量保留在低层大气的化合物，包括水汽（H_2O）、二氧化碳（CO_2）、甲烷（CH_4）、氧化亚氮（N_2O）、六氟化硫（SF_6）和卤代温室气体。京都议定书中控制的6种温室气体为：二氧化碳（CO_2）、甲烷（CH_4）、氧化亚氮（N_2O）、氢氟碳化合物（HFCs）、全氟碳化合物（PFCs）、六氟化硫（SF_6）。

2）城市在应对气候变化中的重要角色

城市既是气候变化最主要的影响对象，也是应对气候变化的“主战场”。在应对气候变化的挑战中，城市的重要性主要体现在以下三点：

（1）城市的人口、资源和基础设施相对集中，对气候变化带来的不利影响最为敏感，迫切需要寻求应对气候变化的有效办法。2008年以来，全球半数以上人口聚集在城市，而到2050年这一比例将增长到2/3[2]；同时，世界上人口超过1000万的前20座特大城市，其中16座位于沿海地区①（图1-2），它们更易受到气候变化导致的海平面上升、风暴潮等灾害的影响。

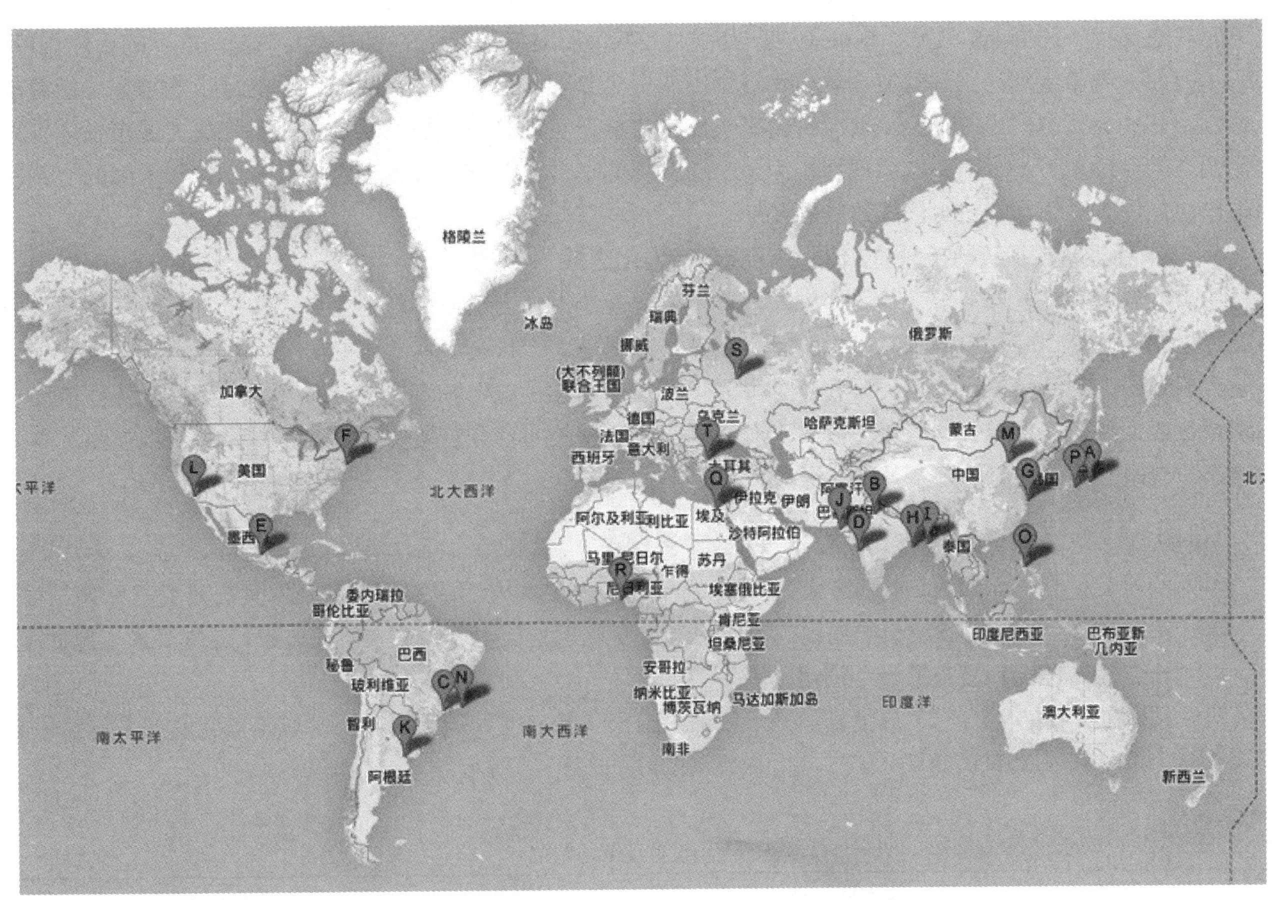

A 日本东京	B 印度德里	C 巴西圣保罗	D 印度孟买	E 墨西哥墨西哥城	F 美国纽约市
G 中国上海	H 印度加尔各答	I 孟加拉达卡	J 巴基斯坦卡拉奇	K 阿根廷布宜诺斯艾利斯	L 美国洛杉矶
M 中国北京	N 马西里约热内卢	O 菲律宾马尼拉	P 日本大阪	Q 埃及开罗	R 尼日利亚拉各斯
S 俄罗斯莫斯科	T 土耳其伊斯坦布尔				

图1-2　2010年城镇群人口过千万的世界前20座特大城市分布

（资料来源：根据Google Maps编辑绘制）

① 根据联合国人居署（UN-Habitat）2013年出版《State of the World's Cities（2012/2013）—Prosperity of Cities》书中的统计数据，2010年城镇群人口超过1000万的20大城市排名依次为日本东京（3666.9万）、印度德里（2215.7万）、巴西圣保罗（2026.2万）、印度孟买（2004.1万）、墨西哥墨西哥城（1946万）、美国纽约（1942.5万）、中国上海（1657.5万）、印度加尔各答（1555.2万）、孟加拉达卡（1464.8万）、巴基斯坦卡拉奇（1312.5万）、阿根廷布宜诺斯艾利斯（1307.4万）、美国洛杉矶（1276.2万）、中国北京（1238.5万）、巴西里约热内卢（1195万）、菲律宾马尼拉（1162.8万）、日本大阪（1133.7万）、埃及开罗（1100.1万）、尼日利亚拉各斯（1057.8万）、俄罗斯莫斯科（1055万）、土耳其伊斯坦布尔（1052.5万）。其中，除了德里、墨西哥城、北京、莫斯科之外，其他城市全部位于沿海地区。

（2）城市化过程中消耗大量能源及产生大量温室气体排放，尽管城市只占地球表面面积的2%，但它的温室气体排放量却占总量的70%[3]，它是导致全球暖化的主要源头。因此，城市“减碳排、扩碳汇”的工作成效在很大程度上决定了应对气候变化工作的成败。

（3）城市是应对气候变化最重要的实施平台。目前已经研发成功的各项节能减排技术，如电动汽车、垃圾循环利用、生产与生活节能建筑等，大部分仅仅在城市内得以应用，它们大多与城市建筑、交通和基础设施建设密切相关。

3）城市规划在应对气候变化中的用武之地

城市在应对气候变化中扮演着重要角色，城市规划作为引导城市发展与管理城市建设的手段，无论是其政策属性还是技术属性，都决定了城市规划应当在加强城市应对气候变化的能力建设中发挥重要的积极作用。

一方面，城市规划能够有效协调城市化过程中的资源分配和使用，可以通过合理的城市规划减少能源消耗总量，并提高能源使用效率，从而减少温室气体排放量，实现有效减缓气候变化速率，提高城市适应气候变化能力的目标。另一方面，城市规划作为一个综合统筹平台，能够完成各项应对气候变化技术间的协调应用工作，促进应对气候变化的整体效益最大化。

4）当前我国应对气候变化的城市规划研究有待强化之处

城市规划能够在应对气候变化工作中发挥重要的积极作用，当前城市规划业界已经针对应对气候变化问题展开了相关研究，并已取得令人鼓舞的研究成果，特别是关于减缓气候变化的研究。然而应对气候变化仍属城市规划研究的新兴课题，相关研究还有待深化完善，尤其是对于城市规划应对气候变化的系统性梳理与体系构建以及如何在城市规划编制中落实应对气候变化的相关内容等首尾两个环节，需要进一步加强。本书的研究即着眼于此，并将随之展开深入探讨。

1.1.3 研究背景

本书的研究源自“十二五”国家科技支撑计划项目——“城镇低碳发展关键技术集成研究与示范”，是其下属子课题——“城镇低碳建设发展模式与应对气候变化规划技术”的主要研究成果，具体背景情况如下：

1）“十二五”国家科技支撑计划项目

科学技术部2011年7月22日批复了“十二五”国家科技支撑计划项目——“城镇低碳发展关键技术集成研究与示范（编号2011BAJ07B00）”。项目的研究课题如表1-1所示。

项目的课题设置及承担单位 表1-1

序号	课题名称	承担单位
1	城镇低碳建设规划关键技术研究与示范	同济大学
2	城镇建筑碳排放计量标准及低碳设计关键技术集成研究与示范	中国建筑设计研究院
3	城镇水系统减碳关键技术集成研究与示范	重庆大学
4	城镇生活垃圾处理系统低碳技术集成研究与示范	北京大学
5	城镇碳汇保护和提升关键技术集成研究与示范	中国农业科学院农业资源与农业区划研究所
6	低碳城镇能效提升关键技术集成研究与示范	清华大学
7	城镇碳排放清单编制办法与决策支持系统研究、开发与示范	中国社会科学院城市发展与环境研究所

（资料来源：作者自绘）

2）“十二五”国家科技支撑计划项目下属子课题

如表 1-1 所示，同济大学承担了课题 1——“城镇低碳建设规划关键技术研究与示范（编号 2011BAJ07B01）”的研究工作。为了更好地完成研究工作，同济大学联合了华中科技大学、中国科学院地理科学与资源研究所、复旦大学等其他三家单位，重点围绕实现城镇低碳建设的“空间构建技术”为核心，分别从以下四个子课题展开深入研究，如表 1-2 所示。

子课题设置及承担单位　　表1-2

序号	子课题名称	承担单位
1	城镇低碳建设发展模式与应对气候变化规划技术	华中科技大学
2	城镇规划综合环境模拟与格局优化技术	同济大学
3	城镇土地开发利用与绿色交通系统耦合技术	中国科学院地理科学与资源研究所
4	城镇低碳建设规划管控与决策支持技术	复旦大学

（资料来源：作者自绘）

3）子课题研究

根据国家科技支撑计划课题的分工，由华中科技大学承担子课题 1——“城镇低碳建设发展模式与应对气候变化规划技术（编号 2011BAJ07B01-1）”的研究工作。该子课题的研究内容包括：

（1）城镇低碳发展模式与建设机制研究；

（2）城镇低碳建设综合评价技术研究；

（3）城镇应对气候变化规划技术研究。

本书的研究即围绕“城镇应对气候变化规划技术研究”部分展开。

1.2　相关概念界定

1.2.1　气候变化

气象学将“气候变化”定义为气候平均状态随时间的变化，即气候平均状态和离差两者中的一个或两个一起出现了统计意义上的显著变化①。

政府间气候变化专门委员会（Intergovernmental Panel on Climate Change，IPCC）将“气候变化”定义为“气候状态的变化，这种变化可以通过其特征的平均值和（或）变率的变化予以判断（如通过计量检测）。气候变化的原因可能是由于自然的内部过程或外部强迫，或是由于大气成分和土地利用中持续的人为变化。”[4]《联合国气候变化框架公约》（United Nations Framework Convention on Climate Change，UNFCCC）将“气候变化”定义为“在类似时期内所观测到的在自然气候变率之外的直接或间接归因于人类活动改变全球大气成分所导致的气候变化”[5]。前者的定义涵盖了“人为气候变化”和“自然气候变率”两方面因素引发的气候变化，而后者的定义专指“人为气候变化”因素导致的气候变化。

在本书中应对气候变化的城市规划研究主要针对人为气候变化所带来的城市问题。因此，本书中的“气候变化”概念采纳《联合国气候变化框架公约》（UNFCCC）的定义。

① http://baike.baidu.com/subview/104670/6778429.htm#viewPageContent

1.2.2 应对气候变化

应对气候变化的概念包括减缓气候变化与适应气候变化两个方面的含义。减缓气候变化是一方面通过控制温室气体排放源头等方式减少二氧化碳排放量；另一方面通过扩大碳汇面积增加碳汇量，共同作用以降低地球大气中二氧化碳浓度和含量，从而减少人为活动对气候系统的强迫，实现降低气候变化速率和减小气候变化规模的目标，其实质与低碳概念基本一致。适应气候变化是自然生态系统和人类经济社会系统为应对实际的或预期的气候刺激因素或其影响而做出的趋利避害的调整，通过工程设施和非工程措施化解气候风险，以适应已经变化而且还将继续变化的气候环境[6]，这也是应对气候变化有别于低碳的关键之处。

1.3 应对气候变化的城市规划研究历程与概况

1.3.1 气候变化问题研究历程

温室效应的概念最早由瑞典科学家 Svante Arrhenius 在 19 世纪末提出，而气候变化作为一个潜在的严重问题被科学家开始系统研究则始于 20 世纪 70 年代末。自此以后，气候变暖问题逐步受到科学界重视。1988 年，政府间气候变化专门委员会（Intergovernmental Panel on Climate Change，简称 IPCC）由世界气象组织和联合国环境规划署联合建立，更是开启了集全球的科学家之力开展气候变化问题研究的新篇章。该组织前后发表五次全球气候评估报告，对气候变化的阶段性科研成果进行评估，并为世界各国应对气候变化的政治决策提供了科学基础。历次全球气候评估报告关于气候变化成因的主要研究结论如表 1-3 所示。

IPCC历次全球气候评估报告关于气候变化成因的主要研究结论及其意义　　表1-3

时间	报告版次	主要结论	重要意义
1990	第一次评估报告	人为温室气体的持续排放与累积将导致气候变化。其变化的速率和大小很可能对自然系统和社会经济系统产生重要影响	确认了有关气候变化问题的科学基础，使全世界对温室气体排放和全球变暖之间的关系产生警觉
1995	第二次评估报告	人类活动产生的温室气体排放对全球气候变化具有可辨识的影响。同时也证实了第一次评估报告的结论	对气候变化科学的全面评估为系统阐述气候公约的最终目标提供了科学依据
2001	第三次评估报告	近 50 年来全球气候变暖“可能”是由伴随人类活动排放的大量温室气体而来的增温效应所致，气候变化的不可避免趋势得到进一步证实	将气候变化与可持续发展联系起来，提出在气候公约谈判中引入了适应和减缓的议题，还特别强调了适应气候变化的重要性
2007	第四次评估报告	气候变化发生的程度及其负面影响都超过以往估计，近 50 年全球气候变暖是由人类活动引起的可能性超过 90%，气候变化“很可能”是人为因素导致	大大消除了对气候变化是否真实和正在发生气候变化的怀疑，确定了气候变化和人为因素的关系及其影响在科学上的确定性
2013	第五次评估第一工作组报告	明确了人类活动对气候系统的影响，此外，即使从现在开始停止排放 CO_2，在未来相当长的时间内，气候变化的影响在许多方面仍将持续	应对气候变化的工作任务艰巨且必须长期坚持，适应气候变化的重要性得到进一步明确

（资料来源：作者自绘）

1.3.2 城市规划应对气候变化研究历程

应对气候变化的城市规划研究是随着气候变化研究的历程而逐步开展的，从搜集的文献在年代上分布呈现出的特点来看（图 1-3），在 2000 年以前，应对气候变化的城市规划各方面研究都很少，尤其是 1995 年之前只有一些关于温室气体的研究报告，1996 年至 2000 年期间开始出现相关理论与技术手段的研究萌芽，

2000 年至 2005 年期间研究开始逐步升温，主要集中在相关理论的研究上；2005 年至今出现了研究的高峰，理论体系、实践应用、技术手段都出现了较多研究成果。

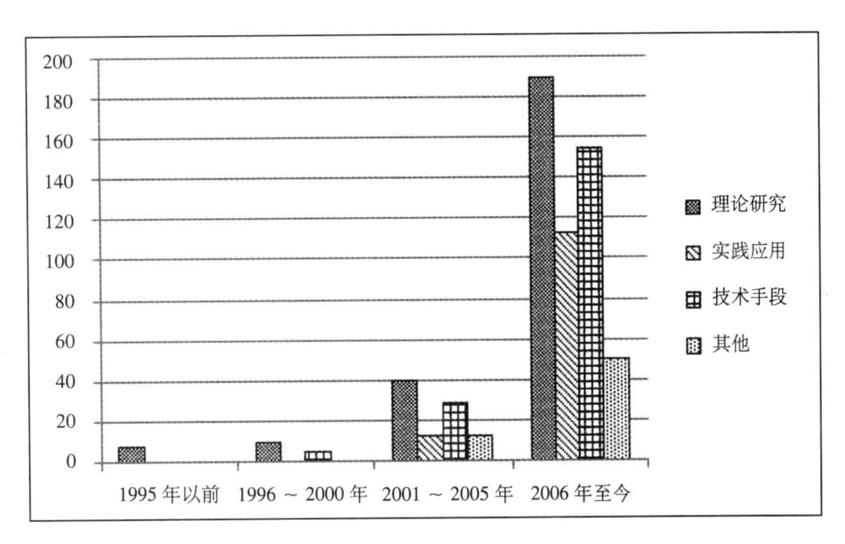

图1-3 不同时间阶段的研究文献分布柱状图

（资料来源：作者自绘）

1.3.3 国内外应对气候变化的城市规划研究概况

应对气候变化的城市规划仍属于一个新的议题，目前还未形成完整的研究体系。世界各国对于应对气候变化这一问题都表现出高度重视，许多国家也都针对应对气候变化的城市规划制定了一定的政策、行动和计划，一些学者也提出了相关的理论、技术和方法。

1）研究视角

从研究视角分析，国内外学者关于应对气候变化的城市规划研究大致包括理论体系、实践应用、技术手段和其他等几类。在搜集的文献中，理论体系方面共 246 篇，占总数的 40%；实践应用方面共 126 篇，占总数的 20%；技术手段方面共 188 篇，占总数的 30%；其他方面共 63 篇，占总数的 10%（图 1-4）。

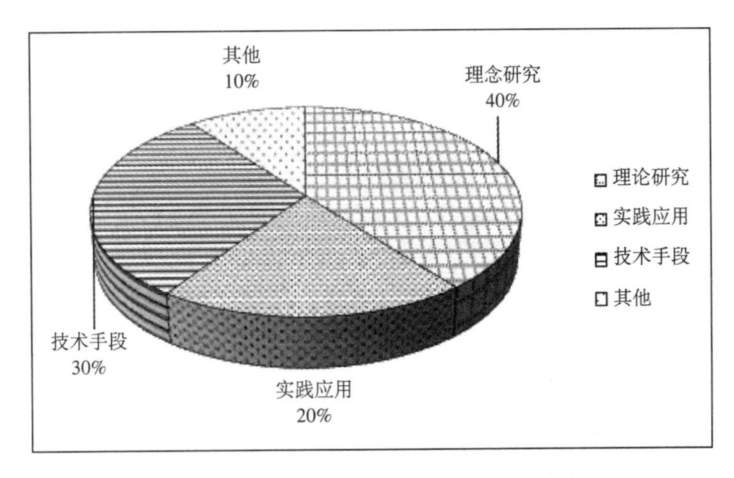

图1-4 不同研究视角的研究文献占比饼状图

（资料来源：作者自绘）

理论体系：城市规划应对气候变化的专门性理论体系还未形成，现有的相关理论并非以应对气候变化为主体，但也达到了缓解和适应气候变化的作用，主要包括可持续发展理论、生态、低碳理论等。

实践应用：应对气候变化的城市规划应对手段研究，主要集中在城市发展模式、土地利用、交通体系、城市防灾、城市通风道等几个方面。城市发展模式、土地利用、交通体系等方面的实践研究主要是通过减少城市碳排放量达到减缓气候变化目的；适应气候变化的城市规划实践研究主要集中在城市防灾规划、城市通风道规划等几个类型。

技术手段：应对气候变化的城市规划技术主要包括两类，其一是应对气候变化的城市规划评估技术，包括应对气候变化的风险评估、脆弱性评估、碳审计以及碳足迹计算等；其二是应对气候变化的城市规划分析技术，主要是指通过现场数据采集、模型构建、情景模拟分析并生成规划方案，以及方案比选的各类电脑辅助设计技术。

其他：是指政府、专业组织的应对气候变化的相关研究报告，其中涉及一些城市规划的内容。

2）研究层面

应对气候变化的城市规划研究层面较为均衡地分布在宏观、中观和微观等三个层面。搜集的文献中，宏观层面研究共202篇，占文献总数的33%；中观层面研究共226篇，占文献总数的36%；微观层面研究共195篇，占文献总数的31%（图1-5）。

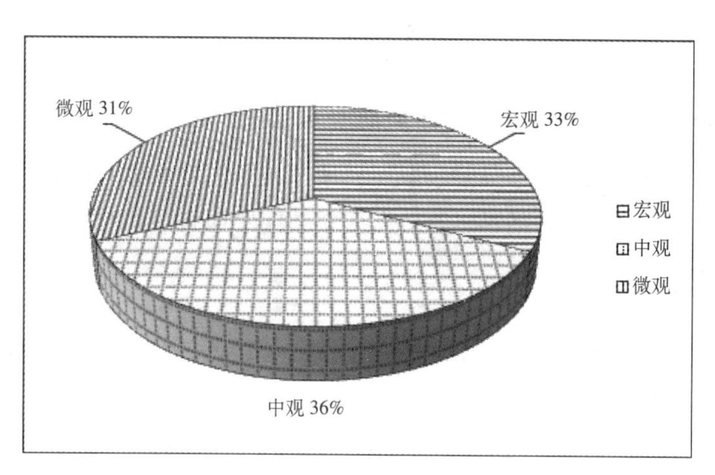

图1-5 不同研究层面的研究文献占比饼状图

（资料来源：作者自绘）

应对气候变化的城市规划宏观研究层面主要是指国家或者区域尺度，这方面的研究内容较多集中在全球或国家层面的相关政策研究，如联合国开发计划署编制的《针对气候变化的适应政策框架》等；国家和地区应对气候变化的影响评估及其应对策略研究，如中国国家发展和改革委员会应对气候变化司编制的《气候变化对中国的影响评估及适应对策》等；以及国家和地区应对气候变化的战略、规划和行动计划研究，如《欧洲都市化地区减缓和适应气候变化的整合规划战略》等。此外，还有部分国际主流研究机构针对全球层面、某个国家或区域层面展开的应对气候变化的各种研究报告，如政府间气候变化专门委员会（IPCC）编制的《气候变化2007年综合报告》等。这些研究虽然可能并非直接以城市规划应对气候变化作为主要研究内容，但它们能够给城市规划应对气候变化的研究工作做出方向性指引，因此，本书研究也将它们纳入应对气候变化的城市规划宏观研究之类。

应对气候变化的城市规划中观研究层面主要是指城市尺度，这方面的研究内容较为丰富，既有涉及低碳、生态城市规划等理论研究，也有不少实践应用研究。国外城市，如美国纽约、英国伦敦，均在城市总体规划中将应对气候变化作为专门章节，提出了相应的规划策略；而在国内，专门针对应对气候变化的规划很少，在一些城市的总体规划中零散出现了涉及应对气候变化的相关内容，但尚未形成应对气候变化的专项章节（表1-4）。技术手段方面，主要侧重于城市宏观层面的脆弱性评估和碳排放审计应用。

我国部分城市总体规划编制中涉及应对气候变化的相关内容　　表1-4

序号	类别/城市	减缓气候变化方面						适应气候变化方面		
		能源	产业	用地	交通	绿化	给排水	空间管制	岸线控制	防灾
1	北京	✓			✓		✓			✓
2	天津	✓				✓				
3	重庆	✓			✓		✓			
4	哈尔滨	✓		✓	✓		✓		✓	✓
5	长春	✓								
6	呼和浩特	✓			✓		✓			
7	武汉	✓			✓	✓		✓		✓
8	成都		✓			✓		✓		
9	海口		✓		✓		✓		✓	✓
10	大连		✓		✓		✓	✓	✓	
11	青岛						✓	✓	✓	✓

（资料来源：作者自绘）

应对气候变化的城市规划微观研究层面主要是指片区、社区尺度。这方面主要涉及精明增长、弹性城市以及缓解城市热岛效应等研究理论。在实践应用和技术手段方面，国外主要在社区层面，结合计算机辅助分析软件，开展集约、紧凑的土地混合利用，并实施应对气候变化的方案比选；在国内，近年来各种低碳生态片区的详细规划实践案例不断涌现，此外还有涉及城市通风道规划的实践案例。

从历年研究对应的规划层次来看（图1-6），应对气候变化的城市规划在宏观、中观和微观层面的研究文献在各个时期的分布情况虽然略有区别，但总体而言较为均衡。

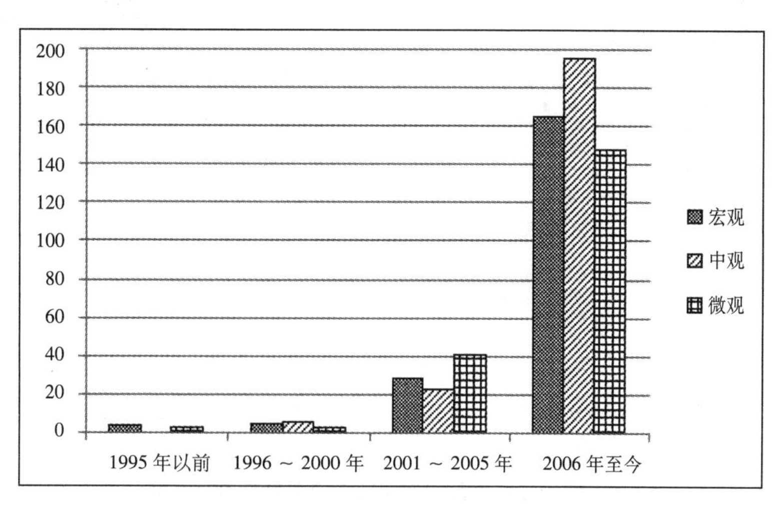

图1-6　不同时间阶段的各层面研究文献分布柱状图

（资料来源：作者自绘）

1.4 应对气候变化的城市规划理论研究

1.4.1 国外研究

1）减缓气候变化

目前国外针对减缓气候变化的城市规划已开展了不少研究，这些研究大多从减少碳排放入手，强调可持续发展模式的运用，重点在土地利用和交通模式等方面展开研究，并提出相应规划策略。

这类研究中较具代表性的成果是《为可持续的未来改变美国大都市地区规划》（Changing Metropolitan America Planning for a Sustainable Future）。该书由美国城市土地机构（ULI，Urban Land Institution）于2008年出版。书中指出以实现减缓气候变化为目标的城市应采用紧凑集约的土地利用模式和公交优先的交通组织模式。

2010年，Rebecca Carter等就美国西部巨型区域应对气候变化的行动政策有效性问题开展研究。研究从可持续发展、重塑发展模式、精明增长工具等策略入手，分析比较了各种策略下的气候行动政策有效性（图1-7）。Condon等（2009年）基于减缓气候变化在地方和区域层次进行了城市规划的土地利用政策和决策支持系统的研究开发[7]。

此外，还有一些建立在规划学与地理学交叉的“城市形态能效”基础上的减缓气候变化研究。它们主要关注城市宏观层面的温室气体排放水平和驱动因子，通过对城市规模、收入水平及构成、交通流量等数据分析，判断城市在减缓气候变化方面存在的问题，并提出规划改进策略。如Glaeser & Kahn（2003年）对温室气体排放量与城市规模和土地开发之间的关系展开了研究[8]，Fong（2008年）等研究了温室气体排放量与城市结构和功能之间的关系[9]等等。

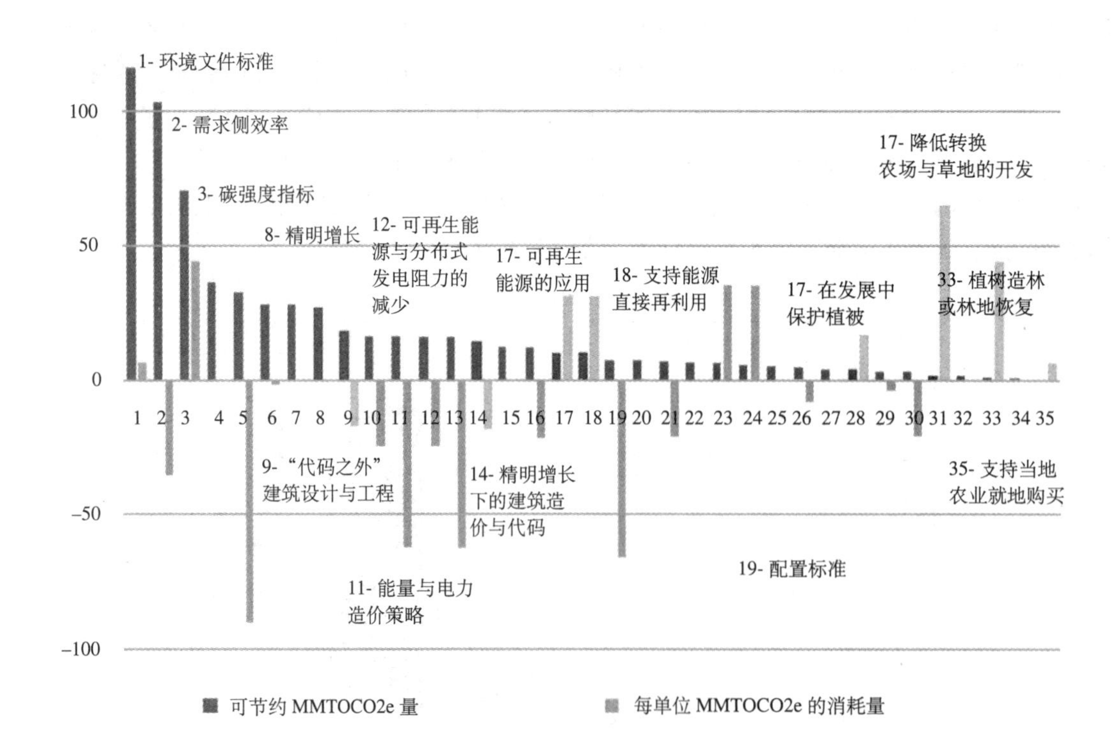

图1-7 美国亚利桑那州气候行动政策的有效性分析图

（资料来源：《气候变化条件下的西部地区土地利用规划》（Rebecca Carter.Land Use Planning in the Changing Climate of the West[J]. Arizona Board of Regents，2009.）
http://www.southwestclimatechange.org/feature-articles/land-use-planning）

交通规划研究方面，美国交通部于2009年发布了《公共交通在应对气候变化中的作用》(Public Transportation's Role in Responding to Climate Change）研究报告。报告以全国公交耗能、车辆调配等关键数据分析为基础，通过公交运输和小汽车的温室气体排放量对比，指出了以公共交通为主导的交通出行方式是实现减少碳排放的重要途径，并以此为核心提出了若干相关交通策略[10]。

以上这类研究与低碳城市规划理论的研究基本相同，成果较为丰富，在此不做过多阐述，本章节更多关注了适应气候变化的城市规划研究。

2）适应气候变化

国外的适应气候变化研究较多从分析海平面上升对城市基础设施的影响入手。1984年，迈克尔·C.巴思（Michael C.Barth）和詹姆斯·G·泰特斯（James G.Titus）编辑出版了《温室气体影响和海平面升高：当代之挑战》。该书是较早开始关注气候变化引发海平面上升影响研究的代表，书中通过重点分析海岸周边地区因为海平面升高而遭受的种种影响，有针对性地制定了相关应对策略。

詹姆斯·G·泰特斯（1990年）撰写了《适应温室效应的策略》(Straeies for Adapting to the Greenhouse Effect）一文。该文提出了城市规划适应温室气体效应的综合性应对措施框架（图1-8）。

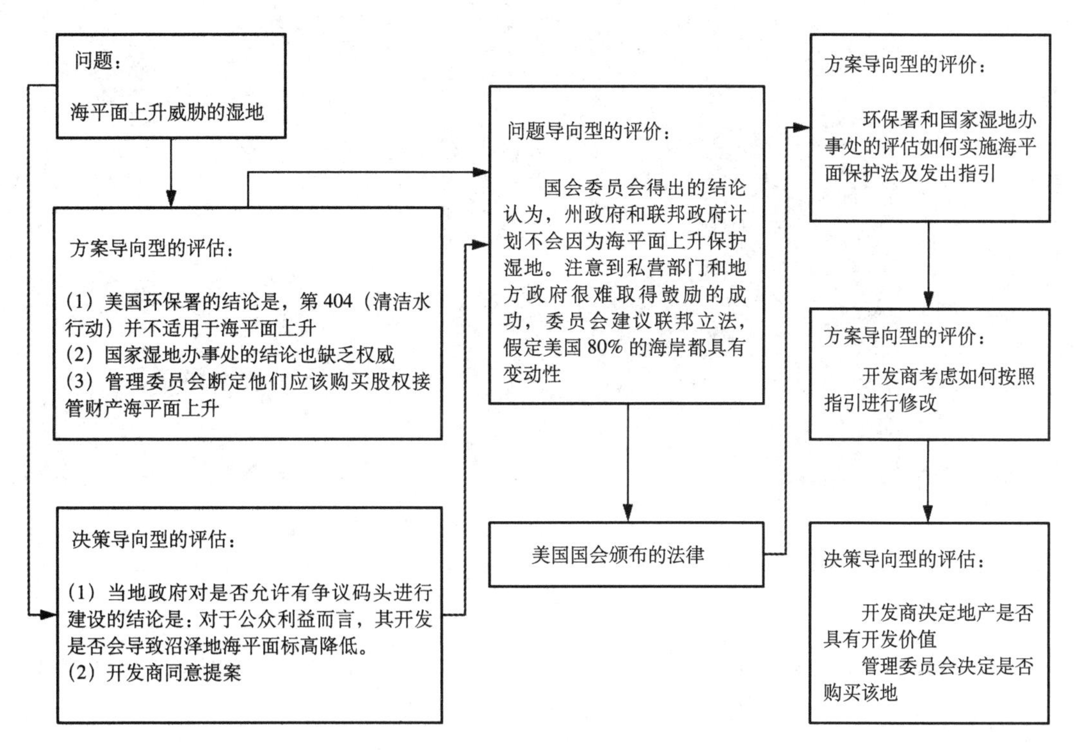

图1-8 样本问题中战略评估之间的关系

（资料来源：《适应温室效应的策略》[James G · Titus.Strategies For Adapting To The Greenhouse Effect[J].The Journal of the American Planning Association，1990:311−323.）]

2002年至2009年间，由美国交通部主持开展了《气候变化对美国交通的潜在影响》(Potential Impacts of Climate Change on U.S Transportation）研究，重点讨论海平面上升对交通系统的影响及其对策。研究报告在分析对比了气候变化引发的各类不同极端气候灾害及其次生灾害对交通系统带来的负面影响基础上，从机制构建、规划设计与建设两方面提出了应对建议：一方面要通过充分评估与多方协作实现交通基础设施投资风险的降低，另一方面要借助各种有效的技术手段，开展交通系统与城市的防灾系统的整合规划设计。

海平面上升及其次生灾害（如飓风和洪水等）综合应对措施的研究也是应对海平面上升研究的主要方向

之一。宾夕法尼亚大学设计学院的乔纳森·贝尔内特（Jonathan Bernett）教授在2008年以德拉维尔河流域为研究对象，主持开展了气候变化对该流域的影响及应对策略研究。研究借助对2000年、2050年和2100年三个时间段内该流域城市化趋势叠加影响的模拟，分析了海平面上升及其次生灾害对土地利用、基础设施和经济发展等方面的影响，最终从空间角度提出相关应对策略，以宏观与中微观两个层面的工程措施为主。宏观应对策略是在德拉维尔河上修建防洪闸，中微观层面的应对策略包括硬性和柔性两类。硬性策略指提升局部地区地面标高、增加堤岸与防洪墙等，柔性策略指设置缓冲洪水的湿地、设置洪水公园等。

英国剑桥大学2009年出版了《全球气候变化对美国的影响》(Global Climate Change Impacts in the United States)。该书在介绍美国气候变化概况的基础上，进一步对美国不同气候区域应对气候变化的异同展开研究。首先以地域气候差异为划分标准，将美国划分为东北、东南、中西部、大平原、西南、阿拉斯加、群岛海岸等七种气候区域；而后，针对每种气候区域应对气候变化的重点问题展开相关研究，如东北和东南气候区着重开展应对海平面上升的研究，中西部气候区重点研究城市热岛的缓解问题，阿拉斯加气候区则要特别加强水资源的保护研究等（图1-9）。

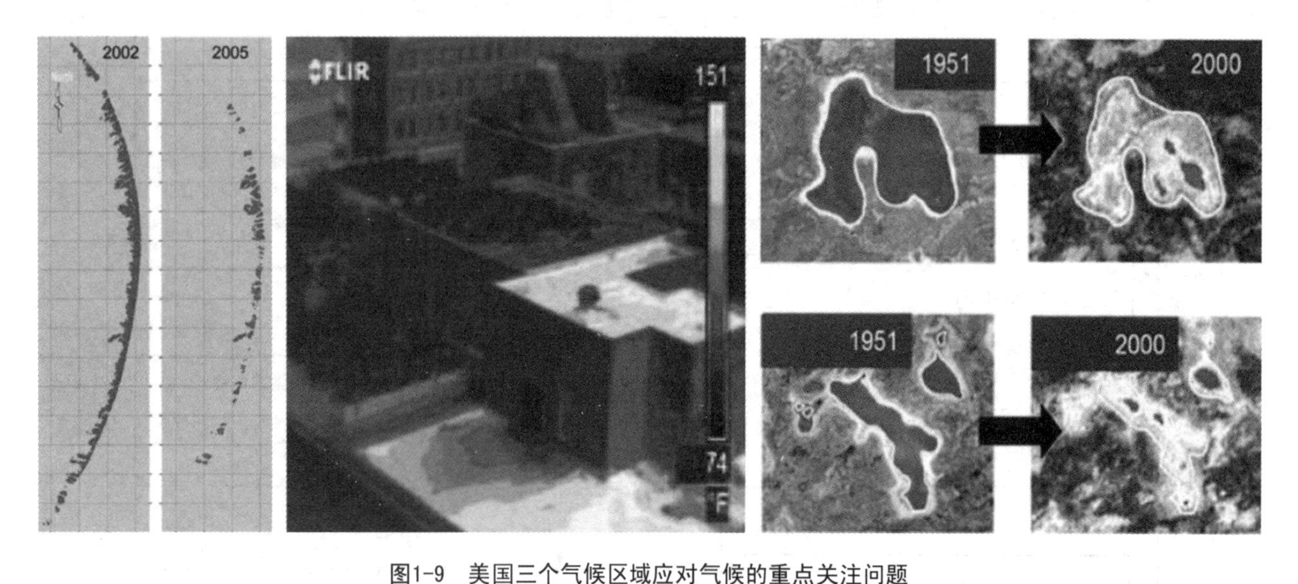

图1-9 美国三个气候区域应对气候的重点关注问题

（资料来源：The U.S. Global Change Research Program.Global Climate Change Impacts In The United States[R].2009.）

图1-9中，左图是尚德卢尔群岛在遭受2005年卡特里娜飓风前后的对比；中图是芝加哥“绿色屋顶”计划中有绿化屋顶与无绿化屋顶温度对比；右图是阿拉斯加的水体消失前后对比。

1.4.2 国内研究

1）减缓气候变化

从应对气候变化的内涵来看，减缓气候变化与低碳城市规划理念较为吻合，皆以减少温室气体排放为主要目标。因此，在本书研究中可以对低碳城市规划的现有研究成果加以充分利用。当前，我国关于低碳城市规划的研究主要集中在低碳城市发展策略、低碳城市规划理论框架、低碳城市空间规划策略与发展模式、低碳城市产业转型以及低碳城市规划框架结构等几个主要方面。

仇保兴(2010年)指出我国进入到城镇化中后期面临着机动化带来的环境污染、水资源和能源短缺的局面，以及低碳减排的多重压力[11]，城镇化发展必须采纳低碳发展的策略，大力倡导低碳生态城市的建设。他认为，建设具有中国特色的低碳城市包括两个层次的工作内容：绿色建筑与低碳生态城[12]。他提出，绿色建筑是面对全球气候变化挑战最重要的应用领域[13]；低碳生态城市规划建设应当体现渐进性、系统性、多样性的特点，并提出了低碳生态新城的发展策略上应当突破的 7 项关键技术，包括：紧凑的空间布局与土地混合使用模式、低碳社会构建、产业升级转型、能源节约与循环利用、绿色建筑、生态保护和绿色交通[14]。

顾朝林（2009 年）在总结现有低碳城市规划理论与行动计划研究进展的基础上，指出气候变化伴随城市化过程及其碳排放而发生，倡导低碳社会生活方式是应对气候变化的必然选择[15]。此外，他还进一步提出了我国低碳城市规划研究的理论框架和研究内容，并强调低碳城市规划理念、规划方法、规划指标体系与公众参与是实现我国低碳城市规划目标的重要途径。

潘海啸（2009 年）通过研究发现城市空间结构的合理性能够在一定程度上影响二氧化碳的排放量，进而以土地利用和交通的相互耦合关系为切入点，探讨符合我国国情的低碳城市空间规划策略，并具体落实到区域规划、城市总体规划和居住区详细规划三个层面。在区域规划层面选择以公共交通为导向的走廊式城乡发展模式；在城市总体规划层面，又分别制定了土地混合利用保障短距离出行，小尺度的街区划定提高步行与自行车出行概率，地块的开发强度确定与公共交通可达性挂钩等策略；在居住区详细规划层面，指出公共配套设施的规模设定要以适合绿色交通的使用为重要原则[16]。

吕斌（2006 年）认为，城市规划的生态化是未来城市规划发展的方向，并指出了城市规划生态化融合的基本途径[17]。他认为我国低碳城市建设应将低碳生产、生活与促进新经济形态产生和发展相结合，在此基础上，提出了合适的规模、紧凑的形态、高效的综合交通体系、促进低碳技术和政策实施等四点低碳城市特征[18]。针对目前城市形态研究缺乏量化评价的现实情况，从实现低碳城市的视角，提出了城市内部功能空间形态紧凑度的量化指标，并通过对 8 个城市进行定量研究，验证了在评价各类城市的低碳空间发展模式上，城市内部“功能空间紧凑度”指标优于城市外部“形态紧凑度”指标[19]。

蔡博峰（2011 年）在分析总结国内外低碳城市发展现状和特征的基础上，针对我国低碳城市规划的思路、方法和重点领域展开探讨，并提出了低碳城市规划框架结构，即以制定城市温室气体排放清单入手，通过城市低碳目标与低碳发展路线的设定，最终确定城市低碳发展重点控制方向。此外，他还进一步对能源、交通、建筑和废弃物等四个城市低碳发展控制重点展开深入研究[20]。

周国梅（2009 年）对城市产业的低碳化发展展开研究，指出资源型工业城市的产业发展低碳化转型规划策略应包括以下两个方面：其一是以低碳技术创新与扩散积极推进传统工业改造；其二是通过积极发展以文化创意等为代表的新型低碳产业，有效提高城市产业核心竞争力[21]。

2）适应气候变化

目前国内适应气候变化的城市规划理论研究主要集中在规划自适应研究、缓解热岛效应、适应气候变化的城市空间形态设计与基础设施规划等几个方面。

戴慎志（2010 年）指出，在城市规划中应当重视气候变化问题，首先应当在规划中加强城市气候变化适应性评价，并在城市总体规划中制定相应的适应策略，重点从应对干旱、强降水、海平面上升、生态保育方面提出具体建议。

余庄（2006 年）以缓解城市热岛效应为研究切入点，引入情景模拟和流体力学等跨学科研究方法与技术手段，提出通过在城市中规划建设具有良好排热能力的通风道，借助自然通风有效降低城市热岛效应，从而实现节约能源消耗、降低温室气体排放的目的，以积极应对全球变暖的气候变化趋势。

柏春（2009 年）认为城市空间形态设计与城市气候之间存在密切的联系，应注重城市空间形态的气候合理性问题，并将其应用于城市设计研究中，由此总结得出针对我国五种气候类型的城市设计气候模式语言。在此基础上，进一步提出了适应气候的城市设计方法。

贾明迅（2009 年）研究提出城市基础建设的“低冲击”开发模式，具体包括以下几个方面：其一是在给排水、供热等市政工程方面，应加快推进节能减排新技术的应用；其二是全面推进城市绿色基础设施建设；其三是城市建成区内的可渗水地面面积应不少于建成区总面积的50%；其四是构建覆盖城市、街区、社区、建筑等多层次的雨水收集储存系统[22]。

1.4.3 其他相关理论研究

1）可持续发展理论

可持续发展概念首次正式在国际文件中出现始于1987年的国际环境和发展委员会（World Commission on Environment and Development，简称WCED）。它是指在既能满足当代人的发展需求又不损害子孙后代生存的自然环境条件基础上，实现经济、社会、人口与资源环境的协调发展。在城市规划中贯彻可持续发展的理念，主要从经济发展、人居环境建设与资源利用等三个方面加以具体落实[23]。

2）生态城市规划理论

生态城市的概念是由苏联生态学家O.Yanitsky于1984年首次提出，它是引用了生态学的基本原理构建而成，强调从城市的整体性与系统性出发，注重人与自然的和谐共生，物质间的良好循环，能量间的畅通流转。

生态城市的提出主要是为了建立可持续发展的城市生态系统，城市规划与生态城市密切相关的四个方面主要包括城市和区域，城市形态、结构和布局，人的生活方式与行为特征，能源与物质流动[24]。生态城市的规划建设必须以环境容量或生态承载力为前提。

3）低碳城市规划理论

随着气候变化的恶果逐步显现，建设低碳城市已经成为世界各国的共识，也是缓解当前全球气候变暖危机的重要举措。因此，国内外兴起了低碳城市的研究热潮。

低碳城市的目标是实现温室气体低排放的城市建设模式与社会发展模式[25]，城市规划为了实现“低碳城市”的建设目标，当前主要采取的策略大致包括以下几个方面：

（1）能源策略：积极采用太阳能、风能、地热等新型能源作为城市能源供给来源，同时尽量提高能源使用效率；

（2）空间策略：提高城市空间结构的紧凑性与土地利用模式的功能混合性，尽量提高城市基础设施使用效率；

（3）交通策略：城市交通系统构建以低碳排的公共交通方式为主导，辅以零碳排的自行车与步行交通方式；

（4）绿化策略：结合城市公共开放空间布局，尽可能增加绿色空间和水面面积。

4）精明增长理论

精明增长（Smart Growth）理论始于20世纪70年代末，它是一项涵盖了多个层次的城市发展综合策略，强调将城市发展融入区域生态体系和人与社会和谐发展的目标当中。

精明增长理论的核心内容包括：土地混合利用；保护开敞空间、农田和自然景观以及重要的环境区域；采取多种选择的交通方式；强化公众参与；建设能满足各种收入水平人群的高质量住宅，以及适合步行的和具有自身特色、极具场所感与吸引力的社区。

5）紧缩城市理论

紧缩城市这一概念为世界所熟知，主要归功于英国学者迈克·詹克斯等人于1996年编著的《紧缩城市——一种可持续发展的城市形态》一书，而后随着相关研究的蓬勃发展，紧凑城市已经成为研究可持续发展的城市密度与形态领域的主流思想之一[26]。

紧缩城市理论根源于欧洲名城高密集度发展模式，其理论核心内容包括以下两个方面：其一是控制城市规模，抑制城市扩张；其二是强调公共设施设置的集中性及其综合利用的可持续性。通过以上两方面实现交通出行距离的缩短，进而达到废气排放量降低条件下的城市可持续发展[27]。

1.4.4　小结

作为城市规划领域的一个新课题，应对气候变化的城市规划理论目前尚不成熟。业界学者纷纷积极开展相关研究，深入探析应对气候变化与城市土地利用、交通组织、空间形态、环境绿化、产业发展、防灾减灾等城市规划主体内容之间的内在联系，以期早日形成专属于应对气候变化的城市规划理论体系。总结现有研究情况，具有以下几点特征：

(1) 对比应对气候变化两方面的研究，减缓气候变化的城市规划理论相对更为成熟，紧凑发展的空间布局、公交优先的交通组织、适度混合的土地利用等规划策略已经成为国内外学者的一致共识。适应气候变化的城市规划理论研究，由于中西方研究关注重点的不同而导致研究方向各异，目前还缺乏较为统一的共识。

(2) 对比中外研究成果，也存在一定程度上的差异。一方面，国外研究更偏重于土地利用、交通等某一个规划方面的深入研究，并且更多地借助了量化分析的技术手段，因此在研究深度和科学性上更胜一筹；国内研究往往侧重于低碳城市规划框架等系统性、层次性构建研究，因此在研究广度和完整性上更具优势。另一方面，适应气候变化的城市规划理论研究的关注重点不同，国外研究非常关注海平面上升对城市的影响，国内研究则较多关注缓解城市热岛效应和地域气候适应性研究；就适应气候变化的城市规划理论研究完整性而言，两者具有较强的互补性。

(3) 可持续发展、低碳城市规划、生态城市规划等相关理论虽然并非以应对气候变化作为研究主旨，但是在节约资源、集约发展、人与自然和谐共生等方面，它们与应对气候变化的城市规划追求的目标有着异曲同工之处。因此，上述理论可在应对气候变化的城市规划理论体系构建中予以重点借鉴。

1.5　应对气候变化的城市规划研究进展

应对气候变化的城市规划是一个较新的研究课题，无论是配套政策法规建设还是专属理论体系构建都尚处摸索阶段，国内外的规划实践工作皆各辟蹊径，而技术手段的创新亦各具特色，开放式的研究呈百花齐放之势。在总结现有研究进展，肯定研究成绩的同时，结合本书研究的核心问题，还应当清醒地认识到应对气候变化的城市规划研究存在以下不足：

1）城市规划应对气候变化的总体框架研究缺失

应对气候变化的城市规划研究呈现出齐头并进的局面，即在宏观、中观和微观层面的研究基本同步开展。现有研究主要集中在理论体系、实践应用和技术手段等底层设计方面，而应对气候变化的城市规划法规政策与组织机制等上层设计的研究较为缺乏。城市规划应对气候变化的总体框架研究缺失，一方面将导致底层设计的各分项研究相互间缺乏协调对应，从而无法形成整体合力；另一方面也无法保证相关研究成果能够发挥应有的作用，都不利于我国城市规划行业应对气候变化能力的提高。因此，应对气候变化的城市规划响应机制构建是本书需要首先研究的重要内容。

2）应对气候变化的城市规划技术体系研究有待健全

现有应对气候变化的城市规划理论研究及其实践都已经取得了不错的进展，其成果对于推进城市规划应对气候变化的技术体系构建助力良多，尤其是城市规划减缓气候变化方面的技术体系已具雏形，减缓气候变化的城市规划重点技术领域已经形成基本共识，在本书研究中将对此加以充分借鉴。另一方面，就本书的研究重点而言，还需要加强适应气候变化的城市规划技术体系的梳理和整合工作，归纳总结出适应气候变化的城市规划重要技术领域，构建完整的应对气候变化的城市规划重点技术领域，作为本书开展应对气候变化的城市规划编制技术研究的基础。

3）应对气候变化的城市规划编制的标准化范式研究不足

国内外关于应对气候变化的城市规划实践已经日益广泛，然而就现有相关研究成果而言，还未出现规范化的编制范式及其研究，这一缺失增加了应对气候变化的城市规划理论研究成果向实践应用转化的难度，阻碍了我国应对气候变化的城市规划编制技术能力提升。有鉴于此，本书的后续章节将重点加强应对气候变化的城市规划编制技术与方法构建研究，借鉴、整合现有规划实践案例编制方法与技术，构建规范化的应对气候变化的城市规划编制技术框架，促进相关理论研究成果向实践应用的转化。

4）应对气候变化的城市规划编制方法研究有待优化整合

应对气候变化的技术研究同样是不断推陈出新，借助生态学、经济学等其他学科的研究方法形成的脆弱性评价、风险评价，以及其他辅助设计软件等等都极大地推动了规划各个环节的研究进展，它们在个体上都有着较高的应用价值。然而，结合本书的研究重点，从优化城市规划编制方法以更好应对气候变化的目标出发，还需要将这些技术加以整合，形成系统的技术方法，并将其贯穿运用于应对气候变化的城市规划编制各阶段，从整体上推进应对气候变化的城市规划编制研究。

2　应对气候变化的城市规划响应

应对气候变化是近年来的新兴热门话题，从最早在自然科学界内部讨论到如今逐步被世界各国政府纳入可持续发展计划而展开重点研究，并伴随着社会舆论宣传力度加大而逐步开始为世人所知。然而包括许多城市规划专业学者在内的大多数普通受众对气候变化问题的认知还停留在感性认识阶段，对其概念、内涵、成因等问题缺乏理性认识。与大众科普不同，作为严谨的科学研究，应对气候变化的城市规划研究必须以系统认知气候变化问题为基础，只有“知其然，亦知其所以然”方能保证课题研究更具目标指向性。故此，本章将从认识气候变化的成因开始。

2.1　气候变化溯源

气候系统包括大气圈、水圈、冰冻圈、岩石圈（陆地表面）和生物圈五个圈层。各个圈层虽然在组成、物理和化学特征、结构和状态上有着明显差别，但它们通过物质、热量和动量的交换相互联系在一起，并通过其内部一系列相互作用，成为一个高度复杂的开放系统[28]（图 2-1）。

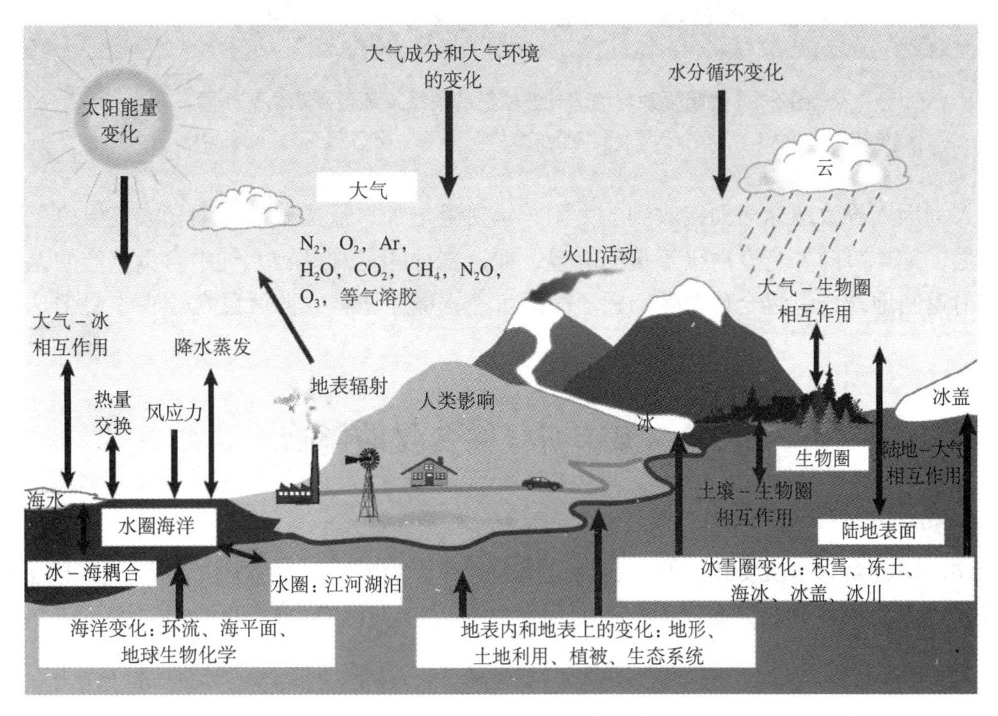

图2-1　气候系统各组成部分、过程和相互影响的示意图

（资料来源：IPCC，气候变化 2007：自然科学基础，IPCC第一工作组第四次评估报告）

气候系统随着时间演变的过程受到自身内部各圈层相互作用的影响，也受到外部自然强迫如火山爆发、太阳活动变化的影响，还受到外部人为强迫如不断变化的大气成分和土地利用变化的影响。由此可见，引起地球气候变化的驱动因子包括自然和人为两类。这些影响最终通过以下三种方式改变了地球的辐射平衡（图 2-2），进而引发气候变化：

(1) 改变入射的太阳辐射①（例如由于地球轨道或太阳本身的变化）；

(2) 改变被反射的那部分太阳辐射（例如由于云量、大气微粒或地表植物的变化）；

(3) 改变地球向空间出射的长波辐射②（例如由于温室气体浓度的变化）[29]。

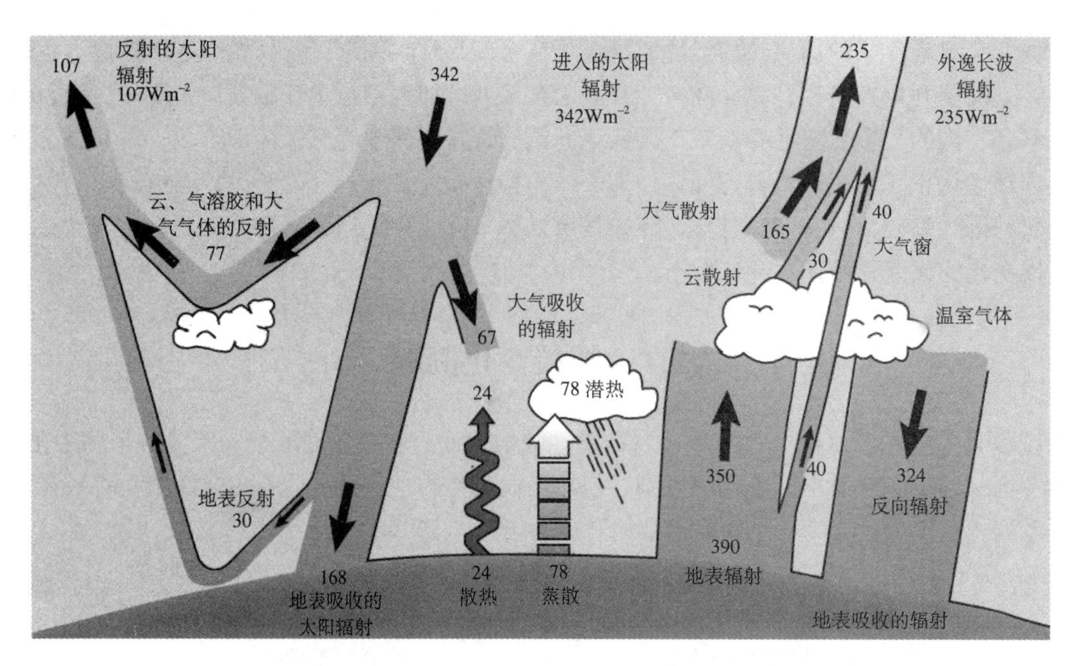

图2-2 太阳辐射与地球长波辐射的关系及能量平衡估算示意

（资料来源：IPCC，2007：气候变化 2007：自然科学基础，IPCC第一工作组第四次评估报告）

自然抑或人为因素导致地球表面接收到的太阳总辐射量增加，造成地球表面和大气温度上升。为了平衡吸收的入射能量，地球将向外空发射出等量的能量，而这部分能量却又被大气中含量剧增的温室气体大量吸收，并再次辐射返回地球，引起全球变暖问题。简而言之，极速增强的自然温室效应③是地球气候变化的主要原因。

2.2 城市对气候变化的影响

2.2.1 人类活动影响气候变化

如前文所述，引起全球气候变化的原因包括自然因素和人为因素两个方面，目前国际主流观点认为全球气候变化主要是由人为因素造成。政府间气候变化专门委员会（IPCC）在 2001 年的第三次评估报告中第一

① 太阳辐射（solar radiation）是指太阳向宇宙空间发射的电磁波和粒子流。地球所接收到的太阳辐射能量仅为太阳向宇宙空间放射的总辐射能量的二十亿分之一，但却是地球大气运动的主要能量源泉。太阳辐射通过大气，一部分到达地面，称为直接太阳辐射；另一部分为大气的分子、大气中的微尘、水汽等吸收、散射和反射。被散射的太阳辐射一部分返回宇宙空间，另一部分到达地面，到达地面的这部分称为散射太阳辐射。到达地面的散射太阳辐射和直接太阳辐射之和称为总辐射。由于太阳辐射波长主要集中在短波波段，所以通常又称太阳辐射为短波辐射。

② 长波辐射（longwave radiation），地面和大气的辐射能主要集中在 3 ~ 120μm 的波长范围内，均为肉眼所不能看见的红外辐射。这比太阳辐射的波长（0.15 ~ 4μm）要长得多。因此，气象学上把地面和大气的辐射称为长波辐射。

③ 温室效应（Greenhouse effect），又称“花房效应”，是大气保温效应的俗称。是指透射阳光的密闭空间由于与外界缺乏热交换而形成的保温效应，就是太阳短波辐射可以透过大气射入地面，而地面增暖后放出的长波辐射却被大气中的二氧化碳等物质所吸收，从而产生大气变暖的效应。大气中的二氧化碳就像一层厚厚的玻璃，使地球变成了一个大暖房。据估计，如果没有大气，地表平均温度就会下降到 -23℃，而实际地表平均温度为 15℃。这就是说温室效应使地表温度提高 38℃。大气中的二氧化碳浓度增加，阻止地球热量的散失，使地球发生可感觉到的气温升高。因其作用类似于栽培农作物的温室，故名温室效应。

次明确提出，有明显的证据可以检测出人类活动对气候变暖的影响，可能性达 66% 以上[4]。在 2007 年第四次评估报告中把人类活动影响全球气候变暖的因果关系的判断，由六年前 66% 的信度提高到目前 90% 的信度，认为最近 50 年气候变暖“很可能”由人类活动引起[30]。

人类活动造成大气中 CO_2 等温室气体、臭氧、气溶胶①显著增加。这些气体和微粒在大气中的含量变化改变了太阳短波辐射和长波辐射的平衡[28]，最终导致了全球气候系统的温度变化，其具体作用表现在以下几个方面：

（1）化石燃料燃烧和生物质燃烧，以及土地利用和覆盖变化排放的 CO_2 等温室气体通过温室效应影响气候，这是人类活动造成气候变暖的主要途径；

（2）农业和工业生产过程中的温室气体（CH_4、CO_2、N_2O、PFCs、HFCs、SF_6 等）排放也通过增强温室效应而推动了气候变暖；

（3）人类活动排放的气溶胶对气候变化的影响仍存在较大的不确定性[28]。

从人类开启工业化进程以来，由于人类活动产生的温室气体排放增速明显。年度 CO_2 排放当量从 1970 年的 287 亿 t 增至 2004 年的 490 亿 t（图 2-3-a），增幅高达 70%。CO_2 作为最重要的温室气体，其 2004 年排放量已占人为温室气体排放总量的 76%（图 2-3-b）。正是这些温室气体排放量的疯狂增长，迅速加剧了地球的温室效应，导致了全球气候变化。

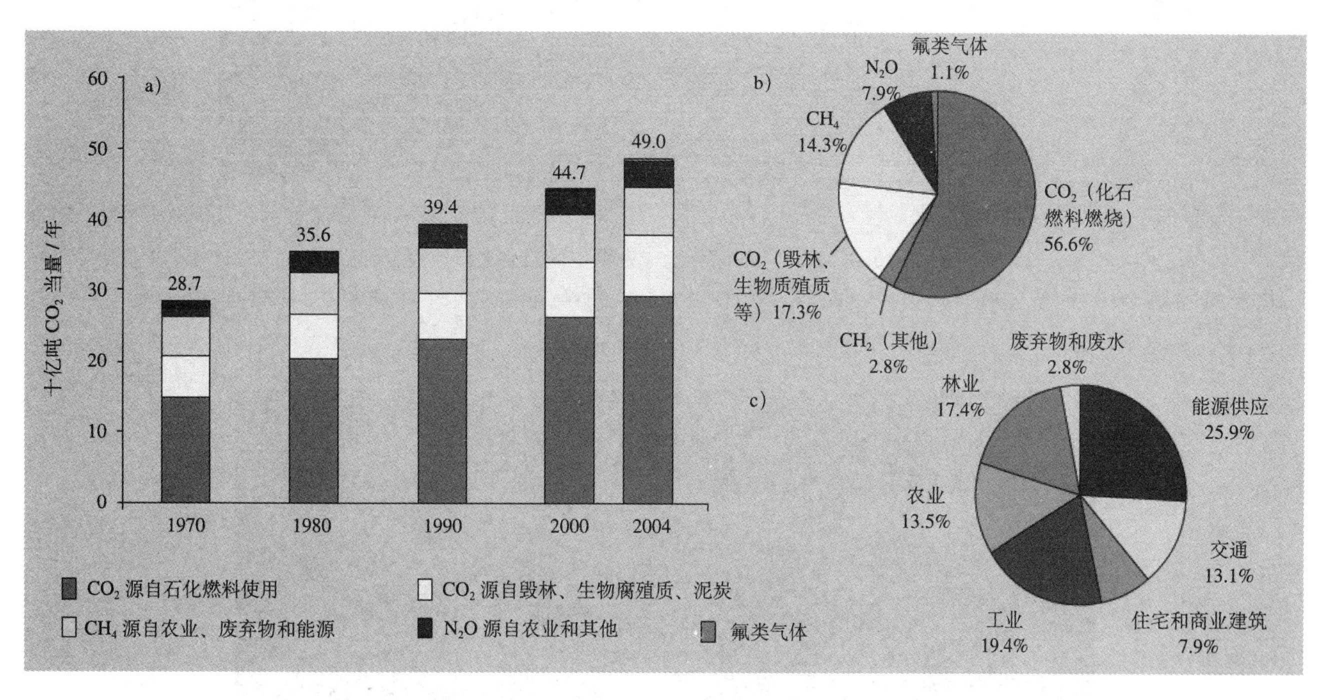

图2-3　全球人为温室气体排放量

注：a）1970年至2004年全球人为温室气体年排放量；

b）按CO_2当量计算不同温室气体占2004年总排放的份额；

c）按CO_2当量计算不同行业排放量占2004年总人为温室气体排放的份额（林业含毁林）。

（资料来源：IPCC，《气候变化2007：综合报告》）

① 气溶胶（Aerosol）由固体或液体小质点分散并悬浮在气体介质中形成的胶体分散体系，又称气体分散体系。其分散相为固体或液体小质点，其大小为 0.001 ~ 100μm，分散介质为气体。天空中的云、雾、尘埃，工业上和运输业上用的锅炉和各种发动机里未燃尽的燃料所形成的烟，采矿、采石场和粮食加工时所形成的固体粉尘，人造的掩蔽烟幕和毒烟等都是气溶胶的具体实例。

2.2.2 城市影响气候变化的主要途径

2008 年，全球城市人口首次超过了乡村人口①，这是人类发展历史上里程碑式的时刻，标志着新的“城市时代”来临。回顾一个世纪之前，地球上每 10 人中仅有 2 人居住在城市，在最不发达国家中这一比例更是低至 5%。而随着工业革命之后城市化以前所未有的速度高速发展，城市人口比例快速攀升（图 2-4）。据估计，在 2010 年至 2015 年之间，城市人口每天平均增加 200000 人，至 2050 年城市人口比例将达到全球人口总量的 2/3[2] 。根据这一人口分布形势，结合当前人类社会的生活与生产方式判断可知，直接导致大量温室气体排放的人类活动，比如交通运输、能源生产和工业生产等均与城市及其职能息息相关（图 2-5）。此外，城市地区依赖外界供给食物、水、消费品，也间接造成了城市以外地区的温室气体排放。总之，导致影响气候变化的温室气体 70% 以上排放量来自城市（含本地排放以及消费引起间接排放）[3]。

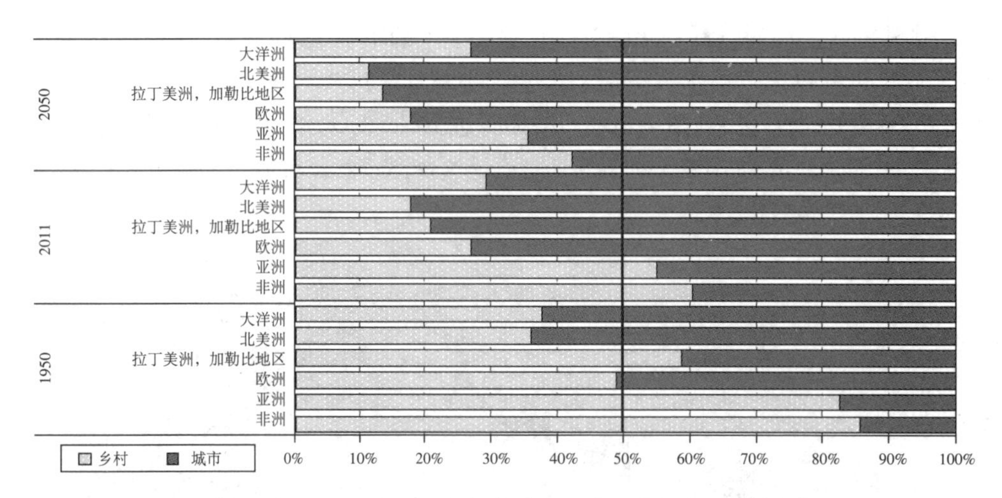

图2-4 1950、2011、2050年全球主要地区城乡人口比例变化

（资料来源：United Nations, Department of Economic and Social Affairs, Population Division：World Urbanization Prospects-The 2011 Revision, 2012）

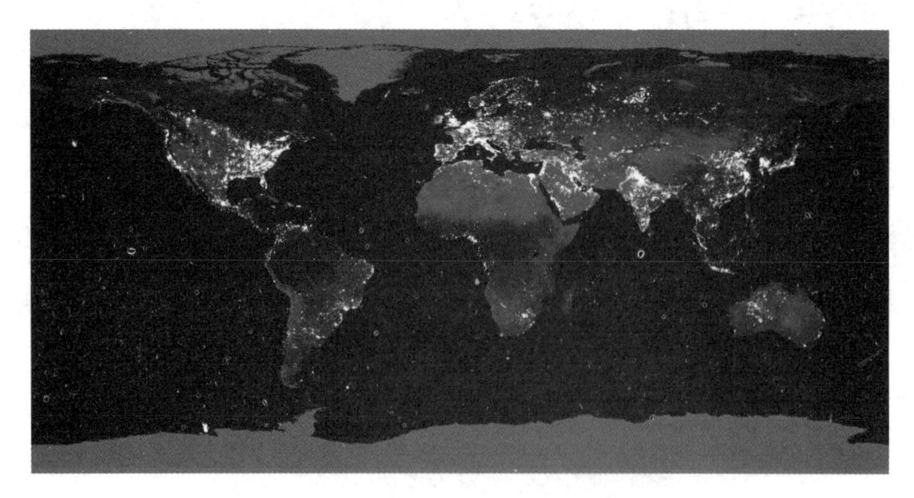

图2-5 2012年美国宇航局发布全球夜景照片

（资料来源：http://image.baidu.com/i?ct=503316480&z=0&tn=baiduimagedetail&ipn=d&word=全球夜景图）

① 联合国经济和社会事务部人口署的统计数据显示2008年世界城市人口首次超过乡村人口。也有美国北卡罗来纳州立大学和佐治亚大学专家统计显示，2007 年 5 月 23 日，世界城市人口首次超过农村人口。这一天，世界城市人口为 33 亿 399 万 2253 人，农村为 33 亿 386 万 6404 人。本书中采取联合国官方数据。

政府间气候变化工作委员会（IPCC）在《气候变化 2007：综合报告》中统计了全球温室气体排放源的基本构成情况（图 2-3-c）。为了进一步了解各国具体排放情况，本书选取 2011 年温室气体排放量排名靠前的部分国家 / 地区[①]加以分析。从图 2-6 和图 2-7 中可以发现，尽管所选各国或地区温室气体排放量的绝对数值差异很大，但是不同排放源的排放量占比情况却较相似。能源消耗是绝对主体，约占 95%；农业和工业过程相仿，约占 7%~8%；废弃物约占 3%，溶剂和其他产品使用几乎可以忽略不计，而土地利用变化和森林使温室气体排放减少了 13%。在此基础上，结合温室气体排放的具体流程（图 2-8），可以判断出城市排放温室气体的基本情况。

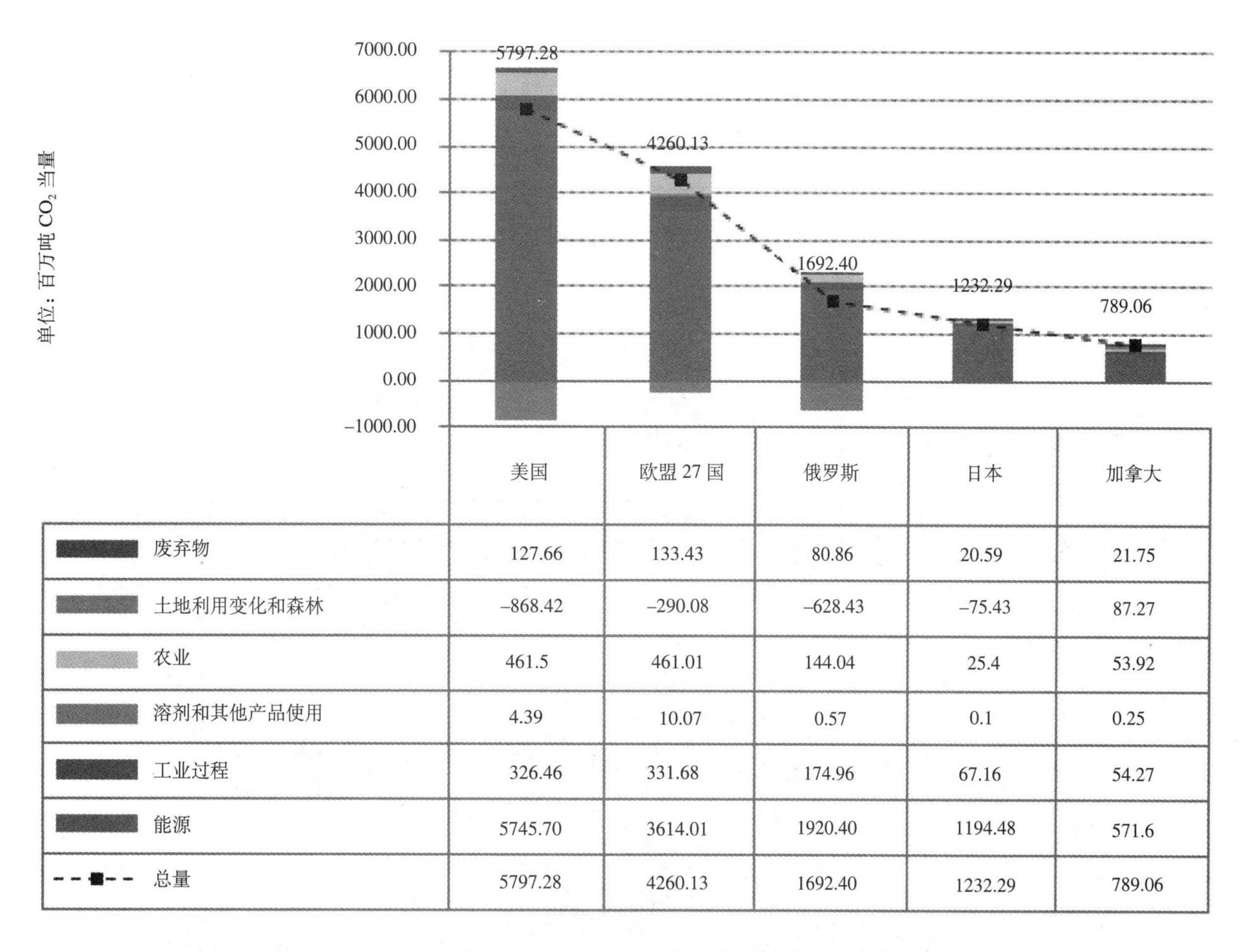

	美国	欧盟 27 国	俄罗斯	日本	加拿大
废弃物	127.66	133.43	80.86	20.59	21.75
土地利用变化和森林	-868.42	-290.08	-628.43	-75.43	87.27
农业	461.5	461.01	144.04	25.4	53.92
溶剂和其他产品使用	4.39	10.07	0.57	0.1	0.25
工业过程	326.46	331.68	174.96	67.16	54.27
能源	5745.70	3614.01	1920.40	1194.48	571.6
总量	5797.28	4260.13	1692.40	1232.29	789.06

图2-6　2011年世界部分国家和地区温室气体排放源构成

（资料来源：根据联合国气候变化框架公约官方网站http://unfccc.int/di/DetailedByParty/Event.do? event=go提供数据，笔者自绘）

① 2009 年丹麦哥本哈根举办的第 15 届世界气候大会提供了全球温室气体排放排名前 10 位的国家和地区，依次为 1 中国大陆，2 美国，3 欧盟，4 俄罗斯，5 印度，6 日本，7 巴西，8 德国，9 加拿大，10 英国。它们的温室气体排放量共占全球温室气体排放总量近 70%。本书力求选用最新数据（2011 年）加以分析，而根据联合国应对气候变化框架公约官方网站（http://unfccc.int/di/DetailedByParty/Event.do?event=go）数据统计情况，中国大陆、印度、巴西都缺乏 2011 年数据，德国和英国数据已包含在欧盟 27 国的统计数据之内，故在图 2-6 中未选取以上 5 国进行分析。中国大陆温室气体排放量的最新数据截至 2005 年，将在图 2-7 中单独分析。

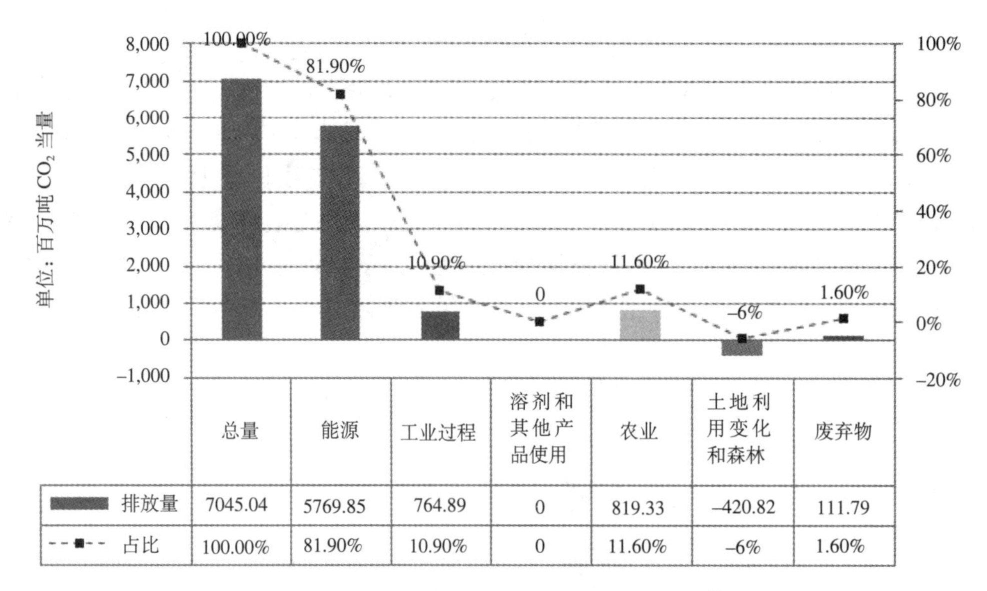

	总量	能源	工业过程	溶剂和其他产品使用	农业	土地利用变化和森林	废弃物
排放量	7045.04	5769.85	764.89	0	819.33	–420.82	111.79
占比	100.00%	81.90%	10.90%	0	11.60%	–6%	1.60%

图2-7　2005年中国温室气体排放源的构成①

（资料来源：根据联合国气候变化框架公约官方网站http://unfccc.int/di/DetailedByParty/Event.do? event=go提供数据，笔者自绘）

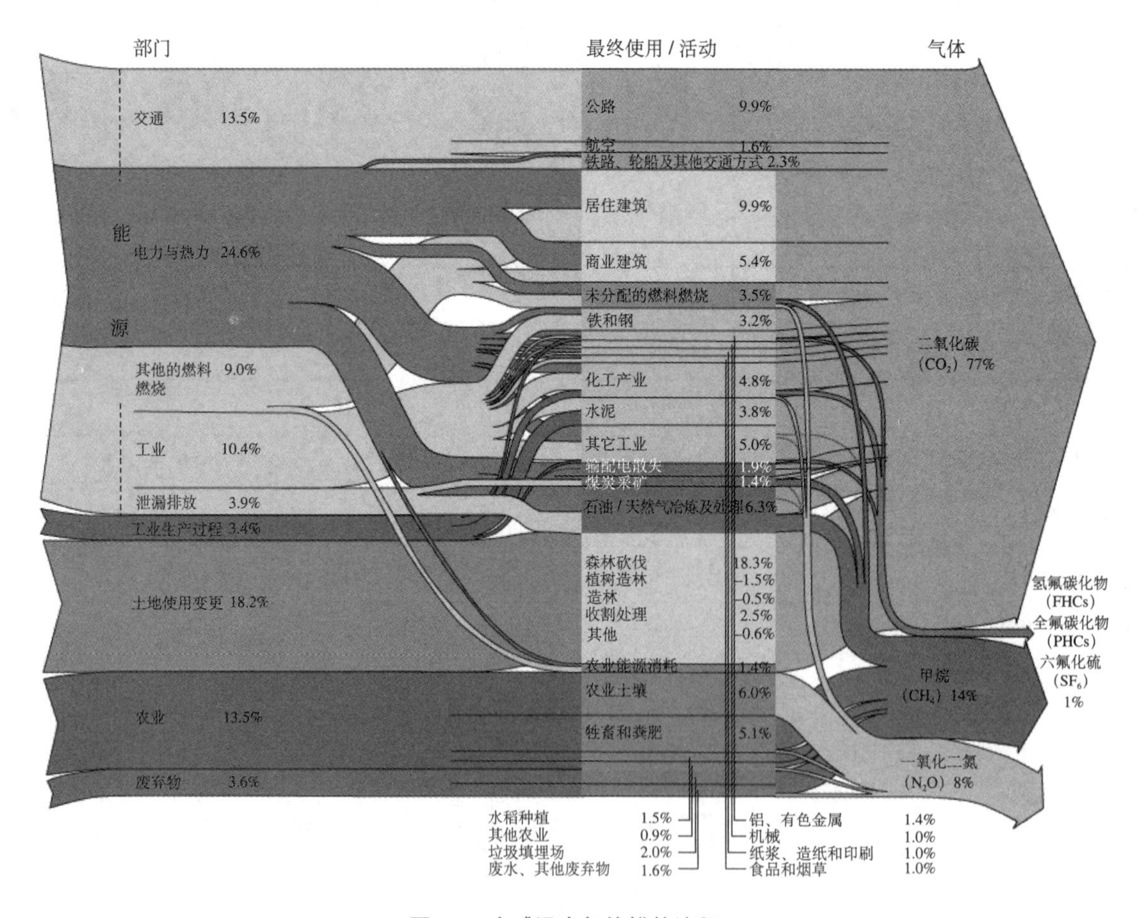

图2-8　全球温室气体排放流程

（资料来源：UN-Habitat，State of the World's Cities 2008/2009，Harmonious Cities）

① 联合国气候变化框架公约官方网站（http://unfccc.int/di/DetailedByParty/Event.do?event=go）数据统计中显示，中国溶剂和其他产品使用造成的温室气体排放数据不可用，故此表中以“0”代替。

在图 2-8 中，从“部门”细化到“最终使用或活动”的分解过程可以发现，无论是归于日常生活部类的居住建筑和商业建筑；还是归于工业生产部类的铁钢、铝、有色金属、石油、天然气、水泥等生产原料冶炼和机械、化工、造纸、烟草、食品加工制造；以及两方面兼而有之的各种交通运输、垃圾与废弃物处理等，它们大部分发生在城市。此外，在近年来的城市化热潮中，城市规模的快速扩张在刺激生产和生活能耗继续提升的同时，还造成原有生态环境的破坏如森林砍伐等，进一步削弱了自然界吸收、封存 CO_2 的能力，变相增加了温室气体排放。总而言之，土地利用和覆盖变化以及维持生产、生活的能源消耗导致的温室气体排放是城市影响气候变化的主要途径。

2.3　气候变化对城市的影响

2.3.1　气候变化的后果

人类活动导致大量温室气体的排放，迅速加剧了地球温室效应，并已经对全球气候系统造成影响。近 50 年来全球平均气温升高了 0.65℃，如果保持当前的变化速率，预计在下个世纪全球平均气温还将继续升高 1℃ ~4℃ [31]。由此引发的气候变化通过海平面上升、气温升高、降水变化和极端气候事件 ① 频发等具体表现形式对人类生存环境、经济发展和社会健康等方面造成巨大影响（图 2-9、图 2-10），涉及生态体系、用水、粮食、海岸、健康、基础设施、交通和能源等领域，导致空气和水质量退化、疾病增加、供水减少、洪水增多、制冷制热的需求提高、移民增加、海岸侵没、经济活动受冲击、能源需求荷载超限和文化遗产损毁等诸多潜在问题（表 2-1）。

图2-9　气候变化次生灾害台风前后对比

（资料来源：http://www.0421.so/read.php?tid=60195）

① 极端气候事件是指那些严重偏离正常现象的事件。极端的水文气象事件包括热浪和寒潮、大规模降水、反常的风暴潮、洪水和干旱。

图2-10　气候变化次生灾害泥石流

（资料来源：http://news.qq.comphotontuhualandslide.htmpgv_ref=aio2012&ptlang=2052）

全球气候变化的后果与影响　　表2-1

气候变化的结果	后果和影响	
海平面升高	海平面上升淹没湿地和其他低海拔土地，侵蚀海滩，引发更多的洪水，增加了河流、河湾和地下水的盐度，这些后果还会进一步和其他气候变化的效果混杂在一起，通常的区域性变化如下：	·陆地，特别是北半球高纬度地区的气温以及南大西洋和北大西洋部分地区气温将按现在发现的趋势继续升高 ·雪地覆盖面积将进一步减少，永冻地带的融化深度将会增加，而海面冰层厚度将减小 ·高温、热浪和强降水事件发生频率极有可能增加 ·热带气旋强度、数量都很有可能会增加 ·随着风向、降水和气温格局的变化，温带风暴将可能向南北两极扩展活动范围 ·高纬度地区降水极有可能会增加，多数亚热带地区降水有可能会减少，并将按现在发现的趋势继续
气温变化	对降水率有很大影响，全球的总降水量将会增加，密集降雨的天数以及高温的天数都将增加。具体表现在以下方面：	·冬季温度的变化将超过夏季，在亚热带地区夏季的热浪将会增加，而冬天的持续寒冷天数将会减少 ·日最低气温上升幅度将超过日最高气温上升幅度 ·大陆的变暖趋势比海洋更明显，引发更强烈的季风活动，亚热带地区季风降雨将会增加 ·高纬度和高海拔地区的气温升高幅度更大 ·霜冻天数将减少，降水更有可能是以雨的形式而非雪的形式，对积雪有影响，也对夏季干旱和炎热月份的水分释放有影响 ·北方高纬度地区的无霜生长期将会延长，但是冬季的洪水和夏季的干旱将对作物生长不利
降水变化	气温升高会造成蒸发更为强烈，从而带来更多的降水，但是地区之间的降水分布并不均匀	·目前的干旱和半干旱地区将变得更加干燥，而湿润的地区会更加湿润 ·干旱地区将会遭遇更为严重的用水短缺问题，而温带和热带亚洲在夏日季风季节的降水增加很可能导致更多的和更为严重的洪涝灾害 ·气温的变化还将造成蒸发加剧，水损失增加，使得很多地区的径流量和土壤水分减少

续表

气候变化的结果		后果和影响		
极端天气事件频率变化	大部分陆地地区冷天减少，而且更热；热天增多，温度更高	对21世纪中叶到晚期极端天气和气候事件可能造成的影响评估显示了其对人类生命健康、居住和环境将造成极度负面的影响，很可能严重降低生活质量，造成巨大的社会压力。最主要的影响领域是水资源、人类健康和居住	水资源	对那些依赖雪水融化的地区的水资源的影响
			人类健康 / 死亡	寒冷天数减少使得因冷致死的人数减少
			产业 / 居住 / 社会	供热的需求减少，制冷需求增加，城市空气质量变差，冰雪效果减小，等等
	温暖期和热浪在多数陆地区域频率增加		水资源	水需求增加，水质问题，如藻类大量繁殖
			人类健康 / 死亡	炎热致死数增加
			产业 / 居住 / 社会	炎热地区无空调人口生活质量下降，对老人和新生儿的影响，热力发电效率低下
	强降水时间在多数地区频率增加		水资源	对地表和地下水水质的负面影响，供水水源污染
			人类健康 / 死亡	伤亡、传染病、过敏症和皮炎风险的增加
			产业 / 居住 / 社会	住宅、商业、交通和社会活动由于泥石流、地表下陷或洪水造成的中断，城市和农村基础设施遭受压力
	旱灾地区增加		水资源	更大范围的水荒
			人类健康 / 死亡	食品和用水短缺的风险增加，野火风险增加，涉及食物和水的疾病风险增加
			产业 / 居住 / 社会	居民、工业和社区用水短缺，水力发电潜能减小，人口迁徙可能
	热带强气旋活动次数增加		水资源	动力故障会造成公共用水中断
			人类健康 / 死亡	伤亡以及水和食物方面疾病风险的增加
			产业 / 居住 / 社会	洪水和大风造成的服务中断，私人保险商取消了对脆弱区域的风险覆盖
	海平面大幅上升的次数增加		水资源	盐水入侵造成淡水供应不足
			人类健康 / 死亡	洪涝溺亡的增加，与移民有关的健康效应的增加
			产业 / 居住 / 社会	海岸保护成本与土地再使用成本的对比，参见上文的热带气旋活动

（资料来源：根据世界银行2009年出版《气候变化适应型城市入门指南》相关资料编辑整理）

2.3.2 气候变化对城市的影响效果与涉及部门

全球气温升高产生的连锁反应，导致风暴的严重程度与范围增强、干旱期延长、海平面上升及相关海岸线侵蚀和淹没、洪水泛滥的概率和程度增强等诸多问题。它们将严重影响到全球人类定居点，尤其是聚居人口数量更多、密度更高的城市地区，例如能源供应紧张、咸潮入侵、基础设施失效、水源污染等问题。这些问题都将对城市发展带来巨大挑战。因此，提高城市应对气候变化的能力建设，首先需要了解气候变化可能对城市产生哪些影响（表2-2），以利于为制定有效的应对措施探明正确方向；其次是掌握这些影响将对哪些城市基本职能部门产生冲击（表2-3），有助于各部门在加强应对气候变化能力建设中明确分工，各司其职。

气候变化可能对城市产生的影响　　表2-2

<table>
<tr><th>气候变化</th><th>直接的影响</th><th>间接的威胁</th></tr>
<tr><td>温度升高</td><td>· 热岛效应增强
· 制冷的能耗需求增加
· 城市空气质量下降
· 永冻层发生变化，可能会损坏建筑和基础设施
· 因干旱导致食品供应短缺或供应中断
· 用水需求增大，家庭、工业和服务业用水短缺
· 水力发电的可能性降低
· 可能造成人口迁徙
· 降低了采暖的能源需求（短期好处）
· 冰雪造成的交通阻断期缩短（短期好处）</td><td>· 城市居民健康受损，包括呼吸道、皮肤和神经系统疾病发病率增加，热浪期间死亡率上升和营养不良等
· 能源供应紧张和能源价格上涨导致城市经济发展放缓和居民生活质量下降
· 工程地质条件变化造成的建设成本与后期维护成本增加可能降低开发商投资愿望
· 食物紧缺和价格上涨导致居民生活质量下降，如供应中断更将引发社会恐慌或混乱
· 供水紧张导致城市经济发展放缓和居民生活质量下降，甚至引发社会恐慌
· 更多或额外的污水治理需求导致环境污染治理难度与成本加大
· 人口迁移可能导致社会混乱或冲突</td></tr>
<tr><td rowspan="2">降水增加</td><td>· 洪水增加
· 危险边坡地区滑坡或泥石流发生风险增加
· 民宅与基础设施损毁
· 更多有利于病原体繁殖的温床
· 居民罹难、受伤，家庭和企业财产受损</td><td>· 城市居民健康受损，包括类似霍乱的水传播性疾病发病率上升，溺水死亡率上升和营养不良等
· 洪水与地质灾害治理导致当地政府相关财政支出增加
· 基础设施维修和设计标准提高导致当地政府相关财政支出增加
· 灾民安置导致当地政府相关财政支出增加</td></tr>
<tr><td>· 食品供应短缺或中断
· 可能造成人口迁徙
· 水源污染</td><td>· 食物紧缺和价格上涨导致居民生活质量下降，如供应中断更将引发社会恐慌或混乱
· 居民生计和城镇经济受损
· 人口迁移可能导致社会混乱或冲突
· 更多或额外的污水治理需求导致环境污染治理难度与成本加大</td></tr>
<tr><td rowspan="2">海平面上升</td><td>· 沿海洪灾
· 风暴潮灾害增加
· 咸潮入侵沿海地区的地下水补给，导致可用淡水量减少，供水紧缺
· 由于咸潮的涌入导致生态环境受损</td><td>· 城市居民健康受损，由落水以及移居卫生状况引起的死亡和受伤风险增加
· 海防维修保护导致当地政府财政支出增加
· 供水紧张导致城市经济发展放缓和居民生活质量下降，甚至引发社会恐慌
· 更多或额外的生态治理需求导致治理难度与成本加大
· 灾民安置导致当地政府相关财政支出增加</td></tr>
<tr><td>· 居民罹难、受伤，家庭和企业财产受损
· 民宅和基础设施损毁
· 海水侵蚀和城区淹没
· 造成人口和基础设施迁移</td><td>· 基础设施维修和设计标准提高导致当地政府相关财政支出增加
· 居民生计和城镇经济受损
· 人口迁移可能导致社会混乱或冲突</td></tr>
<tr><td>极端气候事件发生频率升高</td><td>· 更多的强烈洪灾
· 更高的危险斜坡区域滑坡和泥石流风险
· 扩张的城市热岛效应
· 能耗需求进一步提升
· 食品紧缺，供应网络中断
· 供水需求增加，水质问题加重
· 民宅和基础设施损毁
· 居民罹难、受伤，家庭和企业财产受损
· 疾病传播加剧
· 人口迁移的可能性加大
· 更多的生态治理与污染治理需求</td><td>· 城市居民健康受损，由于传染病和呼吸道疾病导致的死亡率上升，溺水引起的死亡和受伤风险增加
· 各类灾害治理导致当地政府财政支出增加
· 各类基础设施维修和重建当地政府相关财政支出增加
· 灾民安置导致当地政府相关财政支出增加
· 居民生计和城镇经济受损
· 能源供应紧张和能源价格上涨导致城市经济发展放缓和居民生活质量下降
· 食物紧缺和价格上涨导致居民生活质量下降，如供应中断更将引发社会恐慌或混乱
· 供水紧张导致城市经济发展放缓和居民生活质量下降，甚至引发社会恐慌
· 更多或额外的生态治理和污染需求导致治理难度与成本加大
· 人口迁移可能导致社会混乱或冲突</td></tr>
</table>

（资料来源：作者自绘）

从表 2-2 中可以发现，气候变化主要通过改变人类生存所依赖的物质环境对城市发展产生影响，其带来的潜在威胁却已远远超出物质环境的范畴，涵盖了社会稳定、经济发展、居民健康与生活质量等多个领域，对于城市未来的发展将产生深远影响。因此，加强城市应对气候变化的能力建设是个复杂的系统工程，必须由城市各职能部门齐心合力，全方位推进方可奏效。而各部门只有首先掌握气候变化将对本领域产生哪些冲击，方能有针对性地制定应对措施。结合我国城市政府机构设置与部门职能分工，本书的研究将气候变化对城市的影响分解落实到维持城市正常运营与管理的基本职能部门，为各部门加强应对气候变化的能力建设做一基本梳理。

气候变化对城市各领域的影响与涉及的相关职能部门　　表2-3

<table>
<tr><th colspan="3">气候变化对城市各领域的影响</th><th rowspan="2">造成影响的重要气候变化事件</th><th rowspan="2">涉及的部门 / 机构</th></tr>
<tr><th>领域</th><th>分类</th><th>可能的影响效果</th></tr>
<tr><td rowspan="9">实体设施与用地</td><td>建筑</td><td>· 被洪水淹没毁坏
· 建筑基础和管线受到咸潮侵蚀
· 地面塌陷、下沉造成建筑物损坏</td><td>· 强降水引发的洪灾
· 海平面上升导致的咸潮侵入</td><td>建设主管部门</td></tr>
<tr><td>道路交通</td><td>· 道路淹没以及路基和桥梁的支承部分被侵蚀
· 高速公路、海港、桥梁和机场跑道等交通基础设施的永久性损坏
· 高温造成道路路面损害
· 由于洪水、泥石流、横断树木和倾倒电线造成交通中断
· 极端事件造成的交通中断
· 公共交通（公路和轨道）基础设施维护需求的变化</td><td>· 海平面上升
· 强降水引发的洪灾和滑坡、泥石流
· 持续高温
· 极端气候事件频发</td><td>交通主管部门</td></tr>
<tr><td>能源</td><td>· 能源需求增加
· 能源生产受限而导致供应紧张
· 能源输送设施遭到损坏和干扰</td><td>· 持续高温
· 风暴
· 强降水引发的洪灾
· 极端气候事件频发</td><td>经济和信息化主管部门</td></tr>
<tr><td>给水</td><td>· 城市用水需求增加
· 河水流量下降，地下水水位下降，咸潮入侵等情况导致城市供水紧缺
· 水源污染</td><td>· 持续高温
· 海平面上升
· 强降雨</td><td rowspan="4">水务主管部门</td></tr>
<tr><td>排水</td><td>· 城区内涝
· 海水倒灌</td><td>· 强降水
· 海平面上升</td></tr>
<tr><td>污水治理</td><td>· 降雨强度的增加导致污水处理系统进水和渗水概率增加
· 湿润天气下水溢出事件频率和危害程度增加
· 长时间干旱可能会造成堵塞和干燥季节水溢出事件</td><td>· 强降雨
· 持续高温</td></tr>
<tr><td>堤防</td><td>· 堤坝被侵蚀和淹没
· 系统性洪水的频度和 / 或程度升高
· 河流洪峰高度升高，相关侵蚀增加
· 冲积平原形态变化以及对财产和基础设施造成损害的可能性增加</td><td>· 海平面上升
· 强降雨
· 极端气候事件频发</td></tr>
<tr><td>公园等公共场地</td><td>· 火灾风险增加
· 土地合理使用方式变化
· 生物多样性变化
· 害虫的种类与分布的变化
· 对避难所需求增加</td><td>· 持续高温
· 强降雨
· 极端气候事件频发</td><td>园林绿化主管部门</td></tr>
<tr><td>应急</td><td>· 公共安全以及用于抵御洪水、火灾、滑坡和风暴事件的救灾资源受到更大的威胁</td><td>· 极端气候事件频发</td><td>应急办</td></tr>
</table>

续表

气候变化对城市各领域的影响			造成影响的重要气候变化事件	涉及的部门 / 机构
领域	分类	可能的影响效果		
经济发展	工业	· 建筑、基础设施和其他资产的损毁 · 气候影响造成的交通、通信和电力设施的延误和取消将影响生产与销售 · 成本增加	· 强降雨 · 持续高温 · 海平面上升 · 极端气候事件频发	经济和信息化主管部门
	零售及服务业	· 供应链中断 · 网络和交通中断 · 消费模式的改变	· 强降雨 · 持续高温 · 海平面上升 · 极端气候事件频发	商务主管部门
	旅游业	· 气候变化可能会造成地区性的季节改变，进而改变与季节相关的休闲娱乐业商机和旅游设施 · 严重的天气事件和继发的交通延误及取消对旅游业也会产生负面影响 · 从业人员失业率上升	· 强降雨 · 持续高温 · 海平面上升 · 极端气候事件频发	旅游主管部门
	保险业	· 保险需求上升而可保范围下降 · 保险费用可能会大幅上涨 · 高损失事件的不确定性可能会让保险费的压力直线上升	· 强降雨 · 持续高温 · 极端气候事件频发	保险监督管理委员会
公共健康		· 人员伤亡数上升（因热致死、溺亡等） · 医疗设施损毁 · 因电力中断扰乱医院的服务 · 水处理设备遭到结构性损坏或电力中断，清洁水的供应也会受到影响 · 传染性疾病的传播加剧 · 害虫的防治形式更加严峻	· 强降雨 · 持续高温 · 海平面上升 · 极端气候事件频发	卫生主管部门
社会稳定	贫困人群	· 因缺乏卫生保健、建筑结构修复、通信、水和食物等资源而难以缓解气候变化带来的损害 · 在灾后恢复中缺乏适当的援助，贫困人口只能牺牲家庭的营养保障、孩子的教育或其他还剩余的资产来满足最基本的需求，进一步限制了他们从贫困中恢复或脱贫的机会	· 强降雨 · 持续高温 · 海平面上升 · 极端气候事件频发	民政主管部门
	边缘人群	· 可能加剧性别和种族之间的不平等，贫困的少数族群、妇女和老人更容易受到影响 · 被边缘化的少数族群承担气候变化的更多风险	· 强降雨 · 持续高温 · 海平面上升 · 极端气候事件频发	
	人口被迫迁徙	· 国内和国际移民潮 · 人口迁移可能造成社会混乱或冲突	· 强降雨 · 持续高温 · 海平面上升 · 极端气候事件频发	国家及地方政府

（资料来源：作者自绘）

2.4 国内外应对气候变化的响应机制比较

气候变化的危害已经威胁全人类的可持续发展，应对气候变化刻不容缓。遵循既要承担全人类共同的责任和义务，又不能过度损害本国经济和社会发展进程的指导方针，世界各国纷纷结合本国国情制定响应机制，积极应对气候变化。比较而言，以美国、日本、欧盟①等为代表的主要发达国家、集团应对气候变化的响应机制更为成熟有效。下文将在简要介绍各国应对气候变化响应机制的基础上，对比研究我国应对气候变化的响应机制，为构建我国应对气候变化的城市规划响应机制寻求宏观层面的指引。

2.4.1　欧盟

一直以来，欧盟在应对气候变化问题上表现态度最为积极，借助其卓有成效的应对气候变化响应机制推动，从 1990 ~ 2008 年，欧盟 27 国②的温室气体排放量降低了 11.1%。其中先加入欧盟的 15 国的排放量减少了 6.3%，2004 年后加入欧盟的 12 个成员国排放量减少了 26.7%[32]。值得一提的是，欧盟取得的“碳减排”成绩大部分是在 20 世纪 90 年代完成，这也奠定了欧盟在当前全球应对气候变化行动中的领先地位[33]。

为了有效应对气候变化，欧盟已经形成了一套基本的响应模式，分为把握挑战、凝聚共识、依法决策、贯彻实施等四个步骤[34]。并通过政策法规制定、组织机制设定、技术研究支撑、实施途径保障等响应机制的建立，保证模式有效运行。

1）政策法规制定

为了实现《京都议定书》承诺的减排目标，欧盟遵循“利用市场力量寻求最低成本的温室气体减排；协同各个经济部门，满足国家减排目标的实现”的基本原则[33]，制订多项应对气候变化的政策与法令，具体如表 2-4 所示。

欧盟应对气候变化的主要政策与法令　　表2-4

时间	政策与法令	主要内容
1996 年在《IPPC 法案》中引入，于 1999 年 11 月生效	综合污染预防与控制	建设一个用于控制各成员国温室气体与废弃物排放的综合性平台
1998 年 6 月	欧盟成员国减排责任分担协议	将欧盟的减排任务分配给各成员国
——	国家分配计划	· 确定成员国在某阶段内分配的配额总量 · 确定行业部门间、参与减排企业间的配额分配方法 · 确定新企业准入办法 · 确定参与企业名单及其配额的数量
2000 年	第六个环境行动计划——《环境 2010：我们的未来，我们的选择》	确定未来 5-10 年环境政策的优先领域和目标 · 优先领域和目标包括：遏止气候变化、保护大自然和野生生物、环境与健康、自然资源和废弃物 · 实现环境目标的战略措施包括：落实立法、将环境问题作为制定政策的核心、在市场中开展环境保护的工作、协助公众做出利于环境的选择、更好地利用土地
2000 年 6 月	欧盟气候变化计划（I）	制定了能源、工业、民用和服务业、交通运输和基础设施等部门的减排措施
2001 年	2001/77/EC 指令——关于促进国内电力市场可再生能源发电	对各成员国制订了可再生能源使用的参考性指标，并对支撑计划、保障措施、管理过程和电力网运营等内容提出了要求

① 欧盟即欧洲联盟（European Union），总部设在比利时首都布鲁塞尔，是由欧洲共同体（European Community，又称欧洲共同市场，简称欧共体）发展而来的。1993 年 11 月 1 日，欧洲共同体马斯特里赫特首脑会议通过的《欧洲联盟条约》正式生效，欧盟正式诞生。欧盟现在拥有 28 个成员国，分别为奥地利、比利时、保加利亚、塞浦路斯、克罗地亚、捷克、丹麦、爱沙尼亚、芬兰、法国、德国、希腊、匈牙利、爱尔兰、意大利、拉脱维亚、立陶宛、卢森堡、马耳他、荷兰、波兰、葡萄牙、罗马尼亚、斯洛伐克、斯洛文尼亚、西班牙、瑞典、英国。

② 克罗地亚在 2013 年 7 月 1 日才加入欧盟，因此截至 2008 年，欧盟只有 27 个成员国。

续表

<table>
<tr><th colspan="2">时间</th><th>政策与法令</th><th>主要内容</th></tr>
<tr><td colspan="2" rowspan="4">2003 年</td><td>2003/30/EC 指令——关于生物燃料和其他可再生交通燃料</td><td>各成员国液体生物质燃料占能源消费总量的比例（以含能量计算）在 2005 年底应达到 2%，2010 年底应达到 5.75%</td></tr>
<tr><td>2003/96/EC 指令——关于调整能源生产和电力税收的社区框架</td><td>规定了在欧盟框架下成员国可以采取的税收措施。其中，优惠税是最主要的措施。把环境成本打入产品价格，引导生产者和消费者做出理性的有利于减缓气候变化的选择</td></tr>
<tr><td>2003/54/EC 指令——关于内部电力市场通则与废止 96/92/EC 指令</td><td>推进电力部门天然气市场自由化，欧盟内部逐步开放电力市场，允许消费者多渠道买电</td></tr>
<tr><td>2003/87/EC 指令——欧盟内部温室气体排放许可交易制度</td><td>规定了温室气体排放许可、配额管理、排放监督和报告以及处罚等多项制度。指令的附件Ⅲ还规定了国家配额计划的基本原则</td></tr>
<tr><td colspan="2">2005 年 10 月</td><td>欧盟气候变化计划（II）</td><td>· 2011 年将航空业纳入欧盟排放交易体系
· 制定降低新车 CO_2 排放量的相关法律
· 审核现行排放交易体系，在 2013 年修订
· 制定安全运用碳埋存技术的立法框架等</td></tr>
<tr><td rowspan="6">2008 年 1 月 23 日提出，2008 年 12 月 17 日批准</td><td rowspan="6">能源气候一揽子计划</td><td>欧盟排放权交易机制修正案</td><td>加大温室气体控制范围，扩展欧盟排放交易机制</td></tr>
<tr><td>欧盟成员国配套措施任务分配的决定</td><td>欧盟成员国间推行责任分担协议机制</td></tr>
<tr><td>碳捕获与封存的法律框架</td><td>制定关于碳捕获和封存以及环境补贴新规则</td></tr>
<tr><td>可再生能源指令</td><td>制定约束性可再生能源目标，强调推行生物质燃料</td></tr>
<tr><td>汽车二氧化碳排放法</td><td>制定汽车二氧化碳排放的标准与管理规则</td></tr>
<tr><td>燃料质量指令</td><td>对生产和运输燃料制定更严格的环保标准</td></tr>
<tr><td colspan="2">2009 年初</td><td>适应气候变化白皮书</td><td>· 2009 ～ 2012 年为实施“适应”战略第一阶段，2013 年开始第二阶段
· 第一阶段的四项行动支柱
①建立气候变化对欧盟影响及后果的知识基础
②在欧盟主要政策领域融入“适应”战略
③综合运用各种政策工具解决资金问题
④开展国际适应合作
· 将欧盟的气候适应战略纳入欧盟对外政策，提高邻国和发展中国家的适应和恢复能力
· 将“适应”战略嵌入对外贸易政策，以“绿色贸易”带动经济发展和提供就业机会</td></tr>
<tr><td colspan="2">2009 年 4 月</td><td>2009/28/EC 指令——推广使用可再生能源及修改、废除 2001/77/EC 和 2003/30/EC 指令</td><td>确定欧盟促进可再生能源使用的一般性框架，规定了可再生能源在欧盟能源消耗中的比例（不少于 20%），以及在各成员国的运输领域能源消耗中的比例（不少于 10%）</td></tr>
<tr><td colspan="2">2013 年</td><td>欧盟适应气候变化战略</td><td>提出欧盟成员国需要共同遵守的适应气候变化的主要行动、协调框架、融资以及检测、评估和审查等重要内容</td></tr>
</table>

（资料来源：作者自绘）

2）组织机制设定

欧盟有关应对气候变化的法律或行政措施形成过程中参与者众多，包括代表欧盟的机构、代表成员国的机构和一些欧盟咨询机构 [35]。气候领域的决策需要通过凝聚各国的共识，反复协调磋商形成，而具体执行计划由各国根据本国情况制订，不同的组织机构发挥不同的作用。与气候政策密切相关的组织机构有以下三个层次：欧盟委员会、气候政策咨询网络和非政府组织。

（1）欧盟委员会——气候行动委员、气候行动总司

在传统意义上讲，气候变化属于环境治理议题，因此气候领域的决策及管理也属于欧盟环境政策的职权范围，由环境总司负责（Directorate-General Environment）。2009年哥本哈根气候大会以及《里斯本条约》生效后，气候事务脱离环境政策管辖，独立运作。2010年欧盟委员会增设了气候行动委员，由康妮·海德嘉担任。

欧盟于2010年2月成立了“气候行动总司”（Directorate-General for Climate Action）。它的主要职责是开发和实现国际和国内气候行动的政策和策略，主持国际气候谈判，督促实现欧盟排放交易体系（ETS），监控成员国在欧盟以外的区域减排目标的执行情况以及促进低碳和适应技术的开发研究①。

（2）气候政策咨询体系

除气候行动总司外，欧盟在欧委会之外还设立了四个气候政策咨询机构，在欧盟的气候决策中承担着“专家小组”的作用（表2-5）。

（3）非政府组织

欧盟拥有大量的非政府环境组织，在气候决策上是颇具影响力的要素。其中历史最长的是1974年在欧盟委员会帮助下成立的欧洲环境局，目前它联合了132个团体，遍布24个成员国。其他影响力较大的组织还有：绿色和平、地球之友、世界自然基金会、欧洲气候网络等。它们的主要活动范围是政策设计、政策动员、资料收集、提供专家意见、发动群众运动以及监督投诉。

欧盟气候政策咨询体系　表2-5

名称	成立时间	主要职责	运作状况
欧洲环境署	1990年获准成立1993年正式运行	收集、处理欧洲和环境信息和数据，定期出版欧洲环境情况的报告；统一的标准制订、清单汇总和监督检查	设有一个管理委员会和一个科学委员会。由管委会成员国代表、欧洲委员会的代表以及欧洲议会指派的科学家代表及观察员（科学委员会主席）组成
欧洲环境与可持续发展咨询论坛	1997年2月	论坛代表参与欧委会组织的气候议题咨询活动，并提出政策咨询建议	非正式环境咨询机构，论坛成员类型广泛
欧盟环境法实施网络	由“第五个环境行动规划”创设	促进政府间有关环境法实施方面的信息和经验交流，开发实施环境法的有效手段、措施	非正式的政府间执行网络
环境政策评估小组	起源于“第五个环境行动规划”	促进成员国之间对环境政策、措施观点的交流和相互理解；在立法阶段对环境问题展开“智库式”的讨论	非正式咨询机构，成员由欧委会代表成员国司长级官员组成

（资料来源：作者自绘）

3）技术研究支撑

技术研究是应对气候变化的关键，这一理念已经成为国际共识。欧盟高度重视科学技术研究在应对气候变化相关方面的作用，很早就开始制定研究框架和技术开发工作，并且通过雄厚的财政预算保障研究的推进。这是欧盟能早于其他发达国家在应对气候问题上掌握话语权的主要原因之一。

欧盟科技研发与政策创新最重要的组成部分是“欧盟研究和技术开发框架计划”。该框架从1984年启动第一期以来，至今已有七期。其中涉及大量气候方面的科技研发活动，并取得丰硕成果；近年来随着欧盟对气候问题的重视，该领域研究所占的预算比例逐年增大[36]。以目前正在进行的第七期框架计划（FP7）为例，

① 参见 http://ec.europa.eu/clima/about-us/mission/index_en.htm。

与气候变化相关研究项目的预算金额高达 100 亿欧元左右，占总投资的 1/7。FP7 由四个专项计划和一个核研究特殊计划组成，在合作计划中包括十大优先研究领域，其中与气候变化密切相关的主题有四个：环境、能源、交通、安全（表 2-6）。

FP7与气候变化相关优先领域　　表2-6

领域名称	研究目标	主要研究活动
环境主题（包括气候变化）	致力于加强对地球环境的认识以凸显全球性环境问题的重要性；加强气候变化的观测与预报、生态系统运行、地壳、海洋变迁等。通过这些研究提高欧盟环境质量监测以及风险评估技术水平，提高信息的准确度，进而更好地保障人类健康和保护自然环境；同时通过技术创新，为开创新型产业和提高竞争力提供契机	· 气候变化、污染与风险管理 · 自然资源可持续管理 · 环境技术 · 大地观测与评估工具
能源主题	优化目前能源结构，以可再生、无污染的多样化能源为基础，减少对进口燃料的依赖，构建可持续的能源系统；提高能源效率，包括能源的合理利用及储存；减少温室气体排放；通过低碳化技术，提高欧洲工业的竞争力	· 氢能和燃料电池 · 可再生能源发电 · 可再生燃料发电 · 可再生能源的主被动供热或制冷 · CO_2 捕获及封存技术 · 洁净煤技术 · 优质能源网络 · 能源和节能 · 能源政策制定的理论根据
交通主题	发展更安全、环保、智能型的一体化运输系统，提高欧洲居民出行的便利，加快社会整合，在促进区域性发展与提升全球竞争力的同时兼顾环境与自然资源保护	· 航空运输 · 可持续陆上交通 · 支持欧洲全球卫星定位系统
安全主题	通过卫星系统监测地球气候变化，以减少人类受自然灾害的威胁	· 基础设施与公用事业安全 · 情报监控和边界安全 · 危机改善下的安全恢复

（资料来源：作者自绘）

从上述技术研究支撑看出，欧盟高度重视气候领域的技术与政策研究，首先制定详细可行的技术研发框架和研究目标，然后通过大量的资金预算支持研究的推进和成果转化，最后将研究成果应用于实践领域。

4）实施途径保障

在实施领域，欧盟主要通过市场机制和财税机制两个手段来实现其应对气候变化的措施。

（1）市场机制

利用市场机制节能减排是欧盟的首创举动，其做法主要有两类：一是建立欧盟碳排放交易体系（European Union Emission Trading Scheme，ETS）；二是出台与环保相关的行业标准与产品标识来提升低碳产业的行业竞争力。

欧盟碳排放交易体系是世界上第一个多国参与的排放交易体系，也是目前世界上“三大”碳排放交易市场之一，其实质是一种碳排放配额的分配和交易市场。ETS 于 2005 年启动，主要工作是配额交易，将《京都议定书》下的减排目标分配给各成员国，成员国可以使用、交易这些配额，以履行京都减排承诺。

欧盟通过制定强制性或鼓励性的绿色行业标准，对企业推广使用“碳标签”，来衡量产品生产、运输过程中所消耗的碳足迹。通过消费者的市场行为来调控某类产品的市场占有率，促使企业通过科技进步，研发生产出更节能低碳的产品，从而降低该类产品的能耗总量。

（2）财税机制

财政和税收是调整市场的有力杠杆。在这方面，欧盟所采用的做法主要为：一是对气候领域的技术研发和政策创新进行财政补贴，从而推动相关创新的进程；二是通过减免和征收的方式，扶持低碳相关的企业、产品和技术，而对绿色能源不达标企业制定了罚款和高额征税等强制措施，从而影响资本投资的产业偏好，引导资金注入低碳产业。其中比较典型的有：以边境碳调整（Border Carbon Adjustments，BCA）① 为代表的碳关税，以英国的气候变化税（Climate Change Levy，CCL）② 为代表的能源税。

2.4.2 日本

日本是亚洲环境领域的领先国家，日本政府极其重视环境气候问题。为应对气候变化，日本创建了举国低碳体制，其特点是由政府主导、全民参与。在20世纪60年代制定的“环境产国”方针指导下，日本一方面不断完善环保立法并加强政策引导，强化政府的协调、监管职责；另一方面，日本政府持续的政策与资金扶持，保障了环保技术研发和相关产业得以高速发展。此外，日本也非常重视与世界大国在全球气候变化相关领域的交流与合作，建设低碳社会是影响到日本国家安全及国家政治经济利益的重要战略。下文将从政策法规制定、组织机构设定、技术研究支撑、制度战略创新四个方面进行介绍。

1）政策法规制定

日本在立法、政策制定和推进低碳策略方面有显著成就，早在1998年即制定了世界首部应对气候变化的法律——《全球气候变暖对策推进法》。在签约《京都议定书》之后，在长期的实践探索中构建了较完善的应对气候变化的法律体系和规划，形成了应对气候变化的系统战略（表2-7）。

日本应对气候变化的主要政策法规 表2-7

时间	政策法规	主要内容
1979年颁布实施，经过多次修改，最近一次在2006年	节约能源法	日本能源的核心法律，对能耗标准作了严格的规定，强化节能与能源使用效率
不详	氟利昂回收破坏法	对氟利昂类冷媒回收、破坏进行了详细规定。减少高强度温室气体对大气臭氧层的破坏，从而降低温室效应
1993年	环境基本法	确定了环境保护的基本理念，并规定了构成环境保护政策的根本事项；明确了各方在环境保护中的责任和义务；将全球气候变暖对策纳入环境法体系
1997年提出，分别于1999年、2001年、2002年、2009年进行修订	促进新能源利用特别措施法	规定新能源利用的内容：包括风能、太阳能、地热能、燃料电池发电和垃圾发电等新能源与可再生能源的应用。并对企业利用新能源作了规定
1998年10月9日通过，2008年6月通过修正案	全球气候变暖对策推进法	明确了国家、地方公共团体、事业者、国民对气候变暖的基本职责；规定设置“全球气候变暖推进本部”推进相关应对政策；规划了抑制温室气体排放的基本措施；构建了保全森林等吸收作用机制；制定分配数量账户制度
1999年	全球气候变暖对策推进法实施细则	由应对气候变化总部起草，为了有效推动《全球气候变暖对策推进法》的实施，具体就温室气体排放量的算定方法、报告，以及分配数量账户制度作出了详细规定[37]
1999年通过，2001年1月6日施行	环境省设置法	明确规定了环境省的任务及所管理事务，其职责之一便是制定抑制温室气体排放的标准、指示、方针、计划、政策及相关事务法律法规
2002年	电力事业者利用新能源等的特别措施法	规定电力事业者应当在每年度按照经济产业省令的规定，利用超过基准利用量的新能源电力。并要求电力事业者置备账簿，记载其利用和生产新能源的电量等事项。对于依法不履行义务者，处以罚款

① 边境碳调整是由欧盟、美国及经合组织（OECD）国家最先提出的一项贸易措施，主要是向来自非减排国家和非缔约国家的进口产品征收边境调节税，以消除执行气候政策的负面影响。
② 英国气候变化税于2001年正式实施，旨在鼓励高效利用能源及推广可再生能源，借此帮助英国实现温室气体减排的国内国际目标。

续表

时间	政策法规	主要内容
2002 年	能源政策基本法	规定了国家、地方公共团体、事业者、国民在能源使用方面的义务。提出能源基本计划，并且要求普及能源相关知识。该法强调国家应大力推进与国际能源机构及环保机构的合作及交流
2003 年 7 月 18 日	增进环保热情及推进环境教育法	亚洲第一部环境教育法，通过提供体验环保活动的机会及环保信息，增进社会各界的环保热情，加深对环保的理解。通过振兴环境教育，实现社会可持续发展
2010 年 6 月 18 日	2010 年新成长战略	强调环境・能源强国战略要以绿色创新为基础，提出了以环境领域为依托的新增就业岗位目标。战略提出到 2020 年，减排 25%
2011 年 8 月 26 日	可再生能源特别措施法案①	制定了鼓励与普及可再生能源发电的相关措施，即规定电力公司有义务购买个人和企业利用可再生能源生产的电力。此外，还将设立一个负责确定电力价格与电价透明度的第三方委员会

（资料来源：作者自绘）

2）组织机构设定

目前，日本应对气候变化的行政组织机构形成了三个明确层次：第一层次为由首相领导的国家节能领导小组，负责制定宏观节能政策；第二层次为环境省、经济产业省与其下属的能源资源厅和各县的经济产业局，主要负责起草和制定涉及节能的详细法规，推行节能和新能源开发等工作；第三层次是受政府委托的节能机构，在日本有近 30 家，专门负责对企业的节能情况进行检查评估，并提出整改建议②。这些部门分工明确、相互协作，对国家节能环保标准进行推广和监督。

（1）国家层面——成立专门机构

1997 年 12 月日本成立了由内阁大臣组成的气候变化应对总部，专门负责气候变化政策的协调与执行，评估各政府部门“节能减排”任务的履行状况，并制定针对性的措施。该总部于 1998 年起草了《应对全球气候变化措施指南》，有效地指导了环境政策的落实与国际合作的开展[38]。

（2）省厅层面——改组行政系统

日本的行政系统于 2001 年 1 月进行了改组，各机关已由原来的 1 府 22 省厅合并为 1 府 12 省厅，1971 年起管理国家环境事务的环境厅升格并更名为环境省③。在行政职能上，升格后的环境省主要工作是制定综合环境政策，强化有关地球环境和国际环境合作，制定废弃物和再生利用，保护自然环境和自然公园对策等④，另外还负责协调政府各个部门的研究活动。除环境省外，经济产业省、国土交通省、外务省、文部科学省、农林水产省、气象厅机关单位的行政职责范围内也涉及环境和气候有关的工作。

3）技术研究支撑

2008 年为应对金融危机的影响，日本提出“低碳社会是日本发展的目标”。根据这一著名的“福田蓝图”，日本需要在 2050 年实现减排 60% ~ 80% 的目标，并将通过大力推进技术创新来实现这一目标。

（1）制定研发计划

由于日本是能源稀缺国家，能源消费对外依存度高，所以加强对节能技术的研发是日本技术创新的核心（表 2-8）。

---

① 参见 http://news.xinhuanet.com/world/2011-08/26/c_121917766.htm。
② 参见 http://news.xinhuanet.com/world/2007-01/10/content_5589261.htm。
③ 参见 http://www.envir.gov.cn/info/2001/3/34826.htm。
④ 具体行政职责参见 http://www.env.go.jp/cn/。

日本主要低碳技术研发计划　表2-8

时间	计划名称	主要内容
2008年3月	凉爽地球能源技术创新计划	制定了到2050年的日本能源创新技术发展路线图，明确了21项重点发展的创新项目[39]
2008年5月	低碳技术计划	确定了低碳技术研发的五大重点领域，分别是超燃烧系统技术、超时空能源利用技术、节能型信息生活空间创生技术、低碳交通型社会构建技术和新一代节能半导体元器件技术
2009年	太阳能鼓励政策	将发展太阳能列入日本经济计划，预计支出1.6万亿日元（合160亿美元）用于太阳能技术的开发与利用

（资料来源：作者自绘）

（2）财政资金支持

首先，在强调政府在基础研究中的作用和责任的同时，允许并鼓励私有资本进入低碳技术投资领域，保证资金的投入。据官方数据显示，政府决定从2008年开始，在今后5年将投入300亿美元来促进低碳技术的研发。另外，还通过设立“竞争型研发资金”，对不同主体的联合研发活动予以资助。

其次，通过经济刺激手段，对民用低碳设施进行普及和革新。例如：导入了新的电费制度，对使用清洁能源的家庭进行补贴；日本家电商实施绿色“积分制”，购买节能家电时奖励积分，积分达到一定数量可以免费换购节能家电。

（3）整合研发资源

与其他国家不同，日本的大部分研发活动集中于企业，所以为推动跨行业、跨领域的低碳技术创新，日本政府建立了由政府、产业界、学术界构成的国家创新系统，即“官产学”研发体系。以政府为主导，企业为主体，调动全社会的资源，全方位推进技术研发进程，实现技术开发、技术使用和技术普及三位一体。

4）制度战略创新

低碳社会的营造是对传统生活方式、能源消耗方式、企业生产方式的一次大革新，需要与之相匹配的制度作为支撑。日本在这方面所做的工作主要有利用市场机制、推行低碳城市建设，以及倡导低碳生活方式。

（1）利用市场机制（表2-9）

主要市场制度汇总表　表2-9

制度名称	主要内容	实施效果
二氧化碳交易市场	2008年10月气候变化总部会议上正式建立。企业自愿向政府申请做出减排承诺，并按照该目标进行减排。企业间可相互购买剩余排放量，交易价格由市场决定	没有与政府间达成任何协议以保证目标实现，地区级的强制总量交易体系出现能够提高该政策的效果
对企业减排进行分类管理	对大型、中型、小型企业实施不同的管理策略	明确企业职责，扶持节能企业的发展
碳足迹（Carbon Footprint）	从2009年开始实行，即将某产品或服务的从生产到使用完毕全过程5个阶段排出的温室气体折算成碳排量，标示在产品包装上	使碳排放量“可视化”，刺激希望占领绿色产品市场的企业参与到该计划中来，从反方面鼓励民众选择更低碳的产品
领跑者（Top Runner）	日本独创的通过“鞭打慢牛”以促进企业低碳化的措施。将同类产品中①能耗最低的产品作为标准，即“领跑者”，对未按照该标准生产的制造商处以警告、罚款等处罚	截至目前，“领跑者”计划共包括24项产品，主要涉及运输、家电等，是目前世界上最成功的节能标准标识制度之一
节能标签	从2000年开始施行，即在产品上加贴能耗标签，包括能耗等级、能耗量、能源运行费用等信息	有效地鼓励了消费者选购节能家电

① 参见 http://www.env.go.jp/earth/ondanka/det/capandtrade/about1003.pdf。

续表

制度名称	主要内容	实施效果
环境税	从2012年10月起，对石油、煤炭等一次性化石燃料燃烧后排放的二氧化碳征收环境税，税率为250日元/千升石油①	环境税由使用化石燃料的日本各电力公司和燃气公司支付，但最终将通过油价、电费和燃气费转嫁到消费者头上

（资料来源：作者自绘）

（2）推行低碳城市与绿地建设

2008年，日本在全国范围内以城市为评选对象评选"环境示范城市"，获得该称号的城市将享受相应的政策与资金扶持。以此来宣传低碳理念，推动节能住宅的建设普及，鼓励使用地方资源，强调因地制宜的创建产业、交通、生活低碳模式。2010年8月日本政府颁布《低碳城市建设指导手册》，通过在交通和城市结构、能源、绿色三个领域制定综合性低碳化组合策略，促使城市各领域逐步实现低碳化，推进向集约化节能型城市转变。

另外各地方政府还大力推动绿地建设，制定了一系列规划和计划，其中有代表性的有《绿色人生计划》、《绿荫倍增计划》、《建设绿色东京的十年规划——东京都绿荫的再生》等。

（3）倡导低碳生活方式

通过倡导低碳、健康的生活方式，向国民普及节能知识，将低碳理念落实到国民的衣、食、住、行中。例如：鼓励居民放弃传统白炽灯，选择节能灯照明；推广使用太阳能热水器，对使用清洁能源的家庭进行补贴；通过建筑节能改造，降低建筑能耗；鼓励公共交通出行，降低交通能耗；对全社会进行环境教育，提升全民的节能环保意识，调动居民爱护绿荫、照料绿荫的积极性等。

2.4.3 美国

面对世界低碳经济的潮流，美国历届政府的态度不尽相同。作为唯一没有批准《京都议定书》的发达国家，美国年度温室气体排放量位居全球第二，其气候政策影响着全球应对气候变化国际合作的进程。

美国当前的气候变化立场及应对机制与其能源安全策略紧密相关，核心关注点是提高能源效率以及开发新能源。奥巴马政府上台以来，与往届政府消极的气候政策相反，强调发展新能源与低碳经济，并推出了新能源战略，希望借此带领美国经济走出低谷，确保美国产业的国际竞争力。这也是摆脱石油进口依赖，促进美国经济战略转型的长远策略。

1）法律法案制定

美国国内尚无统一的气候变化法，主要原因是美国立法程序复杂，利益集团纷争[40]。美国气候变化方面的法律可以分为三类：能源立法、环境立法以及气候立法，较重要的相关法律如表2-10所示。

美国应对气候变化的主要法律与法案　　表2-10

时间	法规与方案	主要内容
1972年通过，1997年修订	清洁水法	制定了美国污水排放的基本法规，规定任何人不得从点污染源向可航行的水道中排放污水，除非根据该法获得污水排放许可证②
1975年制定，1977年、1990年修订	清洁空气法	针对大气污染物排放，以改善空气和保护臭氧层为目的。确定四条原则：国家空气质量标准原则，州政府独立实施原则，污染源控制原则，视觉可视性原则。通过行政保障措施、民事诉讼和刑事保障措施，保障法律的实施

① 参见 http://www.mep.gov.cn/ztbd/rdzl/dqst/gwjy/201307/t20130704_254826.htm。

② 参见：http://en.wikipedia.org/wiki/Clean_Water_Act。

续表

时间	法规与方案	主要内容
1976 年	固体废弃物处置法	控制固体废物对美国土地的污染，保护公众健康及环境，合理地回收利用废弃物
2005 年	国家能源政策法	能源与气候的综合立法。专设了规定气候问题的第 16 章，主要涉及国内气候变化技术问题，特别对发展中国家的技术进行规范。并没有提出强制性措施及减排目标
2007 年 7 月	低碳经济法案	强化经济发展与气候变化的关系，强调通过低碳贸易促进美国经济的复苏，并提出贸易措施。出于保护本国企业的目的，美国要求其五大贸易伙伴执行相应低碳经济措施，并每五年进行评估，根据评估结果制定关税措施
2007 年 10 月	气候安全法案	制定电力、交通、工业制造业三大部门相关产品的技术标准、标识，确定具体的减排目标及措施
2009 年	清洁能源安全法案	关键条款是发展低碳电力、鼓励清洁能源的开发，促进对这些低碳技术和可再生能源的研发与支持；其核心是减少碳排放，制定温室气体排放的近期、中期和远期目标，提出 2012 年碳排放量要低于 2005 年总量 提出一系列措施促进能源效率的提升：设定家庭购买高效家电的补贴优惠；设定新的最低能效标准；加大基础设施投入，提升电网设施系统；设定旨在促进可再生能源的开发利用的减税措施；降低对国外能源的依赖；提高高能效汽车的生产和使用普及等
2010 年 5 月	电力法案	通过创造新就业机会、增加能源供给的安全性，维护国家利益，其核心是限制碳污染；对《清洁空气法》进行修正；创新建立了拍卖体系，涵盖了成本减缩、市场保护、关键能源技术投资、制造业公平竞争、提高竞争力、促进创新和增加就业等措施
2010 年参议院提案	能源法	提出相对保守的分阶段的减排目标。[41] 法案包括以下内容：促进国内可再生能源发展；温室气体减排目标；消费者保护条款；增加绿色就业；应对气候变化的国际合作；适应气候变化的实施项目；财政经费控制①

（资料来源：根据 http://www.epa.gov/climatechange/EPAactivities/economics.html 相关内容编辑）

相比于国家立法的谨慎，各州在应对气候变化方面所采取的行动更为积极和活跃。比如马萨诸塞州等诉环保局案是首个美国最高法院对全球变暖裁决。此案在进一步拓宽公民环境诉讼方面具有里程碑式的法律意义[42]。还比如 2006 年通过的《全球温室效应治理法案》为加州州级法案，规定强制性减排义务，并运用创新的制度工具减少温室气体，降低能源成本，提高就业和经济增长[43]。

2）组织机构设定

（1）政府组织

不同于日本的举国体制，美国联邦政府注重运用市场化手段推动减排和新能源的开发，尽量避免对企业和民众个人进行直接干预，通常制定引导措施，提供相应的服务，做好“裁判员”角色。美国涉及气候变化事务的政府机构主要有能源部及环境保护署。

美国能源部（United States Department of Energy，USDE）设立于 1977 年 8 月，是美国目前 13 个部之一，负责统一管理各类能源的勘探、研究、开发和利用，旨在解决至关重要的能源问题。

美国环境保护署（Environmental Protection Agency，EPA），简称美国环保署，成立于 1970 年 12 月 2 日，是美国联邦政府的一个独立行政机构，主要负责联邦政府在环境保护问题上的研究、监测、标准制定和计划执行，维护自然环境和保护人类健康不受环境危害影响②。

（2）非政府组织

和欧盟一样，美国也拥有大量的非政府组织（Non-Government Organization，NGO），在气候问题上起着重要的影响推动作用。有学者将美国 NGO 所采用的策略分为四大类：直接合作型、间接合作型、直接对抗型、

① 参见：http://www.c2es.org/federal/congress/111/short-summary-kerry-lieberman-american-power-act。
② 参见：http://www2.epa.gov/aboutepa/epa-history。

间接对抗型[44]。总体来讲，美国的NGO数量庞大、构成复杂、诉求及策略多元。所采取的策略可以概括为：注重与各州在地方层级的沟通，如推进环境友好的州（市镇）“碳减排”力度提升和其低碳产业的发展；通过加大合作力度，协助工商业界找寻应对气候变化的办法；从公众利益出发，构建与个人利益相关的议题，从而取得更多的支持，通过多方面协同，影响公私部门。

3）技术研究支撑

美国的科技创新能力以及雄厚的经济实力是其低碳技术发展的关键。首先加强传统优势技术在低碳领域的应用。例如电子信息产业，将传统优势产业与新能源产业相结合，为节能减排提供信息共享平台。

另外，政府通过制定新能源开发战略，投入大量资金，引导企业进行先进技术的研发。例如：奥巴马政府将清洁能源作为未来发展的方向，希望借此带动经济发展。为此，计划在未来十年中投资1500亿美元，帮助创造500万个就业机会。同时，美国为了保持在全球工业技术中的领导地位，鼓励企业技术创新，其重点研发领域如发电技术、交通运输技术和能效技术等都与应对气候变化息息相关。

4）实施途径保障

在实施保障方面，美国主要通过市场机制、财税体制和强制政策三项手段来实现其应对气候变化的措施。

（1）市场机制

2003年，美国芝加哥气候交易所成立，这是全球第一个具有法律约束力、基于国际规则的温室气体排放登记、减排和交易平台。在其核心理念——“用市场机制来解决环境问题”引导下，企业会员由成立之初的13个增长至目前近500个，会员自愿承诺芝加哥气候交易所要求的减排目标。

美国还实行了许多创新的政策，为许多国家提供了宝贵的经验。如峰谷电价政策、电力公司盈利与售电量脱钩政策，以及为用户提供第三方用电量监测软件、“电表反转”政策等[45]，达到调整用户用能习惯、减少电力浪费、促进电力企业进行提高能源效率、提升电网稳定性的目的。另外，与欧盟相类似的还有“碳标签”，及通过制定相关技术法规限制境外不达标产品流入国内等机制。

（2）财税体制

财税体制方面主要为对内的现金补贴、税收优惠、贷款优惠以及对外的“边境碳调节”措施。边境碳调节（Border Adjustments）在近年来美国国会提出的应对气候变化法案中均有规定。其基本制度包含适用的国家、适用的产品和计价方法等。具体表现为对进口产品征收碳关税和要求进口产品生产国家购买国际储备碳排放许可证。边境碳调节的核心目的是对“新经济体”国家进行强制的减排措施，另外保护本国产业的竞争力，解决碳泄露问题。虽然目前该项政策由于存在很大争议没有进入美国立法，但表现出越来越严格的管理趋势。

（3）强制政策

一是以法律、技术规定形式颁布强制性的工业产品、设备的最低能效标准。要求电力公司执行强制性的清洁能源配额，制定电力公司必须向用户提供的可再生能源最小比例或一定数量，对那些不能满足要求的电力公司进行相应惩处。

二是通过政府采购等激励手段，保护本土实体经济的发展，特别是在汽车制造、新能源等传统强势产业，推行“再工业化”。对外则树起贸易壁垒，实施保护主义，促使相关产业在近几年的迅猛发展及技术突破。

2.4.4 中国

我国人口众多，气候条件复杂多样，生态环境脆弱，是受气候变化影响最严重的国家之一。并且我国正处在并将长期处于发展中国家阶段，面临着经济发展、环境保护、减缓温室气体排放等多重压力。我国在应对气候变化方面起步较晚，目前还远落后于世界上发达国家。

在《京都议定书》之后，我国坚持“共同但有区别的责任”原则以及“公平获得可持续发展”的理念，积极推进合理的减排目标，并制定中长期减排计划。《国民经济社会和发展的第十一个五年规划纲要》中就提出，到2010年要实现单位GDP能耗比2005降低30%左右，并要求“控制温室气体排放取得成效”。2007年国务院发布了发展中国家第一部应对气候变化国家方案——《中国应对气候变化国家方案》。方案中分析了我国面临的气候变化问题，表明了中国的原则和指导思想，提出了减排目标及相关重点领域和政策措施[46]。从2008年开始，为落实《中国应对气候变化国家方案》的减排目标及重点领域，国务院新闻办公室持续发布年度《中国应对气候变化的政策和行动》白皮书，系统地介绍我国落实应对气候变化国家方案的进展以及应对气候变化相关工作所取得的成绩。在2009年哥本哈根大会上，我国提出了2020年单位GDP的二氧化碳强度比2005年下降40%~50%的自主承诺目标。

1）政策法规制定

目前我国还没有专门的气候变化立法。但是有一系列节能减排、环境保护方面的法律法规（表2-11）。

我国应对气候变化相关的主要法律法规 表2-11

政策与法令		时间	主要内容
宪法		1982年颁布，经1993年、1994年、2004年三次修订	第26条规定：国家保护和改善生活环境和生态环境，防治污染和其他公害。国家组织和鼓励植树造林，保护林木
环境保护法		1989年颁布 2014年修订	修订内容加强了环境违法行为的处罚力度，新增“按日计罚”制度，还对重大污染事故中的领导干部失职行为进行处罚。另外还增加了环境公益诉讼制度，标志着环保立法的开放性以及对民间力量的重视。其第四条明确规定保护环境是国家的基本国策
关于积极应对气候变化的决议		2009年颁布	我国首部由国家立法机关制定的专门应对气候变化的综合法律，提出要应对气候变化是我国经济社会发展面临的重要机遇和挑战，深入贯彻落实科学发展观，加强气候立法，提高全社会应对气候变化的参与意识和能力，并积极参与应对气候变化领域的国际合作①
能源单行法	电力法	1995年	电力系统的各个环节必须遵循保护环境的原则，通过新技术的采用尽量减少有害物质排放，重视污染和其他公害防治②
	节约能源法	2007年修订	制定了推动能源节约使用与管理，促进节能技术进步的激励措施及法律责任③
	可再生能源法	2005年	主要内容包括可再生能源资源调查与发展规划，可再生能源产业指导与技术支持，可再生能源推广与应用，可再生能源使用价格管理与费用分摊，促进可再生能源使用的经济激励与监督措施以及法律责任等④
环保单行法	固体废物污染环境防治法	1996年	第38条规定：城市人民政府应该有计划地改进燃料结构，发展城市煤气、天然气、液化气和其他清洁能源
	森林法	1984年	通过保护生态，增强碳汇功能，吸收温室气体，降低温室气体对环境的破坏[47]
	草原法	1985年	
	海洋环境保护法	1999年颁布 2013年修订	
	大气污染防治法	2000年	提出有计划地控制或者逐步削减各地方主要大气污染物的排放总量。进行区域大气联防联控机制。确定防治燃煤产生的大气污染、机动车船排放污染、废气、尘和恶臭污染等多种大气污染物。鼓励和支持开发、利用清洁能源。加大了对违法违规行为的处罚力度⑤

① 参见：http://www.npc.gov.cn/npc/xinwen/rdyw/wj/2009-08/27/content_1516165.htm。
② 参见：http://www.npc.gov.cn/npc/xinwen/rdyw/wj/2009-08/27/content_1516165.htm。
③ 参见：http://www.gov.cn/ziliao/flfg/2007-10/28/content_788493.htm。
④ 参见：http://www.gov.cn/flfg/fl.htm。
⑤ 参见：http://www.envir.gov.cn/law/air.htm。

续表

政策与法令	时间	主要内容
循环经济促进法	2008 年	第 23 条规定：建筑设计、建设、施工等单位应当按照国家有关规定和标准，对其设施、建设、施工的建筑物及构筑物采用节能、节水、节地、节材的技术工艺和小型、轻型、再生产品。有条件的地区，应当充分利用太阳能、地热能、风能等可再生能源①
清洁生产促进法	2002 年颁布 2012 年修订	实行清洁生产全过程控制，以减少、消除污染物产生。修订决议中提出对环境污染及落后生产技术、工艺、设备和产品实行限期淘汰制度
民用建筑节能条例	2008 年	对新建建筑、既有建筑、建筑用能系统运行提出不同的节能要求，以加强民用建筑节能管理，降低使用过程中的能源消耗，提高能源利用效率

（资料来源：作者自绘）

2012 年 3 月 18 日，《中华人民共和国气候变化应对法》征求意见稿在北京发布。2014 年 7 月 21 日，国家发展改革委员会完成该法案草案编制，并主持召开论证会②。根据征求意见稿的相关内容，该法全文共十章 115 条，主要内容包括：气候变化应对的总体原则；气候变化应对的职责、权利和义务；气候变化的减缓、适应措施；气候变化应对的保障措施与监督管理；气候变化应对的宣传教育、社会参与及国际合作等③。

2）组织机构设定

我国应对气候变化相关的组织机构主要为国家应对气候变化领导小组以及国家发展与改革委员会应对气候变化司。由于我国非政府组织发育不完全，本书不做专门介绍。

（1）国家应对气候变化领导小组

2007 年 6 月，国务院成立了国家应对气候变化及“节能减排”工作领导小组，作为国家应对气候变化和“节能减排”工作的议事协调机构。领导小组的主要任务包括：研究制订应对气候变化的国家战略和方针，部署应对气候变化工作，研究审议国际合作和谈判对案，协调解决应对气候变化工作中的重大问题；组织贯彻落实国务院有关“节能减排”工作的方针政策，统一部署节能减排工作，研究审议重大政策建议，协调解决工作中的重大问题。领导小组的具体工作由发展改革委承担④。现任组长由国务院总理李克强担任⑤。

（2）国家发展和改革委员会应对气候变化司

2008 年，国家发展和改革委员会设立了应对气候变化司，其主要职责是承担国家应对气候变化及“节能减排”工作领导小组有关应对气候变化方面的具体工作。主要包括：组织气候变化对经济社会发展的影响分析论证与重大战略和政策拟定；牵头承担国家履约国际公约与组织参加国际谈判；协调开展相关国际合作，并组织实施清洁发展机制工作⑥。

3）技术研究支撑

目前我国已开展的与气候变化相关科技研究主要是《国家中长期科学和技术发展规划纲要（2006-2020 年）》以及每五年的科技发展规划。

在《国家中长期科学和技术发展规划纲要（2006-2020 年）》中提出十一个重点领域及优先主题，其中有六个涉及应对气候变化问题（表 2-12）。另外，在面向国家重大战略需求的基础研究中，有四项都涉及应对

① 参见：http://www.gov.cn/flfg/2008-08/07/content_1067062.htm。
② 参见：http://www.gov.cn/flfg/fl.htm。
③ 参见：http://news.china.com.cn/txt/2012-03/18/content_24923468.htm。
④ 参见：《国务院关于成立国家应对气候变化及节能减排工作领导小组的通知》国发〔2007〕18 号。
⑤ 参见：http://qhs.ndrc.gov.cn/ldxz/。
⑥ 参见：http://qhs.ndrc.gov.cn/。

气候变化的研究：①人类活动对地球系统的影响机制；②复杂系统、灾变形成及其预测控制；③全球变化与区域响应；④能源可持续发展中的关键科学问题。

国家中长期科学和技术发展规划纲要中应对气候变化相关研究　　表2-12

序号	优先领域	涉及内容
1	能源	①超大规模输配电和电网安全保障 ②工业节能 ③可再生能源低成本规模化开发利用 ④煤的清洁高效开发利用、液化及多联产
2	水和矿产资源	①综合节水 ②水资源优化配置与综合开发利用 ③海洋资源高效开发利用 ④矿产资源高效开发利用
3	环境	①全球环境变化监测与对策 ②生态脆弱区域生态系统功能的恢复重建 ③综合治污与废弃物循环利用 ④海洋生态与环境保护
4	交通运输业	①低能耗与新能源汽车 ②高效运输技术与装备
5	城镇化与城市发展	建筑节能与绿色建筑
6	公共安全	重大自然灾害监测与防御

（资料来源：根据《国家中长期科学和技术发展规划纲要（2006-2020年）》整理）

通过科技计划，对国家科技重大专项、国家重点基础研究发展计划（973计划）、国家高技术研究与发展计划（863计划）、国家科技支援计划等项目进行支持，组织开展了一系列与气候变化有关的科技项目。另外还有各地方、高校和企业相关的科研项目、基金和专项。

4）实施途径保障

（1）碳交易市场初步发展

2012年1月，全国有七个省市获准开展“碳排放权交易”试点工作，这也拉开了建立我国碳排放交易市场的序幕。我国进行的国际碳交易类型是以清洁发展机制CDM（Clean Development Mechanism）为基础开展，我国各地的CDM项目近年来发展迅速，市场潜力巨大。然而，由于CDM机制本身存在的问题以及缺乏统一有效的碳交易市场和多元化的交易平台等，我国的碳交易市场建设尚处于起步阶段。

（2）探索低碳建设路径

我国低碳省区和低碳城市试点工作已于2010年启动，目前已经开展了两批共42个省市试点。各地也在积极探索地方经验，例如上海利用举办世博会的机会，在园区规划、建设、运营、宣传各环节全面落实低碳发展理念。目前我国已有污染物排污权交易制度，但是这一制度会让获得排污权的企业认为污染排放是合法的，从而削弱其环保意识。另外，还存在受让主体范围小、现行竞价模式不科学等问题。

2.4.5　小结

上述各国分别制订的应对气候变化的响应机制，在紧紧围绕应对气候变化的目标基础上，因其与本国国情的良好衔接而呈现出鲜明的特色，并各有所长。他山之石可以攻玉，通过梳理分析上述各国在气候变化应对方面的可取之处，将对建设我国应对气候变化的响应机制带来新的启示和借鉴（表2-13）。

世界各国应对气候变化相应体制对我国的启示与可借鉴经验　表2-13

国家 / 集团	可借鉴经验	对我国的启示
欧盟	1. 凝聚各国共识的基础上形成欧盟有关应对气候变化的法律或行政措施，至于具体的执行计划则由各国根据本国国情制订	我国幅员辽阔，各省市地区的发展差异明显，出于经济发展的考虑，各地在应对气候变化中采取的措施与实施力度必然存在差异，如何避免制定简单粗暴的“一刀切”式的行政措施
	2. 在应对气候变化的实际工作中由一个机构总体负责相关标准制订、实施和监督工作	我国的气候变化应对体制政出多门，如何避免因各自为政而导致应对气候变化的工作难以得到有效贯彻
	3. 将应对气候变化的相关技术研究工作纳入到科技规划体系，专门制订研究计划，并提供资金保证，集中力量为之服务	目前我国应对气候变化研究基本由各部门或院校自行获得经费和项目，各机构的研究目标和方向各异，有限的研究人才资源得不到整合利用，如何形成研究合力
日本	1. 法律保证、举国体制、高层决策、政府主导、统一计划、综合资源、群众参与	这种组织体制非常适合东方国家的国情和政治体制的基本特性。政府可以通过这种组织体制严格地控制和管理参与国际活动，避免和减少国内不同利益集团和群体因立场和利益各异而产生的矛盾，使全国行动统一，口径一致
	2. 整合国内的权威科学研究资源，为政府在复杂的国际气候变化利益博弈中提供重要的技术支撑与咨询建议	由政府组织各相关的权威科研机构、团体，组成应对气候变化研究的核心，为高层决策提供服务，保障我国应对气候变化的战略和政策制定具有良好的科技支撑
美国	1. 民主、共和两党的利益角逐下，通过应对气候变化的相关法案立法，确保顺利推进应对气候变化的工作	在听取各方意见的前提下，将共识上升为法律，依法应对气候变化，避免单纯依靠行政行为可能带来的问题和冲突
	2. 政府机构的工作重点是积极推动基础研究开展，在弄清科学问题的基础上，制定鼓励发展新技术的政策与指引	对于处于经济快速发展、环境压力日益增大的中国来说，政府更应该重视气候变化的科技问题，成立高级别的机构，统一对气候变化科技的管理，更多以科学的手段解决气候变化问题
	3. 应对气候变化的决策建立在充分的科学咨询基础上	政府在出台应对气候变化的重大政策前，应当委托高级别的科研咨询机构展开充分论证与研究，确保相关政策的科学合理性
	4. 多元的、活跃的、竞争的咨询体系是民主决策的极大保证	进一步完善我国气候变化问题的咨询体系，积极鼓励企业的关注和参与，更加切实有效地推进气候变化应对问题上的公众参与工作

（资料来源：作者自绘）

综合各国应对气候变化的响应机制可取之处，构建有效应对气候变化的响应机制刻不容缓。响应机制应当由以下几个方面构成：首先以充分的科学技术研究为基础，制定符合国情的合理化政策法规，引导应对气候变化工作的开展，同时构建强有力的专门机构负责应对气候变化工作中各项事务的组织与协调，并制定切实可行的实施措施保障应对气候变化工作的顺利落实。

2.5　中国应对气候变化的城市规划响应机制构建

通过上文的研究可知，应对气候变化是一个复杂的系统工程，涉及的领域众多，需要各领域齐心协力共同合作方能实现应对气候变化的目标。作为其中的重要组成部分，城市规划发挥着统筹、协调、引导城市建设发展的“龙头”作用，必须首先就气候变化应对作出积极响应。

2.5.1　国内城市规划领域缺乏应对气候变化的响应

1）政策法规的缺失，导致应对气候变化的城市规划编制、实施与管理缺乏依据和保障

中国政府在应对气候变化上行动是积极的，尤其是在减缓气候变化方面。2006 年底至 2007 年中，我国连续发布了《气候变化国家评估报告》、《应对气候变化国家方案》、《节能减排综合性工作方案》、《可再生能源中长期发展规划》、《中国应对气候变化科技专项行动》、《关于落实环境保护政策法规防范信贷风险的意见》

等多项政策文件与行动计划，并将“节能减排”纳入省级领导班子换届业绩考核，表明了中国要走“低碳经济”发展道路的决心。但是迄今为止，还没有任何关于城市规划与建设领域应对气候变化的相关政策出台，这意味着我国应对气候变化的城市规划工作目前还缺乏明确的政策引导。

立法方面，与应对气候变化有关的《环境保护法》、《节约能源法》、《可再生能源法》、《民用建筑节能条例》等法律法规在我国已经实施多年，但这些法规并非将应对气候变化作为立法的主要目的。我国城市规划领域的主法《城乡规划法》亦是如此。在其总则中提出“节约土地、集约发展”、“改善生态环境，促进资源、能源节约和综合利用”，“在规划区内进行建设活动，应当遵守土地管理、自然资源和环境保护等法律、法规的规定”；在规划编制中提出基础设施、公共服务设施、环境保护和防灾减灾作为总体规划的强制性内容；在规划实施中提到“优先安排基础设施和公共服务设施”，“严格保护自然资源和生态环境”。这些条文看似都与应对气候变化相关，但是都未明确应对气候变化与城市规划的关系，并且缺乏具体操作办法。因此，它们也无法为应对气候变化的城市规划编制、实施与管理提供依据和保障。

2）组织协调的乏力，制约城市规划在应对气候变化中的作用发挥

2007 年 6 月，我国成立了国家应对气候变化及“节能减排”工作领导小组，主管气候变化和节能减排工作，具体事务由设在国家发展与改革委员会的国家应对气候变化领导小组办公室、国务院“节能减排”工作领导小组办公室执行。此外，国家林业局、外交部、国家气象局、科技部等相关部委也分别设立了负责应对气候变化事务的专职机构。而作为城市规划主管部门的住房城乡建设部目前还没有明确的下设机构和组织机制负责统筹协调应对气候变化的相关事宜。由此带来的城市规划部门在未来应对气候变化的整体组织架构中所处地位的不确定性，与其他相关部门合作分工的职责划分不清以及对内部工作开展的统筹协调不力等问题都将导致城市规划在应对气候变化中无法发挥最大效用。

3）技术标准的不足，造成应对气候变化的城市规划欠缺科学性与系统性

我国目前的城市规划在纵向上分为三个主要层次，即省域城镇体系规划以上层面的区域规划、城市总体规划和城市详细规划。在不同层面的规划中，有各自不同的编制内容要求，但目前各阶段规划编制要求中较少涉及气候变化应对的内容，导致我国应对气候变化的城市规划编制缺乏系统性控制。

与此同时，我国城市规划技术标准大多是以横向分类为主，例如居住区规范、绿地规划设计规范、工业区规划设计规范等等。在各类规范、技术标准中也基本没有涉及应对气候变化的内容。即便有一些技术标准与其相关，但由于其设定的目标并非应对气候变化，因此，其科学性也会存在疑问。

由此可见，无论是纵向层次的系统性控制，还是横向标准的科学性引导，我国当前的城市规划技术标准都不足以应对气候变化新形势下的新挑战。

2.5.2　国内应对气候变化的城市规划响应机制

应对气候变化的城市规划响应机制必须在符合应对气候变化的国家宏观政策基础上，结合自身行业特点，注重与现有城市规划体系的衔接，力求在政策法规、组织协调、技术方法和管理实施等方面有所突破。

1）政策法规

我国城市规划行业在气候变化应对方面的政策法规建设相对落后，亟待加强。未来出台的相关政策法规应侧重以下几个方面：首先明确应对气候变化在我国城市规划工作中的必要性，将应对气候变化的城市规划研究纳入我国当前城市规划体系内，并由行业主管部门发文，加快城市规划行业对应对气候变化问题的认识普及和重视；然后保证应对气候变化的研究在城市规划工作中的合法性，在《城乡规划法》、《城市规划编制办法》等行业法规的相关内容中补充应对气候变化的城市规划编制要求，使应对气候变化的城市规划编制合法化，以其法律效力的确定进一步推进应对气候变化的城市规划研究与法定成果编制；最后是保障应对气候变化的城市规划成果在管理实施工作中的严肃性，将规划成果中应对气候变化的相关内容列入审批和实施中的重点加以审查监督，确保城市规划应对气候变化的作用得到切实有效的落实。

2）组织机制

我国住房和城乡建设部的主要职责第10条明确提出“承担推进建筑节能、城镇减排的责任。会同有关部门拟订建筑节能的政策、规划并监督实施，组织实施重大建筑节能项目，推进城镇减排”。但是在现有15个内部机构设置中，只有建筑节能与科技司负责建筑节能的政策与项目管理等与应对气候变化有关的少量内容，而应对气候变化的城市规划工作开展缺乏有效的协调机制。应当借鉴其他部委的经验，尽早设置单独的下属机构负责组织协调应对气候变化工作，既能尽早明确城市规划在我国应对气候变化工作中的职责，有效加强与其他部委的分工合作，更充分发挥城市规划在应对气候变化中的作用；又能统筹引导行业内应对气候变化工作的有序开展，提高应对气候变化的城市规划工作效率；还能组织协调行业内开展应对气候变化的学术研究，为行业决策与政策制定提供科学基础。

3）技术体系

应对气候变化的城市规划编制技术体系与方法手段研究是本书的重点，希望通过其研究成果更好地提升应对气候变化的城市规划编制与管理工作的规范性和科学性。在技术体系研究方面，首先要研究城市规划应对气候变化的重点技术领域，针对重点技术领域中能够有效应对气候变化的规划技术展开深入研究，集中精力解决城市规划在应对气候变化工作中力所能及的问题，而非贪大求全；其次是在总结梳理城市规划应对气候变化的现有技术基础上，充分整合生态城市规划、低碳城市规划以及两社社会指标体系等相关研究的现有成果，按照应对气候变化的需求，重新归纳整理为应对气候变化所用，同时还要引入城市气候学等相关学科在应对气候变化方面的成熟技术。将三方面的技术加以融合提炼，形成城市规划应对气候变化的主要技术集成；最后要与现行法定规划编制体系相衔接，将城市规划应对气候变化的技术研究成果落实到城市总体规划和控制性详细规划等法定规划编制中，以提高相关规划技术的可操作性。此外，还要注重城市总体规划编制层面与控制性详细规划编制层面相关规划技术间的对应与深化关系，以此形成城市规划应对气候变化的技术体系。

4）方法手段

城市规划应对气候变化的方法手段研究是本书的另一重点内容，从以下两方面展开。一方面，强调规划方法手段的针对性。有效应对气候变化是主要目标，应针对实现目标的特殊需求制定相应的规划方法，考虑到气候变化属于自然科学的研究范畴，量化分析与数理分析必不可少，这也是传统城市规划方法的弱势所在。因此，需要借助环境工程学、气象学、地理学等其他相关学科的技术手段，如情景模拟、模型预测等，以加强研究目标具体化、技术指标量化与成果评价可视化等工作。另一方面，要尊重城市规划的自身特点，并以此为基础，将应对气候变化的方法手段融入其中。城市规划主要分为规划编制前、规划编制中和规划编制后三个工作阶段。三个阶段的划分并非静态的，而是动态的循环往复；气候变化问题同样具有不断变化的动态属性，唯有开展跟踪测评方能掌握最新动态，制定合理的应对方案。因此，应对气候变化的城市规划方法应当强调将应对气候变化的主题贯穿于规划的“事前—事中—事后”全过程，结合不同规划阶段应对气候变化的工作重点选择与之配套的技术手段，以此形成融合多种应对气候变化的技术手段，不断动态更新调整的应对气候变化的城市规划方法。

5）实施措施

管理实施工作是应对气候变化的城市规划发挥实效的保障，有以下三点建议。一是各地、市城市规划行政管理机关要结合地方应对气候变化的响应机制，设立负责应对气候变化的城市规划宣传、编制组织和审批管理工作的专职部门，提供相关工作顺利开展的便捷通道；二是在现有地方性城市规划技术管理规定中补充关于应对气候变化的相关内容，切实引导应对气候变化的城市规划编制与审批；三是制定地方性应对气候变化的城市规划实施奖惩办法，通过经济杠杆的调节作用，提高规划成果的可行性。

3　应对气候变化的城市规划重点技术领域

3.1　城市规划应对气候变化的作用

气候变化给城市带来的负面影响是多方面的。以城市为研究对象的城市规划已经面临新的挑战，应当如何应对呢？通过上文分析城市与气候变化之间的相互影响途径可知，城市通过排放大量温室气体，加剧温室效应，而推动气候变化。反之，气候变化通过极端气候事件影响城市。因此，应对气候变化的内涵应该包括两方面内容，一方面是通过减少温室气体排放量而力争缓解温室效应，从而达到减缓气候变化的目的；另一方面是加强对气候变化带来的种种极端气候事件的应对能力，进而实现适应气候变化的目标。剖析应对气候变化的内涵，可以发现，无论是在减缓气候变化还是在适应气候变化中，城市规划都是大有可为的。

3.1.1　城市规划应对气候变化的基本作用

一直以来，城市规划作为城市建设的“龙头”，对城市发展发挥着重要的统筹与引导作用。当城市发展遭遇应对气候变化这个新问题时，城市规划能够发挥什么作用呢？从城市规划的基本属性来看，它在应对气候变化中的作用应该包括以下几个方面（图 3-1）：

（1）城市规划是一种技术工具，它寻求包括土地资源、空间布局、道路和交通、公共设施和市政基础设施等方面在内的城市功能合理性。而气候变化对城市物质环境的冲击正好集中表现在这几个方面，应对气候变化已经成为对城市功能合理性的一种新挑战。因此，城市规划必须作出有效应对，并为城市应对气候变化提供基础性的研究支撑与技术引导。

（2）城市规划是一种政策工具，是政府调控城市空间资源、指导城乡发展与建设、维护社会公平、保障公共安全和公众利益的重要公共政策之一。而气候变化正在对城市的物质环境、经济发展、社会稳定和公众安全产生重大影响，这种影响在未来还将持续并加剧。因此，城市政府必须制定相应的公共政策应对这种冲击，城市规划首当其冲。它的政策属性决定了它能够为应对气候变化提供良好的政策导向与必不可少的法规保障。

（3）无论是从技术属性还是政策属性的角度来看，城市规划都是一种综合性开放平台，它既能够将应对气候变化的各种技术、方法加以整合运用，又能够协调各职能部门在应对气候变化中的不同诉求，还能够通过公众参与引发社会对气候变化问题的关注与重视，有利于促进应对气候变化整体效益的最大化。

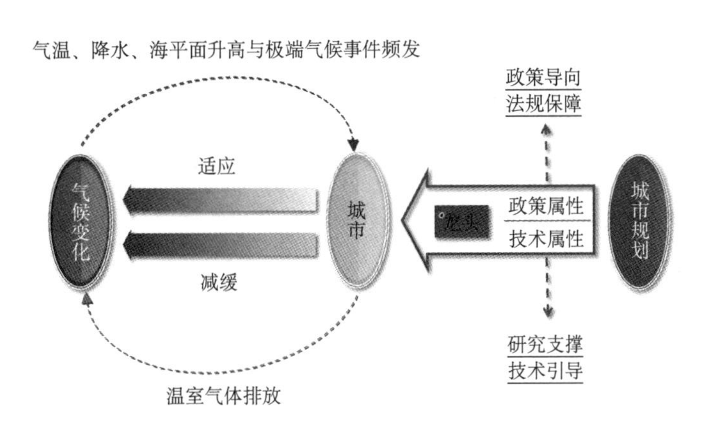

图3-1　城市规划在应对气候变化中的作用

（资料来源：作者自绘）

3.1.2 城市规划编制应对气候变化的作用与局限

透过上述城市规划在应对气候变化中的基本作用总结，进一步分析发现，解决城市规划应对气候变化难题绝非单一的技术行为所能解决，还需要结合政策法规、组织机制与管理实施等方面共同构建完整的城市规划应对气候变化响应机制，并借助整体机制的有效运作方可奏效。由此可见，城市规划政策与制度、城市规划编制和城市规划管理三方在应对气候变化中的作用分工不同，必须各司其职，才能实现城市规划应对气候变化的作用发挥最大化。

应对气候变化的城市规划顶层设计主要遵循应对气候变化的国家战略而设定，它在城市规划应对气候变化中将发挥提纲挈领的作用，是指引城市规划行业开展应对气候变化相关工作的纲领和框架。它既包括城市规划应对气候变化的专业性法规与政策，也包括城市规划行业应对气候变化相关工作开展的组织架构设置。该部分内容已在本书第2章——“应对气候变化的城市规划响应”中进行了详细叙述，在此不再赘述。总之，应对气候变化的城市规划顶层设计一方面为应对气候变化的城市规划编制、实施与管理提供了依据和保障，另一方面还对城市规划应对气候变化的研究方向、研究力度以及规划落实程度产生重要影响。

在顶层设计之下，城市规划编制与城市规划管理将城市规划应对气候变化的具体工作加以分解和落实。城市规划编制应对气候变化的作用主要体现在规划设计的技术层面，通过整合能够应对气候变化的城市规划技术与方法，并将其落实到城市规划的编制中，从而提高城市规划应对气候变化的针对性和有效性。这也是本书研究的核心内容，本章节余下部分主要针对城市规划应对气候变化的技术层面开展研究，重点分析城市规划应对气候变化的基本策略和重点技术领域。在后续章节中，将根据城市规划应对气候变化的重点技术领域逐一归纳总结应对气候变化的城市规划编制关键技术。

城市规划管理应对气候变化的作用主要体现在规划实施的操作层面。与其他传统城市规划相同，应对气候变化的城市规划编制完成后，城市规划管理职能部门将根据国家相关政策、法规、技术规范等完成对规划的审批工作，在随后的规划实施中将应对气候变化的各项控制要求贯彻落实到城市建设项目的规划设计条件中，并对其具体实施情况加以监督。此外，城市规划管理部门还有责任将各项应对气候变化的城市规划关键技术实施效果加以追踪统计，有助于在以后的规划编制中根据其优劣改进相关规划技术，以逐步提高应对气候变化的城市规划编制技术水平。与其他传统规划不同的是，应对气候变化作为新兴事物，在城市规划顶层设计中关于应对气候变化相关工作开展的组织架构设置尚有待妥善安排，其合理程度将对应对气候变化的城市规划实施效果产生重要影响。

3.2 城市规划应对气候变化的基本策略

城市规划能够在应对气候变化中发挥积极作用，合理制定城市规划应对气候变化的基本策略是提高城市规划应对气候变化能力的基础。这需要从应对气候变化的两个主要方面入手，具体如下：

3.2.1 减缓气候变化策略

减缓气候变化的目标是降低气候变化的速率和幅度，避免气候变化的局势失控，关键是降低温室气体排放量，包含“减碳排、扩碳汇”两点。通过前文的分析可知，城市温室气体排放源主要包括维持生产与生活的能源消耗和土地利用及覆盖变化。针对这一核心问题，城市规划在“减碳排”问题上的基本策略包括：

（1）制定合理的功能布局和交通组织模式，尽量减少生产、生活的能源消耗；

(2) 提高土地利用效率和使用弹性，减小土地利用及覆盖变化造成的温室气体排放；

(3) 结合地方实际情况，规划发展碳生产力[①]较高的产业，逐步淘汰“重排放”产业。

“扩碳汇”是指要增强城市吸附、固化与封存温室气体的能力。在城市规划中的基本策略主要体现为加强城市生态环境建设，但又不同于普通意义上的加强城市绿化建设。它对绿化的规模、形式、布局和植被种类有更为明确的要求，在城市规划中需要依此调整。

3.2.2 适应气候变化策略

适应气候变化的目标是寻求适合气候变化趋势条件下的发展新模式，关键是处理好那些无法避免的问题，在城市规划中的基本应对策略表现为：

(1) 提高气候变化风险认知能力并补充完善相关防灾规划，以尽量减小极端气候事件对城市带来的冲击与破坏；

(2) 进一步掌握气候变化特征与趋势，在城市用地功能布局、空间与环境塑造、基础设施规划等方面加以充分考虑并做针对性设计，让城市更好地适应气候变化。

3.3 城市规划应对气候变化的重点技术领域

城市与气候变化之间的相互影响是多元化、全方位的，提高城市应对气候变化的能力同样需要各学科、各部门、全社会齐心协力完成。作为其中的重要组成部分，城市规划的各个领域都理应积极主动应对气候变化的挑战，但更为重要的是，集中精力研究、解决力所能及的问题才是提高城市规划应对气候变化能力最根本的有效途径。因此，本节的研究从以下两方面展开：一方面遵循以问题为导向的思路，针对城市需要应对的主要气候变化问题，寻求城市规划的有效应对策略与落实路径，自下而上地推导城市规划应对气候变化的重点领域；另一方面，遵循以目标为导向的思路，从城市应对气候变化的终极目标入手，通过理想目标的分解自上而下地梳理城市规划应对气候变化的重点领域。最终将两方面的研究结论相互印证，互为补充，形成最终的完整结论。

3.3.1 以问题为导向的研究

1）问题与解决途径

在前文分析研究气候变化与城市相互影响关系，以及城市规划应对气候变化的基本路径的基础上，从减缓与适应气候变化两方面入手，针对城市生产和生活造成的高额能源消耗与土地利用或覆盖变更所造成的大量温室气体排放问题，以及强降水、高温、海平面上升与极端气候事件频发等影响城市的主要气候灾害问题，城市规划能够制定有效应对的各项策略并加以落实，实现有效减少城市温室气体排放，降低气候变化对城市的冲击与负面影响的目标，具体策略及落实途径详见表 3-1。

2）研究结论

总结表 3-1 可以发现，落实城市规划应对气候变化各项策略的主要途径分为传统规划和新增专项规划两类。其中传统规划的途径主要包括城市规模预测、空间管制分区、用地布局、开发控制、空间形态设计、道路交通组织、公共服务设施布局、绿地系统规划、产业发展、各项市政基础设施、综合防灾等规划以及旧城改造规划；新增专项规划包括能源规划、绿道规划、绿色基础设施规划、通风道规划、节水规划和海岸线规划等专项规划。根据规划控制的主要内容和要素，可以将它们归纳为规模控制、空间管制、土地利用、空间形态、生态环境绿化、道路交通、经济与产业、工程系统、城市更新等九个领域。

---

① 碳生产力指的是单位二氧化碳（CO_2）排放所产出的 GDP（国内生产总值），碳生产力的提高意味着用更少的物质和能源消耗产生出更多的社会财富。

城市规划应对气候变化问题的策略与落实途径　表3-1

类型	城市需要应对的主要问题		城市规划的主要应对策略	城市规划落实途径	
				传统规划	新增专项规划
减缓气候变化	高能耗造成的温室气体排放	生产能耗过高	选择发展碳生产力高的产业	产业发展规划	——
			加强能源循环再利用	基础设施规划	能源规划
			减少能源运输损耗	用地布局 供电、供热和燃气工程规划	——
		生活能耗过高	优化城市自然通风与保温	空间形态设计	通风道规划
			减少能源运输损耗	用地布局 供电、供热和燃气工程规划	能源规划
			居住与商业建筑节能设计	绿色建筑设计	——
		交通能耗过高	选择以快速公共交通为主导的城市发展模式	道路交通组织 用地布局	——
			适度的职住混合发展	用地布局	——
			步行尺度的公共设施布局	用地布局 公共设施布局	——
			设置步行及自行车专用通道	道路交通组织	绿道规划
	土地使用变更造成的温室气体排放	毁林	植树造林	绿地系统规划	绿色基础设施规划
			增强有效绿化和植物种类配置		
		城市持续扩张	控制城市发展规模	城市规模预测	——
			提高土地利用效率	用地开发控制	——
			通过旧城改造获取土地资源	旧城改造规划	——
		城市频繁改造	增强土地及建筑利用的弹性	用地开发控制	——
适应气候变化	强降水	暴雨	提高雨水涵养与排放能力	绿地系统规划 排水工程规划	绿色基础设施规划
		洪水	提高河湖水库蓄洪、泄洪能力	绿地系统规划 防洪排涝规划	
		泥石流	合理选择城市建设用地	空间管制分区 综合防灾规划	——
		水源污染	强化水源保护，供水多元化	空间管制分区 供水工程规划	——
	高温	热岛效应	优化城市通风	空间形态设计	通风道规划
			扩大绿地规模	绿地系统规划	绿色基础设施规划
		用水紧缺	节约用水，加强水循环利用	供水工程规划	节水规划

续表

<table>
<tr><th rowspan="2">类型</th><th rowspan="2" colspan="4">城市需要应对的主要问题</th><th rowspan="2">城市规划的主要应对策略</th><th colspan="2">城市规划落实途径</th></tr>
<tr><th>传统规划</th><th>新增专项规划</th></tr>
<tr><td rowspan="15">适应气候变化</td><td rowspan="10">海平面上升</td><td rowspan="5">咸潮入侵</td><td rowspan="3">水质受损</td><td>节约用水，加强水循环利用</td><td rowspan="3">供水工程规划</td><td rowspan="3">节水规划</td></tr>
<tr><td>多源头供水</td></tr>
<tr><td>强化水质处理</td></tr>
<tr><td rowspan="2">建筑及基础设施侵蚀</td><td>建设用地选址调整</td><td>空间管制分区
用地布局</td><td>——</td></tr>
<tr><td>加强建筑及基础设施防护</td><td>基础设施规划</td><td>——</td></tr>
<tr><td rowspan="3" colspan="2">滨海城区被淹没</td><td>建设用地选址调整</td><td>空间管制分区
用地布局</td><td rowspan="5">海岸线规划</td></tr>
<tr><td>加强堤防及基础设施防护</td><td>基础设施规划
综合防灾规划</td></tr>
<tr><td>划定生命线保护范围，对其用地和设施做相应设计</td><td>空间管制分区
基础设施规划
用地布局
综合防灾规划</td></tr>
<tr><td rowspan="2" colspan="2">风暴潮</td><td>加强堤防及基础设施的防护</td><td>综合防灾规划
基础设施规划</td></tr>
<tr><td>划定生命线保护范围，对其用地和设施做相应设计</td><td>空间管制分区
基础设施规划
用地布局</td></tr>
<tr><td rowspan="5" colspan="3">极端气候事件频发</td><td>上述极端气候事件的应对策略</td><td>上述途径</td><td>上述途径</td></tr>
<tr><td>加强城市建设用地选址科学性</td><td>空间管制分区</td><td>——</td></tr>
<tr><td>加强城市重要设施与用地选址与布局科学性</td><td>用地布局
基础设施规划</td><td>——</td></tr>
<tr><td>补充完善气候灾害防治内容</td><td>综合防灾规划</td><td>——</td></tr>
<tr><td>调整相关基础设施设计标准</td><td>基础设施规划</td><td>——</td></tr>
</table>

（资料来源：作者自绘）

“以问题为导向”的研究推导过程如图 3-2 所示。

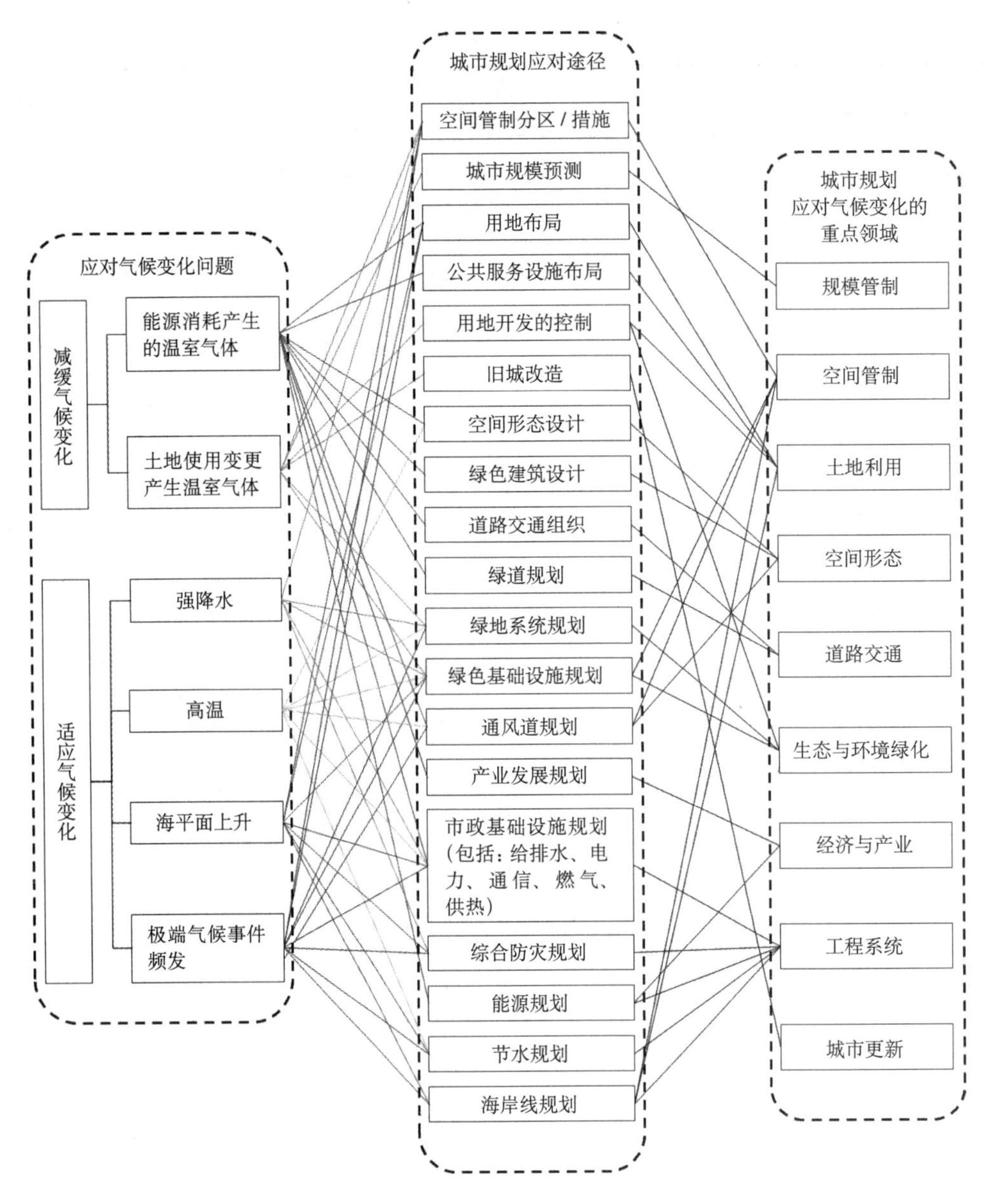

图3-2 “以问题为导向”推导城市规划应对气候变化的重点技术领域

（资料来源：作者自绘）

3.3.2 以目标为导向的研究

上文基于“以问题为导向”的研究思路推导，得出城市规划应对气候变化的重点技术领域，总体思路是从现象和问题入手，逐个加以深入分析并力求提出切实可行的解决办法。其优势在于强调务实，但容易存在缺乏全面考量的缺陷，难以建立城市规划应对气候变化重点技术领域的系统性认识，可能对后续研究建构应对气候变化的城市规划编制技术体系带来认识局限，而影响体系的完整性。因此，有必要遵循“以目标为导向”的研究思路将城市规划应对气候变化的重点技术领域做一系统性梳理。

城市应对气候变化的终极目标是在气候变化的客观条件下实现城市的可持续发展，有效的气候应对措施应该包含减缓（避免失控）和适应（处理好部分无法避免的问题）两方面内容[1]。城市规划作为实现这一目标的重要手段，在充分理解应对气候变化内涵的基础上，以应对气候变化的两个分解目标——减缓气候变化和适应气候变化为研究切入点，探讨城市规划应对气候变化的重点技术领域。

1）减缓气候变化目标

减缓气候变化的关键在于控制温室气体排放量，就此而言，减缓气候变化的城市规划与低碳城市规划并无太大区别，两者都是以控制二氧化碳排放为核心。因此，减缓气候变化的城市规划研究可以借鉴低碳城市规划的研究成果。

国内外关于低碳城市规划的研究成果较为丰富，虽然中西方研究的关注重点不尽相同，但在低碳城市的物质空间规划研究方面，国内外学者对积极发展公共交通、控制小汽车出行量、公交导向的城市空间开发、土地混合使用及城市紧凑、高密度发展等策略形成一致共识[48]。国内学者张泉等（2010 年）认为城市是否低碳与城市形态、空间布局、土地使用方式、城市发展模式等直接相关，因此需要加强碳排放与城市形态、土地利用、产业发展、能源利用、交通模式、城市建筑等多方面的相关性进行理论研究和实践探索[49]。潘海啸等（2008 年）基于低碳排放的发展观，通过探索区域规划、城市总体规划和详细规划三个层面的低碳发展模式，提出，城市交通与土地使用、密度控制和功能混合是实现城市低碳的重要途径[50]。顾朝林等（2013 年）提出，要在区域层面、城市层面和社区层面开展低碳规划，其中城市层面的低碳规划策略主要通过城市空间结构、土地利用与交通模式、基础设施、城市绿化等领域加以落实[15]。孟丽丽（2012 年）等在对比中西方低碳城市规划研究成果的基础上，在城镇体系、城市土地使用、交通和市政基础设施、自然历史保护、环境卫生和城市防灾、建筑与城市设计等方面提出了基于中国城市规划内容的低碳城市规划设计内容（表 3-2）[48]。国外学者 Glaeser & Kahn（2008 年）指出，城市规模、城市土地利用的限制程度是影响城市居民生活碳排放的重要因素[51]。

基于中国城市规划内容的低碳城市规划设计内容　　表3-2

城市规划内容		低碳城市规划设计内容
城镇体系	——	低碳城镇体系
		区域公共交通体系
城市土地使用	规模预测	碳排放容量控制
	空间布局、功能分区	低碳空间布局
		低碳产业园区
	土地使用性质	土地混合使用
	居住人口分布	低碳社区规划
	公共服务设施	公共设施可达性
	绿地系统	碳汇系统
	开发强度	紧凑、高密度
	——	——
基础设施	交通	轨道交通体系
		快速公共交通体系
		常规公共交通体系
		慢行交通体系
		——

续表

城市规划内容		低碳城市规划设计内容
基础设施	市政设施	结合空间类型的能源规划
		新能源、可再生能源的开发利用
		能源节约化利用
		分区分质供水
		热电联产
自然历史保护	自然保护	自然保护区作为碳汇系统
		水域作为碳汇系统
	历史文化保护	历史建筑与街区的保护
		——
环境卫生与城市防灾	环境卫生	资源回收中心规划
		环境卫生规划
		——
	城市防灾	碳汇系统与避灾场所的结合规划
		防灾设施系统规划
建筑与城市设计	建筑类型、建筑体量、体型、色彩等城市设计指导原则	场地自然环境与建筑的结合设计
		低碳建筑设计与技术应用
		——

（资料来源：孟丽丽，李惠．中西方低碳城市规划研究进展及启示 [A]. 多元与包容——2012 中国城市规划年会 [C]. 昆明：云南科技出版社，2012.）

总结以上国内外研究成果可以发现，实现低碳发展目标的城市规划策略主要包括减少二氧化碳排放和增加碳汇效果两方面。减少二氧化碳排放是通过低碳产业、低碳空间结构、低碳土地利用模式、低碳交通模式、低碳基础设施建设等途径落实。增加碳汇效果是通过积极采取固碳措施贯彻落实，表现为强化、优化城市生态绿化系统。由此可见，针对能够有效减少温室气体排放的城市规划重点技术领域的研究已经形成较为全面、系统的认识，即包括产业经济、空间形态、土地利用、道路交通、工程系统、生态绿化等六个部分。

2）适应气候变化目标

全球气候变化带来的负面影响已经日益显著，为了避免气候变化的幅度与频率进一步加大从而超出人类能够承受的控制范围，世界各国都已开始实施包括低碳发展在内的各种应对措施。然而，即便这些措施能够有效地减缓气候变化的幅度与频率，气候变化的现象在未来相当长的一段时间内仍将存在，将对人类的正常生活与生产带来持续影响。因此，在尽一切努力减缓气候变化的同时，积极主动适应气候变化的客观环境，同样成为实现应对气候变化目标的重要目标。

适应气候变化的核心是提高气候变化环境条件下的适应能力，对风险的认知以及用以应对威胁和创造机会的工具和资源能增强城市的适应能力[52]。就城市规划而言，可以将其具体分解为以下两个方面：

（1）提高风险认知水平，减小遭受气候变化影响的几率

通过提高整个城市规划行业对气候变化问题的认知水平，系统性了解气候变化给城市带来的种种风险，

才能逐步在城市规划工作中规避这些风险，通过制定相应的规划策略以减小城市遭受气候变化影响的几率。能够减小城市遭受气候变化影响几率的城市规划技术领域主要包括城市空间管制和城市规模控制。

①城市空间管制

通过提高城市应对气候变化风险认知水平，能够较清晰掌握气候变化导致的极端气候灾害对城市造成的破坏性影响最可能分布的空间区域，有利于在城市适建区、限建区划定时作出趋利避害的选择，并根据受灾几率和受灾程度制定相应的空间管制措施，从而尽可能提前避免城市受到极端气候灾害的影响。

②城市规模控制

城市的规模随着城市化的进程日益扩张。然而，从适应气候变化的视角而言，城市规模大小与适应气候变化能力的强弱并非呈线性的正比关系，可能呈现为倒“U”字形曲线关系。规模过小的城市，由于其综合能力的缺陷，用于提高适应气候变化能力的各项措施难以得到落实，从而导致适应气候变化的能力不强；规模过大的城市由于经济和社会阶层的差异巨大，兼之需要适应的“战线”过长，故难以保障其适应水平的一致性，可能形成较为明显的应对缺陷，从而导致适应气候变化能力被削弱。因此，适度规模的城市在适应气候变化方面具有较好的综合性优势。

(2) 增强灾害防治水平，降低气候变化影响的危害程度

应对气候变化是近年来的新兴研究课题，对于很多城市而言，经过历史发展形成的现状格局并不可能因为应对气候变化而全盘否定，另起炉灶式的重新建设并非可行选择。更为现实的选择是通过对现状的改造升级，提高对极端气候灾害的防治能力，以主动适应气候变化的新挑战。能够在这方面发挥积极作用的城市规划技术领域主要包括城市工程系统与城市更新。其中工程系统主要是指市政基础设施、综合防灾设施。

①工程系统

气候变化引发的极端气候灾害对城市造成了巨大的破坏，交通瘫痪、内涝、断电等现象时有发生。城市适应气候变化的能力高低在一定程度上可以借助城市给排水、热电气供应等市政基础设施在极端气候灾害条件下运行情况得以体现。因此，城市市政基础设施的规划建设是城市提高适应气候变化能力建设的首要任务。

此外，当极端气候灾害来临之时，良好的综合防灾体系能够最大程度地保障城市居民的生命财产安全。所以，综合防灾设施的规划建设也是城市增强灾害防治水平，降低气候变化影响的基础性工作。

②城市更新

城市更新对于提高城市适应气候变化能力的意义主要体现在两个方面：其一，城市旧区往往因其市政基础设施陈旧而成为极端气候灾害侵袭下的重灾区，必须加强对这些地区的升级改造，以降低极端气候灾害对它们的影响程度；其二，随着城市土地资源的日益紧缺，以及适应气候变化所倡导的控制城市规模等因素影响，城市未来获取建设用地的可持续性途径非城市更新莫属。因此，借助城市更新这一未来城市开发建设的主要形式，将提高城市适应气候变化能力的各类规划建设贯穿其中，成为现实的必然选择。

3）研究结论

综合减缓气候变化与适应气候变化两方面的研究，以目标为导向的梳理可以归纳出应对气候变化的城市规划重点技术领域包括城市规模、空间管制、产业经济、空间形态、土地利用、道路交通、工程系统、生态绿化、城市更新等九个方面。

“以目标为导向”的研究推导过程如图 3-3 所示。

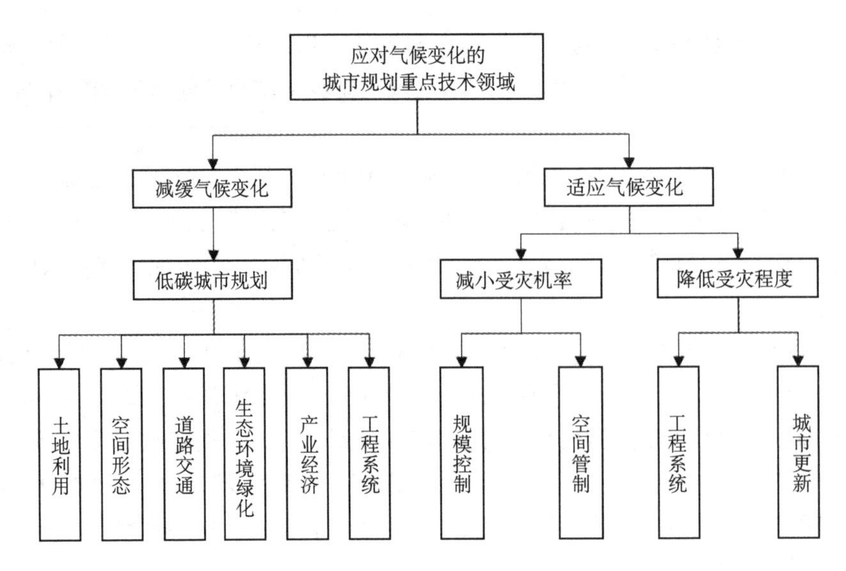

图3-3 “以目标为导向”推导城市规划应对气候变化的重点技术领域

（资料来源：作者自绘）

3.3.3 融合两种研究的结论

比较上文中“以问题为导向”的研究与“以目标为导向”的研究可以发现：虽然研究的出发点不同，但最终的研究结论基本一致，即应对气候变化的城市规划重点技术领域包括城市规模控制、空间管制、土地利用、空间形态、生态环境绿化、道路交通、产业经济、工程系统和城市更新等九大类。

在此需要补充说明的是，城市规划建设大体上可以分为新区开发和城市更新两大类，新区开发规划在应对气候变化方面可从城市规模控制、空间管制、土地利用、空间形态、生态环境绿化、道路交通、产业经济、工程系统等八项重点技术领域加以控制引导。而城市更新规划在应对气候变化方面的控制与引导要求与新区开发有共同之处，但亦存在不小的差异；同时考虑其在减缓气候变化和适应气候变化中的特殊性和重要性，故而虽然城市更新与其他八项重点技术领域的分类标准不同，但在本书研究中仍将其并列为需要重点控制引导的内容之一。

4 应对气候变化的城市规划编制方法

4.1 国内现阶段城市规划编制应对气候变化的不足

自近代城市规划理论创建以来，在100多年的城市规划发展历程中，伴随着人类社会发展各阶段面临的不同主要矛盾出现，其解决方案的空间物化投影带动了城市规划理论的不断发展，而后通过规划编制方法的演进引导着城市规划编制内容、技术、形式的更新变化。对于不断面临新挑战的城市规划编制而言，只有首先完成规划编制方法的更新与完善，才能有效引导规划编制的其他方面作出针对性的调整。当前，在全球气候变化的新形势下，城市规划行业对气候变化问题的研究尚浅，同时也存在重视程度不足的问题，这些都是我国现阶段城市规划编制方法难以应对气候变化新挑战的主要原因。而应对气候变化的针对性不强是我国现阶段城市规划编制方法的根本问题，它又具体表现在以下几个方面：

4.1.1 城市规划编制工作程序中缺少应对气候变化的重要环节

我国当前城市规划的编制程序主要分为三个阶段，即规划编制前、规划编制中和规划编制后，根据所编制规划的层次、目标不同，各个规划编制阶段又存在不同工作重点和重要环节，而这些都与规划力求解决的主要问题息息相关。由于当前我国城市规划行业在应对气候变化这一前沿问题的研究尚浅，造成城市规划在应对气候变化中需要解决的主要问题不明确，导致各个规划编制阶段的工作重点难以做到有的放矢，部分重要环节缺失。具体如下：

1）规划编制前，缺少开展城市应对气候变化能力的现状评估环节

应对气候变化的城市规划编制，首先需要了解城市应对气候变化的现状基本情况，只有全面掌握现状存在的主要问题，才能有针对性地制定城市应对气候变化的规划重点和应对策略，这一工作必须在评估城市应对气候变化的现状能力的基础上才能开展，而在现阶段我国城市规划编制工作中并无此环节。

2）规划编制中，缺少开展规划方案应对气候变化能力比选的环节

应对气候变化的城市规划编制中，侧重于解决不同领域的主要问题而形成的各规划方案之间将会存在较大差异，需要对这些方案的应对气候变化能力开展综合性评估，从中选取应对气候变化综合能力最强的方案予以深化、实施。这一比选环节主要采取可量化数据分析的技术手段完成。在我国现阶段城市规划编制中，虽然也有方案比选的环节，然而一方面比选的评判标准并非应对气候变化的能力，另一方面比选的技术手段更多采用不可量化的定性分析，难以客观地判断各规划方案应对气候变化综合能力的优劣。因此，在这一环节上，当前城市规划编制方法仍显不足。

3）规划编制后，规划方案实施评价环节仍需完善优化

城市规划是一种动态过程，规划编制的完成并非规划的终点，仍需要通过规划实施评价进行不断更新调整，同时为下一次规划修编服务。应对气候变化的城市规划更是如此，考虑到二氧化碳排放与极端气候灾害都极具动态性与不确定性，因此，在规划编制完成后，必须根据实施评价的结果作出相应调整，以确保城市应对气候变化的能力维持在稳定状态。当前我国城市规划编制完成后的实施评价由于缺乏制度化、程序化的标准或方法来评价规划实施的成效，不仅让规划编制的好坏、落实的成效无从判断，还使城市规划的作用受到外界质疑[53]。

4.1.2 城市规划编制内容在应对气候变化方面缺乏系统性的控制与引导

应对气候变化涉及城市规划的很多技术领域，虽然各领域在应对气候变化中发挥的作用大小不一，但仍然有必要对它们进行系统的梳理，以形成完整的应对气候变化的城市规划编制技术体系，贯穿到各层次城市规划编制内容中。然而，由于当前我国城市规划行业关于应对气候变化的研究尚浅，对其认识较为片面，因此在当前城市规划编制方法中缺乏针对气候变化应对内容的系统性控制与引导。在近几年的低碳城市规划研究热潮下，城市规划编制中开始出现有关低碳发展的相关控制内容，可以纳入减缓气候变化的城市规划范畴。此外，还有一些城市的规划编制中的防灾部分涉及应对极端气候事件，但并未对适应气候变化设定明确的控制目标与具体要求。总而言之，当前我国城市规划编制方法在应对气候变化上的不足导致它难以系统、全面地在规划编制内容上针对气候变化的挑战作出应对。

4.1.3　城市规划编制的技术手段难以应对气候变化的新挑战

面对气候变化的挑战，城市规划编制技术手段的更新势在必行，无论是升级现有技术还是引入新技术，都必须围绕应对气候变化的主线，在规划编制方法的指引下方能有序开展，而当前编制方法的不足导致编制技术的发展陷入困局。

1）应对气候变化的传统规划编制技术手段缺失

在气候变化问题未获重视之前，城市规划编制侧重于促进城市社会经济发展与注重城市空间美学等方面，而并未以应对气候变化为主要目标，因此，在传统规划编制中的技术手段少有涉及气候因素。传统城市规划编制的前期资料收集中虽然包括当地气象部门提供的温度、湿度、降水、风向、日照及灾害性天气等气候数据，但在规划编制过程中往往仅有城市风玫瑰图在工业区布局时得到应用。多年来对气候因素的忽视，造成了现阶段城市规划编制缺乏应对气候变化的传统技术手段。

2）部分现有技术标准滞后

随着全球气候变化，各种极端气候灾害的强度与发生频率都随之发生了较大变化，它们对城市设施、居民生命与财产安全造成了巨大威胁，尤其是强降雨、海平面上升等灾害表现最为明显。而当前城市防洪工程规划中的各类防洪设施的工程设计标准仍旧遵循国家标准《防洪标准》（GB 50201－94）（最新修订版尚未正式发布）等多年前的规范；此外，由于城市化的快速发展，当前的城市地表径流系数与相关规范制定时的情况相比已经发生了巨大变化。部分基础设施的现有工程技术标准滞后于极端气候灾害频发条件下的安全需求，是造成当前城市基础设施在极端气候灾害来临时几近瘫痪的重要原因。

3）应对气候变化的新兴技术手段难以融入城市规划编制中

应对气候变化的城市规划作为跨学科研究课题，借鉴跨学科的技术方法势在必行。这些技术主要包括：可以作为城市总体规划制定“减碳排、扩碳汇”政策基本依据的城市碳排放审计技术，测定城市通风效果的计算流体力学技术，用于科学引导城市空气热循环的城市气候学相关技术等。此外，城市规划学科自身的新兴技术方法也能够为应对气候变化发挥重要作用，如基于GIS数据的情景模拟技术。它能够为制定城市最佳碳排方案提供重要的模型参考。然而，由于缺少应对气候变化的城市规划编制方法指引，这些先进技术手段如何与城市规划编制结合，具体运用到哪个环节，如何进行系统性整合才能发挥最大作用等问题将持续困扰着城市规划师。

4.2　应对气候变化的城市规划编制“3A”方法构建

鉴于以上分析，在应对气候变化的城市规划编制中，需要构建一种方法将应对气候变化的主题贯穿城市规划编制的全过程，以健全规划编制的工作程序，完善规划编制内容，发展规划编制的技术手段。

4.2.1　总体思路

1）延续性：渐进式改良而非全盘重建

开展应对气候变化的城市规划编制是一个新旧方法融合的过程，既需要根据应对气候变化的特殊要求补充新的方法和内容，同样需要尊重城市规划编制自身固有的特点与要求，比如规划编制阶段的划分以及编制程序的设定。本书中应对气候变化的城市规划编制方法研究是在良好衔接现有规划编制体系基础上的渐进式改良与优化，而非全盘否认式的推倒重建。

2）完整性：贯穿规划编制的全过程

应对气候变化的主题需要贯穿城市规划编制的全过程，无论是规划编制开展之初的前期准备工作，还是规划编制开展过程中的各项具体设计工作，抑或规划编制开展之后的后期验证调整工作，都需要围绕应对气候变化这一核心主旨开展。因此，应对气候变化的城市规划编制方法应涵盖上述城市规划编制过程的每个阶段，并促使每个阶段的工作内容形成良好闭合衔接关系，环环相扣。

3）阶段性：针对各规划编制阶段的工作重点

应对气候变化的城市规划编制在不同阶段的工作重点各不相同，规划编制前需要重点对规划区应对气候变化的现状能力开展评估，以此作为规划编制开展的基础；规划编制中的重点是得到应对气候变化综合能力最强的规划方案；而规划编制后需要重点关注规划方案的实施效果，并作出相应调整更新，以确保能持续稳定地发挥应对气候变化作用。因此，应对气候变化的城市规划编制方法应针对规划编制的每个阶段性重点进行设置。

4）通则性：各层次规划的编制都能基本适用

应对气候变化的城市规划编制既包含在城市总体规划层次开展的内容，也有在城市控制性详细规划层次开展的内容，作为指导相关规划开展的编制方法也必须基本适用于这两个不同层次的规划。因此，必须概括提炼出两个层次规划在核心内容上的共通点，以此作为编制方法制定的基础。

4.2.2 基本框架

按照上述思路，基于城市规划编制自身特点，把握应对气候变化的核心内涵，构建应对气候变化的城市规划编制方法框架如下：以城市规划编制过程的事前评估（Assessment）、事中应用（Application）和事后评价（Appraisal）等三个工作阶段划分为骨架，以各阶段规划编制在应对气候变化方面的主要工作内容为脉络，以各编制阶段中城市规划应对气候变化的技术工具为补充，共同构建应对气候变化的城市规划编制“3A”方法框架（图 4-1）。

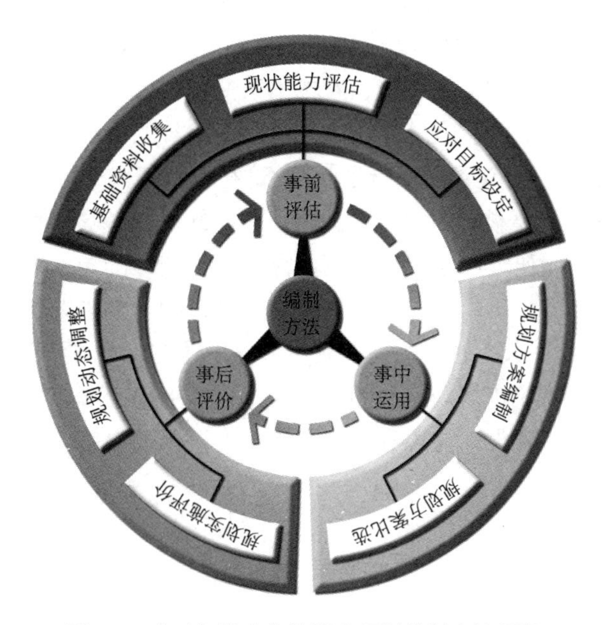

图4-1 应对气候变化的城市规划编制方法框架

（资料来源：作者自绘）

4.3 应对气候变化的城市规划编制“事前评估”（Assessment）

“事前评估”是指在应对气候变化的城市规划编制开展之初，在翔实的基础资料收集基础上，运用跨学科的技术手段，对规划区应对气候变化的现状能力进行评估。根据评估结果分别从空间领域和职能范围这两个维度对城市规划编制需要重点关注的区域和内容展开级别划定，为“事中应用”阶段的规划方案设计提供依据。此外，该阶段还将通过设定相应的规划目标，为“事后评估”阶段的规划实施评价提供参照标准。

简而言之，“事前评估”阶段的工作内容主要分为三个步骤，即第一步开展基础资料收集，第二步开展应对气候变化的现状能力评估，第三步设定相应规划目标。下文将对每个步骤的具体工作及其技术工具展开详细叙述。

4.3.1 基础资料收集

“事前评估”阶段规划编制工作的第一步是收集、整理针对气候变化应对的基础资料。这些基础资料相比于传统城市规划编制的基础资料有着较大区别，它不仅需要包含齐全的传统城市规划所需的信息资料，更重要的是将尽可能完整的城市气候信息资料纳入其中，为下一步骤的应对气候变化的现状能力评估提供翔实的分析数据。在本书的研究中，将该部分的基础资料集称为“城市应对气候变化信息库”(以下简称“信息库”)。

“信息库”的构建需要在基本认知气候变化问题的基础上，通过对包含气候状况在内的城市现状展开综合分析而最终形成。对于气候变化问题的认知，通过前文的研究已经能够基本得到满足，在此重点就城市现状的综合分析做具体阐述。

城市现状的综合分析具体从两个方面展开：

1）传统城市规划现状分析

传统城市规划的现状分析主要包括对城市发展现状的解读和上轮城市规划实施情况的评估两部分内容。关于这些内容的相关研究资料很多，在此不作赘述。唯一需要强调的是在此所做的上轮城市规划实施评估与传统的城市规划实施评估的区别，主要是针对气候变化的应对效果进行评估而非其他方面。

2）城市应对气候变化的主要领域分析

通过前文的研究分析已知，应对气候变化的核心内涵包括减缓气候变化和适应气候变化两个方面，因此，城市应对气候变化的主要领域也应该由两大部分构成：

其一是城市对气候变化产生影响的主要领域，在本书第 2 章中已经有过详细分析，即维持生产与生活的能源消耗、土地利用或覆盖变化造成的温室气体排放是城市影响气候变化的主要途径，所有与之存在直接关联的领域都将纳入其中，有助于通过减少二氧化碳排放的途径减缓气候变化。

其二是气候变化对城市造成重要影响的领域，国内外对此的研究各具体色。国外研究倾向于通过数理模型等技术工具开展定量分析，国内研究则主要以案例研究和数据统计的技术方法展开定性分析。结合国内外现有研究成果，以及本书第 2 章的分析，可以将气候变化对城市的影响主要归入城市实体环境（包括自然环境和人工环境）、经济发展、公众健康、社会稳定等几类领域，这些领域主要适应气候变化的影响。

基于以上两方面的分析，考虑城市规划编制的实际需求，本书提出城市应对气候变化的信息库建设包含自然环境、社会与经济发展、城市建设、能源利用、交通、市政服务设施、气象资料、城市图集、现行政策与机制和辅助资料（表 4-1）。

城市应对气候变化信息库　　表4-1

领域	要素	指标	备注	分析		重要性分级	
			1. 信息采集均使用相同的统计口径 2. 统计对象分为全市域范围和各分区两类	定量	定性	不可或缺	可以替代
自然环境	生物多样性	生物多样性指数	——	√	√		
		自然保护区和湿地分布	——		√		
	植被生态系统	植被生态系统NPP	绿色植物在单位时间单位面积上生产的有机干物质的总量	√			
		城市绿地和经济作物面积	用以估算城市碳汇能力	√			
		植被生态系统完整性	——		√		
	水文及水资源	V类及劣V类水质的河道长度或比例	——	√			
		水环境功能重要度分级	根据Ⅱ、Ⅲ、Ⅳ、V类水质控制区划分敏感度等级		√		
		重要河湖水系分布	——		√		
	海岸带系统和低洼地区	地面相对海平面的高程值	1985年国家高程基准	√			
		滩涂围垦开发强度	——	√	√		
		地形地貌分布	——		√		
社会层面	人口信息	人口规模（非农人口数）	城市外来暂住人口纳入统计范围	√			
		人口密度	——	√			
		性别比例	——	√			
		年龄结构	——	√			
		学历水平	——	√	√		
		从事职业	——	√	√		
		收入水平	——	√			
	弱势群体	老年人与儿童人口比例	——	√			
		低收入者人口比例	——	√			
	社会发展指数	恩格尔系数	——	√			
		住房保障率	——	√			
		城镇登记失业率	——	√			
		基本养老保险覆盖率	——	√			
		人居环境质量评价	——		√		
		人均社会公共服务设施用地面积	科技、教育、文化、卫生、体育等	√			
	科教水平	人口非文盲率	——	√			
		人均专利拥有量	或者年专利授权量	√			
		科研经费支出占GDP比重	——	√			

续表

领域	要素	指标	备注 1. 信息采集均使用相同的统计口径 2. 统计对象分为全市域范围和各分区两类	分析		重要性分级	
				定量	定性	不可或缺	可以替代
社会层面	居民低碳参与	居民低碳意识	低碳建设认知、低碳消费知识以及社会责任感		√		
		居民低碳行为	低碳消费偏好、低碳出行行为及绿化保护行为		√		
经济层面	经济发展指数	GDP 生产总值	——	√			
		人均 GDP	——	√			
		地方财政收入	——				
		城镇固定资产投资	——	√			
		居民消费价格指数（CPI）	——	√			
	产业发展	第一、二、三产业生产总值，比重及分布特征	——	√	√		
		产业链完整度	——		√		
城市建设层面	城市建设扩展	节能建筑面积及比例	——	√			
		城市建成区面积	——	√			
		城市道路网密度	——	√			
		透水路面长度（面积）比例	——	√			
		耕地面积缩减量	——	√			
		城市绿化覆盖率	——	√			
		土地兼容性比例	——	√			
		透水路面长度（面积）及比重	——	√			
		开敞空间面积	绿地、林地、草地、水系等	√			
		地面沉降	主要指人为因素造成的地面沉降	√			
能源层面	单位 GDP 能耗	——	第一产业、第二产业和第三产业单位 GDP 能耗	√			
	能源消费弹性系数	——	能源消费弹性系数＝能源消费量年均增长速度 / 国民经济年均增长速度	√			
	单位 GDP 二氧化碳排放量	碳排放强度	等于二氧化碳排放量 / 单位 GDP	√			
	能源消耗	终端能源消耗量	分类统计、折算为标准煤当量：第一产业（农、林、牧、渔、水利业）；工业；建筑业；交通运输、仓储和邮政业；批发、零售业和住宿、餐饮业；生活消费；其他	√			
		能源加工转换投入与产出量	统一折算为标准煤当量：火力发电、供热等	√			
		外调电力与供热量	统一折算为标准煤当量	√			
	能源转化	能源利用效率	针对产业、建筑及交通等关键领域	√	√		
	可再生能源利用率	——	太阳能、风能、生物能、潮汐能等	√			

续表

领域	要素	指标	备注	分析		重要性分级	
			1. 信息采集均使用相同的统计口径 2. 统计对象分为全市域范围和各分区两类	定量	定性	不可或缺	可以替代
能源层面	其他	生物质燃烧	用于统计 CO_2 和 NO_2 排放量	√			
		煤炭开采逃逸	用于统计 CH_4 排放量	√			
		油气系统逃逸	用于统计 CH_4 排放量	√			
交通层面	机动车数量	小汽车保有量及增长态势	——	√	√		
	年交通周转量	客运周转量（万人公里）	——	√			
		货运周转量（万吨公里）	——	√			
	公共交通	公共交通运营效率	——		√		
		公共交通站点覆盖率	——	√			
		公共交通出行分担率	——	√			
		公交专用车道长度比重	——	√			
	慢行交通	慢行交通系统覆盖率	——	√			
市政服务设施	市政基础设施	市政管网长度	给水、雨水、污水、环卫设施等	√			
		市政管网容量		√			
		市政管网密度		√			
		市政基础设施覆盖率		√			
		运行状态评估			√		
	水循环利用	雨水利用略		√			
		中水回用率	——	√			
		污水回用率	——	√			
	废弃物回收	废弃物运输可达性	——	√			
		废弃物回收再利用率	——	√			
气象资料	基本气象信息	年平均温度距平值	——	√	√		
		年平均降雨量	——	√	√		
		其他气象要素	湿度、日照强度、风速、风向频率等	√	√		
	极端气候灾害	年"高温天气"日数（$T_{max} \geq 35$℃）	包括发生时间、地点、频率，持续时间，强度，破坏影响等特征描述	√	√		
		年"严寒天气"日数（$T_{max} \leq 0$℃）		√	√		
		年暴雨次数		√	√		
		年洪涝次数		√	√		
		年干旱次数		√	√		
		年台风侵袭次数		√	√		
		年沙尘暴侵袭次数		√	√		
		其他灾害	霜冻、雾霾、台风等	√	√		
	海平面上升	海平面较常年上升值	——	√			

续表

领域	要素	指标	备注	分析		重要性分级	
			1. 信息采集均使用相同的统计口径 2. 统计对象分为全市域范围和各分区两类	定量	定性	不可或缺	可以替代
城市图集	地形地貌图	高程、水域边界、地表植被等	——		√		
	土地利用现状图	——	——		√		
	卫星遥感影像及航拍图	——	——		√		
	定期的卫星地表温度图	——	——	√			
	激光雷达高程数据图	——	——	√	√		
	历版城市总体规划图集	——	——		√		
	各区控制性详细规划图集	——	——		√		
	重点项目规划图集	历史文化遗产、环境敏感地段、脆弱性区域的规划等	——		√		
政策与机制	相关法律法规及重大政策文件	——	——		√		
	防灾应急管理机制及预案	——	——		√		
	应对气候变化的科研、专项行动计划以及政策	——	——		√		
辅助资料	温室气体清单编制指导方法	《2006年IPCC国家温室气体清单指南》(IPCC，2006) 《土地利用、土地利用变化和林业优良作法指南》(IPCC，2003) 《国家温室气体清单优良作法指南和不确定性管理》(IPCC，2000) 《1996年IPCC国家温室气体清单指南修订本》(IPCC，1997) 《ICLEI温室气体排放方法学议定书》(ICLEI，2009) 《中华人民共和国气候变化第二次国家信息通报》(国家发展与改革委员会，2013) 《省级温室气体清单编制指南（试行)》(国家发展与改革委员会，2011)					
	统计年鉴	城市历年统计年鉴与城市能源统计年鉴					

(资料来源：宋友亮．应对气候变化的城市总体规划编制前期工作研究[D]. 华中科技大学，2014.)

4.3.2 应对气候变化的现状能力评估

借助城市应对气候变化信息库提供的翔实数据，对规划区开展应对气候变化的现状能力评估，是整个应对气候变化的城市规划编制“事前评估”阶段的核心内容，它是下一阶段相关规划方案编制的重要基础。结合应对气候变化的核心内涵，应对气候变化的现状能力评估主要分为以下两方面进行：一方面是评估规划区减缓气候变化的现状能力；另一方面是评估规划区适应气候变化的能力，具体内容如下：

1）减缓气候变化的现状能力评估

减缓气候变化的现状能力评估工作的内容主要是对规划区内的碳排放现状情况进行统计，通过对统计数据的分析，归纳总结规划区内碳排放的分布情况、变化趋势等特征，为制定规划区的碳减排目标和基本策略提供重要依据，这一评估过程也称为城市碳排放审计。城市碳排放审计由广义的“碳审计”① 概念引申而来，是指由独立审计机构对城市社会、经济和环境体系在一段时间内的温室气体排放情况进行审计的行为[54]。将“碳排放审计”引入应对气候变化的城市规划编制前期工作中，可客观地量化评估城市以及产业、建筑、交通、能源供应、市政基础设施和公共绿化等城市规划决策关键领域的温室气体排放量（碳源、碳汇）与减排成效[55]。

开展城市碳排放审计工作的技术载体在当前国际主流研究中基本确定为编制城市温室气体排放清单，其具体编制大致包括以下几个步骤：

（1）选择评估对象：当前国际主流研究选取的评估对象主要包括二氧化碳（CO_2）、甲烷（CH_4）、氧化亚氮（NO_2）、氢氟碳化物（HFC_S）、全氟化碳（PFC_S）和六氟化硫（SF_6）等六种温室气体。从当前阶段数据统计的可行性及 6 种气体对温室效应贡献率的高低判断，可以主要考虑设定城市温室气体清单评估对象为 CO_2、CH_4 和 NO_2，未来时机成熟时再纳入其他三种温室气体。

（2）选择排放源：根据城市活动的特点，上述三种选定的温室气体排放源主要包括能源活动、工业生产、土地利用变化、废弃物处置、农业活动和人口因素。此外，林地和绿地是主要的碳汇源。

（3）排放数据统计：根据各类型碳排放活动产生的二氧化碳排放量计算方法，计算各项活动的碳排放量，主要计算公式如下：

①能源活动碳排放：$CO_2=K\cdot E$ ②

②工业生产碳排放：水泥生产及使用带来的二氧化碳排放量 = 本地生产的水泥总量 ×0.6+（本地使用水泥总量 – 本地生产的水泥总量）×1③

③城市土地利用碳排放：$F_L=\sum e_i-\sum T_i\cdot\delta_i$④

④废弃物处理碳排放：

垃圾焚烧二氧化碳排放系数 = 排放因子 × 含碳率 ×44/12

垃圾填埋甲烷排放系数 = 排放因子 ×（1– 含水率）×（1– 甲烷捕获率）

⑤人口呼吸碳排放：F_p= 城市人口数 × 人均日二氧化碳呼出量 ⑤ ×365

⑥林地、绿地的碳汇量，参考相关部门提供的数据。

⑦城市年度温室气体排放总量：

城市年度温室气体排放总量 = 年度能源消费温室气体排放总量 + 年度工业生产温室气体排放总量 + 年度垃圾处置温室气体排放总量 + 年度人口呼吸排放量 – 林地温室气体吸收总量

（4）数据整理入表：对以上统计数据进行校核，并分门别类进行详细数据的统计分析，通过汇总、归纳，得到城市年度温室气体清单报告表（表 4-2）。在此基础上，通过核算城市历年温室气体排放量与清除量，可得城市历年温室气体排放与“碳汇平衡”清单。

① 碳审计（Carbon Audit）是由独立审计机构对国家、政府、城市、企业单位以及个人等各类主体在履行碳排放责任方面所进行的检查和鉴证，是对碳排放管理活动及其成果进行独立性监督和评价的一种行为。

② 注释：E 指能源使用总量，按照相关资料，可以将各类能源折换成标准煤；K 指碳排放强度。该数据根据不同国家和地区有所区别。我国多采用 2.42 ~ 2.72（吨 / 吨标煤）。

③ 注释：多数工业生产过程中除了能源消耗，一般不直接排放 CO_2。因此，只考虑它们所消耗的水泥、钢材等。如钢材生产的碳排放已在能源活动中体现，便不再次计入。

④ 注释：F_L 指温室气体排放总量；e_i 指某种土地类型所产生的温室气体排放总量；T_i 指某种土地类型的面积；δ_i 指某种土地类型的碳汇系数；建设用地的温室气体排放已经计入能源活动中。

⑤ 依据宋永昌等（2000）在《城市生态学》中提出的人均日二氧化碳呼出量约为 0.9kg。

年度温室气体排放清单范例 表4-2

温室气体排放源与吸收汇种类	二氧化碳（CO_2）	甲烷（CH_4）	氧化亚氮（NO_2）	小计
一、能源活动	✓	✓	✓	✓
1.1. 化石燃料燃烧	✓	✓	✓	✓
能源工业（主要是火力发电和供热）	✓	——	✓	✓
农业	✓	——	——	✓
工业	✓	——	——	✓
建筑业	✓	——	——	✓
交通运输	✓	——	✓	✓
公共服务	✓	——	——	✓
居民生活消费	✓	——	——	✓
1.2. 生物质燃料燃烧	——	✓	✓	✓
1.3. 煤炭开采逃逸	——	✓	——	✓
1.4. 油气系统逃逸	——	✓	——	✓
二、工业生产过程	✓	——	✓	✓
2.1. 水泥生产过程	✓	——	——	✓
2.2 石灰生产过程	✓	——	——	✓
2.3. 钢铁生产过程	✓	——	——	✓
2.4. 电石生产过程	✓	——	——	✓
2.5. 己二酸生成过程	——	——	✓	✓
2.6. 硝酸生产过程	——	——	✓	✓
三、农业活动	——	✓	✓	✓
3.1. 水稻种植	——	✓	——	✓
3.2. 农用地	——	——	✓	✓
3.3. 动物肠道发酵	——	✓	——	✓
3.4. 动物粪便管理	——	✓	✓	✓
四、废弃物处理	✓	✓	✓	✓
4.1. 固体废弃物填埋处理	——	✓	——	✓
4.2. 固体废弃物焚烧处理	✓	——	——	✓
4.3. 生活污水处理	——	✓	——	✓
4.4. 工业废水处理	——	✓	✓	✓
五、人口因素	✓	——	——	✓
5.1. 人体呼吸过程	✓	——	——	✓

续表

温室气体排放源与吸收汇种类	二氧化碳（CO_2）	甲烷（CH_4）	氧化亚氮（NO_2）	小计
六、土地利用变化和林业活动	✓	✓	✓	✓
6.1. 森林和其他木质生物质碳储量变化	✓	—	—	✓
6.2. 森林转化	✓	✓	✓	✓
温室气体排放总量	✓	✓	✓	✓
温室气体净排放总量（扣除土地利用变化和林业吸收汇）	✓	✓	✓	✓

注："✓"表示需要报告的数据，正值代表净排放，负值代表净吸收。
（资料来源：作者自绘）

2）适应气候变化的现状能力评估

适应气候变化的现状能力评估工作的主要内容是通过开展规划区应对气候变化的脆弱性评估，分析影响气候变化脆弱性的关键因子，落实规划区应对气候变化脆弱性程度的空间分布，为制定适应气候变化的规划目标和策略提供重要依据。脆弱性评估已经广泛应用于气候变化对生态环境资源、社会经济以及人体健康等多个方面的影响测评中，在应对气候变化的城市规划编制"事前评估"阶段中引入脆弱性评估，有助于准确判断规划区应对气候变化的薄弱环节，提高适应气候变化的规划方案编制针对性。脆弱性评估工作大致分为三个步骤，分别是：

（1）构建评估模型：采用"压力—状态—响应"模型（Pressure-State-Response，PSR）① 建构城市应对气候变化脆弱性评估指标体系，具体分为5个层次，即目标层、领域层、主题层、要素层、指标层，每个层次下再设定若干评估要素和评估指标。

（2）确定评估指标：评估指标的选取应遵循科学性、代表性、典型性、普适性、可操作性等原则，结合各地实际情况合理设置。评估指标分为时序评估指标和空间评估指标两类，时序评估指标（表4-3），需要提供比较年限内，每年规划区整体的指标数据，可综合应用频度统计法、理论分析法和专家咨询法进行筛选设置；空间评估指标（表4-4），仅需提供最近一年规划区各分区或评价网格的指标数据即可，应综合考虑空间数据的可获取性、精确度等要求合理设置。

应对气候变化脆弱性时序评估指标范例　　表4-3

目标层	领域层	主题层	要素层	评价指标	单位
城市气候变化脆弱性	风险度	气候变化	温度	平均温度值	℃
			海平面上升	海平面相对常年上升值	mm
			极端气候灾害	当日最高温超过35℃的天数	天
				暴雨天数	天
				洪涝次数	次
				干旱次数	次

① "压力—状态—响应"模型（Pressure-State-Response）是环境质量评价学科中生态系统健康评价子学科中常用的一种评价模型。PSR模型使用"原因—效应—响应"这一思维逻辑，体现了人类与环境之间的相互作用关系。人类通过各种活动从自然环境中获取其生存与发展所必需的资源，同时又向环境排放废弃物，从而改变了自然资源储量与环境质量，而自然和环境状态的变化又反过来影响人类的社会经济活动和福利，进而社会通过环境政策、经济政策和部门政策，以及通过意识和行为的变化而对这些变化做出反应。如此循环往复，构成了人类与环境之间的压力—状态—响应关系。（http://baike.baidu.com/view/2092076.htm）

续表

目标层	领域层	主题层	要素层	评价指标	单位
城市气候变化脆弱性	风险度	城市发展	人口	人口规模	万人
			城市建设扩张	建设用地比例	%
			土地利用	土地利用碳排放量	百万吨
			交通	汽车保有量	万辆
	敏感度	社会结构	弱势群体	弱势群体比例	%
		城市建设	交通	道路网密度	km/km^2
			建筑	节能建筑面积比例	%
				建筑质量	——
			生态绿地	生态绿地面积	km^2
			地形地貌	低洼地面积比例	%
			市政设施	透水路面比例	%
				管网容量	m^3
	适应度	经济能力	经济总量	GDP 总量	元
		技术能力	经济结构	第一产业比例	%
			科技水平	人均专利拥有量	个
			教育水平	受教育率	%
		城市弹性	土地利用	土地兼容性所占比例	%
			公共服务设施	医疗救助、消防设施分布密度	个 $/km^2$
			防灾应急预案	防灾应急预案实施能力	——

（资料来源：作者自绘）

应对气候变化脆弱性空间评估指标范例 表4-4

目标层	领域层	主题层	要素层	评价指标	单位
城市气候变化脆弱性	风险度	气候变化	城市热岛	地表温度	℃
			海平面上升	相对海平面的地面高程	m
			极端气候灾害	暴雨淹没次数	次
			人口	人口密度	人 $/km^2$
		城市发展	城市建设扩张	建设用地扩张速度	km^2/ 年
			土地利用	土地利用碳排放量	百万吨
			交通	汽车保有量	万辆
	敏感度	社会结构	弱势群体	弱势群体比例	%
			交通	道路网密度	km/km^2

续表

目标层	领域层	主题层	要素层	评价指标	单位
城市气候变化脆弱性	敏感度	城市建设	建筑	节能建筑面积比例	%
				建筑质量	——
			生态绿地	生态绿地面积	km^2
			地形地貌	低洼地面积比例	%
			市政设施	透水路面比例	%
				管网容量	m^2
	适应度	经济能力	经济总量	GDP 总量	元
			经济结构	第一产业比例	%
		技术能力	科技水平	人均专利拥有量	个
			教育水平	受教育率	%
		城市弹性	土地利用	土地兼容性所占比例	%
			公共服务设施	医疗救助、消防设施分布密度	个 /km^2
			防灾应急预案	防灾应急预案实施能力	——

（资料来源：作者自绘）

（3）指标权重赋值与指数计算

①时序评估指标

时序评估指标建议使用层次分析法（Analytical Hierarchy Process，AHP）[①] 进行权重赋值。此外，由于各项指标的单位和衡量标准有所不同，需要对指标数据加以处理，便于各指标的横向比较。通过指数计算，既可以比较同一年份中的各项指标，也可以比较不同年份的气候变化脆弱性总值（图 4-2）。

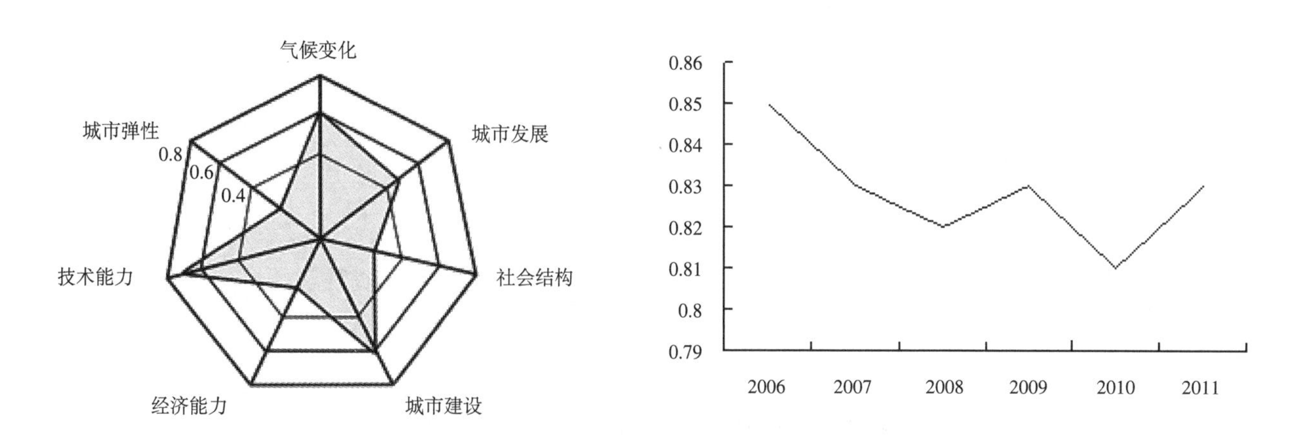

图4-2　同年脆弱性指数（主题层）比较玫瑰图（左）、城市历年脆弱性指数趋势图（右）

（资料来源：作者自绘）

① 层次分析法（Analytical Hierarchy Process，AHP），20 世纪 70 年代由美国运筹学家 T.L.Satty 提出。它是一种定性与定量相结合、系统化、层次化的决策分析方法，通过将复杂问题分解为不同层次、要素，并经决策者的经验判断和简洁的比较计算，可以科学衡量各层次、要素间的相对重要程度，进而合理地确定其重要性程度的权重，辅助决策者将复杂系统的决策思维过程模型化、数量化。

a. 原始数据的处理

正向指标[①]，解决数据可比性的计算公式为：$D_i=(X_i-X_{min})/(X_{max}-X_{min})$

逆向指标，解决数据可比性的计算公式为：$D_i=(X_{max}-X_i)/(X_{max}-X_{min})$

式中：

D_i——指标 i 的标准值；

X_i——具体年份指标值；

X_{max}——历年 i 指标中的最大值；

X_{min}——历年 i 指标的最小值。

b. 各级指数计算

要素层的指数为评估指标的算术平均值，目标层、领域层和主题层的指数可通过加权综合得到，具体公式为：

$$A_i=\sum_{m=1}^{m}B_i\times W_i$$

式中：

A_i——目标层、领域层和主题层的指数；

B_i——A 层下一层级的指数值；

W_i——B_i 对于 A_i 的权重值，m 为 B 级指数的数目。

②空间评估指标

空间评估指标建议运用德尔菲法（Delphi Method）[②] 进行分级赋值。经过赋值计算后可分别获得各项评估因子的空间分布状况，借助 GIS 的空间叠置功能，可分别获得城市应对气候变化风险度、敏感度和适应度分布图，最后合成应对气候变化的脆弱性空间评估图（图 4-3）。

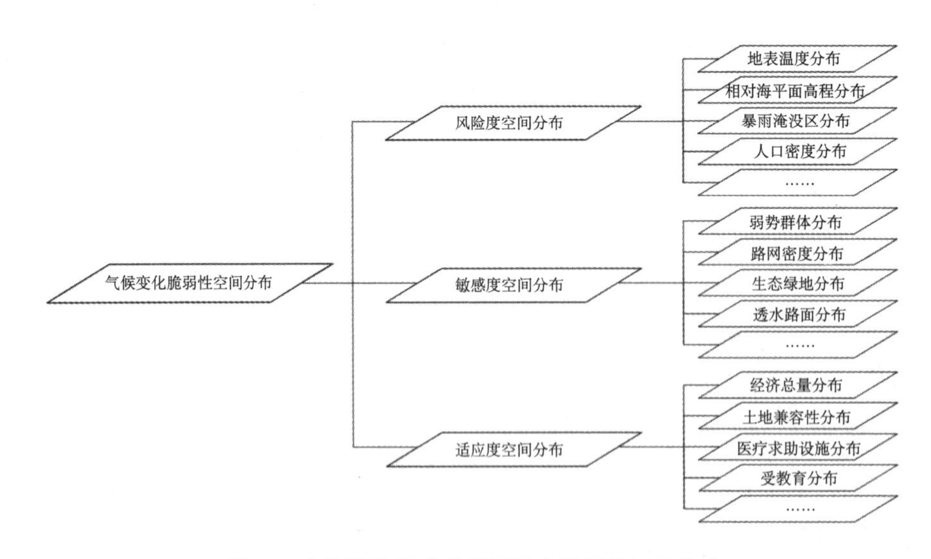

图4-3　规划区气候变化脆弱性空间评价图的构成

（资料来源：作者自绘）

① 正向指标：合理范围内，指标数值越大越好；逆向指标：合理范围内，指标数值越小越好。

② 德尔菲法（Delphi method），是采用背对背的通信方式征询专家小组成员的预测意见，经过几轮征询，使专家小组的预测意见趋于集中，最后做出符合市场未来发展趋势的预测结论。德尔菲法又名专家意见法或专家函询调查法，是依据系统的程序，采用匿名发表意见的方式，即团队成员之间不得互相讨论，不发生横向联系，只能与调查人员发生关系，以反复的填写问卷，以集结问卷填写人的共识及搜集各方意见，可用来构造团队沟通流程，应对复杂任务难题的管理技术。

4.3.3　应对气候变化的规划目标设定

1）减缓气候变化方面

通过上一步骤的工作——减缓气候变化的现状能力评估，对规划区的碳排放现状情况乃至过去数年内的碳排放情况已经基本掌握，在规划“事前评估”阶段的最后一个工作步骤中，将制定规划区二氧化碳减排目标，并寻找实现减排目标的低碳发展路径，具体从以下三个方面展开：

（1）通过宏观减排目标的分解，明确规划区的“碳减排”目标

根据《关于“十二五”控制温室气体排放工作方案通知》的要求，各省、自治区、直辖市在“十二五”规划中将确定规定温室气体减排目标，二氧化碳减排的任务将逐层分解落实到下一级各市、县。城区内部也不例外，规划区可以按照各地市的具体实施办法明确自己的“碳减排”任务。

（2）分析规划区未来的碳排放情景模式

通过分析过去数年的温室气体排放清单，能够清晰地反映规划区二氧化碳排放的变化趋势。在此基础上，通过引入库兹涅兹曲线[①]和脱钩发展理论[②]，能够得到规划区未来的三种碳排放的情景模式（表 4-5），即惯性发展模式、相对脱钩模式和绝对脱钩模式，以及在三种不同模式下的碳排放库兹涅兹曲线（图 4-4）。

规划区未来的碳排放情景模式　　表4-5

情景模式	前提条件	特征描述
惯性发展情景	弹性系数 = 当前值或弹性系数≥ 1	温室气体排放增长率与经济增速的比值维持当前水平，经济发展对资源消耗高度依赖
相对脱钩情景	弹性系数 =0.5 倍当前值或 0 ＜弹性系数＜ 1	温室气体排放增长率大大低于经济增速，经济发展对资源消耗的依赖降低
绝对脱钩情景	弹性系数 =0	伴随经济高速增长，温室气体排放增长率趋于 0，经济发展摆脱了对资源消耗的依赖

（资料来源：作者自绘）

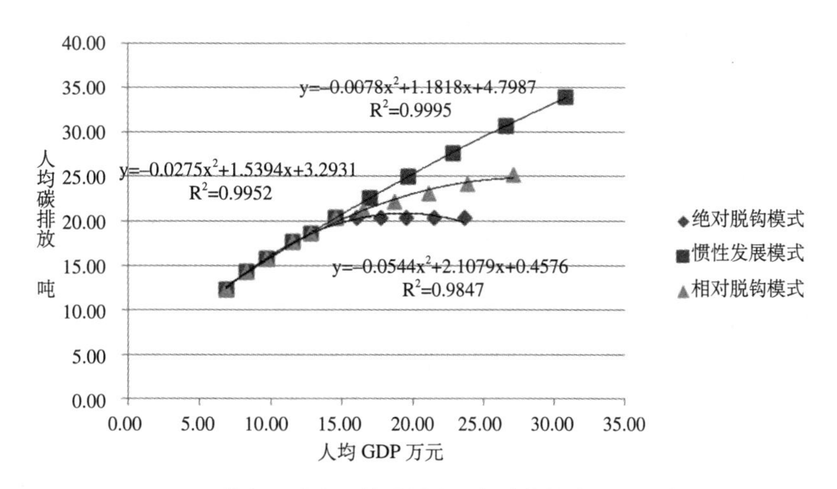

图4-4　某市三种发展情景模式下的碳排放库兹涅兹曲线

（资料来源：王珍珍．城市低碳建设发展的库兹涅兹曲线模型研究[D]．华中科技大学， 2013.）

① 库兹涅茨曲线（Kuznets Curve，KC），1955 年由美国著名经济学家库兹涅茨提出，是用于描述收入分配状况随经济发展过程而变化的曲线，是发展经济学中重要的概念，又称作“倒 U 曲线”。此后，国内外专家学者对此展开了系统的理论与实证研究，并提出了两个扩展模型：环境库兹涅茨曲线（EKC）与碳排放库兹涅茨曲线（CKC）。

② “脱钩”最初为物理学领域的概念，1966 年国外学者将其引入社会经济学领域，用来分析经济发展与资源消耗和环境污染之间的关系。其主要内涵为：在一个国家或地区的经济发展初期，物质消耗与经济总量同时增长甚至高于经济增长速度，即经济增长对物质资源消耗是高度依赖的，二者表现为“挂钩”；随着经济的发展，经过一定的阶段后，物质消耗的增长速度渐渐低于经济增长的速度，即经济增长摆脱了对物质资源消耗的依赖，二者表现为“脱钩”。

(3) 将宏观目标的分解与碳排放情景模式相结合，设定合适的低碳发展路径

从图 4-4 能够直观地发现，不采取任何措施的惯性发展模式，必然无法满足宏观层面分配的减排任务，只有采取相对脱钩或绝对脱钩的情景发展模式才有可能实现碳减排目标。现状碳排放情况明确的条件下，根据宏观层面分配的“碳减排”任务及时间要求，能够反算出“碳减排”任务达标时的碳排放情况。结合近年来碳排放数据，共同代入库兹涅兹曲线计算公式，能够得出实现碳排放目标情景下的库兹涅兹曲线弹性系数，从而得出实现碳减排目标的低碳化发展路径，可为下阶段的规划方案编制指明方向。

此外，通过规划区的现状碳审计，能够清晰地发现影响规划区内碳排放的关键领域及其变化趋势，应提出针对性规划建议，为下阶段的规划方案编制提供依据。

2）适应气候变化方面

适应气候变化的现状能力评估从时序与空间两方面展开，其评估结果对于规划区设定适应气候变化的目标具有重要的参考价值。

根据时序评估的结果，可分析历年城市应对气候变化脆弱性的发展态势，判断未来变化趋势，并通过追踪分析各项评估因素对气候变化脆弱性的影响程度变化，总结归纳其中最关键的影响因素，并制定针对性规划策略。

根据空间评估的结果，可分析、掌握规划区在不同空间栅格单元内的气候变化脆弱性分布状况，明确需要重点关注的空间区域，以及在不同空间栅格单元内应重点关注的指标项，合理制定应优先采取的行动措施。

此外，对于规划区内应对气候变化脆弱性较高的区域，在设定适应气候变化的目标时，还需要综合考虑该区域在气候变化适应性提升过程中的社会经济成本核算，根据地方实际情况，综合判断采用何种适应性提升策略，合理设定适应目标。

4.4 应对气候变化的城市规划编制“事中运用”（Application）

“事中运用”是指在应对气候变化的城市规划编制过程中，根据“事前评估”的结论，运用应对气候变化的城市规划编制技术与其他相关技术手段，完成应对气候变化的城市规划方案设计与比选，并完成方案优化。“事中运用”阶段分为规划方案设计与比选两个步骤，每个步骤的具体内容如下：

4.4.1 规划方案设计

规划方案的设计是整个应对气候变化的城市规划编制的核心环节，其具体工作内容主要包括以下几个方面：

1）规划区应对气候变化的城市规划策略制定

根据上一阶段“事前评估”的结果，针对城市规划应对气候变化的重点技术领域制定规划应对策略，城市规划应对气候变化的重点技术领域内容在前文已做详细叙述，在此不做赘述。

规划应对策略应包含减缓气候变化与适应气候变化两个方面。其中减缓气候变化方面主要根据现状碳审计的结果以及规划区低碳发展路径的选择，针对规划区内需要重点开展“控碳源、扩碳汇”的领域制定相应的城市规划策略；适应气候变化方面主要根据适应气候变化的脆弱性现状评估结果，针对需要重点关注的空间领域和关键性影响因素制定相应的城市规划策略。最后将两方面的规划策略加以汇总与整理，形成规划区应对气候变化的城市规划策略库。

2）规划区应对气候变化的情景模型构建

(1) 规划应对策略可行性的初始性概率

规划区应对气候变化的城市规划策略库是城市规划设计人员的“一家之见”，还需要政府和民众的共同

参与才能提升应对策略制定的完善性与实施的保障性。因此，要借助德尔菲法对政府、专家和居民三方分别展开问卷调查，对规划区应对气候变化的城市规划策略开展可行性量化评价（表4-6），并根据三方评价结果在各项规划应对策略上的权威权重设置，通过公式4-1计算得出各项规划应对策略可行性的初始性概率。

应对气候变化的城市规划策略可行性评价标准及量化　　表4-6

应对策略发生的可行性	绝对可行	非常可行	很可行	可能可行	不太可行	不可行
量化数值	1.0	0.8	0.6	0.4	0.2	0

（资料来源：姚杨洋．气候变化维度下的中心城区规划情景方法研究[D].华中科技大学，2014.）

$$P_i = \frac{\sum_{j=1}^{m} M_j P_{ij}}{\sum_{j=1}^{m} M_j} \qquad (4\text{-}1)$$

式中：

P_i（i=$a1$、$a2$、$a3$、$b1$…$e2$）——为第i个应对策略的初始概率；

M_j（j=1、2、3…m）——为第j位被问卷调查对象的权威权重；

P_{ij}（i=$a1$、$a2$、$a3$、$b1$…$e2$，j=1、2、3…m）——为第j位被问卷调查对象对于第i个关键策略的发生可能性评价；

m——为调查问卷对象数量。

（2）规划应对策略可行性的交叉影响概率

各项规划应对策略之间可能存在相互制约或促进的影响关系，在其可行性评价时必须加以考虑。而这一评价过程因其专业性过强，故仅邀请专家对各项规划应对策略间的交叉影响进行评价。

借助概率学对事件的交互影响进行研究，一般可通过条件发生法、同时发生法、相容性法以及K值法四种计算方式对交互影响进行定量的计算[56]。本书研究中，采用K值法①与马尔科夫预测法②相结合的计算方式，对规划应对策略间的交互影响进行分析。首先根据问卷调查，能够得到各位专家就应对气候变化的城市规划不同重点技术领域的不同应对策略作出的不同评价，以及各项规划应对策略之间的影响程度量化统计结果（表4-7）；其次，借助K值法中的影响作用值公式（4-2）能够得出各项规划应对策略间交互影响矩阵（即K值矩阵）；最后通过计算公式（4-3）得出各项规划应对策略可行性的交叉影响概率。

规划应对策略间交互影响评价标准及量化　　表4-7

关键策略间的交互影响测度	促进影响			无影响	抑制影响		
	强	中	弱		弱	中	强
交互影响值	+3	+2	+1	0	-1	-2	-3
量化数值	1.0	0.6	0.3	0	-0.3	-0.6	-1.0

（资料来源：姚杨洋．气候变化维度下的中心城区规划情景方法研究[D].华中科技大学，2014.）

$$K_{xy} = \frac{\sum_{j=1}^{m} M_j a_k}{\sum_{j=1}^{m} M_j} \qquad (4\text{-}2)$$

① K值法是以K值作为事件间相互影响指标系数的计算方法，如K=0时表示事件间不存在相互影响；K=±1时则表示事件间存在着一些促进作用或抑制作用的相互影响；当K=±2时则表示事件间存在着强烈的促进作用或抑制作用影响。

② 马尔科夫预测法是指应用概率论中马尔科夫链的理论和方法来研究随机事件变化并借此分析预测未来变化趋势的一种方法。

式中：

K_{xy}（x=$a1$、$a2$、$a3$、$b1\cdots e2$，y=$a1$、$a2$、$a3$、$b1\cdots e2$）——表示如果应对策略 A_x 被采用，则应对策略 A_x 与另一应对策略 B_y 的交互影响值，且 $K_{a1a1}=K_{a2a2}=K_{a3a3}=K_{b1b1}=\cdots=K_{e2e2}=0$；

M_j（j=1、2、3、$\cdots m$）——为第 j 个专家的知识权重；

a_k（k=1、2、3、4、5、6、7）——为应对策略间交互影响的量化数值，其中 a_1=1.0、a_2=0.6、a_3=0.3、a_4=0、a_5=–0.3、a_6=–0.6、a_7=–1.0。

$$\hat{P}_i=P_i+K_{xy}\square P_i(1-P_i) \tag{4-3}$$

式中：

P_i（i=$a1$、$a2$、$a3$、$b1\cdots e2$）——为第 i 个应对策略的初始概率；

P_i（$1-P_i$）——为初始概率 P_i 的方差；

$\hat{P}_i$——为应对策略间交叉影响概率；

K_{xy}——为应对策略间交互影响值。

（3）规划应对策略可行性的模拟概率

将各项规划应对策略的初始性概率与交叉性影响概率进行综合计算，得出其模拟概率。首先，根据规划应对策略初始概率所占概率之和的比重，可得到由初始概率组合成的矩阵 Π（0）：

$$\Pi(0)=\begin{bmatrix} P_{a1}/\sum P_i \\ P_{a2}/\sum P_i \\ P_{a3}/\sum P_i \\ P_{b1}/\sum P_i \\ \vdots \\ P_{e2}/\sum P_i \end{bmatrix} \tag{4-4}$$

其次，根据马尔科夫转移矩阵法，将规划应对策略间的交叉影响作为其初始概率的一种转移概率，则可得到转移矩阵 Π（1）：

$$\Pi(1)=\begin{bmatrix} P_{a11}/\sum_{j=1}^{i}P_{a1j}\cdots P_{a1i}/\sum_{j=1}^{i}P_{a1j} \\ P_{a21}/\sum_{j=1}^{i}P_{a1j}\cdots P_{a2i}/\sum_{j=1}^{i}P_{a1j} \\ \vdots \\ P_{e21}/\sum_{j=1}^{i}P_{e2j}\cdots {}_{e2i}/\sum_{j=1}^{i}{}_{e2j} \end{bmatrix} \tag{4-5}$$

然后，转移矩阵 Π（1）经过 N 次转移后，可得到以下趋于稳定的稳态矩阵：

$$\Pi=\begin{bmatrix} W_{a1} \\ W_{a2} \\ \vdots \\ W_{e2} \end{bmatrix} \tag{4-6}$$

最后，根据公式（4-7）可得到规划应对策略发生的模拟概率及其不发生的模拟概率，即（$1-P'_i$）。

$$P'_i = \sum_{i=1} P_i \cdot \prod = \begin{bmatrix} P'_{a1} \\ P'_{a2} \\ \vdots \\ P'_{e2} \end{bmatrix} \tag{4-7}$$

（4）情景模型构建

将各项规划应对策略进行排列组合，可以得出根据各种规划应对策略的不同组合方式而产生的城市应对气候变化的多种情景模型，在得出的各个组合结果中代入对应的模拟概率并作累加计算，从中选取发生概率最高的三种情景模型作为规划方案设计的引导条件。

3）规划方案的设计

根据选定的三种应对气候变化的情景模型，分别以其不同的规划应对策略组合为指导，选择应对气候变化的城市规划编制相应关键技术，展开不同情景模型下的城市规划方案设计。应对气候变化的城市规划编制关键技术研究详见本书第6章。

4.4.2 规划方案比选

在传统城市规划编制过程中，对规划方案间的比选通常从功能布局、交通组织、空间形象等方面展开，基本属于定性层面的对比，除了满足委托方的基本要求之外，更多依赖评委的专业素养和工作经验进行评判。而应对气候变化的城市规划编制除了兼顾传统规划的常规要求之外，重点需要解决减少碳排放，降低城市在极端气候灾害中的损失等问题，仅仅依赖定性分析无法进行准确评判，必须借助量化分析方可实现。因此，在对上述三种应对气候变化情景模型下完成的城市规划方案进行比选时，应当借助当前国际主流研究中的数字化辅助技术开展定量分析与比较，为最终方案的确定提供更加科学的技术手段。主要数字化辅助技术如表4-8、表4-9所示：

可用于减缓气候变化的城市规划方案比选的数字化辅助技术　　表4-8

方法类型	控制碳排放				
工具名称	碳排放审计	INDEX	I-Place³s	未来展望法	发展模式法（DPA）
基本概念	计量规划方案在一定时间段内的温室气体排放总量	基于GIS的计算机软件，衡量土地利用和交通规划的碳排放量	基于网络的公开建模平台，评估发展方式或交通投资的影响	模拟各尺度土地利用决策的规划工具	为可持续社区实验服务的软件
主要作用	比较两个及以上规划方案的温室气体排放量	比较两个及以上规划方案，在不同的土地使用和交通模式情景下的温室气体排放	根据不同建筑环境下的碳排放总量或人均量，来评价规划方案影响	通过建筑物和其他设施的多种组合，生成不同方案，并可以模拟未来能耗	用于创建城市发展方案，并根据可持续发展指标量化方案
应用阶段	方案比选	方案比选	编制方案 方案比选	编制方案 比选方案	编制方案 比选方案
应用层面	宏、中、微观	中、微观	宏、中、微观	宏、中、微观	宏、中观
操作方法	从城市规划的角度建立碳排放审计框架、模型；收集相关数据进行分类计算；对各方案的碳排放量进行比较分析	在规划方案完成的基础上，将方案的土地利用转化为不同类型建筑的碳排放量，将交通转化为机动车出行的碳排放量，综合各方案的能耗及其碳排放总量，进行排序比较	对某种建筑环境下的交通服务水平、出行情况、建筑密度、路网密度、功能混合程度等数据进行分析，得出该类建筑环境对碳排放量的影响关系，如每人每公里出行的碳排放量，进而对方案进行评估	在现有或合理构想的范围内，建立不同类型的建筑原型，并附带一定的经济数据、能源消耗数据，汇总后形成不同的发展模式，再组合成不同的未来发展方案，进行评估	在包括了全面的街道、开敞空间、建筑物等范例及定量定性信息的数据库中，选取建筑、街道、开敞空间组成不同的发展模式，经过专家讨论，在规划范围内分配发展模式，最后组织方案评估

续表

方法类型	控制碳排放				
工具名称	碳排放审计	INDEX	I-Place³s	未来展望法	发展模式法（DPA）
案例	上海、武汉	美国 伊利诺伊州埃尔本	美国 华盛顿州国王县	美国 亚利桑那州	加拿大 北温哥华
优点	计算方法易操作	计算方法易操作	可视化，易理解，方便交流；基于网络，无特殊硬、软件要求；数据处理能力强	以建筑原型为基础，方便之后的指标测量	对当前状况和未来状况可进行可视化比较
缺点	计算方法多样，没有统一标准，计算结果不够精确	对数据有一定的要求，使用层面有限	对数据的要求很高	完全依赖建筑原型的可靠性、可行性	对“数据库”的全面性及可靠性要求较高

（资料来源：作者自绘）

可用于适应气候变化的城市规划方案比选的数字化辅助技术　表4-9

方法类型	排水管网系统		海平面上升模拟			缓解热环境	
工具名称	暴雨雨水管理模型（SWMM）	Infoworks CS	3D-GIS	QTM	SkyLine	CFD 技术	都市环境气候图
基本概念	面向城市区域雨水径流和水质的计算机综合分析模型	管理雨污水管网的集成软件	以 GIS 为平台的多功能集成系统	以 Net 和 Direct3D 为开发工具的评估模型	以 SkyLine 为工具设计的海平面上升模拟系统	利用计算机流体力学技术研究城市热环境的计算机方法	应用于城市气候规划的地图集
主要作用	模拟排水管网系统，协助排水规划设计、方案测评	模拟不同情况下的管网工况，并提供多种模拟分析工具	预测海平面上升，评估灾害影响，并提供预测效果的三维展示	分析、模拟海平面上升影响范围	模拟海平面上升情况，展现水面上升的时空动画	仿真模拟区域空气流动，优化、调整城市形态及街区空间方案	分析城市气候状况，模拟气流方向，协助制定城市气候规划方案
应用阶段	编制方案 比选方案	编制方案 比选方案	编制方案 比选方案	编制方案 比选方案	编制方案 比选方案	编制方案 比选方案	编制方案
应用层面	宏、中、微观	宏、中、微观	宏、中观	宏、中观	宏、中观	宏、中、微观	宏、中观
操作方法	在模型中输入管网信息及拓扑结构图、汇水流域图，并与 GIS 平台集成，确定水文、水利模型参数基础上，可针对不同未来情景进行模拟，指导设计与评价	搜集全面的数据资料，建立数据模型，应用计算机软件进行图形、状态及参数模拟，对结果进行分析，指导规划设计	提供全面的影像、地形、社会经济等信息，进而进行海平面上升预测、灾害影响分析、数据抽取与优化，最后提供给用户三维展示	提供 DEM 数据资料，利用基于 QTM 的模拟系统组织一系列关键技术计算，完成海平面上升分析及模拟	处理地形数据、划分地理单元，基于溃堤水量和有源淹没算法进行水面演进范围计算，组织水面对象的时空数据，以 SkyLine 为基础建立 3D 模型和时间动画	搜集合理的边界条件及参数，建立模型，利用流体参数对区域空气流动形成的温度场、速度场等进行仿真模拟，分析方案的合理性，并优化	搜集详细的气象数据及现状地形、土地利用等，利用模拟软件分析评估城市气候现状及气流状况，明确城市气候问题，定位、定量规划城市通风道
案例	镇江	蚌埠	天津	全球范围	天津	武汉	斯图加特香港
优点	可视化模拟分析，计算准确可靠	利用 ArcInfo 平台下的 GeoDatabase 保存数据具有独特优势	直观动态的表达，有助于对比	模拟地图表面，提高了可靠性	直观动态的表达，水面演进范围计算方法简单并符合实际原理	可视化模拟分析，比较可靠	实现了定量、定位规划通风道

续表

方法类型	排水管网系统		海平面上升模拟			缓解热环境	
工具名称	暴雨雨水管理模型（SWMM）	Infoworks CS	3D-GIS	QTM	SkyLine	CFD 技术	都市环境气候图
缺点	建模对使用人员的技术要求较高	建模对使用人员的技术要求较高	对数据、技术的要求较高	对数据、技术的要求较高	对数据、技术的要求较高	对信息、数据收集要求较高，对软件应用要求较高	对信息、数据的要求较高

（资料来源：作者自绘）

通过借助以上辅助技术针对减缓与适应气候变化展开定量比较，并将其结果作为专家评审的重要参考依据，同时还要对各规划方案的地方适应性、技术可行性、相对有效性、起效速度、协同效应以及相对成本等方面进行综合评判。此外，必须通过公众参与，调查各方案的居民接受程度，将其与专家评审意见相整合，得出最终的规划方案比选结果，再将其上报城市规划主管部门进行审批。

4.5　应对气候变化的城市规划编制“事后评价”（Appraisal）

“事后评价”是指在应对气候变化的城市规划方案编制完成，并由规划主管部门审批通过与组织实施后，对规划方案的实施效果进行的综合评价与相应调整工作，以此保障规划方案应对气候变化的效果维持在较为稳定的水平。这两部分工作的主要内容具体如下：

4.5.1　规划实施评价

规划实施评价作为传统城市规划的重要内容之一，国内外相关研究成果已较为丰富，并在我国很多城市中开展了实践活动。根据目前国内外有关城市规划实施评价的研究与实践所达成的共识，城市规划实施评价的内容主要包括规划实施过程和实施结果两个方面，应对气候变化的城市规划实施评价亦不例外。具体而言，应对气候变化的城市规划实施评价在对规划实施结果的评价方面可以细分为应对气候变化的效果评价及建设情况与规划方案的吻合度评价。在对实施过程的评价方面主要是针对影响规划实施的因素与环境进行评价。此外，需要特别指出的是，应对气候变化的城市规划实施评价应围绕城市在规划实施前后减缓与适应气候变化能力的比较测评为核心展开，而非传统城市规划实施评价中的面面俱到。

1）规划实施结果评价

（1）建设情况与规划方案的吻合度评价

利用 GIS 软件，基于规划实施前后的土地利用数据与工程管网建设数据构建覆盖规划区的空间数据库。借助空间叠加分析技术，来分析规模控制、空间管制、土地利用、空间形态、生态环境绿化、道路交通、产业经济、工程系统与城市更新等九项应对气候变化的城市规划重点技术领域的规划实施吻合度。其中，既包括用地、建筑与设施等实体建设的实施吻合度，还包括一些量化的规划控制指标实施吻合度，如土地兼容性、公共交通出行比例、有效绿地率、透水地面覆盖率和绿色建筑比例等；最后通过量化、加权计算得到规划整体的实施吻合度。

（2）应对气候变化的实际效果评价

就规划实施后的规划区应对气候变化能力开展评价，在减缓气候变化的效果评价方面重点分析二氧化碳排放情况，统计规划实施后的规划区每年碳排放总量与碳减排程度两项数据，与规划编制“事前评估”阶段制定的碳排放库兹涅兹曲线相拟合；分析比较规划实施前后的碳减排趋势，判断能否实现规划设定的碳减排目标。在适应气候变化的效果评价方面，既要跟踪调查规划编制“事前评估”阶段划定的重点关注区域与影响因素在规划实施后的变化情况，以分析规划区应对气候变化脆弱性的变化趋势；也需要研究规划实施后，规划区在极端气候灾害中的具体应对情况，以判断规划适应气候变化的实际效果。两者相互印证，形成适应气候变化的效果评价结论。

（3）实施结果综合评价

将上述建设情况与规划方案的吻合度评价、应对气候变化的实际效果评价加以综合分析，能够得出规划实施结果的综合评价结论。二者的交叉可能出现以下几种基本情况：

①建设情况与规划方案吻合度较高，应对气候变化的实际效果较好

规划实施结果较为理想。从规划实施结果评价的角度说明该规划具有较好应对气候变化的能力，仅需要根据规划实施过程评价中的问题展开相应规划调整。

②建设情况与规划方案吻合度较高，应对气候变化的实际效果一般或较差

规划实施结果不甚理想。规划方案的落实情况虽然较好，但应对气候变化的实际效果却不理想，这种状况证明规划方案本身在应对气候变化方面存在缺陷，需要进一步深入分析具体问题所在，为下一步规划调整指明方向。

③建设情况与规划方案吻合度较低，应对气候变化的实际效果一般或较差

规划实施结果较差。规划方案的落实不力与规划方案本身的技术缺陷都可能是导致这一状况的原因，可采取排除法逐一分析。可首先假设这种状况是因为规划方案落实不力所致，通过分析规划实施过程中存在的问题，并作相应改进后继续开展跟踪评价。若在建设情况与规划方案吻合度逐步提升的情况下，应对气候变化的实际效果也逐步好转，则证明假设成立，可依此继续调整。若在建设情况与规划方案吻合度逐步提升的情况下，应对气候变化的实际效果依然不见起色，则证明规划方案本身存在的技术缺陷是导致这一状况的主要原因，需要进一步深入分析规划方案的具体问题所在，为下一步规划调整指明方向。

④建设情况与规划方案吻合度较低，应对气候变化的实际效果较好

规划实施结果不甚理想。在规划方案落实不力的条件下，应对气候变化的实际效果主要是由现状建设情况决定。因此，在分析规划实施过程存在问题的同时，应当分析总结导致应对气候变化实际效果较好的现状可取之处，并在下一步规划调整中注意予以保留。

2）规划实施过程评价

规划实施过程评价，主要是对影响规划实施的因素与环境进行评价，包括发挥直接推动作用的各项政策、行动以及规划实施管理的机构设置与运作，还有发挥间接保障作用的组织、部门间合作机制、建设投资环境以及公众参与程度等。这一评价过程主要通过邀请专家、公众进行主观评判完成，最后的评判结果既可以是定性分析的形式，也可以通过量化和加权计算形成定量分析的形式。

3）规划实施综合评价

将规划实施结果评价结论与规划实施过程评价结论加以综合，得到应对气候变化的城市规划实施综合评价结论。总结规划实施中的可取之处予以保留，分析规划方案本身存在的技术缺陷、影响规划方案实施的主要因素，为下一步规划调整指明方向。

4.5.2 规划调整

应对气候变化的城市规划编制“事后评价”阶段主要针对两种情况展开规划调整工作：

其一是根据应对气候变化的城市规划实施评价结论，对规划方案存在的技术缺陷进行优化调整。这类调整应首先分析导致技术缺陷的根本原因，若是因为规划目标、策略制定的偏差所致，需要按照“事前评估”和“事中运用”的工作要求重新开展规划方案的编制；若是因为规划编制技术或辅助手段的不当使用所致，规划调

整工作则需要在城市规划编制“事中运用”阶段对相关规划编制技术或辅助手段进行优化，并对规划方案作出相应调整。此外，对影响规划方案实施的各种非技术因素，主要通过加强部门间沟通与合作，提升规划实施管理水平的途径解决。

其二，考虑到气候变化的动态性特征，新问题或新的影响因素很有可能随着研究的深入而不断出现，大大超出原有规划的应对能力范围，城市规划有必要对此作出应对调整。对于这类变化导致的规划调整，应参照前文所述的“事前评估”和“事中运用”相关工作步骤与内容，通过规划目标、策略的调整，引导规划方案的重新编制调整。

4.6 “3A”方法在城市规划编制中的应用

应对气候变化的城市规划编制“3A”方法是根据应对气候变化工作的特殊要求，结合城市规划编制自身工作特点而设定的普适性方法。该方法重点强调在城市规划编制的“事前”、“事中”和“事后”三个阶段中需要针对气候变化应对完成哪些不同于其他城市规划编制的内容，并为如何完成这些工作提供程序与方法等方面的指引。它并非针对某一个规划的编制而设定，而是希望在各个不同层面的城市规划编制中均能发挥有效的作用。在不同层面的城市规划编制中，“3A”方法的具体工作内容和表现形式可能存在一定的差异性，在本节中将重点针对在我国法定城市规划编制体系中的城市总体规划和控制性详细规划编制中应用“3A”方法做出如下小结（表 4-10）。

应对气候变化的城市规划编制“3A”方法研究目前还存在一些困难，尤其是在“事前评估”阶段的基础资料收集和“事后评价”阶段的规划实施评价中表现得最为明显。两者的共同点是相关数据资料难以获取，基础资料收集和规划实施评价中都有相当一部分的数据资料需要从其他职能部门获取，需要相关职能部门的积极配合与协助。而在当前我国应对气候变化的国家响应机制落实尚不理想的情况下，不少规划编制所必需的数据资料因为种种原因无法获取。两者不同的是，规划实施评价在具体操作过程中的某些评价环节可能出现由其他职能部门、其他行业机构参与甚至主导的情况，如果他们对于应对气候变化问题存在不同理解，具体规划实施评价中的量化指标选取和赋值测算必然存在行业争议；如何设置双方都能认同的评价标准是重点和难点，其困难程度也远超数据资料的获取。同时，受本书研究重点和研究精力所限，对于“3A”方法在应对气候变化的城市规划编制“事后评价”部分的研究深度略显不足，这也是在未来研究需要重点深化和加强的部分。

应对气候变化的城市规划编制“3A”方法在法定城市规划编制中的应用　　表4-10

应对气候变化的城市规划编制“3A”方法		应对气候变化的法定城市规划编制			
		城市总体规划编制		控制性详细规划编制	
		新增补充	优化现有	新增补充	优化现有
事前评估	基础资料收集	建立城市应对气候变化信息库	·对现有规划实施总结 ·对现有问题和新情况的分析 ·对城市定位及发展目标等内容的前瞻性研究	建立规划区应对气候变化信息库	·对现有规划实施总结 ·对现有问题和新情况的分析 ·针对应对气候变化相关内容的前瞻性研究

续表

<table>
<tr><th colspan="3" rowspan="3">应对气候变化的城市规划编制“3A”方法</th><th colspan="4">应对气候变化的法定城市规划编制</th></tr>
<tr><th colspan="2">城市总体规划编制</th><th colspan="2">控制性详细规划编制</th></tr>
<tr><th>新增补充</th><th>优化现有</th><th>新增补充</th><th>优化现有</th></tr>
<tr><td rowspan="4">事前评估</td><td rowspan="2">应对能力现状评估</td><td>减缓</td><td>制定城市温室气体排放清单</td><td rowspan="4">·对现有规划实施总结
·对现有问题和新情况的分析
·对城市定位及发展目标等内容的前瞻性研究</td><td>开展规划区微观层面碳排放审计</td><td rowspan="4">·对现有规划实施总结
·对现有问题和新情况的分析
·针对应对气候变化相关内容的前瞻性研究</td></tr>
<tr><td>适应</td><td>开展城市气候变化脆弱性评估</td><td>开展规划区微观层面的脆弱性评估</td></tr>
<tr><td rowspan="2">应对的规划目标设定</td><td>减缓</td><td>制定城市二氧化碳减排目标，并寻找实现减排目标的低碳发展路径</td><td>制定规划区二氧化碳减排目标，并寻找实现减排目标的低碳发展路径</td></tr>
<tr><td>适应</td><td>总结影响城市气候变化脆弱性的关键要素和脆弱性空间分布，制定相应规划目标和策略</td><td>总结影响规划区气候变化脆弱性的关键要素和脆弱性空间分布，制定相应规划目标和策略</td></tr>
<tr><td rowspan="2">事中应用</td><td colspan="2">规划方案设计</td><td>重点考虑减缓和适应气候变化因素的常规编制；
增加市域空间气候格局、海岸线规划、通风道规划、冬季规划等内容</td><td rowspan="2">城市性质、城市目标、土地利用总体规划、交通、绿地、基础设施、公共服务设施、历史保护、防灾工程等规划</td><td>在控制指标中加入应对气候变化的关键因素，如透水路面比、绿色建筑比等
对滨海地区和历史街区进行特殊控制</td><td rowspan="2">用地性质、建筑后退红线、建筑高度、建筑密度、容积率、绿地率、公共设施配套要求、出入口方位等，工程管线及竖向设计</td></tr>
<tr><td colspan="2">规划方案比选</td><td>通过控制碳排放、热环境模拟、排水管网系统模拟、海平面上升模拟等技术方法，以及定性评估，对规划方案进行比选</td><td>通过控制碳排放、热环境模拟、排水管网系统模拟等技术方法，以及定性评估，对规划方案进行比选</td></tr>
<tr><td rowspan="2">事后评价</td><td colspan="2">规划实施评价</td><td>规划实施前后城市减缓和适应气候变化能力对比以及规划目标的实现度</td><td rowspan="2">规划方案落实情况、公众参与调查、调整修改</td><td>规划实施前后规划区减缓和适应气候变化能力对比以及规划目标的实现度</td><td rowspan="2">规划方案落实情况、公众参与调查、调整修改</td></tr>
<tr><td colspan="2">规划调整</td><td>考虑气候变化的动态性特征对规划编制的影响并作出相应调整</td><td>考虑气候变化的动态性特征对规划编制的影响并作出相应调整</td></tr>
</table>

（资料来源：作者自绘）

5　应对气候变化的城市规划编制技术框架

5.1　国内城市规划编制技术体系及其应对气候变化的缺陷

5.1.1　国内城市规划编制技术体系

1）我国城乡规划编制体系

根据《中华人民共和国城乡规划法》和《城市规划编制办法》中的有关规定，我国城乡规划编制体系主要由全国及省域城镇体系规划、城市规划、镇规划、乡规划和村庄规划等几个层级构成，其中城市规划分为城市总体规划和详细规划两个阶段，详细规划又细分为控制性详细规划和修建性详细规划。我国城乡规划编制体系的具体构成如图 5-1 所示：

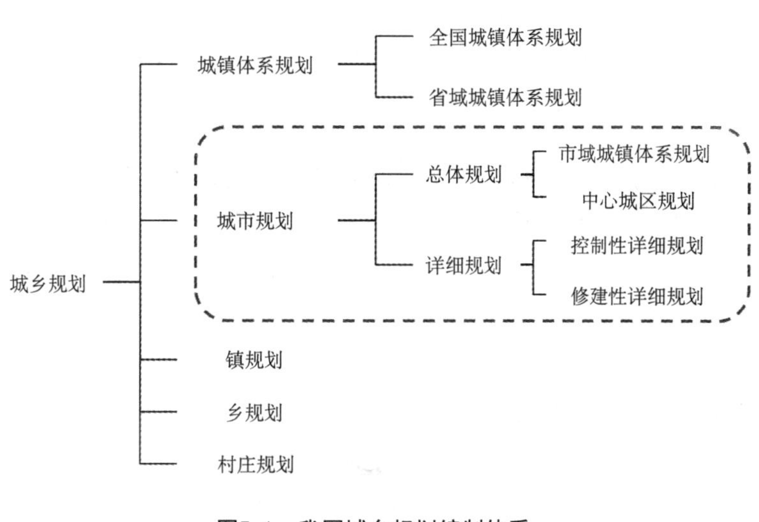

图5-1　我国城乡规划编制体系

（资料来源：作者自绘）

2）我国城市规划编制技术体系

从中可以发现，现阶段我国城市规划编制体系主要由城市总体规划与城市详细规划构成。城市规划编制技术体系顾名思义，是以上述城市规划编制体系为基础，将各项规划编制技术集合而成，可以分为纵向规划编制技术体系和横向规划编制技术体系两类。纵向规划编制技术是指按照层次划分的各类规划编制技术，如城镇体系规划编制技术、总体规划编制技术、详细规划编制技术等。横向规划编制技术主要是指各个专项规划领域的编制技术，如居住区规划编制技术、历史文化名城专项规划编制技术、城市更新规划编制技术等。

5.1.2　国内城市规划编制技术体系应对气候变化的缺陷

1）纵向编制技术体系的不足

由于我国现阶段城市规划的主要目标是促进社会经济协调发展，应对气候变化因受重视程度不足而并非其主要目标。因此，规划编制技术的研发与设定较少考虑应对气候变化因素，导致在我国现阶段城镇体系规划、城市总体规划和详细规划等各级纵向规划的编制技术中难觅应对气候变化之踪影，虽有部分内容与应对气候变化存在一定程度的关联，但其设定目标也非应对气候变化，其附带产生的应对效果难言理想。

2）横向编制技术体系的不足

由于应对气候变化属国际前沿的新兴研究课题，我国城市规划行业对此研究尚浅，除了上述纵向规划编制技术缺乏应对气候变化的考量之外，在城市规划横向编制技术体系中同样缺乏应对气候变化的专项规划编制技术。虽然近年来极为热门的低碳城市规划能够基本实现应对气候变化中的减缓气候变化目标，但是它仅涉及应对气候变化的一个方面，对适应气候变化的城市规划编制技术仍然匮乏，难以构建完善的应对气候变化的城市规划编制技术体系。

5.2 应对气候变化的城市规划编制技术框架构建思路

5.2.1 强调规划编制技术的可行性

本书的研究目的并非纯粹的理论性探讨，而是希望能够在应对气候变化的城市规划编制实践工作中发挥积极作用。因此，应对气候变化的城市规划编制技术研究应强调技术的可行性。这包含两层含义：其一是某项规划编制技术应用于实际规划编制工作的可行性，它与本书研究的规划编制技术的具体内容选取密切相关；其二是整个编制技术体系应用于实际规划编制工作的可行性，这涉及它与现阶段城市规划编制与管理体系的衔接性，只有与实际规划编制工作实现无缝对接，方能保障规划编制技术体系的可行性。

5.2.2 突出规划编制技术的重点与特色

城市规划编制涉及城市规划的各个领域，而每个领域又有自成体系的丰富内容，从而形成了庞大而复杂的城市规划编制技术体系。在如此庞杂的巨系统中构建应对气候变化的城市规划编制技术体系，必须紧扣应对气候变化的主旨，具体从以下两方面着手：首先只选择能够在应对气候变化中发挥重要作用的规划领域开展相关编制技术研究；其次在该领域的各种规划编制技术中，只选择能够有效解决气候变化问题的编制技术开展研究，以此突显应对气候变化的城市规划编制技术的重点与特色。

5.2.3 注重规划编制技术的实效性

应对气候变化的城市规划编制技术在规划实践中发挥的实际效果受到现阶段的城市规划编制与管理的形式、水平等因素的影响。因此，在本书的研究中注重应对气候变化的城市规划编制技术的实效性问题。具体可以从两方面理解：一方面，选择城市总体规划与控制性详细规划这两种我国现阶段城市规划编制与管理的主要规划形式，开展应对气候变化的规划编制技术研究，并针对其不同的规划特点制定应对气候变化的相关内容；另一方面，将应对气候变化的城市规划编制技术分为控制性技术和引导性技术，其划分的依据是根据其应对气候变化的贡献率基础上，综合考率该技术在现阶段规划编制中应用的难易程度，现阶段应用存在一定难度的编制技术考虑作为引导性技术实施，兼顾规划的刚性与弹性需求。

5.3 应对气候变化的城市规划编制技术框架

5.3.1 总体框架

基于现有规划编制技术体系应对气候变化的不足，以及应对气候变化的城市规划编制技术体系构建思路，本书的研究设定应对气候变化的城市规划编制技术总体框架如下：

纵向上维持国内现有城市规划编制体系不变，编制技术的研究范围限定为城市总体规划和控制性详细规划；横向上将能够有效应对气候变化的城市规划各专项技术加以集成研究，并分解到城市规模控制、空间管制、土地利用等九个最重要的技术领域，以此形成应对气候变化的城市规划编制技术框架体系（图 5-2）。

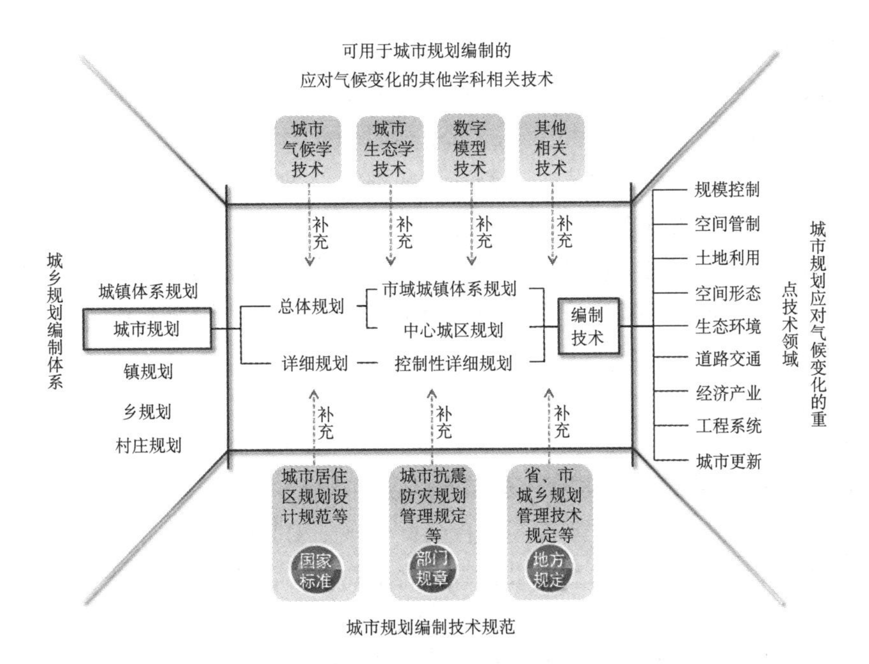

图5-2　应对气候变化的城市规划编制技术框架构建思路

（资料来源：作者自绘）

5.3.2　具体构建

按照上述框架，结合前文研究得出的城市规划应对气候变化重点领域的结论，可以将构建应对气候变化的城市规划编制技术框架体系的具体步骤设计如下：

1）按规划层次分解应对气候变化重点领域的规划编制技术

针对城市规划应对气候变化的重点领域，在城市总体规划和控制性详细规划编制这两个阶段进行具体对应分解。其中，总体规划又分解为城镇体系规划和中心城区规划两类。在总体规划编制技术中一方面完善现有应对气候变化技术的不足，仍然以传统规划的形式表达城镇体系规划和中心城区规划的具体编制技术内容；另一方面补充新增的应对气候变化技术，以专项规划的形式具体加以表达。两种形式的三部分内容共同构成应对气候变化的总体规划编制技术。控制性详细规划编制技术同样由两部分内容构成：其一是对普通地区提出基本控制要求；其二是对滨海地区这类应对气候变化特别脆弱的特殊地区提出特殊控制要求（图 5-3）。

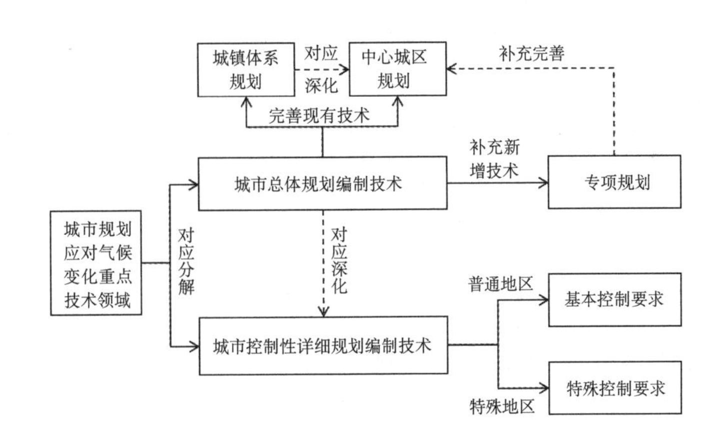

图5-3　应对气候变化的城市规划编制技术框架

（资料来源：作者自绘）

2）逐步深化各层次规划编制技术间的对应联系

按照我国现行城市规划编制体系的相关规定，城市规划编制分为总体规划和详细规划编制两个阶段。其中，总体规划又细分为市域城镇体系规划和中心城区规划两部分。详细规划分为控制性详细规划和修建性详细规划两类。按照本书的的研究范围和重点，本研究主要围绕市域城镇体系规划、中心城区规划和控制性详细规划三类规划在应对气候变化方面的编制技术展开。三类规划虽然各属不同空间层面的规划，管控的重点各不相同，然而三者间有着紧密的逻辑联系和前后承接的递进关系。因此，在应对气候变化的城镇规划编制技术框架构建过程中，必须理清三类规划中相关编制技术的对应衔接与逐层深化关系，形成层次分明、脉络清晰的编制技术体系。

应对气候变化的城市总体规划（含市域城镇体系规划与中心城区规划）和控制性详细规划编制技术的衔接关系详见表 5-1 所示。

3）适当引入指标控制，完善应对气候变化的城市规划编制技术框架

应对气候变化是城市规划编制的研究新课题，传统城市规划编制的方法、内容、技术难以独立应对气候变化的挑战，需要借助大量相关学科的研究成果。对于此全新研究领域，本书的研究首先解决应对气候变化的城市规划编制方法和内容的诉求，然后逐步完善具体编制技术。通过前文的研究，已经基本形成了应对气候变化的城市规划编制技术框架，在此基础上，将尝试对规划编制技术的部分内容适当引入指标控制。指标控制遵循以下几点原则：城市总体规划编制阶段以定性指标为主，控制性详细规划编制阶段适当增加定量指标；控制指标分为强制性指标与建议性指标，兼顾规划刚性与弹性的需求；指标的赋值主要参考相关规划实践案例设定。

应对气候变化的城市规划编制技术对应深化体系 表5-1

城市规划应对气候变化的重点技术领域	应对气候变化的总体规划编制技术		应对气候变化的控制性详细规划编制技术
	市域城镇体系规划	中心城区规划	
规模控制	区域人口规模控制 ·预测或校核方法	城市发展目标设定	——
		城市人口规模控制 ·预测或校核方法	——
空间管制	区域空间管制规划 ·管制目标与要求	城市空间管制规划 ·管制分区划定依据	——
土地利用	——	土地利用规划 ·TOD 导向 ·组团式结构 ·职住平衡	土地利用规划 ·布局原则 ·性质分类 ·街区尺度 ·兼容性 ·环境容量 ·整合交通开发
	区域公共服务设施规划 ·区域性设施选址要求	公共服务设施规划 ·市、区级设施布局要求	公共服务设施布局 ·居住区级设施布局要求
	——	地下空间利用规划 ·基本原则 ·利用模式	地下空间开发引导 ·结合气候灾害防治 ·结合慢行系统设计
		海岸线规划 ·规划目标 ·空间管制 ·生态修复	滨海地区控制 ·分区控制 ·调整设计标准 ·海岸线防护措施

续表

城市规划应对气候变化的重点技术领域	应对气候变化的总体规划编制技术		应对气候变化的控制性详细规划编制技术
	市域城镇体系规划	中心城区规划	
空间形态	区域空间格局规划 ·总体目标	空间形态规划 ·二维平面控制 ·三维立体控制	城市设计引导 ·总体格局 ·高度分区 ·轴线控制 ·公共开放空间
			建筑建造引导 ·低碳建筑空间结构 ·建筑控制 ·绿色建筑比例
生态环境与绿化	区域绿地系统 ·基本原则 ·总体目标	绿地系统规划 ·碳汇测算法 ·布局原则 ·绿化形式	绿地系统规划 ·网络布局 ·设置目的 ·绿化形式 ·绿化规模
	——	通风道规划 ·系统构建 ·主体方向 ·宽度控制	——
	区域绿色基础设施规划 ·目标 ·区域中心与廊道	绿色基础设施规划 ·目标 ·网络中心与廊道布局原则	——
道路交通	区域交通模式选择 ·布局原则 ·主导方式 ·城乡一体 ·区域绿道	道路交通规划 ·路网布局 ·断面形式 ·城市组织与交通设施 ·慢行系统 ·城市绿道	道路交通规划 ·密度控制 ·交通换乘 ·慢行系统 ·社区绿道 ·清洁能源供应设施
经济与产业	城乡统筹发展策略 ·城乡大循环原则	产业发展规划 ·规划目标 ·布局原则 ·优化策略 ·选址	——
工程系统	区域公用设施布局 ·选址布局 ·市域给水原则 ·市域污水原则 ·电源、气源选择原则 ·通信预警机制	市政基础设施规划 ·给水工程 (多源、分质、循环、人均) ·排水工程 (雨污分流原则) ·雨水工程 (基本原则、大型雨水收集设施布局、设计标准校核) ·污水工程 (布局、处理标准、规模、循环利用、新技术)	市政基础设施布局 ·给水工程 (分区分质供水管网布局) ·污水工程 (源分离生态排污) ·热、电、气供应工程 (微能源与微供应、情境分析预测、供应分区与一体化设计) ·环卫工程 (设施布点、垃圾分类覆盖、生活垃圾回收利用)
工程系统	——	·电力工程 (高效节能电网布局) ·通信工程 (预警体系布局) ·供热工程 (热源、管网、新技术) ·燃气工程 (气源、布局) ·环卫工程 (源头控制、压缩中转、无害化处理方式选择)	——
	——	综合防灾规划 ·主要内容 ·雨洪格局	公共安全设施布局 ·防洪规划 ·防灾设施规划

续表

城市规划应对气候变化的重点技术领域	应对气候变化的总体规划编制技术		应对气候变化的控制性详细规划编制技术
	市域城镇体系规划	中心城区规划	
工程系统	——	水资源节约与利用规划 · 基本原则　· 优化配置 · 高效用水　· 循环利用 · 非常规水源	——
	——	能源规划 · 基本原则　· 高效利用 · 清洁再生　· 智能管理	——
城市更新	——	旧城更新规划 · 规划目标　· 规划原则	旧城更新规划 · 地块控制指标设定

（资料来源：作者自绘）

6　应对气候变化的城市规划编制关键技术

通过前文的研究分析，城市规划应对气候变化的重点技术领域已经明确。本章的研究将遵循应对气候变化的城市规划编制技术框架，分别从城市总体规划与控制性详细规划编制两个层面，针对城市规划应对气候变化的每个重点技术领域展开具体的规划编制关键技术研究。

在本章开始之前，还有以下两点需要在此予以特别说明：

（1）城市问题的根本特征是整体性和复杂性，应对气候变化的城市规划编制也不例外。本书将应对气候变化的城市规划重点技术领域总结为规模控制、空间管制、土地利用、空间形态、生态环境与绿化、道路交通、产业经济、工程系统与城市更新等九大类，它们之间存在密切的内在关联性和层级关系。在本书的研究中，为了将每个重点技术领域的关键编制技术更加清晰、独立的总结呈现，故而将以上九大重点技术领域之间的关系进行了简化的平行处理。

（2）在城市规划现有编制技术中已有不少能够在应对气候变化中发挥重要作用的关键技术，它们中有的因为规划目标设置不同而应用各异，抑或因为种种原因不受重视而未能得到贯彻落实。在本章的研究中，将根据减缓气候变化或适应气候变化的目标，将它们加以重新整合与设定，与新增规划编制关键技术共同构建应对气候变化的城市规划编制关键技术。同时，这也保障了在与现有城市规划编制体系良好衔接基础上的技术更新与优化。

6.1　规模控制

6.1.1　控制意义

随着我国快速城市化的进程，越来越多的人口向城市集中，其中又以大城市最受青睐。这种趋势通过以下几组数据可以得到证明：1978 年至 2013 年末，我国城镇常住人口从 1.7 亿人增加到 7.3 亿人，城镇常住人口已占全国总人口的 53.7%；[①] 我国城市主城区户籍人口规模超过 100 万的城市数量增长迅速（表 6-1）；第六次全国人口普查统计数据显示，在全国 287 个地级及以上城市中仅有 13 个城市户籍人口低于 100 万。[②] 与此同时，我国的城市建成区面积从 1990 年的 1.22 万 km^2 增长到 2010 年的 4.05 万 km^2，[③] 幅高达 230%。这种人口向城市（尤其是大城市）过度集中，以及城市建设区过度蔓延的现象都将加剧城市应对气候变化的难度，无论是减缓气候变化还是适应气候变化方面都是如此。

（1）减缓气候变化方面

城市人口规模与用地规模的过度发展对减缓气候变化的负面影响体现在增加温室气体排放量和减少碳汇面积这两个方面。城市用地规模的急剧扩张首先引发了大规模的城市新区建设，支撑新区建设的能源消耗将产生巨大的温室气体排放量；其次人口规模与用地规模的增长导致维持城市生活与工作的能耗需求增加，例如交通出行距离拉长、私人机动车激增等问题都是交通能耗居高不下的主要原因，它们同样产生了大量的温

① 数据来源：http://news.xinhuanet.com/politics/2014-03/17/c_119803692.htm。

② 由国际欧亚科学院中国科学中心、中国市长协会和联合国人居署联合出版的《中国城市状况报告 2012/2013》中的数据统计显示，2010 年末户籍人口低于 100 万的 13 个地级及以上城市分别为：乌海市（53 万）、七台河市（92.86 万）、舟山市（96.77 万）、铜陵市（74.01 万）、防城港市（91.24 万）、三亚市（57.01 万）、拉萨市（56 万）、铜川市（85.44 万）、嘉峪关市（21.8 万）、金昌市（46.48 万）、酒泉市（97.95 万）、石嘴山市（74.82 万）、克拉玛依市（37.51 万）。

③ 数据来源：王雷，李丛丛，应清等．中国 1990 ~ 2010 年城市扩张卫星遥感制图 [J]. 科学通报， 2012 年第 57 卷第 16 期：1388-1399.

室气体排放。与此同时，城市周边的农田、山林被城市的扩张所吞没，原来由自然植被与人工农作物所构成的碳汇体系被破坏殆尽，碳汇面积急剧缩小，也变相增加了温室气体的排放量。

全国百万人口规模城市演化 表6-1

主城区户籍人口规模等级（万人）	1990年（四普）		2000年（五普）		2008年	
	城市个数	城镇人口（万人）	城市个数	城镇人口（万人）	城市个数	城镇人口（万人）
＞500	3	2143.2	7	5408.1	9	6535.64
300~500	5	2025.0	6	2286.2	17	6004.70
100~300	47	8212.0	47	7628.1	119	18453.37

（资料来源：作者自绘）

（2）适应气候变化方面

城市人口规模与用地规模的过度发展同样不利于城市提高适应气候变化的能力。人口的过度集中一方面加剧了水资源的使用需求，增加了城市用水安全的风险系数，降低了城市适应高温、干旱等极端气候事件的能力；另一方面还将加剧城市基础设施供应的压力，例如排水设施管网不足以及污水处理能力滞后等问题都将降低城市适应强降雨、海平面上升等极端气候事件的能力。从社会学角度而言，大量涌入城市的人群中可能会有很多人因为缺乏良好的城市谋生技能而逐步沦为城市的低收入或贫困人群，在任何一种极端气候灾害面前，他们无疑都是弱势群体，且需要城市政府和社会的大力扶助，从而也增加了城市适应气候变化的难度。城市用地规模的快速扩张除了激化热岛效应、加剧高温等极端气候灾害之外，还会因为使用大量人工不透水地面替代自然透水地面，而降低城市地表水循环能力，从而增加城市排水管网在面临强降水灾害时的负荷，也是近年来我国很多城市在强降水过后出现内涝的主要原因。

由此可见，城市的规模控制对于应对气候变化具有重要意义，在应对气候变化的城市规划编制中应当首先对此提出相应要求。根据我国城市规划编制与管理的相关规范与政策规定，城市规模预测是城市总体规划的重要内容之一。其中，城市用地规模又主要取决于城市人口规模预测，因此，从应对气候变化的角度出发，在城市规划编制中控制城市规模的关键是在城市总体规划编制中合理预测人口规模。

6.1.2 关键技术

现行城市总体规划编制中的人口规模预测主要从资源环境承载力和社会经济相关分析两个方面进行，常用的预测方法主要有：综合平衡法、城镇化水平法、剩余劳动力转移法、Logistic曲线拟合法、线性回归模型、GM（1，1）模型等[57]。以上方法主要以分析人口规模与社会经济之间相关性为切入点，借助数理统计和系统论的方法，通过确定人口增长率实现城市人口规模预测。它们反映了以需求为导向的发展思路，与我国改革开放之后强调以经济建设为中心的总体发展战略相吻合。从社会发展的阶段性特征来看，也是必然的选择。然而，着眼于未来的长远利益，可持续发展理念已经成为当前国际城市规划行业的主流观念，为经济发展无限制地向自然索取资源的需求导向论已经引起广大城市规划师的反思，取而代之的是以供给为导向的发展思路，以资源环境承载力法预测城市人口规模就是这种思路的具体体现。

资源环境承载力法借助生态平衡的观点，并将其引入到人口规模预测中，强调人口规模必须控制在合理范围内，以维持生态系统平衡稳定状态。通过资源环境承载能力反向推算人口规模，是种制约性的人口规模预测方法。目前资源环境承载力的预测方法有以下两种：环境容量计算法、生态足迹计算法。其中环境容量计算法根据环境条件来确定城市允许发展的最大规模，适用于城市发展受自然条件的限制比较大的城市；生态足迹计算法将人类所消耗的资源与所排放的废弃物折合成生产性的土地面积，计算出特定区域的生态承载力、生态足迹、生态盈亏等指标，用以评价区域的可持续发展状况，进而预测相应的人口规模[58]。

应对气候变化是实现可持续发展的一种新挑战，控制并降低温室气体排放量是其重要目标之一。因此，应对气候变化的城市总体规划人口规模预测，应优先采用生态足迹计算法，这更有利于通过碳排放量的控制保证城市人口产生的碳排放量和资源消耗在城市的生态承载力范围内，从而使城市发展能更好地应对气候变化。

生态足迹法的具体计算公式为：

$$N=EC/(efo+edro)$$

式中：

N——人口规模容量（人）；

EC——区域生态承载力（ghm^2）；

efo——均衡人均生态足迹（ghm^2/人）；

$edro$——均衡人均生态盈亏（ghm^2/人）[58]。

本计算方法主要适用于城市总体规划阶段的市域城镇体系规划与中心城区规划编制中对人口规模进行预测与确定。在控制性详细规划阶段，可用此方法对规划区人口规模进行校核。

6.2　空间管制

6.2.1　控制意义

空间管制是一种有效的资源配置调节方式，按照不同地区的资源开发条件、空间特点，通过划定区域内不同建设发展特性的类型区，制定其分区开发标准和控制引导措施，从而实现社会、经济与环境协调可持续发展[59]。在当前我国城市规划编制中，通过禁建区、限建区、适建区和已建区等“四区”划定并设定相应的管制要求，空间管制可以到达以下两方面目的：一方面将对城市发展规模的控制落实到物质空间层面，另一方面实现对城市整体空间格局的宏观控制。

随着气候变化问题日益显现，传统城市规划编制在空间管制划定中对气候问题欠缺考量的弊端也开始浮现。从应对气候变化的两个方面判断，主要存在以下问题：

1）减缓气候变化方面

随着我国快速城市化的进程，许多城市的热岛效应迅速加强。这导致用于降温、制冷的能耗急剧攀升，同时也带来了大量的温室气体排放，反过来又进一步加剧了城市热岛效应，如此往复形成恶性循环。借助城市规划缓解城市热岛效应的途径归根结底是改善城市的通风条件，既需要在宏观层面结合地域风向与风频等气候特征、区域地形与地势等自然环境特征，以及城市总体空间结构等人造环境特征，综合构建区域通风廊道；也需要在中、微观层面结合片区空间结构、建筑群落空间组合、道路与局部自然环境要素塑造内部通风廊道。由此可见，空间管制能够在宏观层面对有效改善城市通风条件发挥积极作用，这也是目前我国城市规划编制中在空间管制规划方面有所欠缺之处。此外，加强对森林、湿地等生态用地的空间管制有助于形成覆盖全市的宏观碳汇体系，最大限度地提升整体碳汇能力，同样能够达到减缓气候变化的积极作用。

2）适应气候变化方面

气候变化问题导致高温、强降水、海平面上升等极端气候事件的强度和发生频率都得到增强，这些气候灾害及其次生灾害在给造成巨大生命和财产损失（表 6-2）的同时，也对我国城市建设与发展提出了新的挑战。

2004～2012中国气象灾害灾情统计　　表6-2

年份	农作物灾情（万公顷）		人口灾情		直接经济损失(亿元)	城市化气象灾害直接经济损失(亿元)
	受灾面积	绝收面积	受灾人口(万人)	死亡人口(人)		
2004	3765.0	433.3	34049.2	2457	1565.9	653.9
2005	3875.5	418.8	39503.2	2710	2101.3	903.3
2006	4111.0	494.2	43332.3	3485	2516.9	1104.9
2007	4961.4	579.8	39656.3	2713	2378.5	1068.9
2008	4000.4	403.3	43189.0	2018	3244.5	1482.1
2009	4721.4	491.8	47760.8	1367	2490.5	1160.3
2010	3742.6	487	42494.2	4005	5097.5	2421.3
2011	3252.5	290.7	43150.9	1087	3034.6	1555.8
2012	2496	182.6	27389.4	1390	3358	1766.3

（资料来源：王伟光，郑国光等．应对气候变化报告（2013）[M]. 北京：社会科学文献出版社，2007.）

在传统城市规划编制的空间管制设定中，主要考虑将工程地质条件较差的地区、重点基础设施的防护区域，以及生态绿化保护区划入禁建和限建范围，气候灾害对城市的影响并未得到充分的重视。而极端气候灾害对城市的影响日益加剧这一现实问题，迫使我们必须在城市规划编制中将气候灾害的影响纳入空间管制设定的考虑范畴，如此才能更好地适应气候变化的新形势。例如，考虑暴雨强度和频率的增加，相应加大对雨洪蓄滞和行洪通道的控制范围与控制力度，能够有效减小城市排水管网的压力，从而降低城市内涝的可能；根据对海平面不同上升程度的情景模拟分析结论，对城市滨海地区进行合理的空间管制划定，能够减小咸潮入侵、海岸洪水等次生灾害对城市水源、交通及其他市政基础设施的影响。因此，应当积极探索通过空间管制有效适应气候变化的城市规划编制技术。

通过以上分析可以发现，在城市规划编制中，将气候变化引发的极端气候事件对城市的影响作为空间管制划定的限制性要素，是具有重要现实意义的必要举措。

6.2.2　关键技术

空间管制是我国城市总体规划编制的重要内容之一，中华人民共和国主席令第 74 号——《中华人民共和国城乡规划法》中明文规定“城市总体规划、镇总体规划的内容应当包括：城市、镇的发展布局，功能分区，用地布局，综合交通体系，禁止、限制和适宜建设的地域范围，各类专项规划等”；[①] 中华人民共和国建设部令第 146 号——《城市规划编制办法》进一步对城市总体规划编制中的空间管制做出了具体要求，包括在市域城镇体系规划编制阶段要“确定生态环境、土地和水资源、能源、自然和历史文化遗产等方面的保护与利用的综合目标和要求，提出空间管制原则和措施”，[②] 在中心城区规划编制阶段要“划定禁建区、限建区、适建区和已建区，并制定空间管制措施”。[③] 然而，在具体操作过程中，由于“四区”划定范围的统一标准缺失，各地的执行情况不尽相同。城市规划学者彭小雷等（2009 年）通过分析各地城市总体规划编制中“四区”

① 《中华人民共和国城乡规划法》第十七条。
② 《城市规划编制办法》第三十条第二款。
③ 《城市规划编制办法》第三十一条第三款。

划定的实践案例，重点研究并总结了禁止建设区和限制建设区范围划定的各类限制性要素，提出在城市总体规划编制中“四区”划定可以此为基础，结合地方相关法律法规加以具体落实[60]（表6-3）。

“四区”划定中的限制性要素及分区　　表6-3

要素类型	限制性要素	禁止建设区	限制建设区
生态环境类限制性要素	河湖湿地	河流、江河、湖泊、运河、渠道、水库等水域	水滨保护地带（滨河带、水库周边地带）
	风景名胜区	特级保护区	一级保护区
	森林	森林公园内的珍贵景物、重要景点和核心景区	森林公园其他地区、林地（包括防护林、用材林、经济林、薪炭林、特种用途林）
	自然保护区	核心区、缓冲区	试验区
	耕地	基本农田	一般农田
	绿色廊道	——	城镇绿化隔离地区、区域绿地
	海洋保护	海洋自然保护区、海滨风景名胜区、重要渔业水域及其他需要特别保护区域	海滨保护地带
资源利用类限制性要素	矿产资源	——	矿产资源密集地带
	文物	文物单位保护范围	文物单位控制地带
		地下文物埋藏区	历史文化保护区
	地质遗迹	地质遗迹一级保护区	地质遗迹二、三类保护区
			地质公园
	水资源	饮用水源一级保护区	饮用水源二级保护区、饮用水源准保护区
		水工程保护区	中心城外地区地下水超采区
公共安全类限制性要素	地质环境	地质危害危险区	地质灾害易发区
		工程建设不适宜区	工程建设适宜性差的地区
		大于25度的陡坡地	水土流失重点治理区
			地震活动断裂带
	环境卫生工程设施防护	垃圾焚烧场保护区	垃圾填埋场保护区
		——	粪便处理厂保护区
		——	堆肥处理厂保护区
		危险品仓库安全保护区	危险废物处理设施保护区
		——	城市污水处理厂保护区
	基础设施防护区	公路及公路建筑控制区	——
		铁路设施用地	铁路设施保护区
		变电设施用地、输电线路走廊和电缆通道	电力设施保护区
		广播电视设施保护区禁止建设区	广播电视设施保护区控制建设区
		——	机场净空保护区

续表

要素类型	限制性要素	禁止建设区	限制建设区
公共安全类限制性要素	洪涝调蓄	行洪通道、防洪规划保留区、防洪工程设施保护范围	重要蓄滞洪区、一般蓄滞洪区、蓄滞洪保留区、洪泛区
	噪声污染防治	——	机场噪声控制区
		——	公路环境噪声防护区
		——	铁路环境噪声防护区
	军事设施	军事禁区、军事管理区	军事设施保护区

（资料来源：彭小雷，苏洁琼，焦怡雪等 . 城市总体规划中“四区”的划定方法研究 [J]. 城市规划，2009，33（2）：56-61）

由上表可知，我国当前城市总体规划编制中的空间管制划定依据，尤其是禁建区和限建区的限制性要素主要涵盖工程地质评价、重要基础设施控制和生态绿色空间控制等三个方面。从应对气候变化这一可持续发展的需求出发，空间管制划定的限制性要素还需要相应补充气候变化的影响要素。参考国际前沿的研究成果，可以通过以下几方面对空间管制划定技术加以补充完善：

1）加强通风廊道的控制

如前文所述，通风廊道能够在减缓城市热岛效应中发挥重要作用，因此需要在空间管制中加强对它的保护和控制。通风廊道可以分为外围廊道和内部廊道两部分。外围廊道包括城市周边的河湖水系、生态湿地、风景区山林、基本农田等自然生态资源；它们形成城市外围的导风界面，引导城市外围的低温空气向城市内部流动。内部廊道包括城市内部的河湖水系、绿地公园、低密度开发区域以及街道；它们构成连通城市内部与外围郊区的绿楔，保障城市外围的低温空气能够顺畅的流入城内，并成为城内热空气与城外冷空气交换循环的主要通道。这两部分廊道都需要在城市空间管制中加以有效控制。外围廊道宜以纳入禁建区为主，内部廊道宜以纳入限建区为主，以保障城市通风性能的提升，实现减缓热岛效应，降低碳排放的目标。

2）开展气候变化脆弱性空间评价

全球气候变暖带来的极端天气事件如强降水、海平面上升、热浪等对城市产生了新的影响，已经让全球居民更直接地感受到气候变化问题的严重性。这就要求空间管制分区划定不仅要考虑土地资源等各种自然因素的稀缺及空间差异性，还必须把气候变暖带来的灾害事件作为空间管制分区划定的重要依据，并将不同程度的受灾影响区域纳入相应的空间管制范围内，并制定相应的空间管制措施。

以上关键技术主要适用于城市总体规划阶段的市域城镇体系规划，与中心城区规划编制中对规划区进行空间管制分区及制定相关管制措施。

6.3　土地利用

6.3.1　控制意义

土地利用是人类基于经济和社会目的对土地自然属性加以利用、改造和经营的动态过程，城市建设活动围绕土地利用得以展开。因此，土地利用规划也成为城市规划编制的重要内容之一。根据前文的分析，土地利用 / 覆盖变化造成的温室气体排放已经成为城市影响气候变化的主要途径之一。就城市规划的角度而言，可以进一步从以下几个方面对此加以阐述：

1）功能布局

自雅典宪章以始，功能分区成为城市规划编制需要遵守的重要信条之一，在还未出现动辄几百万人口的现代化大都市之前，功能分区为保障城市有序发展发挥了重要作用。然而，随着城市规模的急速膨胀，严格遵守功能分区原则形成的城市功能布局已经难以适应现代城市的发展需求，尤其是在应对气候变化问题上存在巨大缺陷。过于僵化的功能分区导致人们工作、生活的出行距离大幅增加，钟摆式交通流在产生交通拥堵的同时，也带来大量的交通能耗和尾气排放，而对于应对气候变化而言，最重要的是它造成了大量的温室气体排放。

2）公共服务设施布局

合理的公共服务设施布局是城市提供高质量公共服务的基本条件。因此，无论是在城市总体规划编制还是控制性详细规划编制中，公共服务设施布局都是其重要内容。在传统城市规划编制中，公共服务设施布局的规划思路是首先设定公共服务设施的等级结构，其次确定不同等级公共服务设施的规模与数量，然后按照服务半径将公共服务设施具体落实到空间布局。从应对气候变化的视角判断，该规划思路存在一个思维盲点，即忽略了对公共服务设施的公共交通可达性问题思考。分析人们正常出行目的可以发现，除了工作出行之外，以享用公共服务设施为目的的出行在人们生活出行中占据了相当的比例。其中既有最基本的生活需求，如接送小孩上学和公园游玩，前往各级民政机构办事、到医院就诊等，也有随着物质生活和精神生活水平的提高，前往图书馆、文化中心学习，到体育中心锻炼健身等。这些活动已逐渐成为普通百姓生活中的常态。然而由于公共服务设施布局没有与公共交通站点形成良好的耦合关系，大量私人机动车出行成为实现这些目的主要交通方式，大量的交通能源消耗和温室气体排放已经不可避免地出现在各大城市。

3）开发强度

低强度的土地利用模式导致土地资源的浪费。在城市人口规模急剧膨胀的时代背景下，这也加剧了城市向外无序蔓延的趋势，而这种趋势并不利于城市有效应对气候变化。一方面，城市向外扩张的建设过程造成了大量能源消耗与温室气体排放；另一方面，城郊原始生态环境被破坏导致碳汇功能削弱，变相扩大了温室气体排放量，此消彼长的变化甚至可能加速气候变化的进程。

4）用地兼容性

在我国城市规划编制中，对城市用地性质的控制非常严格，且每个地块的用地性质都较为单一，用地开发建设也必须严格遵守城市规划设定的功能，这一情况在控制性详细规划编制中尤为明显。这种带有较强计划经济时代特色的规划编制技术在过去相当长一段时间内发挥了积极作用，然而随着社会经济发展，越来越多的产业业态之间出现动态可易性，随之而来是对用地性质与建筑空间的兼容性要求越来越高，这是现行城市规划编制技术无法予以保障的。因此，在城市更新中因为地块原有用地性质、建筑空间及形式与更新后的需求难以匹配，导致大规模拆旧建新的现象屡见不鲜。伴随这种大拆大建行为的是双重的能源消耗与温室气体排放过程，这已成为我国城市主要的温室气体排放源之一。

由此可知，土地利用作为城市规划应对气候变化的重要技术领域，必须针对现行相关编制技术在应对气候变化中的不足之处，系统地加以完善和优化。

6.3.2　关键技术

应对气候变化的城市规划在土地利用领域的编制关键技术分别在用地规划、公共服务设施规划、地下空间利用规划和滨海地区规划等四个方面展开。用地规划是围绕城市用地性质及功能布局开展设计；公共服务设施规划虽然以设施布局为主，然而也必须与所处地块的性质功能挂钩；地下空间利用规划则以强调空间的功能性引导与开发为主；滨海地区规划是针对海平面上升这一极端气候灾害而新增的专项内容，以控制滨海地区的用地功能布局为主旨。以上四者皆与土地的利用与开发联系紧密，故将其应对气候变化的编制关键技术纳入土地利用技术领域。此外，以上四个方面的关键技术主要适用于城市总体规划的中心城区规划编制，以及城市控制性详细规划编制中对相关内容的控制与引导。

1）用地规划

(1) 总体规划编制技术

应对气候变化的城市用地规划在总体规划阶段的编制关键技术包括以下几点：

①采用以公共交通为导向（TOD）的土地利用模式

以交通为导向的土地开发模式（Transit-Oriented Development，简称 TOD）由新城市主义代表人物彼得·卡尔索尔提出，是为了解决二战后美国城市的蔓延式发展而推行的一种以公用交通出行为依托的社区发展模式。TOD 最基本的规划和设计要素和原则是高密度、土地混合利用、以步行为核心的空间组织以及便捷的公交服务。

在 TOD 区域内高密度开发住宅、商业和办公用地，同时强调公共设施的有效混合。高密度开发以及区内各种功能空间的相互混合，可以提供各类消费场所满足生产生活需求，从而有效减少长距离出行概率，降低出行距离，减少机动车交通出行能耗，实现低碳。同时，TOD 区域通过便捷的公共交通和良好的步行环境的设计，能够有效的降低私人机动车出行率，促进非机动车和步行出行，提高公共交通的乘坐率，实现低碳出行[61]。

②结合公共交通线路与 TOD 站点布局，采用组团式城市用地功能结构

借助 TOD 模式，以公共交通站点为中心，采用组团式的城市用地功能结构。一方面借助轨道交通的快速与大运量特点提高站点周边土地的紧凑高效利用，减少二氧化碳排放量；另一方面在各个组团之间形成的城市生态廊道，增加了城市组团与生态绿地的接触界面，增加碳汇面积，同时组团间的城市生态廊道还可以作为应对极端气候事件的生态缓冲带。

③城市各组团内部的用地构成应遵循“职住平衡”原则，合理配置生产、生活与各类服务设施用地

传统城市规划依据“功能分区”的原则开展城市用地布局，居民生活地与工作地距离较远，通勤交通出行量较大，给城市带来大量的“钟摆式”交通，易形成交通拥堵，并带来巨大的交通能耗和温室气体排放。而在 TOD 模式引导下的城市，各组团内遵循“职住平衡”原则，合理配置生产、生活与各类服务设施用地；在组团内提供相当数量的就业岗位，确保大部分居民可以就近工作，以此能够有效控制通勤交通的方式和距离向步行、非机动车和短途出行转变。这样有利于减少机动车尤其是小汽车的使用，促进使用非机动交通方式出行，通过节能减排的方式实现应对气候变化的目的。

(2) 控制性详细规划编制技术

应对气候变化的城市用地规划，在控制性详细规划阶段的编制关键技术包括以下几点：

①基本原则——用地布局应遵循混合开发、紧凑有序的基本原则。

控制性详细规划阶段，土地使用控制是减少温室气体排放，应对气候变化的主要路径之一；而传统规划对用地进行严格的功能分区，会降低规划区活力，加剧钟摆交通并增加温室气体排放。基于此，应对规划区内的土地使用应遵循混合开发、紧凑布局的原则，打破严格的功能分区界线，达到功能有机混合、布局紧凑有序和职住平衡的规划目标，引导居民使用公共交通短距离出行，减少长距离通勤带来的交通温室气体排放。

②用地性质分类——宜以中类为主，小类为辅。

传统控制性详细规划涉及的土地使用性质分类和代码，均采用中华人民共和国国家标准《城市用地分类与规划建设用地标准》(GB 50137-2011)，用地划分遵守“以小类为主、中类为辅”的原则。在实际使用中，地块开发弹性不足的问题日益显著，屡遭土地开发方的诟病。应对气候变化的城市控制性详细规划中，用地性质分类和代码依然遵循中华人民共和国国家标准《城市用地分类与规划建设用地标准》(GB 50137-2011)，用地划分的原则建议调整为“以中类为主、小类为辅”。一方面，可增强土地使用兼容性，体现其弹性控制特征，方便未来的地块开发建设与管理工作；另一方面，为规划区土地的混合开发利用和多元功能复合集聚提供实

施的技术平台，既有利于缩短居民出行距离，减少交通碳排放，又有利于避免城市更新中的大拆大建行为，减少二次建设产生的温室气体排放。

③街区尺度控制——在尊重土地产权前提下，宜以小尺度街区为主，可兼顾地域气候特征适当调整。

街区尺度较大则需借助外部交通解决可达性问题，从而增加了机动车出行几率和通勤距离；小尺度街区的空间可达性明显优于大街区，通过适当提高路网密度，合理组织慢行交通体系并增加地块开发强度，可有效引导居民步行或使用公共交通实现短距离低碳出行，降低交通温室气体排放。

在此基础上，街区尺度划分应兼顾考虑地域气候特点，适当调整街区大小。例如，炎热气候地区考虑到城镇通风散热需求，建议适当减小街区尺度；寒冷气候地区出于保温御寒目的，建议适当增加街区尺度。通过适当调整，可显著减少城镇供热和制冷所需能源消耗，降低温室气体排放。

根据国内外相关实践成功经验，小尺度街区的边长宜控制在 100 ~ 200m。

④用地兼容性控制——应根据各地实际情况，在可混合兼容或可选择兼容中的任选一种方式实施用地兼容性控制。其中，可混合兼容用地必须明确可混合用地的种类及各自建设量与所占比重，可选择兼容用地必须明确可选择的用地性质种类及各自的规划控制指标。

“用地兼容性”包括两方面含义：一是可混合兼容。即不同的土地使用性质同时共处于同一块用地中。二是可选择兼容。即某一用块具有多种土地使用性质可供选择和置换，但各种用地性质不能同时并存。“用地兼容性”控制体现了土地使用性质的“弹性”，可以给规划管理提供一定的灵活性。

用地兼容性控制是实现土地弹性利用及混合利用的有效途径，有助于打破规划的严格功能分区，一定程度上促进减少私人机动车出行机率，缩短通勤距离，进而降低交通能耗和温室气体排放。目前各地规划主管部门纷纷出台了用地兼容性控制的管理方法，对土地的混合高效利用展开了大胆尝试。结合各地经验，本书研究以弹性控制与混合利用为出发点，将用地兼容性划分为可混合兼容和可选择兼容两种方式，各地可根据自身实际情况选择合适的方式。两种方式的具体操作办法如下：

(a) 可混合兼容：在同一地块内可同时建设包括两种及以上的用地性质，并对每种用地性质的比例做出控制。

(b) 可选择兼容：地块的用地性质有几种选择，对每种用地性质提出规划控制指标，在规划实施时根据实际需求，选择其中一类用地性质及相应指标进行管理。

⑤整合交通开发——在 TOD 模式引导下，应根据轨道交通站点的不同类型及其周边用地开发特征，围绕站点展开用地规划、用地功能布局、开发强度和混合利用程度的空间分布宜选择圈层式结构。

建立完善的公共交通系统（主要是轨道交通体系）是实现土地集约化利用、降低温室气体排放的基础。控制性详细规划中的土地使用控制应考虑与交通开发相整合，推行 TOD 交通导向的土地混合开发模式。

国内外相关研究成果表明，不同类型的轨道交通站点周边用地开发的基本特征不尽相同，因此有必要首先对轨道交通站点的类型进行分类。目前我国城市轨道交通站点分类大致有两种方法：其一是交通职能导向分类。即将站点按照其交通职能划分为大型换乘枢纽站、换乘站、一般车站等类别。其二是用地功能导向分类。即将站点按照其所在地区的用地功能划分为都市型、居住型、交通型三类。其中都市型站点位于城市各级公共中心，以公共服务职能为主。根据公共中心的级别又可将都市型站点细分为市级与区级两个级别。居住型站点地区为城市居住区，以居住功能为主，包括具有公共服务功能的社区中心；交通型站点地区是重要的城市交通转换节点，是多种交通方式换乘的枢纽；以交通功能为主[62]，它又可细分为以过境交通换乘为主的外部交通枢纽和以市内交通换乘为主的内部交通枢纽两类。从对站点周边用地开发引导的角度，本书研究采纳以用地功能导向分类的方法。

其次，轨道交通站点对周边用地开发的影响范围宜由轨道交通使用者步行前往轨道站点的最大步行时间决定，2005年北京市居民出行交通调查结果能够证明这一观点（图6-1）。调查结果显示据大多数居民选择步行作为前往轨道站点的主要交通方式，且平均步行时间约为10分钟。按照人类正常的步行速度约5km/h计算，合理的步行距离不宜超过以轨道站点为圆心的半径800m范围。在此基础上，参考我国香港轨道交通站点及其附属设施用地设置综合发展区（Comprehensive Development Area，CDA）半径控制规定[63]，上海市轨道明珠线站点实地调查结果等国内多个案例，以及美国TOD模式社区奥伦柯（Orenco）等国外建设经验可以总结发现距离站点500m内的区域是轨道交通站点最重要的影响范围。

然后，轨道交通作为一种大运量的公共交通工具，站点影响范围内的用地开发必须达到较高强度以提供足以支撑轨道交通运营的居住人口与就业岗位，而且这种强度在空间分布上表现为以站点为圆心的圈层式梯度递减的特征。国内外许多已建轨道站点的实践已经验证了这一特征，基本可以归纳为：半径200m范围内为高强度开发区，200～500m范围内为中高强度开发区，500m以外范围为中低强度开发区[64]。

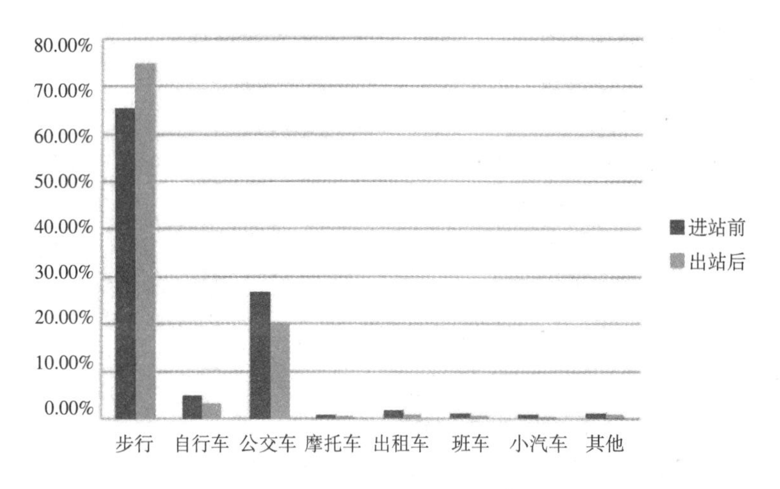

图6-1 轨道交通接驳方式构成比较

（资料来源：宋珂. 公交优先发展战略下大城市轨道站点周边土地利用优化研究[D]. 上海：复旦大学硕士学位论文，2012）

最后，不同类型的轨道交通站点对周边用地功能布局的影响也存在差异。轨道交通站点周边用地开发的基本用地性质类型主要包括R——居住用地、A——公共管理与公共服务用地，B——商业服务业设施用地，S——道路与交通设施用地，G——绿地与广场用地等五类。不同类型的站点周边用地开发的空间特征与各类用地的构成比例略有不同。本书通过研究日本，中国香港、上海、深圳等城市的不同轨道交通站点周边土地开发案例，对不同类型站点周边用地开发特征（表6-4）以及用地开发要素的空间分布特征总结如表6-5所示。

公共轨道交通站点分类及周边用地开发基本特征 表6-4

公共轨道交通站点类型		周边用地开发基本特征
都市型	市级	站点中心以商业和办公用地为主，向外依次分布居住和公建
	区级	
居住型		站点中心以服务社区的商业为主，在商业物业之上建设住宅物业，周边开发高密度住宅
交通型	外部交通枢纽（高铁站、城际铁路站等）	站点中心以大量站场用地和商业用地为主，外围分布居住和公建
	内部交通枢纽（两条及以上地铁或轻轨换乘站）	

（资料来源：作者自绘）

公共轨道交通站点周边用地开发要素的空间分布特征　表6-5

轨道站点周边用地圈层划分		站点类型	用地功能构成比例（参考值）						开发强度	混合利用
类型	范围		R	A	B	S	G	其他		
核心圈层	围绕站点200m内	都市型	10%	15%	20%	10%	40%	5%	高	高度混合
		生活型	20%	15%	20%	5%	35%	5%		
		交通型	——	——	40%	50%	5%	5%	中	
外围圈层	围绕站点200～500m	都市型	30%	15%	15%	5%	30%	5%	中高	适度混合
		生活型	45%	15%	10%	5%	20%	5%		
		交通型	10%	5%	25%	45%	10%	5%	高	

（资料来源：作者自绘）

⑥环境容量控制：应以减少碳排放和增强应对极端气候事件能力为规划目标，合理确定地块容积率、建筑密度、空地率、有效绿地率、可透水地面率等控制指标。

当前我国控制性详细规划对于地块环境容量的控制主要通过设定容积率、建筑高度、建筑密度、绿地率等技术指标完成。其中容积率的设定更多考虑的土地开发收益与周边道路交通承载能力等因素；建筑高度与密度的设定是在符合容积率要求的基础上更多考虑城市景观与基本日照采光要求等因素；绿地率的设定也是在满足国家、地方技术规定的基础上考虑环境美化等因素，对于气候变化的应对鲜有涉及。本书的研究提倡在控制性详细规划编制中积极优化环境容量控制的技术指标，以积极应对气候变化。基本思路如下：综合考虑规划区环境资源承载力与节能减排的目标设定，适度提高容积率，降低建筑密度，借此增加空地面积，提高空地率，优化街区和地块的通风环境，以降低制冷 / 取暖的能耗与温室气体排放。此外，新增有效绿地率和可透水地面率两项控制指标，以提高规划区碳汇能力与适应强降水等极端气候灾害能力。

有效绿地率是指有效绿地面积占地块面积的比率。有效绿地是指具有一定规模和植物配种要求，能够有效发挥降温增湿效果的绿地。根据国内外经验数据，有效绿地的规模要求为面积不小于3ha，宽度不小于8m，植物配种要求为绿化面积大于80%，且以乔灌木种植为主。通过增加有效绿地面积，还能够提高规划区的碳汇能力，起到减缓气候变化的作用。

顾名思义，"可透水地面率"即可透水地面面积与地块总面积的比例。城市可透水地面主要包括三种类型：一是透水性能最佳的各类绿地；二是具有一定透水能力的人造地面；三是雨水收集与回用设施。可透水地面率的提高能够有效缓解强降雨来袭时城市内涝的现象，并为城市水资源紧缺提供了新的解决途径。各地城市规划管理部门应根据本地降水与水资源状况，因地制宜地确定"可透水地面率"的控制指标。

2）公共服务设施规划

（1）总体规划编制技术

应对气候变化的公共服务设施规划在总体规划阶段的编制关键技术包括以下几点：

①在市域城镇体系规划编制中，区域性公共服务设施选址与布局必须考虑极端气候灾害的影响，避开气候变化脆弱性较大的地区。

受气候变暖影响，我国强降雨、洪涝、海平面上升等极端气象灾害愈发频繁，其引发的泥石流、滑坡的次生灾害也时有发生。应综合考虑各类灾害的发生概率、公共服务设施的重要性、修复难易程度等因素，对设施进行合理选址。避开可能产生滑坡、塌陷、水淹危险或者周边有危险源的地带，保证设施在灾害发生的情况下可以正常运行，杜绝或最大程度降低因设施在极端气候灾害中受损，而导致区域性公共服务活动停滞的负面影响。

②在中心城区规划编制中，市级、区级公共服务设施应结合公共轨道交通枢纽站点设置。

市级、区级公共服务设施结合公共交通枢纽站点设置，一方面有利于居民借助公共交通方式前往公共服务设施，在提高公共服务设施可达性的同时，借助公共交通出行方式实现低碳出行的目标；另一方面在轨道交通枢纽站设置市级、区级公共服务设施，有利于扩大设施的服务范围，提高设施使用率，从而提高设施的能耗使用效率，达到减少碳排放的目的。

（2）控制性详细规划编制技术

应对气候变化的公共服务设施规划在控制性详细规划阶段的编制关键技术包括以下几点：

①居住区级公共服务设施布局应与公共交通站点相结合，设施与站点间的距离不宜大于500m。

结合公交站点合理规划布局居住区级公共服务设施，借助公共交通与适宜距离步行相结合的方式既能够增强公共服务设施的可达性，有效促进居民低碳出行，减少交通碳排放量，又能为居民日常出行与使用公共服务设施相结合提供了机会，通过减少出行概率达到节能减排的目的。

②居住区级及以上的公共服务设施结合公共交通站点布局时，应考虑设施级别与站点等级、类型相匹配。

居住区级及以上的公共服务设施规划布局应该与公共交通站点等级、类型相匹配，是指市级公共服务设施应尽量结合市级都市型轨道交通站点布置，片区级公共服务设施应尽量结合片区级都市型轨道交通站点设置，居住区级公共服务设施应尽量结合居住型轨道交通站点或普通公交枢纽站点设置。通过不同级别的交通可达性与出行流量保障不同级别的公共服务设施的能耗使用效率，进而实现减少温室气体排放的目标。

3）地下空间利用规划

（1）总体规划编制技术

应对气候变化的地下空间利用规划在总体规划阶段的编制关键技术包括以下几点：

①应确立积极开发地下空间的基本原则。

加强地下空间利用对城市低碳发展意义重大，具体如下：一是能够节约土地资源，利用地下空间，建造生产生活设施，如地铁、道路、多层广场等，极大的提高了土地利用效率，有助于城市紧凑发展，减小城市扩张带来的温室气体排放。二是可以改善城市交通，通过发展高效率的地下交通，形成四通八达的地下交通网。一方面能够有效缓解地面交通的拥堵问题，减少因拥堵产生的能源消耗与温室气体排放；另一方面能够积极推动公交出行，提高能源使用效率，减少温室气体排放。三是可以改善城市环境，把适宜地下建设的项目转移至地下，除了能够在一定程度上降低地表建筑密度，改善建筑光照与通风条件，降低采光和制冷能耗，减小温室气体排放，还能扩大绿化面积，有效增强“碳汇”能力，并改善城市生态环境[65]。

②地下空间利用应与地下轨道交通站点建设相结合，在满足人防要求的基础上，宜进行基础设施建设与商业开发。

城市地下轨道交通不仅可以成为城市的“交通生命线”，同时也是“经济繁荣线”，以下实际开发案例足以证明（表6-6）。

国内外城市地下空间开发的功能与规模分析　　表6-6

类型	城市名称	区块名称	面积（万 m^2）	地下空间主要功能	地下空间开发规模
旧城中心区	纽约	曼哈顿地区	22.27	地铁、步行街	19条地铁线步行街
	北京	王府井地区	1.65	地铁、地下停车场、商业等	60万 m^2（至2004年）
	南京	新街口地区	1.0	地铁、地下停车场、商业等	20万 m^2（至2004年不计地铁站面积）
	蒙特利尔	Downtown	5个街区	地铁站、步行系统、商业、停车场等	580万m^2

续表

类型	城市名称	区块名称	面积（万 m^2）	地下空间主要功能	地下空间开发规模
新城中心区	深圳	中心区	6.0	地铁、地下停车场、商业等	商业空间 40 万 m^2
	杭州	钱江新城核心区	4.02	地铁、隧道、停车系统、步行系统、共同沟、变电站、商贸街、中水雨水循环系统、休闲娱乐设施等	200 ~ 230 万 m^2
	巴黎	La Defence	1.6	公交换乘中心、高速地铁线 2 条、高速公路、地下步行系统	步行系统 67ha，集中停车位 26000 个

（资料来源：根据苏秋迎 . 重庆市轨道交通地下站点周边地下空间综合开发利用模式和需求分析 [D]. 重庆：重庆大学硕士学位论文，2012 改编）

一般而言，轨道交通站点属于人流密集区域，城市基础设施结合轨道交通站点布置。由于设施接近负荷中心，将有助于提高设施使用效率与能源使用效率，从而实现节能减排。

结合地下轨道交通建设进行地下空间开发的费用是地面建筑工程建造费用的 2~4 倍（同等面积情况下），单纯依靠轨道交通有偿使用收费回收建设投资非常困难。在满足交通功能的前提下，进行商业性开发，如购物、餐饮、地下停车等，能较快的回收建设投资乃至增值。根据日本的经验，一般在 8~10 年即可收回投资 [66]。反而言之，商业性开发还能繁荣地区经济，增加轨道站点吸引力，能够在一定程度上促使人们使用轨道交通低碳出行，从而减少交通性碳排放，可谓一举两得。

(2) 控制性详细规划编制技术

应对气候变化的地下空间利用规划，在控制性详细规划，阶段的编制关键技术包括以下几点：

①地下空间利用应与应对极端气候灾害的避灾场地布局相结合

全球气候变暖导致持续高温、强降雨、海平面上升等极端气候事件频发，对人民财产安全与正常生活造成巨大影响，以持续高温这一极端气候灾害为例：

(a) 2003 年欧洲有 2 万多人因热浪酷暑死亡 [67]；

(b) 2004 年 3 月，印度出现的严重热浪导致 100 多人丧生 [68]；

(c) 2005 年 5 月，45 ~ 50℃的高温天气导致南亚国家 400 多人死亡 [69]；

(d) 2006 年 7 月，美国大部分地区遭受高温袭击，仅加州就有 140 人死于酷热 [70]；

(e) 2007 年 7 月，我国因持续高温引发的旱灾导致共有 365.5 万人、1048.2 万头大型牲畜发生临时饮水困难，农作物受灾面积 $855.3\times10^4ha^2$，绝收面积 $144.4\times10^4ha^2$，直接经济损失 134.0 亿元人民币 [71]；

(f) 2008 年 9 月初，非洲南部的莫桑比克、南非和斯威士兰有 3000 多人受高温和大风引发的火灾影响，另有 89 人死亡 [72]；

(g) 2009 年，澳大利亚维多利亚地区经历了自 1908 年以来最热的夏季，墨尔本最高温度达 46.4℃，打破 1939 年 1 月最高记录 45.6℃，有 28 人丧生于炎热天气 [73]；

(h) 2010 年，俄罗斯经历了 1000 年来本国最热的夏季，约有 1.5 万人死于高温天气 [74]。

2003 ~ 2010 年，世界各国的受灾数据已经说明高温已经越来越成为城市防灾建设需要重点关注的问题，在城市规划编制中必须予以足够重视，而地下空间的开发与利用为此提供了一个良好契机。由于土壤热传导性能差，使得地下空间几乎不受地面气候变化的影响。相关的研究表明，从地下 5m 处开始，日平均气温基本不随季节变化，其湿度与温度的稳定性随着地下深度的增加而越强 [75]。利用这一原理，地下空间能够成为较理想的避暑地点，因此应考虑将地下空间开发与应对持续高温的避灾场所布局相结合，在城市控制性详细规划编制中予以重点控制。

②地下空间利用应与全天候无障碍慢行交通系统相结合，并与停车设施相衔接

地下空间开发的主要依托是地下交通建设，尤其是地铁等公共轨道交通建设。在完善地下交通网络的基

础上，应该将地下空间利用与城市全天候无障碍慢行交通系统建设相结合，共同构建打造城市全天候低碳交通体系。一方面能够进一步促进公众借助公共轨道交通和步行方式“零碳”出行，减少二氧化碳排放量；另一方面也为极端气候事件条件下的正常出行提供了通道，有效提升了城镇适应气候变化的能力。此外，地下空间利用与停车设施衔接，通过构建地下轨道交通的驻车换乘系统，为全程私人机动车出行向私人机动车与公共交通结合出行提供了便利条件，也是当前城市交通低碳化发展的现实选择，同样促进了节能减排。

4）滨海地区规划

在日益显著的海平面上升、风暴潮等气候灾害影响下，沿海城市的安全和可持续发展存在巨大的隐患。滨海地区规划是对港口城市临海岸线地区（包括毗邻的陆域和海域）有效应对气候变化而新增的专项规划。

根据现有相关研究，我国的沿海地区大致可以划分为海平面上升轻度、中度、高度、重度四类影响度分区[76]。各影响区包含的范围如表 6-7 所示，各影响区的具体空间分布如图 6-2 所示。

中国沿海地区海平面上升影响度分区表　　表6-7

覆盖范围	受影响程度
天津地区，江苏省北部	重度影响
长三角、珠三角局部、辽东半岛西部及山东半岛西部	高度影响
辽东半岛东部沿海、山东半岛北部和南部、浙江至广东东部沿海	中度影响
山东半岛东部、珠三角局部及珠三角以西海域	轻度影响

（资料来源：根据 Jie Yin, Zhane Yin, etc. National Assessment of Coastal Vulnerability to Sea-level Rise for the Chinese Coast[J]. Journal of Coastal Conservation. 2012, 16（1）: 123~133 改编）

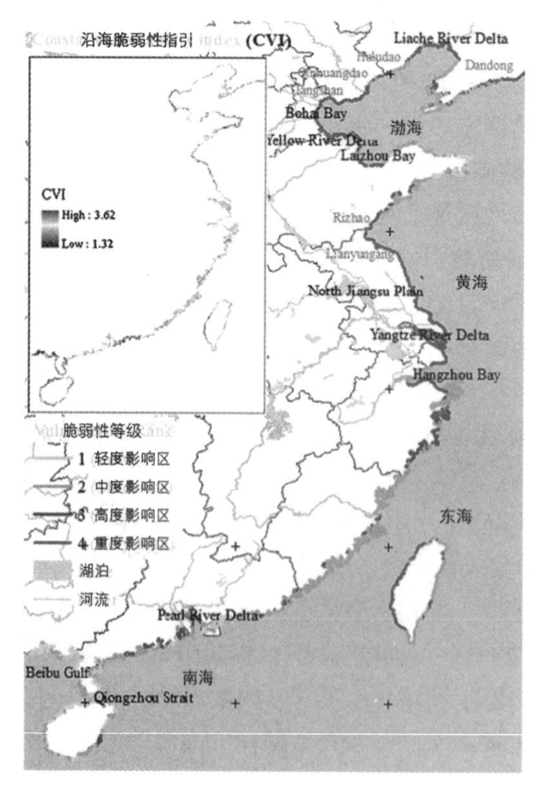

图6-2　中国沿海海平面上升影响度分区图

（资料来源：Jie Yin， Zhane Yin， etc. National Assessment of Coastal Vulnerability to Sea-level Rise for the Chinese Coast[J]. Journal of Coastal Conservation. 2012， 16（1）：123～133）

如图所示，我国沿海绝大部分区域属于海平面上升影响中度及以上程度地区，提高我国沿海地区应对海平面上升的能力迫在眉睫，通过合理规划有效应对海平面上升成为我国沿海地区城市规划编制的重要内容之一。在我国传统城市规划编制中，并未针对沿海地区如何有效应对海平面上升、风暴潮等典型性极端气候作出具体规定与指引，这种迥异于内陆城市所面临的极端气候灾害有必要加以重点研究。因此，在应对气候变化的城市规划编制中特别新增了这一专项内容。由于这部分内容主要集中在对滨海用地的管制与布局方面，故将该部分内容纳入应对气候变化的土地利用规划编制关键技术章节。

（1）总体规划编制技术

应对气候变化的滨海地区规划在总体规划阶段的编制关键技术包括以下几点：

①应以主动应对海平面上升、风暴潮等因气候变化引发的极端气候事件为主要目标之一，保护并改善海岸生态环境，兼顾城乡建设开发。

海平面上升加剧了沿海地区海水入侵和土壤盐渍化程度，进而导致沿海地区土壤环境恶化、城市供水不足和水质受损；此外，海平面上升不仅会加剧风暴潮灾害，还会加大沿海地区洪涝灾害的威胁。而风暴潮能摧毁海堤，吞噬码头、工厂、城镇和村庄，从而酿成巨大灾难[77]。

与此同时，海洋又是地球的第二大碳库，地球上超过一半的生物碳①和绿色碳是由海洋生物（浮游生物、细菌、海草、盐沼植物和红树林等）捕获。单位海域中生物的固碳量约为森林固碳量的10倍，约为草原固碳量的290倍[78]。沿海湿地、滩涂除了重要的生态意义之外，还能在削减洪峰，抵御海啸和风暴潮，防止海水入侵等过程中能够发挥重要作用。此外，沿海湿地、滩涂也具有很强的碳汇能力，对于吸收大气中的温室气体，减缓气候变暖有重要作用[79]。

由此可见，在滨海地区规划中，应将主动应对海平面上升、风暴潮等因气候变化引发的极端气候事件作为滨海地区规划的主要目标和重点内容。一方面加强人工防灾设施建设尽量降低极端气候事件对沿海城市的不良影响；另一方面积极保护海岸自然生态环境，最大程度发挥其碳汇作用和减灾作用。

②应合理划定海岸区域的管制分区。制定相应的开发建设规定，保护性利用海岸线资源。

海岸地区作为受气候变化影响最为严重的敏感地区，必须根据其不同区段的水文和地质等自然条件、开发现状程度以及受海平面上升影响的脆弱性程度等各项因素，展开综合评估，以合理划定海岸区域管制分区，并制定相应的保护与开发建设规定，有效保护岸线的自然环境和海洋资源，保障城市安全，促进滨海城市经济社会可持续发展。

本书研究将海岸区域划分为禁建区——核心保护区，限建区——限制开发区，适建区——都市发展区等三类，并分别制定以下具体建设管制要求：

(a) 禁建区——核心保护区。主要是指生态环境需要加以重点保护和修复，禁止任何建设开发行为的区域，包括沿海湿地林地保护区、海水水质一级保护区、地势低洼区域、地质不稳定易沉降区域等。此外还要监测排入近海海域废水量、近海海域主要污染物年均浓度等。

(b) 限建区——限制开发区。主要是指在保障生态环境不受破坏，受海平面上升及其次生灾害影响较小的前提下，可以适度建设开发的区域，多用于旅游、度假等功能区的开发。应预留生态保护缓冲地带，严格控制建设开发行为，加强防风防潮放浪等工程体系的规划建设。

(c) 适建区——都市发展区。主要指对生态环境破坏较小、地质条件稳定、地势较高的适合建设区域，用于居住、商务、休闲、办公、现代服务业等功能区规划建设。应合理地规划用地布局，完善服务设施，提

① 生物体所产生和持有的碳即称为生物碳（Biogenic Carbon），一般认为生物碳是最终可以分解并重新变成二氧化碳（CO_2）的，只不过时间尺度不同，有些过程很快，如光合作用中的光呼吸过程，通常发生在几个毫秒内，而有些生物则通过沉积变成煤和石油，重新燃烧变成二氧化碳（CO_2），这个过程则要经过几百万年。由于没有定义碳汇的具体时间尺度，因此广义的来说，生物有机碳形成就是生物碳汇。但是通常意义上，人们还是认为将生物碳移入并保留在碳库的一段对人类有意义的时间，才是真正的碳汇。（孙军，2011）

高环境品质，保护沿岸生态环境，并结合城市布局和居民需求，提供生活亲水空间[80]。

③在核心保护区加强海岸带生态环境修复，有效保护沿海湿地、滩涂和生物资源，构建生态型堤防体系。在限制开发区和都市开发区内加强自然岸线保护，在海堤与沿海建设用地之间规划生态缓冲带。

自然岸线控制范围主要位于海岸生态敏感区与建设用地之间的过渡缓冲区域。这一区域是全球生态系统中的脆弱地带，也是海岸带资源环境系统稳定的基础。近年来，随着港口城市建设的不断发展，我国沿海自然岸线逐年减少，对海岸线生物多样性和生态系统稳定造成严重威胁，严重影响海洋碳汇功能的发挥[81]。因此，结合自然岸线保护设置海岸生态缓冲带时不我待。借助生态缓冲带的规划建设不仅能够为人们提供美丽的岸线自然生态景观，而且有助于维护滨海生态系统稳定，强化其碳汇能力，还可以降低海平面上升及其次生灾害对滨海城区的影响。

（2）控制性详细规划编制技术

应对气候变化的滨海地区规划，在控制性详细规划阶段的编制关键技术包括以下几点：

①重点对都市发展区和限制开发区的建设进行控制，其中可将都市型发展区细分为工业发展区与生活发展区，分别制定控制要求。

根据滨海地区的自然地理条件差异，依据“深水深用、浅水浅用”的原则，科学利用滨海岸线资源。深水区应优先满足工业发展需要，规划工业发展区，建立高效的安全和防污染监控管理体系，采取严格措施，控制滨海工业污染物的排放量；浅水区适宜规划生活发展区，建设生活型岸线或生态保护型岸线，积极强化滨海区域的生态保育功能，提升海洋碳汇能力[82]。

②都市发展区和限制开发区应重点考虑海平面上升的趋势及其影响，合理确定各项建设用地的场地标高，适当调整各类防潮工程的设计标准。

在全球变暖背景下，海平面上升趋势明显。相关研究数据表明，1891 ～ 1960 年，中国沿海平均海平面上升速率为 1.4 mm/a；1960 年以来，中国沿海平均海平面上升速率为 2.1 ～ 2.3 mm/a。海平面上升呈加速趋势。按照目前的海平面上升速率，2050 年我国沿海地区海平面将上升约 50 ～ 90cm[83]。因此，在都市发展区与限制发展区的城市规划建设中，应以《海港水文规范》（JTJ 213－98）为基础，结合当地具体的海平面上升幅度，合理确定各项建设用地的场地标高，并在设计、建造防潮、防洪堤围时超前考虑海平面上升因素，适当调整滨海地区现有防潮工程的设计标准。

③加强海岸线综合防护，积极应对风暴潮对沿海岸线的侵蚀。

滨海岸线区域长期受自然环境变化及人类活动的影响，是海岸侵蚀、海水入侵、风暴潮等灾害的多发地带。因此，应当综合软性和硬性两方面工程措施，提高海岸线区域的防护能力[77]，具体如表 6-8 所示。

海岸线防护工程措施分类　　表6-8

硬性措施	软性措施
· 堤岸选线力求平顺，尽量避免堤段转弯处遭受强风暴潮正面袭击，还要利于防潮抢险和日常工程管理 · 采用具有较强防风暴潮能力的海堤断面型式、扩面结构和消浪措施 · 集中收集附近生活区、车站和餐饮店的污水和垃圾，拆除沙滩上现有的污水池，排水管道的建设和当地排水管道交接，纳入集中处理范围，禁止乱堆放	· 扩坡与护滩结合，保护好现有植被，引进沙滩植物和潮滩植物 · 人工补沙拓展海滩 · 修建水下丁坝、离岸堤

（资料来源：杜国云，刘俊菊，王竹华，等 . 海岸缓冲区研究——以莱州湾东岸为例 [J]. 鲁东大学学报（自然科学版），2008（02）:172-178.）

6.4 空间形态

6.4.1 控制意义

空间形态规划一直以来都是我国城市规划编制中的重点内容，在法定规划体系内，城镇体系规划、城市总体规划和控制性详细规划中，通过不同层面的空间结构规划，完成了对城市空间形态从宏观到微观的逐层引导与控制。此外，对应不同法定规划编制阶段的城市设计，对城市空间形态进行了更加具象化的塑造。法定规划侧重于从城市功能布局的角度引导城市空间形态发展，城市设计侧重于从城市美学的角度塑造城市空间形态，然而在全球气候变暖的新形势下，通过城市空间形态控制有效应对气候变化的思考却有所欠缺。城市空间形态作为城市规划有效应对气候变化的重点技术领域之一，无论是在减缓气候变化还是适应气候变化中都能够发挥重要作用。

1）减缓气候变化方面

城市空间的通风和辐射交换在很大程度上受到城市形态的影响。它们形成了决定热舒适度、空气质量和能耗的城市小气候[84]。简而言之，合理的城市空间形态能够借助自然通风和采光最大程度地节省不同地域气候条件下城市制冷或采暖、照明以及空气污染治理等方面的能源消耗，进而实现减少温室气体排放的目标。

2）适应气候变化方面

城市空间形态的构建在很大程度上决定了城市建成区与自然生态环境的融合程度。其中，既包括与城市外围自然生态环境的融合，也包括与城市内部人工与自然双重生态环境的融合。在不同地域气候区域，选择相应的城市空间形态能够最大程度地发挥生态系统在碳汇、雨洪蓄留、降温增湿等方面的积极作用，从而更好地适应高温、强降水等极端灾害频发的气候变化趋势。

由此可见，在城市规划编制中，针对气候变化的相关挑战，加强对城市空间形态的相应控制，对于主动并有效的应对气候变化具有重要意义。

6.4.2 关键技术

1）总体规划编制技术

应对气候变化的城市空间形态规划在总体规划阶段的编制关键技术包括以下几点：

（1）市域城镇体系规划

城镇空间布局应与区域自然生态环境相融合，建立有效应对气候变化的市域空间格局。

传统的市域城镇体系规划在城镇空间布局方面主要考虑的是城镇职能分工、区位与交通联系、产业合作与布局等因素[85]。而随着应对气候变化问题日益受到重视，有必要从城镇空间布局的宏观层面考虑应对气候变化，强调城镇空间布局与区域生态环境的融合，构建有效应对气候变化的市域空间格局。

城镇空间布局与区域自然生态环境融合，在应对气候变化方面的作用包括减缓和适应两个方面：第一，有助于形成覆盖全市域的宏观碳汇体系，最大程度发挥区域生态资源的碳汇功能，实现减缓气候变化的目标；第二，有利于发挥自然生态环境的水土涵养功能，降低极端气候灾害对城镇建设区的冲击，实现适应气候变化的目标。

（2）中心城区规划

应从二维平面和三维立体两方面控制，引导中心城区的空间形态规划与建设，有效应对气候变化。

①二维平面控制

城市二维平面形态指城市的平面几何形态和平面大小。它决定了城市建成区形状和下垫面的覆盖面积，而这两个因素将对城市总体能耗与碳排放造成重要影响。

第一，就城市建成区形状而言，它包括了城市外围界面形状和城市内部空间结构类型两方面能够有效应对气候变化的因素。

(a) 城市外围界面形状首先决定了城市对外部自然环境的利用率，如星形城市边界曲折，与外围自然环境接触界面长，有利于增加城市的碳汇面积以及增强城市与自然的热量交换（图 6-3）；其次，不同外围形态的城市对于极端气候灾害的适应能力有所不同，如圆形城市边界紧凑，虽然与自然环境接触界面短，但却能减少水分蒸发和增强城市保暖，有助于抵御干燥炎热和寒冷地区的极端气候灾害；最后，城市外围界面的方向性能够直接影响城市通风、采光能耗，如城市的长边与主导风向的关系，会帮助或者阻碍城市通风道的形成，发挥调节城市小气候的作用。而二维平面形态与日照方向的夹角调整能改善城市采光条件，还能通过减少或增加阴影实现得热或者降温的效果。

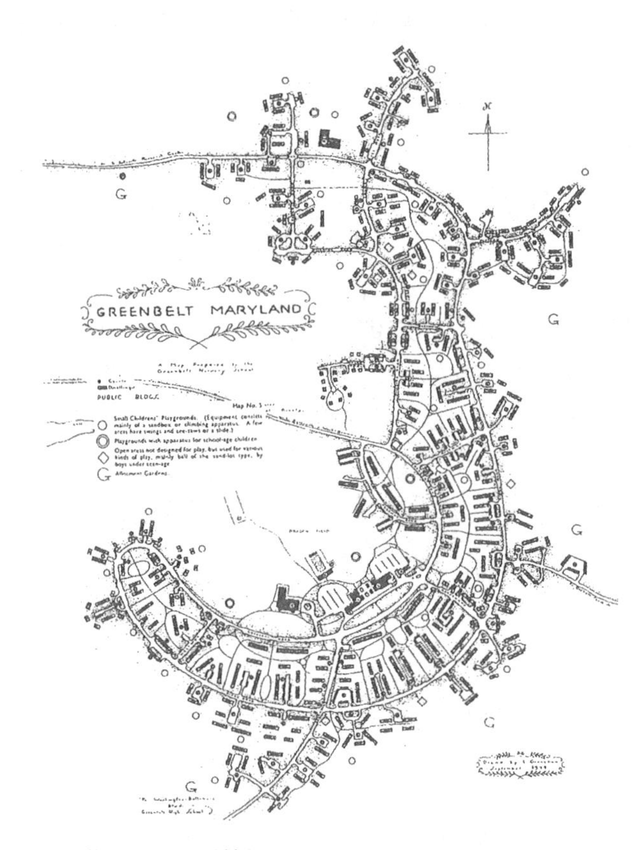

图6-3　美国马里兰州某新城规划利用边界形态最大限度接触自然

（资料来源：凯文 · 林奇. 城市形态[M]. 林庆怡，陈朝晖，邓华，译. 北京：华夏出版社，2001.）

(b) 城市内部空间结构类型主要有方格网结构、星形结构、多中心结构、带型结构等几类[86]，各种类型应对气候变化的能力各不相同。方格网城市的封闭结构导致气候矛盾更为突出，造成明显的气候劣势。星形结构的城市则具有较好的气候利用优势，外围的楔形绿地、楔形水体、和其他的开敞空间能够构建调节市内外气候的天然廊道。多中心结构的城市与星形城市较为接近，在城市的气候改善上具有一定的优势；各个中心之间的生态绿地可以有效的缓解城市中的气候矛盾。带形结构的城市由于具有方向性，因而在气候分析时，必须特别注意城市的空间方向与主导风向、太阳角的关系[87]。

第二，就城市下垫面覆盖面积而言，它表现为城市规模与建设密度这两个应对气候变化的因素。城市规模控制对于应对气候变化的作用与技术在前文已有详细说明，在此不作赘述。城市建设密度是由路网密度和建筑密度两个方面共同决定，路网密度将在后文中道路交通章节详细阐述，在此主要介绍建筑密度在城市形态控制有效应对气候变化中作用。总体而言，建筑密度的控制应当适度，过低的建筑密度会造成土地资源的浪费，并助长城市规模盲目扩张的趋势，其不利于应对气候变化之处在前文已有叙述；而过高的建筑密度又将导致严重的城市热岛效应，其成因具体包括以下几个方面：

（a）建筑密度越高的地区，形态布局越呈现“团块状”，其下垫面吸收的太阳辐射总量越多；

（b）建筑密度越高的地区，通过该地区的风速越小，通风效果越弱；

（c）建筑密度越高的地区，其天穹可见度[①]最小，地面通过长波辐射损失的热量越少，大量的热能无法散发导致热岛效应增强；

（d）建筑密度越高的地区，往往也是城市人口密集区，通过生活与工作产生的城市散热也较多。

综合以上两点，城市建成区形状与城市下垫面覆盖面积这两者应对气候变化的途径各有不同，需要统筹协调，加以综合利用。例如人口规模较小的城市，其平面形态建议采取“单中心”团状结构，缩减交通能耗；人口规模较大的城市，其平面形态建议采用“多中心”组团式结构，通过组团间的楔状绿带调节城市通风，增加碳汇，并缓解极端气候灾害的冲击。

②三维立体控制

城市三维立体形态指城市建筑群在高程上的空间分布。城市三维立体形态主要与城市用地开发强度分区、建筑密度分区及建筑高度分区息息相关，主要通过减缓城市热岛效应、调节城市通风或保暖效果等途径节约城市能源消耗，减少温室气体排放，积极应对气候变化。城市三维立体形态的控制应结合地域气候特征，在合理选择需要重点考虑的主导风向基础上，一方面注重城市空间起伏面与主导风向的关系，另一方面注重城市主要开敞空间走向与主导风向的关系。

我国幅员辽阔，气候类型多元化，在不同的地域气候条件下，各地城市除了减缓热岛效应与降低城市空气污染的共同诉求之外，对于通风降温和阻风保暖上的诉求存在较大差异，这两者需要重点利用的季节性主导风向也各不相同，这就导致不同地域气候区域应当根据自身的气候适应性需求选择需要重点关注的季节性主导风向。如寒冷地区偏重考虑冬季保暖问题，故而应重点关注冬季主导风向，炎热地区偏重考虑夏季通风降温问题，故而应重点关注夏季主导风向，而夏热冬冷地区既需要考虑夏季通风，也需要考虑冬季保暖问题。因此，夏季主导风向和冬季主导风向都需要考虑。

不同的城市高度分区组合能够塑造出多种城市空间起伏面，而空间起伏面的朝向与主导风向的关系对于增强城市通风，减缓城市热岛效应和空气污染具有重要意义。一般而言，城市空间起伏面的朝向应当面向夏季主导风，背对冬季主导风或与之呈夹角。此外，城市主要开敞空间的走向与主导风向的耦合度也在很大程度上能够影响城市通风的效果，应结合当地的气候适应性需求，对城市主要开敞空间的走向作出具体判断与选择。

总之，城市二维平面与三维立体两方面的控制应紧密结合，不可偏废，方能最大程度的发挥其减缓与适应气候变化的作用。

2）控制性详细规划编制技术

应对气候变化的城市空间形态规划在控制性详细规划阶段的编制关键技术包括以下几点：

（1）城市设计引导

①城市设计引导主要控制总体空间格局，应结合城市气候特征，统筹考虑规划区内的通风廊道、生态空间、步行系统等布局。

以往的城市设计往往侧重于城市形态美化及满足功能要求，并没有过多考虑气候变化的因素。本书的研究着眼于应对气候变化的新需求，提出应当把通风廊道、生态空间、步行系统等布局进行统筹考虑。通

① 天穹可视度是指城市肌理朝向天空的开敞程度，一般而言，它与城市热岛效应呈反比关系，天穹可视度越高，城市热岛效应越小，但在炎热干燥的气候条件下则会出现相反的情况。

过合理设置通风廊道能够有效调节城市小气候，改善空气质量，从而降低夏季能源消耗；保留生态空间能够增加城市碳汇功能，增强抵御极端天气的能力；统筹步行系统能够促进低碳交通出行比例，降低交通领域碳排放。

②将主要轴线作为规划区主要通风廊道进行控制，布局方向应重点考虑城市主导风向。

城市轴线通常是指一种较开敞的连续线性空间。其构成要素包括人工建筑和构筑物，如主要道路、绿地广场、重要公共建筑以及自然物，如山川、河流等，应将其设置为缓解城市热岛效应的通风廊道。控规阶段需要深化对上位规划或通风道专项规划中对通风道的具体布局要求，通过整合重要街道、生态绿地等通风道资源，进一步深化设计通风廊道平面及断面形式[65]。

根据不同地方实际情况，设置主轴线与主导风向的关系。例如：在夏热冬冷地区，夏季高温的极端气候条件属于主要矛盾，主要轴线应与主导风向保持一致，以达到缓解城市热岛效应、促进城市通风排热、改善微气候的效果；在严寒地区，主要轴线应与主导风向保持一定夹角，防止冬季风贯穿城市。

③高度分区控制

(a) 高度分区控制应考虑对城市风向、风速的影响。

在控制性详细规划中应细化总体规划中对高度分区的要求，主要考虑对城市主导风向的影响。适宜的建筑群体布局能够改善城市局部环境气候尤其是风环境，对于围绕高层建筑可能出现的局部高风速区，可以通过降低建筑物高度或改变布局的方式加以改进（图 6-4）[88]。

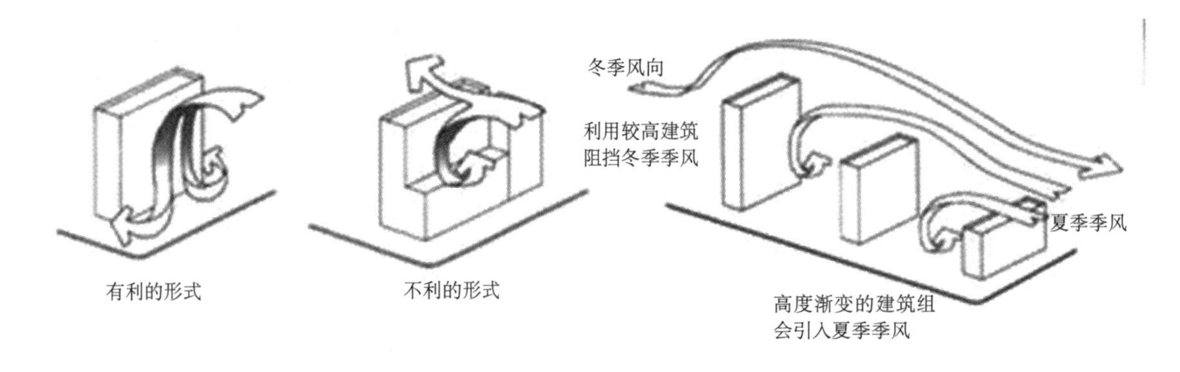

图6-4　建筑高度与风向关系

（资料来源：冷红，郭恩章，袁青.气候城市设计对策研究[J].城市规划，2003（9）：49−54）

(b) 高层区应平行通风廊道方向布置，寒冷地区高层区应垂直冬季主导风向布置。

高层建筑沿街有一定的后退距离，留出一定的空间，风速能够较快且不受遮挡地穿行，便于将冷空气导入温度较高的城区。风速随着高度的增加而递增，而城市通风是在一定高度的情况下考虑才有意义的，因此高层区应平行通风廊道方向布置。

寒冷地区高层区应设置在冬季主导风向上风向方位，垂直于冬季主导风向能够阻挡冷空气，达到保温的效果，减少冬季采暖消耗。

(c) 应控制形成有利于改善城市气候、减缓热岛效应、降低空气污染的城市天际轮廓线。

改善城市热环境应形成连续性、多层次的天际线。高层建筑应采用集群式布局，总体高度控制应采用渐进式；低层建筑区周围应布局开敞空间及绿地，促进冷热气流的循环流动（图 6-5）。

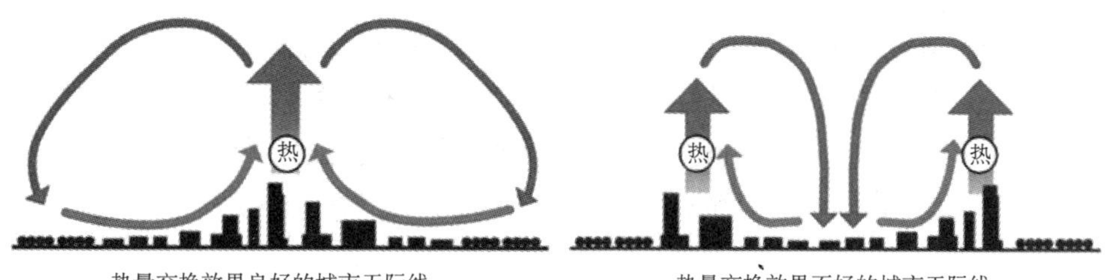

图6-5 改善城市气候效果不同的城市天际线

（资料来源：作者自绘）

（d）在确定城市重点片区和生态敏感区的高度控制时，应进行高度控制的气候影响分析。

高度控制的气候影响分析包括：通风廊道、建筑微气候、热岛效应分析。通过以上分析能够确定建筑高度对气候要素的影响和作用机制，有助于从应对气候变化的角度进行高度控制。

（e）高度分区应以街区为基本单位，街区内如有重要廊道需要控制，高度分区控制应深化到地块。

街区内重要廊道的形式主要包括满足通风效果要求的街道、自然生态和人工绿地、低层低密度开发建设区等。

④公共开放空间控制

（a）应构建系统的公共开放空间网络。

城市的公共开放空间网络一般由水系、绿带、道路等空间资源构成。丰富、连贯、舒适的公共开放空间网络能够提供市民户外公共活动、休闲、娱乐的场所，有利于促进人们借助自行车、步行等低碳交通方式出行。公共开放空间的系统化构建有助于完善慢行交通体系；随着慢行交通与机动车交通的有序分离，将极大改善交通运输的通行能力，减少因交通拥堵造成的能源消耗与尾气排放，达到降低碳排放的目标。成体系、规模化的公共开放空间还能够成为城市应对极端气候灾害的防灾避难场所。此外，成体系的公共开放空间能够成为城市通风道的重要组成部分，有利于最大化发挥通风作用，有效降低城市热岛效应。

（b）公共开放空间的设置应结合城市公共交通站点布局和休闲游憩功能，重点控制人均公共开放空间用地、公共开放空间可达性两项指标。

李云、杨晓春（2007）在对深圳经济特区的公共开放空间进行具体化和计量化的探索中，研究提出了人均公共开放空间和步行可达范围覆盖率两项基准控制指标，能够对人均公共开放空间和公共开放空间可达性加以有效控制引导。人均公共开放空间用地面积为 8.3 ～ 16m^2/ 人；市区级公共开放空间取 800m 为半径，街道社区级公共开放空间取 300m（5 分钟步行距离）为服务半径 [89]。通过以上指标的控制，能够有力保障城市公共开放空间的数量与质量，更好的应对气候变化的新挑战。

（c）宜积极鼓励各建设项目提供公共开放空间。

建设项目提供公共开放空间是对城市整体开放空间体系的补充，有利于形成城市通风廊道，缓解城市热岛效应。

国内不少城市已经出台了相关的技术管理规定，以深圳市为例，在《深圳市城市设计标准与准则引导与控制》中明确提出在一般情况下，公共开放空间面积占建设用地面积的比例控制在 5% ～ 10%。其中面积小于 10000m^2 的地块取上限比例加以控制，面积大于 10000m^2 的地块取下限比例加以控制。

（2）建筑建造引导

①应建立低碳的建筑空间结构

从应对气候变化的角度出发，低碳的建筑空间结构体现为：在主动应对气候环境影响的同时，能够精明而节制地减少对环境的干预。应当针对不同地域气候问题，合理的根据朝向、日照、风向等综合因素，进行不同的气候适应性设计。建筑的组合模式多种多样（图 6-6），在不同地域气候条件下，基于不同的气候适应性设计条件，其低碳化建筑空间结构的选择也是不同的。如优先考虑通风条件的情况下，寒冷地区的建筑群宜选择围合式布局，以有效抵挡冬季寒风的侵袭；炎热地区的建筑宜选择行列式，以利于夏季通风；此外，建筑的高低错落顺序、组合方式都将对局部通风效果造成不同影响（图 6-7）。

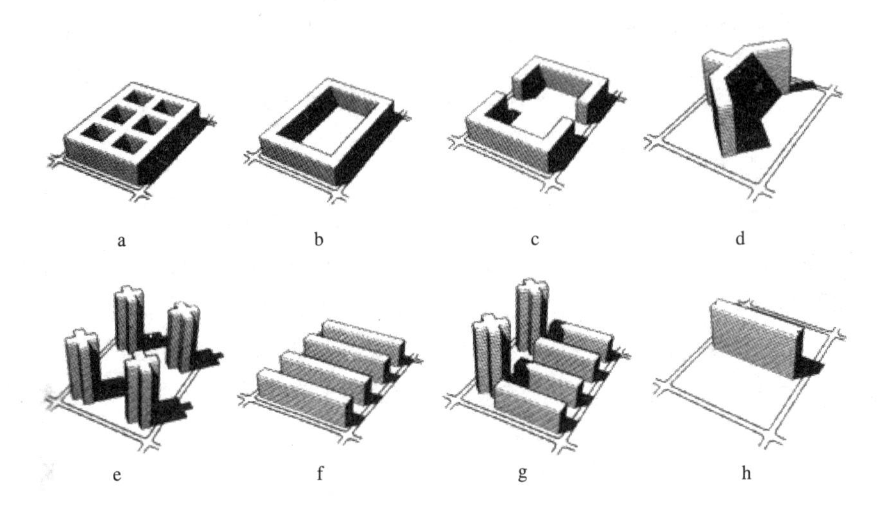

图6-6　建筑组合模式的分类

（资料来源：A．B．布宁，T．O．萨瓦连斯卡娅．城市建设艺术史：20世纪资本主义国家的城市建设[M]．黄海华，译．北京：中国建筑工业出版社，1992）

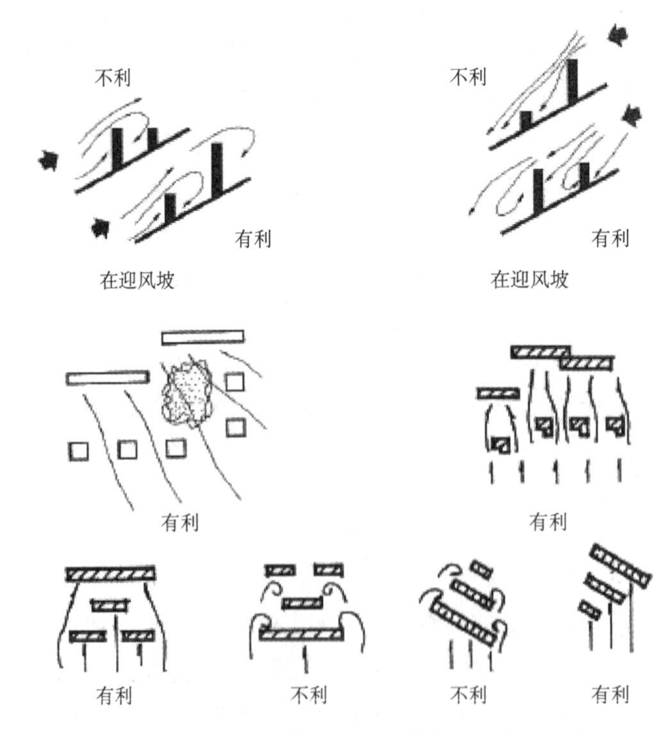

图6-7　在风的流线上合理安排建筑形式和次序

（资料来源：郭盛裕．应对气候变化的城市设计导则研究[D]．武汉：华中科技大学，2013）

②建筑控制

建筑控制除了必须满足日照、通风、安全等基本要求外，还要着重考虑以下方面。

(a) 评估建筑高度组合对风的影响，避免因高度的突然变化改变风速。

风受到建筑物的阻碍作用，与建筑的高度、建筑组合的形式及组合密度有关（图 6-8），评估建筑高度组合对风环境的影响能够有效指导建筑的合理布局。例如：如果高层建筑与低层建筑布局不够合理，会对城市空间“空气场”造成不良影响，人工排热和污染物在城市空滞留，既增强了热岛效应，也影响空气质量，并将带来相关的治理能源和碳排放。

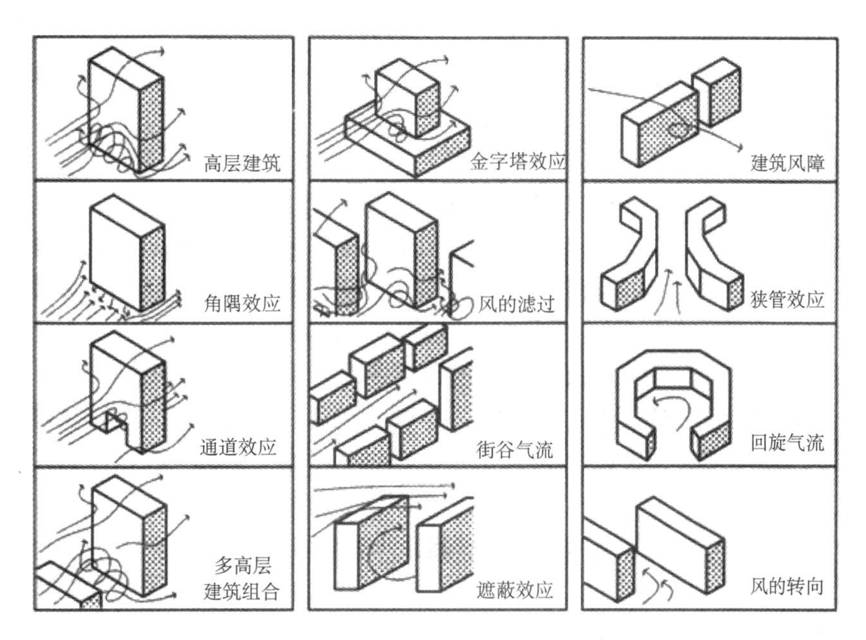

图6-8 建筑物组合形成的各种“风效应”[90]

（资料来源：Servando Alvarez. Architecture And Urban Space Proceedings of The Ninth International PLEA Conference. 1991：37）

(b) 对高层建筑对局部微气候的影响进行评估，特殊情况下对高层建筑的屋顶形式等影响城市天际轮廓线的因素提出城市设计引导。

高层建筑对局部微气候的影响体现在建筑热环境、气旋等方面。以城市局部地段空间为研究对象，通过数据采集、环境模拟等技术手段进行热环境和风环境研究等，能够有助于判断影响微气候的关键因子，研究其作用机制。由于局部微气候环境在城市及更大区域气候中有了一定变化自由度和人工可调性，可以提出的技术方法包括：空间形体设计改进、环境材质选择、建筑构件选择等。

(c) 对建筑后退线、建筑界面控制、面迎主导风向区块的间口率等提出重点控制要求。

建筑后退线是指建筑物应距离城市道路或用地红线的程度。对沿高速公路、快速路等城市道路提出建筑后退线的控制要求，保证防灾通道和通风廊道的畅通。

利用建筑界面的绿化来调节建筑气候的做法有：营造墙体垂直绿化、屋顶绿化与掩土建筑、附于界面的绿色缓冲空间。其不仅改善了建筑外部视觉环境，而且成了建筑界面的热缓冲层，是一种调节微气候简便易行的方式。美观、生态的建筑界面能够提升公共开放空间的环境品质，鼓励慢行交通出行。

间口率 = 建筑面宽或基地面宽，面迎主导风向的区块建筑物对主导风有较直接影响的。在寒冷地区，北面建筑物的面宽应较长，开口较小，能够有效抵御北向寒风；在炎热地区和夏热冬冷地区，应该打开南面建筑群之间的缺口，引导自然风进入（图 6-9）。

图6-9　阻挡冬季冷风、增强夏季通风的建筑示意图

（资料来源：郭盛裕．应对气候变化的城市设计导则研究[D]．武汉：华中科技大学，2013）

③规划区内绿色建筑比例应大于30%；节能建筑比例应大于65%。

本书的研究参考了《夏热冬冷地区居住建筑节能设计标准》（JGJ 134）、《公共建筑节能设计标准》（GB 50189）、《绿色建筑评价标准》（GB/T 50378）等相关内容，提出规划区内绿色建筑比例和节能建筑比例两项控制指标。

6.5　生态环境与绿化

6.5.1　控制意义

生态环境绿化一直以来就是城市规划的重要内容，无论是中国古代“天人合一”的山水城市，还是西方现代城市规划理论启蒙大师霍华德的田园城市，东西方在对城市与生态环境绿化有机融合这一理念的追求颇为一致。随着可持续发展观念深入人心，城市规划对于生态环境绿化的关注更胜从前。在全球积极应对气候变化的当下，生态环境绿化又能发挥怎样的作用呢？通过本书的研究发现，它在减缓与适应气候变化两方面的具体作用如下：

1）减缓气候变化方面

减缓气候变化的关键是降低空气中的温室气体含量，实现途径主要包括减少碳排放量和增加碳汇量两个方面，生态绿化在两条路径中都直接或间接地发挥着重要作用。一方面，良好的生态环境绿化，能够为周边城市街区提供降温与增湿作用，有利于改善局部小环境；同时它们往往也是城市通风道的重要组成部分，能够有效增强城市通风效果。通过减缓城市热岛效应而降低城市制冷能耗，间接减少了碳排放量。另一方面，通过科学布局、保障规模与合理搭配植被种类，能够极大地增强生态环境绿化的碳汇能力，直接增加了碳汇量。两者合力作用于减缓气候变化。

2）适应气候变化方面

气候变化导致了种种极端气候灾害，并且这些灾害的发生频率也更加密集。它们及其次生灾害，如干旱、洪水、泥石流等对城市造成了巨大冲击，给人类带来了重大的生命与财产损失。就其成因，气候灾害本身固然是其主因，生态环境绿化的规模不足与分布不合理同样是不可忽视的原因。城市建设的日益侵蚀造成了生态环境绿化规模的日益萎缩，大量的自然软质透水地面被人工硬质不透水地面取代，城市的自然水体循环系统平衡被破坏殆尽。一旦发生强降水，仅仅依靠城市排水管网根本无力承担排涝重任，这也是我国很多城市在暴雨过后出现“看海”奇景的根本原因。而植被破坏进一步造成了生态环境绿化系统水土涵养功能的丧失，进而造成干旱、泥石流频发。由此可见，主动适应气候变化必须从改善城市生态环境绿化这一根本问题着手。

综上所述，加强对城市生态环境的控制与引导是城市规划有效应对气候变化的必要之举，也是相关规划编制的重点内容。

6.5.2　关键技术

应对气候变化的城市规划在生态环境绿化领域的编制关键技术分别在绿地系统规划、通风道规划和绿色基础设施规划等四个方面展开。其中，前者是在传统绿地系统规划编制技术的基础上进行完善和补充，后两者是为应对气候变化而新增的专项规划。绿地系统规划与绿色基础设施规划皆为围绕城市生态与绿化展开的规划控制与引导，通风道规划虽然有部分内容并不属于城市生态环境绿化范畴，但考虑到城市各类自然与人工生态绿化都是城市通风道的主要构成元素，因此将城市通风道规划也纳入城市生态环境绿化领域加以分析。

1）绿地系统规划

（1）总体规划编制技术

应对气候变化的城市绿地系统规划在总体规划阶段的编制关键技术包括以下几点：

①市域城镇体系规划：必须严格保护现有任何形式的生态绿化资源，尤其要积极保护并扩大森林和湿地规模。

在我国《城市规划编制办法》中明确提出城市总体规划在市域城镇体系规划编制阶段必须对生态环境保护方面制定相应目标和控制措施。考虑到生态绿化在城市应对气候变化中的重要突出作用，有必要在此特别对此提出重点要求。

森林和湿地是重要的碳汇载体，能够在吸收温室气体、减缓全球气候变暖方面发挥重要的积极作用。数据表明，森林每生长 $1m^3$ 生物量，平均吸收 1.83t 二氧化碳，有着很强的碳汇功能。湿地是世界上最大的碳库之一，碳储量约为 770 亿 t，占陆地生态系统碳素的 35%，在全球碳循环中发挥重要作用[91]。此外，森林和湿地都具有强大水土涵养与净化能力，能够有效降低因暴雨、海平面上升等极端气候灾害引发的洪水、泥石流、咸潮等次生灾害的负面影响程度。

②中心城区规划：

(a) 必须运用碳汇量测算等量化方法，保障城市绿地基本规模与合理布局。

传统城市规划中对城市绿地的考虑主要为景观及使用需求，而对城市绿地的生态碳汇功能考虑不足。在全球气候变化的大背景下，需在绿地系统规划中引入绿地碳汇量计算。一方面测算实现低碳减排目标所需的绿地总体规模，以确保绿地数量；另一方面测算不同类型、不同规模绿地的碳汇能力，通过量化分析促进城市绿地的合理布局，以确保绿地质量。两方面合力确保城市绿地碳汇作用最大化[65]。

(b) 应结合城市通风道的设置，优化城市绿地系统布局，形成完善的绿地系统网络结构。

整合城市绿地系统和河湖水系，将其规划成为城市通风廊道，能够有效提升城市通风散热能力，实现缓解城市热岛目标。强调绿地系统的连贯性，成网络、成体系的绿地网络结构能够更好的提高碳汇效率。绿地系统规划中应考虑连接、强化绿色网络，并增加中心城区的绿化覆盖率及绿量。

(c) 在合理布局的基础上，增加城市绿化形式的指引，鼓励以植树造林为主，并大力推广人工湿地建设。

传统绿地系统规划对于绿化形式的引导较为欠缺，从应对气候变化的角度判断，植树造林与湿地建设相对其他绿化形式而言，具有更强的碳汇能力和气候调节功能。它们能够吸收二氧化碳气体，缓解城市热岛效应。不仅如此，它们还可以增强水土涵养，有效减缓强降水等极端气候事件引发的洪涝灾害对城市的冲击。因此，有必要在绿地系统合理布局的基础上，增加绿化形式的引导。根据相关研究，城市绿化植物种类的碳汇能力由强到弱的排序基本为：乔木、灌木、草本植物。

（2）控制性详细规划编制技术

应对气候变化的城市绿地系统规划在控制性详细规划阶段的编制关键技术包括以下几点：

①进一步深化完善绿地网络结构。

在城市总体规划层面的绿地系统规划指引下，深化完善绿地网络结构，构建层次丰富的绿地网络，将城市绿地的主体框架与各点状、线状绿地（如各类设施绿地、农地、河流、道路的植栽带、绿道、庭院等）相互连接，并形成均衡化布局。

②按照应对气候变化的具体需求，设置绿化形式。

按照应对气候变化的不同需求，绿地的形式和功能设定多种多样。例如：以缓解热岛效应为主要需求的地区，绿化形式应以构筑作为风道、通风散热为主要目标，滨水绿地是其代表；以增加碳汇为主要需求的地区，绿化形式应以种植碳汇能强的乔木植物为主；以防寒保暖为主要需求的地区，绿化形式应在城镇冬季主导风向的上风向，构筑阻挡冬季强风的防风林等等。

③积极采用立体绿化形式，对立体绿化率进行量化指标控制，立体绿化率宜不低于50%。

城市立体绿化是城市绿化的重要形式之一，是改善城市生态环境，丰富城市绿化景观重要而有效的方式。发展立体绿化，能丰富城区园林绿化的空间结构层次，有助于进一步增加城市绿量，减少热岛效应，吸尘、减少噪音和有害气体，营造和改善城区生态环境。屋顶绿化及构筑物绿化能保温隔热，节约能源，同时能滞留雨水，缓解城市下水、排水压力。

国内部分城市对立体绿化已经制订了具体规定，如《广州市绿化条例（2010）》提出：新建建筑面积在2万 m^2 以上的大型公共建筑，在符合公共安全的要求下，应当进行立体绿化，建造天台花园，面积不少于地面面积的50%。本书对此加以参考引用。

④尽量提高规划区内有效绿地的规模，并对绿化植被种类加以引导，引入乔木覆盖率和本地植物指数两项指标进行量化控制。

绿色植物、特别是绿色生物量达到一个较大数量的植物群落具有显著的吸碳产氧、吸收二氧化硫、滞尘和蒸腾降温等功能，但并非任何规模的绿地都具有良好的碳汇与降温增湿作用。有研究表明绿地面积不小于3ha，且绿化面积大于80%，宽度不小于8m的绿地才属于降温增湿效果明显的有效绿地[65]。为了减少热岛效应，应当尽量扩大有效绿地的规模。

不同的绿化植被种类的碳汇能力也存在差异。一般而言，乔木的吸碳、固碳能力要强于灌木、地被植物等，提高乔木的覆盖率能够有效增强规划区碳汇能力。陈自新等（1998年）就北京城郊建成区园林绿地的生态效应开展的研究结果显示，乔木的生态效应都强于其他类植物[92]（表6-9、表6-10）。因此，应在绿地系统规划中增加乔木覆盖率指标，以更好应对气候变化。

单株乔木、灌木和1m²草坪日吸收二氧化碳和释放氧气量比较 表6-9

研究选项 植物种类	株数（株）	绿量（m^2）	吸收二氧化碳（kg/d）	释放氧气（kg/d）
落叶乔木	1	165.7	2.91	1.99
常绿乔木	1	112.6	1.84	1.34
灌木类	1	8.8	0.12	0.087
草坪（m^2）	1	7.0	0.107	0.078
花竹类	1	1.9	0.0272	0.0196

（资料来源：陈自新，苏雪痕，刘少宗，张新献．北京城市园林绿化生态效益的研究（3）[J]．中国园林，1998，03:51-54.）

单株乔木、灌木和1m²草坪日蒸腾吸热、蒸腾水量比较　　表6-10

植物种类 \ 研究选项	株数（株）	绿量（m²）	蒸腾水量（kg/d）	释放吸热（kkj/d）
落叶乔木	1	165.7	287.98	706.644
常绿乔木	1	112.6	239.29	586.8
灌木类	1	8.8	13.021	31.95
草坪（m²）	1	7.0	8.933	21.9204
花竹类	1	1.9	3.2136	7.8786

（资料来源：陈自新，苏雪痕，刘少宗，张新献．北京城市园林绿化生态效益的研究（3）[J]. 中国园林，1998，03:51-54.）

此外，还应积极鼓励种植本地植物，这也能为应对气候变化发挥不小的作用。首先，本地植物取材方便，运输成本低，降低了运输能耗和交通碳排；其次，本地植物成活率高，寿命长，后期维护成本也较低，降低了后期维护能耗及其碳排；最后，由于本地植物对当地环境具有最高的适应能力，具有较强的抗逆性。其旺盛的生长状态能有效抵御极端天气损害，保障最大限度地发挥绿地功能和生态效益，发挥固碳、增湿降温的功能。因此，应在绿地系统规划中增加本地植物指数指标，以更好应对气候变化。国内不少城市已经对此做出尝试，如《广州市绿化条例（2010）》提出，乔木种植面积应当不低于绿地总面积的 60%，天津中新生态城提出，本地植物比例应当达到 70% 以上，无锡太湖生态新城提出，乡土植物比例应当达到 80% 以上。

2）通风道规划

城市通风道，顾名思义是指为了增加城市的空气流动性，而在城市内规划建设的一种生态绿色走廊。它既能在一定程度上降低城市雾霾污染，还能缓解城市热岛效应。从这层意义上来讲，它是对城市结构的一种改造以及对城市功能的一种完善。

在全球变暖与快速城市化背景下，热污染与空气污染已对城市生态环境和居民身心健康造成严重威胁。合理规划城市通风道可将郊区新鲜凉爽的空气引入城区，并激发城区内的局部小气候环流，是促进城市通风，缓解城市热污染和空气污染，节约相关治理能源的重要手段。本书的研究是关注宏观与中观层面城市规划对通风道的构建及控制引导，微观层面的通风道设计更多依赖于建筑设计与小尺度城市设计，并非本书研究的重点。因此，本部分的关键技术主要针对城市总体规划编制，尤其是中心城区规划部分。

应对气候变化的城市通风道规划在总体规划阶段的编制关键技术包括以下几点：

（1）应统筹城市外围通风道与城市内部通风道，共同构建城市通风道系统

良好的城市通风效果，需要城市外围的湿润低温空气与城市内部的干燥高温空气形成互通式对流。因此，必须对城市内外的通风廊道予以同等重视。城市外围通风道应利用现状的河湖水系、生态湿地、风景区山林、基本农田等自然生态资源，形成连通城市与郊区的绿楔；城市内部通风道应结合城市街道、绿地公园、河湖水系和低强度开发区设置，与城市外部通风廊道相连接，共同构成城市通风道的主体框架。

（2）应根据地域气候特征，合理设计城市通风道的主体方向

通风道的具体设置方式应根据不同地域的气候特征区别对待。北纬 40° 以北地区城市，除考虑夏季导热外，还要考虑冬季挡风的需求；因此，通风道方向宜与冬季主导风向成夹角；北纬 32° 以南地区城市重点考虑城市导风散热需求；因此，通风道方向宜与夏季主导风向平行，缓解城市热岛效应，降低制冷能耗与碳排放量[93]。

（3）具有较理想效果的通风道最小宽度宜不小于 150m

通过借助计算流体力学（Computational Fluid Dynamics）（CFD）的计算机城市风场模拟实验，可以发现，

城市通风道的实际效果与风道的总体宽度密切相关。一般风速情况下，宽度在80m以下的城市通风道排热效果并不十分明显，而只有当通风道总体宽度达到150m左右时，才能达到较为理想的通风排热效果。因此，在规划城市通风道时，如选择依托城市道路设计通风道，应将道路空间与街道两侧的绿化空间、低层或低密度开发带进行整合，形成总体宽度达150m以上的城市通风道。若选择依托生态绿地、河流水系设计通风道，同样需要达到不低于150m的宽度要求。如此，利用自然风的流动促进城市通风排热才有可能[93]。

3）绿色基础设施规划

绿色基础设施的概念最早于1999年由美国保护基金会与农业部森林管理局组成的联合工作组首次明确提出[94]，总结当前相关研究成果可以发现，绿色基础设施的特征可以归纳为以下几点：第一，由自然生态资源与人工生态资源交互融合而成；第二，与城市总体结构相融合；第三，是不同尺度上的绿色化生态网络。基于以上特点，绿色基础设施能够发挥多元化的复合作用，如维持生态平衡、保障居民福利、创造经济价值等[95]。就应对气候变化的角度而言，绿色基础设施发挥的作用归功于它维持生态平衡的功能，具体包括：首先是利用绿化植物选择与网络化布局提高城市的碳汇能力；其次是通过绿化植被净化空气，控制污染，从而降低污染治理的能耗及其碳排放；最后还能够增强城市水土涵养能力，改善自然水循环，增强城市应对高温、强降雨等极端气候事件及其次生灾害的能力。鉴于这种生态网络体系具有提升城市应对气候变化的强大能力，本书的研究建议，在应对气候变化的城市规划中新增绿色基础设施规划这一专项内容。此外，虽然绿色基础设施规划可以覆盖不同尺度的空间，然而控制性详细规划层面的绿色基础设施规划主要是对上层次规划的选线和定位加以具体落地，与传统控制性详细规划的编制方法与技术较为重合，故此在本书中不做详述，将该部分的关键技术研究重点集中于总体规划层面的绿色基础设施规划编制。

应对气候变化的城市绿色基础设施规划在总体规划阶段的编制关键技术包括以下几点：

（1）市域城镇体系规划

以生态安全为目标，确定市域级绿色基础设施网络中心与连接通道。

在市域城镇体规划这一大尺度层面，研究绿色基础设施规划的国际主流思想是基于景观生态学和保护生态学，注重对现有生态环境的维护与优化，强调生态安全格局的构建，这也能够实现市域尺度下增强碳汇和抵御极端气候灾害等应对气候变化目标。因此，在此可以借用常规绿色基础设施规划的方法与技术。

绿色基础设施的网络中心是多种生态过程的“源”，为野生动物提供栖息地或迁移目的地，为人类提供休闲娱乐、环境保护和交流交往场所[96]。根据美国马里兰州绿色基础设施网络规划的经验，网络中心需满足以下一个或多个条件：具有敏感的植物或动物物种；有大规模连接较好的内陆森林（面积大于100ha，并有100m过渡区域）；具有至少100ha未开发的水域；政府或社会团体的保护地[97]。可以此为参考，根据地方实际情况进行调整设定门槛。

绿色基础设施的连接廊道是用来连接网络中心，促进生态过程流动的线性空间实体[96]。国际主流研究将连接廊道分为陆地、湿地、水域三种类型。通过模拟生态过程确定廊道路径，包括对种子迁移扩散、动物迁移、基因流和土壤侵蚀等生态过程进行顺利程度的测度[98, 99]，最终结合周边地形和地标形态确定一定宽度的廊道。

（2）中心城区规划

①在生态安全的基础上，着重强调以提升城市碳汇能力、污染控制和降低极端气候事件冲击等作为中心城区绿色基础设施规划的新目标，进一步深化落实市区级绿色基础设施网络中心与连接廊道。

中心城区以城市建成区为主体，自然生态绿化与人工生态绿化穿插其中，绿色基础设施维护生态安全的作用更显重要。同时，中心城区是温室气体排放的主要场所，也是对极端气候灾害敏感性和脆弱性最强的地区，是城市应对气候变化的“主战场”。因此，在中心城区的绿色基础设施规划中，应在维护生态安全的职能基础上，增加有效应对气候变化作为中心城区绿色基础设施规划的主要目标，并以此作为选择市区级绿色基础设施网络中心和连接廊道的基本原则，与市域级网络中心、连接廊道共同构成城市绿色基础设施的主体框架。

②网络中心的规划布局宜与中心城区应对气候变化的脆弱性分区相结合，并充分利用现有绿色资源。

传统的绿色基础设施规划强调与市区总体结构、城市空间和生态安全格局相耦合，从应对气候变化的角度分析，还应该在规划网络中心布局时注重与中心城区应对气候变化的脆弱性分区相结合。脆弱性越强的区域越应当增强该区域绿色基础设施的规划建设力度，以此增强该区域应对气候变化的能力。在有条件的情况下，通过网络中心的设置推动“以点带面”的建设不失为极具效率的途径。

此外，中心城区土地资源有限，绿色基础设施的网络中心规划应充分利用现有绿色资源，促进城市集约发展。可以加以利用的绿色资源大致分为以下两大类：

第一类，可建设用地类，其中又可以细分为传统的城市公共开放空间和修复后的城市生态退化区。传统的城市公共开放空间主要包括公园、绿地、运动场和城市广场等绿色空间；修复后的城市生态退化区包括重新修复或开垦的工业废弃地、矿地、退化湿地以及和垃圾填埋场等。

第二类，非建设用地类，主要包括自然山体、河流水域、湿地、农林牧场等，较具代表性的是城市内的风景名胜区。

③绿色连接廊道宜选择沿河流与道路分布。

绿色基础设施的绿色连接廊道一般分为河流生态廊道和道路生态廊道两大类。从应对气候变化的角度分析，这两类连接廊道依然能够发挥重要的积极作用，值得继续沿用并作优化设计。

河流生态廊道依托河流水系的树枝状空间格局体征布置，包括河流水面、河流边缘的防护林带、河漫滩植被等[100]。市域尺度的宏观层面，它在促进物质输送和物种迁徙方面具有无可替代的作用[95]；中心城区尺度的中观层面，它在应对气候变化过程中的作用同样不可低估。由于河流廊道的地势较低，在遭遇强降水的极端气候灾害后，大量降水向河道汇集，良好的河流生态廊道能够在此时发挥强大的雨洪蓄滞作用，减缓下游城区发生洪涝灾害的危险，降低极端气候灾害对周边地区的破坏和冲击。此外，考虑到人类天然的亲水习性，中心城区的滨水型连接廊道必然成为市民休闲、健身、聚会的热点区域，由此带来的各种碳排放活动在所难避。而河流廊道周边的良好生态植被，能够就近发挥“吸碳、固碳”的作用，为减缓气候变化贡献力量。

在市域及以上尺度的宏观层面，道路型生态廊道的设定主要是为了降低道路网络对于生态环境的干扰，如环境污染、切割生境、阻断物种流和基因流等，具体设计形式主要分为垂直道路设置的路上式、路下式和涵洞式；然而在中心城区尺度的中观层面，从应对气候变化的角度出发，宜考虑将道路生态廊道沿道路平行设置。道路是中心城区产生交通性碳排放和尾气污染的主要场所，相关研究显示，道路交通产生的二氧化碳排放量约占全球温室气体排放量（折算为二氧化碳当量）的10%[101]。通过沿道路平行设置的绿色基础设施连接廊道，能够就近发挥“吸碳、固碳”作用，有效降低大气中的二氧化碳含量，同时还能净化空气，减轻空气污染程度，从而减小污染治理能耗及其碳排放。

6.6 道路交通

6.6.1 控制意义

能源活动和工业生产过程是我国二氧化碳排放的主要来源，2005年我国能源活动碳排放量占我国二氧化碳排放总量的90.4%。其中，交通能源活动的二氧化碳排放量为4.16亿t，占全国能源活动碳排放总量的7.70%，排在工业、能源生产和加工转移部门之后，列第三位[102]。交通能源活动又可以按照运输方式分解到公路、铁路、水运、民用航空等部门，2010年最新统计数据显示，公路部门碳排放量占整个交通运输部门碳排放总量的49%[103]。由此可见，交通低碳化发展是我国应对气候变化的重要目标，公路交通低碳化发展又是重中之重，与之关系密切的道路交通规划需要主动适应气候变化的新挑战，这也成为我国应对气候变化的城市规划编制的重点内容。

一般认为，私人机动交通工具拥有量的激增①、道路拥堵等问题是交通运输能耗及其二氧化碳排放量居高不下的主要原因。然而，透过现象看本质，导致这些问题的根本原因是多方面的，除了国家部分相关政策的引导不当，就城市规划自身而言，交通组织模式不合理与道路交通设施的设计缺陷都难辞其咎。本章节以此为切入口，重点就低碳化交通组织模式及其配套道路交通设施设计问题，在总体规划和控制性详细规划编制两个层面具体展开关键技术研究。

6.6.2 关键技术

1）总体规划编制技术

应对气候变化的城市道路交通规划在总体规划阶段的编制关键技术包括以下几点：

（1）市域城镇体系规划

①区域公共交通网络布局应与城镇空间布局模式相适应

应建立以公共交通为主导的区域交通体系，引入重点城镇公共交通覆盖率的控制指标，控制区域整体公共交通网络的布局。公交网络布局应与城镇功能定位和经济区划等内容相协调，考虑与城镇空间结构以及产业布局的互动关系。公共交通的线路等级和站场的规模应根据所连接乡镇在市域城镇体系规划中的定位相应设置[104]。

②宜选择轨道交通作为区域交通联系的主要方式，其他公共交通方式围绕轨道交通方式组织设置

轨道交通作为一种快速大运量的公共交通，可以有效降低传统交通的碳排量，并能节约道路建设用地，有利于尽可能多的保留河流水系、山林农场等绿色资源，并积极其发挥碳中和作用，提升区域碳汇能力。其他公共交通方式宜围绕轨道交通站点展开设计，促进区域交通与本地交通的有机衔接，通过公交出行便捷性的提升吸引居民使用公交低碳出行。

③应大力发展城乡客运一体化交通模式，引导区域交通有序发展

发展城乡客运一体化，有利于城乡客运资源共享，通过换乘便捷与优质服务吸引人们借助公交出行，减少交通碳排。应结合地区经济发展水平与城镇化程度选择具体操作模式，在经济实力和城镇化程度高的地区鼓励推行城乡公交一体化[105]；在其他地区，可分别发展城区公交和乡村农客班车，并加强换乘服务，为将来逐步实现城乡公交一体化打好基础。

④宜设置区域绿道，促进低碳出行

绿道是一种线形绿色开敞空间，通常沿着河滨、溪谷、山脊、风景道路等自然和人工廊道建立，内设可供行人和骑车者进入的景观游憩线路，连接主要的公园、自然保护区、风景名胜区、历史古迹和城乡居住区等，有利于更好地保护和利用自然、历史文化资源，并为居民提供充足的游憩和交往空间[106]。

区域绿道是指连接城镇与城镇，对区域生态环境保护和生态支撑体系建设具有重要影响的绿道。区域绿道的设置，除了能够促进市民绿色出行，减少交通碳排放之外，还有助于串联起市域绿色开敞空间。这既能将绿色基础设施成网成片，有利于扩大碳汇面积和抵御极端气候事件；又能够带动旅游产业低碳化发展，提升绿色 GDP。

（2）中心城区规划

①路网布局

城市路网由城市各种性质、级别的道路共同构成，承担着城市绝大部分的人员、物资流动，将城市的各

① 从 1980 ~ 2012 年，全国民用汽车保有量从 178.3 万辆增加到 12089 万辆，增加 67.8 倍，其中私人汽车保有量从 1995 年的 249.96 万辆增加到 2012 年 9309 万辆，增长 37 倍。（国家统计局，2012）

个组成部分连接成为一个有机整体。一个科学合理、经济高效的路网体系是保证城市生产、生活有序健康运转的基础。它在城市应对气候变化中的作用，主要体现在两方面：其一是提高交通效率，通过减少交通出行距离和交通拥堵实现节能减排；其二是通过道路网布局优化城市通风环境减缓城市热岛效应，从而减少相关能耗与二氧化碳排放。因此，路网布局有效应对气候变化的关键技术主要包括以下几点：

(a) 适当增加道路网密度

当前我国大部分城市的道路网密度与世界发达国家城市相比仍存在较大差距，如美国 AASHTO（American Association of State and Transportation Officials）提出的城镇道路总密度为 10~15km/km^2，而我国《城市道路交通规划设计规范》（GB 50220－95）中城市道路路网密度平均值为 6~8km/km^2，中心地区也仅为 10~12km/km^2。道路网密度偏低造成街区过大，到达目的地需要绕行的距离增长，分流交通的路径缺乏等现实问题，从而导致更长的交通出行距离和更多的交通拥堵，以及更多的交通能耗与碳排放。通过增加城市路网密度，能够有效的解决上述问题（如图 6-10），有助于实现节能减排。

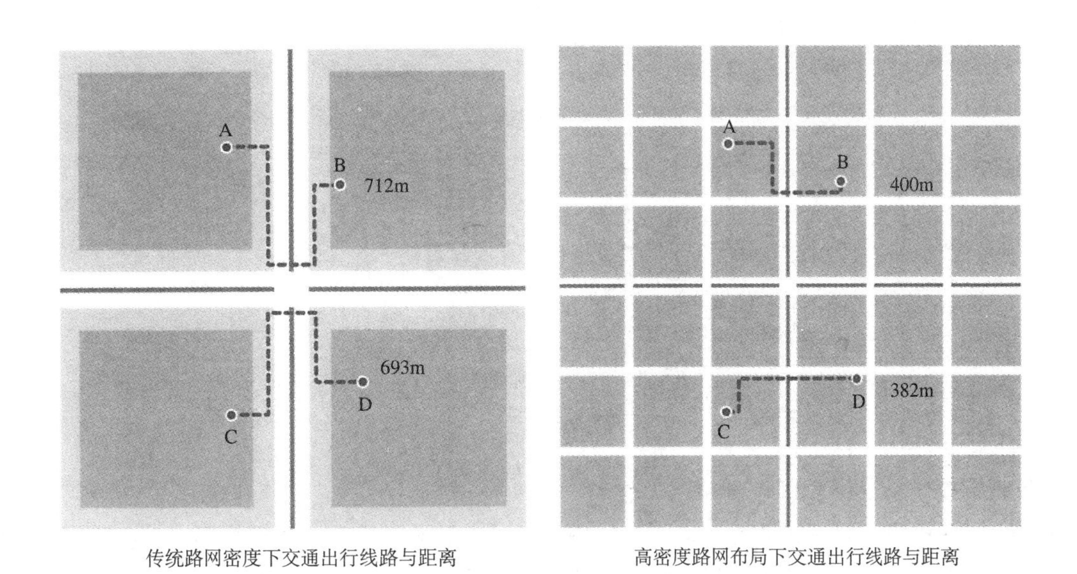

图6-10　不同路网密度布局下的交通出行比较

（资料来源：卡尔索普事务所．低碳城市设计原则与方法[R]．2012）

(b) 应结合地域气候特征，选择合适的路网形式

城市主要的路网形式包括自由式、方格网式、环形放射式以及各类混合式（图 6-11），不同的路网形式具有不同的通风效果[87]。为了有效缓解日益严重的城市热岛效应，节约相关能耗，降低二氧化碳排放，各地市应在尊重自身地形、地势等道路建设的物质环境条件基础上，结合地域气候特征，选择合适的路网形式。各类路网形式的通风效果如表 6-11 所示。

各类路网形式的通风效果　表6-11

类型	基本特点	通风效果	典型城市
自由式	没有特定形态，为适应不可改造的自然环境，因地制宜的进行布置	通风效果不及方格网式路网，但由于布置较为灵活，可以适应多个角度的风向，适合风向较为复杂的地区	重庆
方格网式（棋盘式）	形式简单，建筑朝向统一，交通组织顺畅	与通风通道的角度易于把握，风的顺畅性较好，通风的效率高	北京

续表

类型	基本特点	通风效果	典型城市
放射式	以明显中心为起始，路网向外呈放射状分布	这种路网体系没有明显的方向，通风设计和日照设计方面难以作到面面俱	较少单独使用
环形放射式	环形路网与放射式路网的混合	由于房屋朝向不好排列和环形街道弯曲，对于日照设计和通风设计都很不利	巴黎
方格—环形—放射混合式	是环形放射式路网加入了对角线街道	这种形式会在城市中心区产生局部的通风不畅问题和空气污染	长春

（资料来源：根据郭盛裕．应对气候变化的城市设计技术导则研究 [D]. 华中科技大学建筑与城市规划学院，2013. 相关资料整理编辑）

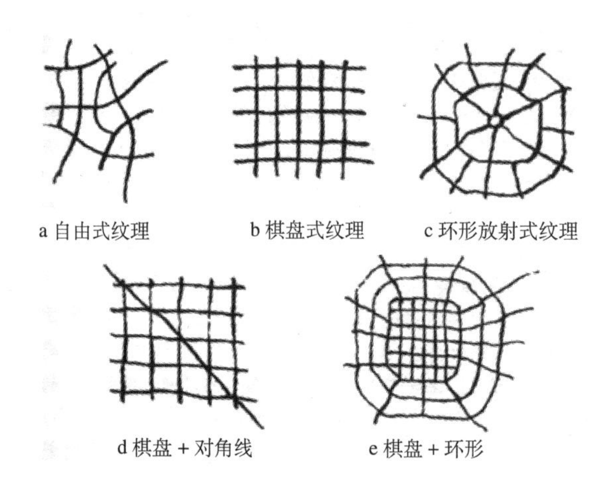

图6-11　几种常见的路网形式

（资料来源：宛素春．城市空间形态解析[M]．北京：科学出版社有限责任公司，2003：13）

（c）结合地域气候特征，合理控制路网方位

城市路网的“开口”方向可以调控进风程度，进而对城市通风效果产生决定性影响。我国幅员辽阔，南北方城市对于通风的需求大相径庭。南方城市需要增强通风效果，力求为城市解暑降温；北方城市需要降低道路中的冷风速度，已达到驱寒保温的目的。因此，南方城市的道路主要方向应与地域夏季主导风向保持一致，而北方城市的道路主要方向则要与地域冬季主导风向保持一定的夹角[87]。相关研究在国外早已开展，如 G.Z. 布朗等人曾就城市道路方向与城市通风的关系，对旧金山城市空间形态发展提出了改进建议（图 6-12）[107]。

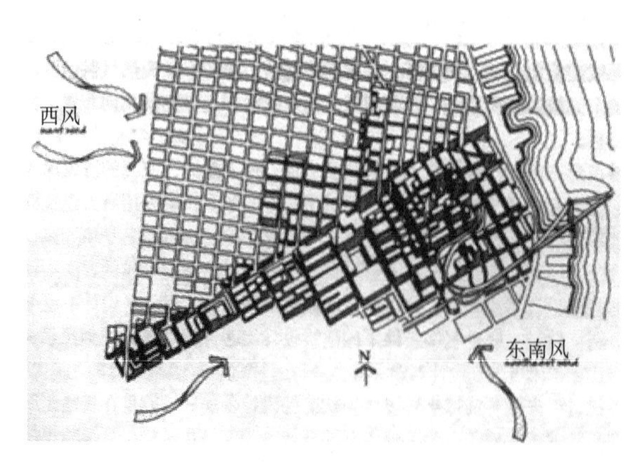

图6-12　G. Z. 布朗对旧金山城市空间形态发展遵从风道提出的建议

（资料来源：Brown G Z, DeKay M. Sun,Wind & Light：Architectural Design Strategies[M]. 2. NewYork:John Wiley & Sons,2000.）

②断面形式

(a) 除了快速路之外的其他城市道路都应设置自行车专用道，有条件的道路应尽可能增设机非隔离带

随着城市的扩张和汽车数量的骤增，机动车的发展占据了道路资源，非机动车的道路空间受到严重挤压，一些城市甚至取消了非机动车道，导致自行车无路可行；此外，自行车出行受到行人和机动车的干扰，出行安全和速度都受到较大影响，导致很多城市自行车交通出行比例大幅度下降，这些都与当前交通低碳化发展的目标背道而驰。应当顺应发展趋势，通过自行车专用道的设置将自行车与机动车、行人加以分隔，实行机非分流，为自行车通行提供一个安全、舒适、高效的环境，促进绿色出行。按照《城市道路交通规划设计规范》(GB 50220−95) 规定：城市道路双向行驶的自行车道最小宽度应为 3.5m，混有其他非机动车的，单向行驶的最小宽度应为 4.5m。

(b) 除了快速路之外的其他城市道路必须设置专用人行道

近年来，城市规划和交通设计深受“汽车本位”思想影响，城市交通资源分配不合理，步行的道路空间受到严重挤压，不利于引导居民通过步行实现低碳出行。应积极建设专用人行道系统倡导步行出行，为行人通行提供一个安全、舒适、高效的步行环境，促进居民绿色出行。参考各地城市相关管理规定，建议人行专用道宽度不应低于 3m[108]。

③交通组织模式与交通设施

(a) 各地城市应根据自身实际情况，合理选择并优先发展地铁、轻轨与 BRT 等快速公共交通方式，与常规公交共同构建以公交系统为主导的综合交通体系。

优先发展城市地铁、轻轨、BRT 等大运量公共交通，是改善城市交通结构、提高交通资源利用效率、缓解城市交通拥堵、方便群众出行的重要手段，有利于完善城市功能，实现节能减排的低碳化发展目标。同时，考虑到各地城市不同的社会经济发展水平差异，各地市应结合自身实际情况，综合考虑交通客流需求、工程建设条件与工程造价成本（表 6-12）等因素，选择发展恰当的轨道交通形式。

地铁、轻轨、BRT造价比较　　表6-12

轨道交通类型	工程造价（亿元 / 公里）
地铁	6 ~ 8
轻轨	1 ~ 2
BRT	0.3 ~ 0.5

（资料来源：作者自绘）

如表 6-13 所示，轨道交通与常规公交两类交通方式各具特色，轨道交通（广义包含地铁、轻轨、BRT）具有快速、高效、运力强等优势，但也存在造价高、周期长，无法成网实现“门到门”服务的劣势。与之相反，常规公交适应性强，线网稠密，基本能够实现“门到门”服务，但速度慢、受路面交通状况影响大、运力有限等缺陷明显。二者正好形成互补，可以构成满足不同层次、不同功能需求、不同服务水平的多元化交通体系，共同促进城市公共交通优先发展，实现绿色出行。较为理想化的城市交通组织模式可以设计为以轨道交通为骨架，常规公交为脉络，私人机动车交通为补充，自行车和步行等慢行交通系统发达的完整体系（图 6-13）。

轨道交通与常规公交服务特性的比较　　表6-13

比较指标 \ 公交类型	轨道交通	常规公交
舒适性	高	低
准点率	高	低
可达性	低	高
可靠性	高	低
服务面积	大	小
是否有堵车情况	无	有

（资料来源：作者自绘）

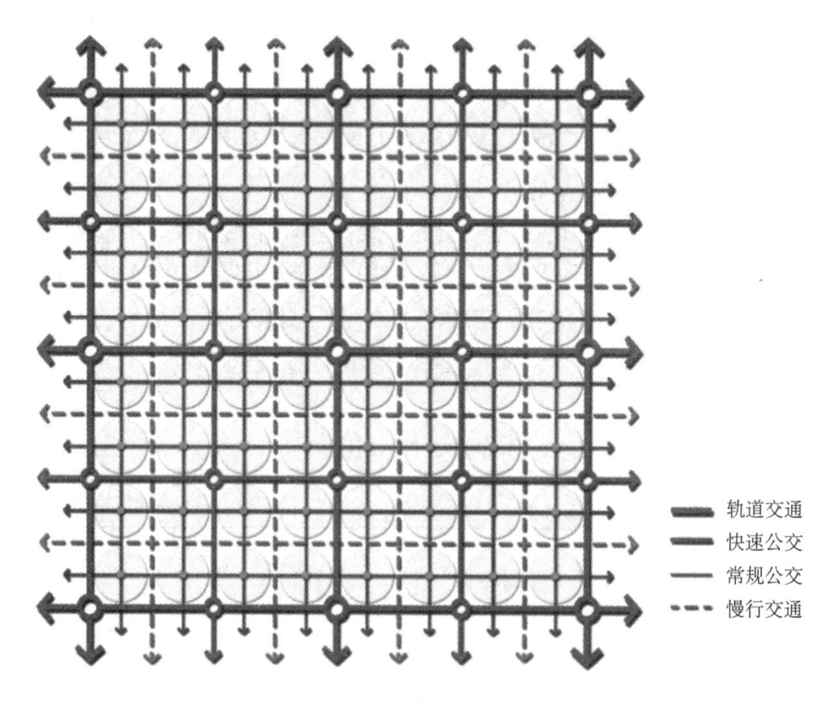

图6-13　城市公共交通组织理想模式示意
（资料来源：作者自绘）

（b）应设置公交专用道，提高常规公交的服务效率，借助万人公交拥有量、公交站点覆盖率的控制指标，提升公共交通出行比例。公共交通出行比例不应低于 50%，各级城市万人公交拥有量指标与公交站点覆盖率指标建议值参见表 6-14、表 6-15。

近些年来，随着城市的扩张和汽车数量的骤增，我国大多数城市道路交通紧张状况日趋严重，已经影响到城市经济发展和居民生活质量。大力发展城市公共交通、实行公交优先成为缓解道路拥堵、实现低碳出行的必然选择。公交专用道的设置是保障公交道路使用权的最直接体现，借此能够提高常规公交的服务效率与质量，吸引居民借助常规公交方式低碳出行。此外，通过万人公交拥有量指标与公交站点覆盖率的控制，能够进一步从常规公交的硬件基础设施方面提升服务质量。

各级城市万人公交拥有量指标　表6-14

城市总人口	万人公交拥有量
300万人以上	15辆以上
100万～300万人	12辆以上
100万人以下	10辆以上

（资料来源：中国交通运输部道路运输司．城市公共交通十二五规划纲要（征求意见稿）．2010）

各级城市公交站点覆盖率　表6-15

城市总人口	公交站点300m覆盖率
300万人以上	＞85%
100万～300万人	＞75%
100万人以下	＞70%

（资料来源：中国交通运输部道路运输司．城市公共交通"十二五"规划纲要（征求意见稿）．2010）

公共交通出行比例即公共交通出行总量占所有交通出行总量的比值，目前我国大城市公共交通出行比例的现状平均值约为20%，中小城市公交出行比例的现状平均制不到10%，与欧洲、日本等国城市40%～70%的公交出行比例相比还有很大差距。提高公共交通出行比例，不仅可以提高交通资源利用效率、缓解城市交通拥堵，更重要的是有助于实现节能减排，交通低碳化发展的目标。国内不少城市已经做出大胆尝试，如深圳光明新区规划在2020年实现公交分担率达到70%，其中轨道交通出行率占49%；重庆悦来绿色生态城，规划公共交通出行比例占居民出行方式的50%以上，其中轨道交通占公共交通方式的50%以上。本书的研究对此加以参考借鉴，建议城市公共交通出行比例不应低于50%。

(c) 各类公共交通方式间宜做"零换乘"设计。

零换乘是指将地铁、城铁、公交、出租车等不同客运方式的换车地点，整合在一个交通枢纽里，使乘客不出这个枢纽就能改乘其他的交通工具。公共交通零换乘设计可以提高换乘工具间的转换效率，缩短出行时间，进一步吸引居民使用公共交通方式出行，实现节能减排[109]。

(d) 应结合公共交通站点规划布局机动车换乘停车场、自行车停车与投放点。

由于公共交通不能完全满足所有"门到门"的交通出行需求，因此应考虑公共交通站点与私人交通方式的换乘需求。机动车停车场、自行车停车场与投放点等成为换乘设施的重要组成部分。通过公共交通的换乘配套设施建设可以延伸公共交通站点的服务范围，提高公共交通出行对公众的吸引力和可达性，有利于推动从私人机动车方式出行向公共交通方式出行转变，逐步实现节能减排。

(e) 应建立便捷的清洁能源供应站点网络。

传统交通工具的能源供应以化石能源为主，大量的化石能源消费排放大量的二氧化碳（CO_2），破坏地球大气的碳平衡，引发全球变暖，威胁人类生存。从长远发展考虑，使用清洁能源的交通工具将日益受到重视，因此应在规划中加入充电、加气等供应设施网体布局，建立便捷的清洁能源供应网络。供应站点的选址布局必须在保障安全的基础上，协调好供应站点数量和规模之间的关系，尽可能的采取"规模小，数量多"的原则来保证汽车加气或充电的方便[110]，为逐步引导居民采用清洁能源车辆出行奠定基础。

④慢行交通系统

(a) 应规划全天候慢行系统

根据地域气候特点，规划设计全天候步行交通系统，便于行人在不同的天气条件下，方便而安全地在预定的时间内到达目的地点，可以促进市民步行出行以及对公共交通的使用，减少私人机动车使用，实现节能减排。此外，在极端气候灾害发生时，能够继续为行人提供相对安全的出行通道，也是提升城市适应气候变化能力的重要表现。全天候步行系统规划需要注意以下几个方面的问题：第一，气候适应性：需要对气候变化具有充分的适应能力（如雨棚等遮雨、遮阳设施）；第二，系统性：构建完整的体系，保持与各类公共设施的良好衔接，并提供简明清晰的方向指引设施；第三，安全性：设置安全隔离设施与行人通行信号设施，对于地下过街通道等隐秘空间，要妥善考虑照明与安保设备；第四，兼容性：可结合人行道、非机动车道、公园、广场、建筑物外廊等多种类型的开放空间设置慢行通道。

(b) 宜设置城市绿道，促进低碳出行

城市绿道是指连接城市内重要功能组团，对城市生态系统建设具有重要意义的绿道。城市绿道的设置，为非机动车与机动车有效分离提供了新的安全通道，一方面能够在一定程度上缓解路面交通拥堵状况，提高机动车通行效率，减少机动车能耗与尾气排放，降低碳排放量；另一方面能够保障市民非机动车出行的安全，并通过良好的出行环境进一步吸引居民绿色出行，减少交通性碳排放；此外，城市绿道还能够串联城市内的公园、广场等绿色开敞空间，有助于将绿色基础设施联网成片，有利于扩大碳汇面积和抵御极端气候灾害。

城市绿道可与自行车道及人行道共用通道。

2）控制性详规划编制技术

应对气候变化的城市道路交通规划在控制性详细规划阶段的编制关键技术包括以下几点：

(1) 道路密度控制

应采用高密度、扁平化的路网布局，每平方公里内道路交叉口数量不宜少于 50 个，街区边长宜控制在 100~200m。

传统城市规划中道路等级分明，各级道路的宽度差异明显，在实际建设中对于主干路网的控制较为严格，对于支路网系统较为忽视。对于当前许多城市普遍发生的交通拥堵现象，仍然有不少地方政府片面的认为是由与主干路网的宽度不足而导致拥堵，但实际上支路系统的不健全才是道路拥堵的主要原因。

片面重视宽阔的主干路网建设带来了许多交通问题：首先是交通疏散的备选线路不足，交通疏散的难度加大；其次是车辆掉头或转向受到限制，增加了绕行距离；然后过于宽阔的主干道路影响了行人和自行车的安全与使用便捷程度，如过街时间增长、过街车辆过度密集等问题，使得非机动车交通组织混乱；最后由此不断增加的道路拥堵影响了公交线路的运行效率，降低了居民使用公交出行的积极性。与之相反，如采用高密度、扁平化的路网布局，不但以上交通问题能够得到较好的解决，同时还能对街区尺度进行较好的控制，小尺度的街区一方面有利于促进居民采用步行和自行车方式低碳出行；另一方面也有利于街区用地的混合开发，更好的实现组团内的职住平衡；二者都与减缓气候变化的城市规划策略相吻合。

实际上，在西方国家很多城市都采取了高密度、扁平化路网布局（图 6-14），如西班牙巴塞罗那基本由 130m × 130m 的路网覆盖。其道路网密度高达 15 ～ 20km/km^2，远高于我国《城市道路交通规划设计规范(GB 50220–95)》中城市道路路网密度平均值 6 ～ 8km/km^2、中心地区 10 ～ 12km/km^2 的标准。近年来，我国也有不少城市开始在新城规划中尝试高密度、扁平化路网布局，如昆明呈贡新城控制性详细规划中，平均每平方公里内有 50 个交叉路口，即每个街区的边长控制在 140m 以内。无锡太湖生态新城规划中提出合理控制街区规模，构建有利于行人与自行车使用的地块尺度，并针对不同功能的用地设定街区规模范围。本书的研究借鉴国内外相关案例的经验数据，建议中心城区每平方公里道路交叉口数量不宜少于 50 个，街区边长宜控制在 100 ～ 200m。在此基础上，可以根据具体用地功能对多个街区进行组合，以满足特殊用地规模需求。

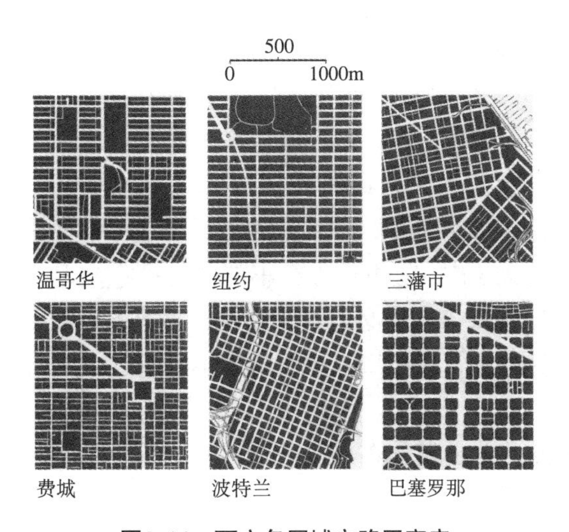

图6-14　西方各国城市路网密度

（资料来源：卡尔索普事务所. 低碳城市设计原则与方法[R]. 2012）

（2）交通换乘设施

①应结合公共轨道交通站点规划设置驻车换乘（P+R）系统，在公共轨道交通站点 300m 范围内应设置驻车换乘停车场，有条件的站点宜并建立与换乘停车场连接的全天候通道。

停车换乘（Park and Ride，P+R）是指不同交通方式间的换乘，尤其在一次完整出行中，通过提供与公共交通服务直接相连的停车设施，实现私人小汽车交通方式与公共交通之间的转换。换乘停车场是通过提供低价收费或免费的停车设施吸引公众实现停车换乘而设置的停车场，通常布设在城市中心区以外，靠近轨道交通车站、公交枢纽站、公共交通首末站以及对外联系的主要公路通道附近。

秦焕美、关宏志、敖翔龙等（2012 年）对北京市天通苑北、通州北苑两个轨道交通站点周边的停车换乘设施使用者开展了问卷调查，对停车换乘设施使用者对换乘距离的接受程度进行了研究，结果显示使用者最大可接受换乘步行距离为 300m（图 6-15）[111]，本书的研究对此加以参考借鉴。此外，在有条件的轨道站点应设置与换乘停车场连接的全天候通道，有利于在不利天气或极端气候条件灾害条件下保障居民正常使用换乘系统，提升私人小汽车与公共交通方式的换乘便捷性与安全性，推进私人机动车出行向公共交通出行的转变，实现节能减排。

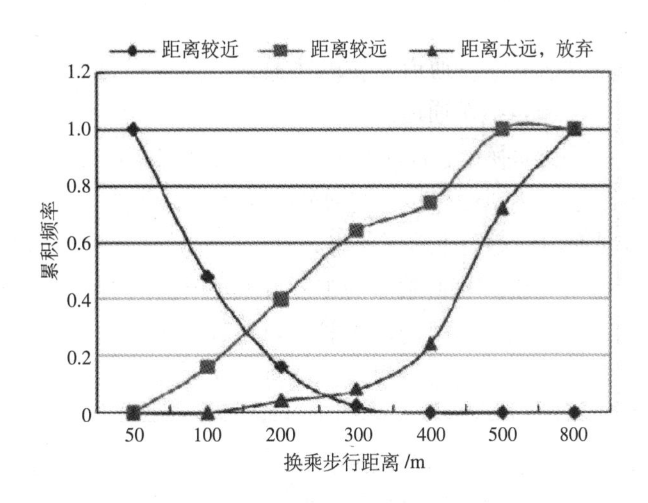

图6-15　使用者可接受的停车换乘步行距离评价

（资料来源：秦焕美，关宏志，敖翔龙，等. 停车换乘设施使用者调查[J]. 城市交通，2012，10（1）：80-83，94）

②各公交站点（场）周边就近规划自行车停车场及公共租赁点。

公共交通，即便是常规公交也无法完全满足“门到门”的出行需求，而自行车与公共交通的结合能够有效解决“最后一里路”的交通需求。此外，自行车出行是符合低碳交通出行的典型代表，与私人小汽车相比，一辆自行车一年可节油 2700L，节约社会资源 14000 元，减少碳排放 5.3t[112]。可见，大力发展自行车与公共交通的结合换乘出行，是推进交通低碳化发展，积极应对气候变化的必要之举。自行车与公交换乘存在两种方式：其一是私人自行车与公交换乘；其二是租赁自行车与公交换乘。因此，在公交站点周边必须考虑以上两种方式的换乘停车场地。自行车换乘停车场必须在公交站点周边就近设置，避免因换乘步行距离过远而超出使用者最大承受限度，相关研究显示，该距离正常情况下不宜超过 100m，特殊情况不超过 150m[113]。

（3）清洁能源供应设施

在总体规划构建的清洁能源供应设施整体布局基础上，具体落实清洁能源供应（充电、供气）设施布点，供气站点选址布局时必须首先满足安全性要求。

传统能源供应以化石能源为主，大量的化石能源消费排放大量二氧化碳（CO_2），破坏地球大气的碳平衡，引发全球变暖，威胁人类生存。从长远发展考虑，清洁能源的使用应受重视，在交通领域，主要体现在推动新能源汽车的普及率。为此，在城市规划领域应加强对其能源供应设施的控制与引导，控制性详细规划编制中应在总体规划构建的清洁能源供应设施总体布局基础上，结合传统交通能源供应设施（如加油站）布局，具体落实清洁能源供应（充电、供气）设施的选点，节约土地资源。在加气站点选址布局时，应首先满足基本的安全要求，距最近民用建筑物最短距离为 27m，与最近的消防单位相距 3.7km[110]，以保障站点周边用地、设施及居民安全。

（4）慢行交通系统

①进一步深化落实全天候慢行系统。

根据总体规划制定的全天候慢行交通系统布局，在控制性详细规划中加以具体深化与落实；在详细设计中应结合地域气候特点，进一步突出气候适应性特征，具体措施主要包括：

(a) 遮阴措施：非机动车道和人行道设置人工或自然遮阴，在过街等候时间长的交叉口设置非机动车遮阳棚；在公园、广场和街道等公共空间栽植占地少、遮阳效果好的乔木；遮挡设置必须满足人行道设计指引规定的步行净空限制要求。

(b) 避雨措施：在衔接地铁站出入口与重要人流吸引点的步行通道上建设连续的风雨连廊系统。

(c) 防风、防寒措施：对步行系统进行冰雪应急规划；利用公共建筑室内廊道、地下空间等设置全封闭步道系统[65]。

②应重点完善轨道交通站点周边的慢行通道，在以轨道站点为中心 500m 半径范围内完善步行通道，以轨道站点为中心 3km 半径范围内完善自行车通道。

轨道站点周边人流密集，各类交通换乘、停车设施与轨道站点的联系几乎都依赖慢行交通系统。重点完善该区域的慢行通道，有利于改善公共交通与私人交通的换乘条件，提升公交服务质量，有助于吸引居民借助公交低碳出行。此外，轨道交通站点对周边地区使用人群存在一定的换乘吸引范围，在《2011 深圳城市交通白皮书》中对此已经做出了明确规定，轨道站点为中心 500m 半径范围内，完善步行通道；在以轨道站点为中心 3km 半径范围内，完善自行车通道。因此，本书的研究对此加以参考借鉴，确定该区域为慢行通道的重点优化范围。

（5）宜设置社区绿道，促进低碳出行

社区绿道是指连接社区公园、小游园和街头绿地，主要为附近社区居民服务的绿道。社区绿道的设置，有助于在居民日常生活与工作出行中通过步行和自行车低碳出行，减少机动车出行概率；同时还能促进道路交通中的机非分离，一定程度上缓解路面交通拥堵状况，多方面减少碳排放。

6.7　产业经济

6.7.1　控制意义

改革开放 30 年以来，我国独特的工业化道路极大地推动了我国现代化的进程，然而也带来了不少问题，其中与应对气候变化的主要矛盾集中在工业能耗及其碳排放。2007 年，我国 70% 的终端能源消耗都来自于工业，高达 12.7 亿 tce（电热当量计算法）[28]，预计到 2020 年，工业部门仍将是我国最大的用能部门。对于我国应对气候变化的工作而言，这是艰巨的挑战，同时带来巨大的机遇。2020 年，我国能源终端利用部门减排二氧化碳（CO_2）的技术减排潜力约 22 亿 t，工业部门占 46%，约合 10 亿 t[28]。可见，工业节能和减少碳排放是我国应对气候变化工作的重中之重，在城市规划行业也需要加以重点关注。

从应对气候变化的角度分析，传统城市规划对产业发展引导存在的主要问题：一方面是在产业结构上过度强调发展高碳排的第二产业，另一方面是在空间布局上过度强调功能分区，人为增加了大量的通勤交通能耗与碳排。而从未来发展的现实国情判断，工业发展在相当长一段时间内仍将是大多数城市的发展支柱。在此背景下，应对气候变化的城市规划必须从推进城市产业结构调整、发展循环经济两方面入手，并在空间布局上予以保障。

6.7.2　关键技术

应对气候变化的城市规划在产业经济领域的关注重点侧重于宏观层面的产业结构发展策略与产业空间布局引导，规划编制的关键技术研究主要集中在城市总体规划编制层面。

（1）市域城镇体系规划

应遵循城乡大循环发展原则，以发展循环经济为核心，促进城乡统筹发展。

城乡大循环是指加强一二三产业融合，突破传统单一产业内容的循环模式，形成三次产业循环发展格局，实现城乡产业联动发展[114]。城乡大循环发展模式详见图 6-16。

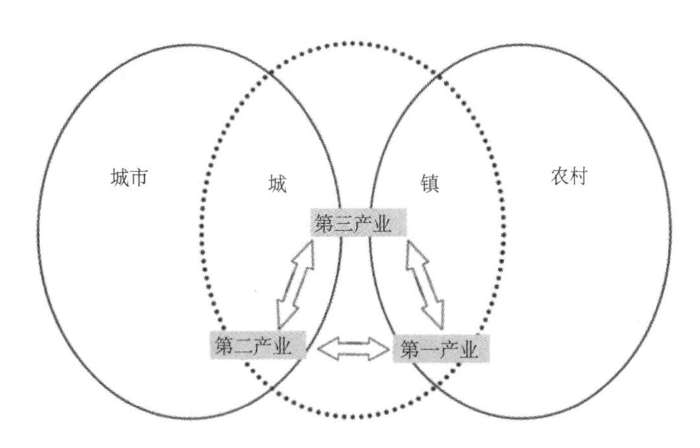

图6-16　城乡大循环发展模式示意

（资料来源：作者自绘）

循环经济即物质闭路循环流动型经济，是指在人、自然资源和科学技术的大系统内，在资源投入、企业生产、产品消费及其废弃的全过程中，把传统的依赖资源消耗的线形增长的经济，转变为依靠生态型资源循环来发展的经济[115]。

在一个可持续发展的地区，城市和乡村有着紧密的相互联系。它们由许多不同的提供社会基本需求的生态循环圈连接（图 6-17），其目的是更有效地利用本地资源，避免营养渗漏，减少气候变化[116]。通过构建城乡大循环发展体系，利用一二三产的循环与融合，带动城市与乡村的协调、差异、互补发展，能够有效提高城镇应对气候变化的能力。一方面，借助生态型资源循环发展，既减少了资源开采与使用所需能耗，又节约了废弃物收集与治理能耗，从而有效降低了二氧化碳的排放量；另一方面，乡村的快速发展有利于缓解诸多“城市病”，在一定程度上缓解了极端气候事件对城镇的冲击与负面影响，有利于城镇发展更加适应气候变化的趋势。

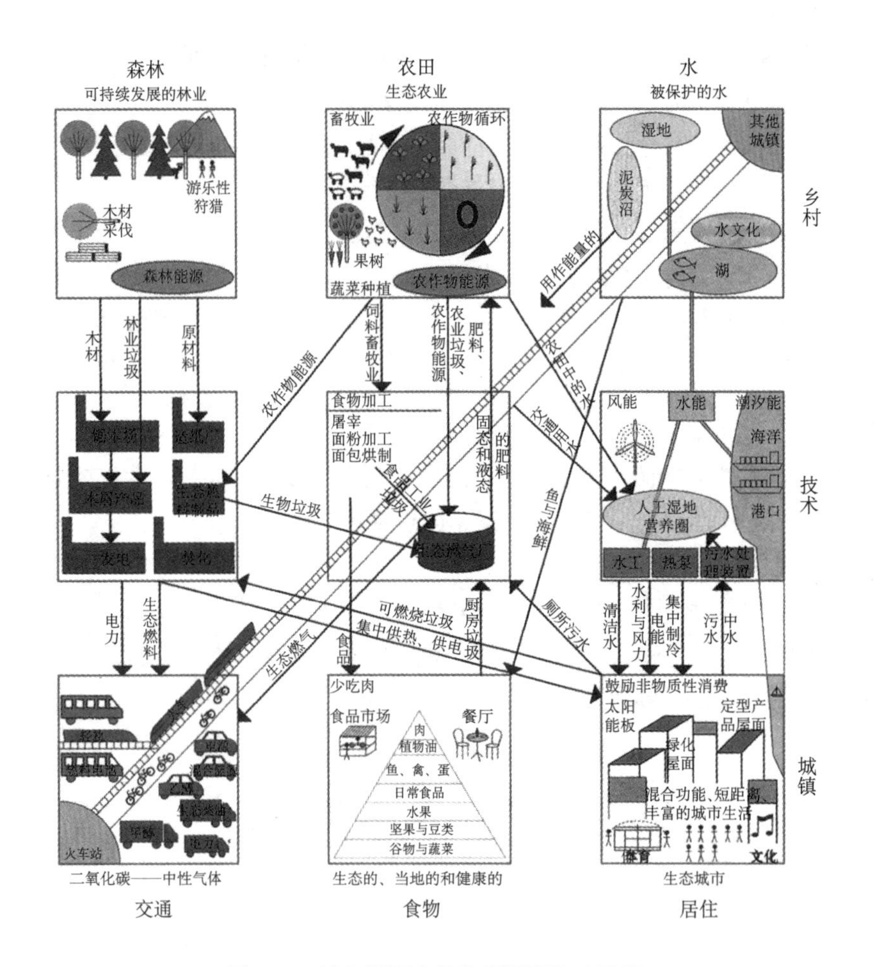

图6-17 城乡循环中的物质闭路流动示意

（资料来源：张彤．绿色北欧——可持续发展的城市与建筑[M]．南京：东南大学出版社，2009：22）

（2）中心城区规划

①应积极发展循环产业集群。循环产业集群是指按产业生态学原理和循环经济理念营造和构建的，以循环经济模式运行的产业集群，是在特定区域内以产业链、生态链和价值链以及共性和互补性相联系的众多企业及相关机构所组成的，具有物质、能量和信息循环功能的空间聚集体。发展循环产业集群在低碳方面的优势体现在以下两个方面：

(a) 通过空间聚集和产业关联降低污染治理和运输能耗

产业集群内的同类或相近企业一般在排放污染物种类、性质上具有同质性或相近性。这为污染的集中治理提供了便利，从而减少污染治理和废物运输的能耗[117]。

(b) 通过循环利用和清洁生产降低污染治理能耗

在整个集群内采用“资源—产品—再生资源”的物流循环方式，形成“资源要素—产品—资源要素—产品……”的往复循环，以实现资源的重复高效利用，避免各个环节污染物的产生和排放，从而降低了污染治理的能耗[117]。

②必须以碳审计为基础，制定产业发展策略与布局优化建议，优先选择发展低碳产业和碳生产力①高的产业。

传统产业一般从现有产业特征和自身特殊状况出发，结合城市的地理条件限制，以及发展方向选择，制定产业发展策略与产业布局。在全球气候变化的大背景下，产业的发展选择与产业布局应更多考虑低碳发展目标，制定各类产业发展政策。以碳审计为基数，考虑现状产业碳排放情况以及产业未来发展的碳排放情况，制定产业发展策略与布局优化建议，逐步淘汰能耗高、污染重的产业，大力发展以低能耗、低污染、低碳排为基础的低碳产业。

③ 2015 年，单位 GDP 二氧化碳排放量不应高于 2.1t/ 万元；2020 年，单位 GDP 二氧化碳排放量不应高于 1.67t/ 万元。

单位 GDP 二氧化碳排放量即单位地区生产总值（GDP）的经济活动所产生的二氧化碳量。计算公式：单位 GDP 二氧化碳排放量 = 二氧化碳 /GDP。2015 年与 2020 年单位 GDP 二氧化碳排放量的具体计算过程如下[118]：

(a) 2010 年，单位 GDP 二氧化碳排放量

采用 ARIMA 模型对 1950-2007 年二氧化碳排放量的数据（来源：世界银行）进行时间序列建模，粗略估计 2010 年二氧化碳排放量为 77.18 亿 t 左右。同时，统计年鉴显示，2010 年的不变价 GDP 为 31.44 万亿元。因此，2010 年，单位 GDP 二氧化碳排放量为：77.18/31.44=2.45（t/ 万元）。

(b) 2015 年，单位 GDP 二氧化碳排放量

《国民经济和社会发展第十二个五年规划纲要》指出：要积极应对全球气候变化，把大幅降低能源消耗强度和二氧化碳排放强度作为约束性指标，有效控制温室气体排放，在“十二五”期间，单位将 GDP 二氧化碳排放量下降 17%。因此，2015 年单位 GDP 二氧化碳量为：2.45×（1-17%）=2.1（t/ 万元）。

(c) 2020 年，单位 GDP 二氧化碳排放量

2009 年，国务院常务会议决定，到 2020 年，我国单位国内生产总值二氧化碳排放比 2005 年下降 40% ～ 50%，作为约束性指标纳入国民经济和社会发展中长期规划。而 2005 年的二氧化碳排放量数据与 GDP 都可以通过查阅往年数据获得。该年的单位 GDP 二氧化碳排放量为：56.1/18.49=3.03（t/ 万元）。在此基础上，2020 年下降幅度如取中值，按 45% 计算，则 2020 年我国单位 GDP 二氧化碳排放量为：3.03×（1-45%）=1.67（t/ 万元）。

④城市支柱产业与重污染产业用地选址必须考虑极端气候灾害的影响。

支柱产业是指在国民经济中生产发展速度较快，对整个经济起引导和推动作用的主导性产业。它对其所处地区的经济结构和发展变化有深刻而广泛的影响，所以城市支柱产业用地选择必须考虑极端气候灾害的影响，避免极端气候事件影响其正常运行。重污染产业主要包括火电、钢铁、水泥、电解铝、煤炭、冶金、化工、石化、建材、造纸、酿造、制药、发酵、纺织、制革和采矿业等。污染性产业受到极端气候灾害的影响会造成污染源扩散，危害市民身体健康，所以重污染产业用地选址必须避开极端气候事件易发区。

① 碳生产力（Carbon Productivity），是指单位二氧化碳（CO_2）排放所产出的 GDP（国内生产总值），碳生产力的提高意味着用更少的物质和能源消耗产生出更多的社会财富。

6.8 工程系统

本书研究的城市工程系统规划编制关键技术主要包括两大部分内容：其一是给排水工程、供电工程、供热工程、燃气工程、通信工程、环卫工程与防灾工程等传统城市规划的相关编制关键技术内容。它们涵盖城市总体规划编制与控制性详细规划编制两个层面。其二是针对气候变化应对而新增加的水资源节约与综合利用规划、能源规划两个专项规划编制关键技术内容。它们以城市总体规划编制的专项规划形式出现，其编制关键技术仅涉及城市总体规划编制层面。

6.8.1 控制意义

工程系统是维持城市正常生产、生活的基础，在应对气候变化的新挑战中，它同样能够发挥重要的积极作用，具体可以从以下两方面剖析：

1）减缓气候变化方面

城市工程系统为城市的正常运行提供了水、电、热、气等生产、生活的基本物资，在其生产、传输、使用的全过程中消耗了大量的能耗，并随之造成二氧化碳排放。因此，基于提高能源效率，减少二氧化碳排放的原则，对传统城市工程系统规划进行优化调整，能够为减缓气候变化贡献重要力量。

2）适应气候变化方面

气候变化导致的极端气候灾害对城市带来了巨大破坏，往往会造成断水、断电和城市内涝，极大的影响了城市正常运行，并极大威胁着城市居民的生命财产安全。城市适应气候变化的能力在一定程度上可以通过城市工程系统在极端气候灾害条件下的表现得以直观反映。因此，维持水、电、热、气等供应工程系统在极端气候灾害下的正常运行，加强城市防灾设施在极端气候灾害中的避灾减灾作用。工程系统适应气候变化的策略与措施，是提高城市适应气候变化能力的重要途径。

鉴于以上分析，应对气候变化的城市规划编制关键技术应当将城市工程系统规划的编制技术纳入其中。

6.8.2 关键技术

1）市政基础设施规划

（1）总体规划编制技术

应对气候变化的市政基础设施规划在城市总体规划阶段的编制关键技术主要包括以下几点：

①市域城镇体系规划

(a) 市域通讯、能源、供水、排水、防洪、垃圾处理等重大市政基础设施的选址与布局必须考虑极端气候事件的影响。

受气候变暖影响，我国高温、热浪、干旱、洪涝、台风、沙尘暴等极端气象愈发频繁。应根据各类灾害的发生概率、城镇规模以及市政基础设施的重要性、使用功能、修复难易程度、发生次生灾害的可能性等，对市政基础设施进行合理选址。避开可能产生滑坡、塌陷、水淹危险或者周边有危险源的地带，保证设施在灾害发生的情况下可以正常运行，杜绝或最大程度降低设施因受到极端气候灾害影响而对国家财产与人民生命安全产生的负面影响。

(b) 市域给水工程规划应充分利用再生水、雨水和淡化海水等非常规水源；应增加农业用水规划内容，鼓励使用节水灌溉技术和雨水收集技术，推广节水器具使用。

从 20 世纪中叶以来，受全球气候变化和人类活动影响，我国水资源短缺危机已成为继能源危机之后影响我国社会经济发展的最主要资源危机。因此在提高常规水源利用效率和效益的同时，还需积极开发利用非常规水源。目前已被利用的非常规水资源主要包括再生水、海水、微咸水、雨洪水、矿井水等 [119]。

目前国内大部分地区的农业用水效率低下，大多采用大水漫灌等简单粗放的灌溉方式，造成了水资源的浪费。为了达到节水灌溉的目的，应在市域城镇体系规划的给水工程规划中增加农业用水规划内容，对农业用水水源、用水标准等加以控制，引导采用滴灌、喷灌、暗管渗灌等节水灌溉方式，以减少水分流失，提高用水效率。

(c) 市域污水工程规划应遵循“适度规模、合理分布、深度处理、就地循环”的原则。

适度规模和合理分布是指：为了降低污水收集输送系统的投资和提高系统在极端灾害下使用的可靠性，污水处理厂在城市中的布局要均衡就近，其服务人口规模一般为 20 ～ 50 万；深度处理是指污水处理后要达到 1 级 A 的标准，处理出来的就是可循环利用的中水，再流经自然湖泊、河流、湿地净化后就可达到三类水的标准；就地循环是指就近补充地下水、地表水和再利用[120]。

(d) 市域供电工程规划应积极使用可再生能源作为供电电源。

一直以来，我国维持生活、生产的能源供应主要依赖于传统能源，而传统能源的短缺问题随着能源需求增长而越发突出，能源供应与经济发展的矛盾尖锐。在国内能源供应缺口日益放大的条件下，对于进口能源的依赖日益明显。根据国家发展与改革委员会的能源分析预测，至 2020 年，我国石油对外依存度将超过 55%，天然气的进口依存度为 25%~40%，而这种局面显然并不利于我国未来的长期稳定发展。因此，内部挖潜可替代传统能源的新型能源是关系到我国未来发展的头等大事，可再生能源因其清洁、可循环再生等优势成为首选。

传统能源燃烧时产生的各种气体和烟尘微粒，对空气、水源和土壤带来了污染，尤其是温室气体的排放成为导致全球气候变暖的主要原因[121]，从表 6-16 中可以较为清晰的看到各种传统能源碳排放参考系数。从应对气候变化的角度判断，同样需要积极开发和使用可再生能源。与传统能源相比，可再生能源清洁环保，开发利用过程不增加温室气体排放等优势对优化能源结构、保护环境、减排温室气体、应对气候变化具有十分重要的作用。目前的可再生能源主要包括水力发电、风力发电、生物质发电（包括农林废弃物直接燃烧和气化发电、垃圾焚烧和垃圾填埋气发电、沼气发电）、太阳能发电、地热能发电以及海洋能发电等[122]。

传统能源碳排放参考系数汇总　　表6-16

能源名称	平均单位发热量（kJ/kg）	折标准煤系数（kgce/kg）	单位热值含碳量（吨碳 /TJ）	二氧化碳排放系数（kg-co_2/kg）
原煤	20908	0.7143	26.37	1.9003
焦炭	28435	0.9714	29.5	2.8604
原油	41816	1.4286	20.1	3.0202
燃料油	41816	1.4286	21.1	3.1705
汽油	43070	1.4714	18.9	2.9251
煤油	43070	1.4714	19.5	3.0179
柴油	42652	1.4571	20.2	3.0959
液化石油气	50179	1.7143	17.2	3.1013
炼厂干气	46055	1.5714	18.2	3.0119
油田天然气	38931 kJ/m^3	1.3300 kgce/m^3	15.3	2.1622 kg-co_2/m^3

（资料来源：上表前两列来源于《综合能耗计算通则（GB/T 2589-2008)》，后两列来源于《省级温室气体清单编制指南（发改办气候 [2011]1041 号)》）

(e) 市域通信工程规划必须建立能够覆盖全市域范围的呼救中心和应急信息平台，建设区域性的应对气候变化网络交换、信息集散中心和灾害预警中心。

呼救中心和应急信息平台应集综合服务、应急管理和应急救援处置于一体，涵盖监测监控、预测预警、处置、救援、评估和灾后重建等环节[123]。市域通信工程规划要确保呼救与应急平台系统在极端气候灾害情况下的稳定运行，提高处理应变能力和救援能力。在市域城镇体系规划阶段，着重设立区域性应对气候变化的灾害预测、信息集散和灾情预警中心，形成应急救灾信息化网络的重要节点，完善应对极端气象灾害的应急预案、启动机制以及多灾种早期预警机制。

(f) 市域燃气工程规划宜选择天然气作为首选气源，鼓励使用沼气等可再生清洁能源作为燃气气源。

天然气是城市燃气最理想的首选气源，其燃烧后无废渣、废水产生，相较煤炭、石油等能源有使用安全、热值高、洁净、无毒、环保等优势。用于供暖或工业，同热值的天然气二氧化碳排放比石油少 25% ~ 30%，比煤炭少 40% ~ 50%[124]。可见，从应对气候变化的角度判断，天然气应当成为燃气工程的首选气源。

沼气来源广泛，垃圾、粪便、秸秆通过处理均可产生沼气，能够成为较为稳定的供气气源。更重要的是，沼气的生产和使用过程发挥了双重的减排功效。首先在沼气的生产过程中，通过利用封闭的空间对畜禽粪便及污水进行集中管理，使其在厌氧环境下产生沼气，避免了因粪便露天管理而向大气中排放大量甲烷；这部分减少的碳排放被称为“管理性”减排。其次，在沼气的使用过程中，在产生同样热量的情况下，沼气所排放的温室气体远小于传统的煤炭、秸秆和薪柴等能源形式（表 6-17）；这部分减少的碳排放称为“替代性”减排[125]。因此，沼气能够成为有助于应对气候变化的重要燃气气源。

中国家庭生活用能中温室气体排放因子汇总表 表6-17

项目	CO_2（g/kg）	CH_4（g/kg）	N_2O（g/kg）	燃烧效率
秸秆	1130	4.56	4	0.21
薪柴	1450	2.7	4.83	0.24
煤	2280	2.92	1.4	——
油品	3130	0.0248	4.18	0.45
液化石油气	3075	0.137	1.88	0.55
电	1.0577	——	——	——
沼气	748	0.023	——	——

（资料来源：刘宇，匡耀求，黄宁生等 . 农村沼气开发与温室气体排放 [J]. 中国人口 . 资源与环境，2008（3）: 50）

② 中心城区规划

(a) 给水工程规划：应积极采用节水技术，实现多源供水；应对生产、生活的各类用水提供分质供水，制定循环利用办法，并对人均用水量标准进行合理调控。

全球气候变化将导致水资源进一步短缺，因此，为了保障城市的给水供应，在给水工程规划中应当从“开源”与“节流”两方面加强对城市给水控制。“开源”主要是加强水资源的合理开发、收集和优化利用技术，包括对恶劣水质的水进行改造，改变其功能，使之成为可用水的技术，以及将使用后的废水回收再循环技术等；此外，多渠道开发利用非常规水源，收集雨水和淡化海水也是“开源”的重要途径。其中比较而言，雨水收集成本最低，并且节能环保，所以应考虑在给水工程规划中确定大型雨水收集设施的布点，提高雨水利用率。“节流”则是指在用水过程中，通过各种各样的工程技术手段、管理手段，达到节水目的的技术，比如分质供水、合理降低人均用水量标准等。国内外不少规划实践中都对城市给水工程进行了新的技术尝试：天津生态新城规划提出至2020年非传统水资源利用率不低于50%，人均综合用水量标准不高于320L/人·日[7]。《无锡太湖新城规划指标体系及实施导则》中，按照不同用地性质制订了非传统水资源利用率标准；即住宅建筑的非传统水源利用率宜大于30%，办公商业建筑的非传统水源利用率宜大于40%，宾馆建筑的非传统水源利用率宜大于15%，市政道路冲洗、绿化用水中非传统水源利用率达到80%[126]。《中国低碳生态城市指标体系》中对再生水利用率也加以赋值控制，至2015年，北方地区缺水城市可再生水利用率要达到城市污水排放量的20%~25%；南方沿海缺水城市要达到10%~15%；其他地区城市也应开展此项工作，并逐年提高利用率[127]。各地在具体规划中可以对以上案例加以参考借鉴。

(b) 排水工程规划必须遵循“雨污分流”的基本原则。

“雨污分流”是指通过建设各自独立的雨水管网和污水管网，实现雨水和污水的单独收集与排放。雨污分流是排水工程规划中的传统原则，在应对气候变化中仍然能够发挥重要作用。一方面，污水通过污水管网输送至污水处理厂，既可以实现中水回用，节约了水资源，还能减少污水对河流、地下水等环境的污染，明显改善城市水环境，减少了污染治理能耗与碳排放。另一方面，雨水管网的单独设置，有利于雨水的搜集与循环利用，增加了水资源的供给途径[128]，能够缓解气候变化带来的水资源匮乏。

(c) 雨水工程规划应遵循“以蓄为主、以排为辅”的原则，建立自然水体蓄洪与人工管网排涝相协调的雨水排放系统，确定大型雨水收集设施的布点，并结合地域气候特征与主要极端气候灾害类型，研究调整暴雨强度标准与径流系数。

随着我国城市化进程的快速发展，大量的水体和自然植被被破坏，取而代之的是大量硬质铺装，造成城市下垫面渗水性差，雨洪蓄滞能力不足。这直接导致了我国许多城镇在暴雨等极端气候事件下因地面径流过大而超出雨水管网负荷，从而形成内涝现象。因此，中心城区雨水工程规划应“以蓄为主、以排为辅”，通过增加水土涵养能力，可以减少城市的雨水外排径流量，减轻市政排水系统压力。自然蓄留的雨水在大大减少暴雨径流量、延缓汇流时间的基础上，还能够回补地下水，减缓地下水位下降趋势，防止地面沉降与增强水循环利用。并对控制初期雨水的径流污染，降低市政排水系统的治污负荷与能耗起到积极作用，从减缓和适应两方面加强了城镇应对气候变化的能力。

在全球气候变暖的大背景下，暴雨等极端气候事件频发，一方面现有的暴雨强度计算标准遇到了新的挑战，有必要结合地域气候特征与主要极端气候灾害型，重新研究、校核并调整暴雨强度计算标准；另一方面由于城市化进程的快速推进，城镇地表环境已经发生了显著变化，地面径流量明显增大，径流系数的重新校核与调整同样刻不容缓。只有通过暴雨强度计算标准和径流系数的重新校核设定，方能更为准确的预测、计算气候变化背景下的城镇排水需求，从而更加科学合理的设置排水管网，提高设施的排水能力。

(d) 污水工程规划应遵循“规模合理、分散布局、便利回用、节约能源”[129]的原则开展污水处理厂的规划布局，污水管网应实现全覆盖，污水处理目标由达标排放向优质可再生水利用转变，并积极采用人工湿地等新型污水处理设施。

中心城区规划的污水工程规划重点是合理布局污水处理厂和排污主干管网，从应对气候变化的角度分析，污水处理厂与污水管网的布局需要从减缓和适应两方面作出应对。

减缓气候变化的关键是减少二氧化碳排放量，在污水工程规划中可以从污水的集中处理以及循环利用得以实现。一方面，通过污水主干管网的全覆盖，能够较好地杜绝污水不经处理的直接排放，减少了对城市环境的严重污染，节省了其污染治理能耗；同时污水经过管网集中到污水处理厂进行处理，能够提高处理能耗的利用率，也能达到减少相关能耗的目标。这两者通过减小能耗使用实现了二氧化碳的排放。另一方面，通过污水处理目标由达标排放向优质可再生水利用转变，大量污水经过处理后得以重新利用，间接地减小了城市供水端在水源寻找、处理净化等方面的能耗，也发挥了减少二氧化碳排放的作用。因此，倡导将污水处理工艺从中国的“一级 B”转向“一级 A”，“一级 A”处理出来的即为可循环利用的中水。

适应气候变化的核心是最大限度地减小并适应极端气候灾害对城市的负面影响，污水处理厂作为重要的城市市政基础设施，在极端气候灾害条件下如何维持正常的运行是提高城市应对气候变化能力的重要内容。根据国际水协会总结发达国家的经验，需要从污水处理厂的规模与布局两方面着手控制。首先是控制适度的规模，不能片面追求单个污水处理厂的超大规模和处理能力，否则超远距离的污水收集输送系统将产生巨大的能耗和碳排放，还容易遭受极端气候灾害影响而造成污水处理工作停摆，严重影响城市正常运行。单个污水处理厂能够维持 20 万 ~40 万 t 日处理能力即可。其次，解决上述问题的合理方案即分散式布局污水处理厂，单个污水处理厂服务范围应控制在就近的 20 万人口到 50 万人口，既可节约管网投资，减少运营能耗与碳排，而且在极端气候灾害条件下的系统可靠性也得以提高。

除了合理控制传统技术的污水处理厂之外，还需要加强对应用新型技术的污水处理设施引入。人工湿地是由人工建造和控制运行的与沼泽地类似的地面，将污水、污泥有控制地投入经人工建造的湿地上。污水与污泥在沿一定方向流动的过程中，主要利用土壤、人工介质、植物、微生物的物理、化学、生物三重协同作用，对污水、污泥进行处理。经人工湿地处理后的污水，至少能够达到“一级 A”的水质，可以直接加以循环利用。人工湿地这一新型设施的引入，在污水处理的同时，还能利用其良好植被增加城市“碳汇”面积，利用其雨洪蓄滞能力提升城市应对强降雨、高温等极端气候灾害的能力，可谓一举数得。

(e) 电力工程规划：应规划布局高效节能电网。

高效节能电网即智能电网。智能电网是以物理电网为基础（中国的智能电网是以特高压电网为骨干网架、各电压等级电网协调发展的坚强电网为基础），将现代先进的传感测量技术、通信技术、信息技术、计算机技术和控制技术与物理电网高度集成而形成的新型电网[130]。智能电网在应对气候变化中的作用主要体现在减缓气候变化方面，即减缓二氧化碳排放，具体从以下五个途径实现：第一，支持清洁能源机组大规模入网，加快清洁能源发展，通过推动我国能源结构的优化调整实现减少碳排放；第二，促进特高压、柔性输电、经济调度等先进技术的推广和应用，降低输电损失率，通过降低能源输送损失实现减少碳排放；第三，引导用户合理安排用电时段，降低高峰负荷，稳定火电机组出力，通过降低发电煤耗实现减少碳排放；第四，实现电网与用户有效互动，推广智能用电技术，通过提高用电效率实现减少碳排放；第五，有助于推动电动汽车的大规模普及应用，通过减少交通能耗实现减少碳排放。

(f) 通信工程规划：必须建立能够覆盖中心城区范围的呼救中心和应急信息平台，建设市区应对气候变化网络交换、信息集散中心和灾害预警中心。

通信工程规划要确保呼救与应急平台系统在极端气候灾害情况下的稳定运行，提高处理应变能力和救援能力。在中心城区规划阶段，应在上位规划的指导下进一步落实市区内应对气候变化的灾害预测、信息集散和灾情预警中心，形成覆盖中心城区范围的应急救灾信息化网络的主体框架，完善应对极端气象灾害的应急预案、启动机制以及多灾种早期预警机制。

(g) 供热工程规划：应鼓励使用工业废热、余热作为供热源；合理设置供热管网，提高能源输配效率；积极推广使用地源热泵等新型供热技术。

工业余热主要是指工业企业的工艺设备在生产过程中排放的废热、废水、废气等低品位能源，利用余热回收技术将这些低品位能源加以回收利用，提供工艺热水或者为建筑供热，提供生活热水，回收工业余热，从而通过节约制热能源消耗减少二氧化碳排放。国内已有不少实践对此展开探索，如曹妃甸生态城规划中规定工业余热供热占市政供热比率不小于 45%，鼓励利用电厂循环水余热，实现供热工程中热能的梯级利用；上海南桥新城的规划要求工业余热利用率达 80%[131]。

合理设置供热管网，提高能源输配效率，可减少热能输送损失增加的隐形碳排。

鼓励多元化低碳的热源供应方式，鼓励开发和利用水源热泵、地源热泵等新型供热技术，通过可再生能源及清洁能源利用实现减少二氧化碳排放。水源热泵是利用地球水所储藏的太阳能资源作为冷、热源，进行转换的空调技术，其又可分为地源热泵和水环热泵。地源热泵是利用地球表面浅层水源（如地下水、河流和湖泊）和土壤源中吸收的太阳能和地热能，并采用热泵原理，既可供热又可制冷的高效节能空调系统。利用自来水的水源热泵习惯上被称为水环热泵。

(h) 燃气工程规划：应选择天然气作为首选气源，具体落实天然气调压站点与天然气供应管网布局，尽量提高天然气管网覆盖率。

天然气与其他气源相比，具有高热能、低碳排的优势，是能够有效减少二氧化碳排放的提高最佳燃气气源选择。在中心城区规划中，应尽量提高天然气管网覆盖率，有助于减少居民使用煤炭、石油液化气等其他高碳排燃料的比例，有利于减少二氧化碳排放量，减轻温室效应。

(i) 环卫工程规划：应制定垃圾深度分类和回收再利用办法，从源头减少垃圾产生量和处理量；采用垃圾压缩中转技术，减少垃圾转运过程的二次污染与能源消耗；以减少碳排放为主要原则，兼顾运营成本，因地制宜地选择垃圾无害化处理技术。

城市垃圾是城市为居民日常生活生产提供服务过程中产生的固体废弃物[132]；而日益增长的城市垃圾不仅污染城市环境，还在垃圾收集、转运、处理过程中耗费大量的能源，并排放出大量二氧化碳。因此，中心城区的环卫工程规划应对气候变化的主要途径是加强对城市垃圾的收集、转运和处理的控制，以此实现减少碳排放的目标。具体而言，又分成减少垃圾产生量、完善垃圾转运技术、选择合适的垃圾处理技术等几个方面。

首先从垃圾收集的源头上减少垃圾产生量；通过对垃圾的深度分类，并对可回收垃圾制定回收再利用办法，将极大的降低垃圾实际处理量，既能通过减少垃圾处理能耗降低二氧化碳排放量，又能增加可回收垃圾的重复利用率；通过节约相关资源的开采与提炼，制造能耗实现减少二氧化碳排放。

其次在垃圾转运过程中减少二氧化碳排放，主要通过两方面完成：一是合理规划垃圾收集、转运站点布局，合理缩短垃圾运输车辆的出行距离，减少交通能耗及其二氧化碳排放；二是对中转垃圾实行压缩化处理，既能节约转运站点的用地，减少日常管理，维护能耗，又能减小垃圾转运过程中的因垃圾泄漏造成的二次污染，从而减少了相关污染治理的能耗及其二氧化碳排放。

最后在垃圾处理中减少二氧化碳排放，主要通过选择合适的垃圾处理技术完成。目前存在多种垃圾处理技术，如好氧堆肥技术、厌氧发酵产沼利用技术、填埋气体收集利用技术、焚烧发电技术等。各种处理技术的碳排量与成本各不相同，各地市应结合自身实际情况，以二氧化碳排放量为主要依据，兼顾运营成本，合理选择具体的垃圾处理技术。此外，还应注意垃圾处理的无害化问题，避免因形成二次污染而造成新的污染治理能耗及其碳排放。

(2) 控制性详规划编制技术

应对气候变化的市政基础设施规划在城市控制性详细规划阶段的编制关键技术主要包括以下几点：

①给水工程规划：应根据工业及生活用水的不同需求与标准实行分区、分质供水，规划不同的给水管网。

工业用水与生活用水的水质要求与用水量标准差异较大，如用同一套管网供水，将造成不必要的水处理能耗及其碳排放。针对用水系统的不同特点实施不同的供水方案，有利于促进水资源节约利用与降低相关能耗，实现减少二氧化碳排放。分质供水根据工业用水与生活用水标准的不同，采用两套给水管网系统分别供应，是一种按用途分等级供水的给水方式，体现“优质有用、低质低用”的原则。采用分质供水分别解决和满足不同的供水需求，可谓物尽其用。

②排水工程规划：应采用源分离生态排污系统，将工业及生活用水按其水质进行分类收集、输送及处理。

源分离是指从源头开始分类收集各类污水，通过分质处理后供不同需求用户回用。生活污水的源头分类收集主要包括雨水、灰水、黄水、褐水和黑水等几类。其中灰水是指厨房和沐浴清洗排水；黄水指尿液或含有少量冲洗水的尿液；褐水也称棕水，是指含粪便和厕纸的冲洗排水；黑水是指尿粪未经分离的冲厕排水[95]。工业排水也实行单独管网收集，并尽量作再生水处理。

③供应工程规划：

(a) 供应工程规划包括供电、供热和供气三方面内容，宜运用基于分布式能源的微能源技术以及冷、热、电三联供等技术构建微供应系统。

分布式能源系统具有燃料多元化，冷、热、电联产化，设备微小型化，绿色环境化，网络智能信息化等特点。通过将供能点分散布置，建立能源供应微网既能够推动可再生能源的使用，实现城镇能源更加安全、高效、环保和低成本的利用，还能避免传统供电电网在输变电过程中的能源损耗，提高能源利用率以减少温室气体排放。此外，还能够提高城镇供应系统的稳定性与安全性，增强其防御极端气候灾害等突发性事件的能力。

(b) 宜运用情景分析方法分析预测规划区电、热、气等能源需求，并根据能源资源评估确定主要使用能源。

控规层面热电供应设施规划首先需进行规划区能耗统计，在此基础上采用情景分析方法对未来规划区热电、燃气等能源需求进行预测分析，并根据能源或资源评估确定主要能源类型。情景分析法的引入强化了城镇控规的弹性和灵活性，能够有效管控规划区能源需求，减少温室气体排放；主要能源类型的确定也能够促进优化能源消费结构，提高清洁能源使用率，减少温室气体排放。

(c) 应在划定供应分区的基础上，依托厂矿企业、写字楼、宾馆、商场、医院、银行、学校等公用设施进行分布式能源系统一体化设计布局。

分布式能源系统是集中式能源供应系统的重要补充。2000 年，我国发布的《关于发展热电联产的规定》中明确提出：小型热电联产系统适用于较分散的公用建筑，在有条件的地区应逐步推广。

因此，应对气候变化的城市控制性详细规划在进行供应工程布局时应首先划定供能分区，将适于应用分布式能源系统的公用建筑进行一体化设计布局，减少能源损耗，降低温室气体排放。

④环卫工程规划：进一步具体落实垃圾收集设施与转运站点布点，并利用垃圾收集设施设置引导开展垃圾精细化分类，力争垃圾分类覆盖率达到 100%，生活垃圾回收利用率不低于 30%。

垃圾分类可以大大减少垃圾处理量和处理设备，降低处理成本，减少资源消耗，是从源头上实现垃圾减量和资源化的根本途径。在控制性详细规划编制中，应在落实垃圾收集设施与转运站点布点的基础上，按照精细化分类管理原则，通过垃圾收集设施的详细分类建立多个专项废物回收计划，逐步提高垃圾分类覆盖率及垃圾回收率。以瑞典首都斯德哥尔摩为例，垃圾收集设施主要分为六类，分别是金属、有色玻璃、无色玻璃、报纸、硬纸壳、塑料等。每种收集设施上都有明确的引导性标识，清晰易懂，居民投掷垃圾时只需要“对号入座”即可。该地区的垃圾分类覆盖率达到 100%，生活垃圾回收利用率高达 80%。日本在 20 世纪 90 年代，提出了环境立国的口号，并集中制定了《废弃物处理法》、《促进资源有效利用法》等一系列法律法规，形成了城市废弃物减量和资源化利用的较为完善的法律体系。依靠这些法律的有效实施，日本生活垃圾回收率提高到 30%~35%。在我国，也有不少地区对此做出尝试，如苏州独墅湖科教创新区低碳生态控制性详细规划提出了垃圾分类覆盖率达到 100%，城市生活垃圾回收利用率不低于 30% 的指标要求，本书的研究对此加以参考借鉴。

2）综合防灾规划

(1) 总体规划编制技术

应对气候变化的综合防灾规划在城市总体规划阶段的编制关键技术主要包括以下几点：

①在城市综合防灾规划中增加应对气候变化的相关内容，对强降雨、持续高温、海平面上升等典型极端

气候灾害制定完善的防灾减灾措施。

目前，传统的城市综合防灾规划主要包括城市消防规划、城市防洪规划、城市人防规划、城市抗震规划等几方面内容，并未涉及气候灾害防治的相关内容。随着气候变化的影响效果日益显现，由此引发的各种极端气候灾害对城市造成了巨大破坏，严重威胁到城市居民的生命与财产安全（表6-18）。因此，很有必要在城市综合防灾规划中增加应对气候变化的相关内容，适应这一新的挑战。

2008～2013年中国主要极端气候灾害及其影响统计　　表6-18

时间	极端气候事件类型	发生区域	影响
2013.07	强降雨引发山洪、滑坡、泥石流	四川盆地、西北地区东部及华北地区	上百人遇难，城镇基础设施瘫痪，人员财产损失巨大
2013.05	暴雨、洪涝、风雹	江南、华南大部地区	江南华南10省区市数十人死亡及居民财产损失
2012.07	强降雨	北京	交通瘫痪，重大人员伤亡及财产损失
2012.06	强降雨引发泥石流灾害	四川宁南县	数十人失踪及重大财产损失
2012.05	特大冰雹、山洪、泥石流	甘肃岷县	17个乡镇受灾
2011.06	强降雨	北京、武汉、广州、长沙、重庆	暴雨淹城，城市基础设施瘫痪，人员伤亡及重大财产损失
2011年春夏两季	干旱、洪涝	长江中下游地区	旱涝急转导致长江中下游多条河流发生超过警戒线洪水，上百万人受灾，农田被淹，房屋倒塌
2009～2010年	高温、干旱、强降水	西南、华南、华北等地区	西南地区有气象记录以来最为严重的秋冬春季持续特大干旱；华南、江南地区连遭14轮暴雨；北方多地高温突破历史最高值，又连遭多轮暴雨袭击；极端高温和强降水事件发生频率、强度和范围之广为历史罕见，气象灾害造成的损失为21世纪之最
2009年	干旱、洪涝、高温热浪、台风	西南、华北、东北及沿海地区	区域性极端暴雨、阶段性严重干旱及高频次台风登陆给经济社会发展和人民生命财产安全带来严重影响
2008年	低温、雨雪、冰冻	华中、华南数省	50年一遇的特大冰雪灾害波及21个省（区、市），直接经济损失1111亿元

（资料来源：作者自绘）

当前国际主流研究发现，全球气候变化引发的极端气候事件主要表现为强降水、持续高温、海平面上升等几种基本形式，极端气候事件发生的频率与强度都得到增强。此外，这几种极端气候事件又引发了一系列次生灾害，如泥石流、洪水、干旱等，进一步对城市造成伤害。城市综合防灾规划应针对上述强降水、持续高温、海平面上升等极端气候灾害的基本类型制定相应防灾、减灾措施，主要从灾前预防、灾中应急和灾后重建等三个层面展开，分别提出防护原则和应急措施[53]。

②应运用源头控制、雨水管网构建等雨洪管理技术建立城市雨洪安全格局。

近年来，由气候变暖造成的极端气候事件频发对城市造成了极大破坏，其中最具代表性的是强降水引发的城市内涝。我国很多城市都遭受暴雨导致的雨洪灾害侵袭，“看海”一时成为城市居民热议的话题。作为我国城市普遍面临的主要气候灾害，雨洪管理在应对气候变化的城市综合防灾规划中应作为重点加以研究。

在城市化的过程中，随着人口和城市规模不断扩张，城市地表覆盖面由人工不透水地面取代了透水良好的林地、农田、湿地等，地表的滞水性、蓄水性、透水性等水文条件发生了改变。强降水来袭时，大量雨水无法通过人工不透水地面下渗，只能全部借助城市雨水工程管网排出，导致暴雨期间的实际流量远超管网设计负荷，无法顺利排出的雨水回灌入城，造成大面积城市内涝现象，严重影响城市正常运行秩序，危害居民生命与财产安全。

城市雨洪管理实用技术包括源头径流削减与控制技术、城市雨水管网构建技术和城市水循环模拟与调控技术等，三者相辅相成，不可分割。城市总体规划阶段的综合防灾规划在雨洪管理中的工作重点是加强源头径流量削减与控制，在传统排水管线工程基础设施的构建同时，利用城市拓展区、湿地、湖泊、洼地、水库等组成一个调蓄雨洪的系统，增强城市对强降水的蓄留、调控能力，减小对工程管网的直接冲击，借助城市自然水体的循环构建城市雨洪安全格局[133]。

（2）控制性详细规划编制技术

应对气候变化的综合防灾规划在城市控制性详细规划阶段的编制关键技术主要包括以下几点：

①防洪规划：

（a）宜适当提高防洪工程设施建设标准。

目前，我国城市规划建设领域有关防洪规划建设的内容依然遵循中华人民共和国国家标准《防洪标准》（GB 50201–94）（最新修订版尚未正式发布）和《城市防洪工程设计规范》（GB/T 50805–2012）（根据《城市防洪工程设计规范》（CJJ 50–92）修订而来）。与上述标准颁布之时相比，我国城市生态环境状况早已发生较大变化，特别是全球气候变化的不利影响日益显现，而指导城市防洪规划建设的现行标准未能体现应对气候变化的现实需求。尤其是因为强降水的发生频率和强度较之以前都发生较大程度的增强，其次生洪灾的频繁发生，现有城市防洪工程的相关建设标准已显滞后；应在充分调研的基础上，适当提高防洪工程设施建设标准，以有效应对气候变化的新挑战。

（b）应采用非工程性防洪措施，构建生态化堤岸。

非工程性防洪措施是指通过法令、政策、经济手段和工程以外的其他技术手段减少洪灾损失的措施。从应对气候变化的角度判断，工程性防洪堤坝建设存在以下问题：首先，工程性堤防建造、维护成本高昂，其生产建设过程属于高碳排行为。其次，气候变化背景下极端洪水发生频率增加，按照现有防洪标准建设的防洪工程难以应对，若全面提升建设标准，势必将带来更大的碳排放。最后，随着城市规模的不断扩张，原属洪泛区的用地很快转变为城市建设用地，工程性防洪堤坝不断外移，在不断的重复建设中产生巨大的碳排。

生态型防洪堤坝的建设，在应对气候变化方面具有得天独厚的优势。通过非工程性防洪措施，构建生态堤岸既能够保护岸坡的稳定性，还兼具生态、景观、旅游等多层次功能，最重要的是还能发挥重要的应对气候变化作用。一方面，生态护岸多采用自然材料构建，避免了生产过程的碳排放；另一方面，生态堤岸上种植了大量护坡植物，其发达的根系和茂密的枝叶不仅能有效固结坡面土壤，减缓降雨淋蚀和风浪淘蚀，增强堤坝防渗，还具有显著的碳汇功效。当然，堵不如疏，生态化堤坝的建设与城市自然水系的疏浚工作相配合，方能较好解决城市雨洪灾害问题。

（c）应运用计算机模拟技术构建规划区排涝系统模型，以此指导城市防洪排涝规划与建设。

当前，我国尚未发布城市排涝标准，也缺少城市排涝规划设计规范，传统控规只能通过相关工程设计标准对城市排涝设施进行控制；但伴随强降水等极端气候事件频率增加，影响范围持续扩大，按现行工程技术标准指导建设的排涝设施已严重滞后于现实需求，于城市防灾减灾作用有限。

鉴于世界范围内科技进步日新月异，城市规划技术方法也在不断更新拓展，纯技术层面的数理或数字技术和计算机技术开始发挥主导作用。我国部分地区已经在规划实践中运用计算机模拟技术构建规划区排水系统模型，通过科学合理地优化排涝方案设计，量化排涝指标，为排涝工程提供设计参数及依据，以便更好的适应气候变化。如北京奥运中心区雨水排水系统规划，通过构建数据库、雨水系统模型，对监测数据进行分析研究，确定规划区雨水设计标准，这些创新经验值得各地市学习借鉴。

（d）应利用透水铺装、雨水花园、植被滞留、雨养型屋顶绿化等生态型工程与自然植被、水体共建雨洪管理体系。

鼓励使用透水铺装、雨水花园、植被滞留、绿色屋顶等生态型工程措施，可以有效增加城市下垫面的渗水率，降低地表径流系数，从而减小雨洪流量过大对人工排水管网的冲击。此外，其他的自然植被和水体同样能够发挥雨洪蓄留、错峰调节作用。两种方式的结合方能合理构建有效的城市雨洪管理体系，最大程度地降低雨洪灾害对城市的影响，还能通过雨水循环再利用，缓解了水资源紧张的矛盾，增强了我国城市适应气候变化的能力。

②防灾设施规划：应规划应对极端气候事件的防灾设施体系，合理布局应急避难通道、避难场地和应急指挥中心。

传统城市控制性详细规划中的防灾设施规划缺乏应对极端气候事件的相关内容，在应对气候变化的城市控制性详细规划中应予以补充完善。应急避难通道要充分结合城市主次干道、城市内外疏散场地（旷地）和公交站点（场）设立，保证海平面上升和强降水等极端气候事件来袭时，居民能够安全、迅速撤离，同时方便救援行动展开。应急指挥系统要与城市生命线系统相整合，特别是电力、通信系统要在危急情况下保持基本服务能力，并设应急指挥中心统筹抢险救灾工作。避难场地要结合公共服务设施（学校、医院等）、绿化开敞空间（公园绿地、广场等）、地下空间和人防系统等设置，如地下空间和人防系统可以兼做应对高温灾害的避难场所。通过应对极端气候事件的防灾设施体系建立，确保居民在遭遇海平面上升和高温、强降水等极端气候事件时能够保证人身和财产安全。

3）水资源节约与综合利用规划

IPCC 技术报告之六《气候变化与水》（IPCC，2008）的序言中指出："气候、淡水和各社会经济系统以错综复杂的方式相互影响。因而，其中某个系统的变化可引发另一个系统的变化。在判定关键的区域和行业脆弱性的过程中，与水资源有关的问题是至关重要的。因此，气候变化与水资源的关系是人类社会关切的首要问题，这两者之间的关系还对地球上所有生物物种产生影响"。我国水资源时空分布不均匀，年际变化大，水资源短缺严重；同时，气候变化背景下，部分流域极端气候、水文事件频率和强度可能增加。因此，科学制定水资源节约与综合利用规划，对于保障城市供水安全，增强城市应对水旱灾害的能力，保障城市经济社会可持续发展具有重要作用。

(1) 应遵循"节流优先、治污为本、循环利用、多渠道开源"的基本原则，在优化水资源配置、建设节约高效的用水系统、水资源循环利用、利用非常规水源等四个方面制定相应的规划策略。

随着城市经济发展水平和生活水平的提高，城市用水量也在不断增大。在水资源总量有限的前提下，迫于水资源危机的现实困境，应当将节约用水、高效用水、科学开源作为缓解水资源供需矛盾的根本途径，和贯穿水资源综合利用的核心理念。在具体实践中，应将增强居民节水意识，加快污水资源化进程，提高水的重复利用率，多渠道利用非常规水源作为城市水资源可持续利用的新战略，以促进城市水系统的良性循环。

(2) 宜通过建立区域共享的水资源供应网络、分质供水网络、优化供水管网与加强渗漏控制等途径优化水资源配置，落实各类重要涉水设施用地和空间布局。

区域共享供水网络是指通过统筹规划，在区域、流域范围内合理选择水源，科学划定水源保护区，加强水源地保护和生态修复，合理布局和建设各项供水取水设施，统筹调配水源，满足城镇密集地区的供水需求，促进区域的整体协调发展[95]。区域共享的水资源供应网络能够在更大范围内进行水资源供需平衡，减少由于水资源使用造成流域上下游区域出现环境污染、取水不公平等负外部性问题[134]。

当前我国的供水管网单一，所有用水都按生活饮用水标准供应，造成了巨大的水资源浪费和处理能耗浪费。实际上，城市不同用水需求所需的水质迥然不同，相关研究表明，城市居民需要的优质水仅占总量的5%[135]，其余绝大部分的用水并无高水质要求。而国外早已实施分质供水多年，饮用水供水管网之外，单独另设管网将低质水、回用水或海水供卫生洁具清洗、园林绿化、道路浇洒及工业冷却用水使用。因此，在应对气候变化的水资源节约与综合利用规划中应规划布局分质供水管网。

在中国，由于早期资金欠缺和条件限制，普遍使用了混凝土管、铸铁管、自应力管、冷镀锌管等材质较差的管材，致使大多数城市供水管网漏失严重，爆漏事故多。据统计，我国一般城市自来水漏损率达到10%~30%，平均水平在24%左右，远远高于欧洲7%的漏损率[95]。这种资源的浪费还极大增加了供水的能耗。因此，需要在应对气候变化的水资源节约与综合利用规划中通过优化供水管网与加强渗漏控制，提高管网运行效率，保证供水的节约和供水安全[82]。

（3）宜通过生活节水、工业生产节水与园林绿化节水建设节约高效的用水系统。

在生活节水方面应鼓励采用节水型器具，主要包括节水型水嘴、节水型便器系统、节水型淋浴器、节水型洗衣机等。在工业生产节水方面，应强制执行一水多用，重复利用，提高水的重复利用率，强制推广“节约用水、循环用水、密闭用水、污水回用、一水多用、中水利用”等节水技术。在园林绿化节水方面应注意合理选择植物种类，科学进行灌溉设计，推广节水型灌溉技术，注重雨水和其他中水资源的循环利用[136]。

（4）宜通过建设高效的城市污水收集、处理、回用系统，实现水资源的循环利用。

高效的城市污水收集、处理、回用系统是解决城市和工业用水短缺的有效途径。据统计，城市供水量的约80%排进城市污水管网中，收集起来再生处理后70%可以安全使用，变成再生水返回到对城市水质要求较低的用户，替代等量自来水。可见，规划建设高效的城市污水收集、处理、回用系统，对于城市水资源节约与再利用具有重大意义。国外已有不少成功经验值得借鉴，如新加坡采用“双介质过滤 - 反渗透”（DMF-RO）工艺对城市三级处理污水进行深度处理，2000年，在裕廊岛工业园投产一套产水规模 $3 \times 105m^3/d$ 的城市污水深度处理装置，出水主要回用于给水和消防系统[137]。另外以三级处理的城市污水为水源，采用“超滤—紫外光—反渗透”生产“新生水”工艺，投资建设一套产水能力 $3.3 \times 105m^3/d$ 用于饮用水的城市污水深度处理装置。该系统所产生的“新生水”大部分进入饮用水源水库作为饮用水[138]。

（5）应鼓励积极采用非常规水资源，多渠道开发利用再生水，收集利用雨水和淡化海水，各地区应结合实际情况，合理确定非传统水资源利用率。

非常规水资源的开发利用作为城市常规水源的有力补充，能够有效提高城市适应气候变化的能力。当前国内不少低碳生态新城规划都对此做出了有益的尝试，根据各自城市的水资源背景及市政设施配套情况等，各地确定的规划期末（至2020年）非传统水资源利用率从10%~100%不等。北方资源型缺水性地区，如中新天津生态城和唐山曹妃甸新城，受困于常规水资源的匮乏，因此对非常规水资源的利用寄予较大期望。中新天津生态城规划提出规划期末非常规水资源利用率达到50%，唐山曹妃甸新城规划提出规划期末非常规水资源利用率达到100%。南方水质性缺水地区，如上海南桥新城，通过对水质的改善处理（如再生水利用）既可满足用水需求。因此，对非常规水资源的利用需求并不迫切，规划期末（2020年）的非传统水资源利用率仅为10%。各地市在开展非常规水资源利用时，应结合本地区缺水类型，合理选择非常规水资源的种类，并设定利用率目标。

4）能源规划

能源的合理规划和优化配置是解决城市快速发展与能源短缺矛盾，协调城市化进程与能源资源合理利用的关键，同时对于减少温室气体排放，减缓和应对气候变化，实现经济社会的清洁发展具有十分重要的意义。能源规划应从能源的利用和节约两方面采取措施，节能与降耗并重，提高能源利用效率，提高可再生能源使用比例，创建多元化的能源供应体系，从而实现能源的生态化、节约化和可再生化。

（1）应遵循“高效利用、减排环保”的基本原则，在提高能源使用效率、优先发展清洁可再生能源、建立智能管理平台等三个方面制定相应的规划策略。

能源供应系统是二氧化碳排放主要源头，因此它在应对气候变化中的主要作用体现在减缓气候变化方面，即减少二氧化碳排放。其具体实现途径包括：一是通过技术创新提高能源利用效率，减少能源消耗总量，进而减少因化石燃料产生的二氧化碳排放量；二是需找新的清洁可再生能源替代现有石化能源，从根本上减少二氧化碳排放。在当前的信息化时代，以上两条路径的实施都需要借助智能化管理平台方可完成。因此，应对气候变化的城市规划在能源规划的专项研究应从上述三个方面展开。

循环节约旨在集约节约利用能源，通过采取必要的技术和措施，对余热、余压等废弃能源回收与循环利用，实现物尽其用，控制能源消费总量；从而降低能耗、物耗和二氧化碳排放强度[139]。

(2) 应积极使用分布式能源技术，提高能源使用效率，宜因地制宜地选择使用分布式冷、热、电三联供技术。

分布式能源是一种建在用户端的能源供应方式，可独立运行，也可并网运行，是以资源、环境效益最大化确定方式和容量的系统。将用户多种能源需求，以及资源配置状况进行系统整合优化，采用需求应对式设计和模块化配置的新型能源系统，是相对于集中供能的分散式供能方式[140]。它在减缓气候变化方面的作用体现如下：在环境保护上，通过将部分污染分散化、资源化实现适度排放的目标；在能源的输送和利用上，通过分片布置实现在有效提高能源利用安全性和灵活性的同时，减少长距离输送能源的损失[141]。

冷、热、电联供系统是一种建立在能量梯级利用基础上的综合产、用能系统，其能源利用率可达到 70% ~ 90%。首先利用一次能源驱动发动机供电，再通过各种余热利用设备对余热进行回收利用，最终实现更高能源利用率、更低能源成本、更高供能安全性以及更好环保性能等多功能目标[142]。

并不是所有的地区都适合发展冷、热、电联供系统，应在结合相应需求情况，根据当地气象条件、能源状况、建筑类型、居民生活习惯以及经济承受能力等因素，进行技术经济比较，因地制宜的选择规划建设联供系统。

(3) 应积极鼓励使用太阳能、浅层地热能、风能、生物质能等可再生能源；宜结合地域气候特征，选择利用合适的可再生能源种类。

2011 年，IPCC 发布的《可再生能源资源与减缓气候变化特别报告》中明确指出了六种有利于减缓气候变化有关的可再生能源，即生物质能源、直接太阳能、地热能、水力发电、海洋能和风能[143]。因此，应对气候变化的城市规划在能源规划专项中应鼓励积极使用这六种可再生清洁能源，分担石化能源的供应压力，减少二氧化碳排放。

我国各地市应根据本地区可再生能源的分布特点，在资源评估、技术研发和供应设施与管网布局等方面制定规划策略，因地制宜地大力发展可再生能源，有效应对气候变化。目前，国内的低碳生态新城规划实践中普遍重视可再生能源的利用，天津中新生态城、深圳光明新区和北京长辛店低碳社区等地规划中都提出了可再生能源使用率大于 20% 的要求。

(4) 建立区域能源实时在线检测和信息化管理的能源管理系统，提高能源管理效率。

能源的使用在不同时间段存在一定的起伏，不同终端在能源使用中也存在差异。传统能源供应缺乏实时监控和信息化管理，造成了不少不必要的能源浪费。在当前的信息化时代，有必要在应对气候变化的能源规划中引入这些先进的技术手段，进一步节约能源消耗，减少二氧化碳排放。

能源实时在线监测系统采用高质量的专用智能电表、智能水表、蒸汽流量计、热能计等各种通讯功能的仪表，采集能耗数据；通过布线或者无线传输到软件平台，从而实现对区域内电、水、煤、汽（气）、油等日常生产生活活动可能消耗能源的实时在线计量和监测。

信息化能源监控管理系统基于计算机技术、网络通信和自动化仪表技术的应用，统计区域内各地区能源消耗情况，并对各地区的能耗信息进行加工、分析、管理及保存，从而实现对各地区用能情况全面，规范、有效的管理和控制。同时，该系统也为各地区能耗指标的制定提供了更为科学的依据。

6.9 城市更新

6.9.1 控制意义

一直以来的城市外延式发展不断将城市郊区的非建设用地转变为城市建设用地，大量森林、湿地、农田、河流相继消失，极大削弱了自然生态系统的“碳汇”能力和应对极端气候灾害的能力。与此同时，大规模的城市新区建设消耗大量能源，成为二氧化碳排放的主要源头之一。因此，从应对气候变化的角度判断，城市发展应改变以往的外延式发展模式，在内涵式发展模式带动下，通过城市旧区更新获得持续发展的用地。这将有助于维护城市外围生态环境的“碳汇”能力，并协助城市提升应对极端气候灾害的能力，从减缓与适应两方面积极应对气候变化。由此可见，应对气候变化的城市更新规划将成为未来城市规划的重要发展方向之一，有必要对其编制关键技术开展深入研究。

分析我国当前诸多城市更新规划案例可以发现，基于城市功能升级背景下的公建配套型开发，出于商业利益最大化追求下的高强度开发，或两者兼而有之，是当前城市更新规划中的主流类型。它们仍然缺乏对于气候变化的思考与针对性设计。如何从减缓与适应两个方面积极应对气候变化，是应对气候变化的城市更新规划编制关键技术研究需要重点考虑的问题。

6.9.2 关键技术

应对气候变化的城市规划在城市更新领域的关键编制技术主要包括以下几点：

1）城市总体规划编制技术

应对气候变化的城市规划在城市更新领域的关键编制技术主要集中在城市总体规划阶段，尤其是中心城区规划编制中，通过针对性的策略制定，控制引导城市更新规划积极应对气候变化，具体如下：

(1) 必须将城市更新作为获取可持续性城市发展用地的主要途径，存量土地的开发量占城市年度发展用地总量的比例不宜低于50%。

经过多年来的外延式发展，我国不少城市的空间发展已经接近生态底线，通过继续扩张可获取的土地资源日益紧张，不得不开始考虑城市发展模式转型，通过盘活城市存量土地获取新的建设土地资源，深圳市就是其中的典型代表。2012年，深圳新增建设用地800ha，盘活存量建设用地918ha，存量土地更新面积占城市年度发展用地总量的53.4%，存量建设用地的供应规模首次超过新增建设用地，以城市更新为代表的土地二次开发已成为保障土地供给的重要力量。此外，广州、上海等一线城市，以及武汉、长沙等二线城市都积极进行旧城改造，释放存量土地。随着城市化水平的进一步提升，城市发展模式由外延式增长向内涵式增长的转变势在必行，存量土地的开发最终将成为城市获取可持续发展用地的主导途径。

(2) 旧城更新应结合轨道交通的规划建设，在满足相应规模的有效绿地建设前提下，进行高强度、高兼容性开发。

维持生产与生活的能源消耗和土地利用或覆盖变化造成的温室气体排放是城市影响气候变化的主要途径。因此，提高土地使用强度与弹性已经成为应对气候变化的城市规划重要手段，在旧城更新中也不例外。通过高强度和高兼容性的土地开发，提高了土地利用效率和弹性，减少了土地利用再次变更的可能性，从而减少相关建设带来的能耗与碳排放。

随着高强度的开发，生活与工作通勤交通需求大涨，为了尽量降低该部分交通碳排放，借助公共轨道交通势在必行，将为更新区内的居民提供更加便捷、低碳的出行方式。当然，满足相应规模的有效绿地建设是必不可少的前提条件，它的存在既能提供足够的“碳汇”面积，也能够为更新区提供雨洪蓄留的绿色空间，从减缓和适应两方面进一步有效应对了气候变化问题。

2）控制性详细规划编制技术

（1）更新后的地块控制指标应在完成地块应对气候变化能力测评的基础上合理设定

城市更新带来了更新地块用地功能的变化，开发强度、建筑密度、绿地率等地块控制指标也将随之发生变化。传统城市更新规划编制中，更新后的地块控制指标设定主要基于周边道路交通承载力分析、日照分析等，对于地块更新前后的碳排放情况以及雨洪蓄滞能力变化等与应对气候变化密切相关的要素考虑有所欠缺。应对气候变化的城市更新规划在控规阶段的编制中应对此予以补充，更新后的地块控制指标应在完成地块应对气候变化能力测评的基础上合理设定。

地块应对气候变化能力测评主要分为两部分，其一为减缓气候变化能力测评，重要对比分析地块更新前后的碳排放情况，既比较更新前后的二氧化碳总排放量，也比较更新前后的碳汇量情况；目标在于引导控制更新后的新增碳排放能够在地块内自我吸收，实现碳平衡。其二是适应气候变化能力测评，重点对比分析地块更新前后的雨洪蓄滞水平和温度变化，目标在于提升地块应对极端气候灾害和减缓热岛效应的能力。测评结果将作为更新后的地块控制指标设定的重要判断依据，以避免盲目开发与应对气候变化能力建设的不匹配，通过将应对气候变化的任务分解到每个地块，以确保全面提升城市应对气候变化的能力。

（2）其他

在控制性详细规划阶段，应对气候变化的城市更新规划编制技术强调的土地混合开发、整合轨道交通开发、兼容性控制等内容与前文已述控规阶段土地利用规划编制技术较为接近，故在此不再赘述。

下篇　实践篇

7　应对气候变化的城市规划政策、行动计划与规划指引

7.1　世界银行《城市和气候变化：一项紧迫议程》

7.1.1　编制背景

气候变化正影响着城市及其居民，尤其是城市中的贫困人群。随着极端气候事件和变异性增加，预期将产生更为严重的影响。由于需要提供数量庞大且复杂的服务，城市已经不堪重负。在城市面临的众多挑战中，如何应对减缓和适应气候变化是一项巨大的负担①。

当今全球致力于气候变化的相关机构有很多，包括世界银行（WB）、经济合作与发展组织（OECD）、能源部门管理援助规划（ESMAP）、C40 城市集团、克林顿气候倡议（CCI）、联合国环境规划署（UNEP）、联合国人居署（UN-HABITAT）、世界大都市协会（Metropolis）以及气候组织等。

无论是政府方面还是社会团体都做出了许多研究成果，包括：气候融资的报告、关于城市贫困和气候变化的工作报告、城市风险评估等（单位与名称）。其中尤以世界银行为代表，于 2010 年发布了题为《城市和气候变化：一项紧迫议程》[144] 的报告，研究城市与气候变化之间的相互影响关系，同时也提出系列措施，致力于加强国际机构、组织部门和社会团体之间的相互合作与交流联系。

7.1.2　简介

《城市和气候变化：一项紧迫议程》关注城市和气候变化的三大问题：

（1）城市怎样造成气候的变化以及受到气候变化的影响；

（2）决策者如何通过城市来改变居民的行为，以及改进气候变化的相关技术；

（3）城市如何借由气候变化的机会来积累基础资料，制定合理的政策，从而走向可持续化发展。

这项报告关注着城市发展与环境退化的关系。城市通常被视为环境退化的主要原因和巨大生态负担的代表。但同时，城市也可以被看作是环境效率（兼顾环境负荷和环境品质）的典范。可持续发展的城市②是可以保障生活质量，也能减少净污染的排放（如温室气体）的最佳选项。在政治层面，城市是可信赖的实验体，能够提供足够的规模而带来有意义的社会变革。在经济层面，全球五十个最大的城市拥有 9.6 万亿美元的 GDP——超过全中国，仅次于整个美国经济体。

同时，报告认为城市比其他群体有优势的地方在于：可以为公众和决策者之间提供更加直接和有效的联系与交流。同时，气候协同效应在气候变化的减缓和适应这两方面最大化的作用也将发生在城市。

7.1.3　主要内容

该报告分为五个部分：城市发展与气候变化的挑战、气候变化对城市的影响、城市对气候变化的贡献、气候变化行动对城市的好处以及国际组织对城市的支持。

---

① 资料来源：http://www.worldbank.org/en/topic/climatechange。

② 这里的定义偏向于一个致力于改善其当前和未来居民的环境的城市社区，同时整合经济、环境和社会方面的考虑。

1）城市发展与气候变化的挑战

2010 年，世界发展报告的主要信息——发展与气候变化——当中对挑战进行了简要概述，包括对未来气候变化达成的共识、应对这样的气候变化需要采取的行动以及城市如何能够有助于实现这一总体议程。

2010 年世界发展报告提出了五大主要信息：

（1）气候变化威胁着所有国家，而发展中国家是最脆弱的。发展中国家可能要承担 75% 的因气候变化而带来的损失。即使温度只比工业化前的水平高 2 摄氏度，都可能导致非洲和南亚地区 4% ～ 5% 的 GDP 损失（图 7-1）。

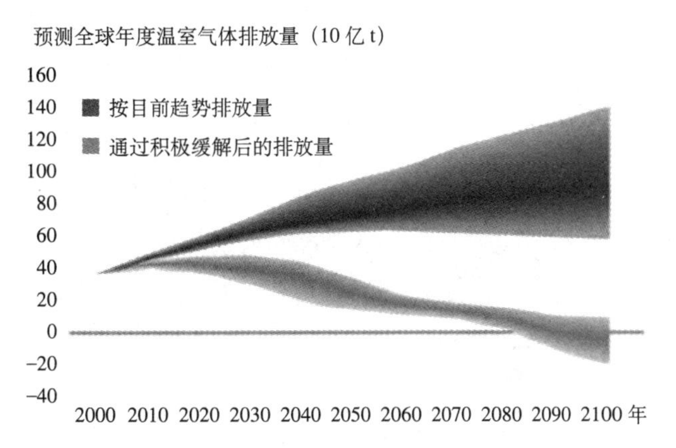

图7-1 不作任何改变和积极缓解的对比

（资料来源：世界银行2009）

（2）经济增长将无法应对气候变化所带来的危险，我们需要气候智能型的政策，在降低气候变化脆弱性的同时，逐步过渡到低碳增长的道路上来。

（3）气候智慧型增长要求：现在就要转变到低碳的全球性的能源革命道路上，并给予发展中国家成长的空间；城市中的各个部门要协调沟通，来实现世界能源体系的转型。

（4）一个全球性的气候协议迫在眉睫。

（5）成功的关键在于改变人们的行为和转变公众的意识。温室气体的排放导致了气候的变化。人类的活动释放了温室气体，其中最显著的是发电、污水处理、垃圾填埋场和燃料的运输。而发电、供热和工业化为主要排放源；其次是土地利用变化（如森林砍伐和燃烧）、农业（包括化肥使用和畜牧）和交通（汽车燃料）（图 7-2）。

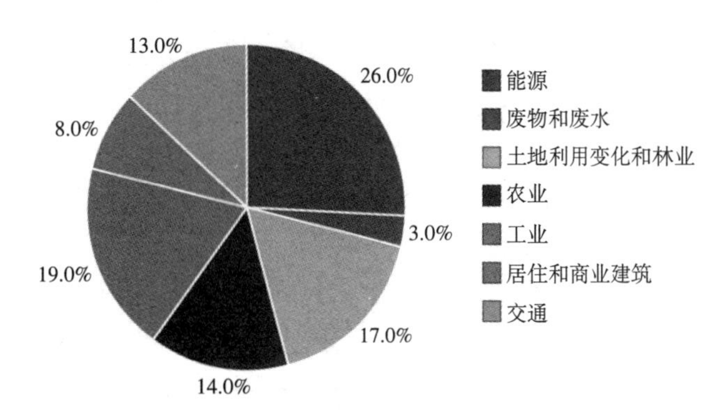

图7-2 全球不同部门的二氧化碳排放量

（资料来源：世界银行2009）

2）气候变化对城市的影响

气候变化对城市的影响巨大，并重点体现在沿海城市的气候变化危险，尤其是对贫穷落后地区的城市或是一个城市中的邻里社区带来的影响。约 3.6 亿城镇居民居住在沿海地区海拔不到 10m、易遭受洪水和风暴潮的地方（Satterthwaite and Moser 2008 年）；全球 20 大城市中的 15 个处于海平面上升和海岸潮的危险中（图 7-3）。IPCC 预测了未来 100 年内平均海平面会上升的范围：较低的情况是 13 ~ 28cm，较高的情况是 26 ~ 59cm。

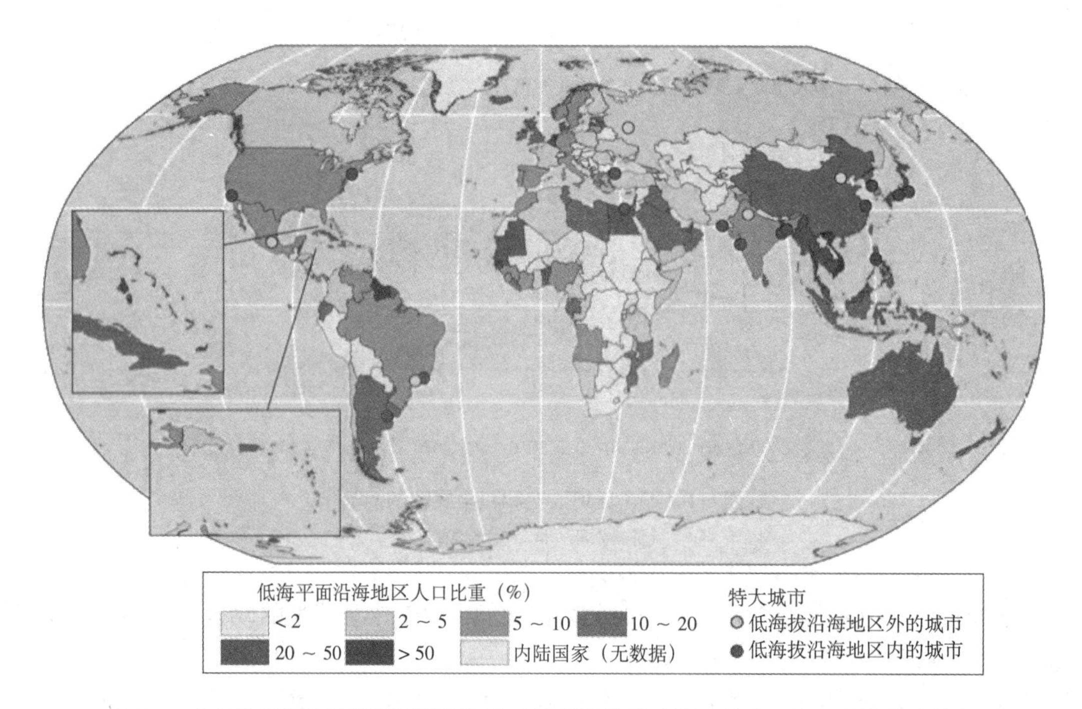

图7-3　在低海拔沿海地区受到海平面上升和风暴潮风险影响的人口和大城市集中地区

（资料来源：世界银行2009）

在这些情况下，概率和风险评估是引导决策者做出相应决定所必需的，例如可能发生的灾难将耗费多少资本，有多少资金应该被用来投资，有多少资金应当投入到预防灾害发生当中。灾害风险预警的社会团体在过去的五年中取得了巨大的进展。他们的专业研究可以帮助我们在如何解决灾害不断增长的不确定性、如何建立预防机制以及如何建立灾害影响最大的穷人的解决方案等方面建立分析的框架。在世界银行牵头发起下，城市风险评估（URA）目前在与联合国人居署（UN-HABITAT）和联合国环境规划署（UNEP）的合作下通过城市联盟在本次报告中做了讨论。城市风险评估勾勒出一个全新的方案。这个方案包含了城市气候变化风险增加的评估，以及他们目前在减少灾害风险方面做出完整的研究，同时在改进基础服务，尤其是对穷人方面做出的贡献（表 7-1）。

第二部分也针对“为什么气候变化对城市是一项紧迫议程”这一命题做出了阐释。法律规章在广泛应用中，但是长时间以来政府在谁应当为气候变化负责中的模糊已经混淆了公众的判断。其中有两个原因：首先，气候变化是一个缓慢积累的过程。气候变化的曲线越陡峭，这样的趋势就越不可逆。其次，从城市的角度出发，围绕气候变化议程需要建立几个突出的意识，包括经济、社会、政治方面。气候变化政策引导一种更低能源的消耗，来实现更高品质的生活（例如改善空气质量，增加慢行系统，建造更多的公园，控制车辆的增加等），同时吸引更多的人力资本和私人投资（这样的城市有温哥华、纽约和巴塞罗那）。

结合减缓、适应和发展的益处 表7-1

城市	行动	综合价值
墨西哥城，墨西哥[①]	改善供水管网，减少水的损失和泄露	增加供水； 降低脆弱性缺水； 提高基本服务的渠道
达尔达累斯萨拉姆，坦桑尼亚[②]	沿海和海洋保护项目：沿海种植红树林	通过红树林隔绝碳； 保护城市免受风暴潮； 保持一个健康的海岸生态系统
波哥大，哥伦比亚[③]	都市农业项目	降低运输成本，向城市提供农产品； 减少了肥料、农药和大型的农业系统的需求； 提供灾害期间食物供应； 对社会的贫困阶层提供就业和食物； 防止在高风险地区定居，如斜坡和沿海地区
马卡蒂市，菲律宾[④]	城市范围内的植树计划：每年种植 3000 棵	减少大气污染； 降低城市热岛效应； 提供休闲空间
利沃夫，乌克兰[⑤]	建筑节能项目	降低建筑能耗； 降低能源成本； 使建筑物和他们的居住者，能够更好地承受极端温度和降水

（资料来源：城市和气候变化：一项紧迫议程，世界银行，2010）

3）城市对气候变化的贡献

城市对气候的影响主要体现在城市和城市群的温室气体排放，这就需要根据城市的经济发展、能源基础、资源整体利用效率来分类说明（图 7-4）。

（1）城市是温室气体排放的主要释放者。

（2）到 2030 年，预计城镇人口将翻一番，而全球城市建成区将扩大为原来的 3 倍（Angel et al. 2005）。

（3）由于城市本身是一个巨大的经济体，它们的影响就与能源的收集使用成正相关。

（4）城市如何发展和满足能源需求，是应对气候变化的关键。能源使用和碳排放量是由电力如何产生以及在建筑和交通领域中能源如何使用（Kamal-Chaoui 2009）决定的。

（5）城市密度和空间组织是影响能源消耗的关键要素，特别是在交通和建筑系统中。

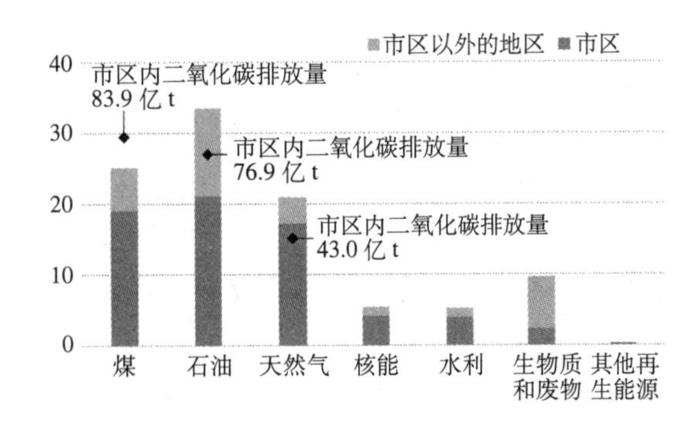

图7-4 市区及其以外地区的排放量

（资料来源：世界银行，2009）

① 2008 ~ 2012 年墨西哥城气候行动计划总结，Secretaria del Medio Ambiente，Gobierno Del Distrito Federal。
② 社区基础设施改造方案——2005 ~ 2010 年在达累斯萨拉姆市，坦桑尼亚的实施方案。
③ 都市农业和粮食安全资源中心。
④ 气候变化适应型城市，世界银行：2008。
⑤ 高效节能的城市倡议者圆桌会议，研讨会论文汇编，WB-ESMAP. Nov. 2008。

讨论是基于这样一个基本认识的：在城市的层面，怎样的能源生产和消耗的体系构成了城市的新陈代谢系统。城市温室气体的排放反映了城市的结构、能源结构和居民的生活方式。资源利用、水资源消耗、废水再利用、有毒物质排放和固体废弃物的产生也与温室气体的排放有关。城市污染排放范围的概念已被应用于城市。范围一：排放都来自直接控制的组织，如炉子、工厂、车辆。范围二：排放来自某组织的电力消耗，但仍有可能会有其他地方产生。范围三：上游排放，与某组织的开采、生产、产品运输乃至服务相关的排放（图7-5）。

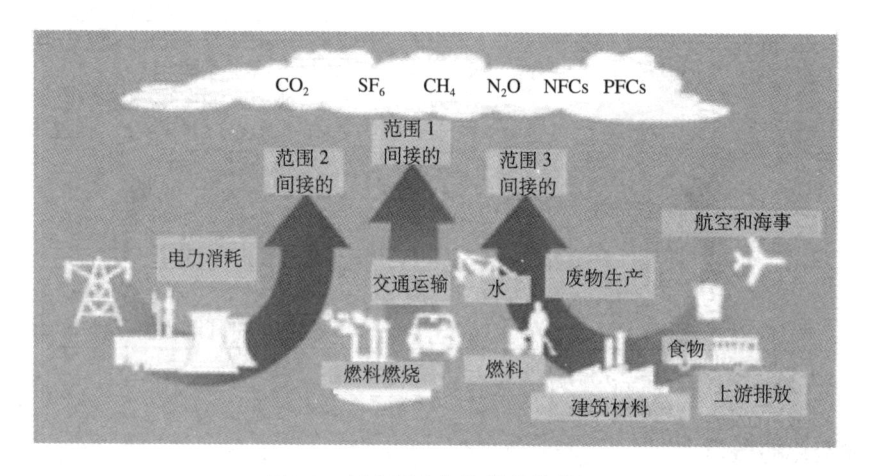

图7-5　城市温室气体排放的范围

（资料来源：联合国环境规划署和联合国环境署可持续建筑和气候促进会，2009）

因此，可通过如下实践来减少排放：(a) 增加城市密度，降低城市能耗；(b) 改善城市设计，避免无序扩张，是控制二氧化碳排放的关键——紧缩城市比无序蔓延的城市更可持续；(c) 改进城市公共交通；(d) 改善建筑实践；(e) 改善能量的来源。

4）气候变化行动的益处

这部分探讨了大多数城市迟迟不愿加入"绿色城市"这一行列的原因，以及什么样的动力机制可以促使更多的绿色城市的形成。经济因素、政治因素、文化多元化和行动惰性成为拖延城市设计的方案、城市交通的选择、土地政策和致密化、建筑法规条例形成的因素。

另外，城市加入低碳议程会得到许多利益：首先，不采取行动的成本会非常高，快速发展中的城市需要采取行动来指导建筑规范和实践、建筑密度和基础设施。延迟将导致城市背离高密度和低碳轨迹的发展，并使得缓解气候变化的代价变得日益昂贵。其次，绿色行动的协同效益往往超过花费，减少污染对健康、生活质量、民营资本和人力资源有着直接的影响。第三，加入这样一个全球性的事业有助于领导者对城市定位、获得信息和技术，并不断发展。第四，加入和分享全球性的物品和实践是帮助弱小城市获得经验的最佳途径。

5）国际组织对城市的支持

这部分主要体现在世界银行和国际组织如何帮助城市应对气候变化。城市总是引领着环保运动，这样的典型案例发生在伦敦，人们在 19 世纪初有效地满足了洁净水的需求，从而避免了霍乱的扩散，而且寻求到减少致命烟雾的方法。此外，美国环境保护局（EPA）为城市提供清洁的水和空气资源做出了极大的贡献。尽管城市正面临着全球范围内的环境威胁，但是它可以再次成为引起当地和全球环境浪潮的催化剂。城市需要评估当地环境需求，制定战略，呼吁各国政府采取行动，并监测进展情况，对相互间的责任进行界定和监督。而气候变化的战略从早期的探索中借鉴经验，并整合了从城市到州或省，再到国家，再到更广泛的国际组织间的对话（表 7-2）。

地方一级应对气候变化的政策手段 表7-2

政策目标		政策手段	政策部门	治理模式	配套措施
减少温室气体排放	增加密度/完善城市设计	重整土地法规来允许更大的密度，改革分区规划，审核容积率的监管制度	土地利用分区部门	监管	增加公共交通的使用
		混合用地功能的分区规划，实现短距离出行	土地利用分区部门	监管	减少汽车、支持非机动车的使用
	支持轨道交通/削弱私家车所有权	扩大公共交通服务； 减少私人汽车的使用； 公共交通的质量提高； 联系多种出行模式； TOD模式分区	土地利用分区部门	监管	加强交通管理措施
		税收激励开发商靠近公共交通	土地利用分区部门	监管	增加公共交通的使用
		提高公共交通的质量	交通部门	提供服务	减少机动车的使用
	减少机动车的使用	在某些区域驾驶和停车限制	交通部门	监管	提高公共交通的质量
	支持非机动车出行	交通宁静化、增加自行车道	交通部门	监管/提供服务	减少机动车的使用
	提高机动车使用效率和替代能源的使用	为使用替代燃料或混合动力的汽车提供特别停车优待	交通部门	监管	在特定区域强化驾驶和停车的限制
		为政府部门的车队购买省油、混合动力或替代燃料的车辆	交通部门	自治	—
提升建筑的节能性	增加建筑能源效率	分区调控，促进更多的家庭和连接住宅	土地利用分区部门	监管	增加高密度发展的吸引力； 提供多种出行方式之间的联系； 扩大公共交通服务
		建筑规范中的能效要求	建筑部门	监管	公私改造项目的协调； 严格的执法政策
		公私改造项目的协调	建筑部门	提供服务	建筑规范中的能效要求
	增加可再生能源的利用，提高能源的产生	建筑法规要求的可再生能源的最低使用	建筑部门	监管	开发商和财产所有者的技术支持
		区域供热和制冷项目	建筑部门	监管/提供服务	连接到区域供热/冷却系统
		废物再利用项目	waste（回收利用部门）	提供服务	规范焚化炉的排放； 去除可回收的废弃物
降低洪水和自然灾害	减少洪水的频率和风暴的影响	分区管制，创造更多的开放空间	土地利用分区部门	监管	分区调控，促进更多的家庭和连接住宅
		改造和改善公共交通系统，以减少洪水潜在危害	交通部门	提供服务	改善公共交通质量； 提供多种出行方式之间的联系
		指定开敞空间为洪水的缓冲地带	自然资源部门	监管	分区管制，创造更多的开放空间； 分区调控，促进多的家庭和连接住宅
		建筑法规要求的最小室内外高差	建筑部门	监管	指定开敞空间为洪水的缓冲地带

续表

政策目标		政策手段	政策部门	治理模式	配套措施
降低洪水和自然灾害	减少城市热岛效应，减缓高温的侵袭	改造和改善公共交通系统，以减少极端温度潜在危害	交通部门	提供服务	改善公共交通质量； 提供多种出行方式之间的联系； 扩大公共交通服务
		植树计划	自然资源部门	提供服务 / 自治	增加高密度发展的吸引力
		建筑规范中规定使用减少热岛效应的材料	建筑部门	监管	建筑规范中的能效要求
		建筑规范中要求设计带有植被的或白色的“绿色屋顶”	建筑部门	监管	建筑规范中的能效要求

（资料来源：卡迈勒· 沙维和罗伯茨，2009）

世界银行及其主要合作伙伴，向城市管理者、政策决策者和城市研究人员提供了多样化的举措：(a) 全球城市指标计划。(b) 温室气体排放标准。(c) 能源部门管理援助规划，是世界银行管理的一个全球性的知识和技术援助合作伙伴。(d) 城市风险评估，提供一个用于定性和定量评估的方法论框架，对提高政府处理能力有以下帮助：从灾难和气候变化带来的风险确定主次危害；评估特定城市的资产和人口的相对脆弱性；分析机构的能力和数据的可用性。在时间和空间的维度上，通过基线基准方法的应用量化城市脆弱性，从而评估进展情况。(e) 城市化的反思，反思的重点在于单个城市面临的成果和限制，并考虑城市之间和城市及其周边农村地区和城市周边地区的相互作用。(f) 生态经济城市计划：政府根据城市的特征来考虑具体的情况；为协同设计和决策制定的平台；使城市按规划实现一体化的设计管理的系统方法；评估可持续性和弹性的投资框架。(g) 绿色建筑，进行内部整合。(h) 限额与交易计划（排放交易体系）。(i) 信息平台的建立。(j) 城市范围内碳金融的方法。(k) 一项可持续的计划。

《城市和气候变化：一项紧迫议程》是促成《2010 年世界发展报告：发展与气候变化》这一内部文件的扩展。这个扩展的报告介绍了世界银行除了展示城市和气候变化有着怎样千丝万缕的关系之外，也推动着关于城市和气候变化的议程。同时，这份报告还强调了世界银行近期关于城市和气候变化的相关工作，例如生态经济城市计划、温室气体标准、城市范围内碳金融的方法（限制或减少温室气体排放有关的各种交易活动和金融制度的安排）、能源部门管理援助规划—节能城市倡议（ESMAP-EECI）和全球城市指标计划。该报告概述了这些倡议和计划的关联性，以及怎样加强这样的联系，例如联合国环境规划署与联合国人居署之间的合作。如果可能的话，距离目标的差距和计划的建议都会被提出来进一步讨论。

7.2 联合国人居署《应对气候变化的规划师工作指引》

7.2.1 编制背景

我们这个时代的两个最严峻的挑战是：快速城市化和气候变化的加剧。发展中国家的城市和城镇面临遭遇更为突出，包括：贫民窟的普遍存在；非正规部门的扩张和优势；基本服务的缺乏，尤其是水、公共卫生和能源；城市扩张的无序；土地资源的社会和政治冲突；自然灾害的高风险，及系统的低灵活性等。

联合国人居署对这一系列挑战的共识是：首先，没有哪个城市能在没有预先解决气候变化的前提下获得长期的可持续发展。在不考虑气候变化影响的情况下，今天的索取将毁灭明天。第二，我们的城市规划和运作的方式——换言之其中居民的生活方式——是产生温室气体并导致气候变化的主要原因。交通与电力对于化石能源的依赖性随着城市的发展串联式的增长。第三，城市的增长将越来越受到由气候变化所引起的农村人口向城市迁移的驱使。第四，快速的城市化出现了越来越多的居住于贫民窟的人口，越来越多的非正式制度，以及越来越多的对住房和基本服务的需求，由此对土地和生态系统产生压力。通常，城市扩张出现的地区，往往是最容易受到气候变化威胁的地区。①

基于此，联合国人居署于 2014 年发布了《应对气候变化的规划师工作指引》[145]（《Planning for Climate Change—A Strategic, Values-based Approach for Urban Planners》），作为编制与气候变化相关规划的工作指引。该文件实质是一个工具包，旨在为城市规划师或其他项目协调人提供一种基于战略价值的城市规划工作方法，帮助他们在地方层面上更好地理解、评价和应对气候变化。特别适用于那些应对气候变化规划挑战性较高的中低等收入国家的规划师和专业人士。

7.2.2 简介

该工作指引的规划框架包括：形成一个集成本地参与和良好决策机制的参与式规划过程；通过不同的城市规划过程提供应对气候变化问题的实用工具；支持将主流化的应对气候变化行动融入地方政府政策工具中。该指南包含了四个不同的模块，通过提问的方式串连起整个规划逻辑：模块 A：发生了什么事？模块 B：什么最重要？模块 C：我们能做什么呢？模块 D：我们在做吗？回答这些问题需要读者通过一组对应的各个步骤来完成。总共九个规划步骤(Steps)进一步分解为更详细的任务(Tasks)，其中有许多是通过相应的工具(Tools)支持。该工作指引描述了工具如何使用、在哪里使用的总体规划框架，并且为每个工具提供了具体说明以及空白工具模板。四个模块对应的工具可以配合整个规划框架使用，也可以用来支持离散的规划步骤或较小的规划项目（例如，脆弱性评估，利益相关者的评价，监测和评价等）（表 7-3）。

应对气候变化的规划模块　　表7-3

模块 A：发生了什么事	模块 B：什么最重要
Tool 1-A 构建一个有挑战性的问卷	Tool 4-A 问题的识别和组织
Tool 1-B 组织工作表	Tool 4-B 目标的问题
Tool 1-C 外部援助的评估工具	Tool 4-C 目标分析—与气候变化相关的
Tool 2-A 利益相关者识别表	Tool 4-D 客观指标（描述）
Tool 2-B 利益相关者分析矩阵	**模块 C：我们能做什么呢**
Tool 2-C 利益相关者“参考条款”工作表	Tool 5-A 选项识别表
Tool 3-A 天气和气候变化的总结	Tool 5-B 选项工作表的目标
Tool 3-B 气候变化观测模板	Tool 5-C 组织选项工作表
Tool 3-C 气候变化影响图	Tool 5-D 筛选和排序选项
Tool 3-D 概述－影响的人、地方、机构和部门	Tool 6-A 直接排序选项
Tool 3-E 风险图（曝光图）	Tool 6-B 技术等级矩阵
Tool 3-F 社会人口的敏感性评价	Tool 6-C 客观的排名和权重矩阵
Tool 3-G 敏感场所映射	Tool 6-D 加权排序矩阵
Tool 3-H 以社区为基础的敏感性映射	Tool 7-A 制度管理清单
Tool 3-I 灵敏度阈值	Tool 7-B 行动计划表
Tool 3-J 敏感性评价综述	Tool 7-C 气候变化行动计划表的内容
Tool 3-K 气候威胁绘图	**模块 D：我们在做吗**
Tool 3-L 一般的自适应能力的评估	Tool 8-A 发展指标表
Tool 3-M 具体危险的适应能力评估	Tool 8-B 监测框架表
Tool 3-N 快速机构评估问卷	Tool 8-C 评估行动支链
Tool 3-O 总结脆弱性评价矩阵	
Tool 3-P 分部门的弱势人群调查	
Tool 3-Q 脆弱性评估报告内容表	

（资料来源：应对气候变化的规划，联合国人居署，2014）

① 资料来源：http://unhabitat.org/books/planning-for-climate-change-toolkit/

7.2.3 主要内容

该指南作为规划工具箱，将 4 个模块的工作划分成 9 个步骤，每个步骤以提问的形式展开，并对应若干个规划工具。指南对每个规划工具的时间要求、原理与评价及程序都进行了详细说明，下文将就该指南四个模块的目标以及各步骤中工具的内容进行简要介绍。（图 7-6）

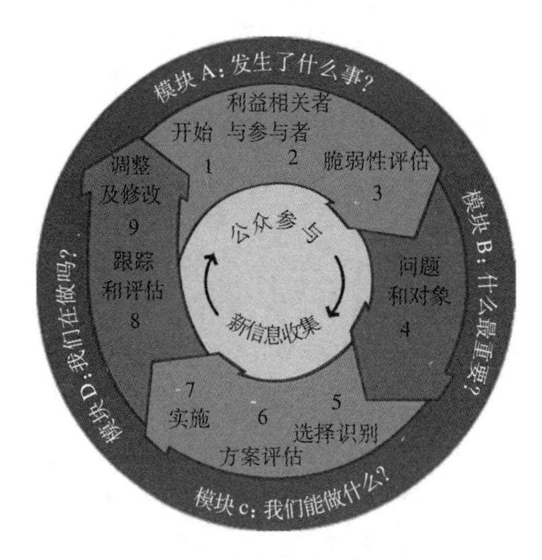

图7-6 气候变化的规划

（资料来源：应对气候变化的规划，联合国人居署，2014）

1）模块 A：出现了什么情况

该模块通过 3 个步骤达到以下目标：(a) 对城市应对气候变化的必要性有清晰的共同认识；(b) 知晓哪个城市、社区及地方利益相关者应参与到应对气候变化行动中，以及他们该如何通过完成“权益人与行动计划”来开展工作；(c) 通过脆弱性评价，明确城市中发生了哪些气候变化。（图 7-7）

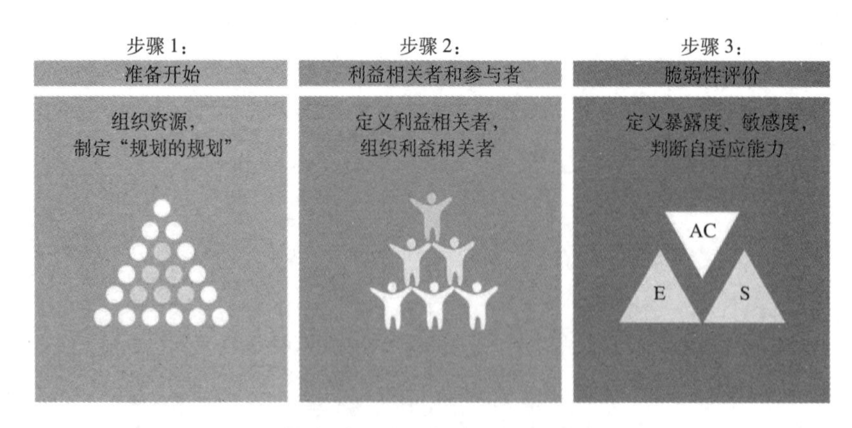

图7-7 模块A中三个规模步骤及主要规划任务

（资料来源：应对气候变化的规划，联合国人居署，2014）

步骤 1：准备开始

工具 1-A 构建一个有挑战性的问卷：

以问卷的形式征求意见，使核心规划组或者利益顾问组织成员形成 3 点共识：理解“诱发事件”；发掘更广阔的规划背景；构建应对气候变化规划挑战的框架。

工具 1-B　组织工作表：

以问卷的形式征集，帮助规划负责人或者核心规划组成员在规划开始时组织最初的行动及“规划的计划”。

工具 1-C　外部援助的评估工具：

通过“是或否”形式的选择问卷，帮助规划组决定是否需要寻求外部援助以领导或支持规划的进行。

步骤 2：利益相关者和参与者

工具 2-A　利益相关者识别表：

以问卷形式罗列所有可能的利益相关者，从中确认出重要的、主要的权益人，形成权益人顾问团，再确定出不同的利益相关者在哪里，以及如何参与规划。

工具 2-B　利益相关者分析矩阵：

通过将工具 2-A 中的利益相关者分为 3 个组——政府性质、非政府性质、商业性质，描述每个权益人与规划相关的利益所在，明确权益人能为规划贡献什么，评价每个权益人与规划现状或潜在的相关性，并评价他们的参与对规划是必要、重要还是次要的。

工具 2-C　利益相关者“参考条款”工作表：

用该指南所提供的模板制作“参考条款”，明确界定权益人顾问团的角色和责任，并应该辅助避免在以后的规划过程中会出现的潜在冲突。正式的“参考条款”形成后，权益人顾问团成员应人手一份，并在第一次会议中共同回顾条款内容。

步骤 3：脆弱性评价

工具 3-A　天气和气候变化的总结：

先搜集并筛选天气和气候信息，用模板重新组织这些信息，最终得到的总结矩阵内容包括：通过利益相关者和社区观察到的历史天气趋势；长期气候变化的情景分析，包括这些预测发生的不确定和可能性水平；在当前以及预测的气候变化中，地方、城市面临的主要危险；在这些危险中，地方、城市受到的主要影响。

工具 3-B　气候变化观测模板：

本工具用于记录利益相关者顾问团和核心工作组成员在本地区或者生活中观察到的与气候变化相关的天气情况，明确两点：观察到了什么样的气候相关天气变化，以及这些变化如何影响人们的日常生活。得到的信息将会在工具 3-A 中组合或者互相参照。

工具 3-C　气候变化影响图：

气候变化影响图以简洁的图表说明气候变化的危险，以及它们带来的生物物理学及人类系统的影响，为整理气候变化的主要、次要及第三级的影响和联系提供可视化的工具。

工具 3-D　概述——影响的人、地方、机构和部门：

针对已经列出的气候变化危险，定义出这些危险的高发区，如河洪最易发生在洪泛平原，而海平面上升对沿海低洼地区影响最显著。接着要确定高危地区工作或生活的人群、暴露空间及机构和其他受影响的部门，并都应当予以警示。

工具 3-E　绘制风险地图（曝光图）：

作为一个参考工具，风险图将工具 3-D 中总结出的一个城市气候变化暴露地点的其相关特征（人口、地点、机构、部门）信息图示化，是有力的交流工具和预测资料工具。危险图分析还可用于评价敏感性和确定危险区域，以及辅助说明不同危险类别的脆弱级别和进一步确定危险范围。

工具 3-F　社会人口的敏感性评价：

通过在公共卫生、生活、居住、交通等方面气候相关敏感性的评价，确定人口在气候变化中受到的消极影响或者积极影响。该工具与图示化类工具共享信息，总结了社会人口学方面要考虑的要素和多样性（包括现状及预测人口密度、正式居民点和贫民窟等脆弱人口密度等信息），并通过 GIS 工具进行分析。这将在城市特定区域的危险暴露等级确定中发挥重要作用。

工具 3-G　敏感场所地图：

该工具借助可以在空间上呈现的信息进行一系列敏感性评价，将工具 3-E 的风险地图工作和工具 3-F 中的研究发现进行整合，从而建立敏感场所地图。每个地图由独立的图层构成，每个图层对应一个主题，如敏感性场所包括主要的基础设施和公共服务设施（医院、学校、政府建筑、港口、机场等），暴露地区的邻里街区；敏感性生态系统包括沿海地区、入海口地区、红树林、沿海沙丘栖息地和河流地带。敏感性地图都以风险地图为底图，通过叠加敏感的人口和场所来定位脆弱性最高的地区。

工具 3-H　以社区为基础的敏感性地图：

该工具用于补充工具 3-G 中的基于桌案工作的敏感性地图，使更广泛的社区和社会人口敏感性评价中确定的脆弱人群都参与到敏感性评价中来，并确定地方层面上的发现。还可以用这个工具确认地方层面的暴露趋势、评估地方层面的适应能力以及开始确定初步的适应气候的选择和行动。

工具 3-I　灵敏度阈值：

一些敏感性要素可能观察起来不明显，并需要进一步的详细分析。尤其要确定在什么程度一些气候变量开始发生作用（如影响阈值），以及在什么情况下一个气候变量会有灾难性的影响（如关键阈值）。该工具用来总结与每个可识别危险发生阈值相关的所有信息。

工具 3-J　敏感性评价综述：

通过完成综述表格，对到目前为止前述工具搜集到的敏感性信息进行总结，检验暴露在气候风险中人、场所、机构、部门所面对的潜在威胁。理解随着时间推移气候变化的潜在结果或结果发生的可能性（即风险）将有助于划分出采取行动区域的优先等级。风险等级评价将确定你的城市对什么样的气候风险最敏感，以及那些人群、场所、机构和部门是最为敏感的。

工具 3-K　气候威胁绘图：

以更直观的图示的形式总结气候危险及其威胁，有助于更多的利益相关者更好地理解不同危险的优先等级。图示将由高到低的危险可能性作为 Y 轴，将由小到大潜在结果的重要性作为 X 轴，表示在活动挂图上，由前述工具得出的各种风险、威胁写在便利贴上，经工作组协议确定它们在坐标系里的位置，即明确所发现威胁在采取适应行动时被考虑的优先等级。矩阵中，距原点越远的危险项其风险越高，优先等级也越高。（图 7-8）

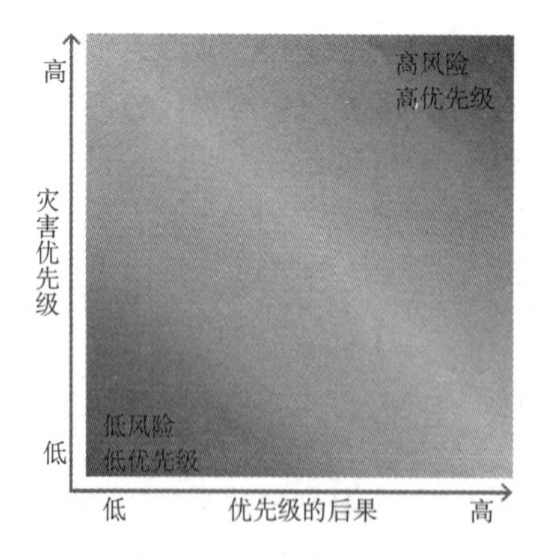

图7-8　风险矩阵图

（资料来源：应对气候变化的规划，联合国人居署，2014）

工具 3-L　一般的自适应能力的评估：

该工具从整体角度评估你应对气候变化的自适应能力，或者针对某一个合适的目标部分进行自适应能力评价。一个城市应对气候变化的能力基于意识、知识、资源和技能水平，通过这些方面评价城市自适应能力，并且不可避免会包含一些主观判断，但在后续的规划环节可以不断修改完善。

工具 3-M　具体危险的适应能力评估：

针对具体的气候灾害（干旱、洪水等）进行适应能力评估，辅助发现适应能力的短板，尤其是针对那些在 Tool 3-L 中对城市造成巨大威胁的气候灾害。

工具 3-N　快速机构评估问卷：

考虑到政府在准备及应对气候变化中承担的重要责任，对地方政府自适应能力的机构性评估将作为大型适应能力评价的组成部分。该评估将确定气候变化如何影响地方政府服务的实施，并最终支持城市部门采取适应气候变化的主流选择。

工具 3-O　总结脆弱性评价矩阵：

通过将不同危险的风险等级和自适应能力等级的叠加，确定脆弱性人群、场所、机构和部门的相对脆弱性。该工具与 Tool 3-P 构成脆弱性评价的综合体系。通过该体系确定适应性规划中最先考虑的因素，以及作为未来气候变化行动规划的主要的参考。

工具 3-P　分部门的弱势人群调查：

针对高脆弱性的不同部门进行复审，以确定传统的无代表的脆弱人群（女人、青年、城市贫民）面对各种气候灾害是否处在升高的危险中。通过核心规划组或者权益人顾问团的讨论完成该调查表。但该层次的分析会在某些地方带有主观性。

工具 3-Q　脆弱性评估报告内容表：

脆弱性评估报告总结了步骤 3 中所有的信息，报告内容细节不应详尽，而应概括综合，报告大小因城而异。推荐将此报告作为更大规划过程的一个步骤，在条件限制的情况下（如预测资金有限），可以作为独立的成果，用于其他类型规划的输入部分，或者作为公共参与和达成共识的工具，或者帮助寻求资金实施整个规划循环及完成气候变化行动规划。

2）模块 B：什么最重要

该模块包含一个步骤，帮助规划师和利益相关者建立问题和目标（图 7-9），包括：(a) 现状城市发展对象的清晰目录，这些对象可以考虑作为应对气候变化规划倡议的一部分；(b) 对地方社区议题和对象及其中对社区最重要的部分的透彻理解；(c) 对最易受气候变化适应规划影响及与之相关的对象的了解；(d) 比较度量对象的指标，从而使这些对象可以评价和分级气候变化的适应行动选项。

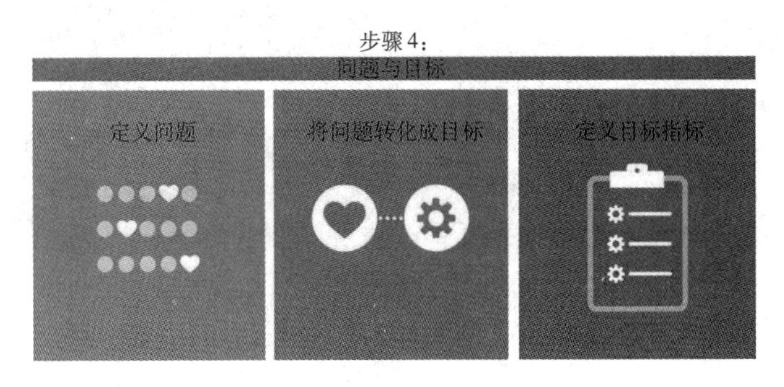

图7-9　模块B中一个规模步骤及主要规划任务

（资料来源：应对气候变化的规划，联合国人居署，2014）

步骤 4　问题和目标

工具 4-A　问题的识别和组织：

地方价值观主导。地方价值观即人们关心什么，是参与性的基于价值规划的基础。该工具通过某个个人行为及将个人行为组织成以概括性主题区分的类别，来辅助确定社区问题（即价值观）。这是确定社区对象的第一步。

工具 4-B　从问题到目标：

该工具将分类后的问题转化为可引导剩余规划过程的目标。这些目标可以产生应对气候的行为选项并且对其评价和分级，它们像备忘录一样确保气候变化适应行动选项真正解决了地方社区发展的问题。做法是简要描述一个问题，并说明你如何管理、最小化或者缓和这个问题，通过将一个描述偏好方向的行为动词（如增加、减少、最大化）和一个描述主体的词结合来将问题转化为目标，（如减少沿海风暴潮的危害、发展市民的健康或者最小化城市贫穷）。

工具 4-C　目标分析—与气候变化相关性：

目标确定并被组织后，就需要评价它们与气候变化的相关性。如果对象不受气候变化影响，就没有必要在后续的气候变化规划中考虑该目标。通过该工具检查每一个主要目标和支持性子目标。

工具 4-D　目标指标（描述性的）：

目标指标的确立便于目标的测量、比较和用于评价气候变化适应行动选项。目标指标也可用于建立监督和评价项目的基础以确保行动选项可以支持意向目标（如选项 X 如何促进了社区问题 Y 的解决？）。

在需要较多指标描述的案例中，典型的“低”会描述为“相对现状没有或很少变化”，而“中”则描述了相对于“低”的已取得一定进步的潜在变化，“高”描述了已取得大量进步并且目标几乎已达到的情况。对现状“低”的描述应当来自“脆弱性评价”。

举例：低——面对洪水或者其他紧急情况，政府不提供支持；中——政府会做出一定反应，如会为受灾人员提供一定的帮助；高——政府将做出完善的应急反应并支持所有受灾人员。

3）模块 C：我们能做什么呢

该模块通过 3 个步骤使规划师和利益相关者能够：(a) 通过地方目标和脆弱点来定义、审查气候变化适应行动并划分其优先顺序；(b) 制定独立的气候变化行动计划，并带有清晰执行框架；(c) 将主流的或者组合的气候行动融入现状政策工具、规划及项目中，具有实际性和可行性。（图 7-10）

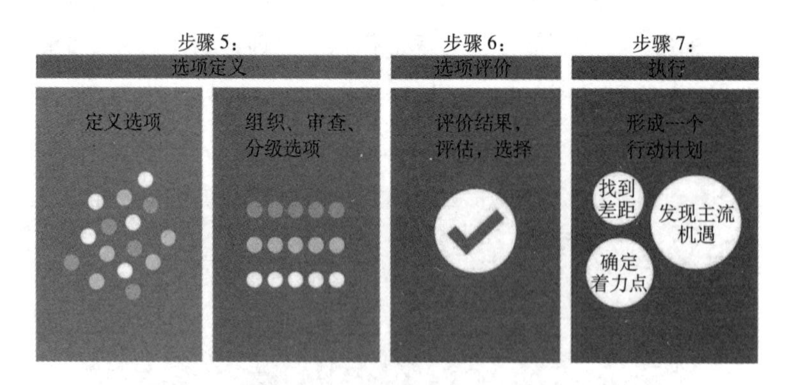

图7-10　模块C中三个规模步骤及主要规划任务

（资料来源：应对气候变化的规划，联合国人居署，2014）

步骤 5：选项定义

工具 5-A　选项识别表：

制定一个待选气候变化适应选项的长目录，以作进一步的评价和回顾。候选选项可以是气候适应工程（如海堤修复）、项目（如社区共识）以及政策（如气候智慧建筑和设计导则）。通过回顾步骤 3、步骤 4 以及参考国际组织和类似领域中的研究，来完善备选选项，填入表格。

工具 5-B 从目标到选项工作表：

回顾步骤 4 中确定的目标，通过思考“采取什么选项措施可以达到这些目标”，完成工作表，得出行动选项，作为产生候选选项的另一种方法。

工具 5-C 组织选项工作表：

为选项的评估工作做准备，除非有更好的适应当地背景的工作框架，推荐将确定了的选项按部门分类，然后按短—中—长期的时间框架组织部门内的选项，完成工作表。

工具 5-D 筛选和排序选项：

通过对选项筛选和排序，达到：(a) 制作一个短目录，以能够提出更加详尽的评估；(b) 确定那些能够在短期内较易完成的选项（并且不需要更多细节的评估），即“快速开始”；(c) 筛选出因为成本高昂而不可行的选项；(d) 筛选出在初步审查后被认为无意义的选项。可对每个评价尺度（包括利益相关者可接受程度、技术可行性、实施的难易度、执行的紧急程度、影响相关度、成本、与主流趋势的契合度、部门复合与目标复合度）赋予高、中、低三种分值。针对每个选项在所有尺度下打分，最后按每个选项得到的总分进行排序。

步骤 6：选项评价

工具 6-A 直接排序选项：

核心规划组或者利益相关者顾问团的成员从在工具 5-D 中得出的高分值选项中投票选出他们认为的最佳选项或者最该实施的选项，目的是为工具 6-B 和工具 6-C 提供一个直接排序选项表，以进行更加深入的评价。

工具 6-B 技术等级矩阵：

通过一个结果表格对选项进行技术打分和比较。结果表格是一个简洁的技术分级矩阵，能够说明每个选项在各个目标下的潜在作用，它应该传达在各个部门内与选项选择和比较相关的关键权衡点和不确定性信息。利益相关者和决策者对话应当基于对不同选项期望结果的共同理解。该工具是确保这一环节的有效工具，同时还可以帮助你确定参考值相对较低的选项目录以作最后考虑之用。通过结果表格可以对选项的关键权衡点进行定义、回顾和讨论，最终得出更加完善深入的选项或平衡后的综合选项。

工具 6-C 目标排序和权重矩阵：

给选项排序的另一种方法是从气候变化的潜在影响方面衡量每一个目标的价值，可以辅助进一步缩小作为最终气候变化行动计划选项的范围。首先考虑应对气候变化的规划会对一些目标的实现产生影响，列举最好和最坏两种情况；其次将目标产生的变化进行重要性排序，一级是最重要的；最后权衡每个目标变化的相对重要性。

工具 6-D 加权排序矩阵：

参考工具 6-C 中价值权衡的结果对选项进行加权排序。综合考虑每个选项的目标价值权重和技术得分，得出综合加权排序。

步骤 7：执行计划

工具 7-A 制度管理清单：

当制定气候变化行动计划的时候，主导项目的规划师或者促进者极有可能没有决策权去执行、授权或者批准最终的计划(或主流倡议)。他们对决策的影响因地方政治背景而异，一些影响巨大，而另一些则影响有限。为了解决这些问题并围绕其展开工作，明确这些潜在的挑战十分重要。具体需要：确定城市决策者对项目的理解和支持，找到使最终的气候变化行动计划官方化的最有效最适合的方法，并且项目开始后一段时间要回顾现状政府和制度的状况。

工具 7-B 行动计划表：

针对每项行动制作详细的子计划，然后将子计划组合成最终的“气候变化行动计划”。这些行动计划应当描述每项行动所包括的实际任务，并作为最终“气候变化行动计划”的附录资料。每个行动计划表应当包括相关机构、项目领导、所需资源、预算、时间计划、推进进程和完成时间等信息。

工具 7-C 气候变化行动计划表的内容：

气候变化行动计划作为一份详细的文件，准确概括了在短期行动（耗时 1 ～ 2 年）和中期行动（耗时 3 ～ 5 年）实施期间将会发生什么，也包含了长期行动（耗时 6 年以上）的内容，但不会像前两者那样详细陈述。这份计划也概括了在计划制定过程中、最终计划敲定前完成的主流行动和快速启动的项目。该计划的内容要清楚表述对不同的利益相关者、计划执行相关外部机构的要求。最终计划不仅要将行动选择的原理依据进行传达，还要促进文件进程（即审核和评价），并确保已通过计划的执行工作都得到了开展。为了使每个参与执行的人都发挥作用，最终的气候变化行动计划需要组织得当并且易于掌握和使用。

4）模块 D：我们在做吗

该模块通过两个步骤使规划师和利益相关者能够：(a) 清楚理解监督和评价是什么以及它们为什么对成功执行气候变化行动计划如此重要；(b) 为监控气候变化行动计划的执行进程，制定一个监督评价计划，针对规划目标对行动进行评价，并使利益相关者知晓评价结果；(c) 为回顾正式的气候变化行动计划划制定清晰的时间表。其中，步骤 9 并未做详细说明，在此省略。（图 7-11）

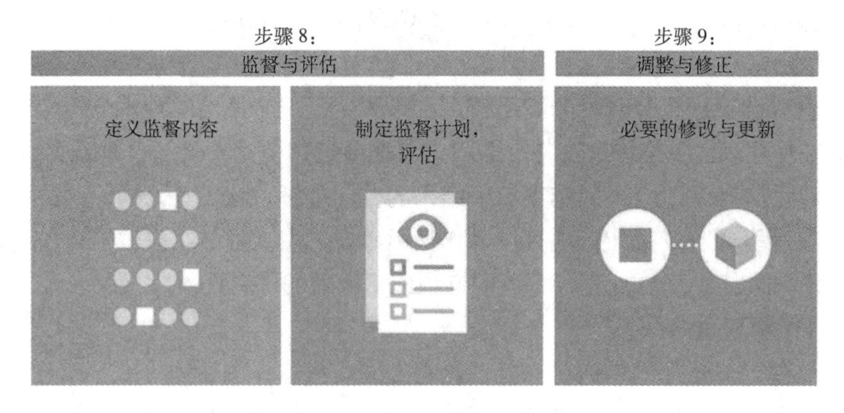

图7-11 模块D中两个规模步骤及主要规划任务

（资料来源：应对气候变化的规划，联合国人居署，2014）

步骤 8 监督与评估

工具 8-A 发展指标表：

步骤 4 中制定的目标指标可以作为行动计划监督的起始框架，这些指标在本阶段将需要进行修正和更新后才能准确评估最终的行为，尤其是在只有描述性的指标的情况下。你也许还需要确定一些新的指标，从而对规划执行过程与规划结果同时进行监测。在评估指标时需要考虑：指标是否和目标或者子目标有清晰的联系；指标是否具体和可衡量；这些指标是持续的吗。

工具 8-B 监测框架表：

该工具用来确定监测什么，以及如何让、何时、由谁来监测。监测不是表现为纠错或者批评，它是一种保障实施的方法和自适应管理的工具，通过监测反馈促进行动计划的实施。当计划有序推进时，监测工具工作也可以为调整或修改规划行动、项目或者政策提供及时且可靠的信息。要使监测工作有效发挥作用，不仅有赖于其内外部环境，也取决于执行计划的各方是否能按时完成各步骤的工作。

工具 8-C 针对目标的评价行动表：

在选定的时间评价分析在监督过程中收集到的信息，从而决定“气候变化行为计划”实施是否高效实际地满足了社区目标，是否能够通过完善行动、引进新的行动或者新的利益相关者和合作者来改善“气候变化行动计划”。评价工作是一个不连续的过程，主要在执行过程中的一些战略节点进行，需要与项目阶段协调，所以正式的评价工作会在短期项目（2 年）和中期项目（5 年）的执行周期结束时进行。考虑到气候变化和城市地区动态变化的特征，完整而综合的评价通常至少每 5 ～ 6 年进行一次。该表由行动内容、相关目标及子目标、指标、开始年、目标年、实际完成年、评价内容构成。

工具 8-D 评价问题：

由一系列问题构成，系列一的问题与计划中的个人行为相关，应当针对每项行动回答；系列二的问题与整个计划相关，应当一次性做出回答。系列二中同样考虑了更大的气候变化的背景（即脆弱性）以及如何改变地方气候条件（如暴露度、敏感度、自适应能力）可能会促进一个对“气候变化行动计划”更综合的评价。系列一的问题包括“准确和效果”、“效率”两部分。系列二则包括“地方背景条件”、“调整和建议”两部分。

7.3 美国《纽约规划2030（气候变化专章）》

7.3.1 编制背景

在全美乃至全球范围内，纽约是具有竞争力的国际大都市之一，到 2030 年，纽约市人口预计达到 910 万①。与此同时，纽约也面临全球气候变化带来的挑战。为了应对新的人口增长和全球气候变化，纽约市长办公室，邀请麦肯锡公司（Mckinsey）主持编制了新的综合规划。

《纽约规划 2030——一个更绿、更大的纽约》[146]（PlaNYC 2030——A Greener, Greater New York）②最初发布于 2007 年。该规划非常重视气候变化对城市发展的影响，提出了纽约市面临的主要挑战：增长的人口、变化的气候条件、不断发展的经济和老化的设施。超过 25 个城市机构和许多外部合作伙伴以学术、企业、公民、和社区角色召集在一起，拟定大纲具体目标（比如到 2030 年减排 30%）、计划和里程碑，以应对这些挑战，并确保纽约人在未来的生活质量。有两个部门对其进行监督，并保证实施，分别是长期规划与可持续发展市长办公室 (OLTPS) 与复兴和弹性市长办公室 (ORR)。这些办公室将该规划每四年更新一次，并提供年度进展报告。这样可以确保视角和问责将不再局限于一个市长部门，并且允许新想法和情况来完善该计划。

7.3.2 简介

该规划涉及土地、水资源、交通、能源、空气、气候变化六大版块，提出 10 项目标（表 7-4）。第六版块的主题为气候变化，内容为适应气候变化的战略规划过程，包括减少温室气体排放规划，适应气候变化规划及行动措施三部分。本书将对其进行重点介绍。

《纽约规划2030年》10大目标 表7-4

版块	项目	目标
土地	住房	为近 100 万纽约人提供住房，同时使住房负担得起及可持续
	公共空间	保证每个纽约人步行 10 分钟即有一个公园
	棕地	清理纽约市所有被污染的土地

① 资料来源：http://www.nyc.gov/html/planyc/html/about/about.shtml。
② 资料来源：http://www.nyc.gov/html/planyc/html/home/home.shtml。

续表

版块	项目	目标
水资源	水质	通过减少水污染和保护自然区域，使 90% 的水道可供娱乐使用
	水网	为老化的水网发展关键的备份系统，确保长期的可靠性
交通	拥堵	通过为 100 万人增加交通容量，来改善交通时间
	维修	使纽约的道路、地铁、铁路达到"修复完好的状态"
能源	——	通过升级能源基础设施，为每个纽约人提供更清洁的、更可靠的能源
空气	——	达到美国所有大城市中最好的空气质量
气候变化	——	减少温室气体排放量 30%

（资源来源：《纽约规划 2030》，长期规划与可持续发展市长办公室，2007）

7.3.3 重点章节介绍——气候变化

1）减少全球温室气体排放不少于 30%

（1）重要意义

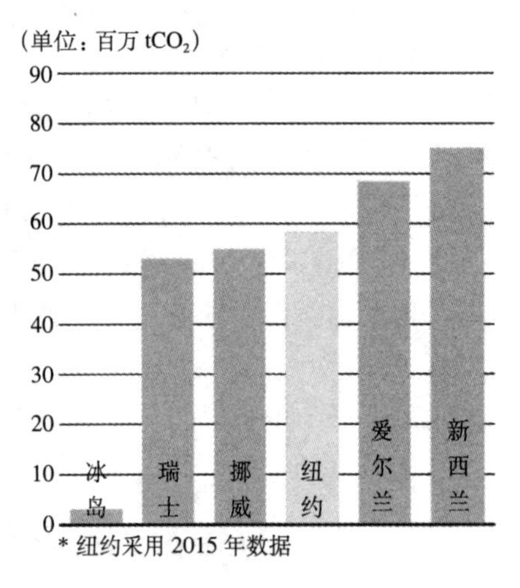

图7-12 2004年各地区温室气体排放

（资料来源：欧盟气候变化框架公约和纽约市长办公室长期及可持续规划）

科学家已经证明，人类活动正在增加地球大气层中温室气体的浓度，全球变暖在加剧，带来了越来越持续的热浪，不断上升的海平面，以及越来越猛烈的风暴。（图 7-12）

全球平均温度在 21 世纪末将上升 8 华氏摄氏度，但这不仅仅是全球问题，纽约已经感受到了气候变化的影响。如曼哈顿中心区，Battery 区的海平面在 20 世纪已经上升了一英尺（0.3048m），这导致了所谓的"百年一遇"的洪水（事实上每 80 年就会发生一次）。未来这样的洪水发生的频率将是现在的两倍甚至是四倍。

如果不采取措施，气候变化的影响将继续加剧。我们现在就可以采取的行动包括修改建筑规范、努力保护基础设施，我们甚至可以考虑设置跨越纽约湾海峡的风暴潮屏障。但是，科学家预测的极端情况下的巨大变化，仍然会超出任何保护措施的范围，将城市大部分置于洪水下。

只有共同努力才能应对气候变化的力量，纽约将成为这条道路的开拓者（图 7-13）。

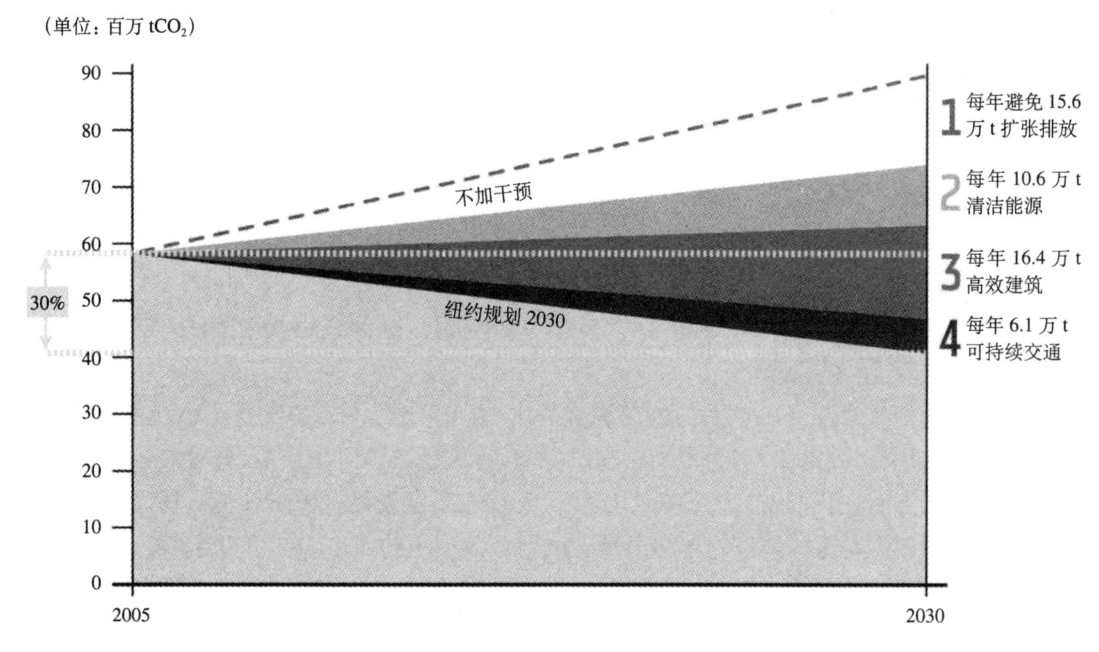

图7-13　温室气体减排战略的影响预测

（资料来源：纽约市长办公室长期及可持续规划）

（2）减少温室气体排放的计划

温室气体排放每年减少 3360 万 t，以及通过将 90 万人安置在纽约城内居住来减少会额外增加的 1560 万 t 温室气体。

①具体措施：

（a）避免蔓延发展，到 2030 年，吸引 90 万新居民在市区居住，可避免蔓延发展方式将会导致的 1560 万 tCO_2 排放。

- 创造可持续的经济适用房；
- 提供纽约市民日常的公园系统；
- 扩大和改善公共交通；
- 回收受污染土地；
- 打开水道以供休闲；
- 确保可靠的水和能源供应；
- 植树以创造更健康美丽的公共空间。

（b）清洁能源，发展纽约城市的电力供应，减少 1060 万 tCO_2 排放。

- 用最先进的技术替换低效电厂；
- 推广清洁分布式发电；
- 促进可再生能源使用。

（c）节能建筑，降低建筑能耗，减少 1640 万 tCO_2 排放。

- 提高现有建筑的能耗效率；
- 倡导高效的新建筑；
- 提高设备的效率；
- 绿色城市的建设和能源效益守则；

- 通过教育宣传培训增强能源意识。

（d）可持续交通，加强纽约市的交通系统，节省 610 万 tCO_2 排放。

- 改善公共交通减少小汽车的使用；
- 提高私家车、出租车和黑车能效；
- 降低燃料排放 CO_2 的强度。

②详细说明

（a）我们的规划：

温室气体的排放来源多种多样，上百万的汽车、锅炉还有灯泡在制造排放。因此，这个规划中用来阻止气候变化的策略是一系列行动的汇总。

交通规划方面，我们认为应当以扩大的公交系统替代小汽车出行，公交出行比小汽车出行排放更少；能源规划方面，我们建议投资新的电厂，因为他们将花费更少，有利于改善空气质量，排放较少的温室气体；空间、空气质量、水质量规划方面，我们致力于植树，以降低人行道温度及美化邻里环境，树木还可以降温和隔离温室气体。仅通过延伸和扩大纽约城市的内在力量，规划将减少纽约城市 30% 的碳排放（图 7-14）。

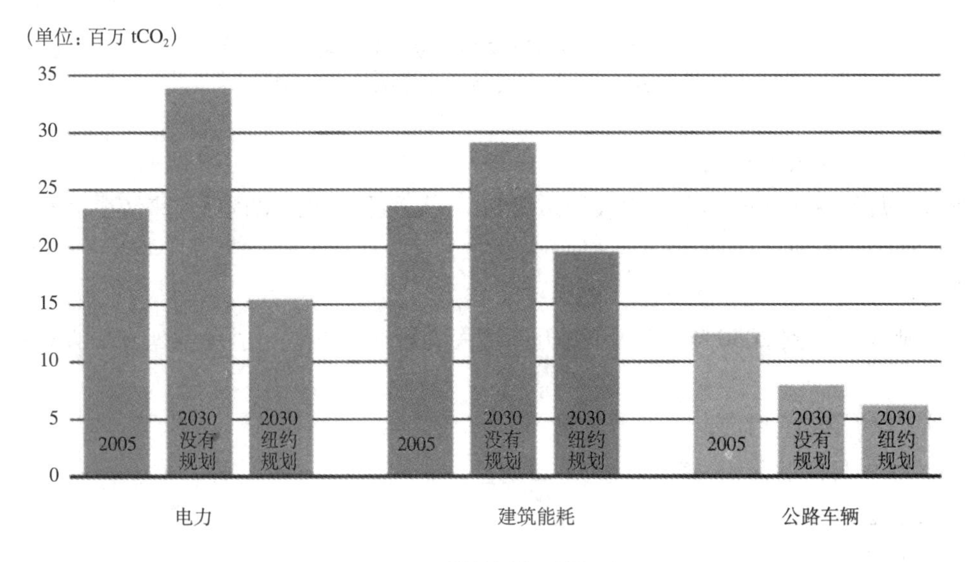

图7-14　预计排放量与减排目标

（资料来源：纽约市长办公室长期及可持续规划）

（b）生活能耗：

在美国城市中，纽约是最环保高效的。纽约人均产生 CO_2 当量不足美国人平均水平的三分之一（图 7-14、图 7-15）。这样高效的结果来源于纽约城市的基础设计。与郊区同行相比，我们倾向于居住在较小的空间中，用较少的灯和设备及更少的加热或者散热面积。随着纽约吸引了更多的居民，它减少了人口蔓延对全球环境造成负担。平均而言，每一个纽约人产生 7.1t 二氧化碳当量，而美国普通生活方式将产生 24.5t 二氧化碳当量。这意味着，使城市更宜居——通过经济适用房、交通方便的公园，或更清洁的空气和水道，可以在很大程度上减少对环境的影响。通过投资基础设施建设，包括支持城市生活的水系统、道路、地铁以及电网，确保有效的生活方式可以继续维持几代人。

（c）能源消耗：

按目前能耗的发展趋势，到 2030 年，纽约的 CO_2 排放量将比 2005 年增加 27%。关于能效的努力通常集中于汽车和电厂，纽约还有一个重要的领域——建筑。而关于建筑能耗的讨论通常会聚焦于新建设的标准上。纽约有全美最可持续的摩天大厦和经济适用房，可以说，已经是绿色建筑设计的领跑者了。因此，在建筑领域节能减排的潜力主要是针对已有建筑的节能改造。

（d）交通运输：

交通运输是最后一个关键的气候变暖罪魁祸首，占全部排放量的 23%。其中，70% 来自私家车，即使它们对应的行程只占了整个城市的 55%。相比之下，公共交通排放只占去交通排放的 11.5%。所以最有效的方法是减少道路中小汽车的数量。

（e）更高的目标：

采取这些主动行为就可达到减排 30% 的目标，但这些最终还不够。科学家认为，如果想在 21 世纪中达到稳定全球气候的目的，就必须进一步减排到 60% ～ 80%。这就是为什么我们必须积极跟踪新兴技术，并鼓励它们应用推广。例如电池的改进，生物燃料发动机，风力发电，以及车用燃料电池，高效率电力输送线路，更轻更隔热的建材，新类型的应用程序电器和消耗更少电力的照明设备等等。其一切将有助于我们实现和超越减排 30% 目标的新技术。

这些额外省出的碳排量，必须用来超越我们的目标，而不是替代这个计划中已设想的措施。而纽约市将充当探路者的角色。市政府占去了全市将近 6.5% 的碳排放，主要集中于建筑、废水处理以及交通。自 2001 年以来，全市已设法保持其排放量不变，尽管每年增加用电量的 2%。在过去 10 年内，纽约市通过制定地方法规提高新建筑的能效、更新耗能设备以及提高市政车辆的节能标准等措施，使全市总的温室气体排放量保持不变。不仅如此，新的规划，政府制定了更加雄心勃勃的目标，即到 2017 年城市政府温室气体排放量再减少 30%（图 7-15）。

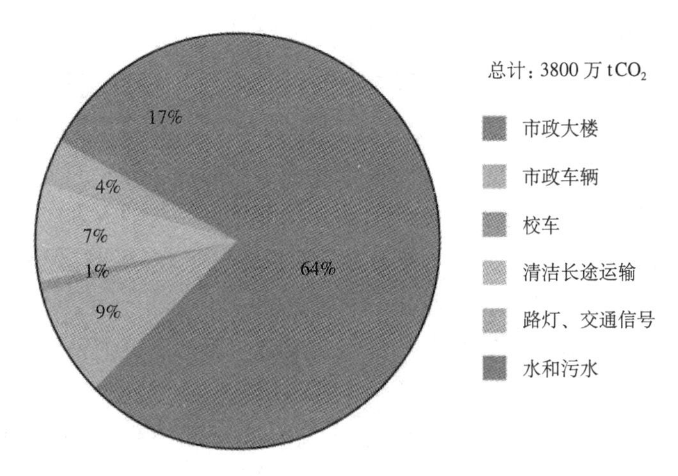

图7-15　纽约城市政府温室气体排放

（资料来源：纽约市长办公室长期及可持续规划）

但纽约一己之力还不能阻止气候变化。所有层级的政府都有责任面对气候变化和改变其潜在影响。更宽泛的解决方案，如总量控制和交易系统等将会减慢气候变化的进程；如果世界上其他城市、州或国家行动一致，那么我们将在 21 世纪中叶稳定我们的环境。

2）我们对气候变化的适应计划

我们将开始通过广泛的努力来适应气候变化不可避免的进程。除了必要的目标举措，我们还必须站在一个更广泛的角度，对新兴气候变化数据及其对城市潜在影响进行跟踪（图 7-16）。

图7-16　纽约市洪水疏散区
（资料来源：纽约应急管理办公室）

（1）建立政府间专门工作组，以保护城市重要基础设施

不仅仅是保护供水、污水和废水处理系统，而是将适应战略进行扩展，对所有必要的城市基础设施进行保护。城市环境保护部门已经构建了全球和区域气候变化的模型，并应用于该机构的战略和资本规划。专门工作组创建一个设计指引，盘点现状基础设施风险，对每个系统的组件进行分析和定级，制定针对新基础设施的适应战略。

（2）与弱势社区共同开发站点特定策略

创建社区规划过程，使所有利益相关者都参与社区专项气候变化适应战略的制定。保护基础设施固然重要，但同样需要使城市做好应对气候变化的准备，尤其是在洪水易发区。显而易见，暴风、洪水、热浪和其他气候变化将直接对人的财产和生活带来影响，应对气候危害必须包括社区专项规划。成功的社区规划会为邻里提供理解，并成为解决气候问题的有效交流工具，还要考虑将公众参与纳入到应对气候变化规划的制定中，把气候变化的潜在影响和可能的解决方案告知社会各界，并探索它们在发展过程中的优先级别。

（3）为适应气候变化启动全市范围内的战略规划

所有纽约人都会受到气候变化的影响，保护城市需要市域战略。纽约是美国第一个综合分析气候变化风险、成本及气候适应潜在方法的城市，但这些努力都是无法预测和具有挑战性的，因此只能循序渐进地进行决策。此外，因为牵涉众多，花费巨大，大规模的基础设施，如城市海堤等都需要谨慎考虑。

创建一个适应气候变化影响的战略规划过程。建立纽约市气候变化顾问委员会，成员包括非城市政府机构、科学家、工程师、保险专家和公共政策专家。顾问委员会将帮助长期规划和可持续发展办公室制定规划框架，即：

- 建立基于风险的、成本效益评估过程；
- 评估防止洪水和风暴潮的可能策略，并提供建议。

确保纽约百年一遇洪泛区地图的更新。纽约洪泛区地图决定着海险费率，并使不同地区的建设受建筑规范的要求各异，所以地图的准确和更新至关重要。我们将与联邦紧急事务管理局（FEMA）合作，以确保洪泛区地图反映最新的信息。

记录城市的洪泛区管理策略，以确保纽约人的现金洪水保险。国家洪水保险计划（NFIP）社区评级系统（CRS）是一个自愿承认社会激励方案的洪泛区管理战略，超出最低需求。纽约市已经有比较严格的标准，让居民得到降低的保险费，但必须向 FEMA 提交广泛的应用行动的记录。

修改建筑规范应对气候的影响变化。建筑部门将组织多方资源成立专项小组建立应对气候变化的建筑规范。

3）行动措施

本规划为纽约创造了可持续的行动计划，需要城市各个部门的共同努力，并且必须现在就开始迅速行动。规划中许多策略是城市本身就可以做到的。远景规划和可持续发展办公室将通过跨部门合作制定气候变化适应战略，并发布两个年度报告：一个对规划执行和目标完成情况进行汇报；另一个报告最新的气候变化信息及带来的影响。

7.4　美国《King County综合应急管理计划》

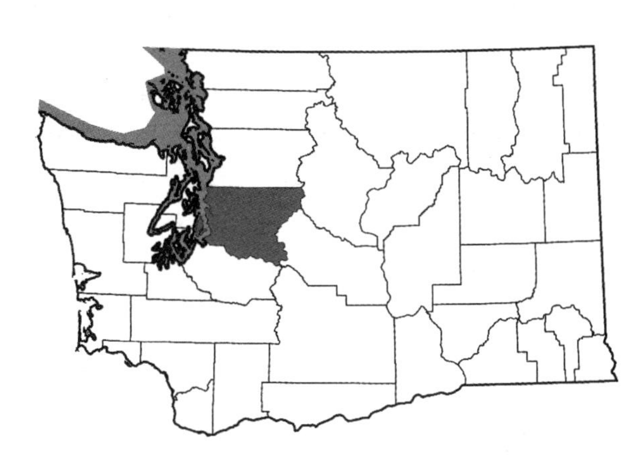

图7-17　King County在华盛顿州的位置

（资料来源：http://zh.wikipedia.org/wiki/）

7.4.1　编制背景

King County（金县）是美国华盛顿州一个县，县治是西雅图（图 7-17）。2010 年，King County 人口达到 193 万人，是华盛顿最大的县，其县治西雅图是州内最大的城市。King County 环境宜人，但却是全美灾害发生最频繁的地区之一，包括冬季风暴、山体滑坡、灌水和地震等。King County 政府管理体系里有一个灾害管理部门，针对常发各种灾害分别制定了全面的介绍和应急措施。

《King County 综合应急管理计划》[147]（King Country, Washington, Comprehensive Emergency Management Plan, 2011）① 由 King County 灾害管理办公室颁布。

《King County综合应急管理计划》编制流程　　表7-5

版本	内容	时间
1	反映国家响应框架和国家事故管理系统 (NIMS) 的修改方案	2008.12
2	与 King County 政府管理部门的调整及职责变化相协调	2010.9
3	将 King County 动物控制与区域动物服务相协调	2010.12
4	调整基本规划部分，加入 KC OEM 作为大范围内应急负责人的职能	2011.1

（资料来源：King County 综合应急管理计划，King County 灾害管理办公室，2011）

① 资料来源：http://www.kingcounty.gov/

《King County综合应急管理计划》（表7-5）主要是一个应急管理的协调工作，包括协调King County应急管理办公室、县政府部门、选定的政府组织里的应急管理代表以及从选定的私人和志愿部门的利益诉求。它符合州应急管理部门的规划指南，从属于联邦紧急事务管理署（FEMA）对国家响应框架和事故管理系统（NIMS）的统筹安排。

7.4.2 简介

《King County综合应急管理计划》由四部分组成：

（1）基本计划（Basic Plan）：概述了灾害发生时县级政府、部门的任务和责任。它还集成了以前King County所有的已形成的和简化事件所需的关键信息和过程控制附录。

（2）附录：解释基本计划里包括的各种主题，如术语和定义、缩略语、法律部门，和培训要求。

（3）紧急支援功能（Emergency Support Functions, ESFs）：包括交通、通讯、能源在内的17个紧急支援功能。并描述了每个ESF相对应的政策、情况、规划假设、概念操作、和King County所有政府机关的责任。

17个紧急支援功能：交通、通信、公共设施与工程、消防、应急管理、救援住房和人道服务、资源支持、公共卫生和医疗服务、搜索和救援、石油和有害物质的响应、农业与自然资源、能源、公共安全、长期的社区康复与减灾、外部事务；州和联邦政府的支持、快速影响评估。

（4）附件：

是专门用来响应和恢复重点具体领域的支持文件，包括：

- 区域住房业务附件；
- 临时房屋附件；
- 大规模撤离事件附件；
- 恐怖主义事件、执法和调查附件。

7.4.3 重点章节介绍——基本计划（Basic Plan）

1）介绍（Introduction）

任务：在自然、恐怖主义或技术灾害下，华盛顿州King County政府应当提供应急管理和援救，以减少生命财产的损失，保护公共利益，维持政府设施持续运转，以及全县经济和环境稳定。同时，King County政府会对救援可及的其他城市和特殊地区提供援助。

目的：《King County综合应急管理计划（CEMP）》的目的是建立对事故管理的一个综合性、全灾害管理措施，包括减缓、预防、准备、响应和恢复。它阐述了能力和资源、构建了责任、建立运行程序以及协调机制，来保护King County免受恐怖袭击、自然灾害以及其他人为灾害的威胁。

适用范围：CEMP适用于所有县部门和机构，包括立法、司法和分支执行机构，包括援助资金或者对潜在灾害组织行动，参与或响应恐怖行动、主要灾害和其他紧急事件的威胁。CEMP同时也提供了长期社区恢复和减缓行动的基础。

组织：县政府主要职责是保护生命、公共财产、公共安全和健康。辖区的管辖边界由法律界定（RCW 38.52.070）。地方政府在上述职权范围外，可以依据RCW 38.52进行修改、补充和协定。

2）政策（Policy）

依据：主要指出本计划的法律法规依据。CEMP主要根据国家响应框架，国土安全法案（2002年），国土安全总统指令（HSPD）的国内事件5个管理手段，罗伯特·T救灾和紧急援助法案，以及国家和地方法律（RCW 38.52，WAC 118-30，KCC 12163）。综合以上，提供一个全面的、所有的风险事件管理方法。

责任：提出四项基本责任是：预防、准备、响应、恢复。

局限性：指出本计划的局限性，只能试图在尽一切合理的努力基础上，采取尽可能有效的措施，使用灾害发生时可用的所有资源。

3）情况（Situation）

这一部分主要包括两部分：灾害情况分析及规划设想原则。

根据 King County 所处的地理位置，分析了 King County 可能遭遇的自然灾害和技术灾害。自然灾害是指由于自然事件包括地震、海啸和海潮、火山活动、洪水、灾害性天气事件、火灾、和山体滑坡。技术灾害的定义是，是由人引起的，涉及交通意外事件、有害物质的释放、恐怖主义、骚乱、溃坝、飞机坠毁、城市火灾以及公用事业的资源短缺，如交通、食品和能源产品。罗列出在灾害发生后，所采取响应行动应当基于的规划设想及响应原则。

4）概念操作（Concept of operation）（表 7-6）

概念操作流程表 表7-6

项目	主要内容
总体	提出灾害发生时的主体负责机构为 King County 紧急协调中心（ECC）。在灾害或紧急情况下，由于快速决策和行动的需要，应急管理计划和程序可取代正常的政策和程序。紧急权力可以用来确保生命安全，保护公共财产，环境安全，以及维持社会经济正常运转。通过连续管理、备份通信系统、交替操作的位置和必要的记录保存，确保政府的连续性
事故管理概念与行动	King County 政府及其工作人员、储备人员、志愿者以及指定应急管理人员，将采取一切可能的措施应对紧急情况或灾难的影响，并进行快速的响应和恢复。当务之急是保护人的生命安全。紧急行动建立 24 小时工作机制
方向和控制	确定政府应急管理部门的负责人，具体负责协调在联邦政府、州政府和地方政府，以及行政首长和其他政治派别之间制定和实施应对灾害的相关减缓、准备和响应措施。此外，在紧急情况或灾难发生后，要提前确定连续执行行政命令的人员位序，并明确继任人选，以此保证灾害应急管理的行政领导具有连续性
应急协调 / 操作措施	在灾难中，若 King County 政府 ECC 损坏或无法使用，应当有备用部门。如果有必要的话，设施管理部门也应该设置在不同的位置，如在应急管理办公室中租一个适当位置。King County 有关部门应在灾难时期指定一个指挥中心，如部门运营中心，并且将和 ECC 联合行动。备用应急部门和机构根据事件实际情况决定是否启用
资源分配战略和概念	King CountyECC 将优先获取以下资源，并以提供以下服务： • 提供预警和疏散提供 • 提供突发公共信息传播 • 重建通信，协助响应行动 • 重建访问受影响的地区和设施 • 支持搜索和救援行动，运输医疗服务，医治受害者 • 支持大规模的护理操作，包括食物、水、庇护所 • 协助关键基础设施的恢复 • 保护公共财产和环境 • 推进短期和长期的康复计划
预防、减缓和保护行动	King County 所有小学和支持机构、政府将确保人员、财产和设备不受灾害的影响 并采取符合当地、州和联邦政府的，适当的应急程序和操作计划来响应和恢复
应对和恢复措施	响应和恢复活动由各部门详细组织，操作标准和指导方针要适合当地、州和联邦政府的恢复指南

（资料来源：King County 综合应急管理计划，King County 灾害管理办公室，2011）

5）责任（Responsibility）（表 7-7、图 7-18）

各部门责任表 表7-7

主体	责任
联邦政府	通过联邦应急管理署（FEMA），将拯救生命，提供援助，保护财产，经济和环境。联邦政府将组织通过国家响应框架的使用和国家事故管理系统来帮助他们应对重大突发事件和灾害的后果
州政府	保护人民的生命和财产，并保护环境。华盛顿州州长负责宣布紧急情况或灾难，协调国家资源，采取全方位的行动减轻、预防、准备和响应。州政府负责提供各种服务，如专业技能、设备、资源，以及紧急行动的支持

续表

主体	责任
King County 政府	负责提供所有政府服务。县政府各部门在应急管理中有四个阶段的基本职能：缓解、准备、响应、恢复 应急管理办公室受县行政官直接控制，负责激活和建立行动。与 King County ECC 协调应急管理程序。每个县部门需要建立内部的计划和程序，讨论将如何实施规定的任务，并进行有必要的训练和演习
其他职能部门	所有 King County 管辖单位，对行政部门、评估部门、检察机构、地区法院、预算部门、应急管理办、人道主义机构、公共卫生部门等几十个部门的负责人及职责作了详细的规定

（资料来源：King County 综合应急管理计划，King County 灾害管理办公室，2011）

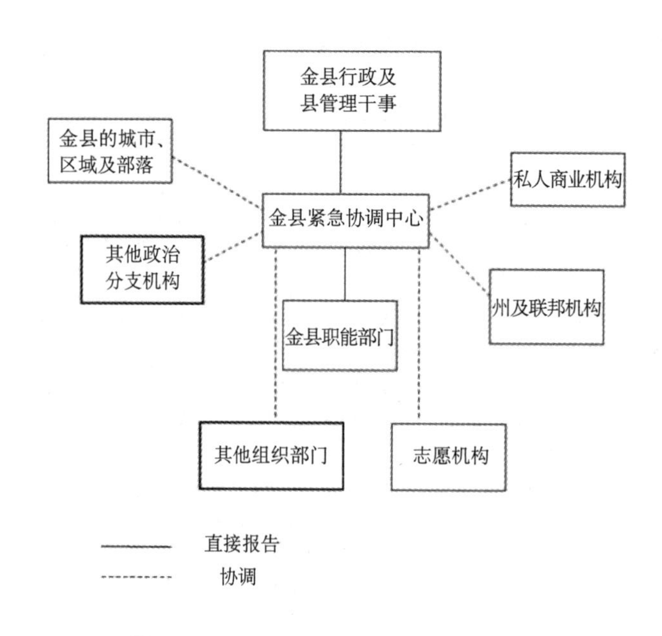

图7-18 King CountyP66政府部门职责图

（资料来源：King County综合应急管理计划，King County灾害管理办公室，2011）

7.5 德国《城市发展气候手册：城市用地规划指引》

7.5.1 编制背景

德国城市斯图加特由于地处山谷盆地，常年弱风频率较高导致城区自然通风不畅和城市热岛等气候问题。曾因为严重的环境污染问题被冠以德国“雾都”的称号。斯图加特市自 20 世纪 40 年代开始测量和分析城市空气环境和质量，并逐渐加入对空气污染物排放的监测和管制；并于 1978 年开始利用图示的方式将空气气候和环境的信息表达出来[①]。即绘制“城市环境气候图”，以便将气候与气象研究的结果能直接应用于当地城市发展之中。

斯图加特城市环境气候图研究表明，近地面的空气流动与地表热力状况、地表粗糙度、土地利用分类、污染物排放状况等因素相关。而城市周边的山坡地可以为市中心提供新鲜的冷空气，进而缓解城市热岛效应和空气污染。研究人员基于流体动力学原理，利用 KALM 等模型模拟了冷空气流动状况，证明了城市周边山坡地的峡谷地带及山隘出口都是冷空气流通的重要通道。政府据此提出相应的规划应对策略，并写入了《城

① 斯图加特空气气候和环境的信息图示网站：http://gis6.stuttgart.de/maps/

市发展气候手册：城市用地规划指引》[148]（climate booklet for urban development：indications for urban land-use planning）① 中，政府希望通过规划手段调整城市空间和城市周边绿化空间，以缓解城市通风不畅等问题②（表7-8）。

7.5.2 简介

《城市发展气候手册：城市用地规划指引》目录　　表7-8

1　气候是规划和区划中的一种公众利益
2　城市气候的特点和形式
　2.1　综述
　2.2　城市热预算
　2.3　城市热岛
　2.4　湿度 / 降水 / 植被
　2.5　风
　2.6　生物气候
　2.7　空气交换
　2.8　污染物排放
　　2.8.1　污染源——交通
　　2.8.2　交通污染的估算
　2.9　污染物水平和阈值
　　2.9.1　限制和评估值
　2.10　污染物的影响
　2.11　气候变化
　　2.11.1　德国的气候变化
　　2.11.2　应对气候变化
　　2.11.3　适应气候变化
3　规划和区划中的能源意识
　3.1　综述
　3.2　太阳能
　　3.2.1　辐射全球
　　3.2.2　太阳能几何
　　3.2.3　日照条件研究工具
　　3.2.4　日光
　3.3　空气温度对能源规划的影响
　　3.3.1　描述温度的特征值
　　3.3.2　当地的气候条件
　3.4　风对于能源规划意识的作用
　　3.4.1　风统计
　　3.4.2　风统计结果
　　3.4.3　风速与海拔的关系
4　规划信息获取的方法
　4.1　测量方法
　　4.1.1　静态的测量方法
　　4.1.2　基于移动测量设备的测量方法
　　4.1.3　示踪实验
　　4.1.4　垂直探测
　4.2　风洞
　　4.2.1　综述
　　4.2.2　操作和调查方法
　　　4.2.2.1　气流和污染物扩散的可视化
　　　4.2.2.2　风速的测量
　　　4.2.2.3　在扩散试验中浓度分布的测量
　　4.2.3　风洞的位置
　4.3　风场和风移动过程数值模拟
　　4.3.1　风场模型 DIWIMO
　　4.3.2 冷空气流模型 KALM and KLAM 21
　　4.3.3　估算交通污染的模型——STREET
　　4.3.4　周边无构筑物的道路上的污染物扩散的计算模型——MLuS-02
　　4.3.5　计算道路空气污染的模型——PROKAS
　　4.3.6　微观尺度模型——MISKAM
　　4.3.7　中尺度地形气候模型
　　4.3.8　城市气候模型——RayMan,ENVI-met and MUKLIMO_3
5　用于规划和区划的气候和卫生地图
　5.1　引言
　5.2　红外线成像
　5.3　基础气象地图
　5.4　冷气产生和流动以及风场计算
　5.5　空气卫生地图
　5.6　预测气候变化的影响：年平均气温和生物气候
　5.7　气候分析地图
　5.8　可以提出规划建议的地图
6　规划建议
　6.1　保护并增加绿化空间
　　6.1.1　景观和开放空间控制规划
　　6.1.2　描述“绿色”用途的标准
　　6.1.3　避免使用绿地和水体
　　6.1.4　屋顶绿化
　　6.1.5　墙体绿化
　6.2　确保当地空气流通
　　6.2.1　生成冷空气
　　6.2.2　供应新鲜空气
　　6.2.3　建立绿色通道
　　6.2.4　良好的城市发展形态
　6.3　空气污染控制措施
　　6.3.1　工业区和商业区
　　6.3.2　家庭取暖
　　6.3.3　交通
　6.4　规划相关的城市气候研究

（资料来源：城市发展气候手册：城市用地规划指引，斯图加特交通运输与基础设施部，2012）

7.5.3 重点章节介绍

在此仅选取 2.5、2.7、6.2 这三个与风道规划紧密相关的章节进行详细介绍。

1）重点章节——风

城市风场的特点是其变化与风向和风速有关。由于城市较大的地表面积和不规则的建设区域增大了摩擦，平均每年使风速降低了 30%，尤其零风频率增加了 20%，这导致了空气循环减少，从而阻碍了污染物的扩散。

① 资料来源：http://www.staedtebauliche-klimafibel.de/?p=0。
② 任超，袁超，何正军，等．城市通风廊道研究及其规划应用 [J]. 城市规划学刊，2014，(3)：52-60。

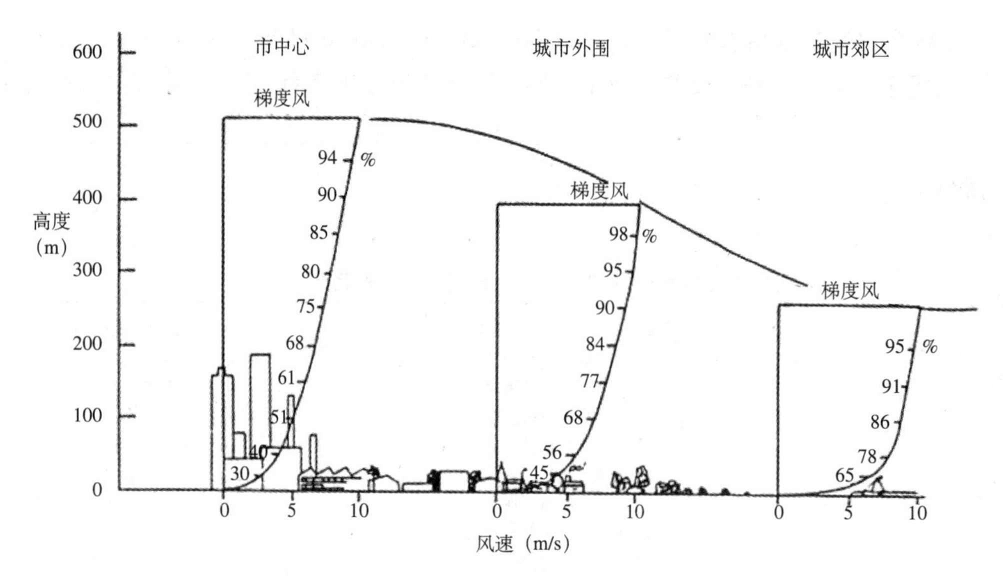

图7-19 城市中心、外围和郊区的垂直风廓线图

（资料来源：ROBEL et al.，1978）

图 7-19 可以看出城市中心、外围和郊区垂直风廓线的差异。越接近市中心，风速越小，而且市中心的风场受到了更大的阻挡（ROBEL et al., 1978）。

同时，高层建筑旁涡流的形成可以有助于增加城市阵风。这种涡流可以形成近地表气流，但是在建筑环绕的地区有时候无法形成（图 7-20）（GANDEMER, 1977）。

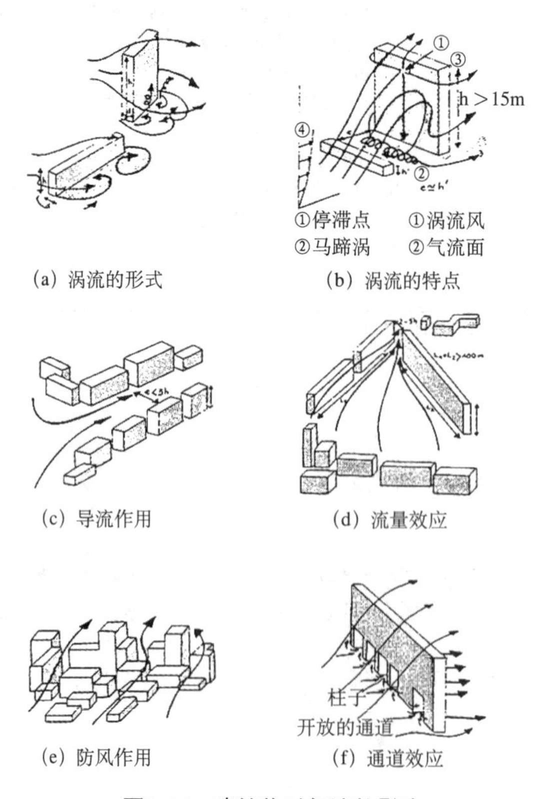

图7-20 建筑物对气流的影响

（资料来源：GANDEMER，1977）

图 7-20 描绘了建筑物周围气流的流动方式。这些气流可以通过不同的方式形成涡流。建筑物附近空气形成的涡流有助于来自壁炉或其他近地面污染源的颗粒物的扩散。通常，建筑物对风场的影响范围可达建筑物高度的十倍距离。

城市当地的风系统（主要是微风）对城市地区的空气流动也很重要。不同的地形和建成环境形成的风系统也是不同的。

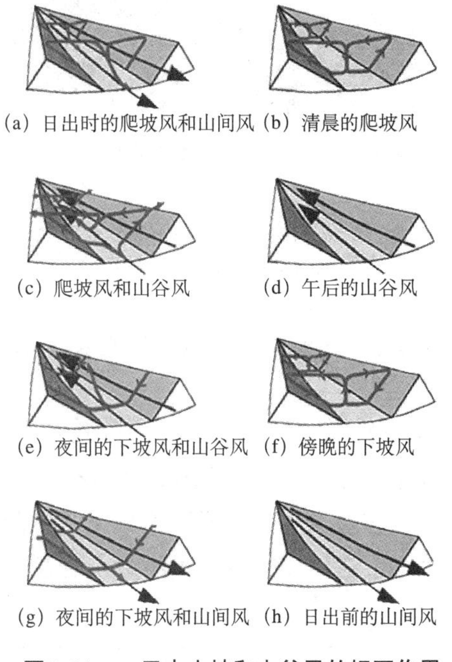

图7-21 一天中山坡和山谷风的相互作用

（资料来源：LILJEQUIST，1974）

图 7-21 可以看出山坡、山岭和山谷风的流动方式（LILJEQUIST, 1974）。这种流通方式对于山谷或盆地区域中的城市来说至关重要，因为它有助于去除污染物，并带来新鲜空气。冷空气流的形成，尤其是夜间近地表的冷空气的形成决定于形成冷空气的地表面的面积以及坡度的大小。

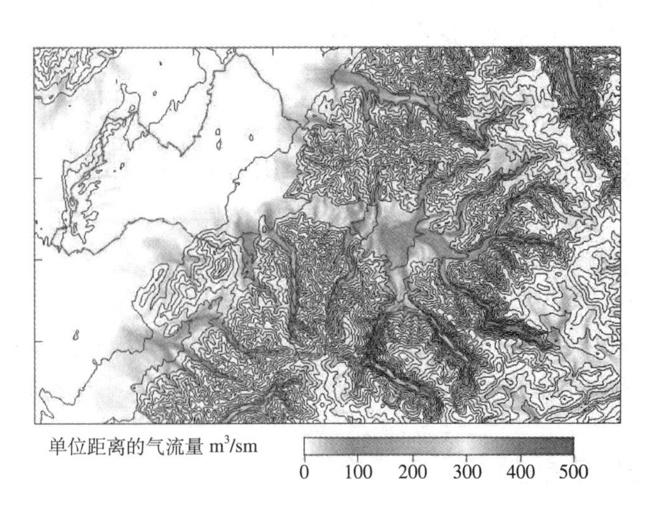

图7-22 冷空气开始形成30分钟后弗莱堡市的冷空气流

（资料来源：RICHTER u. RÖCKLE，2003）

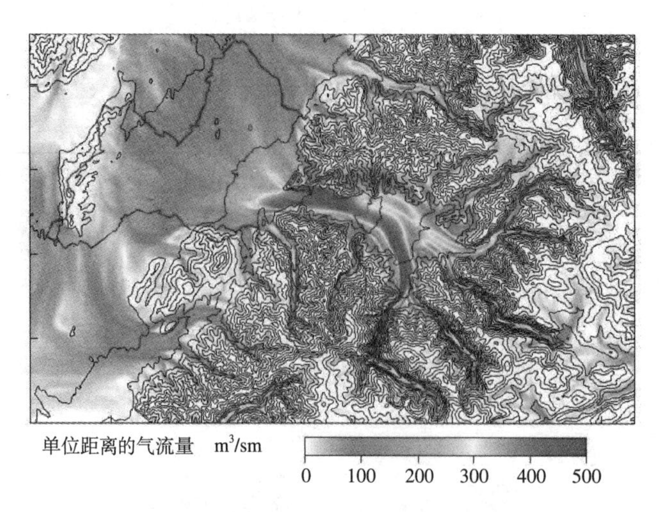

图7-23 冷空气开始形成5小时后弗莱堡市的冷空气流

（资料来源：RICHTER u. RÖCKLE，2003）

图 7-22 和图 7-23 可以看出弗莱堡市冷空气流的增加 (RICHTER u. RÖCKLE, 2003)。

2）重点章节——空气交换

频繁的空气流动才能保证城市的空气更新，进而疏散掉空气中的污染物。因此，低风的时候会产生很多的问题（例如持续高压的影响）。当垂直空气交换严重受阻的时候空气无法更新。这个时候当地的风力系统在提供新鲜空气方面发挥了重要的作用。逆温层的存在导致空气无法更新。逆温层会阻止污染物向天空的扩散。这时候空气温度随海拔的增加而增加。这就使得冷空气停留在地表面无法流动（图 7-24）。

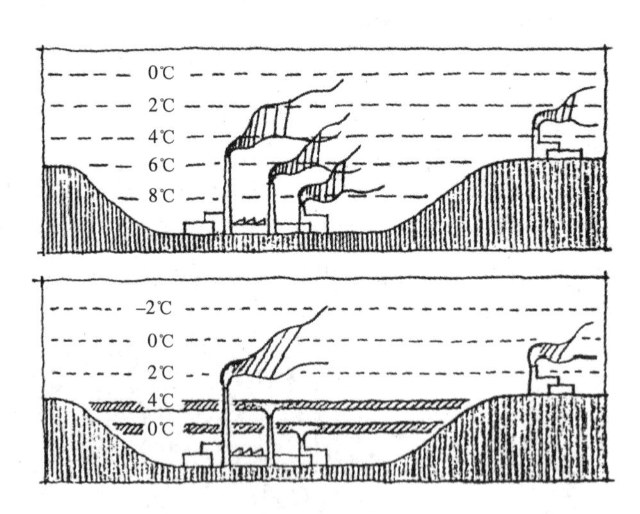

图7-24 温度梯度和污染物扩散

（资料来源：城市发展气候手册：城市用地规划指引，斯图加特交通运输与基础设施部，2012）

这种天气一般出现在冬季，并且一天中都保持这种天气状态。因为冬季太阳高度降低、日照时间缩短，使得地面及近地面的空气无法变暖。盆地和山谷地形（同时也是城市和工业发展的优先位置）尤其容易形成这种天气。

3）重点章节——确保当地空气流通

（1）生成冷空气

与城市尺度成比例的绿色开敞空间（包括低植被覆盖的草地、农田、休耕地和耕地面积）夜间每小时每平方米可以产生 10 ~ $12m^3$ 冷空气。但是，如果这些冷空气不流动，就会使冷空气层的上边界以每分钟 0.2m 的速度上升。因此一个小时就可以形成一个厚达 12m 的冷空气层。森林地区同样扮演者夜间冷空气生成的角色。相同面积的森林和开敞空间，前者冷却的空气面积会更大；但是森林无法达到开敞空间那么低的冷却温度（图 7-25、图 7-26）。

图7-25 斯图加特新鲜空气廊道

（资料来源：城市发展气候手册：城市用地规划指引，斯图加特交通运输与基础设施部，2012）

图7-26 生产并流通冷空气的树林坡地

（资料来源：城市发展气候手册：城市用地规划指引，斯图加特交通运输与基础设施部，2012）

（2）供应新鲜空气

当冷空气生产区位于或邻近山谷的集水区和通往发达地区的谷地的时候，由于冷空气不断向更低的地形区流动，这样就可以形成新鲜冷空气供应的自然通道。气流的强度由集水区的大小、斜坡的倾斜角度、山谷的宽度和地表面的摩擦指数决定。如果当地的环境良好，无污染，那么清洁新鲜空气就可以通过本地气流供给（图 7-27）。

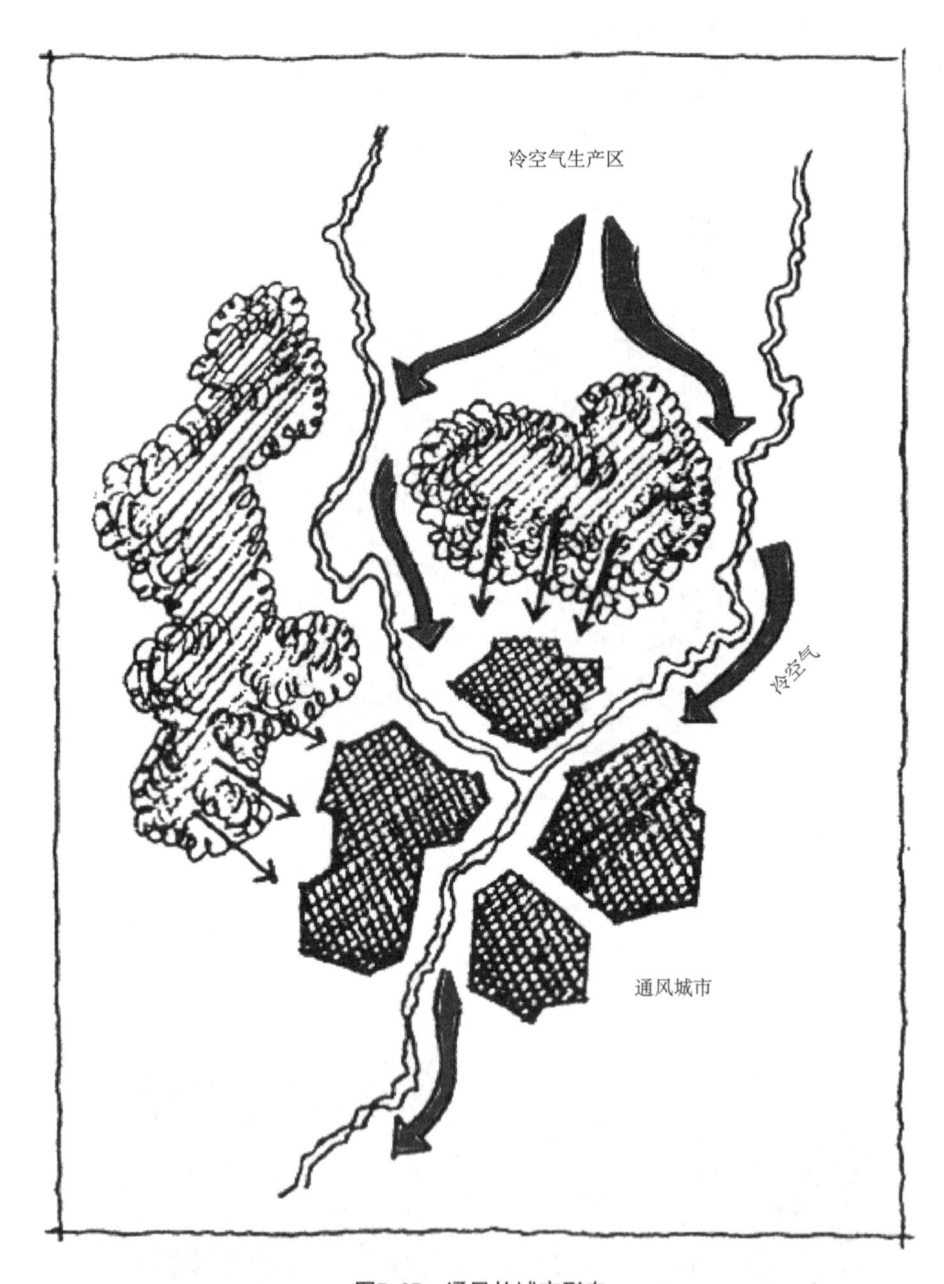

图7-27　通风的城市形态

（资料来源：城市发展气候手册：城市用地规划指引，斯图加特交通运输与基础设施部，2012）

对寒冷气流起到阻碍作用的因素主要有：山谷瓶颈位置、水坝、噪声保护屏障或墙壁、垂直排列的山谷树林以及大型构筑物。当遇到障碍物的时候，冷空气流动就会减弱，这时候冷空气温度会急剧下降，而障碍物附近的空气流通会减弱（容易产生霜冻或大雾灾害）（图 7-28 ～图 7-31）。

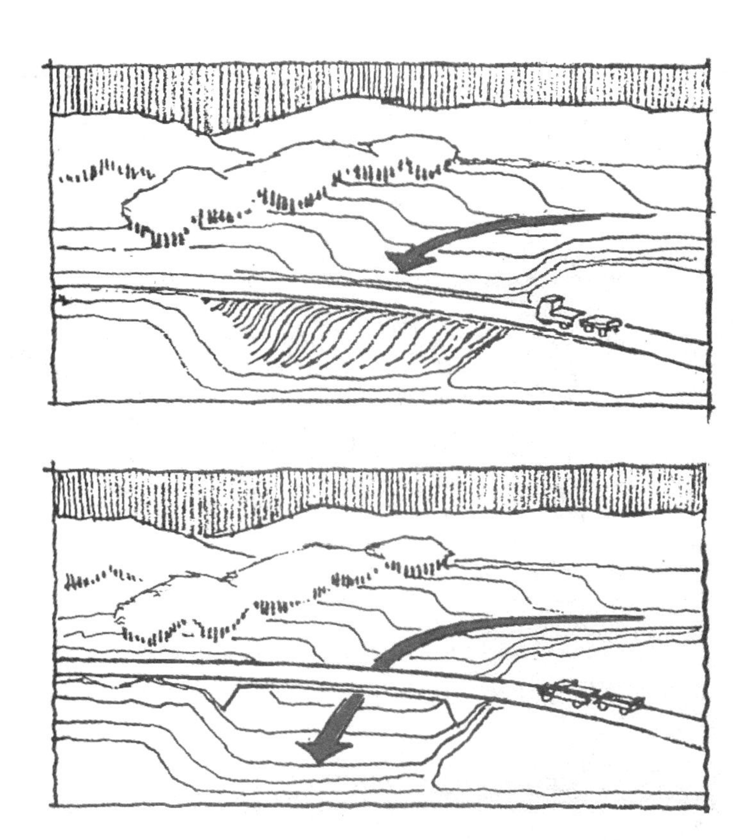

图7-28 大坝成为阻挡物，一座桥并不会阻碍冷空气的流动

（资料来源：城市发展气候手册：城市用地规划指引，斯图加特交通运输与基础设施部，2012）

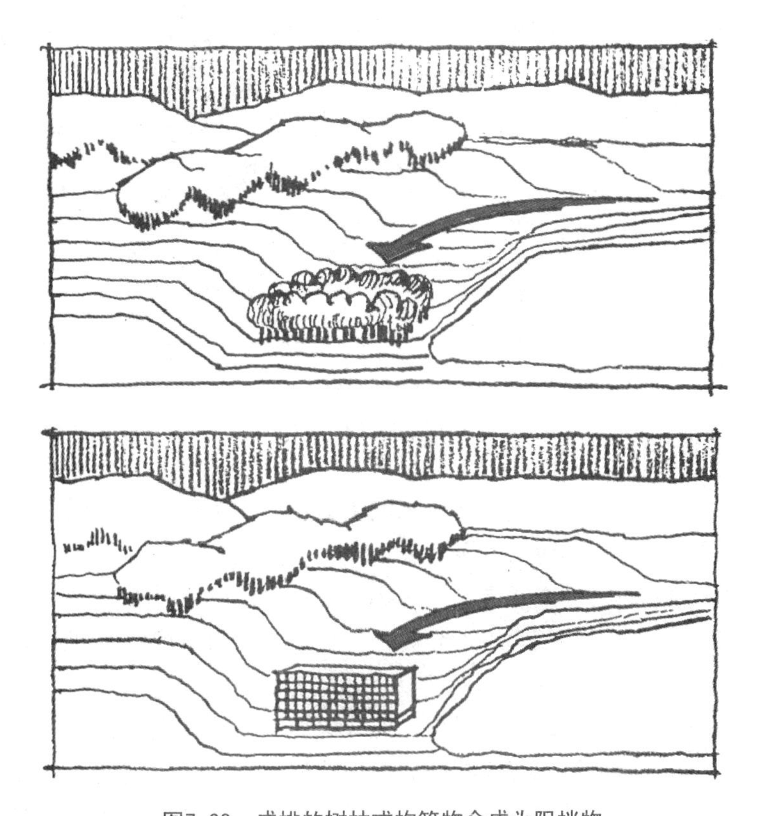

图7-29 成排的树林或构筑物会成为阻挡物

（资料来源：城市发展气候手册：城市用地规划指引，斯图加特交通运输与基础设施部，2012）

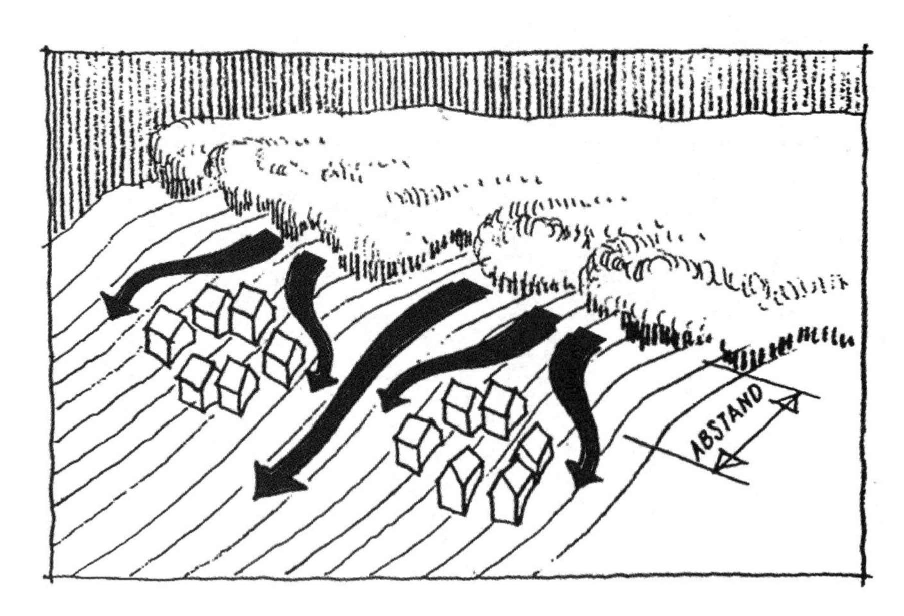

图7-30 依山而建的建筑物

（资料来源：城市发展气候手册：城市用地规划指引，斯图加特交通运输与基础设施部，2012）

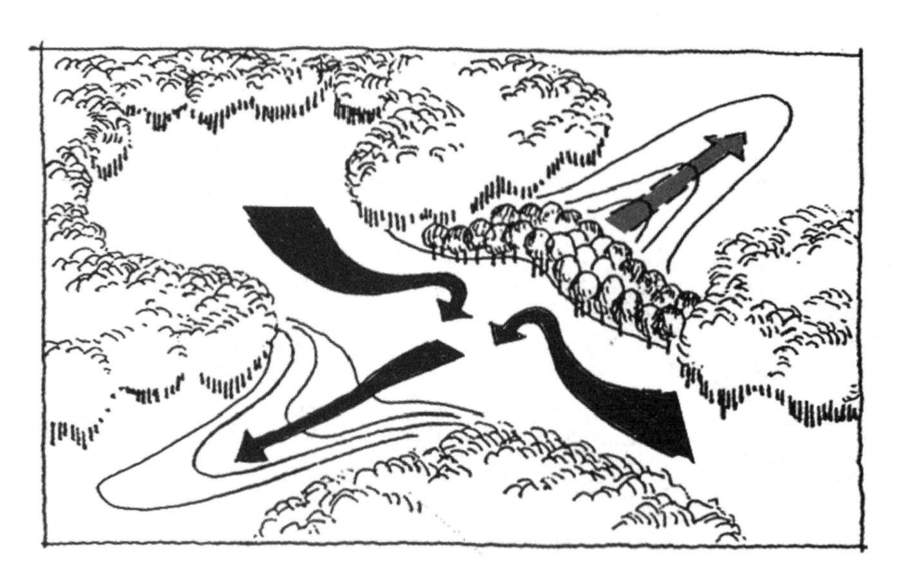

图7-31 阻塞

（资料来源：城市发展气候手册：城市用地规划指引，斯图加特交通运输与基础设施部，2012）

同时需要注意的是与，与冷空气流流动方向一致的道路也有助于冷空气的流动。但是如果道路布线与山谷走向垂直，它更多的会成为冷空气流动的阻碍因素。

总体市政规划可以完善地区性的冷空气生产区的功能。包括开敞空间的开发控制以及适度的人工造林。

只要通往城市的山坡上生长有树林或人工造林，并且保持山坡与建成区之间通道的流畅，冷空气就会从树林流向城区。

对提供新鲜空气有重要作用的山谷或其他类似地区应该作为新鲜空气走廊，并保持其通畅。在较低的河谷地区，垂直独立的建筑会成为气体流动很大的障碍。还要避免山谷纵向坡度不要太大。成排成组的树林也有可能会成为地面空气流动的障碍。必要的时候可以通过减薄或清除这些树林或者更改树林的排布以减少对冷空气流动的阻挡。还应该注意的是城市的发展不能占用山谷用地（图 7-32）。

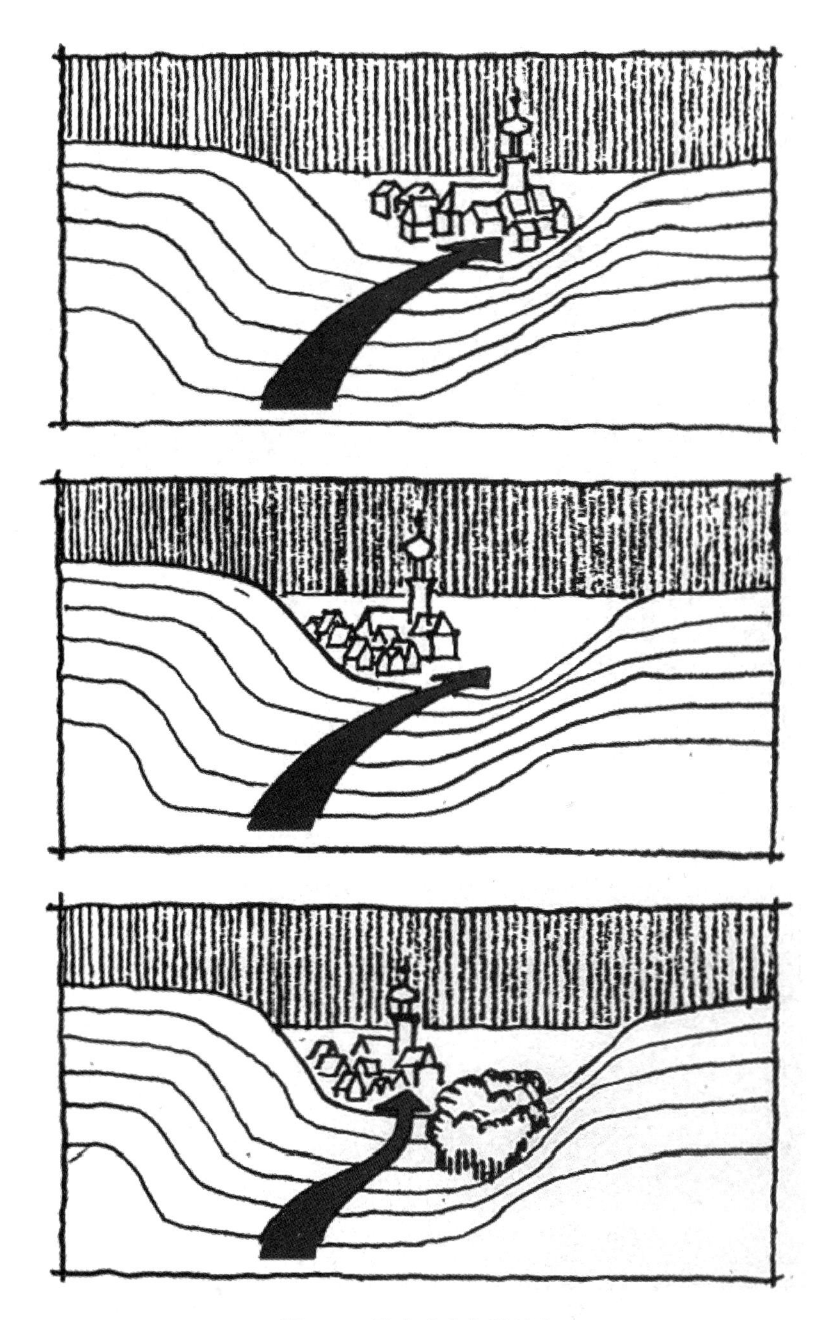

图7-32　改变冷空气流流向

（资料来源：城市发展气候手册：城市用地规划指引，斯图加特交通运输与基础设施部，2012）

（3）建立绿色通道

绿色空间不仅在构建新鲜空气廊道过程中发挥重要作用，同时在景观构建中也发挥了重要功能。绿色空间的功能与其开阔程度密切相关。足够比例的绿色空间才能发挥气候调节功能。由一层树木和灌木覆盖下的草地其气候调节功能会更好。

绿化带特别适用于居住区、工业区、商业区以及车流量大的道路的隔离。他们起着隔离，促进空气交换以及稀释空气污染的功能。而且，他们可以像过滤器一样阻挡粉状污染物。绿色空间不仅仅是城市设计中的分隔元素，还可以促进由绿色空间分隔而成的城市地段间，以及温度不同的地段间的空气交换，进而减轻建成区的热岛效应（图 7-33）。

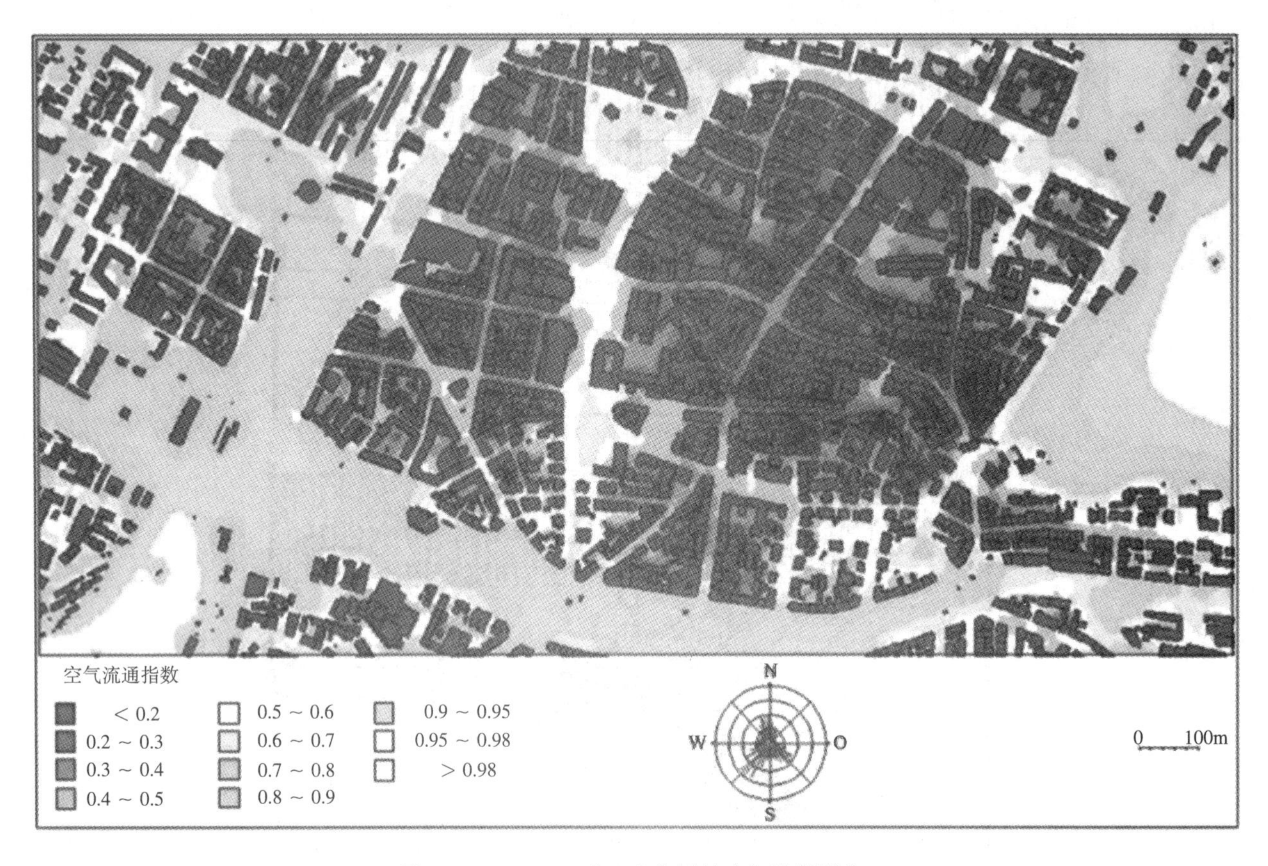

图7-33 Freiburg市中心年平均空气流通潜力

（资料来源：IMA，Richter & Rockle，2003）

（4）良好的城市发展形态

①城市形态

为了使空气即使在弱风条件也可以流入城市，城市地区不应当存在过大的建成区或过高的建筑密度。城市外围的建设千万不能建成封闭的带状构筑物群；而应该是比较松散的和开放的结构形式（图7-34、图7-35）。

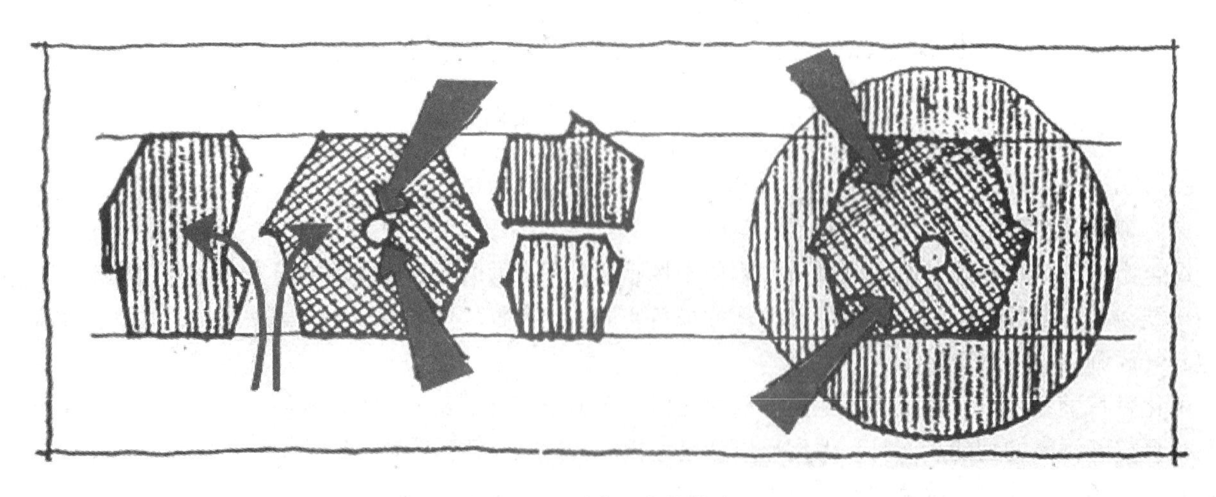

图7-34 城市形态的构建

（资料来源：城市发展气候手册：城市用地规划指引，斯图加特交通运输与基础设施部，2012）

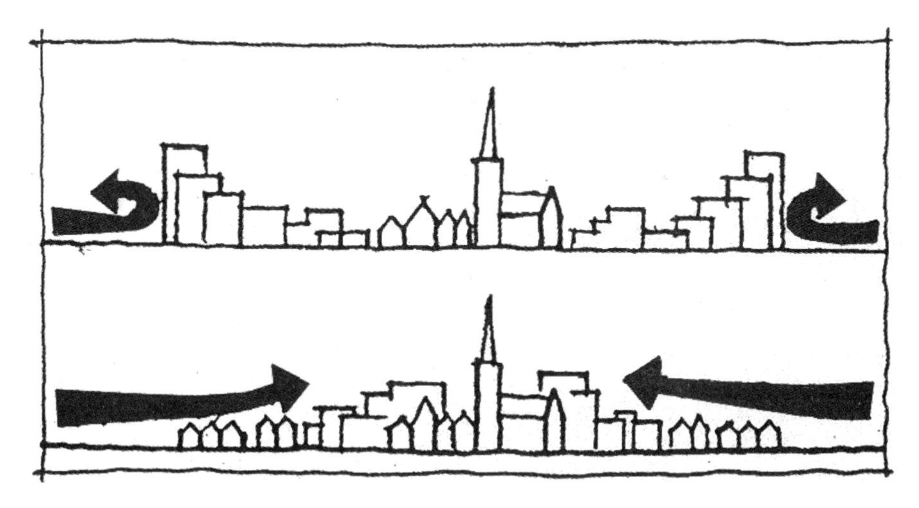

图7-35 城市外围的发展

（资料来源：城市发展气候手册：城市用地规划指引，斯图加特交通运输与基础设施部，2012）

②坡地上的建设

对于在河谷和盆地地形中的城市来说，山坡的类型和坡地上的建设程度对城市的气候至关重要。城市沿着山坡建设，应该尽可能的减少用地量，保留大面积的自然空间，并且拉大建筑物之间的距离。沿着平行于山坡的方向线性发展的城市成为山坡风流动的一大障碍。城市垂直于山坡的线性发展会更有利于风的流动，虽然这样会阻碍平行于斜坡的风的流动。因此，坡地上的建设应该保持较低的高度，最好不超过自然植物的高度（比如树的高度），以确保近地面风良好的流动条件。特别是在平坦的山坡，城市在大型绿色开放空间中采用点状发展，将有助于城市良好的通风和冷空气的产生（图 7-36 ～图 7-40）。

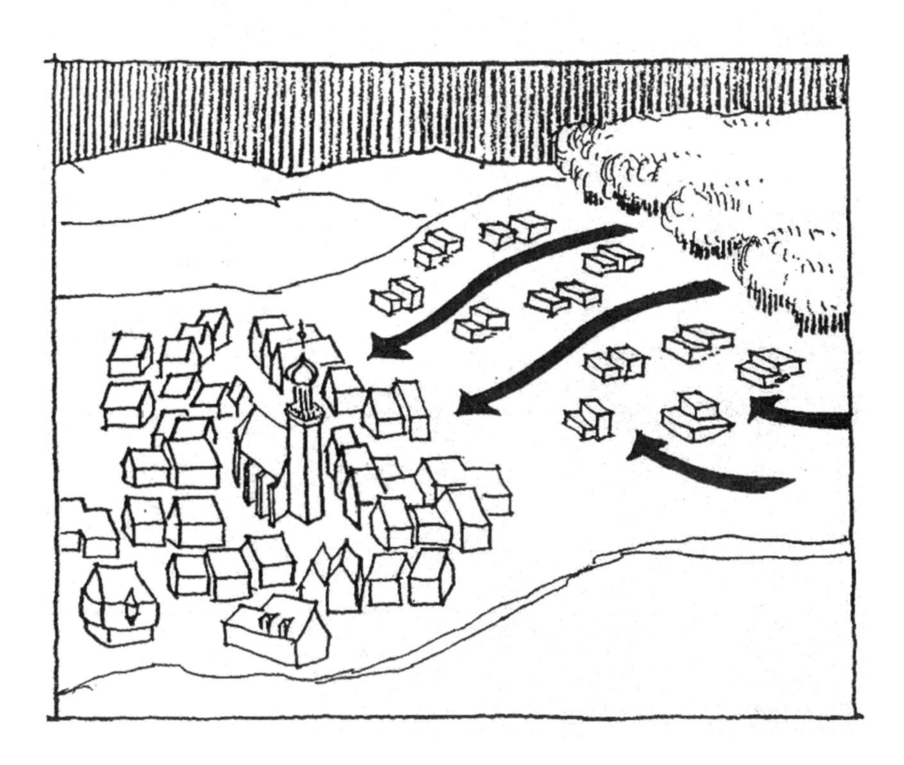

图7-36 有渗透性的坡地建设

（资料来源：城市发展气候手册：城市用地规划指引，斯图加特交通运输与基础设施部，2012）

图7-37 避免平行于山坡的线性发展

（资料来源：城市发展气候手册：城市用地规划指引，斯图加特交通运输与基础设施部，2012）

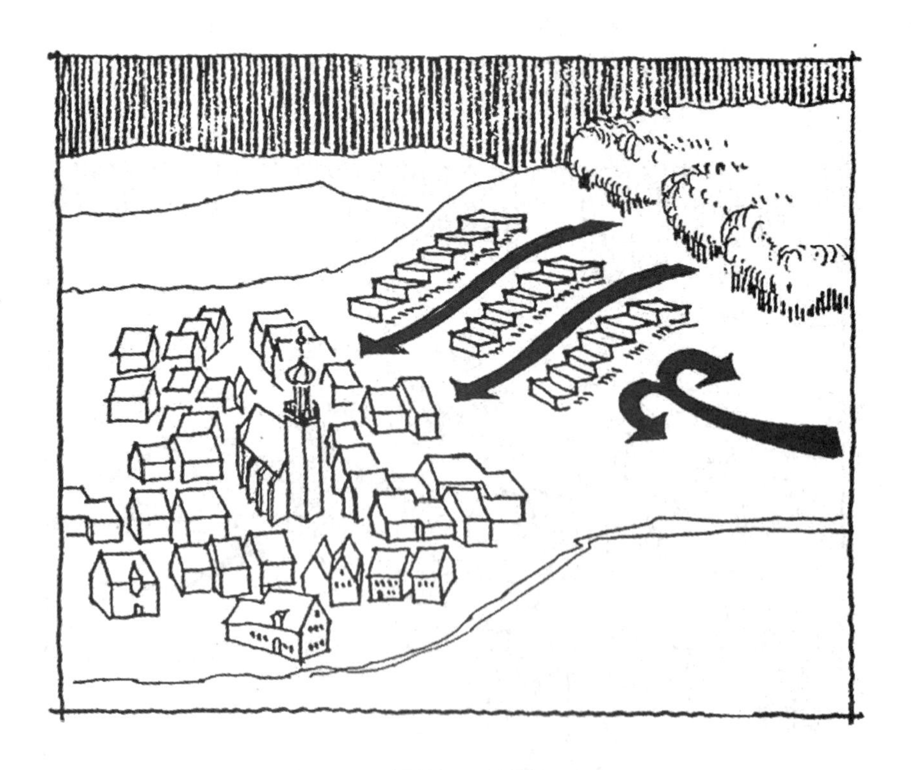

图7-38 “闩锁板”式的坡地假设

（资料来源：城市发展气候手册：城市用地规划指引，斯图加特交通运输与基础设施部，2012）

图7-39　坡地建设的高度

（资料来源：城市发展气候手册：城市用地规划指引，斯图加特交通运输与基础设施部，2012）

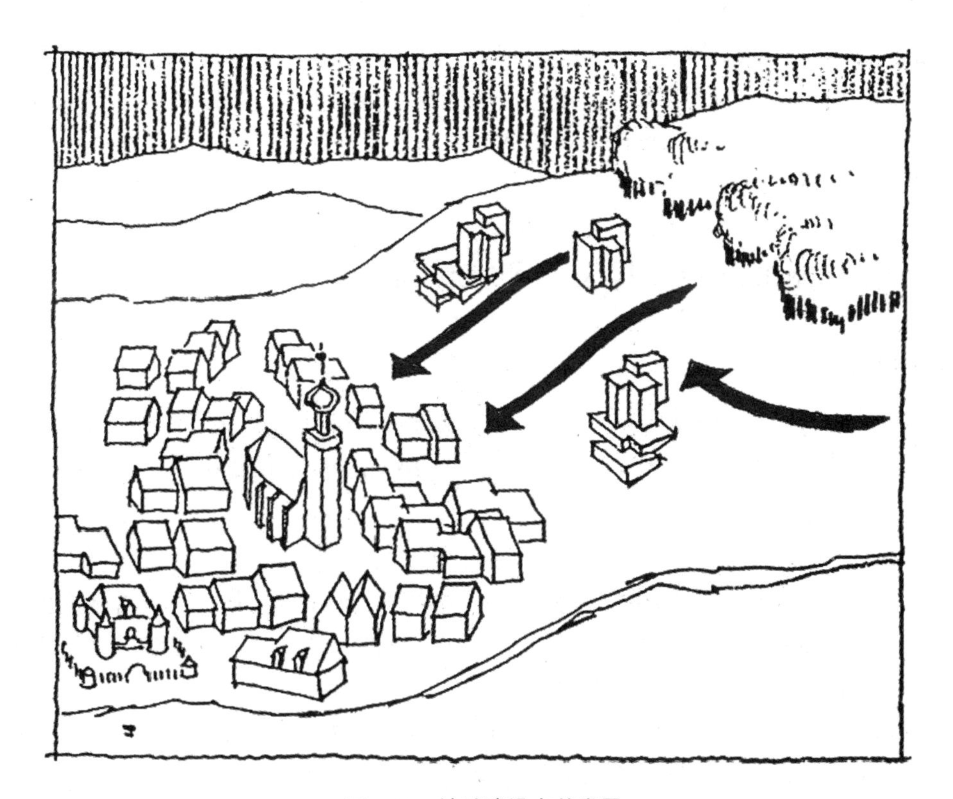

图7-40　坡地建设点状发展

（资料来源：城市发展气候手册：城市用地规划指引，斯图加特交通运输与基础设施部，2012）

南向坡地经常是住宅建设的首选。如图 7-41 所示，在南向坡地进行建设有利于节能。但是这样的规划决策却缺少前文提到的地形和气候方面的因素。具有能源规划意识的发展理念应该建立在不破坏当地气候的基础之上。例如，认为狭窄的山谷、洼地和寒冷的湖泊不利于城市的建设和发展的观点是错误的。

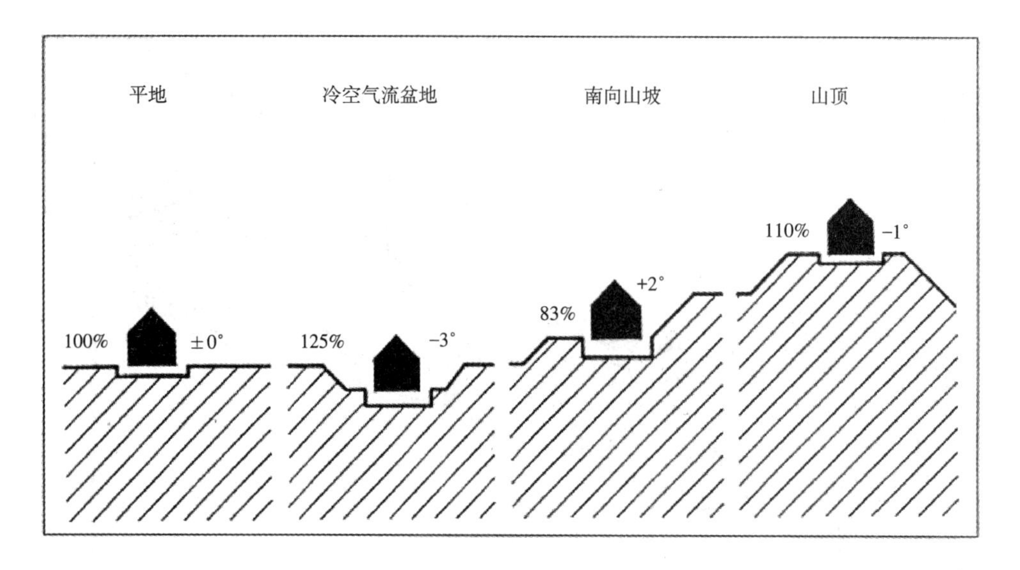

图7-41 热损失和温度取决于地形情况

（资料来源：BUNZEL et al.，1997）

③高层建筑

受群房环绕的高层建筑群的影响，当地的风况会改变，进而导致涡流的增加，自由风减弱（即垂直方向风力增强，相应的水平方向的风力减弱）。虽然这样可以增加局部通风或涡流，但会导致市区通风减弱。城市的高密度发展也会导致建筑物的烟囱废气无法随风稀释，在污染排放量不变的情况下，当地的空气污染会加重。因此城市的竖向空间尺度应该与周围的环境条件相适宜。高层建筑的规划需要避免空气动力学的副作用，以及避开会产生有害风的地区。

7.6 澳大利亚《昆士兰州东南部气候变化管理规划》

7.6.1 编制背景

昆士兰州东南部（SEQ）是澳大利亚昆士兰州的地域统称，位于澳大利亚东部，全境人口占州内达 2/3 的比例，是个高都市化、人口多集中于沿海的地区；其中全境 90% 的居民集中于布里斯班、黄金海岸和阳光海岸等 3 座主要城市①（图 7-42）。

昆士兰州东南部于 2009 年编制了《昆士兰州东南部气候变化管理规划》[149]（South East Queensland Climate Change Management Plan）②。这是一项面向公众协商的行动草案，其目的是给昆士兰州东南部的居民提供一个为气候变化发表意见的机会，该草案的反馈和结论将作为《昆士兰州东南部区域规划》（South East Queensland Regional Plan 2009-2031）中实现气候变化政策的重要内容。

昆士兰州东南部的人口预计将在 2031 年超过 440 万。该地区需要 754000 额外的住宅来安置这些人，并且配套基础设施和服务。城市需要发展，提高运输效率以及预测气候变化的适应力，这样就可以成功的及可持续的管理不断增长的地区。

① 资料来源：http://zh.wikipedia.org/

② 资料来源：http://www.eianz.org/aboutus/policy-submissions-2

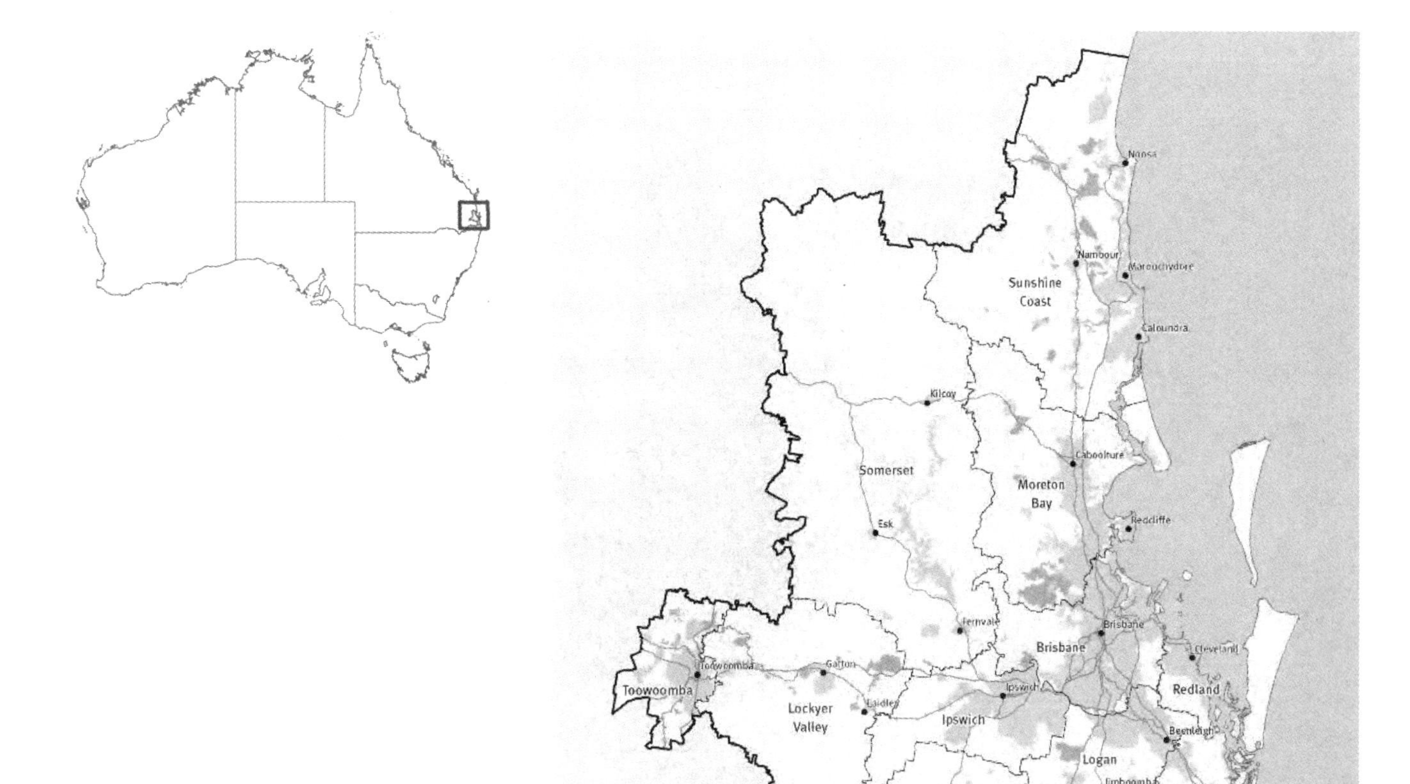

图7-42　昆士兰州东南部地图

（资料来源：昆士兰州东南部区域规划（2009—2031））

7.6.2 简介

该管理规划共包括 5 个核心章节（表 7-9）其中第 5 章行动草案是该规划的最主要内容，主要包括两个方面的 15 个计划（Program）；其中减少温室气体排放 10 个，自然灾害适应气候变化 5 个，其中每个计划又包括若干个行动草案 (Draft Action)。针对这些行动草案，该管理规划向读者（民众）提出两个问题：所提出的行动草案是应该优先考虑的吗？还有没有补充方案应该被加入？

拟议的行动计划将有利于昆士兰州东南部地区未来的发展、基础设施和社区在面对气候变化的影响时更具弹性，并且帮助减少区域温室气体排放。昆士兰政府希望确保气候变化计划的行动转变为规划方案、城市设计和可支付住宅政策，对当地政府和开发商来讲都是实用的，并且是成本高效的（图 7-43）。

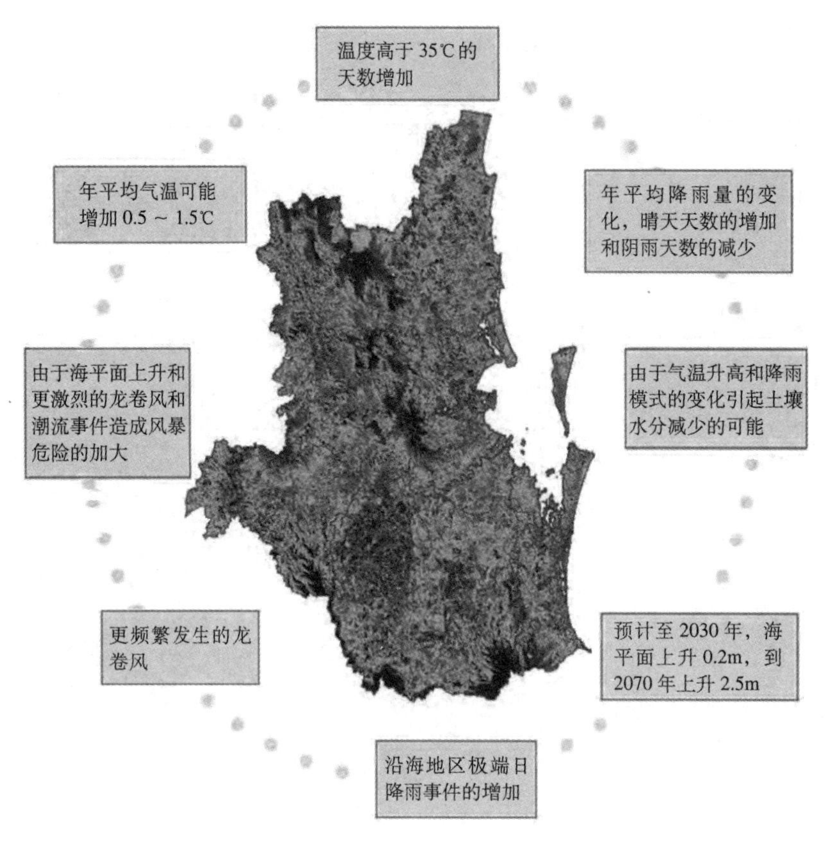

图7-43　SEQ气候变化预测

（资料来源：《昆士兰州东南部的气候适应性研究计划报告：昆士兰州东南部住区气候变化的适应》Climate change adaptation in South East Queensland human settlements—Issues and context：A report for the South East Queensland Climate Adaptation Research Initiative[R]. Queensland:Griffith University,2010.）

《昆士兰州东南部气候变化管理规划》目录　　表7-9

1、气候变化的挑战	**5、行动草案**
1.1　简介	5.1 简介
1.2　国际行动	5.2 减少温室气体排放
1.3　澳大利亚、州、地区和地方行动	5.2.1 交通及居住模式
1.3.1　减少温室气体排放	5.2.2 能源效率
1.3.2　气候变化适应	5.2.3 可再生能源
1.4　规划的作用	5.2.4 碳储存
1.4.1　减少温室气体排放	5.2.5 废弃物回收
1.4.2　建立自然灾害和气候变化适应性	5.2.6 社区意识与行动
1.4.3　昆士兰的规划体系	5.3 自然灾害和适应气候变化
2、昆士兰州东南部的气候变化	5.3.1 海岸线灾害
2.1　目标设定	5.3.2 洪水、山火、高温和其他自然灾害
2.2　目前的排放源	5.3.3 生物多样性保护
2.3　气候预测	5.3.4 气候变化适应研究
2.4　区域挑战	5.3.5 通过增强意识和改变行动来构建适应性
3、昆士兰州东南部的气候变化规划	**6、术语表**
3.1　区域规划对气候变化的回应	**7、缩写**
3.2　昆士兰州东南部气候变化愿景	**8、参考书目**
4、昆士兰州东南部气候变化管理规划作用	**9、附录**
4.1　简介	
4.2　目标和范围	
4.3　管理和审查	

（资料来源：昆士兰州东南部气候变化管理规划，昆士兰政府，2009）

7.6.3　重要章节介绍

《昆士兰州东南部气候变化管理规划》中的“自然灾害和适应气候变化”，包括5个计划、23个行动草案，对由气候变化引发的各类灾害，包括沿海岸线灾害、河流洪水、森林大火、高温和其他自然灾害进行了分析。并重点提出生物多样性保护、适应气候变化研究、通过提高认识和行为变化的应变能力建设等适应性政策和措施（图7-43）。这里将对其项目和行动草案进行重点介绍。

1）自然灾害和适应气候变化

（1）海岸线灾害

计划K：加强和提高政府的指令、指导和标记来减少社区的风险和脆弱性，发展沿海灾害必不可少的应对基础设施。

关键政策和计划：

政策1.4.1：减少来自自然灾害的风险，包括预测气候变化的努力。在高风险地区建立适应战略，使洪水、风暴潮、海平面上升、海岸侵蚀、山火和滑坡产生的破坏最小化。

政策1.4.3：规划文件和发展决策应当根据昆士兰海岸线规划中涉及的海平面上升潜在范围来制定。

政策1.4.5：开发一项规划和设计的性能标准，用于发展以及管理自然灾害风险和气候变化的基础设施。

也涉及：DRO2-自然环境。

政策2.4.2确保除了海上基础设施以外，避免开发昆士兰海岸规划中涉及的易受侵蚀地区、风暴潮洪水灾害地区、和未开发的潮汐水道部分。

DRO6-强大的社区。

DRO10-基础设施。

行动草案20：准备一个新的昆士兰海岸规划和配套指引。

注：气候变化预计将增加风暴潮、海岸侵蚀和海平面上升的严重程度和频率。国家海岸管理计划及支撑指南目前正在被审查并且将解决海岸线地区的气候变化影响。一个新的昆士兰海岸线规划将为沿海风暴潮、海平面上升和海岸侵蚀提供政策方向。

行动草案21：更新目前的指南，应用目前的气候变化科学来减轻风暴潮泛滥的不良影响。

注：了解沿海自然灾害所带来的风险非常重要，包括预计气候变化的影响、风险和灾害易发区的工作。

识别风险和灾害易发区需要一个一致的方法。新的昆士兰海岸线规划包括一个国家规划政策，并通过一致的方法来进行危害和风险测绘。

进行这项行动应当包含以下关键问题：

——测绘海岸线灾害风险可能发生的地区，并特别考虑到对人类健康、农业、交通、基础设施、建筑和生物多样性的影响；

——在风暴潮和河流洪水可能重合的地区，需要一种方法来评价任何会增加的风险；

——确定区域性的敏感地区和其他风险类别，以及与发展或设计相关的首选形式；

——确保区域上、地方上以及某一地点上，政府、开发商采用一致的灾害和风险测绘方法。

行动草案22：通过区域和地方规划来实施昆士兰海岸线规划，以及昆士兰州东南部的基础设施发展和决策。

注：新的昆士兰沿海规划的实施将通过区域规划和对地方政府的规划方案和修正来反映沿海计划的成果和要求，确保新发展适应更新后的发展评价过程的要求。结构方案和总体规划也应与沿海规划的要求和结果相一致。

行动草案23：需要昆士兰州东南部海岸线地区精细尺度的电子高程数据，用于风险评估和灾害易发地区的测绘。

注：高质量、精细尺度的电子高程数据对评估沿海灾害和风险非常必要。当许多议会购买了数据，但数据捕捉标准和尺度不尽相同，并且许多数据由于和数据供应商的协议，并不是真正可获得。昆士兰政府与澳大利亚政府一起，正在促使着昆士兰州东南部地区电子高程数据在2009年末或2010年初能逐步获取。

行动草案24：准备并发表区域及地方尺度的风险评估和海岸线灾害易发地区、海平面风险和风暴强度的地图。

注：通过沿海灾害风险图来了解沿海自然灾害所产生的风险非常重要，包括预测气候变化和确定灾害易发区工作。在昆士兰海岸规划要求下，地方政府要负责评估和管理海岸线灾害。

（2）洪水、山火、高温和其他自然灾害

计划L：加强和提高政府的指令、指导和测绘来减少洪水、森林大火、高温和其他相关的自然灾害的发展和必要基础设施的风险和脆弱性。

关键政策和计划：

政策1.4.1

行动草案25：审查和更新国家规划政策（SPP）1/03——减轻洪水、森林大火和滑坡的不利影响，并开发配套指引。

注：气候变化预计将增加极端天气事件造成的自然灾害的严重程度和频率。

SPP1/ 03明确国家对洪水，森林大火和滑坡的政策立场，但需要审查和更新，以反映气候变化的预期影响。还需要考虑规划在减少其他灾害风险上的作用，如暴风雨、飓风、高温和热浪。

通过提高灾害易发区开发设计及配套设施建设，更新的SPP将提供一个对自然灾害更好地了解以及减少风险的机会。

提出审查SPP1/03要如何把气候变化的影响纳入考虑，来更新风险确定的方法，并为如何管理这些风险提出更新的政策方向。

SPP可以通过地方政府的规划方案修改来实现，通过发展性评价的过程，合并SPP的结果和需求。

行动草案26：为灾害和风险地图的准备开发指南，包括在修订的SPP1/03中预测气候变化对自然灾害的影响。

注：了解河流洪水、森林火灾和山体滑坡带来的风险很重要，例如建立区域灾害风险图。

行动草案25的一个成果是用国家规划政府1/03的范围发展灾害和风险地图的指南。该指南将作为更新地方政府灾害风险图的基础。该指南和地方政府地图将辅之以建筑物的规范，以助于减少这些风险。这些规范可能包括抗森林大火和洪水的建筑规范。

行动草案27：开发一个东昆士兰预计气候变化影响的区域汇总。

注：认识到地方和国家政府机构对于预测气候变化影响需要更多细节的建议，昆士兰气候变化卓越中心（QCCCE），与来自CSIRO的成果，已进行了一项覆盖全国的气候预测详细分析，通过将全球尺度气候模型降低到区域尺度。

行动草案28：准备一个当地规模气候适应城市规划和设计导则，以及对敏感区域的性能标准。

注：该准则将致力于在地方和邻里层面，使社区，发展和必要的基础设施更能适应气候变化的影响。他们也将澄清当地或邻里层面的规划设计与建筑尺度的减削响应程序（例如：建筑规范）之间的关系。

该准则将规定如何设计的气候适应性社区，包括位置和设计性能指标，以及如何确保气候弹性结果和要求可以纳入规划方案和发展计划。

指南的编制由新的昆士兰沿海规划和提议审查的SPP1/03所通知。

这些指南将与其他气候智能化和可持续规划指引，以及相关的土地使用，交通和公共开放空间的设计和规划参数相连接起来。

本指南还将借鉴并加强为智能增长而提议的模式规范。

（3）生物多样性保护

计划M：加强与提高研究知识、政府指令、指导和地图来构建自然生态系统适应气候变化的能力。

行动草案29：提高昆士兰州东南部生态系统对气候变化影响脆弱性的认识。

注：关于气候变化对自然生态系统的实际影响的知识是有限的。然而，海平面上升、温度升高和降雨模式的改变可能带来生态系统的重大变化。一些生态系统容易丧失和破坏，特别是高海拔生态系统和沿海生态系统。

行动草案30：准备区域和地方减缓气候变化对自然生态系统影响的适应战略和项目。

注：在昆士兰州东南部，一些气候变化影响的评估工作已经完成。例如，通过国家海岸脆弱性评估资助的Pimpama小流域的案例研究，表明红树林和海岸湿地的社区将由于海平面上升而流离失所。由于知识是有限的，一个重要的适应策略能够确保土地利用、开发决策和自然资源管理计划维持生态系统的弹性和连通性。

（4）气候变化适应研究

计划N：加强和促进政府对适应气候变化研究知识的应用。

行动草案31：通过地方政府和国家机构促进对适应气候变化研究成果的应用。

注：注昆士兰州东南部气候变化研究（SEWCARI）、澳大利亚联邦科学与工业研究组织（CSIRO）气候变化适应性研究、国家沿海脆弱性评估（NCVA）和国家适应气候变化研究(NCCARF)等成果将在由地方政府和国家机构主持的适应规划中得到充分应用。

（5）通过增强意识和改变行动来构建适应性

计划O：提高社区构建自然灾害和气候变化适应能力的意识和影响行动。

行动草案32：制定和实施支持行动的传播策略，为建立应对自然灾害和气候变化影响的适应性。

注：建立社区对气候变化的意识、行为和影响态度，对于建设社区的抗灾能力是很重要的。国家灾害管理计划聚焦于努力构建社区抵御自然灾害和促进自力更生的能力。一个区域的具体传播策略将补充和建立在已形成的国家和州层面的行动。

8　应对气候变化的城市规划实践案例

8.1　澳大利亚维多利亚海岸应对气候变化的规划调研

8.1.1　项目区位与规划背景

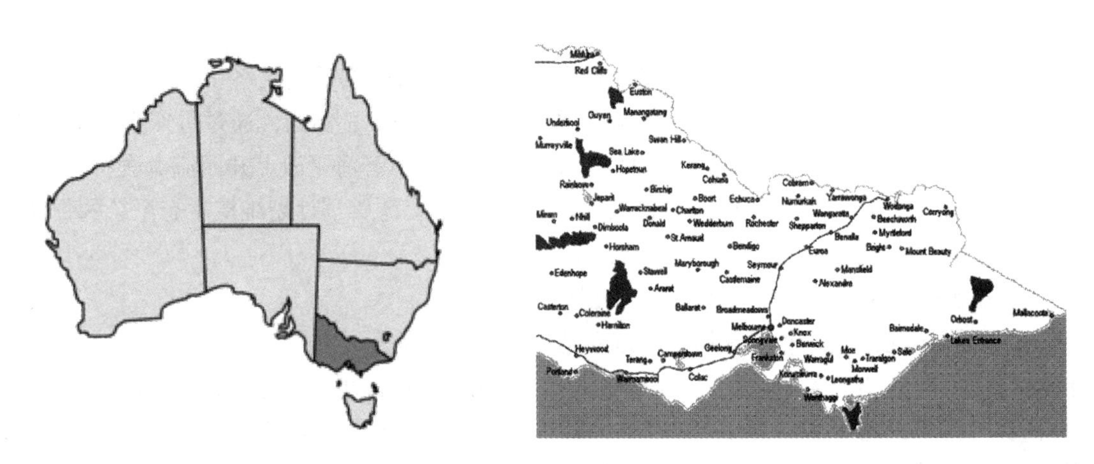

图8-1　维多利亚海岸区位图

（资料来源：http://www.taisha.org/abroad/guide/abroad/australia/aus/31.right-lan-1.html）

1）项目区位

维多利亚州位于澳大利亚东岸南部，全州规划分为79个地方政府区域（图8-1）。维多利亚州乃澳大利亚本土的6个州中幅员最小（仅237,629km^2），但是人口密度最高的一州，总人口为澳大利亚第2大，仅次于新南威尔士州。首府墨尔本为澳大利亚第二大城市，全州逾70%人口在此聚居①。维多利亚海岸线分布于22个地方委员会行政管辖范围内，其中波特菲利普海湾是人口聚集度最高且经济高度发达的地区，分布于其中的10个地方行政管辖范围以及墨尔本市内，气候变化对其带来的不利影响更加凸显。

2）规划背景

在澳大利亚绝大部分的人居住在离海岸线50km的沿海地区，将近30%的人居住在离海岸2km的地区(Houghton et al., 1995; Beeton et al., 2006; Macauley,2006)。IPCC曾表示：由于气候变化和海平面上升，海岸线预计将面临越来越多的风险，包括海岸线侵蚀。而其严重程度将由于日益增多的人为因素而加剧（IPCC, 2007b, p:12）。

由于越来越多的人选择"亲海"生活方式（sea-change lifestyle），海平面上升、风暴潮、海洋和沿海气候模式的改变日益成为澳大利亚的紧迫问题。本书将介绍澳大利亚维多利亚省的22个沿海城市做的问卷调查[150]，评估这些城市对气候变化危及沿海地区的认知程度，考察各城市对海岸脆弱性的适应能力，并向沿海地区宣传目前和将来适应气候变化的策略。

在维多利亚海岸线中，只有4%是属于私人所有的，剩下的都属于国家所有。在国家拥有的海岸线中，又有三分之一属于国家公园用地，其他的三分之二委托委员会管理。而委员会则需要在海岸管理决策时考虑

① 资料来源：http://zh.wikipedia.org/wiki/%E7%B6%AD%E5%A4%9A%E5%88%A9%E4%BA%9E%E5%B7%9E

股东和公众利益（Victorian Coastal Council,2002）。维多利亚管理体系符合海岸综合管理（ICM）的要求，包括让股东参与决策，熟悉预防措施原则，以可持续为首要目标。1995 年的海岸管理法案授权维多利亚海岸线委员会和地区海岸线开发董事会编制维多利亚海岸线战略规划。通过施行地区海岸线行动规划来达到地方海岸线发展目标，以及更大的维多利亚海岸线战略规划目标。

尽管海岸线区域管理本身很复杂，但是在维多利亚海岸线地区，良好的海岸管理组织体系的基础确实存在。然而，维多利亚海岸线管理体系能否处理应对气候变化规划本身所存在的复杂问题？相应地，如何良好地实现将上层的应对气候变化政策落实到法定规划层级？这些问题近几年开始出现在澳大利亚学术界的讨论中 (Hebert&Taplin,2006; Victorian Coastal Council,2008)。

8.1.2　气候变化对维多利亚海岸的影响

1）全球气候变暖引发海平面上升

现已经有了大量关于全球变暖及其对沿海地区影响的研究。随着气温变暖，海平面会因海洋的热胀效应和积雪、冰川以及极地冰层的融化而上升。Walshetal（2004 年）指出“到 2100 年，海平面将上升 10 ～ 65cm，而这一情况的发生概率高达 80%”。IPCC 的 2007 年第二项工作报告指出，基于冰川融化和海洋热胀效应，预估海平面至少要上升 0.28 ～ 0.43m（2007 年）。海平面上升所带来的不利影响包括日益严重的岸线侵蚀，海岸径流和入海口淤积，沿岸基础设施如码头和道路遭到破坏，以及海洋生物多样性和海岸栖息地的减少等。进一步地说，任何海岸环境的改变，例如风速的提高、沙丘的移动或冲刷、暴雨径流受阻等都会影响到脆弱的海洋生态系统的稳定（维多利亚海岸委员会，2002、2008 年）。

2）海水温度升高带来风暴潮效应

海洋表面的温度随着全球温度升高而升高。这不仅引起了海洋热胀效应，同时也导致飓风的风力加大和更加巨大的风暴潮（Smith,1990 年）。对于澳大利亚人口集聚的地区，确实需要考虑风暴潮的影响。Hebert 和 Taplin（2006 年）认为“沿海气候变化影响，如海平面上升和风暴增强，在接下来的几十年会严重影响悉尼逐渐增加的沿海地区人口和发展”。维多利亚海岸线同样也面临着危险性的风暴潮对人口集聚地区的破坏。1934 年，在墨尔本发生的一系列的暴风雨，源于巴斯海峡急速下降大气压引起的膨胀，导致了波特菲利普海湾严重的洪水灾害(O’Neil,1999,P.20)。更近一点，Hubbert 和 Mcinnes 在 1999 年对波特菲利普海湾进行研究，基于 1994 年发生的气候变化事件模拟了风暴潮，并得出其破坏能力，表明波特菲利普海湾保护性基础设施对于控制洪水灾害的重要性。因此，一些研究模型表明波特菲利普海湾极易受到风暴潮的影响。而且，随着全球变暖导致该地区的风暴潮频发，使得墨尔本市民甚为关切这一地区的气候变化（Hubbert&Mcinnes,1999）。

3）研究提升环境适应性能力的需要

适应性能力可理解为是“弹性”意思。Smit 和 Wandel（2006 年）认为，适应性就是指一特定群体在面对环境压力时的生存能力。适应性就是适应性能力的表现，用来减少损害的影响。有效的海岸管理体系需要在更大范围的管理体系内融入气候变化应对内容，并且该体系要更加灵活地吸纳新信息。IPCC 在“政策制定者总结报告”中指出：“澳大利亚和新西兰地区基于发达的经济和科技水平，已采取大量的适应性措施，但是在实施中面临大量的限制因素以及来自极端天气的威胁。因此，通过探讨适应性能力以及相应举措，来得出较为准确的对策倾向，逐渐提升应变能力”。

8.1.3　调研方法

本调研通过对地方政府部门职员进行问卷调查，评估应对气候变化的海岸线规划的影响和地方、地区以及州政府在海岸线管理上的合作情况。在 2006 年早期，向 22 个海岸委员会的 30 位工作人员发送问卷调查。调查显示，许多地方委员会只有一名具有专业背景的规划师或环境保护工作人员来参与此次调查。通过在

Zoomerang 建立调查链接，并将该链接以邮件的形式发送至每位被调查者，这样方便进行数据统计。调查大约持续了两个星期，并且每位调查参与者花了 15 ～ 30 分钟来完成问卷调查。据统计，回复问卷调查的有 17 人，占 57%。

这项调查提出了一系列问题，涵盖了本研究关注的三方面内容，分别为气候变化认知、气候变化应对以及合作管理的高效性。同时，为了弄清楚适应性对策倾向采取了适应性对策分类。适应性对策分类并未采取调节和改变等传统方式，而是采用描述性方式，将适应性对策描述为强调自然保护、强调发展或者强调人工改善自然环境三类（表 8-1）。

适应性对策类别一览表　　表8-1

强调自然保护
• 发展转型与抑制发展：发展转型将会对社会造成干扰；抑制发展在低密度区域更可行
• 划定额外的保护性公园用地：政府需要在土地管理方面发挥更加大的作用。对环境保护起重要作用的公园绿地能够免于开发干扰，但是并非能避免受气候变化的不利影响
• 设立隔离缓冲带：需要对土地重新区划或升级调整；在能够保护环境或者阻碍开发可能会造成社会经济损害
• 抑制不可持续的土地利用（例如，不适合的农业用地）：通过土地的重新区划或升级调整；需要政府部门进行专业能力培养以及公众参与；有利于保护脆弱的环境
• 设立湿地缓冲带和促进脆弱地区的再生：更加自然的处理方式；低成本养护；树立环境保护意识，抵制发展
强调发展
• 私人财产保护：能够承担风险，并且对私人财产予以补偿
• 让开发商承担所有风险：允许土地私有；政府或研究机构能够提醒开发商所面临的风险，但是公共安全则会成为一个问题
• 升级建筑和改造建筑：重新区划和调整建筑规划要求必须寻求地方协调；有利于没有其他选择的高密度区域
• 建造坚实的结构工程（如沟渠和堤岸）：成本较高，而且妨碍自然过程；公众影响——一定程度的便利性缺失；能够长时间的起到保护作用
强调人工改善自然措施
• 建造人工暗礁：成本较高并且精细劳作；带来持久的好处，但是并未被充分理解
• 沙滩营养补给（或再营养化）：软性工程措施有利于营造舒适性沙滩；成本较高，并且需要长时间的维护；更加自然，但并未能抑制对沙滩的开发

（资料来源：Bray et al. (1997), Paskoff (2004) and Walsh (2002).）

由于参与调研出于自愿的原则，因此可能存在主观偏见的情形。相比于维多利亚海岸委员会，来自于地方委员会的调查参与者，可能偏重于对海岸的管理。另外一个方法论上的不足之处在于，本调查侧重于被调查者的知识和资格。例如，环境保护部门的工作人员充当的角色与法定规划编制人员完全不同，这些工作人员对于规划编制中关于应对气候变化的专业了解可能不足。除此之外，因为参与调查人员身份背景各不相同，其中一些被调查者比其他人更易察觉到海岸线管理变化。

8.1.4 调研结果

本调研通过对地方政府部门职员进行问卷调查，旨在解释两个主要问题。第一个问题是，这些职员是否认可地方规划政策，尤其是涉及气候变化带来不利影响的法定政策？第二个问题是，在他们看来，什么样的对策是能适应气候变化对海岸线造成可能的威胁？也就是探讨适应性能力以及相应举措。

1）关于气候变化的认知

本次调研就地方委员会在制定规划政策时，对气候变化带来的不利影响的考虑程度提出了相关问题。关于地方规划或政策提及了气候变化的问题。56% 的被调查者确认，他们的规划列出海岸线存在洪灾、风暴潮或海水倒灌等威胁。在这些人中只有一位认为地方规划充分公开了这些威胁。88% 的被调查者认为，他们的规划政策并未充分对这些威胁提出对策。

限制海岸沿线开发具有重要意义，但这由水利工程部门提出，而不是因为海水倒灌。当被问到他或她是否认为地方规划政策充分提出应对海水倒灌或风暴潮威胁的措施时，一位回复者说，不像我们依靠地方水利工程部门发布较为专业的洪水信息，海岸洪水更加不可预测。

总而言之，调查者们对“气候变化认知”问题的回答表明，维多利亚委员会很少在法定层面上考虑气候变化所带来的威胁，以至于现在的防护系统很难应对沿海灾害的发生。

2）应对气候变化的适应性能力

气候变化的应对直接提出了关于适应性能力的问题。现行的防护系统能否充分应对将来海平面上升和风暴潮所带来的威胁？在本项调查中，适应性能力即为灾害应对能力。因此，调查参与者被问到他们最倾向于选择的应对上升的海平面和风暴潮威胁的对策。他们也被问及是否在他们当地的委员会已经运用一些策略来保护脆弱的海岸线地区。图 8-2 记录了该项调查。需要指出的是，在该项调查中有 2 个人在“倾向于采取的对策”上选择了“以上皆无”。有 2 人认为资金缺乏导致这些对策难以执行，而另外一个人则表明在他当地的海岸，发展已被控制。在所有调查参与者中，只有 9 个人认为地方委员会采取了所列举的对策中的一些，5 个人认为地方委员会现在并未采取任何所列举的对策，而另外两个人则不确定。

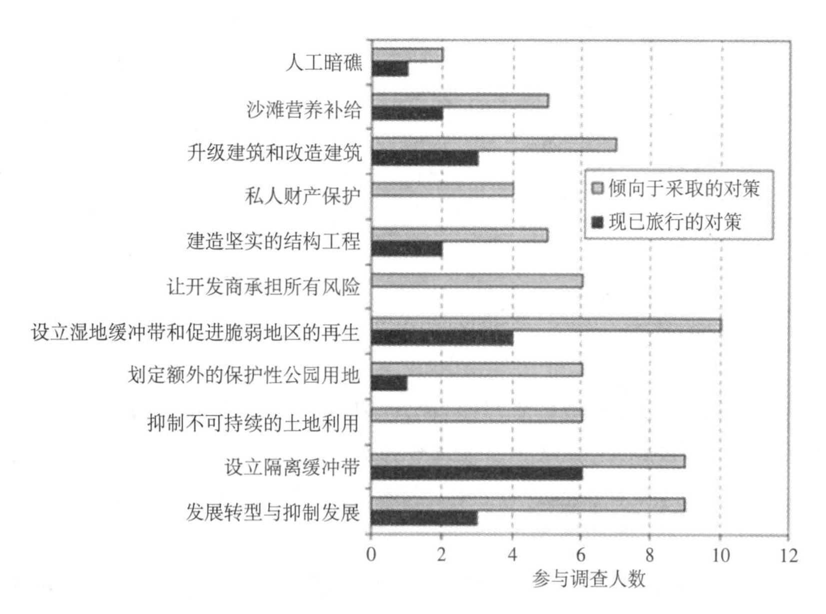

图8-2 应对气候变化对海岸威胁的对策

（资料来源：Natasha Vasey-Ellisa，Planning for Climate Change in Coastal Victoria，Urban Policy and Research，2009）

这些回答表明处理海岸威胁的管理者意识到有大量可以采取的措施，并且可以将这些措施结合运用来防止他们的海岸线被海水倒灌。除此之外，这些回答也表明一些策略已经被运用到海岸线防护上，为适应气候变化打下了基础。同时，这也表明在现行的地方规划体系已经开始注重适应性能力的应用。

3）应对气候变化的策略

表 8-2 描述了最倾向于采取的适应性策略和正在被运用属于“强调自然（EN）”类别的策略，而最不会被采取的策略是“强调人工改善自然”类别中的策略。当然，“强调自然（EN）”包含 5 种对策，而“强调发展（ED）”和“强调人工改善自然（MN）”则分别包含 4 种和 2 种对策。EN 在“倾向于采取的对策”中

占 58%，并且“现行采取的对策”中占了三分之二（64%）。明显地，许多调查参与者倾向于适应性策略的相互结合，因为每项适应性对策至少被 2 人选择，可能是因为他们所处的海岸线环境不同。

应对气候变化对海岸威胁的对策分类统计研究一览表　表8-2

对策	强调自然		强调发展		强调人工改善自然	
	倾向采取	现已施行	倾向采取	现已施行	倾向采取	现已施行
发展转型与抑制发展	9	3				
设立隔离缓冲带	9	6				
划定额外的保护性公园用地	6	1				
抑制不可持续的土地利用	6	0				
设立湿地缓冲带和促进脆弱地区的再生	10	4				
让开发商承担所有风险			6	0		
建造坚实的结构工程（如沟渠和堤岸）			5	2		
私人财产保护			4	0		
升级建筑和改造建筑			7	3		
沙滩营养补给（或再营养化）					5	2
建造人工暗礁					2	1
总计	40	14	22	5	7	3
倾向于采取对策所占百分比（%）	58		32		10	
现已施行的对策所占百分比（%）		64		23		14

备注：对于每种应对策略有多种反馈，影响了统计结果。

（资料来源：Natasha Vasey-Ellisa, Planning for Climate Change in Coastal Victoria，Urban Policy and Research, 2009）

可以说，对海岸线自然保护的重视超过了经济开发。因此 EN 策略的采用是最多的。然而，这些结果也表明了尽管海岸土地管理或规划的工作人员非常重视海岸线的自然环境，但是他们之间的保护措施是多种多样的，其中也包括可以提供开发机会的策略。而且，调查参与者也认为，多种多样的保护策略是可行的和有用的。

其中，一个提升系统弹性的重要提示是规划编制中采纳适合气候变化的科学技术或手段。在 16 个人回答中，10 个人认为他们的规划编制灵活地采用了科学技术或手段。这也证实了关于现行的海岸线规划结构的适应气候变化这一基础的存在。

另外一个对于提升适应性能力的提示则是关于海岸线规划人员和管理者所获取的技术信息。技术信息减小了脆弱性，因此，也就提升了适应性能力。根据调查参与者所言，虽然委员会可能会依照现实情况来运用科学技术，但是需得适时更新这些科学技术手段。尽管调查参与者并未指出什么样的科学技术是最有用的，但是此项内容也揭示了委员会决策对高效科学技术的诉求。

4）合作管理的高效性

维多利亚海岸由州政府、地区和地方政府共同管理，以期平衡各方利益。地方政府认为合作管理有利于提升管理系统。高效的合作管理同样也提供了一个良好的运作系统，用来处理、适应和恢复岸线所受的灾害。

在本项调查中，关于政府管控和各级政府之间的合作管理有以下四个问题：(a) 关于各级政府就岸线合作管理存在冲突的问题。只有 1 个人指出了地方与州政府之间的规划冲突。(b) 关于影响海岸规划的政策或指导文件问题。调查参与者指出：有维多利亚海岸线战略规划、海岸线行动规划、海岸线空间报告以及州政府规划政策。除此之外，还包括来自于 CSIRO（澳大利亚联邦科学与工业研究组织）和水利工程部门的文件，虽然这些文件并未特意指明相关内容。当被问及这些文件的管控本质时，只有一位实实在在地指出，策略规划和行动规划是作为规划编制的参考性文件，只具有建议性，不具备控制性。因此，这些文件只能作为决策者的参考文件。(c) 调查参与者们是否认可关于各级政府之间的合作管理将提高地方规划的高效性，对此，他们都觉得很有必要，并且普遍不满于国家政府和州政府并未公布气候变化的实时信息。调查参与者们也普遍同意需要设立领导小组进行海岸线规划和管理。(d) 维多利亚海岸沿线的市政府需要采取积极的方式来处理海岸气候变化所带来的威胁。两个分别来自于 Glenelg 和 PortPhillip 的调查参与者说，他们现在正在进行一项海岸线管理评审，其中，气候变化成为首要问题（NATCLIM，2007）。有些调查参与者非常急切地寻求应对气候变化问题的相关变化。所有层级的政府在只有通过合作才能在应对气候变化方面发挥各自的作用。

8.1.5 实施评价

本次调研时间为 2007 年，海岸线规划可能从调查开始就已经作出了修正，但是地方政府的工作人员对此项调查的回复以及观点仍具有意义。因为这些回复和观点表明，虽然该项调查获得了海岸沿线管理工作人员的广泛支持，但是维多利亚岸线规划并未真正在法律层面上提出气候变化对海岸线造成的不利影响。维多利亚海岸线规划只考虑提出的开发项目对环境的影响，而不是反过来思考，也就是自然环境对发展的影响，这似乎成为一种趋势。

海岸线管理者在规划方面可能面临着有来自气候变化的最大挑战。对于海岸线管理人员和政府部门而言，采用弹性规划缓解气候多样变化的不利影响将是可行的，并且是可控的。当然，适应性能力也是一个重要的问题。本项调查的相关信息表明，现行的海岸线管理结构确实存在着应对将来的威胁隐患。但是，同样有更多的信息表明地方政府需要上一级部门提供更多关于气候变化的指导。地方海岸线规划或管理人员认为，州级层次上缺少气候变化的指导，以及老旧的洪水控制系统是重大障碍。这也可表明在应对气候变化时，社区驱动，自下而上的保护运动并不是应对海岸线灾害最为有效的方式。

基于综合海岸线管理组织（ICM）通过合作与股东参与，整合了许多在沿岸地区的自然资源管理行动，因此，维多利亚可以在海岸线管理政策改革方面有良好的反响。但是，尽管本项调查表明了规划人员并未落实 ICM 的理念，关于应对气候变化的规划，ICM 可能不能有效地发挥作用。决策者可能并未正确地了解信息或者他们要考虑的太多，以致忽略了气候变化的信息。这也清楚地表明维多利亚的 ICM 需要重新讨论关于应对气候变化的规划。地方政府也需要通过与州政府加强合作，获取更多的支持，被授予处理气候变化脆弱性权利，同时也应该更加关注 ICM，借此帮助他们能够作出合理的决策。

8.2 深圳国际低碳新城

8.2.1 项目区位与规划背景

1）项目区位

深圳国际低碳新城[151]位于深圳市龙岗区坪地街道，地处深圳市东北边界。东北与惠阳新圩交界，西北与东莞清溪相临，东南与坑梓相连，西南与龙岗中心城毗邻，是深圳经济特区通往惠州、河源、梅州等地的交通要道。深惠一级公路、G25 长深高速公路（原惠盐高速）穿境而过。坪地地势较为平坦，并因此而得名。坪地占地面积 53.4km^2，下辖 9 个社区，人口 25 万。生态自然条件优越，三面环山，龙岗河、丁山河、黄沙河穿境而过（图 8-3、图 8-4）。由于坪地道路四通八达，是深圳东北地区一个重要的工业城镇，该地区的制衣工业和电子工业相当发达。

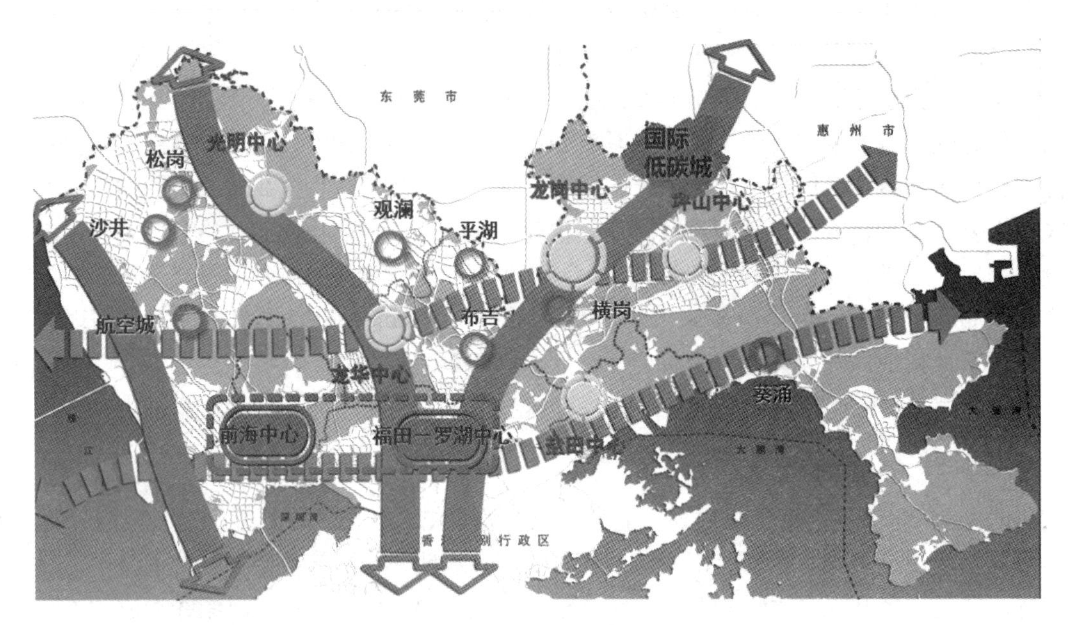

图8-3　国际低碳城的区位关系

（资料来源：深圳国际低碳城系列规划）

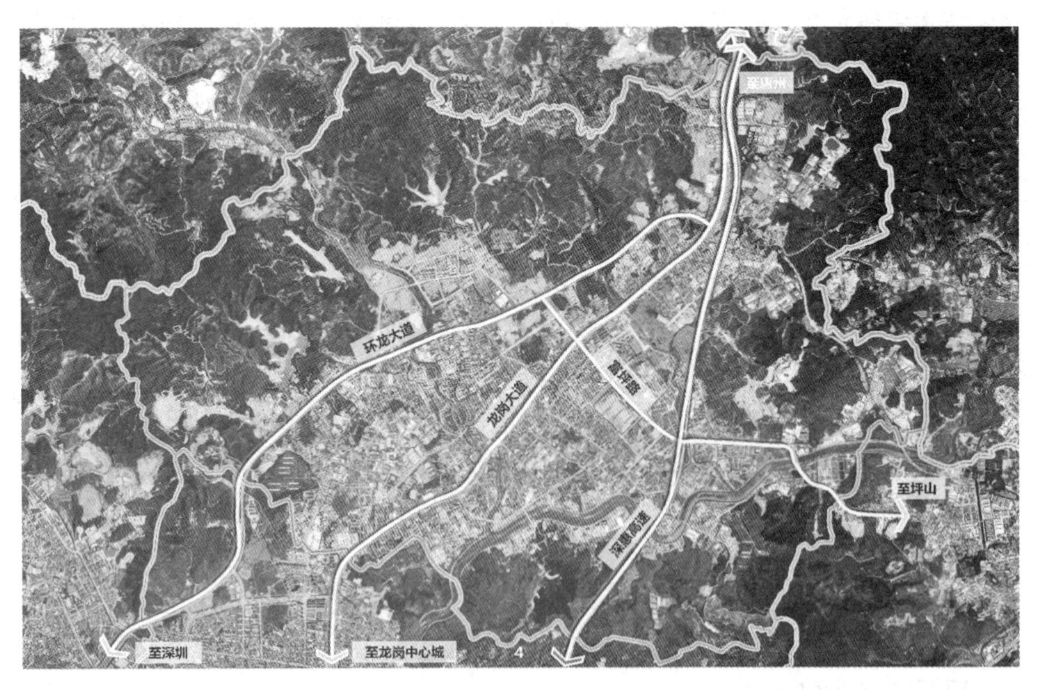

图8-4　基地现状条件

（资料来源：深圳国际低碳城系列规划）

2）规划背景

（1）全球大城市在减少能耗、发展低碳经济方面更具优势

目前，全球各地的城市容纳了世界总人口的一半以上，所排放的温室气体占到总量的75%[152]。人口的密集，

居民的聚居，各种商业和产业活动，使之比低密度地区更能有效地控制人均资源占有量以及能耗。因此，在政策制定、落实方面，有着强大区域性权力的大城市，其政治和制度的架构使之在发展低碳经济方面有着更大的优势，这也是发展低碳城市的意义所在。

(2) 中国抓住城镇化的契机，发展低碳城市，是探索新型城镇化道路的必然选择

中国的城镇化是大势所趋，在应对能源和环境问题上，中国不可能人为地减缓城镇化进程。但是，可以把城镇化进程作为节能减排的机会，抓住契机大力推广低碳城市的发展。2013 年以来，中国各地纷纷积极探索新型城镇化道路，“低碳”被广泛提及。据不完全统计，当前中国提出以生态城市和低碳城市为发展目标的地级城市已达 259 个，占相关城市数量 90% 以上。中新天津生态城、苏州西部生态城、唐山曹妃甸国际生态城便是其中的代表城市，为打造低碳城市做了有益探索，也取得了阶段性的成果。

(3) 深圳坚持走低碳可持续发展模式，承担着先行先试的创新使命

目前，深圳在发展经济的同时坚持走绿色低碳的可持续城市化道路，在光明新区、坪山新区、龙岗区等地试点打造生态城市，已经是中国碳排放强度最低的大城市（图 8-5）。深圳将继续承担先行先试的创新使命，通过低碳可持续发展，进一步丰富深圳建设国际化、现代化先进城市目标的内涵，提升城市核心竞争力，同时在低碳可持续发展模式与路径上成为中国的创新先锋。

坪地土地资源较为充沛，保留了相对充足的增量用地以及更新潜力较大的存量用地；产业向低碳转型发展的空间较大；紧邻龙岗中心城区，地铁 3 号线的延长，使得国际低碳城的城市综合服务需求因交通的跃升而得以满足；发展机遇愈发显著，三市交界且位于“坪清新”产业合作示范区，为国际低碳城创造了显著的发展机遇。

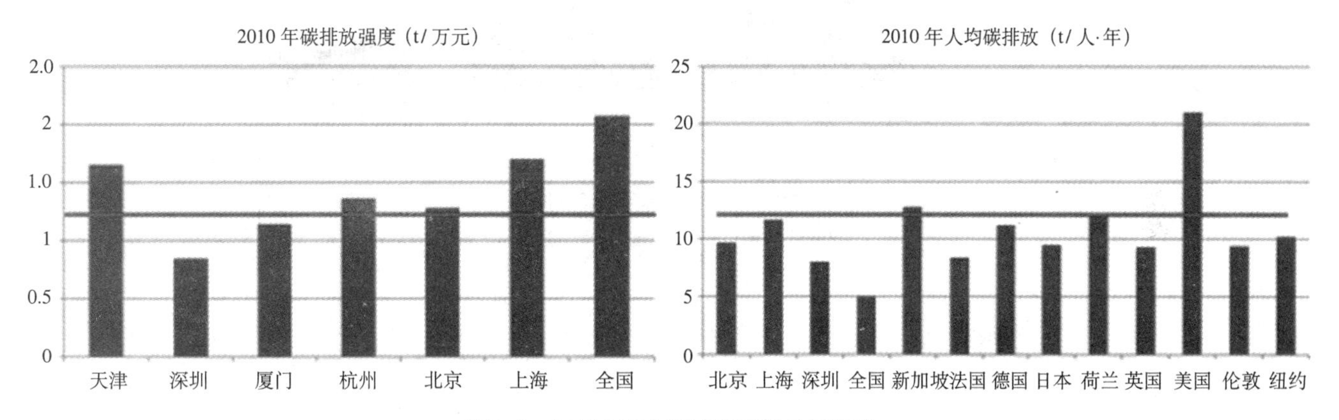

图8-5　2010全国主要城市碳排放量比较

（资料来源：深圳国际低碳城系列规划）

(4) 深圳国际低碳城的建设是推进中欧可持续城镇化合作的旗舰项目

深圳国际低碳城是 2012 年中国政府与欧盟签署的中欧可持续城镇化合作伙伴协议的旗舰项目。建设深圳国际低碳城，是深圳市委、市政府加快转变经济发展方式、建设国家低碳发展试点城市的重大举措——探索低耗能、低排放、低污染条件下实现高质量稳定增长的有效路径。

3）现状经济水平

目前坪山经济发展低水平、高能耗、高碳排放。人均 GDP4.5 万元，是深圳市的 1/3；单位面积 GDP 是深圳市的 1/7 ；人均耗水量是深圳的 1.7 倍；单位 GDP 耗水量是深圳市的 4 倍；人均耗电量是深圳的 10 倍，单位 GDP 耗电量是深圳市的 3.6 倍；碳排放强度为 2.28t/ 万元 GDP，是深圳的 2 倍（图 8-6 ～图 8-11）。

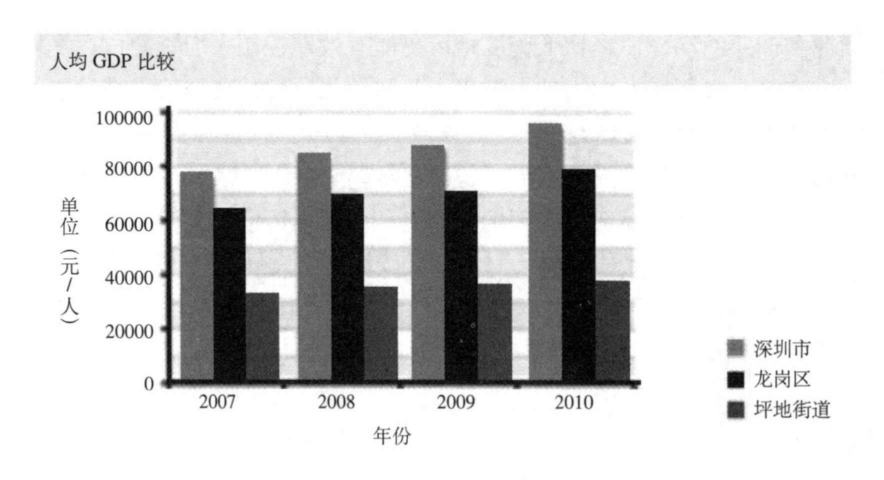

图8-6　人均GDP比较图

（资料来源：深圳国际低碳城系列规划）

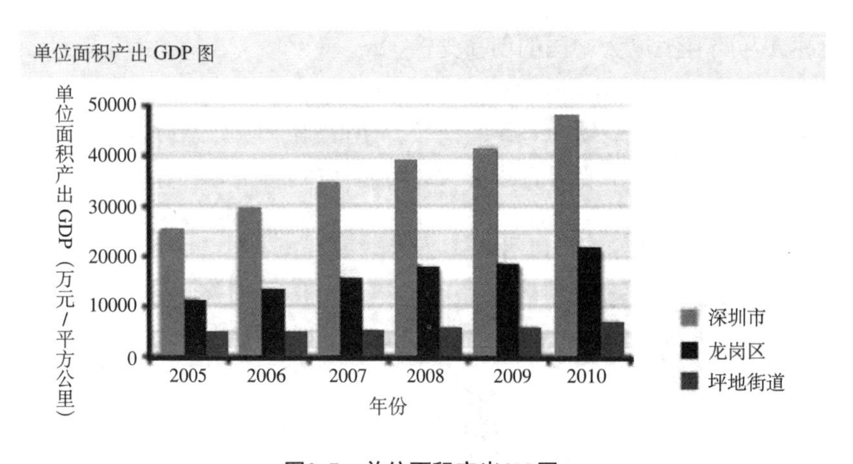

图8-7　单位面积产出GDP图

（资料来源：深圳国际低碳城系列规划）

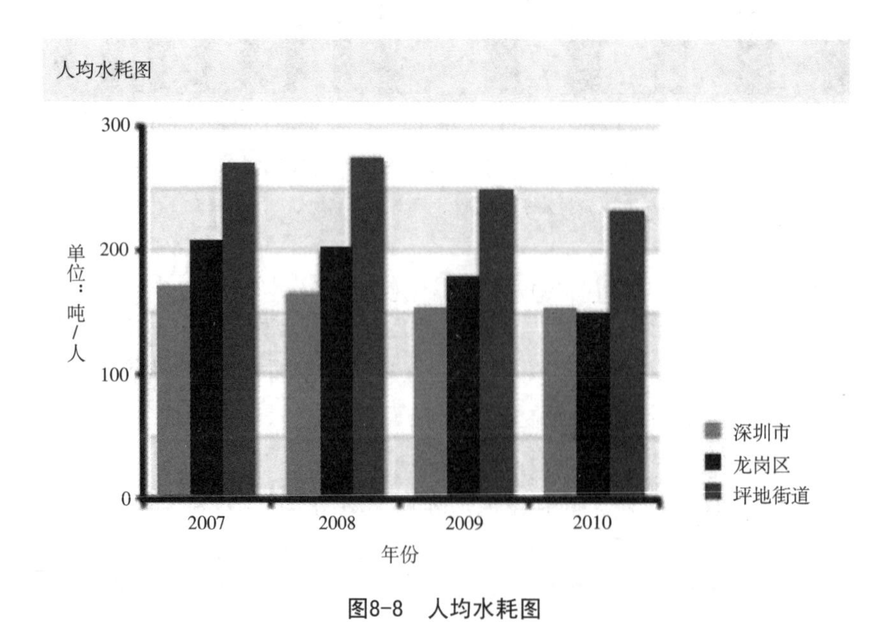

图8-8　人均水耗图

（资料来源：深圳国际低碳城系列规划）

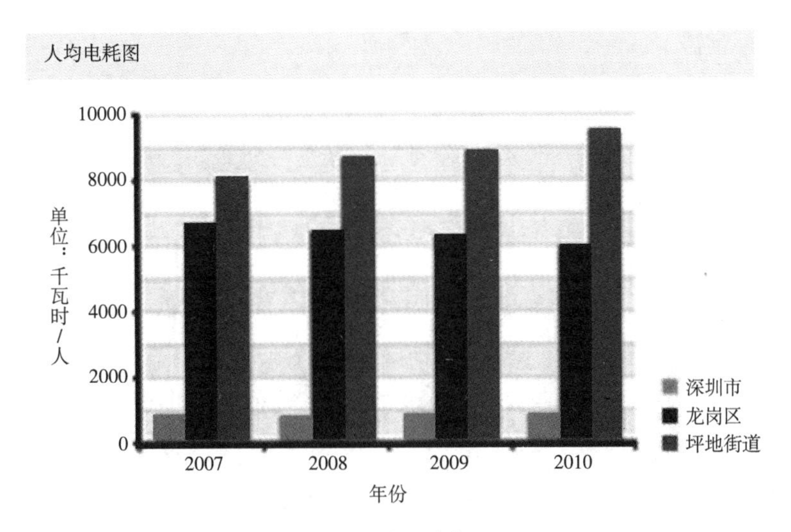

图8-9 人均电耗图

（资料来源：深圳国际低碳城系列规划）

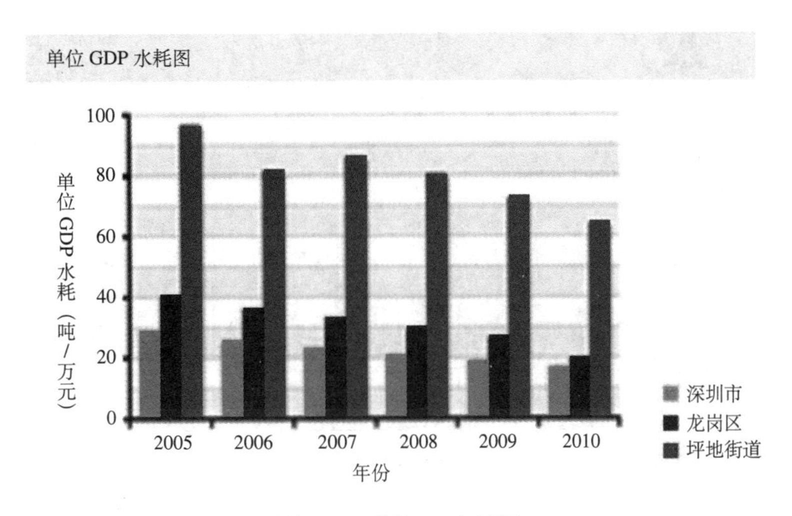

图8-10 单位GDP水耗图

（资料来源：深圳国际低碳城系列规划）

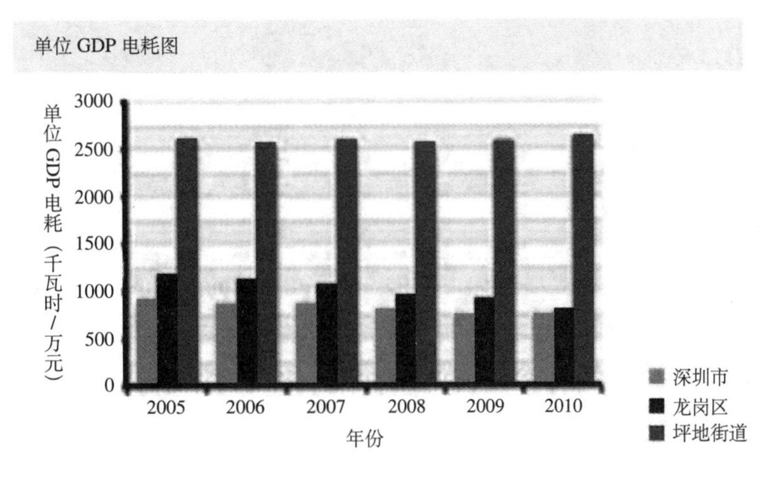

图8-11 单位GDP电耗

（资料来源：深圳国际低碳城系列规划）

8.2.2 规划目标与定位

8.2.3 规划策略

规划内容分三层次：区域 53km² 的总体空间规划，系统性、全局性的框架搭建；拓展区 5km² 综合规划，制定详细方案，全面示范；启动区 1km² 投融资规划，聚焦重大项目，先行示范（图 8-12、图 8-13）。

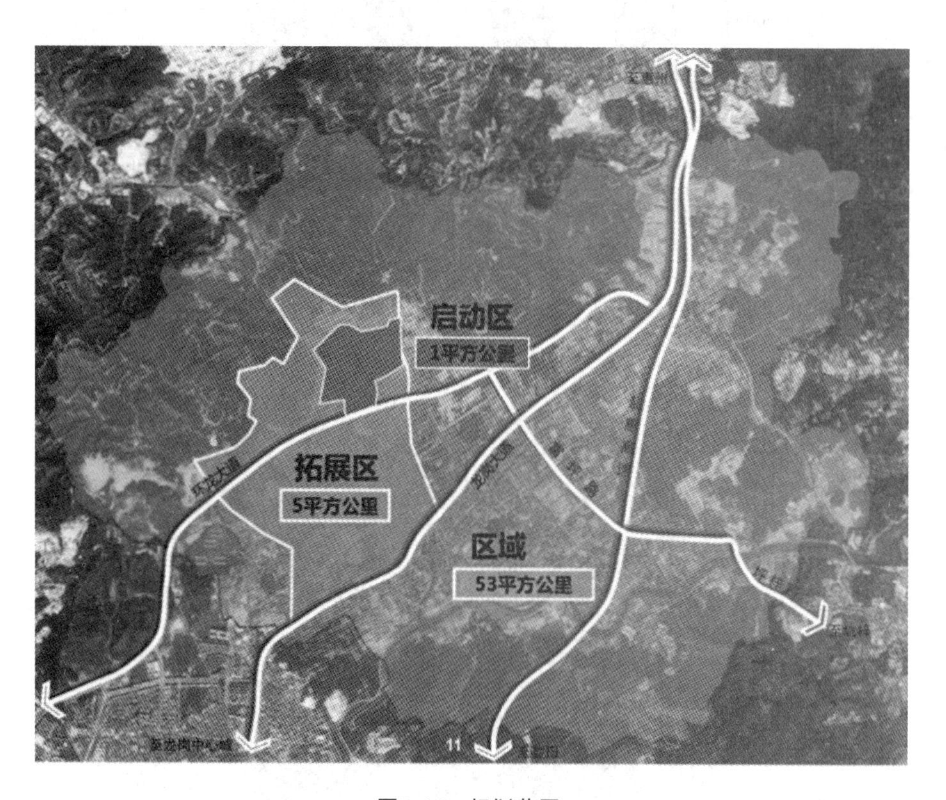

图8-12 规划范围

（资料来源：深圳国际低碳城系列规划）

	低碳城 53 平方公里 搭建框架，系统性全局指引	拓展区 5 平方公里 确定路径，落实详细方案	启动区 1 平方公里 先行示范，具体行动计划
空间规划	✓ 国际低碳城（总体）空间规划 ✓ 概念性城市设计 ✓ 专题：产业、空间模式、街区物理环境、碳评估、基础设施、投资估算	✓ 拓展区投融资规划 详细蓝图、行政许可文件、开发策划、投融资建议 土地整备规划 ✓ 专题：产业、街区物理环境、生态与景观	✓ 启动区详细蓝图 行政许可文件、开发策划、投融资建议 ✓ 专题：水生态修复、低碳街区组织模式、基础设施、低冲击 ✓ 建筑概念方案设计
市政规划	✓ 丁山河综合整治规划； ✓ 现状市政基础设施及规划支撑能力专题研究； ✓ 低碳城市政先进技术适用性及应用策略系列研究； ✓ 低碳城生态诊断及生态事宜性评价	✓ 拓展区市政设施及管网详细规划 ✓ 拓展区市政工程建设指引专题研究	✓ 低冲击雨水综合利用示范区规划及实施方案 ✓ 市政工程建设时序及行动计划专题研究 ✓ 市政工程设计
交通规划	✓ 低碳城综合交通专项规划 ✓ 专题：新型公交系统研究、基于 TDM 需求管理理念的智慧交通管理体系研究	✓ 拓展区道路交通详细规划 ✓ 专题：拓展区交通碳排放评估研究、拓展区基于 TOD 理念的公交站点开发研究	✓ 启动区交通支撑评价

图8-13 工作内容

（资料来源：深圳国际低碳城系列规划）

(1) 全域总体空间规划

区域总体空间规划目标为：打造成为全方位展示领先的低碳营城理念，创新地探索低碳产业发展，倡导以人为本的低碳生活方式，面向未来的明日之城。建立社会、经济、低碳生态协调互促的复合生态系统，实现自然环境生态化，经济发展低碳化，社会生活幸福化。

策略一：建立生态友好的城市框架

①自平衡、抗风险的绿色基础设施

建构利于生境网络组织的“核心保护区—斑块—廊道—跳板”的生物安全格局。核心保护区是以周边自然山体和水源保护地为中心，作为重要的种源地和生物栖息地；斑是选取建成区中有一定规模，生态价值较高的绿地斑块，为生物短暂栖息提供适宜的生境；廊道是以丁山河、黄沙河和龙岗河等河流廊道及线性林带为核心骨架，联通各生态核和斑块，弥补城市建设割裂自然生境的负面影响，为物种迁移扩散提供安全的通道；跳板是整合建成区内部趋于破碎的小型自然斑块，保留若干类型多样的微生境，为物种在建成区中自由活动提供庇护（图 8-14）。

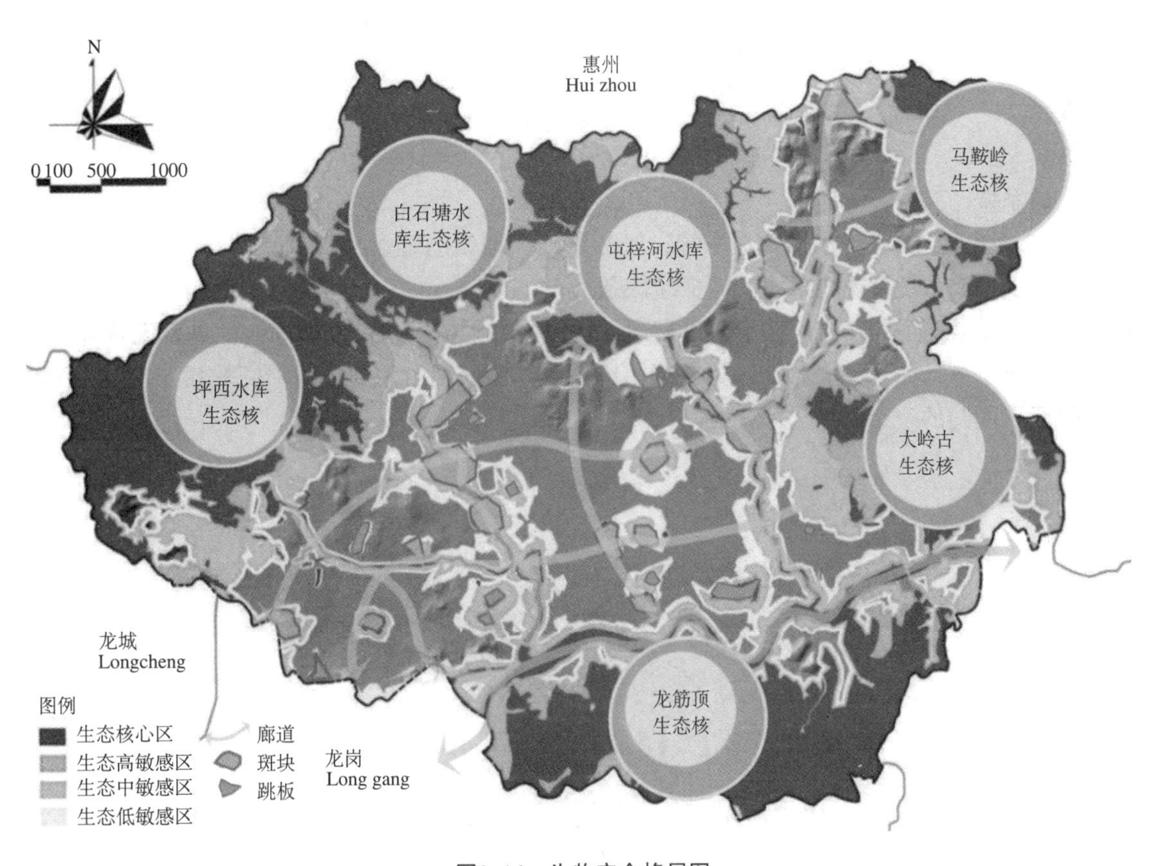

图8-14　生物安全格局图

（资料来源：深圳国际低碳城系列规划）

规划有利于气候调节的 20 条通风廊道和 38 个独立冷岛格局。规划顺应夏季主导风向梳理通风廊道，贯通周边自然环境与建成区，并深入组团内部，形成三级通风廊道体系，引风入城，提高城区物理环境的舒适度。在通风廊道上风向、廊道交点和组团内部分等级布局绿地、水体冷岛，疏解城市热岛效应（图 8-15）。

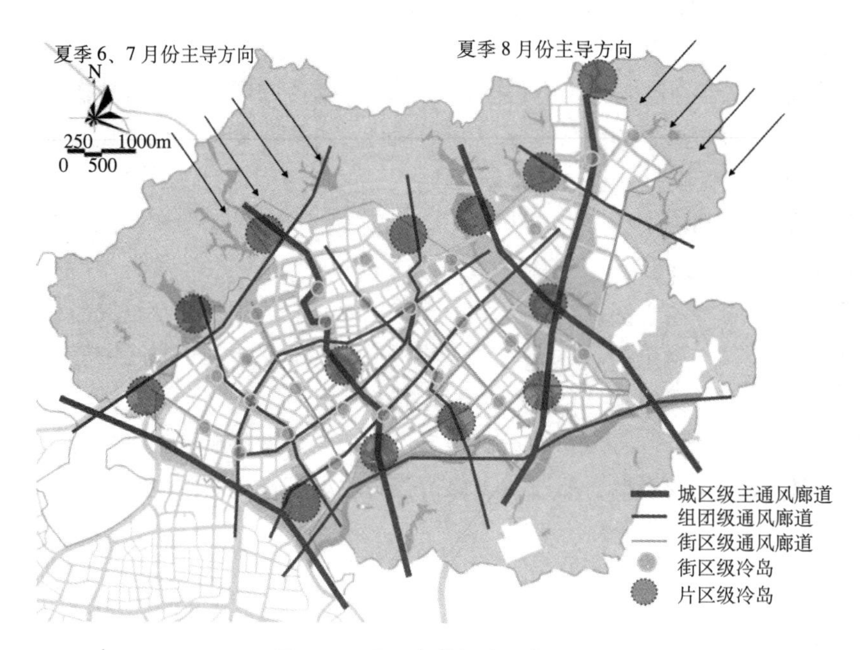

图8-15 通风廊道与冷岛布局图

（资料来源：深圳国际低碳城系列规划）

②绿色交通系统

公交先导的绿色交通系统：区域轨道系统、城际铁路、地铁的建设实现低碳城与区域的快速交通联系；中运量有轨电车及公交系统解决内部组团间交通联系。

便捷高效的道路交通系统：梳理城市干道交通，构建内慢外捷的道路交通系统。外部高快速路覆盖，内部以主干路网形成“井”字形的骨架，次干路网由中心向外围呈现由密到疏的渐变关系，丁山河沿岸形成慢行区域，只保留东西向的干路联系（图 8-16）。

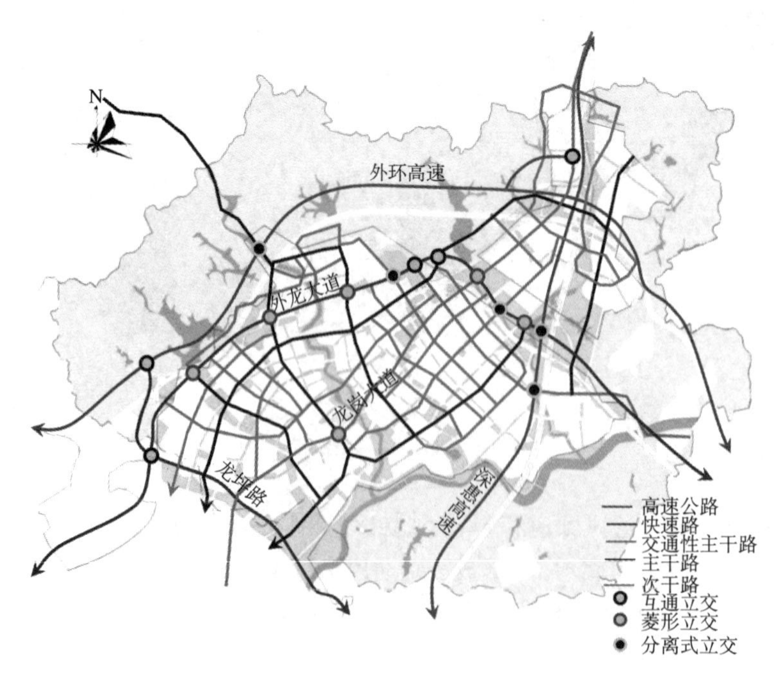

图8-16 道路交通系统规划图

（资料来源：深圳国际低碳城系列规划）

交通需求管理（TDM）与智能交通（ITS）并重：实行交通分区差异化对待，核心区控制机动车的使用，建立“5+1”的低碳城智能交通信息平台，包括低碳出行信息服务子系统、智能公共交通子系统、低碳行车和停车诱导子系统、环境友好型交通控制系统和交通环境监控和仿真子系统。

③紧凑集约的用地布局

TOD 导向的土地资源紧凑配置，高效的组团布局。绿色交通支撑，TOD 紧凑单元构成；结合中心体系，功能足够混合；由紧凑集约的单元构成，尺度合适（图 8-17）。

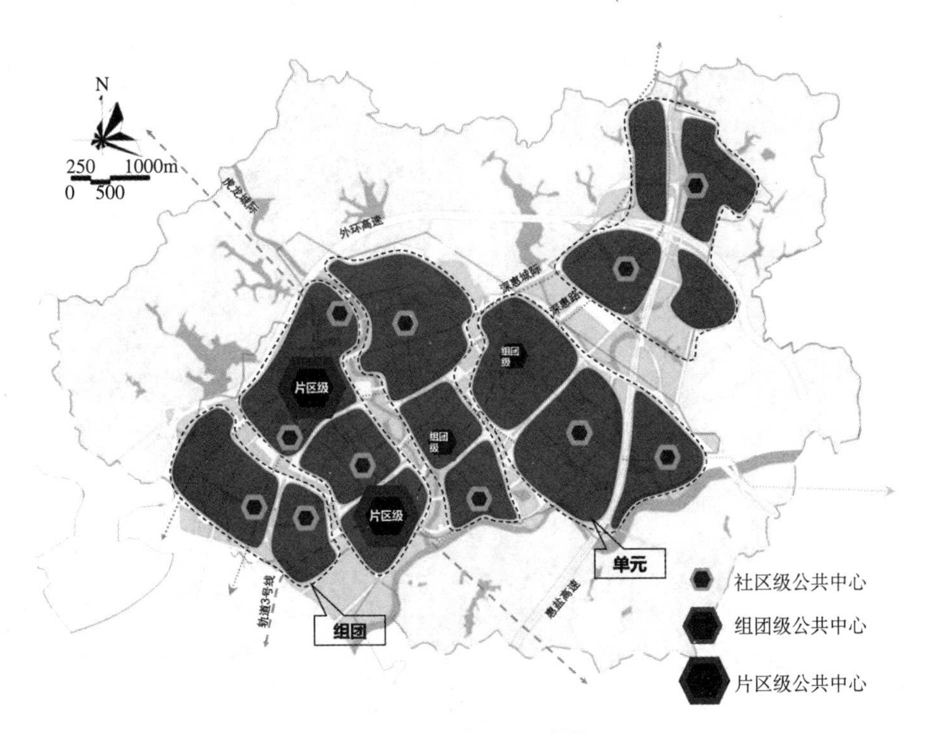

图8-17　城市组团结构

（资料来源：深圳国际低碳城系列规划）

④高效循环的能源资源体系

科学、综合地利用先进低碳市政技术，促进资源能源系统的综合高效循环，建立复合的微循环结构，就地取材、利用和消纳，减少对现有系统的改造和影响。

合理配置水资源，保障充足供应，实现分质供水和污水再生回用，增加本地调蓄能力；通过人工措施增强水的原位蓄存和循环，重建自然生产模式，构建自适应系统；优先利用山区雨洪资源，扩大本地水资源的供水和调蓄能力，增强供水系统水源和调蓄的安全性；小水源水库近期可合理改造，提供城市杂用水等低品质用水；远期作为低品质供水系统的调蓄设施和再处理设施；对河流进行生态补水，改善河道水质，提高水体自净能力；废弃物进行资源化，有机循环利用。

策略二：持续繁荣的产城活力

①低碳产业选择

秉承产城融合、低碳发展理念，进一步优化产业结构，大力提高低碳技术应用能力，培育具有国际竞争力的低碳产业集群，完善优化产业发展环境，着力打造新兴低碳产业，全面增强产业核心竞争力。在产业选择上主要以节能环保产业、低碳新能源产业、生命健康产业、低碳服务业、高端装备制造业和都市农业为主（图 8-18、图 8-19）。

低碳产业门类						产业类型	产业层次
节能环保产业	低碳新能源产业	生命健康产业	低碳服务业	高端装备制造业	都市农业		
基本产业链构成							
综合服务	综合服务	餐饮酒店、房地产、商务办公	综合服务 生产性服务业	综合服务	综合服务	低碳服务	3.0 产业
		相关产品销售、文化创意、现代物流	文化创意产业 核心金融				
		康复疗养、健身休闲	低碳技术服务 综合服务				
		旅游度假、咨询培训	生产性服务业 文化创意产业				
仓储物流	互联网服务区	生物技术研发		仓储物流	粮储物流	低碳科研	2.5 产业
再生资源利用	新能源技术研发			新材料研发、技术研发	相关技术产品研发		
环境整治产业							
垃圾处理							
科研试验							
	设备制造	相关产品制造		大型装备制造		低碳制造	2.0 产业
	复合能源生产						
					农业体验	低碳农业	1.0 产业

图8-18 产业发展分类

（资料来源：深圳国际低碳城系列规划）

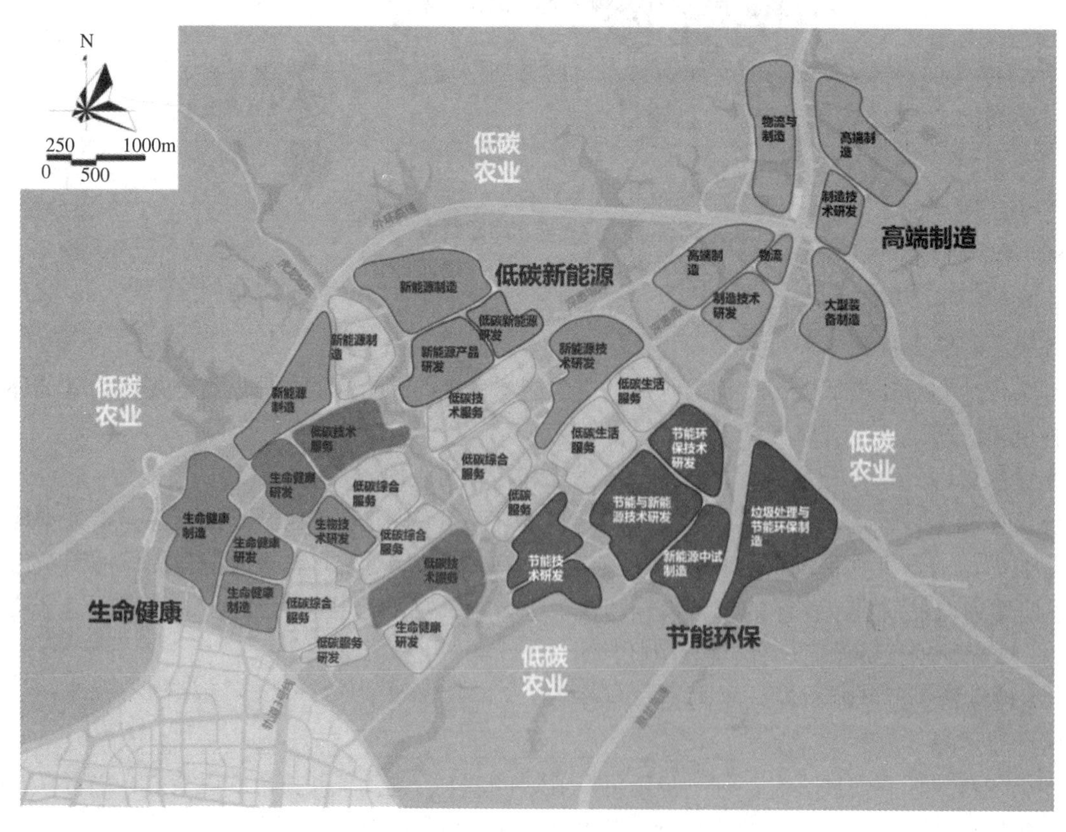

图8-19 产业空间布局图

（资料来源：深圳国际低碳城系列规划）

②产业空间布局模式

低碳制造型产城融合单元：1000m< 单元半径 <1500m。融合方式：乘坐公共交通 10 分钟可达就业地，步行 5 分钟可达核心公共服务设施；核心公共服务设施与公共交通站点混合设置；生态防护绿地位于工业与居住用地之间，与生活、生产服务设施混合设置（图 8-20）。

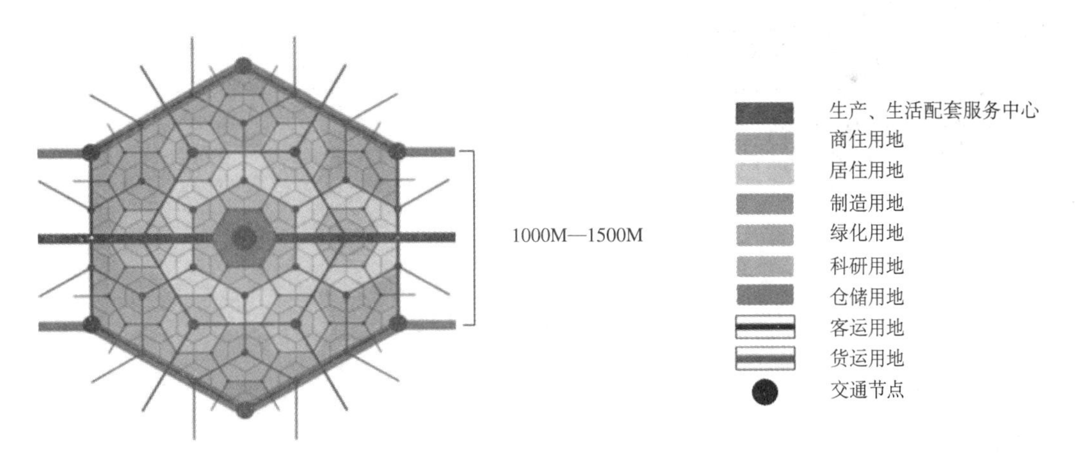

图8-20　低碳制造型产城融合单元
（资料来源：深圳国际低碳城系列规划）

低碳科研型产城融合单元：600m< 单元半径 <1000m；融合方式：生态绿地与慢行系统混合，串联居住区、就业地与商业区，步行 10 分钟可达就业地，步行 5 分钟可达商业中心与公共服务设施；商业中心与公共交通站点混合设置；居住、商业、公共服务混合设置（图 8-21）。

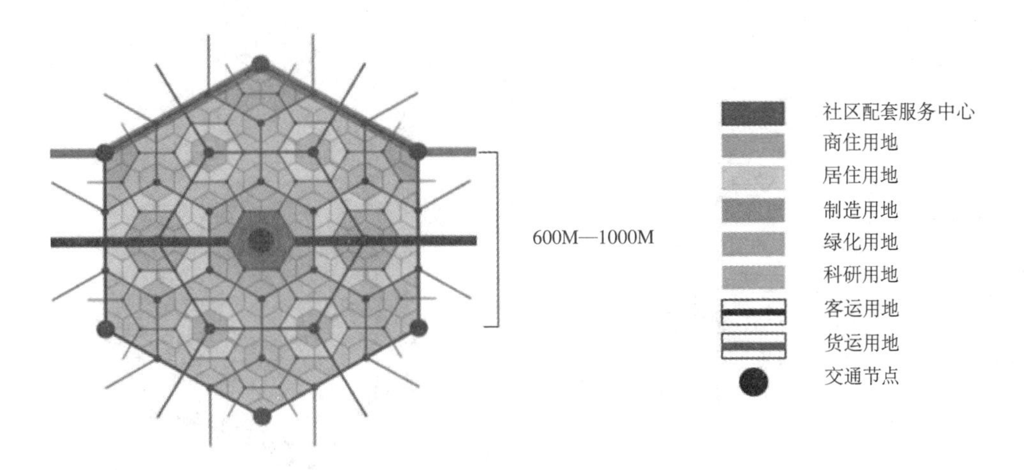

图8-21　低碳科研型产城融合单元
（资料来源：深圳国际低碳城系列规划）

低碳服务型产城融合单元：300m ＜单元半径＜ 600m；融合方式：步行 5 分钟可达就业地、商业中心、公共服务设施与交通枢纽；城区商业中心与轨道交通枢纽混合设置；低碳服务、商业服务、居住立体混合设置；生态绿地结合慢行系统网络化布局（图 8-22）。

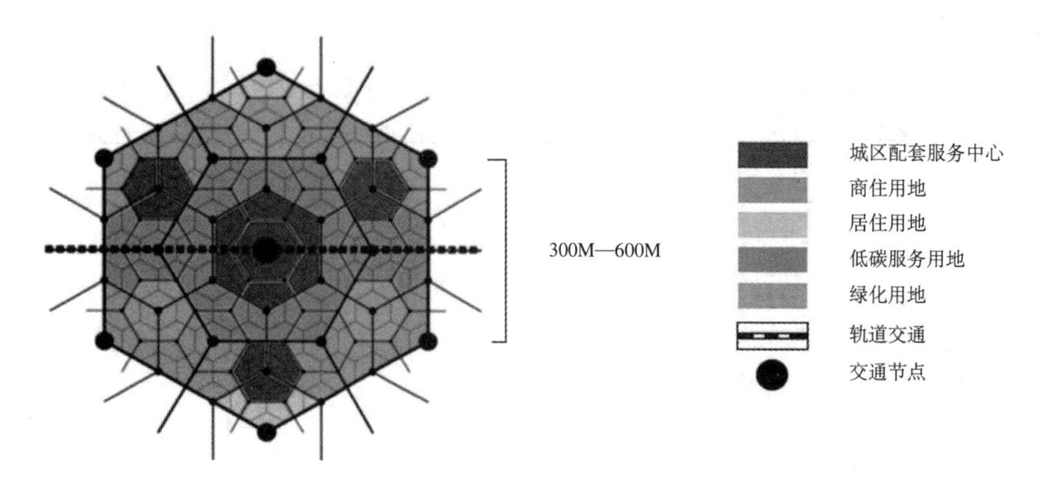

图8-22 低碳服务型产城融合单元

（资料来源：深圳国际低碳城系列规划）

策略三：低碳绿色的城市生活

①构建公共活动框架，营造城市活力

基于 TOD 发展模式，依托廊道与节点，创建体验城市生活，激发街区活力，串联城市公共空间的整体系统。活力节点包括公共功能及特色开放空间，分为“片区—组团—社区”三个等级，“产业、居住”两个类型。活力轴是连接各活力节点的绿廊或街道（图 8-23）。

图8-23 公共空间系统规划

（资料来源：深圳国际低碳城系列规划）

②规划慢行区，营造慢行环境

建立两级步行区，利用多样化的路网密度、不同优先权的速度、便捷的换乘体系，营造井然有序的步行城市体验。结合不同步行区的功能和特征，形成满足建筑布局及慢行交通需求的差异化路网密度。

③引导城市形态，营造城市风景

营造宜人的空间形态，形成集聚的产业和办公街区、舒适的生活街区、宽敞的视线廊道（图 8-24）。

图8-24　空间形态塑造示意

（资料来源：深圳国际低碳城系列规划）

④彰显地域文化，营造人文魅力

工业厂房：重点保留工业区 5 处，综合整治旧工业区 10 处。加入人才公寓等配套功能；整体提升厂房空间品质；绿色节能改造，提升性能；加入展示交流共享空间。

居住建筑：重点保留新建住宅小区，复合式更新旧村 7 处。通过太阳能利用、山墙节能、自然采光、植被绿化等低碳技术，打造低碳社区。

历史建筑：重点保护传统围屋 3 处，综合性利用围屋 7 处。主要进行危房改造，种植林荫绿化，植入特色公共功能与活动，营造历史氛围和本土特色的街区氛围。

（2）拓展区综合规划

在低碳城启动区 $1km^2$ 的基础上，拓展区结合 $53km^2$ 总体规划框架，遵循低碳营城理念，着力于碳汇网络创新、低碳交通出行、低碳市政集成、低碳空间组织、低碳建筑示范、低碳产业培育等六大策略，形成“一核三极、一带四区”的功能板块格局。

一核三级：包括一个低碳综合服务核心以及低碳服务中心、低碳展示中心、低碳生活中心、三个增长极；一带四区：包括一条丁山河城市活力带以及低碳综合服务区、低碳产业示范区、低碳科技研发区、低碳生活功能区四个功能板块（图 8-25）。

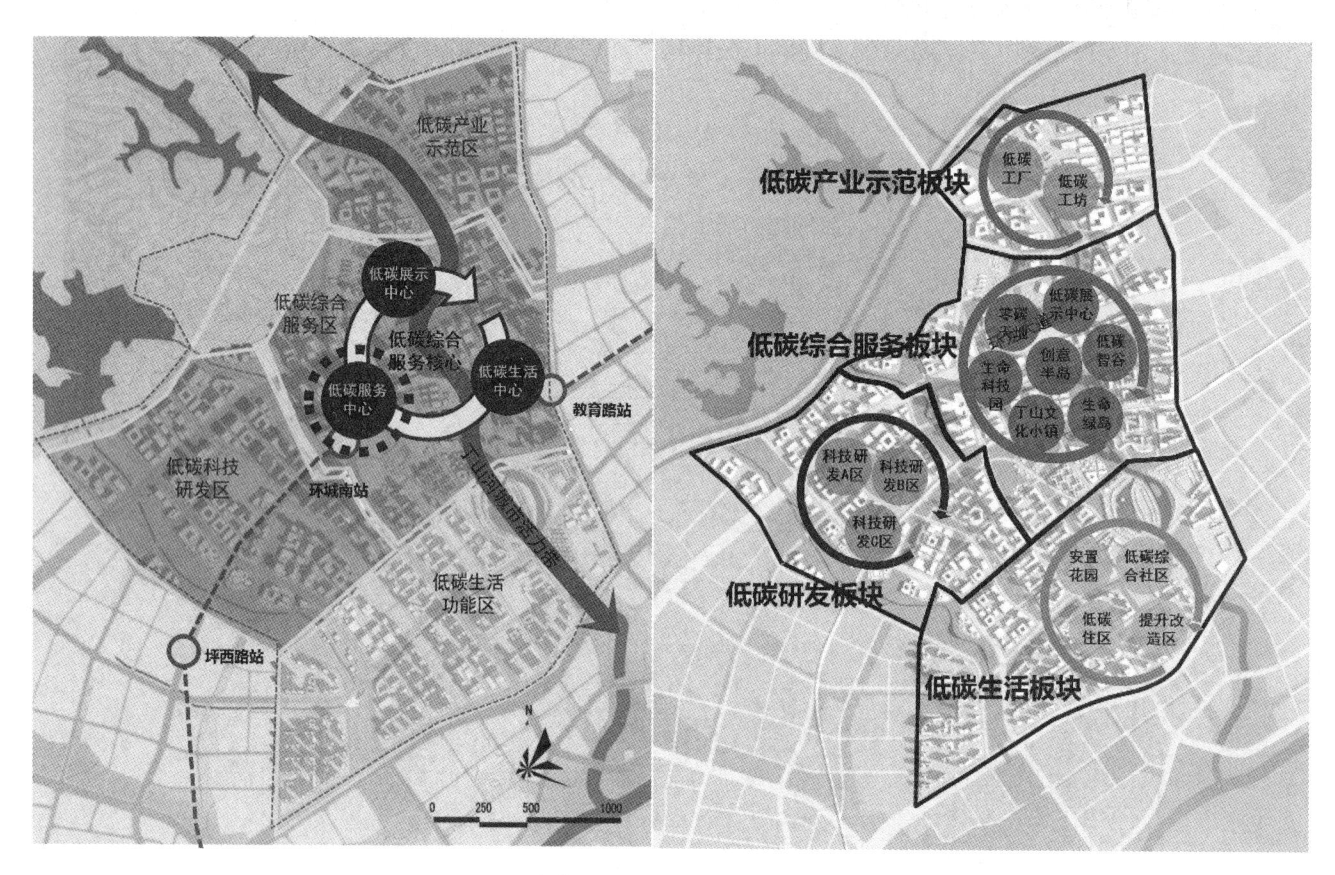

图8-25　拓展区空间结构规划图拓展区功能和项目配置

（资料来源：深圳国际低碳城系列规划）

从雨洪水、建筑、市政、交通四个层面构建低碳城。

①碳汇网络：构建雨洪滞蓄、净化、循环利用系统。从重外排到重内蓄，构建源头消减、分级滞蓄的雨水基础设施，通过绿地、湿地净化功能控制水质污染。

②绿色建筑：从功能与形态混合、立体化步行、多层高密形态慢行街区及街道生活四个方面构建低碳办公、商住街区示范项目。

③低碳市政：从安水、清水、活水、美水四个方面策划低碳市政。

④低碳交通：三个层次轨道满足不同需求，落实低碳减排目标。城际线满足低碳城跨城区商务出行；地铁满足跨城区通勤出行；有轨电车满足低碳城内部及组团间的通勤出行。

（3）启动区投融资规划 \ 详细规划

启动区将打造成世界级产业创智园区、国际化低碳科技示范城区（图 8-26）。

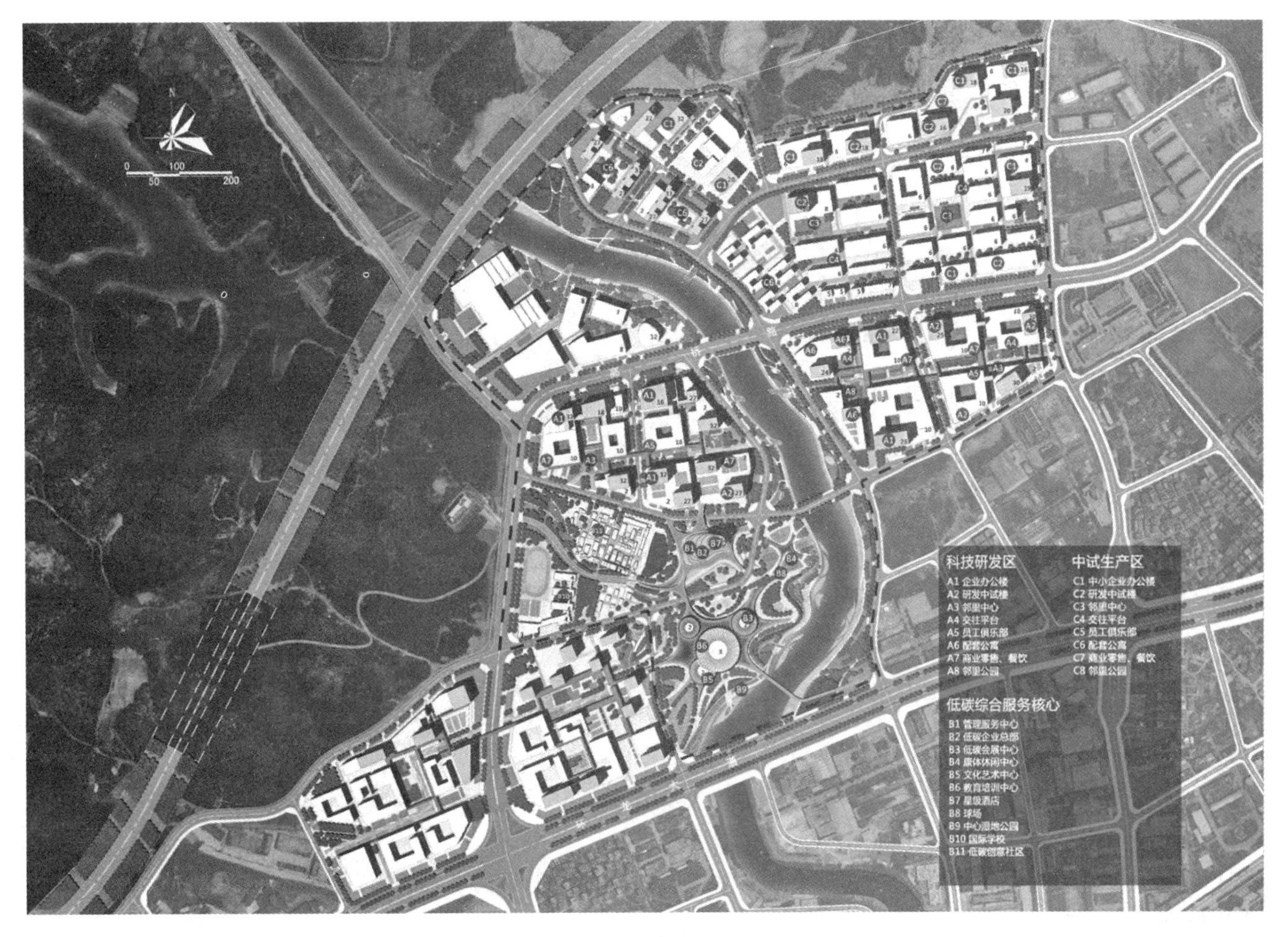

图8-26　启动区规划平面图

（资料来源：深圳国际低碳城系列规划）

启动区功能主要包括综合配套区、中试生产A区、中试生产B区、科技研发A区、科技研发B区和低碳综合服务核心区（图8-27）。

图8-27　启动区功能分区图图启动区鸟瞰图

（资料来源：深圳国际低碳城系列规划）

启动区将碳汇、微气候、建筑、市政、交通等五个层面构建低碳城。

①碳汇网络创新：高效固碳、温湿调节、丰产优美的城市碳汇空间。通过屋顶、垂直、地面等绿化，强化绿化碳汇空间（图 8-28）。

图8-28 碳汇网络空间示意图

（资料来源：深圳国际低碳城系列规划）

②优化微气候：借鉴传统岭南建筑布局模式，顺应夏季主导风向，梳式布局；利用微风通道降低巷道温度；利用天井交换冷热空气；运用骑楼遮阳。

③现有建筑的绿色改造：客家围屋保留原有格局，展示传统低碳技术；现有厂房提升立体绿化，改善资源、能源系统。

④低碳市政：设置再生水管道、生态补水专业管道、初雨水处理设施、分布式能源、区域供冷站、智慧通信基站、分类垃圾收集设施、风光互补 LED 路灯等设施（图 8-29）。

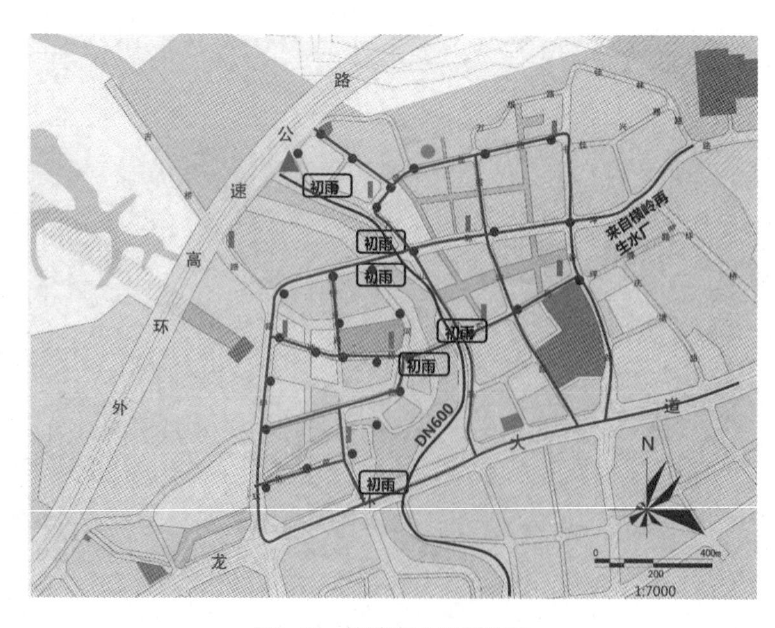

图8-29 低碳市政设施总图

（资料来源：深圳国际低碳城系列规划）

⑤低碳交通：公交、慢行系统组织，引导低碳出行。构建内部公交环线，实现公交全覆盖，运用新能源公交（图 8-30）。

图8-30　低碳交通规划图

（资料来源：深圳国际低碳城系列规划）

8.2.4　评价与启示

深圳国际低碳城坚持国际引领和本土特色衔接，城市发展和产业发展融合，资源开发和生态文明结合，规划以高质量的低碳空间资源配置服务产业发展，激发产业活力；集成先进低碳技术的同时，体现人文关怀，倡导低碳生活；综合效益最优，建立可复制、可推广的低碳技术与营城模式，是从城市规划的角度探索低碳城市的典范。

建设深圳国际低碳城，是深圳特区落实中央决策部署、践行绿色低碳发展的生动实践，也是加强绿色低碳国际合作，在更广范围集聚绿色低碳资源，致力于打造国家级低碳发展的试验区、应对气候变化的先行区、国家级低碳产业的示范区和国际低碳合作的引领区，成为中国低碳发展的战略高地，是推进高质量新型城镇化的有益探索。

8.3　武汉市风道规划

8.3.1　项目区位与规划背景

1）项目区位

武汉市是湖北省省会，中部地区中心城市，地处江汉平原东部，长江与汉江的交汇处。长江及其最大支流汉水横贯市区，将市区一分为三，形成了武昌、汉口、汉阳三镇鼎立的格局。武汉历来有九省通衢之称，因其特殊的地理位置，成为全国重要的水陆空综合交通枢纽，同时也是饱受工业污染，并且城市热岛效应严重的典型城市。近年来随着城市环境品质下降，城市热岛效应加剧，城市雾霾严重等成为制约武汉发展的重要因素。

《武汉城市风道规划》[153] 研究分析了城市通风道对改善城市热岛效应的积极作用，基于城市风环境气候功能评估，提出借助自然山水生态要素建设 6 条通风廊道深入城市核心的设想，并运用 CFD 技术模拟分析计算出该设想可使武汉市夏季最高温度平均下降 1℃至 2℃，从而有效降低城市热岛效应。此项规划成果是《武汉市城市总体规划（2009 ～ 2020）》① 中的重要内容。本规划的综合分析范围为武汉市都市发展区 3261km^2；重点规划范围为主城区 678km^2。

2）规划背景

（1）建设国家中心城市、宜居城市的需要

党的“十八大”报告提出经济、政治、文化、社会、生态文明“五位一体”和“建设美丽中国”的发展要求，生态文明建设已成为国家战略方针中的重要内容。武汉市委市政府提出建设国家中心城市的发展定位，并提出建设生态宜居武汉等战略目标，得到了省委省政府的大力支持。《武汉 2049 远景发展战略》提出，从绿色的城市、宜居的城市等五个方面将武汉打造成为“更具竞争力，更可持续发展的世界城市”的战略举措。《武汉建设国家中心城市行动规划纲要》提出武汉国家中心城市的总体目标定位：国家战略中枢型的国家中心城市、文化与生态特色鲜明的魅力宜居城市。从国家到省、市层面，生态宜居的发展目标已经成为共识。加强市区内部与外部空气流通，以达到让城市“自然呼吸”的良性循环状态，从而缓解热岛效应和雾霾问题，提升城市环境自净效能，是推进生态宜居武汉建设的重要手段。

（2）降低城市温度，缓解热岛效应

武汉地处北亚热带季风区，夏季夜间静风频率很高，加上湿度非常大，因而格外闷热，整体舒适度较差。近年来，随着城市大规模的开发建设，热岛效应逐渐加剧。城市温度比周边郊区温度高的原因主要有三个方面：一是城市“混凝土森林”现象，由于混凝土地导热系数远高于土壤和植被，使得城市白天吸收的热量远远大于郊区。二是大气逆温层和由气溶胶形成的污染盖浮在城市上空，阻碍了热量的散发。三是城市人口密度大，人为消耗能源多，增加了热排放量。

武汉主城区建筑密度和人口密度相对较高，温度通常比近郊区高 5 ～ 8℃，夏季热岛效应尤其明显。城市通风道将把温度较低的郊区风带入城市，或将城市中的“凉风”送往温度较高的城市中心区域，通过空气交换，降低主城区温度。空气在流动过程中能驱散笼罩在城市上空的污染盖，有利于热空气的排出，仿佛天然电扇，为整个城市通风降温，特别是舒缓夏季的热岛效应，使市民拥有舒适健康的城市生活。

（3）利用自然资源，增强城市自我调节能力

过度的人为干扰破坏了城市生态系统的平衡，并阻碍了风、阳光、雨水等自然气候因子对城市环境的调节作用。风是城市气候的首要影响因子，“风—热”的良性循环是形成城市良好气候、促进城市环境良性发展的首要保证。武汉市依山拥水，有着丰富的自然资源。根据城市风向、地形地貌特点和建设现状设立通风廊道，联系市区周边自然山体、水体、开敞空间等要素，最大限度的减少人为干扰，为风在城市中的循环疏通道路，同时为其他环境因子创造了调节气候的条件，来达到让城市“自然呼吸”的良性循环状态，增强城市的免疫力。

8.3.2 规划目标

本规划分为两大部分，即武汉市风环境气候功能评估及通风系统规划。其中武汉市风环境气候功能评估为现状分析部分，对武汉市整体气候环境现状进行综合评估，是风道规划的基础。通风系统规划为规划部分，

① 该规划获得了国际城市与区域规划师学会（ISOCARP）颁发的“全球杰出贡献奖”

从宏观、中观及微观三个层次构建武汉市通风系统。

总体目标：按照建设宜居武汉、美丽武汉的总体要求，协调好城市通风与城市建设的关系，全面分析武汉市风环境气候特征，着力构建主城区通风系统布局，探索规划控制措施，有效缓解城市热岛效应，提高城市舒适度。

本次规划旨在城市风道的理论研究及武汉市气候分析的基础上，形成具有武汉特色，并能具体指导城市建设的通风系统布局，明确通风系统有关区域内的规划控制要求，切实保障风道的落地与实施，最终达到改善城市气候，缓解城市热岛效应的目标。

（1）综合评价武汉市风环境气候特征

在充分的信息采集基础上，评估武汉市风环境气候特征。重点分析武汉市热岛分布情况、城市下垫面的粗糙度及城市近地风场。明确城市热岛效应突出地区，风的主要来源和主导风向，以及风在城市内部的流通情况，为通风系统的构建奠定基础。

（2）构建武汉市通风系统框架

通过研究风道基础理论及借鉴相关城市经验，确定通风系统的组成部分，并通过武汉市风环境气候现状分析，明确通风系统各部分在武汉市的分布情况，构建从市域、都市发展区到主城区范围的通风系统格局。

（3）探索风道管控机制

根据风道系统各组成部分的功能特征，分别确定管控要素，并提出管控指引，包括建筑布局、建筑高度、建筑密度、绿地率、植物种植等，并与已有相关规划进行衔接。

8.3.3　武汉市风环境气候功能评估

1）评估方法

（1）卫星遥感和航空测量技术应用于城市热环境分析

卫星遥感影像（如 Landsat-TM）作为反演数据，在遥感数据处理技术平台的支持下，选取地表温度作为反映热环境的重要指标，并综合应用遥感技术实现了区域地表温度反演和热环境分析。根据热红外反演结果以气象站实时观测数据作拟合，并与下垫面及相关处理信息进行对比，对研究区的热环境进行进一步分析，可根据研究区城市热场空间格局，得到热岛效应强度的分布情况。

（2）地理信息系统应用于空间分析

将时空分析方法应用于城市热环境研究中，依托于卫星数据及其他来源数据更新或者建立数据库，通过数据挖掘提取和浓缩有效信息，实现定量和定性分析的综合，得出简明的图样分析，客观信息反映城市风环境的时空变化。基于 GIS 空间分析方法，可以在反演城市地表温度的基础上，分析城市热场分布的空间格局，定量描述不同土地利用类型地表温度的特征，探讨不同土地利用类型的空间组合格局对于城市热环境的影响，从而得出对于通风环境的影响。

（3）基于城市要素的风环境分析

建筑覆盖率和建筑高度会对风环境产生不可忽略的影响。利用粗糙度分析和 FAD（迎风面面积密度）进行定量分析，并同温度反演图作横向对比，不仅可以看出城市分布密度、开发强度与热环境和风环境之间的性质关系和数量关系，又为城市建设和开发强度提供指导意见。

道路走向和宽度对风环境的作用分析。道路作为城市的基本组成部分，其走向和宽度都对通风产生重要影响。通过道路走向与风向的相对关系分析，并对规划情况和现实状况进行比较，为加强风环境建设的城市规划方案做出更好的支撑和指导作用。

绿地植被对城市风场的影响分析。根据城市土地利用现状图以及绿地控制线进行纵向比较，并协同分析地表反演的热场分布图，分析绿化带对于风环境影响的程度，并为设置绿化带的合理位置以及合理数量提供指导。

2）风环境气候分类评价

（1）热岛效应分析

从全市近 15 年内 20 余幅热红外波段遥感影像中选取数据质量较好、具有同期可比性的 2000 年、2009 年、2011 年、2013 年 7 ~ 9 月间的四期影像，在遥感数据处理平台的支持下，以热岛强度指数作为统一衡量指标，进行热岛效应时空演变分析。根据数据分析结论，武汉市热岛强度分为七个等级，其中热岛强度高于 0.5 的六级和七级为热岛效应明显区。

研究发现，武汉市热岛分布情况呈现以下特征：一是随着城市建设用地的扩张，全市热岛明显区不断扩大，以老城区为中心，逐步向外围新城区扩散；二是热岛明显区域主要分布于旧城区、古田、汉西以及武钢等地区；三是城市热岛效应与土地利用类型密切相关；四是热岛强度与建筑密度呈正相关关系（图 8-31）。

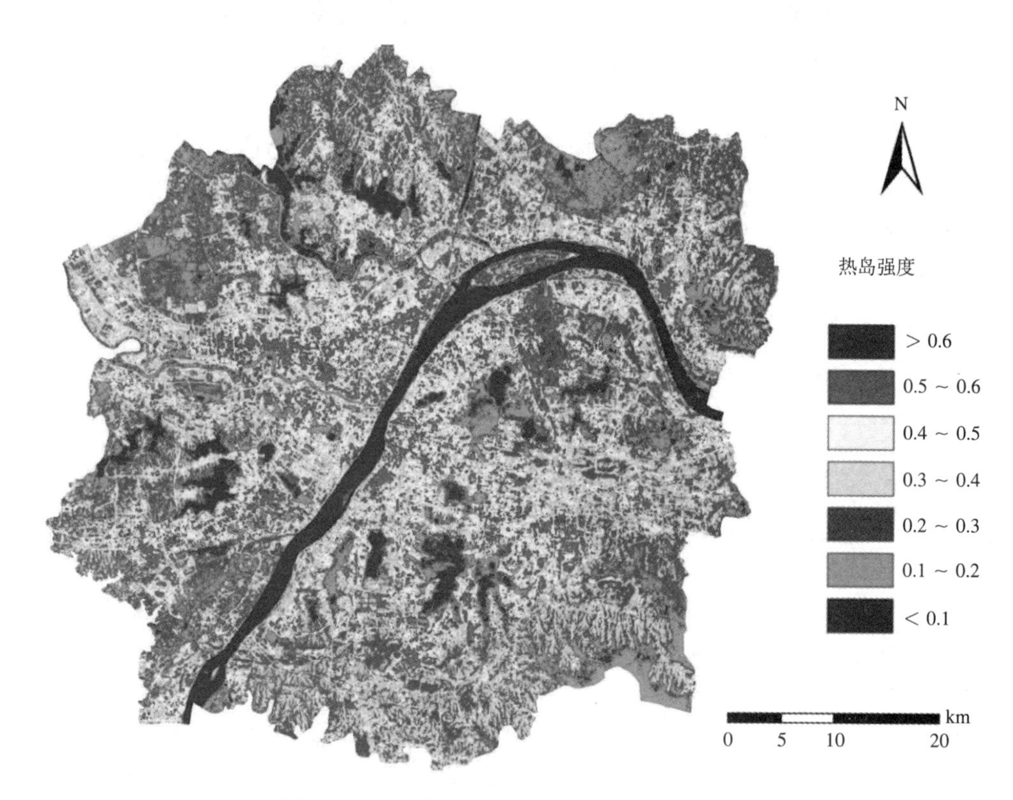

图8-31　2013年8月8日武汉市都市发展区热环境分析图

（资料来源：武汉市城市风道规划，武汉市国土资源和规划局）

（2）风流通潜力分析：地面粗糙度、道路通风性能

借鉴香港经验，选取粗糙度（即描述城市地面层对风的摩擦阻碍作用的程度）作为评价指标，将建筑布局、建筑高度、建筑迎风面宽度等要素纳入迎风面积密度公式计算，完成城市通风效能评价。全市粗糙度分为四级，一级 0 ~ 0.35 为通风良好地区，二级 0.35 ~ 0.45 为通风较好地区，三级 0.45 ~ 0.6 为通风一般地区，四级大于 0.6 为自然通风环境较差地区。研究发现，城市通风条件由外围向中心城区逐渐恶化（图 8-32）。

另外，考虑城市道路也是风道系统的重要构成要素，为此，根据城市道路走向与主导风向的夹角大小开展城市道路通风性能评价。分析发现武昌、汉口、汉阳的沿江区域，道路与主导风向较一致；外围武钢、吴家山、关山、豹澥、流芳等地区，东西走向的路网与主导风向较不一致（图 8-33）。

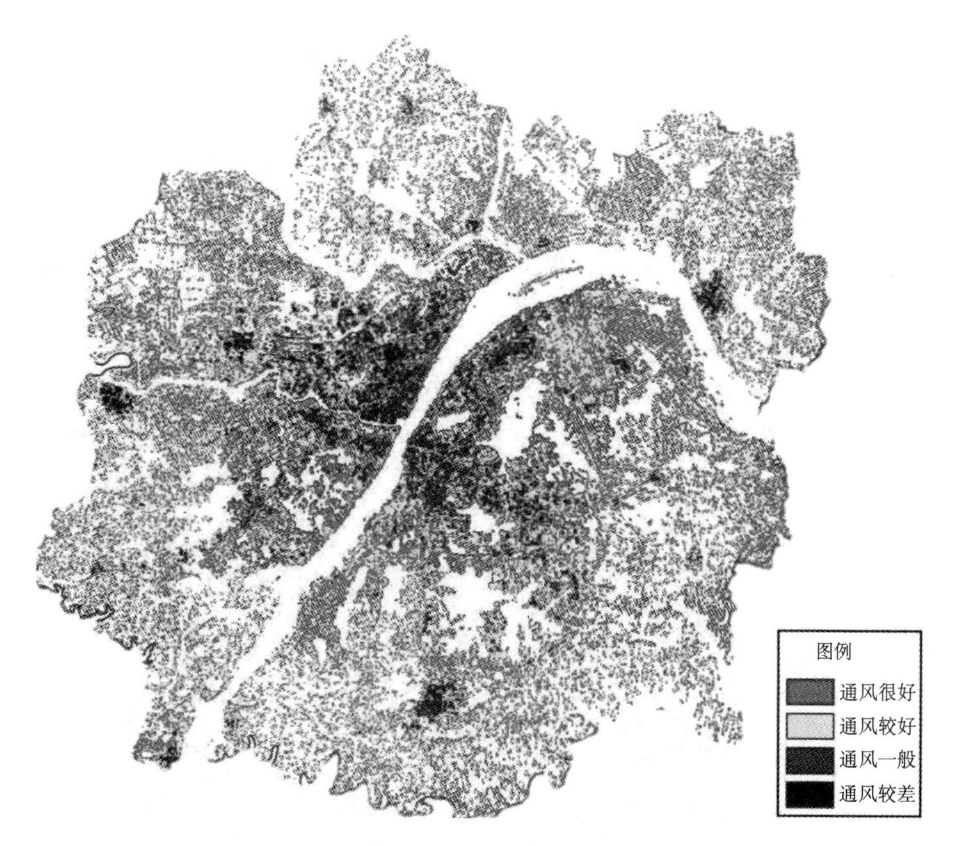

图8-32　武汉市都市发展区粗糙度分布图
（资料来源：武汉市城市风道规划，武汉市国土资源和规划局）

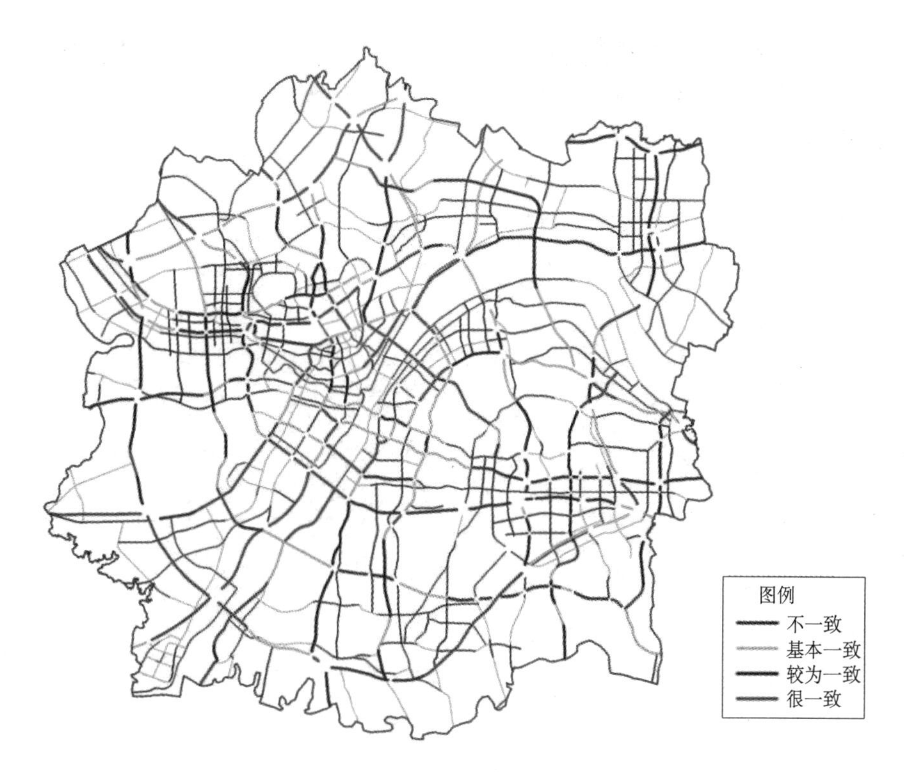

图8-33　现状道路与夏季主导风向一致性分析
（资料来源：武汉市城市风道规划，武汉市国土资源和规划局）

(3) 风环境分析：武汉市近地层风场

选取市域范围内 32 个观测站的夏季主导风向进行分析，利用现有的自动站数据对武汉进行网格化模拟，网格格距为 0.03°。

冬季

从选取的 32 个站点的冬季主导风向上分析，武汉市冬季主导风主要以偏北风为主，但受建筑物和地理环境的影响，出现了局地绕流现象（图 8-34、图 8-35）。

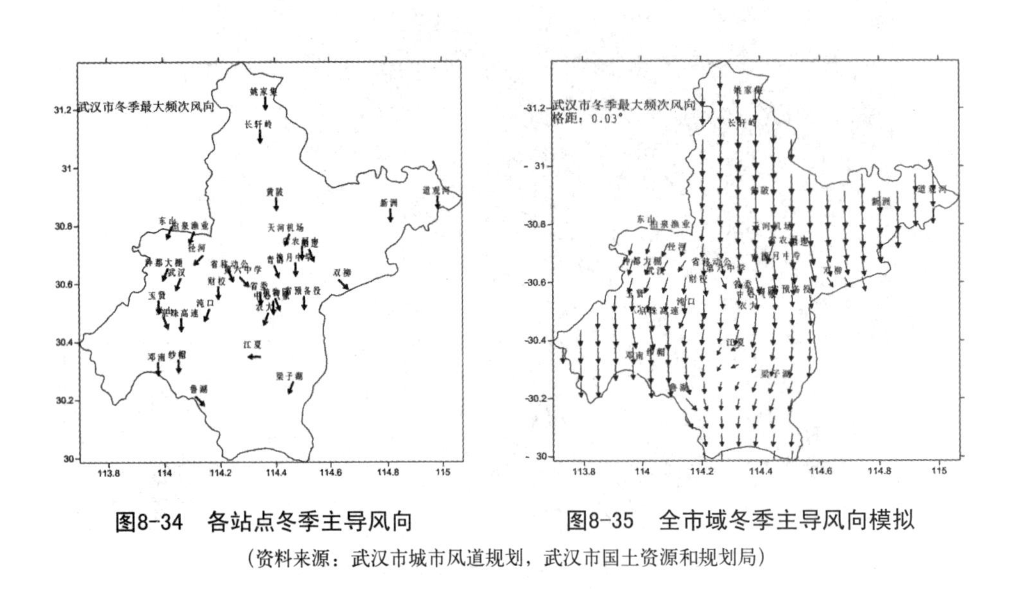

图8-34 各站点冬季主导风向　　图8-35 全市域冬季主导风向模拟

（资料来源：武汉市城市风道规划，武汉市国土资源和规划局）

夏季

从选取的 32 个站点的夏季主导风向上分析，武汉市夏季主导风主要以偏南风为主，偏东地区以东南风为主，经过武汉城区一带西南风比较明显；与冬季风在主城区等地出现的绕流现象相似，夏季风在武汉中心城区局地也存在绕流特征（图 8-36、图 8-37）。

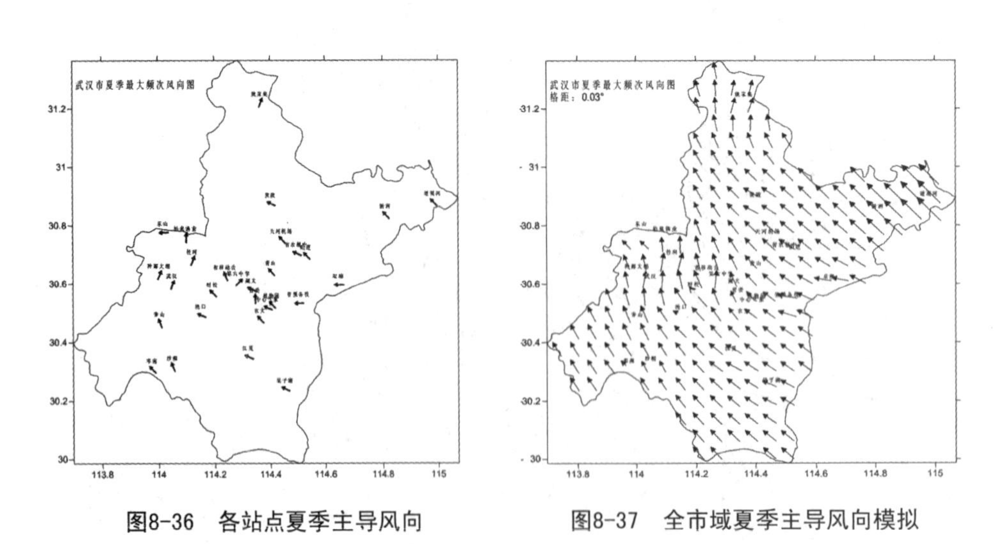

图8-36 各站点夏季主导风向　　图8-37 全市域夏季主导风向模拟

（资料来源：武汉市城市风道规划，武汉市国土资源和规划局）

武汉市风环境总体特征：武汉市地处北亚热带季风区，属亚热带湿润季风气候。武汉全年主导风向为北风、东北风，其次为东南风、西南风。通过本次选取 2010 ～ 2013 年风向、风速探测数据完整的 32 个气象站进行风环境分析和模拟，可知武汉市风向明显地随季节变化而变化，冬季以北风和东北偏北风为主；夏季主导风主要以偏南风为主；偏东地区以东南风为主，经过武汉城区一带西南风比较明显。受建筑物和地理环境的影响，出现了局地绕流现象，冬季风和夏季风在武汉中心城区局地存在绕流特征。据统计武汉年平均风速为 1.6m/s，最大风速 10.0m/s（北风），静风频率为 10%（武汉城市气候改善与宜居环境优化研究——武汉市城市总体规划修编专题）。

3）风环境气候综合评价

根据以上热环境分析、风流通潜力分析及风场分析，对影响城市风环境气候的各要素赋以权重并进行叠加，得到武汉市风环境气候综合分析图（图 8-38）。

根据德国及我国香港的研究经验，进一步评估及诠释风环境气候分析图，根据人体热舒适度分级对风环境气候分析图进行分区，共划分为 5 个分区（表 8-3）：

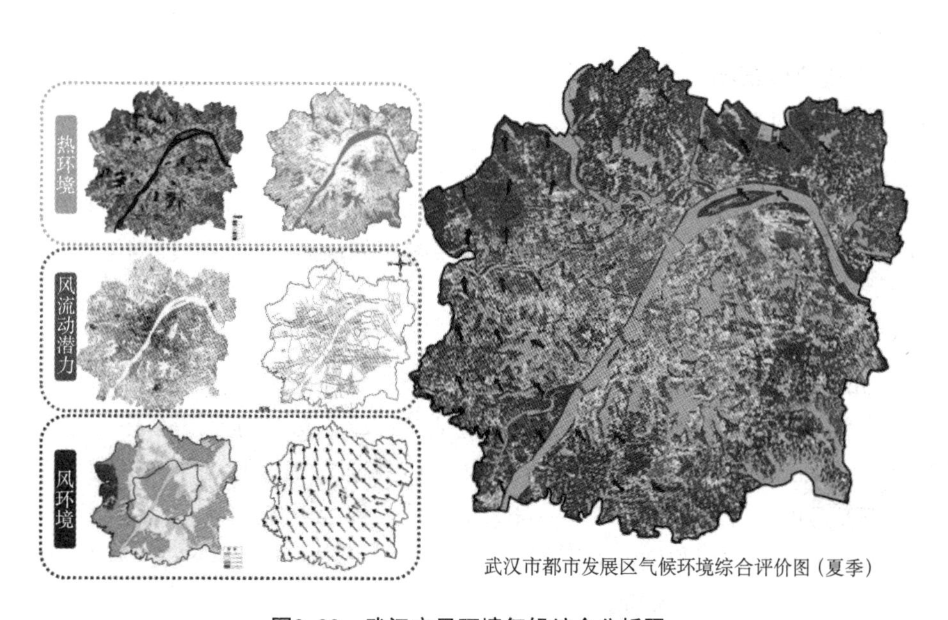

图8-38 武汉市风环境气候综合分析图

（资料来源：武汉市城市风道规划，武汉市国土资源和规划局）

武汉市风环境气候分区表 表8-3

分类	名称	描述	评估
气候一区	城市气候高价值区域	粗糙度很低、无热岛现象地区，主要为大面积农田、水体等	对区域气候非常重要，需重点保护
气候二区	城市气候非敏感区域	粗糙度较低、热岛效应不明显地区，主要为林地、公园、绿地等	对城市与周边区域空气循环有较大作用，需保护并增加绿化覆盖
气候三区	城市气候低敏感区域	有一定粗糙度及热岛效应的地区，为农村居民点及城市低密度区	城市建设区与生态区之间的过渡区域；需保持其低密度，增加绿化覆盖
气候四区	城市气候高敏感区域	具有较大粗糙度和热岛效应的地区，为一般城市建设区	有一定热问题和污染问题：需控制开发强度，通过通风绿化，增加热压缓解
气候五区	城市气候极敏感区域	粗糙度极大及热岛效应极明显地区，为市中心等城市高密度区	热问题严重的区域；需降低开发强度，改善通风环境

（资料来源：武汉市城市风道规划，武汉市国土资源和规划局）

8.3.4 武汉市风道系统总体布局规划

1）规划策略

（1）保护冷空气生成区域

明确划定通风系统中的补偿空间，确定气候防护保护区与优先区域，保护与发展具备适宜性气候功能的空间与功能，严禁再开发，并通过规划法律进行保障。

（2）降低高密度区热岛效应

明确划定通风系统中的作用空间，严格控制开发强度，促进高密度地区的空气流通，缓解热岛效应并抑制其蔓延。

（3）保护或构建空气引导通道

明确划定通风系统中的通风廊道，严格控制空气引导通道宽度及下垫面粗糙度，降低对空气流通的阻碍作用，提高补偿气团效率。

2）武汉市通风系统总体布局

（1）武汉市通风系统的构成

①补偿地区

其主要为武汉市气候环境分级分区图中的气候一区及气候二区，并结合既有规划如《武汉市绿地系统规划》、《武汉市中心城区“三线一路”保护规划》、《武汉市都市发展区 1：2000 基本生态控制线规划》等进行具体划定。

补偿地区按照气候环境质量及降温效应分为两级：

一级补偿地区内的风阻较低，如大部分地区为自然植被所覆盖，海拔相对较高的山体，或面积较大、周边地势开阔的水体等。这些区域提供了一个较为清凉舒适的环境，同时为周边区域带来清凉的空气。一级补偿地区属于降温效应明显且风流通潜力良好的区域，具有重要的气候价值，其气候环境应尽可能予以保存。

二级补偿地区主要为市区近郊绿地及城市内部大型绿地。该区域热负荷较低且风流通潜力较好。从城市热舒适度而言，该区域的降温效应和增温效应基本持平，对热舒适度的影响较小，属于都市气候非敏感区，其整体的都市气候特性应尽可能予以维持。

②作用地区

作用地区如城市中心区、高密度老城区、工业区等热岛效应明显地区。主要为武汉市气候环境分级分区图中的气候四区及气候五区，并结合既有规划如《武汉建设国家中心城市重点功能区体系规划》、《汉口沿江商务区二七商务核心区实施规划》、《武昌滨江商务区实施规划》等进行具体划定。

③风道地区

通风廊道是由大面积水域、与主导风向平行的城市主要道路、集中的城市绿地、广场、非建筑用地及低矮建筑群连接形成；形式开阔连通，并有较大的尺度，能有效将局地风引入城市内部，连通补偿空间与作用空间的地区，是空气流通的主要廊道。

风道地区按照风流通潜力及通风廊道尺度分为两级：

一级风道地区为宏观层面城市尺度风道，规模等级较大，与城市夏季盛行风向平行，贯穿整个武汉市大尺度的江河、大型公园绿地以及大面积水体等。一级风道是城市风道体系的主要组成部分，是能够从城市全域性层面对城市通风环境起决定性改善作用的城市风道。这些地区绝热冷却和降温作用较好，具有良好的风流通潜力，夏季温度较低。属于此类城市气候级别的风道主要有城市外围及近郊的山体河湖区域，以及众多低密度发展区，两江地区和主城内部几大水域体系，如长江、汉水、东湖风景区、南湖风景区等。

二级风道地区为中观层面区域尺度风道，规模等级适中，与城市夏季盛行风向平行或有较小夹角，与宏观层面风道相衔接，将武汉市内等级较高污染较小的主干道、城市主要公共绿地、广场和水体串联。二级风道能够从城市区域性层面显著改善城市通风环境，并起到衔接一级风道的作用，对城市主导风渗透到各个街区起到至关重要的作用。武汉的城市近郊、一些湖区的周围以及山体的周围发展区都属于此级别，如武汉市城市主干道、南太子湖公园、解放公园、中山公园、菱角湖公园等。

（2）武汉市通风系统空间布局

基于前期武汉市风环境气候功能综合分析，分别划定武汉市通风系统补偿地区、作用地区、风道地区。

①武汉市市域通风系统空间结构规划

武汉市市域形成五条区域风道及五大区域补偿区（图8-39）。

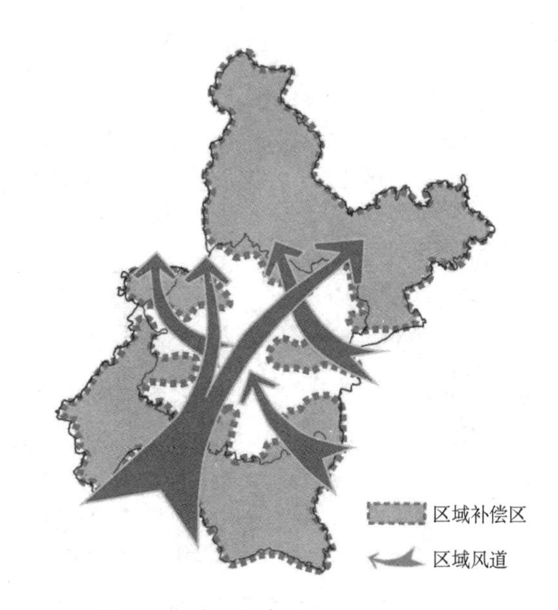

图8-39　武汉市市域通风系统框架

（资料来源：武汉市城市风道规划，武汉市国土资源和规划局）

②武汉市都市发展区通风系统空间结构规划

借鉴目前较为成熟的风道系统理论，综合考虑武汉市的地形特征、风场特征、总体规划布局及生态框架，在都市发展区形成“5条一级风道、8大一级补偿区、11大一级作用区”的通风系统框架（图8-40）。

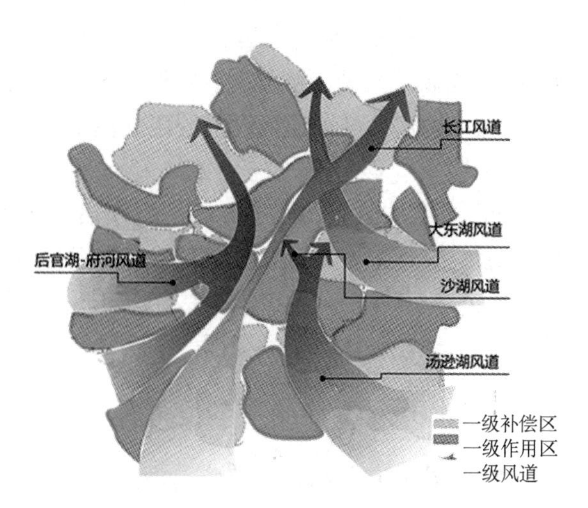

图8-40　武汉市都市发展区通风系统结构示意图

（资料来源：武汉市城市风道规划，武汉市国土资源和规划局）

③武汉市中心城区通风系统空间结构规划

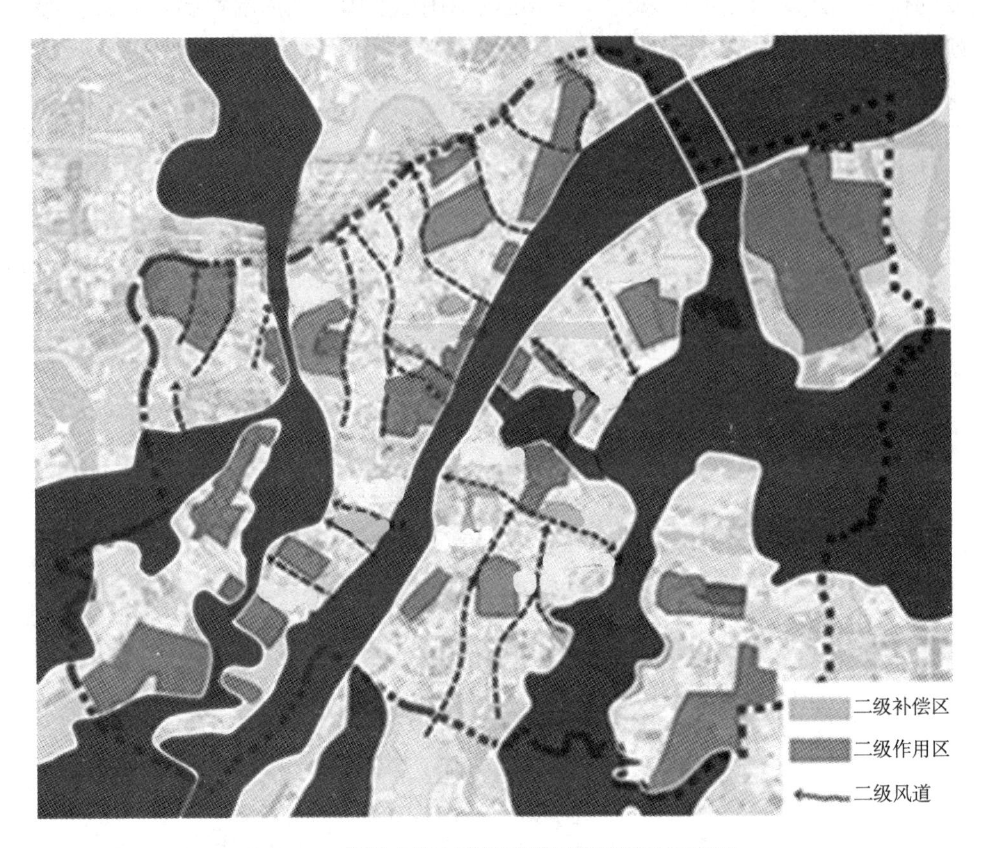

图8-41 武汉市都市发展区通风系统结构示意图
（资料来源：武汉市城市风道规划，武汉市国土资源和规划局）

主城区进一步细化和补充二级风道、二级补偿区及二级作用区，形成通风系统网络（图 8-41）。

3）补偿地区布局规划

（1）一级补偿地区布局

风道系统一级补偿地区在六大生态绿楔的基础上，结合武汉市的风环境气候特点，增补了长江、汉水两大补偿区域，共形成八大“一级补偿区”，即:大东湖补偿区、汤逊湖—野芷湖—南湖补偿区、青菱湖补偿区、后官湖补偿区、汉水补偿区、金银湖补偿区、武湖—涨渡湖补偿区、长江补偿区、汉水补偿区。八大“一级补偿区”呈楔形，贯穿整个城市，为城市内部和外部通风廊道的建立奠定了基础。

（2）二级补偿地区布局

二级补偿地区为调节局部区域气温平衡的区域，即主城内部规模达到 50ha 以上的绿地，主要为均匀分布在作用区之间的河流湖泊、山体、绿地等对周边热岛强度具有缓解作用的地区，包括沙湖公园、南湖公园、墨水湖公园、解放公园、蛇山—紫阳湖公园、长丰—汉西公园、中山公园、西北湖公园、王家墩公园、洪山公园、杨春湖公园、青山公园、和平公园、南太子湖公园、汤湖公园等。

4）作用地区布局规划

（1）集中商业区布局

集中商业区主要分布于长江、汉江沿岸，包括将江汉路步行商业街区、徐东商业区、王家墩中央商务区（CBD）等集中连片的商业区（图 8-42）。

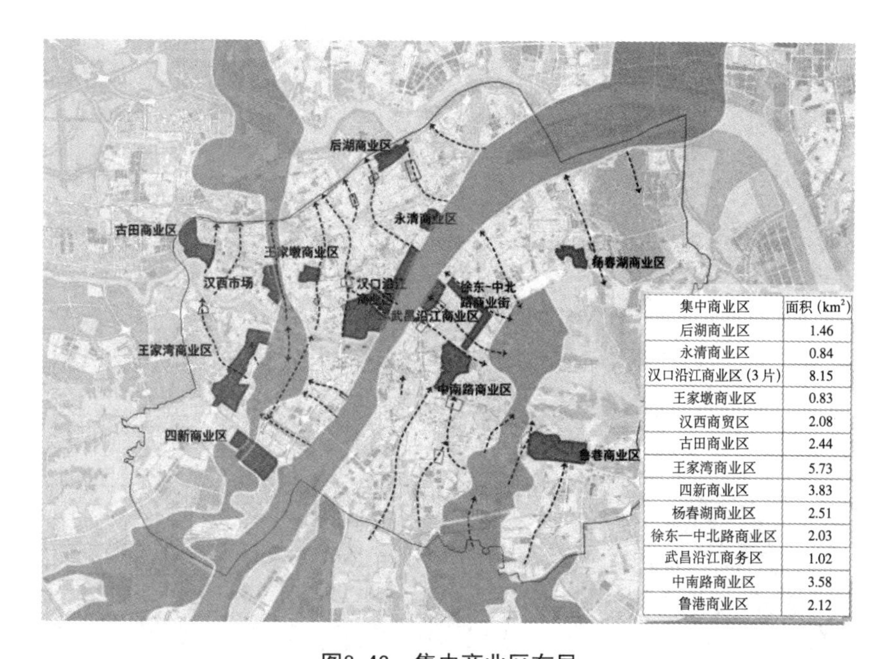

集中商业区	面积（km^2）
后湖商业区	1.46
永清商业区	0.84
汉口沿江商业区（3片）	8.15
王家墩商业区	0.83
汉西商贸区	2.08
古田商业区	2.44
王家湾商业区	5.73
四新商业区	3.83
杨春湖商业区	2.51
徐东—中北路商业区	2.03
武昌沿江商务区	1.02
中南路商业区	3.58
鲁港商业区	2.12

图8-42 集中商业区布局

（资料来源：武汉市城市风道规划，武汉市国土资源和规划局）

（2）高密度居住区布局

高密度居住区主要分布于后湖、南湖、古田、沌口、鲁巷、王家墩等大型居住区（图 8-43）。

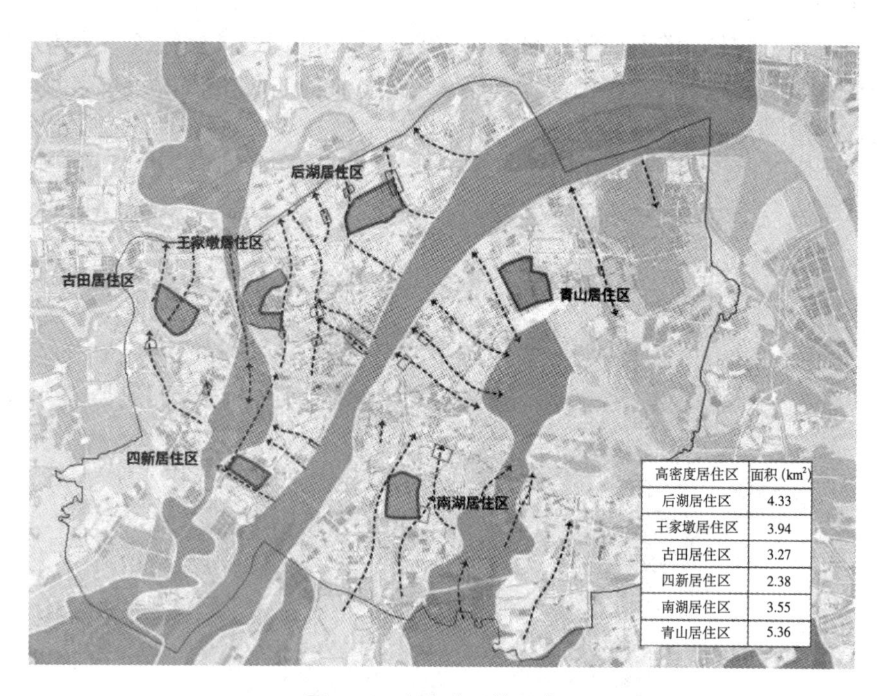

高密度居住区	面积（km^2）
后湖居住区	4.33
王家墩居住区	3.94
古田居住区	3.27
四新居住区	2.38
南湖居住区	3.55
青山居住区	5.36

图8-43 高密度居住区布局

（资料来源：武汉市城市风道规划，武汉市国土资源和规划局）

（3）都市工业区布局

都市工业区主要分布于青山工业区（武钢）、武汉经济开发区大型工业区以及白沙洲、关山工业园等都市工业园（图 8-44）。

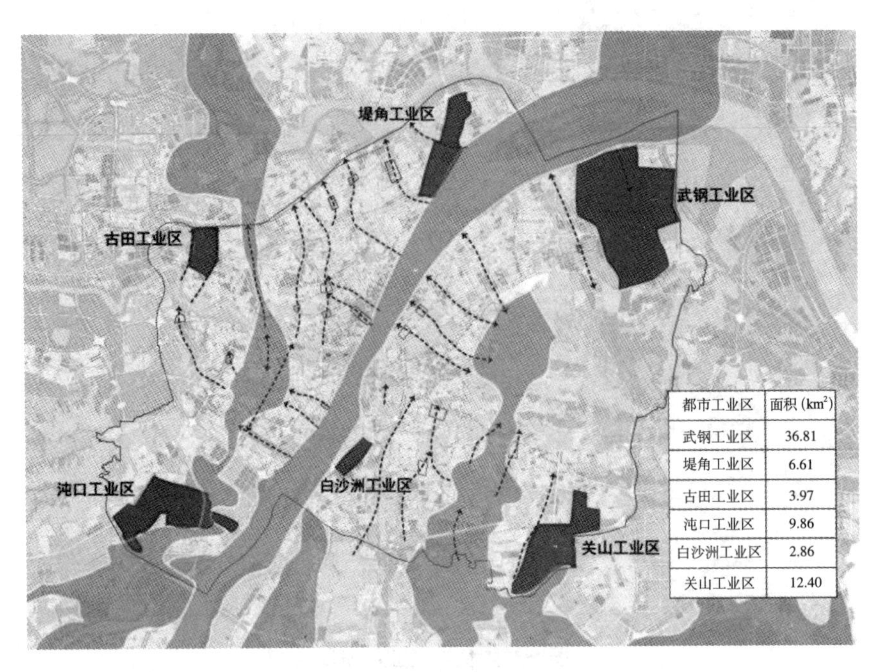

都市工业区	面积（km^2）
武钢工业区	36.81
堤角工业区	6.61
古田工业区	3.97
沌口工业区	9.86
白沙洲工业区	2.86
关山工业区	12.40

图8-44　都市工业区布局

（资料来源：武汉市城市风道规划，武汉市国土资源和规划局）

5）风道地区布局规划

（1）一级风道布局

一级风道密度较稀疏，却是整个风道网络的核心，是形成风环境的重要廊道，呈现分散状态；主要走向为东南向、南向及西南向，分布于长江、汉江以及河湖水系密集的地区。都市发展区范围内夏季一级风道共有五条，分别为长江风道、大东湖风道、汤逊湖风道、沙湖风道及后官湖风道（图 8-45）。

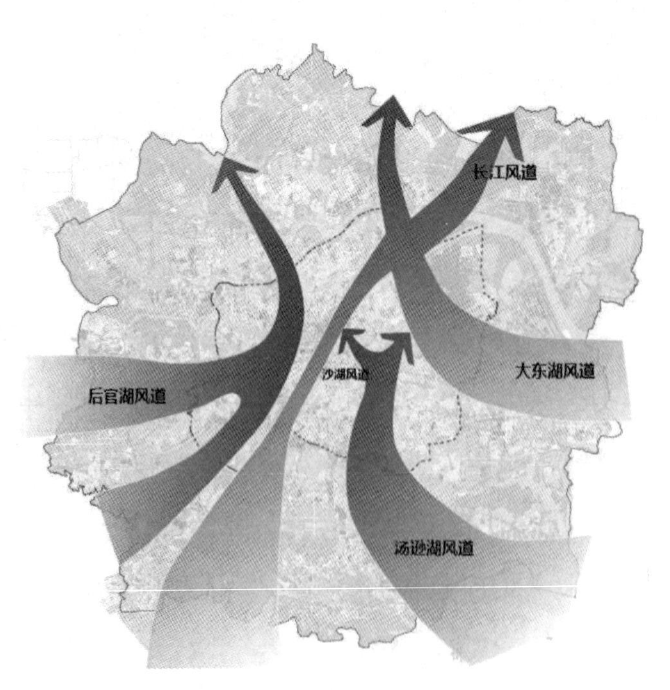

图8-45　一级风道布局图

（资料来源：武汉市城市风道规划，武汉市国土资源和规划局）

①长江风道

沿长江至南向北穿过都市发展区，属于河流型风道。风道宽度为长江宽度与沿江绿地宽度之和，1000 ~ 3000m。

②大东湖风道

风道走向为东南向，属于湖泊型风道。主要经过东湖高新区、青山地区，途经严东湖、严西湖、东湖及杨春湖后汇入长江风道。风道宽度为湖泊宽度与沿岸绿地宽度之和，1000 ~ 3000m。

③汤逊湖风道

风道走向为东南转南向，属于绿地湖泊型风道。主要经过东湖高新区、江夏、洪山，途经梁子湖、汤逊湖、野芷湖、狮子山、南湖及武汉体育学院后汇入大东湖风道。风道宽度为大中型水域垂直于风道方向的宽度，500 ~ 3000m。

④沙湖风道

风道走向为东南向，属于开敞空间，绿地湖泊型风道。主要经过武昌地区，由东湖途经楚河汉街、沙湖及三层楼后汇入长江风道。风道宽度为大中型水域、绿地及开敞空间宽度垂直于风道方向的宽度，500 ~ 3000m。

⑤后官湖风道

风道走向为西南转东南向，属于开敞空间、绿地湖泊型风道。主要经过蔡甸、开发区、汉阳、硚口、东西湖，途经东荆河、朱山湖、烂泥湖、汤湖、四新、墨水湖、后官湖、龙阳湖、王家湾、汉江、园博园、金银湖、府河。风道宽度为大中型水域、绿地及开敞空间宽度垂直于风道方向的宽度，500 ~ 3000m。

（2）二级风道布局

二级风道相对稀疏，是辅助一级风道的重要廊道，连接一级风道及补偿地区，呈现分散的状态，主要是分散在道路、城市绿地、城市河湖水系，集中在热岛环境密集的地区或者是集中在热岛效应比较严重地区的上风向，提高通风能力。主城区范围内二级风道共有 24 条，其中汉口地区 11 条，汉阳地区 4 条，武昌地区 9 条（图 8-46）。

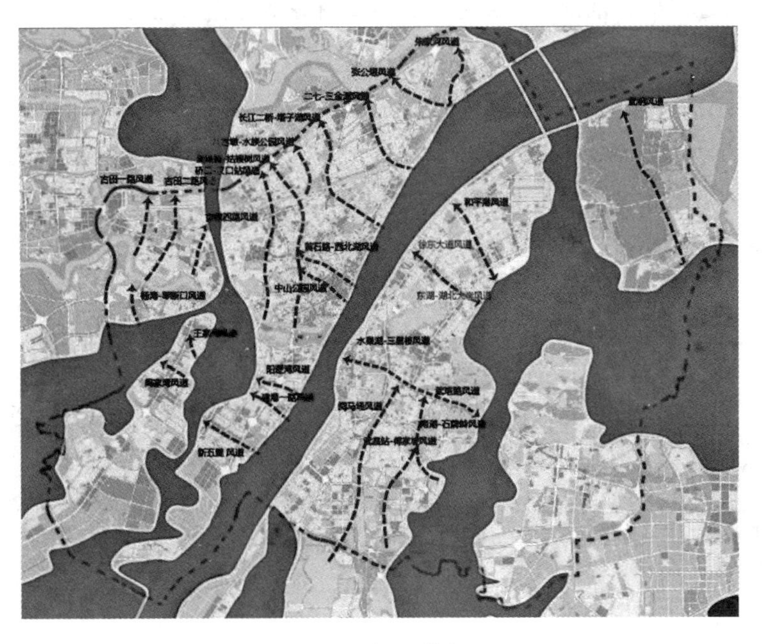

图8-46　二级风道布局图

（资料来源：武汉市城市风道规划，武汉市国土资源和规划局）

8.3.5 武汉城市通风系统规划控制指引

规划控制指标应与前期城市风环境气候评估中选取的影响城市热岛效应、影响风流通潜力的分析要素相对应。结合城市规划管控要素，提炼出重点地区控制指标主要分为建筑密度、建筑高度、建筑布局形式、建筑形态、绿地率、植物种植、道路宽度、道路贴线率、建筑退让、场地间口率十大指标。

1）补偿地区规划控制指引

补偿地区以生态保育和生态修复为主，不宜进行开发建设；重点在于控制区域内的开发项目，尽量保持原生态的环境。控制指标主要是用地类型、植被种植等。

（1）一级补偿地区规划控制指引

根据武汉市实际情况，一级补偿地区主要对应武汉市的基本生态控制线，其管控要求与现行的基本生态控制线管控体系相对接。一级补偿地区内除准入项目外，不宜进行其他开发。其风道规划控制要求如下：

①保留并扩展水体、滩涂湿地，以及耕地、园地、山坡上的林地。避免改变上述用地的用地类型，如造林或建设城区，且避免上述用地面积缩小幅度超过5%。

②在植物配置方面，乔灌草种植比例宜为3∶3∶4。

③在夏季主导风向上，布局力求开敞、通透。减少高大乔木以及乔木树冠密度，乔木下部应适当通风，降低林间地表粗糙度，形成平行于风向或与风向大约成45°倾斜角的乔木带。同时，提倡混合种植阔叶树与针叶树，以保证冬季林地的空气卫生调节功能。

④基本生态控制线内准入的项目，须遵循以下建议：必须审慎地处理城市规划和建筑设计，道路和建筑物排列应顺应盛行风的方向，建筑采取开放式的布局方式，避免在山坡建设平行等高线的条形建筑群或在城郊建设垂直于气流方向的带型建筑群，同时应避免过大的建筑体积。

（2）二级补偿地区规划控制指引

根据武汉市实际情况，二级补偿地区主要对应主城区内的绿地，其管控要求与武汉市现行的绿线管控体系相对接。其规划控制要求如下：

①在发展用地内尽量增加绿化空间。

②大型公园设施周边建筑群宜低密度、较通透，以支持绿地与作用空间之间的空气交换。

③主城区绿地中的植被应松散种植，以增强通透性、提高粉尘沉积效率；提高粗糙度较小的草坪与其他地被物面积比例，有利于夜间冷空气生成与空气流动。

④众多小型绿化设施应根据主导风向或通风轴线（含夜间冷空气气流方向）形成网络，以加大内城绿地气候调节功能的有效半径，促进密集建设城区中的空气流动（图8-47）。

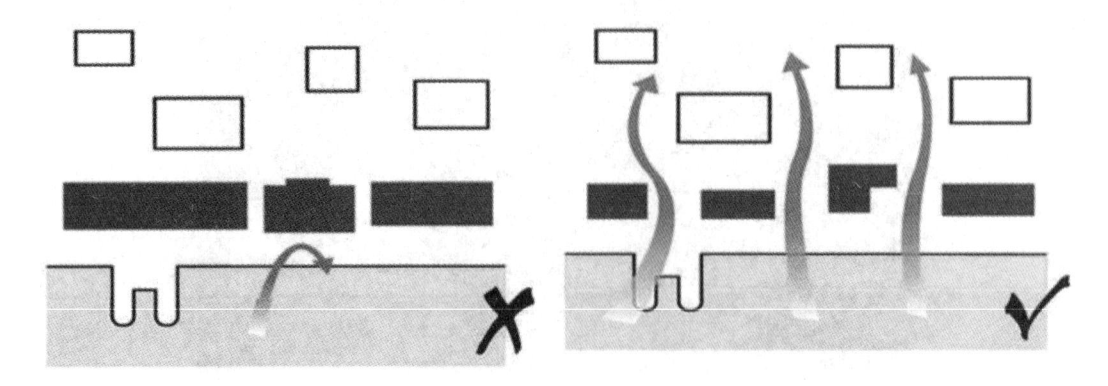

图8-47　风的分析图（P37）

（资料来源：武汉市城市风道规划，武汉市国土资源和规划局）

2）风道地区规划控制指引

通风廊道地区规划控制重点在于降低城市粗糙度，确保空气流通顺畅，核心是控制通风廊道和通风口。

一级风道主要明确了通风廊道宽度、两侧建筑布局形式、两侧场地间口率、植物种植和通风口工业类型选择及控制等；二级风道在一级风道的控制指标基础上，进一步提出了风道周边的建筑密度、建筑高度、布局形式等控制要求。

风道地区主要的控制指标如表 8-4 所示。

各级风道控制要素一览表 表8-4

类型	级别	风道名称	风道类型	控制要素
通风廊道	一级	长江风道	河流风廊	风廊宽度、风廊两侧建筑布局形式、风廊两侧场地间口率
		汤逊湖风道、后官湖—府河风道、大东湖风道、沙湖风道	河流风廊、绿地风廊、道路风廊	风廊宽度、风廊两侧场地间口率、水域及大中型绿地之间建筑密度、水域及大中型绿地之间建筑高度、风廊上植物种植
	二级	中山公园风道、罗家港公园（北端）风道、张公堤风道、阅马场风道	绿地风廊	风廊宽度、风廊上植物种植
		朱家河风道、长江二桥—塔子湖风道、东湖—湖北大学风道、水果湖—三层楼风道、新五里风道、古田一路风道、古田二路风道、珞瑜路风道、武珞路风道、徐东大道风道、建港一路风道	河流风廊、绿地风廊、城市公共开敞空间、城市道路	风廊宽度、风廊两侧场地间口率、风廊两侧建筑布局形式、风廊上的植物种植周边用地布局、周边建筑密度、周边建筑高度、周边建筑布局形式、植物种植
通风口	一级	东湖通风口、汤逊湖通风口、马鞍山森林公园通风口、长江汉水交接处通风口、汤湖通风口		场地间口率、建筑高度、建筑密度建筑布局形式、植物种植、绿地率
	二级	南湖通风口、龙王庙公园通风口、沙湖通风口、南太子湖与长江交叉口通风口、新五里通风口		场地间口率、建筑高度、建筑布局形式、植物种植

（资料来源：武汉市城市风道规划，武汉市国土资源和规划局）

（1）一级风道规划控制指引——长江风道

风道宽度：大型水域风道的宽度选取城市范围内的主要河流、主要湖泊（长江、汉水、东湖、汤逊湖、南湖等）的宽度作为控制参照。风道宽度为 D ≥ 2000m。

风道两侧建筑布局形式：大型水域风道两侧 200m 范围内的建筑宜采用斜列式和并列式相结合的布局形式。

风道两侧场地间口率：应限制风道两侧场地内的建筑面宽和间距，减小对风的遮蔽，尤其对面向水面等的城市来源风方向的开发项目更应严格控制，间口率应控制为 60% ～ 70%。

风道口工业类型选择及控制：严格控制风道口的城市用地性质，禁止布置工业用地。对于已经形成的工业用地，若大气污染严重，应该考虑将其迁出，布置到城市下风向地区。同时严格控制工业类型，禁止发展化学工业、煤炭工业等大气污染严重的工业。

（2）二级风道规划控制指引——中山公园风道、罗家港公园（北端）风道、张公堤风道、阅马场风道

风道宽度：风道上较大规模的大型公园绿地的宽度作为控制参照风道宽度为 D ≥ 300m；区域性的公园绿地宽度作为参照风道宽度为 60m ≤ D ＜ 300m；社区性的公园绿地的宽度为 30 ≤ D ＜ 60m。

风道上的植物类型、种植形式：

植物类型宜选用草地为主，灌木为辅。植物类型如表 8-5 所示。种植形式宜采用草地为主，灌木为辅。

绿地"风廊"植物类型表　　表8-5

灌木	红叶石楠、红檵木、红枫、紫薇、紫荆、金叶女贞、铺地龙柏、桧柏、大叶黄杨等
草地	马尼拉草、高羊茅、吉祥草、日本矮八仙、半边莲（多花色）、洒金柏、洒金桃、叶珊瑚、桃叶珊瑚、玉簪、富贵草、珊瑚树、细叶十大功劳、麦冬等
草地	马尼拉草、高羊茅、吉祥草、日本矮八仙、半边莲（多花色）、洒金柏、洒金桃、叶珊瑚、桃叶珊瑚、玉簪、富贵草、珊瑚树、细叶十大功劳、麦冬等

（资料来源：武汉市城市风道规划，武汉市国土资源和规划局）

3）作用地区规划控制指引

作用地区重点应严格控制地块开发强度，引导形成错列式建筑布局形态，优化街道走向，促进高密度地区的空气流通，缓解热岛效应并抑制其蔓延。控制指标主要包括地块布局、建筑布局、建筑高度、建筑密度、街道走向等。

结合城市规划管控要素，作用地区控制指标主要包括地块布局、建筑布局、建筑高度、建筑密度、街道走向、建筑间距等指标体系。

作用地区总体控制指引如下：

（1）地块布局。地块的划分应避免既长且直的形状，并应让地块较长的一面与风向平行，适当地预留非建筑用地及建筑线后移地带，促进空气流通。

（2）建筑布局。相同建筑密度和容积率条件下，采取错列式布局有利于自然通风。当塔楼底层裙房长度超过 100m 时，宜通过架空或设置通廊等方式形成地块内的贯通风道。

（3）建筑高度。宜采取阶梯状的高度错落建筑布局形态，越接近主导来风方向的建筑物高度应越低。如基地内常年无明确主导风，宜采取外低内高的空间布局。

（4）建筑密度。城市空间中的通风环境敏感区域，建筑密度宜保持在 30% 左右。当必须采用较高密度的建筑布局时，应平行于主导风向增加风道，弥补密度过高的不利影响。

（5）街道走向。城市高密度发展区域或地块尺度超过 100m 的区域，宜使主要道路方向与夏季主导风向成约 30° ~ 60° 的夹角。

（6）宜减少停车场与道路设施的非透水性地面，采取种植大树冠树木、立面绿化、建设草坪及去除非渗透性水面等措施提高街道空间与周边建筑群的环境质量。

8.3.6 实施建议

为了配合在具体建设项目中落实宏观层面的通风系统整体布局及中观层面的控制指引，规划参考香港、深圳等城市的有关经验，从规划管理、建筑设计指引、管理办法制定、公众推广等方面提出实施建议。

一是完善多部门协作工作机制。鉴于风道规划工作涉及建设、气象、环境等多行业学科的综合，建议由市政府强化统筹协调，形成由市规划局、市气象局、市环保局等职能部门参与的工作专班，进一步加强工作组织，做好基础资料共享、研究力量调配、各专项研究对接等工作，为风道规划深入开展提供有力保障。

二是加强基础数据平台建设。风、大气污染、建筑等数据是打造良好通风环境的重要保障，国内外开展风道规划建设较好的城市都有较为健全的基础资料。为此，建议气象、环保部门在既有工作基础上，进一步考虑城市建设通风的要求，完善气象、大气污染物等观测站点建设及相关数据收集，为不断优化城市通风积累基础资料。

三是细化管控要求，形成重点地区控制导则，同时启动风环境评估方法及技术标准研究。在目前通风系统框架下，针对局部重点地区形成控制性导则，落实风道的规划管控要求。为探索城市重点开发地区、重点建设项目的通风评估工作，我局建议今年在风道系统空间布局的基础上，进一步深化细化基础数据分析，启动街区尺度的风环境评估研究，探索适合武汉特点的通风影响评价技术标准、技术工具和评价方法，从而将通风管控落到实处。

8.4　呼和浩特新区雨洪管理

8.4.1　项目区位与规划背景

1）项目区位

呼和浩特位于内蒙古自治区中部，北依大青山、南濒黄河水；地形东北高，西南低，地势平缓；市区平均海拔 1050m。呼和浩特四季变化明显、气候宜人，属中温带干旱、半干旱大陆性季风气候，年平均气温 3.5 ～ 8℃，年平均降水量 337 ～ 418mm。全市土地总面积 1.72 万 km^2，其中城区面积 $230km^2$，城区人口 109.6 万人。呼和浩特作为自治区首府城市，是自治区政治、经济、文化中心，其经济社会的发展在自治区的整体发展中占有重要的战略地位。然而呼和浩特水资源的短缺已成为经济社会发展的主要制约因素之一（图 8-48）。

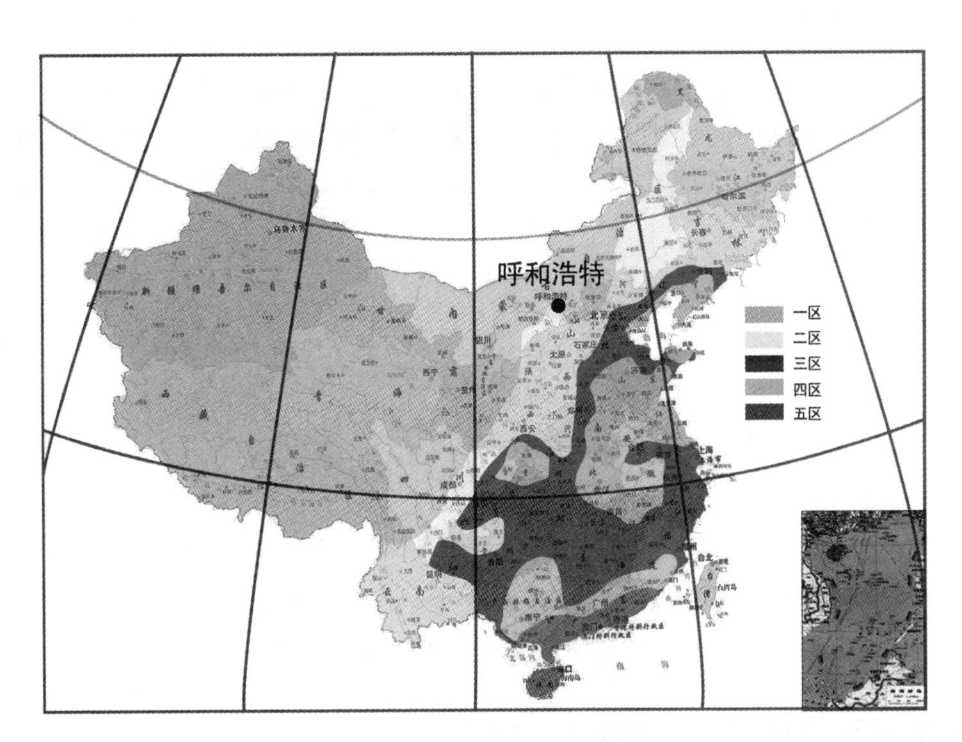

图8-48　中国大陆地区年径流总量控制率分区图

（资料来源：呼和浩特市东部新区概念规划，AECOM）

根据《内蒙古自治区水资源及其开发利用情况调查评价成果》，呼市当地水资源总量为 11.88 亿 m^3，其中：地表水资源 4.79 亿 m^3、地下水资源 9.73 亿 m^3，重复计算量 2.64 亿 m^3。从 1998 年起实施的引黄供水工程，使呼市由过去单一的地下水为主要水源，发展到以地下水为主、地表水为辅的供水系统。使呼市的水资源可利用总量达 14.2 亿 m^3。但人均水资源占有量仅 $537.8m^3$，按照联合国公布的标准，人均水资源占有量少于 $700m^3$ 为严重缺水城市，呼市的人均水资源量远低于这一标准，是严重缺水城市。为了更好利用有限的水资源，呼和浩特在城市管理中构建了雨洪管理系统，并取得了一定成效 [154]。

2）规划背景

（1）地下水为城市主导水源的现实要求

呼和浩特市地表水可利用量较少，各类用水都靠开采地下水。近几十年来，由于工农业的飞速发展，人民生活条件的不断改善，用水量急剧增加，地下水处于超量开采状况，致使地下水位线不断下降。近10多年来，呼和浩特市的地下水位年均下降1.7m，局部地区下降2.5m。据地质部门测量，呼和浩特市城南地面比10多年前沉降了约10cm。过量超采地下水资源，使市区已形成了较大范围的抽降漏斗。如果照此下去，将会对呼市城市发展安全产生严重影响。同时，地下水资源作为有限资源，如果做不到地下水补给量与开采量的采补平衡，将不能保证水资源的可持续利用。在此背景下建设雨洪管理系统，将雨水作为城市地下水的重要补充源，实现地下水采补平衡，将有效保障城市可持续发展[155]。

（2）西北干旱地区水土保持的生态要求

呼和浩特市地处西北黄土高原的北部边缘，土质较为松软，植被覆盖较差，地区生态环境较为脆弱。同时，由于地处温带大陆性季风气候区，其降水具有持续时间短、分布面积小、降水密度高的特点，这就造成了短时间、小区域内大流量水流的形成，水土流失的问题较为严重。构建雨洪管理系统，以工程和非工程相结合的方式，通过固沙、护坡、修复植被等人为手段，涵养水源，保持水土，规避暴雨洪涝带来的不利影响，实现保持城市良好生态环境的目的。

（3）城市土地硬质化扩张下的发展要求

传统的城市开发模式一味地将城市土地进行硬化处理，导致城市内部不透水面积增加。加之季风气候夏季多暴雨，极容易在城市低地产生洪涝现象。同时，聚集在城市硬质表面的污染物在下雨时被冲走，这些污染物被带到排水沟和河流中，引起河道水质污染，使城市生态功能退化。这些城市发展的现实问题，为城市雨洪管理提出新的要求（图8-49）。

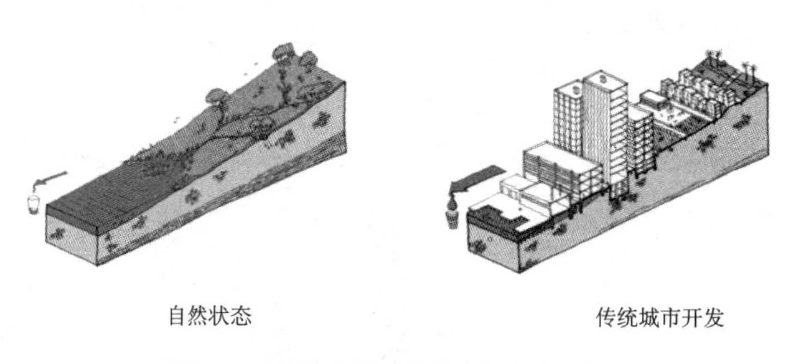

图8-49 城市土地硬化带来的排水不畅

（资料来源：呼和浩特市东部新区概念规划，AECOM）

8.4.2 建设目标——构建水敏感城市

1）概念解读

水敏感城市概念上起源于20世纪90年代的澳大利亚，针对长期干旱条件下为了对稀有的雨水进行充分利用，将整体水文循环与城市发展和再开发相结合，维持水资源的生态平衡，并提出了一些的水敏感城市设计的策略和原则。

2）设计策略

水敏感城市设计在人们的思考中产生，它通过城市规划和城市设计对基地进行整体的分析，减少水资源的破坏程度，保持水生态系统与城市共同和谐的发展。水敏感城市设计在对城市及建设项目不同空间尺度上的分析，使城市规划与城市水循环管理有机结合起来。它包括工程措施和非工程措施，强调最佳规划实践和最佳管理实践的结合，其总体目标是在城市的各项建设中减少自然水文循环的影响。

3）设计原则

整体原则是："利用雨洪滋润城市，将水留于开放空间"。具体来说：首先，保护自然水系统、雨洪处理和景观设计相结合、地表水净化、地表径流和洪峰流量的控制[156]。保护自然水系统是针对基地中存在的水资源进行保护和提升；其次，雨洪处理和景观设计相结合是将水资源空间通过设置景观及建立视觉通廊并结合游憩功能布置，保护水资源；水质净化是通过一些工程措施及景观绿化净化水质；最后，减少地表径流是通过对场地内雨水滞留面积及渗水面积来控制洪峰流量（图 8-50、图 8-51）。

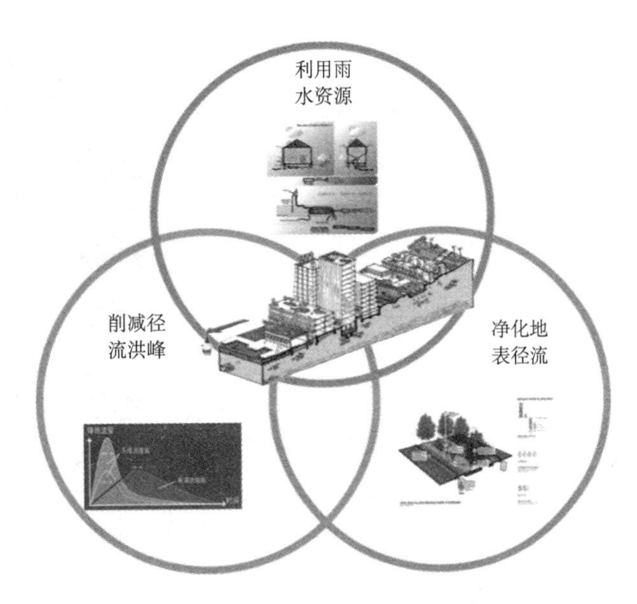

图8-50　水敏感城市设计原则

（资料来源：呼和浩特市东部新区概念规划，AECOM）

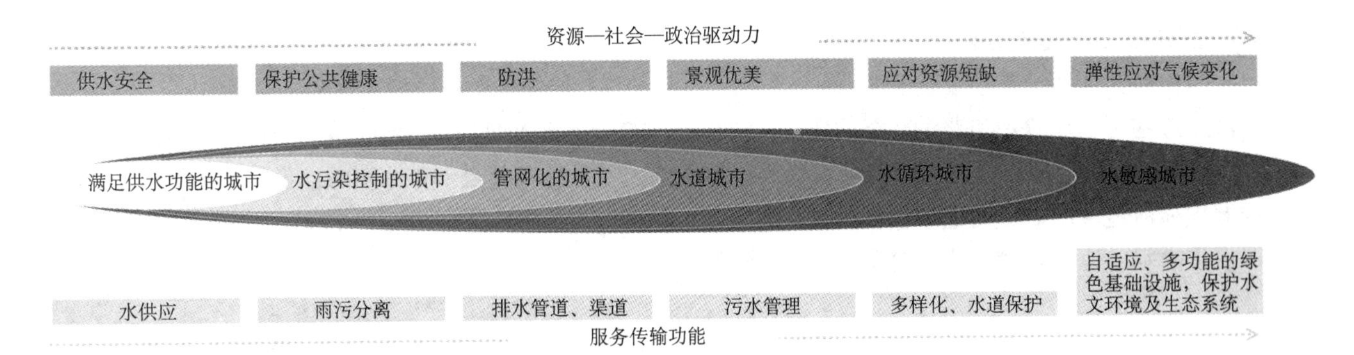

图8-51　水敏感城市

（资料来源：呼和浩特市东部新区概念规划，AECOM）

8.4.3　呼和浩特雨洪管理系统设计原则

1）模拟自然生态系统

(1) 城市建设必须尊重自然生态环境

雨洪管理系统建设属于城市建设的一部分，在具体的雨洪管理系统的设计建设中，必须尊重当地自然环境，顺应自然形貌。雨洪管理系统建设中通过对土壤和气候的分析选择适合的植物种类来达到节约绿化用水的目的。通过可持续的规划设计，减少不透水铺装，增加场地的渗透，综合天然和人工处理工艺系统，如人工湿地、植被过滤带、开放性沟渠、雨水蓄水池等来处理暴雨径流。

（2）污染必须隔离与缓解

消减或消除暴雨径流的污染，来限制对自然水文条件的破坏。在工程技术上采用各种如绿色屋面、渗透铺装等措施及雨水花园、植被浅沟、用渗透铺装分割大片不透水面、雨水回收利用等结构性技术来增加渗透和拦截，处理径流污染。同时设计雨水收集利用系统用于冲洗厕所、景观浇洒、补充景观水体、冲洗路面、广场等，减少对其他水源的负荷（图 8-52）。

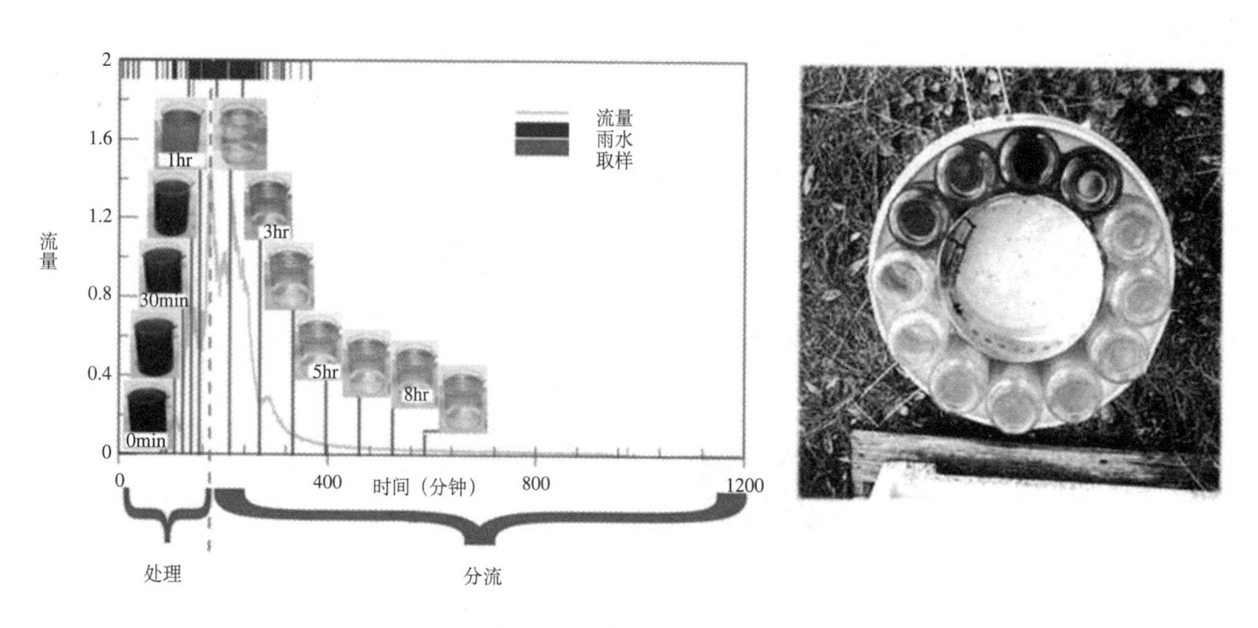

图8-52　城市表面径流污染物的生态治理

（资料来源：呼和浩特市东部新区概念规划，AECOM）

2）发挥生态系统服务功能

（1）河道及其缓冲地带必须缓解洪水

防洪之道在于流域管理和滞洪系统的建立，特别是河道及其缓冲地带的建设。沿河的支流水系、湿地湖泊、水库以及一些低洼地是相互补充的洪水调节涵蓄系统。安全格局就是从整个流域出发，留出可供调、滞、蓄洪的湿地和河道缓冲区，满足洪水自然宣泄的空间。同时，通过构筑简易堤坝、改造河床等方式减缓河流流速，促进洪水向地下蓄水层的自然渗透（图 8-53）。

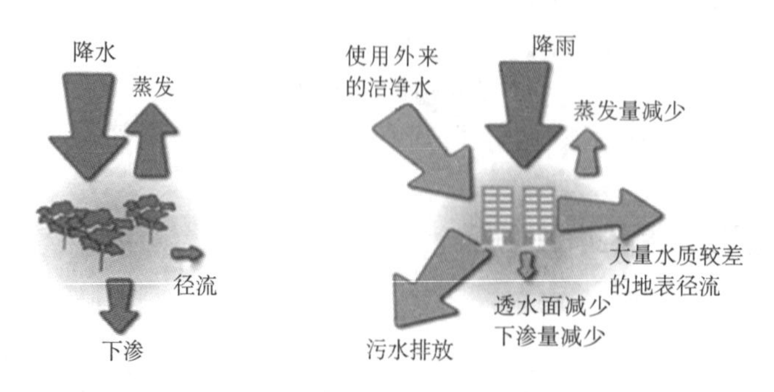

图8-53　暴雨径流量增大带来洪涝风险

（资料来源：呼和浩特市东部新区概念规划，AECOM）

（2）利用绿地系统调节城市微气候

城市气候特征的形成是由城市所在自然环境特征和城市发展进程中人类活动共同促成的，虽然不同城市所处的自然大气环境可能不同，但人类活动对其改变的趋势是相同的。城市绿地是城市生态系统的重要环节，它为人们提供环境良好的室外活动空间，为城市输送清洁空气，还是调节城市微气候的重要杠杆。绿地对城市微气候的调节范围大至整个城市，小到一条街道，随时随地影响着人们的生活。

3）与市政管雨水网规划共同完成

城市未来将形成三级防洪排涝系统（图 8-54），在建设中需要统筹考虑：

雨洪管理系统，模拟自然的水文过程，雨水径流经由地表生态处理设施渗入、滞留、净化。

管网排水系统，雨水径流经由生态处理设施处理后，排入管网排水系统。

地表水系统，经由排水管网排入周边地表水系。

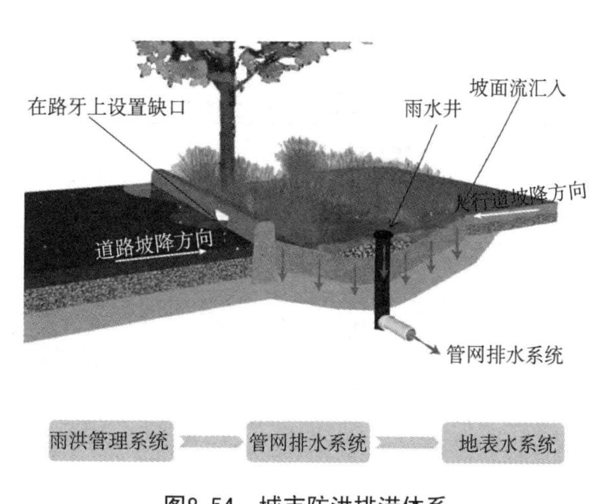

图8-54　城市防洪排涝体系

（资料来源：呼和浩特市东部新区概念规划，AECOM）

8.4.4　呼和浩特雨洪管理系统实施策略

策略一：与绿地系统整合，构建多功能开放空间

针对呼和浩特洪涝灾害和水资源短缺的问题及特点，提出解决城市雨洪问题的途径应该具有整体性和多目标性，而非单一的工程措施。雨洪管理系统构建的关键是识别出对于水过程起控制作用的空间位置，通过对这些关键位置的保护和合理规划来实现雨水、洪水的调蓄，并通过滞留和下渗雨水实现雨水的资源化（图 8-55）。

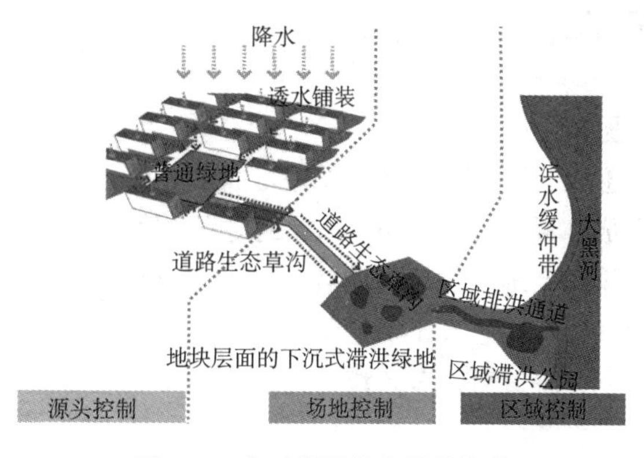

图8-55　多功能开放空间的构造

（资料来源：呼和浩特市东部新区概念规划，AECOM）

各功能区措施比较 表8-6

源头控制	场地控制	区域控制
针对建筑物、道路铺装等主要汇流产生区的雨水管理措施	利用场地内生态廊道、城市道路绿化带，街头绿地的空间布置	确保基地内，自然排洪通道的通畅性。 将区域级公园的部分区域设置成下沉式绿地。

（资料来源：呼和浩特市东部新区概念规划，AECOM）

1）雨洪管理设施建设

在设施建设上运用起源美国的BMPs（最佳管理措施）模式。BMPs与传统的雨水处理系统相比，采用了不同的视角。传统方式是将雨水尽可能快地排入雨水管网，之后进入附近的水体。BMPs是通过收集、短时地储存或引导雨水按照设计流速渗透进土壤和下游的雨水设施，就近处理雨水，以达到减少径流和污染物以及控制流速的目的[157]（表8-7）。

传统雨水管网系统与最佳管理措施的比较 表8-7

	传统雨水处理系统	最佳管理措施
建设成本	相差不多，但由于BMPs的多功能性可能会降低总体成本	
运行和维护成本	确定的	对一些类型来说尚不明确
场地洪水控制	是	是
下游侵蚀及洪水控制	否	是
水资源再利用潜力	无	有
回补地下水的潜力	无	有
去除污染物的潜力	低	高
提供宜人的环境	否	是
教育功能	无	有
占地面积	不明显	依据BMPs的类型
寿命	已确定	某些类型尚不明确
设计标准	已建立	某些类型尚不明确

（资料来源：基于赵晶.城市化背景下的可持续雨洪管理[J].国际城市规划.2012整理）

2）发挥下凹绿地的滞留渗透作用

利用绿地天然的渗透性能，通过下凹空间截留并暂时储蓄一定量的雨水，增加场地中雨水径流的渗透量，具备使用率高、施工便捷、建设成本低等优点，可节约绿地灌溉用水，起到削减流量和一定程度的径流过滤作用，促进了雨水、地表水、土壤水及地下水之间的转化，利于维持城市水循环系统的平衡。绿地高程低于路面高程，在绿地内设置溢流口，溢流高程高于周边绿地而低于路面，可避免因绿地过度积水而对植被造成影响。雨水在下凹绿地中充分蓄积并渗透后，多余流量通过溢流口输送到下一个排水系统（图8-56）。

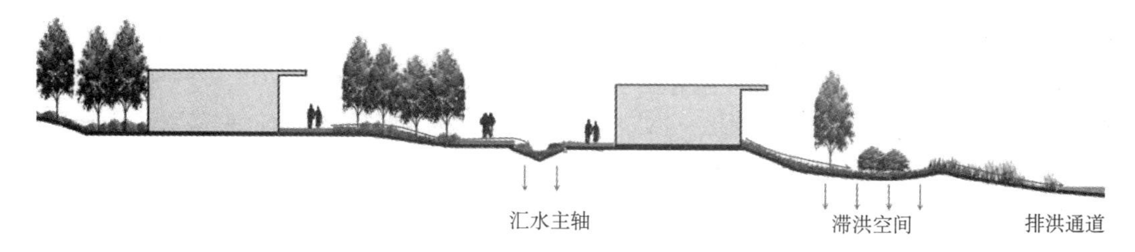

图8-56　下凹绿地断面示意
（资料来源：呼和浩特市东部新区概念规划，AECOM）

3）减少绿地建设区的不透水面积

自然地表几乎能使大部分雨水和融水渗透到地下，减小洪水和土壤侵蚀，只有超过渗透能力的强降雨才产生地表径流。因此在绿地建设中，除了满足休闲游憩、驻足交流、集会活动、室外交通等使用功能外，在场地中加入更多的绿地，尽量减少不透水地表面积的设置。同时，园区道路的布置在满足机动车交通或是游憩功能的同时，更多的增加透水性，防止道路积水（图 8-57、图 8-58）。

图8-57　下凹绿地
（资料来源：呼和浩特市东部新区概念规划，AECOM）

图8-58　透水性道路
（资料来源：呼和浩特市东部新区概念规划，AECOM）

4）绿色透水性沟渠引导雨水传输

通过用砖、石作为主要的砌筑材料，并有基本的植被覆盖，建设绿色透水性沟渠。沟渠呈线性布局，具有传输雨水和景观服务等多项功能。相较植草沟，其更类似于传统的排水明渠，虽然净化功能不显著，但设施的设计形式与材质表达更加灵活多样，具有更多设计创造的可能性，且稳定性高。绿色透水性沟渠的设置方式与植草沟类似，用于将径流集中引导至特定的集水区，起到雨水传输的作用（图 8-59）。

图8-59　透水性沟渠

（图片来源：呼和浩特市东部新区概念规划）

图8-60　人工湿地

（图片来源：呼和浩特市东部新区概念规划）

5）人工湿地对雨水的净化与滞洪

人工湿地是人为建造和控制运行的，与沼泽地类似的地表水体。在绿地中布置人工湿地能受纳调蓄雨水径流，削减洪峰流量，确保自然排洪通道的通畅性。并通过土壤、植被及微生物的物理、化学、生物的多重作用，有效去除雨水径流中的细小颗粒沉积物及其他有机污染物质，与此同时起到美化环境、提高生物多样性、丰富休闲游憩体验的综合效益（图 8-60）。

策略二：恢复自然地表水系统，完善人工沟渠补充

1）分析基地地形，充分利用自然排水现状

传统的设计方式是通过铺设排水管网来连接场地，雨水通过管网直接进入市政设施，这使得场地自身的排水能力无法得到利用。在呼和浩特市的雨洪管理规划中，利用场地现状的自然排水条件，采取保护性的设计方式，发挥场地自身的天赋，尽量不破坏原有的地形、沼泽湿地、雨水汇流所形成的自然冲沟、集水挂地、水体等要素，设计可以直接利用这些现有的自然条件来拦截并渗透雨洪[158]。对于场地现状中起到滞留、储蓄或截留雨水的人工景观，诸如开敞的排水沟渠以及农田等要素，我们也给予格外关注。这些要素成为设计的出发点，通过保留或是适当改造，形成特征鲜明的具备雨洪管理功能的景观（图 8-61）。

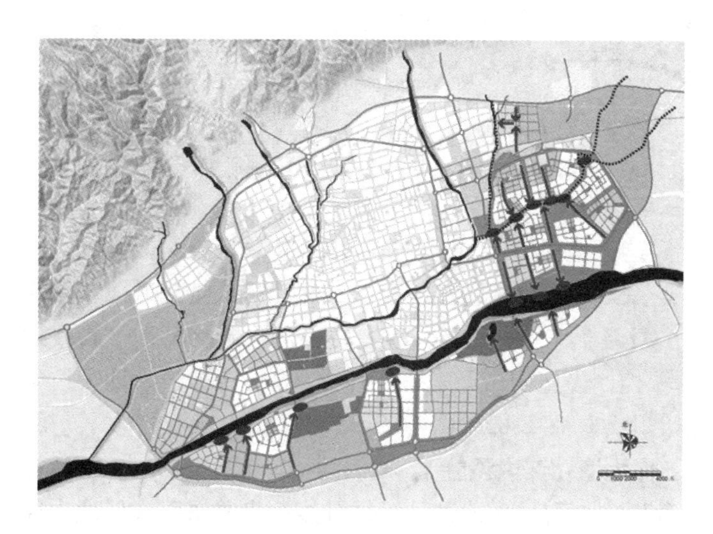

图8-61　呼和浩特现状自然排水廊道

（资料来源：呼和浩特市东部新区概念规划，AECOM）

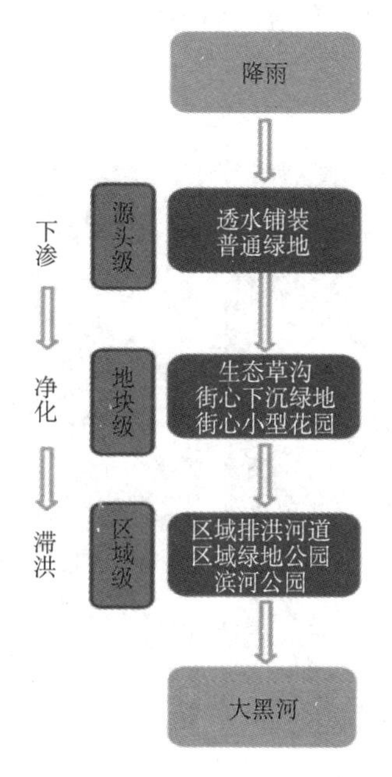

图8-62　雨洪系统功能流程

（资料来源：呼和浩特市东部新区概念规划，AECOM）

2）设置带状廊道，显露雨水径流的控制过程

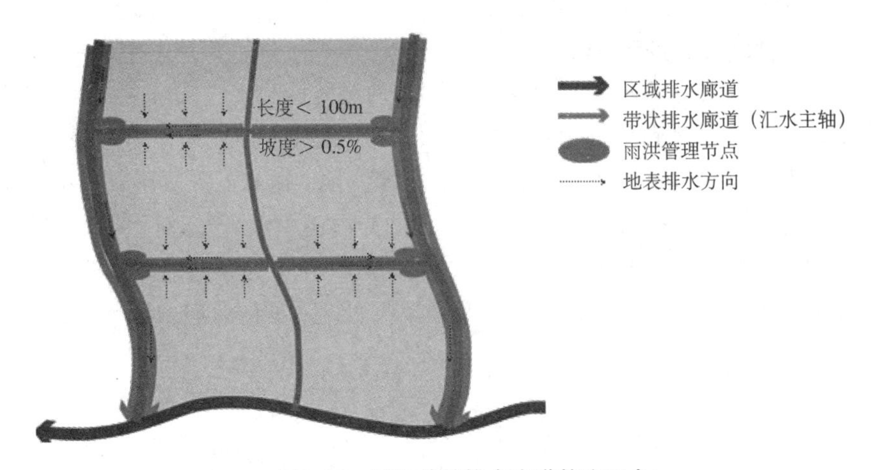

图8-63　呼和浩特排水廊道整治理念

（资料来源：呼和浩特市东部新区概念规划，AECOM）

针对雨水径流环节中显露这一过程，让径流尽量在地表传输，将控制方式可视化。即使在无降雨时，径流控制设施也能呈现出良好的景观效果，与传统工程方式相比极大地提升了利用率及复合的功能价值。设计遵循以下两点：选择可见的、具备生态价值、环境美化效益的设施代替地下管线进行径流控制引导。改变地下管线的设置方式，依据径流控制设施的布局来布置管线；雨水应先进入地表设施，超过容纳量的部分再通过溢流口连接到工程管线排出用地（图 8-62、图 8-63）。

3）设置雨洪管理节点，作为净化滞洪设施

雨洪管理节点：其是一种生物滞留域。即通过模仿自然的渗透系统来处理小径流量雨水，是园林绿地中种植有地被、灌木或是乔木的地势低挂区域，用于滞留雨水，削减径流流量及流速。将雨水径流尽可能控制在产生地附近，避免直接排出场地进入其他排水系统，并有利于径流缓慢渗透以补充地下水；同时，通过土壤和植物的过滤作用还可有效去除雨水中的小颗粒固体悬浮物、微量的金属离子、细菌及有机污染物质，使水质通过净化得到改善（图 8-64）。

图8-64　雨洪管理节点

（资料来源：http://www.gooood.hk/_d271031056.htm）

策略三：分区域因地制宜布置设施

在建设区内，对于高、中、低密度开发区域，因地制宜的采取类型的雨洪管理设施，配置用于雨洪管理面积的绿地。（表 8-8）

不同功能区域雨洪设施布局要求 表8-8

用地类型	人 / 车流量	地表径流污染风险	雨水最佳管理策略	具体措施	占地面积
商业区	大	高度	尽可能的收集所以径流，处理后排入大黑河	广场设置透水铺装。 沿道路设置生态草沟，辅以雨水花园。 硬质化程度高的区域设置雨水花园。 集中设置公园下沉绿地	2%
普通居住区	中	中度	收集大部分径流，部分就地下渗，部分处理后排入大黑河	沿道路设置生态草沟 。设置街心下沉绿地	5%
低密度居住区	小	轻度	以就地下渗为主，不作过多处理	设置下沉绿地	5%

（资料来源：呼和浩特市东部新区概念规划，AECOM）

8.4.5 评价与启示

1）评价

呼和浩特雨洪管理系统构建以环境现状与城市发展问题入手，系统提出了完善和明确的设计流程，指出利用城市绿地对雨水径流进行逐步控制的具体方法，具有更加广泛的应用价值。呼和浩特雨洪管理设计方法具有一定的实践参考价值，可融入城市绿地设计的基本环节中，强化雨水径流水质、流量控制及资源化利用的意识，可实现以较低建设成本构建具有雨洪管理功能的城市绿地，减轻市政工程基础设施防洪排错的负担；使城市绿地能够更多分担应对城市雨洪问题的能力，发挥更大的功能价值和社会效益。这对于城市雨洪管理的可持续发展有着重要的积极意义。

2）启示

（1）转变城市雨洪管理观念

国内相关的部门、行业、专业对雨水的态度需要转变，即要从单纯的城市排水到环境、经济、社会多目标管理进行认识转变；理解可持续发展与环境友好、环境最小干扰的原则；进行区域内部的统筹与流域、城市、场地等尺度间的衔接；认识到雨洪管理是一项需要多领域间交叉和多学科参与的系统工程。

（2）加强雨洪管理的研究与政策支持

通过科学系统的研究了解各种生态过程，积极开发雨水利用方面的新理论、新技术。在科学研究的基础上构建完善的政策体系，制定城市雨水管理的法律法规和条例，将雨水利用标准化、法制化。将城市水系统作为规划整体的一部分进行统一考虑。这样有利用于区域的整体可持续发展和达到雨洪管理的效果。

（3）推广雨洪管理技术

不断推广雨洪管理思想，使之在不同尺度的规划和设计中得以实施。目前各种具体的雨洪管理技术已经相当成熟，并且在国外已经被大量使用和推广，其效果也得到了验证。但具体应用起来，要结合场地自身的特点充分考虑规划和设计的需求。因为雨水问题具有极强的地域性，与特定的水文地质，已建成的水利设施关系密切，所以在推广具体技术时，要对这些因素加以考虑。

9 应对气候变化的城市规划技术

广义的城市规划技术是指：人们为了满足城市建造的需求，在长期利用和改造自然的城市规划设计与建设活动中积累的各种规划知识、技巧、方法和手段。这些技术既包括总结前人经验得出的主观判断，也包括基于实际数据采集和模型构建作出的客观分析。鉴于气候变化研究具有鲜明的自然科学特性，更受青睐的后者在当前应对气候变化的城市规划技术研究中得到了较为广泛的应用。本论文研究中将其归纳为应对气候变化的城市规划评估技术和城市规划分析技术两类。

城市规划评估技术是指：为了有效增强城市规划应对气候变化的针对性，明确规划重点和难点，在规划开展之前，有必要对城市应对气候变化的现状情况进行评估；而规划完成后，为了验证城市规划应对气候变化的实际成效，同样需要对规划实施后城市应对气候变化的情况开展评估。因此，应对气候变化的城市规划评估技术在当前国际相关主流研究中运用得较为普遍，主要包括城市应对气候变化的脆弱性评估、风险评估、碳排放审计、碳足迹计算等评估技术。

9.1 菲律宾索索贡地区城市气候变化脆弱性评估

9.1.1 城市应对气候变化脆弱性评估概述

1）理念及研究概述

气候变化脆弱性的概念在IPCC（政府间气候变化专门委员会）第三次全球气候变化评估报告中有着明确定义，即一个自然系统或社会系统容易遭受来自气候变化的持续危害的范围或程度[4]。

城市应对气候变化脆弱性是指：城市的自然生态系统与社会经济系统，由于自身结构问题导致其对气候变化灾害事件的暴露能力、敏感性程度和应对能力的不足，从而容易遭受气候变化持续危害的范围和程度。

作为全球气候变化研究的重点和热点领域，关于气候变化脆弱性的研究内容主要包括：脆弱性概念框架研究；确定脆弱性客体及其主要干扰因素；脆弱性评价方法（情景分析法、模型模拟法）；脆弱性参照值（阀值）研究；分析脆弱性的表现和影响因素；提出减低脆弱性的措施等。

目前，针对气候变化脆弱性的研究还未形成共识性的理论框架体系，并以针对自然生态系统的评价研究为主，且其研究尺度多集中在全球、国家和区域层面，较少涉及城市区域的评价研究。随着现有研究的深入，可以预见，开展城市地区气候变化脆弱性评价将成为制定“应对气候变化规划”的重要内容[159]。

2）具体应用

涉及城市地区气候变化脆弱性评价研究主要借助情景模拟法、指标体系法、决策支持的评价方法和工具等开展。具体步骤如下：

①构建城市气候变化脆弱性评价概念模型，概念模型需要集成社会科学和自然科学，在把握气候变化脆弱性内涵基础上制定脆弱性评价的关键问题，明确模型评价边界和对象，突出关键因子和关键问题。

②城市地区气候变化脆弱性评价主要从胁迫输入要素的评价、组成结构要素的评价以及政策输出要素的评价三个方面具体展开，并由此建立以下五个评价模块（图 9-1）。

③分别针对每个模块进行分析、评价，最后得出城市应对气候变化的关键问题，明确应对气候变化应优先关注的领域和区域。以基于时空尺度的城市化区域气候变化综合脆弱度评价（模块Ⅳ）为例，评价分析步骤如图 9-2 所示。

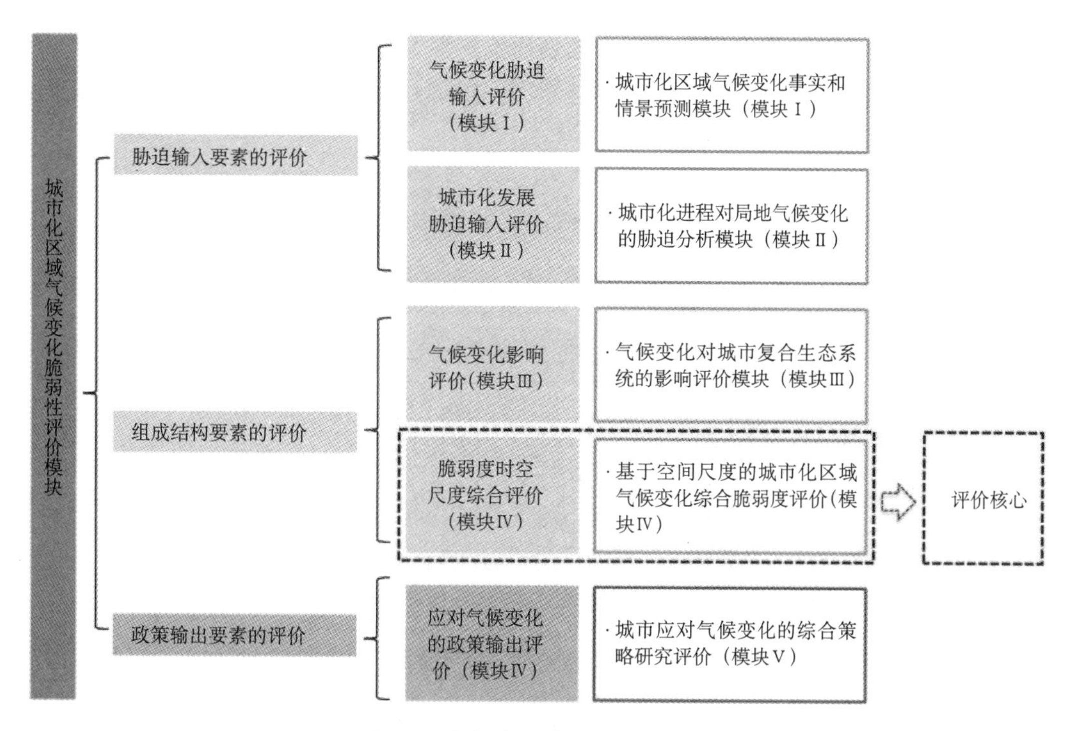

图9-1 气候变化脆弱性评价模块

（资料来源：王原．城市化区域气候变化脆弱性综合评价理论、方法与应用研究——以中国河口城市上海为例[D]．上海：复旦大学，2010）

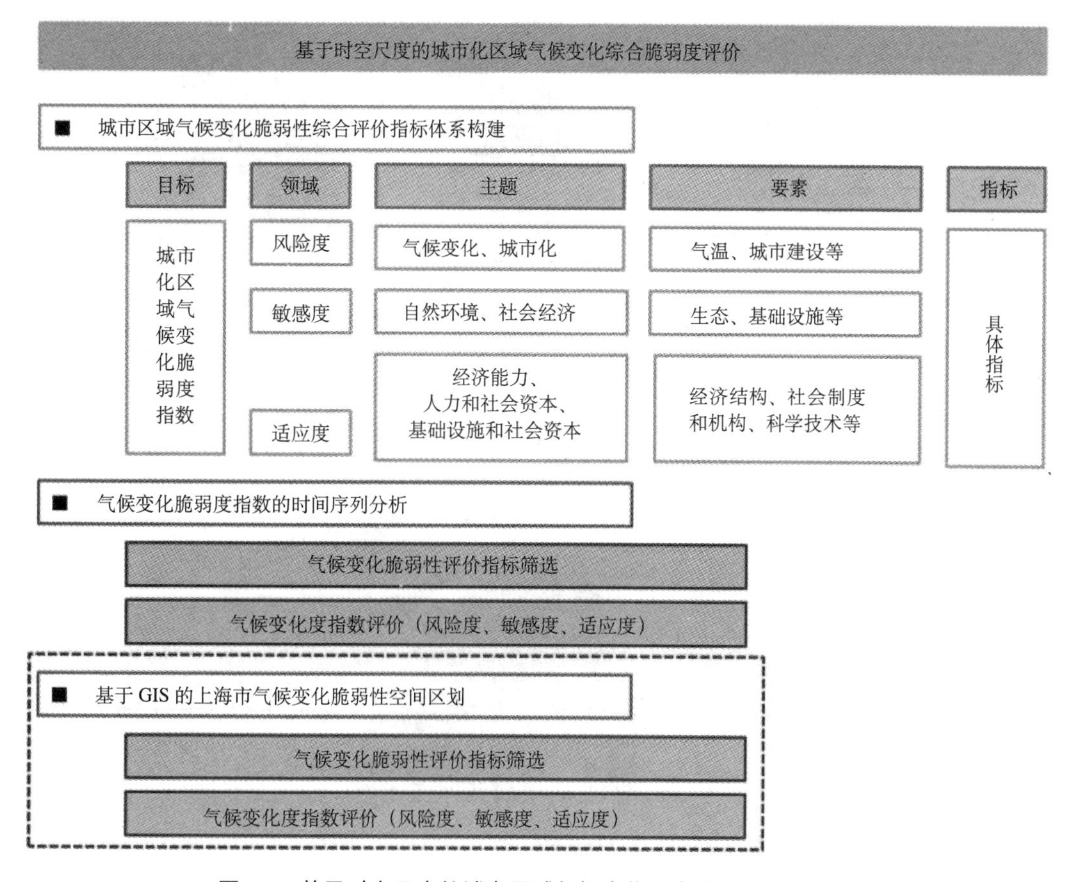

图9-2 基于时空尺度的城市区域气候变化综合脆弱度评价步骤

（资料来源：王原.城市化区域气候变化脆弱性综合评价理论、方法与应用研究——以中国河口城市上海为例[D].上海:复旦大学,2010）

其中，基于 GIS 的上海市气候变化脆弱性空间区划评价步骤如图 9-3 所示，首先基于风险评价、敏感评价、适应度评价的各项指标的脆弱性评分，然后得到气候变化各级脆弱性的分布图（图 9-4、图 9-5），最后分析针对各级脆弱区的主要问题，提出应对措施。

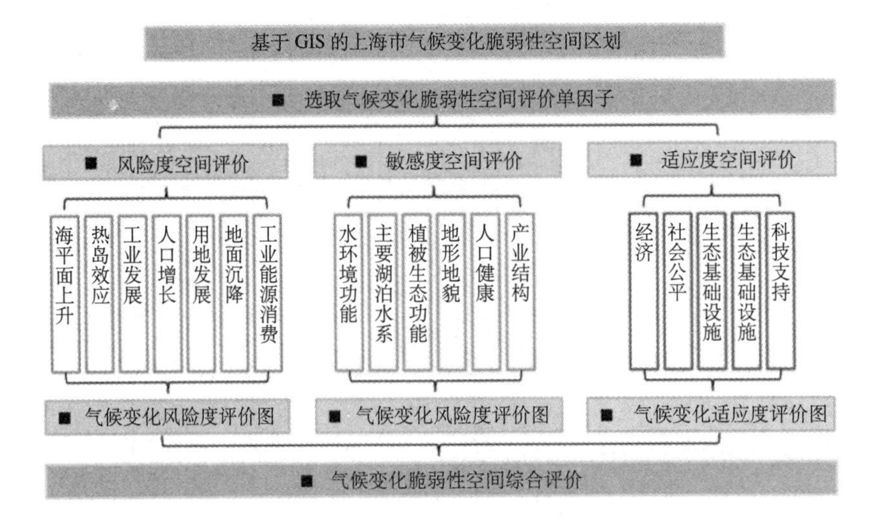

图9-3　基于GIS的上海气候变化脆弱性空间区划

（资料来源：王原．城市化区域气候变化脆弱性综合评价理论、方法与应用研究——以中国河口城市上海为例[D]．上海：复旦大学，2010）

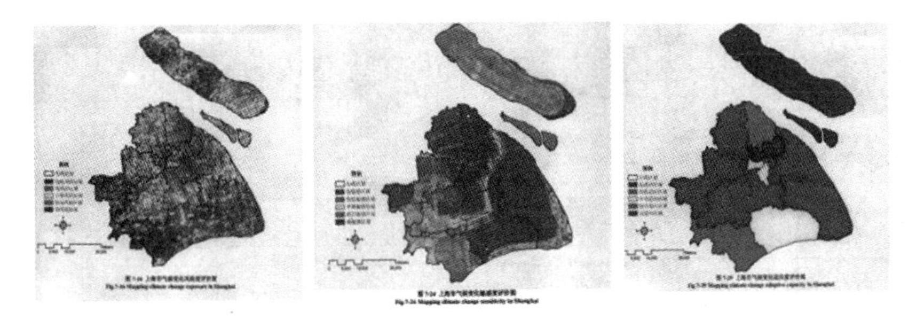

图9-4　上海市气候变化脆弱性空间区划风险、敏感性、适应度评价

（资料来源：王原．城市化区域气候变化脆弱性综合评价理论、方法与应用研究——以中国河口城市上海为例[D]．上海：复旦大学，2010）

图9-5　上海市气候变化脆弱性空间区划

（资料来源：王原．城市化区域气候变化脆弱性综合评价理论、方法与应用研究——以中国河口城市上海为例[D]．上海：复旦大学，2010）

9.1.2 项目区位与背景介绍

本书对菲律宾索索贡地区气候变化脆弱性评估进行介绍，主要信息来源于联合国人居署发布的《菲律宾索索贡地区气候变化评估报告》[160]。为发展中国家和欠发达国家的城市在适应气候变化和减缓气候变化方面提供参考，并传播城市和气候变化倡议早期的成果。

1）项目区位

菲律宾位于亚洲南部，北纬 4・23 ～ 21・25 度，东经 12 ～ 127 度之间。它由 7107 个岛屿组成，陆地面积达 299764km^2，总长 1850km，从中国台湾南侧附近到婆罗洲的北侧附近。

菲律宾海岸线总长 36289km，三大著名的水系包围着该群岛：东面是太平洋，西面和北面为中国南海，南面是西里伯斯海。这样的地理位置导致了其地理、气候和植被的多样性。

除了科迪勒拉在吕宋岛和棉兰老岛的山区，其他城市建设首选地点都偏向于沿海平原，结果导致 80% 的居民点位于 36289km 的海岸线。这些位置在人口、商贸、基础设施和其他服务方面都是发展最快的，最终形成城市蔓延的中心。城市的蔓延形成一个超级都市区，即包括马尼拉、宿务、伊洛伊洛、卡加延德奥罗和达沃的沿海地带。

2）背景介绍

（1）菲律宾城市化进程

菲律宾是亚洲第九大人口国、世界第 14 大国家。据最新的国家统计数据显示，菲律宾人口总量已达 88574614 人。菲律宾的城市化[①]在很大程度上得益于人口的增长。城市人口占全国总人口的比例增长很明显，从 1980 年的 37.44% 增长到 1996 年的 50%，到 2007 年增加到大概 64%，到 2050 年，预计有可能达到 84%。从农村地区到城市地区的移民主要是被较高的薪酬、更好的教育机会和便利的基础服务设施所吸引的。约 75% 的国家的经济产出都来自于市区，城市地区的收入是农村地区的 2.3 倍[②]。

菲律宾城市管理部门的相关人士承认，气候变化给菲律宾城市可持续发展带来了巨大的压力和挑战。尤其是从近期极端气候事件（台风）造成的影响可以看出来，这次台风给人民安全、财产和城市基础设施造成了巨大的破坏，影响了人民的生计和经济活动。同时，由于政府在紧急响应、恢复和重建以及减灾方面支出了较多财政，而导致政府财政承担能力进一步削弱。

（2）联合国人居署评估试点城市

联合国人居署可持续城市发展网络（SUD-Net）的一个重要部分——城市和气候变化倡议，促进了发展中国家城市减缓气候变化和适应气候变化。更重要的是，该倡议支持贫困地区采取创新的政策和策略应对气候变化。这项倡议建立在联合国人居署在可持续城市发展经验以及公认的能力建设工具基础之上。该倡议的发展、适应和传播的方法，使城市管理者和从业人员更好地应对气候变化。

2009 年，该倡议在发展中国家选择了 4 个试点城市，评估各城市应对气候变化的脆弱性。除了索索贡以外，其他三个城市分别是埃厄瓜多尔的斯梅拉达斯市、乌干达的坎帕拉市和莫桑比克的马普托市。

9.1.3 评估方法

菲律宾的评估方法在两个层面展开，即国家层面和城市层面。

国家层面的评估是通过查阅现有的国家文档、气候变化研究成果和当前政策，成立专题小组与城市发展重要利益相关者（政府机构和专家）进行讨论。它为菲律宾气象局、地理中心和天文局预测最新的气候变化，

① 菲律宾使用人口数量、现状机构规模和两公里范围内基础设施数量作为判定城市地区的关键因素。因此，城市地区按照以下条件进行分类：（1）如果一个区（菲律宾行政单元）人口规模达到 5000 人或者以上，那么它被列为城市。（2）如果一个区至少有一个规模达到有 100 个雇员的机构，它被划分为城市。（3）如果一个区有五个或者以上的服务半径在 2 千米范围内的设施，那么它被划分为城市。

② 资料来源：http://unhabitat.org/books/sorsogon-climate-change-assessment/

以及国家城市发展和住房框架（2009 ～ 2016 年）研究提供参考。在城市层面，评估的焦点关注在一个沿海小城市——比科尔地区的索索贡市。该评估方法运用参与式脆弱性和适应性过程来探寻城市的暴露度、敏感性和适应能力。

本书重点介绍城市层面的评估方法。脆弱性可以通过某个系统对气候变化的幅度和速率所呈现的敏感性和适应能力来描述。所以下面将从气候变化受影响程度、敏感性和社区的适应能力三个方面展开论述，并最终对索索贡地区的气候变化脆弱性进行评估。

9.1.4 脆弱性评估方法应用

1）地区气候变化影响

（1）影响概述

通过第四次政府间委员会（IPCC）关于气候变化评估报告的全球气候变化模型预测，21 世纪平均气温将升高 1.4 ～ 5.8℃，这将导致海平面进一步上升。同时，该报告强调，在亚洲，随着城市化、工业化和经济发展，气候变化有可能加剧自然资源和环境的压力。报告特别强调沿海地区，尤其是亚洲南部、东部、和东南部人口集中的三角洲地区。这些地区将受持续增长的海洪威胁，一些三角洲地区，将会受河洪的威胁。

基于菲律宾最近的研究显示，从 1951 年到 2006 年，菲律宾的气候出现的反常现象具体表现如下：

①观察年内，平均气温上升 0.6104℃。

②观察年内，年度最高温度增加 0.3742℃。

③观察年内，年度最低温度增加 0.8940℃。

④热天的数量增加了。

⑤冷天的数量减少了。

⑥年平均降雨量和降雨天数增加了。

⑦年际异常降雨量增加。

⑧年均 20 次飓风，有 8 ～ 9 次登陆菲律宾内陆地区，1990 ～ 2003 年此频率增加了 4.2；

借助哈德利中心的 PRECIS 建模系统，菲律宾气象局、地理中心和天文局发表了菲律宾 2020 年到 2050 年的气候变化预测。

⑨平均季节性温度预计将由 2020 年的 0.9 ～ 1.7℃上升到 2050 年的 1.4 ～ 2.4℃。

⑩季节性降雨时空变化的预测是从 3 月至 8 月期间最大（–35% 至 +45%）。

⑪季节性降雨时空变化的预测是从 9 月至次年 2 月期间最小（–0.5% 到 +25%）。

⑫2050 年，西南季风季节的降雨量最大增长，是从六月到八月，很可能在 01 区（44%）、科迪勒拉自治区（29%）、03 区（34%）、04 区（24%）和 05 区（24%）。

该模型显示，气候变化可能会导致在吕宋岛和米沙鄢群岛形成活跃的西南季风，将使 6 ～ 8 月份的降雨量增加，随着时间的推移影响将增大。

3 ～ 5 月的季节性干旱会变得更加严重，而 6 ～ 8 月，9 ～ 11 月的多雨季节降水变得更多。

图 9-6、图 9-7 所反映的是菲律宾气象局、地理中心和天文局预测的 2020 和 2050 年索索贡温度和降水的情景预测。

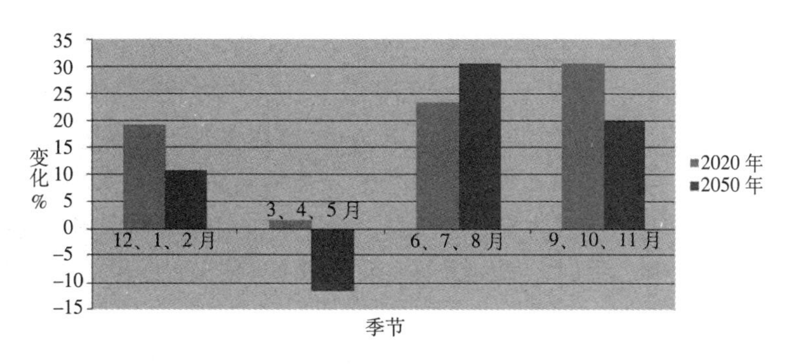

图9-6 索索贡降雨量变化预测

（资料来源：Climate change assessment for Sorsogon, Philippines：a summary[R]. UHHABITAT, 2010）

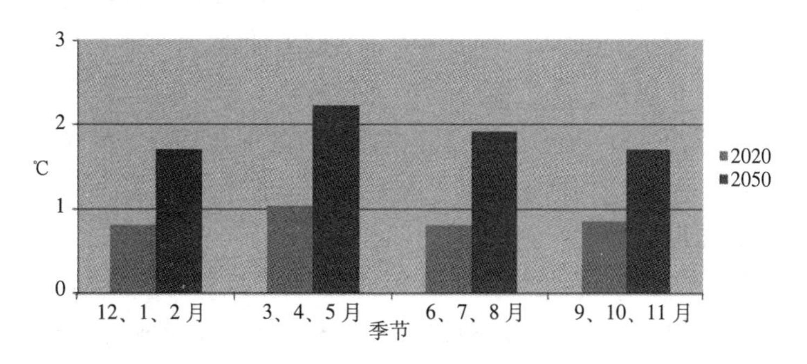

图9-7 索索贡温度变化预测

（资料来源：Climate change assessment for Sorsogon, Philippines：a summary[R]. UHHABITAT, 2010）

（2）气候变化对菲律宾的影响

菲律宾的地貌和地理特征，使其极易受气候变化的影响。总海岸线达36289km，70%的城市和地区的居民紧靠海岸线，依赖海洋生态系统维持生计。全国的数据显示，菲律宾82.5%的人口受热带飓风、洪水和暴风雨的威胁。2003年官方数据显示，大约14.9百万的住宅易受气候变化影响。这些住宅的屋顶和墙体结构错位，或者以不合规范的材料搭建，并且没有经过工程设计，建筑不大可能承受住强烈的台风或风暴。

在1992年，菲律宾国家测绘和资源信息局预测，海平面上升100cm将引发洪水泛滥，淹没129114ha区域，影响近200万人口。这次预测的依据主要是地理投影。鉴于海平面上升将增加风暴潮的等级，据此推测将致使更多的人遭受洪水威胁。潮汐的变化和海水的侵入，将影响供水的效率和质量。在城市中心，由于生活用水及工业用水的过度使用，导致海平面上升和地面沉降。

菲律宾的农业是最容易受气候变化影响的，尤其是厄尔尼诺(ENSO)和拉尼娜现象的出现频率增加，随之带来干旱或者强降水。1997年到1998年，厄尔尼诺现象导致农业生产GDP下降了6.6%，与生产和建筑相关的制造业GDP下降了9.5%。

2）索索贡对于气候变化影响的敏感性

索索贡位于马拉尼东南部600km处，吕宋岛的最南端。作为联系吕宋岛和菲律宾其他区域的桥梁，索索贡是一个轮渡转运通道，并且是维萨亚斯岛和棉兰老岛的门户。

索索贡通过阿尔拜湾、中国南海和索索贡海湾联系太平洋东西部。索索贡是比科尔地区土地面积最大的城市，城市化水平靠前的城市之一，也是人口最多的城市之一。

索索贡对于气候变化的敏感性主要表现在以下两个方面：

（1）越来越大的强热带气旋

热带气旋对城市及人口造成大规模的破坏和影响。尤其是发生在2006年下半年的超强台风Milenyo(2006

年 9 月）和 Reming（2006 年 11 月）给城市带来了巨大的影响。这两次台风的最大风速达到每小时 200km（这还只是保守数据）。数据显示，Milenyo 造成 100 万家庭（33%）受灾，并给基础设施带来了约 208 万比索的损失。当仍处于灾难状态，灾后重建工作刚刚启动时，台风 Reming 接踵而来，再度造成破坏，并进一步影响本已受损的城市，扰乱了城市体系，减缓了城市恢复的速度。主要的生命线系统如电力、供水系统都受到影响，其中，电力系统至少需要用三个月的时间才能完全恢复。这些灾害对城市贫困家庭的影响是很大的，因为他们的房屋承受不了如此强烈的台风，同时，他们的谋生手段和收入来源也受到极大的影响。

（2）降水的增加（平均降水和降水强度）

一些建筑建于危险区域（易发生洪水和山崩），表明该城市对于降水的增多是很敏感的。由于预期的降雨量将增加，城市很容易发生洪水。2009 年夏末，由菲律宾气象局、地理中心和天文局发布的台风 Dante 风暴警告信号仅为 1 号，此次台风带来了强降水，据记录，Dante 在短时间内带来超 300mm 的降水，对城市造成巨大的破坏，造成基础设施和农用地破坏，经济损失达 200 万比索。

黎牙实比市透露，自 1970 年以来，海平面呈逐年上升趋势。黎牙实比市和索索贡市都通过阿尔拜湾与太平洋相连。根据非官方数据显示，34 个沿海区（菲律宾的行政单元）很可能受海平面上升的影响，有八个城市和一个城市化的区（Cambulaga 区）面临着海平面上升带来的风险。

3）索索贡对气候变化的适应能力

适应能力是指一个系统适应现在或预期的气候压力，或应对气候影响的能力。它可以通过一个包含财政、技术、机构、信息、基础设施和社会资本等要素的相关关系来描述。在当前气候多样性或将来的气候条件下，系统将利用这些要素，调整和延伸其应对范围。较高的适应能力可以降低某个系统或区域的气候风险，并且消除由气候变化给脆弱的社会经济带来的负面影响。

该研究选取城市社会经济、技术和财政要素，通过关键指标的加权分级，来衡量索索贡市的气候适应能力。表一中所选指标与人类承受负面影响的能力相关，同时，与促进恢复的要素相关。在分析中，每个指标赋以加权值。这个加权值是依据当地政府单位的技术人员参考每个指标的相关性进行重构、复原计算和程序设计所作出的专业判断。得分越接近 1，表示适应能力越高。

表 9-1 显示，索索贡市适应能力分值低于 0.5，表明从受影响程度和敏感性角度来看，索索贡市对于消除气候变化带来的消极影响的能力较低。

索索贡市应对气候变化的适应能力　　表9-1

维度、指标和权重				城市适应能力评估				
						分数	Wtd 分数	总分
社会经济			0.50					0.25
贫困发生率		0.40				0.57	0.23	
正规性（财产）		0.20				0.46	0.09	
受教育率		0.20				0.17	0.03	
PO/CBO/MFI 成员		0.20				0.7	0.14	
							0.49	
技术			0.25					0.06
电信普及水平		0.30				0.1	0.03	
电力普及水平		0.30				0.06	0.02	

续表

维度、指标和权重					城市适应能力评估				
实用的减灾规划			0.40				0.5	0.20	
								0.25	
基础设施				0.25					0.07
安全用水家庭			0.25				0.28	0.07	
路面硬化（柏油化）			0.25				0.4	0.10	
基础设施保护			0.50				0.22	0.11	
其中	海墙	0.5			0.7	0.35		0.28	
	不安全的房屋	0.5			0.16	0.08			
						0.43			
				1.00					0.38

（资料来源：Climate change assessment for Sorsogon,Philippines: a summary[R].UHHABITAT,2010）

4）索索贡应对气候变化的脆弱性

气候变化的脆弱性，是指某个系统容易受气候影响的程度，或者无法应对气候变化不利影响（包括气候多变性和极端性）的程度。脆弱性可以通过某个系统对气候变化的幅度和速率所呈现的敏感性和适应能力来描述。

（1）索索贡的脆弱区域

气候变化脆弱的地区和热点通过受影响程度、敏感性和社区的适应能力来确定。如表 9-2，有 12 个村由于受多种气候风险和危害（如热带气旋、风暴潮、海平面上升、洪水、滑坡）影响，被确定为城市气候变化脆弱的热点。这 12 个村庄中，有 8 个是城市型村庄，1 个是半城市化村庄，其余 3 个为乡村型村庄。

城市气候变化的热点区域 表9-2

区（菲律宾行政单元）	类型	土地面积（ha）	2007 年人口数	人口增长率（2000-2007）
Balogo	城市型	152.85	5251	11.46
Bitan-O Dalipay	城市型	19.20	3028	14.86
Cabid-an	城市型	223.56	5426	22.61
Cambulaga	半城市化型	37.10	4097	22.03
Piot	城市型	65.96	2572	7.5
Sampaloc	城市型	12.58	5214	12.2
Sirangan	城市型	4.96	2491	14.3
Talisay	城市型	12.40	2660	6.58
Poblacion	城市型	174.51	4882	3.83
Sto. Nino	乡村型	385.13	2008	4.78
Osiao	乡村型	1015.66	2721	4.52
Gimaloto	乡村型	143	907	7.17

（资料来源：Climate change assessment for Sorsogon,Philippines: a summary[R].UHHABITAT,2010）

城市热点的平均年均增长率是 1.7%，Cabidan 区以年均 3.23% 的增长率成为最高的地区。同时，还有四个地区的增长率也高出平均水平：Bitan-O Dalipay (2.12%)；Sirangan (2.02%)；Cambulaga (2%) 和 Sampaloc。预测这些地区的增长率将保持下去，越来越多的人将对气候变化的影响变得脆弱。如果适应气候变化的社会和物质基础设施没有提前预备好，那么，气候变化带来的风险将更高，为救灾和重建（气候变化引起的灾难）耗费的费用也将越高（图 9-8）。

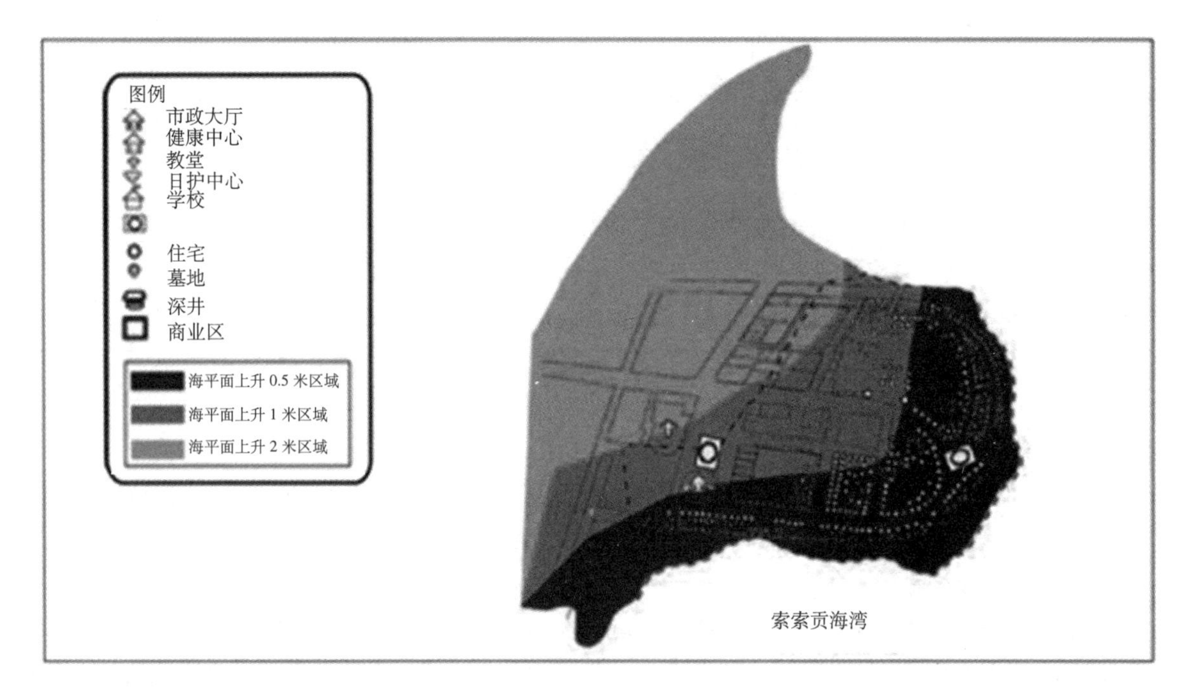

图9-8 Sirangan热点图

（资料来源：Climate change assessment for Sorsogon,Philippines：a summary[R].UHHABITAT,2010）

（2）索索贡气候变化优先考虑的问题

这项评估确定了关键的城市活动领域，这些领域对于支撑城市弹性应对气候变化的影响至关重要，同时，这项评估也对可能造成的损失进行了估价。通过实行城市跨部门协商，进一步支撑初始参与分析活动，促进脆弱性问题的识别。作为这些活动的结果，成立了一个问题工作组，将应对气候变化的战略纳入城市发展规划和计划（表 9-3）。

气候变化脆弱性的关键问题　表9-3

关键领域	关键问题
住宅和基础设施	危险区域的非正规住区
	临时搭建的房屋和缺乏应对台风技术的房屋
	老化和损坏的桥梁
	利用不足和缺乏堤防的水渠
	被破坏的海墙
	尚未响应气候变化影响的土地利用规划方案

续表

关键领域	关键问题
住宅和基础设施	受海平面上升威胁的建成区
	缺乏城市住房规划
	缺少地方政策引导安全房屋建设
	二级 / 潜在风险
生活和气候变化	洪水泛滥的城市中心
	受到威胁的旅游区
	农业和渔业产量的减少
	失业和有限的技能
	有限的技能和知识以及可替代的生计来源
环境治理	萎缩的沿海和海洋资源
	不足的森林覆盖率
	污染以及缺少废物处理系统和设施
	居民用电对城市碳排放贡献最高（电力量、用气量）
	相当数量的运输车辆仍然使用两个斯托克引擎
气候变化和健康	——
气候变化和性别	——

（资料来源：Climate change assessment for Sorsogon,Philippines: a summary[R].UHHABITAT,2010）

9.1.5　气候变化适应和减缓措施

1）国家层面的适应和减缓措施

基于上述分析，提出下列六个被认为是国家层面与气候变化有关的领域①住房和城市发展；②能源；③大气；④垃圾；⑤环境和自然资源；⑥农业和海事。城市和气候变化倡议在全国调查时发现，部门机构在制定应对气候变化总体政策方面比较滞缓。迄今为止，制定适应和减缓政策最活跃的部门主要是环境和自然资源部门。在教育部门，气候变化宣传目前正在逐步结合气候变化问题进入学校课堂。另一方面，在内政和地方政府部已设置专门的部门来分管气候变化问题。因此，那些最初不关注气候变化的机构，也已经开始开展适应气候变化的行动。

以住房和城市发展为例，伴随住房和城市发展协调委员会的成立，开始制定住房和城市发展国家政策。正如标题所说，安理会预计将使政府解决住房和城市发展功能，但由于不确定因素，城市发展功能得到的关注比房屋委员会少，因此，与气候变化影响相关的城市政策发展也一直疲软。

由于极端气候事件（安朵台风和 Pepeng）的影响，给 Mega-Manila 和其他高度城市化地区带来了严重的损失和破坏。菲律宾总统在 2009 年 10 月 26 日发出行政命令 841，“下令所有的地方政府重新审视、重新制定、更新和评估执行他们现有的综合土地利用规划，尤其是确定适合于社会住房安置和搬迁的政府土地”。

行政命令要求所有地方政府创建由地方行政长官主持，地方发展委员会所有成员组成的专案组。专案组将更新、制定或重新制定城市土地利用规划，确保在六个月内（或 2010 年 4 月）完成。此外，工作小组将促进从 RA7279 生效日起 10 年以上的闲置公共土地的识别和统计，并鼓励其转让给国家住房管理局作为社会住房开发或安置区、搬迁区。专案组还对生活在危险区和其他公共场所的人进行移民搬迁安置，并制定方案，提供基本服务和设施，同时，使搬迁户获得就业和生计机会。

2）城市层面的适应和减缓措施

从目前地方行政长官的倡议来看，全市已建立技术小组。由这个小组领头，与其他成员协调，针对城市气候变化适应性方案的进展工作，展开评估、规划和社区动员。虽然城市没有一个具体的或结构化的适应策略，但是，通过焦点小组与社区的讨论发现，家庭使用一些零星的技巧应对气候变化所带来的影响，这方面的经验是很丰富的。在当地应对气候变化的技巧中有几点是值得关注的：现有的建造海堤周围地区经常受风暴潮和潮汐洪水损坏；居民实行"bayanihan way"的方法（家庭之间义务互相帮助），不需要借助外援，重建受损的房屋。再造的红树林区域作为地域浪潮的防护带。

尽管没有明确指出地方性的策略是整个城市气候变化适应性战略的一部分，但是防灾是城市发展议程里最重要的部分，这部分任务掌握在城市灾难协调委员会手中。在自然灾害和其他人为灾害发生时，由市长担任灾害协调委员会的组长，启动城市备灾计划和突发事件处理计划。市灾害协调委员会的计划将通过由Punong Barangay牵头的Barangay Disaster协调理事会反映到镇或村一级。同时，也有索索贡紧急救援队和菲律宾国家红十字会开展的救援行动。

城市规划和发展办公室为城市灾难协调理事会提供有关风险降低政策、策略和规划的数据和信息。这些数据和信息包括分区条例、自然灾害地图（洪水，山体滑坡，风暴潮）、人口和物流及其他设施，它们可用于加强降低城市风险的规划方案中。该市已由城市灾害协调委员会编制了城市灾害概况文件（市长办公室，2008年）。该文件包含如物理、人口状况等基本信息；相对于自然灾害环境约束的领域；可用的救灾物品和紧急物资储配妥当，在灾害发生时或灾害发生以后可随时调用。与此相对应，索索贡市还制定了2008～2009财年的灾害风险管理计划。该计划的重点包括两个部分，即备灾和减少风险；缓解措施。

如前文所述，当地政府部门授权的发展文件是土地利用总体规划和城市或直辖市发展规划。该市现在认识到，以这两个文件为切入点，使气候变化规划成为地方政策或流程或战略的重要部分。目前，索索贡市正在制定一项响应气候变化的住房计划。该计划将用于指导土地利用总体规划和住房建设战略的发展，以应对预计的气候变化影响。政府部门使用脆弱性和适应性评估结果，为农业规划、民生发展、环境管理（海岸保护、固体废物、能源效率）以及城市灾害风险规避规划提供支撑。

9.1.6　挑战与建议

1）国家层面的挑战

鉴于自然地理环境和社会经济条件，菲律宾极易受到气候变化的影响。该国的气候变化脆弱性主要是鉴于观察到年平均温度和最高温度正在升高；平均降水量增加；极端气候事件的发生以及海平面上升。菲律宾的城市人口占全国总人口的64%，在预期的气候变化影响下，它将面临来自居住、生计模式，尤其是农业、食品安全、健康、地下水和土地淹没等诸多方面的压力。

全国数据显示，菲律宾约82.5%人口处于热带气旋、洪水和风暴潮发生区域。1490万的家庭极易受到气候变化的影响。他们的住宅屋顶或墙壁错位，或者由不符合标准的材料建造，或者没有经过工程设计。这强调了一个事实，即贫困和有限的知识增强了应对气候变化的脆弱性，同时穷人的状况可能因气候变化而更加雪上加霜。

菲律宾气候变化法案不仅展现了这个国家全球协定应对气候变化的承诺，也是其对可持续发展的承诺。地方政府作为应对气候变化行动的组织者和责任者，面对这个新的领域，面临着巨大挑战。地方政府应对气候变化的各项工作需要国家层面的脆弱性评估以及减缓与适应气候变化的各项政策和规划的支持。跨地域、跨部门、跨学科的知识管理和信息共享对确保可持续发展至关重要。创新、适用、花费少的新技术，不仅被当地政府单位应用，更重要的是保证相对脆弱的穷人成为适应技术的最终用户。

近期，由住房和城市发展协调委员会提出的全国城市发展和住房框架（2009 ~ 2016 年）提供了一个很好的机遇，使气候变化规划成为重要的考虑要素。气候变化纳入全国城市发展和住房框架可以促进当地政府部门更好地了解气候变化和城市发展规划过程之间的关系。然而，应当指出，气候变化仅仅被视为这个框架五个主题之一——可持续社区主题中的一个部分。应当呼吁，由于其影响的复杂性，在城市发展规划中，气候变化应该作为一个总体来考虑。

2）降低地区脆弱性的建议

（1）国家层面的行动响应

与国家城市发展利益攸关方协商一致，以下行动作为气候变化行动议程的主体，被认为至关重要。

①关于 2009 年菲律宾气候变化法的实施：

（a）住房和城市发展协调委员会作为负责城市发展和住房服务的机构，应与那些已经在签署法律提及的机构一起，作为气候变化委员会的顾问代表。这是基于气候变化对人类住区和城市系统的显著影响，以及城市中心响应气候变化的战略角色考虑。

（b）国家政府和地方政府部门之间应加强协调，促进信息共享、技术支持以及更好的知识管理。环境政策的清单和技术指导说明（特别是与气候变化相关的说明）必须提供，并允许当地政府部门、城市发展规划师和利益相关方查阅，以通知他们政策制定和决策。

（c）当地政府部门的能力发展应该顺应他们的需求，并转化成当地气候变化行动计划的发展。能力发展举措不仅要在当地的技术人员，而且在当地的决策者和领导者（如当地行政首长和其他民选官员）中推行。

（d）加强气候变化的研究和发展，以支持当地政府部门气候变化行动。

（e）通过宣传和教育提高意识、知识、技能、对气候变化问题的态度和应对措施（因为这涉及可持续发展），从而发展更广泛的支持者支持当地的行动。

（f）考虑对绿色发展的奖励，并做进一步探讨。

②关于颁布和实施国家城市发展和住房框架，它必须确保以下几点：

住房和城市发展协调委员会和菲律宾城市联盟应该考虑气候变化作为主题贯穿整个框架的五个具体问题。这表明了气候变化对整个城市体系影响的复杂性，每个主题应考虑：

（a）城市竞争力的主题应该考虑应对气候变化的弹性基础设施。城市竞争力（如旅游）可能会受到气候变化的影响而改变，因此战略性的地方经济发展计划必须得到保证。

（b）扶贫主题应该考虑气候变化对城乡接合部，尤其对农村地区依赖于气候或者天气的生产者的影响。气候有关的灾害可能会导致更多的非正规居住、粮食保障的中断以及在城市地区的居住成本提高。鉴于框架中需要考虑穷人对气候变化社会经济敏感性，这将促进民生项目的发展。

（c）房屋负担能力和支付的主题必须探寻到合适的位置和结构，以应对预计的气候变化影响。气候变化要求居住在危险或高风险地区的家庭着重考虑有针对性的办法。

（d）可持续社区的主题是框架中目前惟一涵盖气候变化的主题。即便如此，应该注意的是，有必要明确在这个主题，以确保给地方政府提出具体的策略支持，使气候变化融入发展规划。穷人在规划过程中的大力参与也是至关重要的。

（e）以绩效为导向的治理应该考虑把应对气候变化作为当地政府的责任问题，正如 2009 年菲律宾气候变化法案执行的那样。该主题应该平行于该法的规定，特别是在关系到国家—本地对接、国税局配股（IRA）计划、财政、框架规划、公私伙伴关系等问题。

③追求城市发展利益相关者关于气候变化的议程

(a) 住房和城市发展协调委员会与其他城市发展的利益相关者必须有一定的话语权，并通过气候变化委员会参与气候变化行动。

(b) 鼓励住房和城市发展协调委员会和其他城市发展的利益相关者加强与国际支持气候变化行动实施的合作关系。

(2) 城市层面的行动响应

城市迫切需要考虑土地利用规划应对气候变化的脆弱性。全市建成区都处于风险区之中，需要战略规划防止或者减轻气候变化的负面影响所带来的社会经济影响。

①对于一个城市来说，考虑其土地利用规划应对气候变化影响的脆弱性显得越来越必要。全市建成区处于危险之中，并且需要战略规划指导，防止或者减轻气候变化的负面影响对社会经济造成的影响。

建议：

必须找出城市直接投资和基础设施开发的位置，以提供其应对能力。还必须努力确定特定土地用途区的战略，特别是居民点区，以便在确保人们获得更好地公共服务（医疗、教育、娱乐等）的同时，管理区域的资源。

②贸易、农业和渔业极易受到气候变化的影响。如果索索贡的穷人直接或间接地以这些行业为生，那么，他们的基本生计和其他基本需求（如健康、淡水、食物安全）将受到严峻的挑战。这预计给城市贫穷的恶性循环带来更大的压力，而阻碍城市的 MDG 目标。

建议：

(a) 针对每项民生活动，制定考虑气候变化和灾害风险的城市生计基线；

(b) 根据城市应对气候变化的脆弱性，调整城市扶贫项目；

(c) 在确定热点，增加人民适应气候变化影响，制定备选的生计方案时，考虑社区的脆弱性。

③许多非政府组织可以协助政府用于对气候变化的风险管理。例如：比科尔大学和索索贡州立大学可以提供技术专业知识的宣传和教育活动，包括生活适应发展（渔业和农业），建筑材料和设计研发，以及地理信息系统运行维护的技术援助。此外，非政府组织还在社区组织和动员、宣传和教育活动以及生计支持方面有很大帮助。

建议：

(a) 促进非政府组织参与有关气候变化的持续对话，尤其是在城市协商方面。

(b) 拓宽并建立私人、公共、学术界、民间团体和社区组织之间的合作伙伴关系，致力于气候变化减缓和适应工作。

(c) 企业部门的参与应该从传统的救灾、紧急援助和社区企业社会责任项目提升到更具战略性和关键性的项目，以致力于气候变化工作。特别是，企业部门应该在两方面充当一个重要角色：提供技术开发绿色建筑；通过使用适当的创新技术，发展促进社区住房和基础设施抗御风险的能力。

④根据在社区（村）级进行的评估，人们都知道极端气候事件的危害性，因为他们在过去的几十年已经经历了极端的台风和风暴潮。然而，社区需要提供正确的信息，并鼓励居民参与规划和决策过程，以使他们认识到由于气候变化的影响导致自然和社会景观可能发生的变化（正面和负面的）。显然，从社区目前考虑二级风险（如卫生，由于洪水的风险）的自主适应措施来看，其适应措施仍然薄弱。

建议：

(a) 以降低灾害风险作为推动应对气候变化的风险管理的切入点，将补充和加强现有的社区认知，和通过他们的利益与其他利益相关者合作。

(b)发展社会和社区动员计划，并且在城市磋商和行动规划中处理热点区。这将被证明是一种有效的方式，让他们参与行动，提高行动效率。

（c）制定社区行动计划，并确定可能的将对气候变化弹性社区产生较大影响的示范项目。该示范项目可以纳入国家住房和城市发展协调委员会建立适应气候变化的人类住区计划，尤其是在低洼城市沿海地区。

⑤索索贡市的温室气体排放状况显示，全市对于世界温室气体排放做出贡献微乎其微。然而，索索贡市可以通过宣传其负责任的行动来帮助减缓气候变化。如通过不断改善当地空气质量（提高地方政策）进一步降低二氧化碳排放量，增加碳汇活动（如造林和红树林修复）。

建议：

（a）制定积极的政策，以确保公共和私营部门的开发工作建立在坚持用更少而做更多的生态效益原则之上。

（b）通过对参与实施当地固体废物管理计划的地方政府队伍的能力建设工作，提高城市的废物管理计划。

（c）增加私营企业与城市的合作关系，特别是探索在索索贡市有应用潜力的清洁发展机制项目。

联合国人居署城市与气候变化委员会倡议促进发展中国家城市加强减缓气候变化和适应气候变化的能力。索索贡是该倡议的试点城市，而这个文件是索索贡城市和气候变化倡议活动的早期成果。本摘要是基于名为"索索贡市气候变化脆弱性与适应性评估"的报告。

索索贡市评估检测了在菲律宾比科尔地区一个沿海小城市的气候变化影响、脆弱性和适应能力。评估采用了参与式脆弱性和适应的过程，探索在相应的预测的气候情景下城市的暴露度、敏感性和适应能力，以及过去与气候有关的灾害事件和人们对于过去事情及观察的认定。它探讨了在国家和城市层面现有的制度框架如何应对气候变化，并确定了该框架的差距。城市采取的适应和减缓气候变化的措施较为突出。总之，本概述建议采取行动，确保气候变化问题得到充分解决，将不良后果降到最低。

9.2 英国ASCCUE：城市环境气候变化风险评估

9.2.1 城市应对气候变化风险评估概述

1）理念及研究概述

风险评估（Risk Assessment）是指在某项风险事件发生之前或已经发生但尚未结束之前，评估该风险事件对相关生产、生活涉及各方面所造成的损失可能性及损失程度，并将其评估结果尽可能量化的工作。

与城市相关的风险评估研究主要集中在城市应对灾害的风险评估，作为认识气候变化风险和应对行动方面处于世界领先水平的英国，已经颁布了针对气候变化的风险评估报告《英国气候变化风险评估报告》[161]。

2）具体应用

英国政府于2012年1月25日颁布了《英国气候变化风险评估报告》，英国气候变化适应行动的优先事项由此得以确定。该报告在11个部门中搜集资料：农业、生物多样性和生态系统服务、建成环境、商业工业及服务业、能源、林业、洪水与海岸侵蚀、卫生、海洋与渔业、运输和水。首先审查了各部门可能遭受的气候风险范围界定，其次确定各部门可能遭受的最重要风险（包括机遇和威胁），而后再对各部门约10%数量的风险展开更为详细的考虑和分析。

报告的结论中针对气候变化给英国带来的前100项挑战，明确划定了英国需要采取应对行动的关键领域。此外，还对气候变化可能带来的发展机遇进行了阐述。

①气候变化风险评估方法步骤（图9-9）：

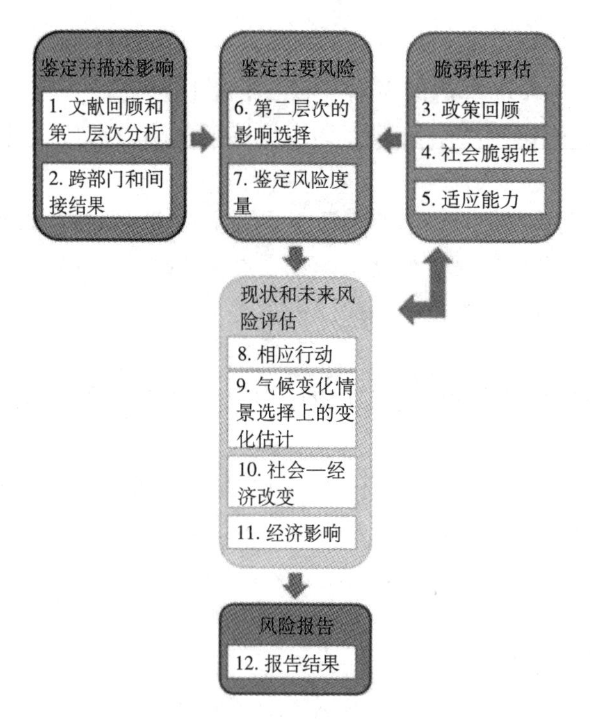

图9-9 气候变化风险评估方法步骤

（资料来源：UK Climate Change Risk Assessment 2012 [R]，Defra ，2012）

②气候变化风险评估结论，以建成环境部分为例，结论如图 9-10：

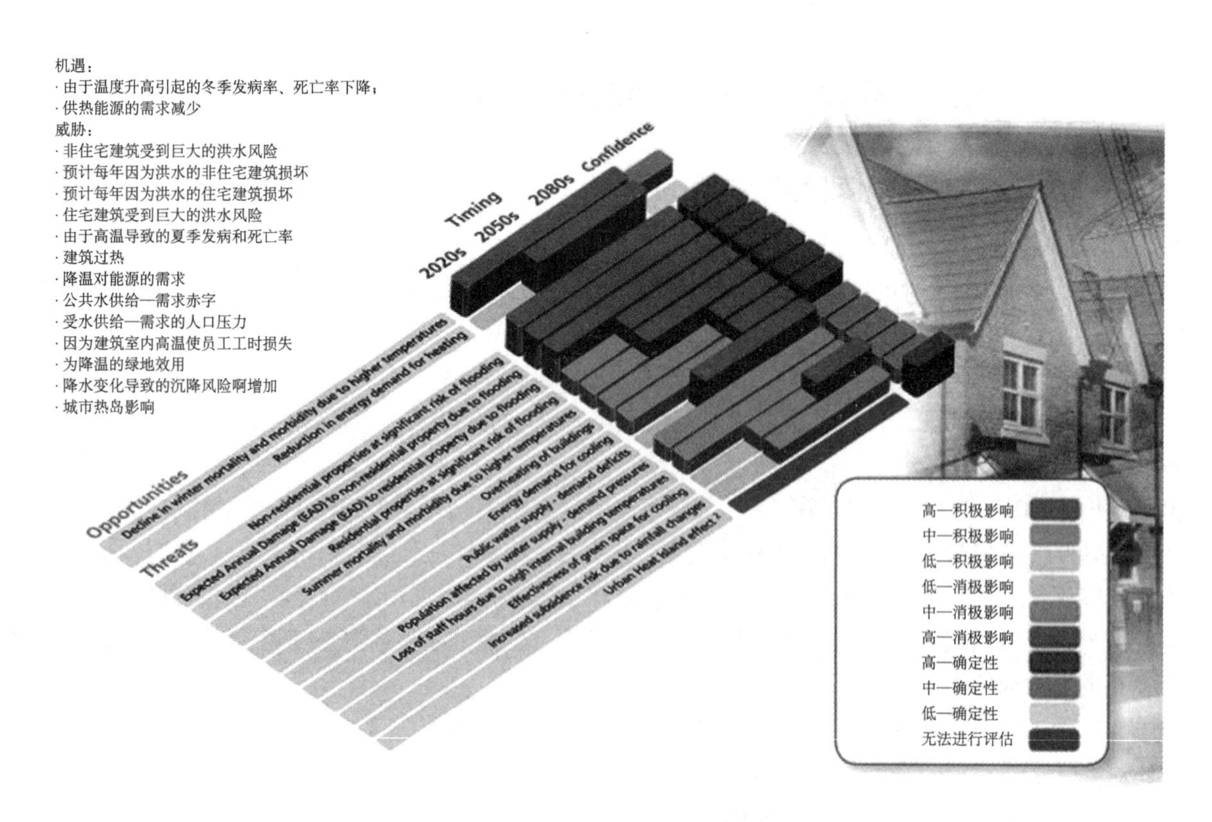

图9-10 建成环境部门应对气候变化的机遇和威胁

（资料来源：UK Climate Change Risk Assessment 2012 [R]，Defra ，2012）

9.2.2 背景介绍

本书以英国城市环境中应对气候变化的适应性策略 (Adaptation Strategies for Climate Change in the Urban Environment, ASCCUE) 为例，展现了一个特大城市级别的风险评估方法。其目的是为城市环境中做气候变化相关的风险规划提供一种辅助的筛选工具。ASCCUE 的主要关注方向是帮助城市地区提升对气候变化带来的连锁后果的了解，理解城市和其中的社区如何能最好地适应气候变化。其中适应性策略体现在特大城市和社区两个层次的相关规划制定之中。

气候变化的适应性策略主要关注大曼彻斯特和路易斯地区。前者是英格兰西北地区最有代表性的特大城市，后者是东南英格兰地区经历了包括河流决堤和海平面上涨的极端气候社区案例。大曼彻斯特区域拥有 250 万左右的总人口，土地面积达到 1280km^2，其中的 42% 为建成区。虽然现在还很难确定大曼彻斯特有哪些具体、明确的气候变化风险，但该区域是一个理想的关于大城市地区气候变化风险研究的代表性案例。

ASCCUE 的一个中心任务是致力于提出一个广泛的气候相关风险管理框架，以及一个与之契合的、在城市环境中筛选风险相关度的方法。具体而言，风险管理方法是一个在特大城市层面动作的筛选工具。它有三个主要的与规划相关的功能：第一，它可以识别出有潜在高风险的、需要规避额外投资的区域；第二，它可以提供未来投资优先的区域；第三，它可以鉴别最需要适应性策略的地区。整个空间框架是由一系列城市形态类别（Urban Morphology Type，UMT）的单元构成。设计目标是根据英国城市风险和脆弱程度评估，提供一个空间尺度适中的逻辑分析单元。该方法已经较广泛地应用于英国境内各种城市环境评估，经过改善后也可应用于其他环境评估领域。

该书的主要内容展现了 ASCCUE 提出的城市环境风险评估过程。首先，它描述了与气候相关的风险评估筛选方法框架，并以一个与城镇人口相关的高温风险案例来作为示范；然后该书介绍了描绘案例地区特征的 UMT 框架方法。并对该方法在实际应用过程中的局限性进行了讨论。

9.2.3 方法论框架

ASCCUE 面临的最紧迫的压力是，在不利的气候变化趋势影响下使气候风险管理系统能做出更符合实情的决策。因此，其总体工作框架是以风险管理为导向，并建立起适合气候变化相关的风险管理流程。ASCCUE 风险管理的主要方法是从 Grager (2001) 处获取的。其管理流程最初设计时主要与城市地质灾害管理相关，但后期经过不断改进，能非常良好地应对城市社区所面对的气候变化相关风险及其次级灾害管理。该工作框架以 GIS 数据库为技术平台和支撑。

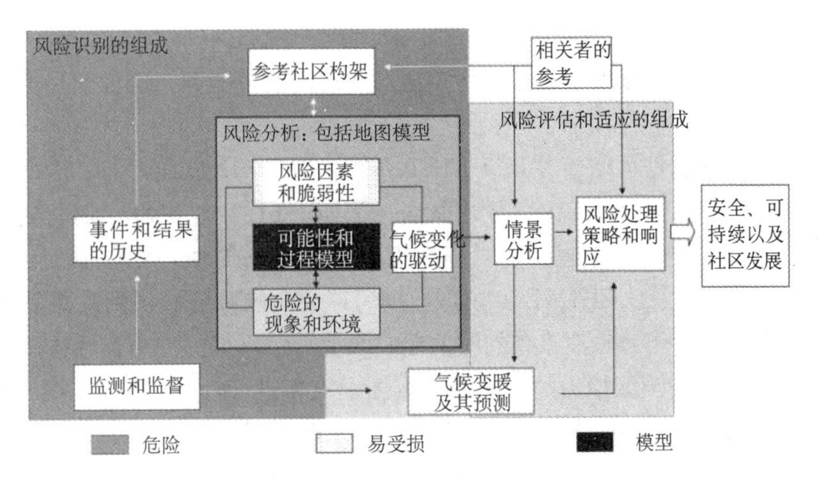

图9-11　ASCCUE风险管理流程

（资料来源：after Granger，2001）

图 9-11 展示了 ASCCUE 以 GIS 为核心的风险管理流程。表 9-4 列出了不同空间单元和生活领域所面临的主要气候风险。

ASCCUE项目中的指示性风险主题 表9-4

裸露单元	危险性	风险元素和相关脆弱性
建成环境	洪水、地质灾害（包括砂、山体滑坡、收缩膨胀黏土）	建成环境的密度、重点基础设施和服务
城市绿地	干旱（有效含水量）、径流量、温度	重要绿地建设，如公园和花园，以及城市绿化率
居民舒适度	温度（日夜最大值）、沉淀物	与购物者和上班族相关的舒适环境
居民健康	温度（日夜最大值）	人口密度和特征

（资料来源：Lindley, Handley, Theuray, Peet & Mcevoy, Adaptation Strategies for Climate Change in the Urban Environment: Assessing Climate Change Related Risk in UK Urban Areas[J]. Journal of Risk Research, 2007）

9.2.4 风险评估方法应用

关于风险评估元素的定义如图 9-12 (Crichton，2001) 所示。其中：风险是危险程度、裸露程度、脆弱程度的函数。如果风险变为现实，那么必然会落到一个具体的单元上，即脆弱元素在同一个区域内暴露在危险之下。这样就可以通过 GIS 分析和解释。GIS 方法可以将这些风险性转换成离散的能够识别为 Crichton 的风险三角元素图层。这些图层简要描述了所在地点的空间形态、危险的可能性、范围和严重程度以及脆弱程度。

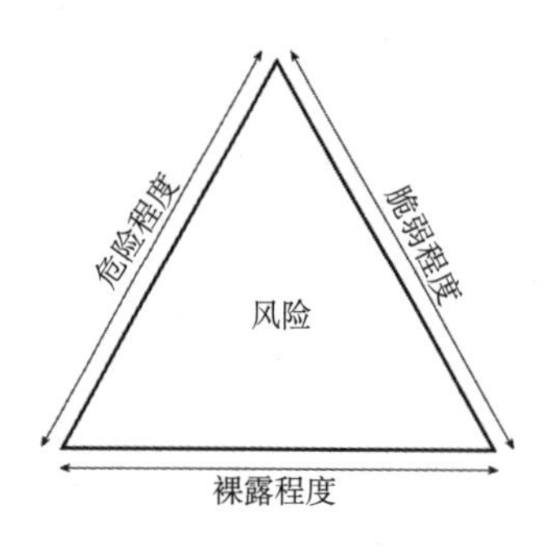

图9-12 风险三角

（资料来源：Crichton，2001）

1）危险图层

危险图层显示了某一种极端气候发生在某一特定地点和时间的可能性。这种图层可以通过标准的边界条件定量测算出来。

对于高温危险图层，温度数据可以通过 BETWIXT 获取（BETWIXT，2004）。这个程序可通过利用随即天气生成器来获得全英国范围内高分辨率的气候场景图。例如 1961 年到 1990 年期间全英国的气候数据，以及缩小到地区级别的气候模型的输出数据，可以作为预估未来三个典型年代的日常天气基础数据，分别是 2020 年代、2050 年代和 2080 年代。BETWIXT 模型数据可以使英国政府认识到高温天气产生危害的极限条件。例如每年六月一号到九月十五号热浪来袭的时间里，隶属于健康部门的高温健康监督委员会就会运作起来，专门对越来越频繁和严重的英国境内的极端天气数据及灾害进行管理和控制。如 1976 年的高温天气是三百一十年一遇的极端天气，在气候模拟场景下，其可能性被调整为五到六年。对于诸如此类的工作来说，政府资源可以在合适的情景下予以共享、利用，并及早发挥政策导向作用。易受影响的人群也能通过此类数据模型区别出来。

表 9-5 显示了根据七月和八月内“非常热”的天气（白天气温高于 30 摄氏度）和相对“温和”的夜晚（夜间气温高于 15 摄氏度）现有实测数据，未来下三个典型年代将会出现的温度情况。该表格显示，白天气温高于三十度的天数会稳定增长，尤其到了 2080 年代，高温天数明显增加。与此同时，夜间温暖的天数中从 2050 年代开始有相当大的比例出现大幅度气温波动。根据实际经验，只有当连续两天以上气温超出边界条件时才会触发气象预警。

不同时期高温季节月份高温天比重的预测　　表9-5

时间段	情景	月份	最高温超过 30℃的百分比	夜间最低温高于 15℃的百分比
20 世纪 70 年代	待观察	7 月份	0.0	9.4
	待观察	8 月份	0.1	11.4
21 世纪 20 年代	低	7 月份	0.3	22.8
	高	7 月份	0.3	23.4
	低	8 月份	0.1	22.5
	高	8 月份	0.1	28.3
21 世纪 50 年代	低	7 月份	0.4	25.7
	高	7 月份	1.0	41.2
	低	8 月份	0.5	30.8
	高	8 月份	1.3	44.7
21 世纪 80 年代	低	7 月份	1.0	42.8
	高	7 月份	5.6	63.1
	低	8 月份	1.3	41.5
	高	8 月份	13.0	71.4

（资料来源：Greater Manchester）

2）城市系统图层

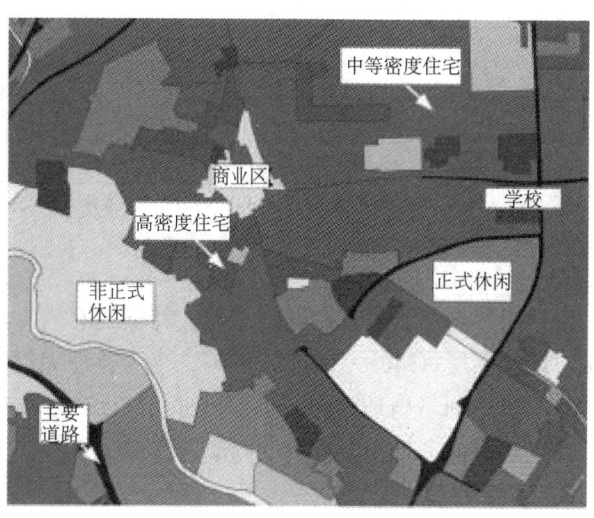

图9-13　UMT单元中选定区域的土地利用/覆盖分类
（资料来源：Imagery Get Mapping plc）

UMT单元代表了居民、公共设施和农作物等与城市系统息息相关的部分（图9-13）。这些单元根据地表情况按照预先定义的城市形态学命名法进行分类。其完整的定义表（表9-6）与英国国家土地使用数据库保持一致，从而使得整个框架能在全英国范围内广泛应用（NLUD，2005）。

UMT分类　表9-6

层级1	层级2
1. 农田	1.1 良田 1.2 未开发的耕地
2. 树林	2.1 树林
3. 矿	3.1 矿井和工厂
4. 休闲娱乐	4.1 正式娱乐场所 4.2 正式的室外空间 4.3 非正式开放空间 4.4 其他类别
5. 交通	5.1 主要道路运输 5.2 空运 5.3 铁路运输
6. 设施和基础建筑	6.1 能源生产和分配 6.2 水储存和精华 6.3 垃圾处理
7. 居住区	7.1 高密度人口区域 7.2 一般密度人口区域 7.3 低密度人口区域 7.4 农村
8. 社区服务	8.1 学校 8.2 医院
9. 零售	9.1 零售 9.2 商业中心
10. 工业和商业	10.1 生产 10.2 办公 10.3 仓储和配货
11. 以前开发过的土地	11.1 废弃土地 11.2 围栏
12. 防卫	12.1 防卫
13. 未开发土地	13.1 剩余的农村土地

（资料来源：Lindley, Handley, Theuray, Peet & Mcevoy, Adaptation Strategies for ClimateChange in the Urban Environment:Assessing Climate Change Related Risk in UK Urban Areas[J]. Journal of Risk Research, 2007）

航拍照片解析是一种判断地表覆盖特征的有效方法。除此之外还有其他方法，例如用遥感地图也可以生成城市地貌图层（Mesev et al., 1995）。为了验证大曼彻斯特地区的地表成像情况，整个特大城市的每一个街区的地图都送到了当地政府，然后通过UMT单元将地表图层情况与当地调查数据做对照（TEP，2004）。这一验证程序保证了城市系统图层的准确性和代表性。

3）暴露图层

暴露图层展现出城市系统图层与危险图层关联作用下的空间巧合事件，例如在本书案例中它表现为某一个城市形态单元出现高温情形的可能性。案例显示，在大曼彻斯特地区，其高温风险表现出一个从西南方向低海拔地区向城市中心区域延伸的温度梯度，而在城市东北和其他高地就没有这样的梯度。

4）存在风险的元素以及隐患图层

隐患图层表示某一城市空间单元与某种特定危险的气候有关，当该气候风险元素出现时，其要发生损毁的可能性大小。隐患图层的创建是为了尝试给当地居民、地方政府以及气候灾害管理部门一系列有意义的、可能发生灾害的预警。

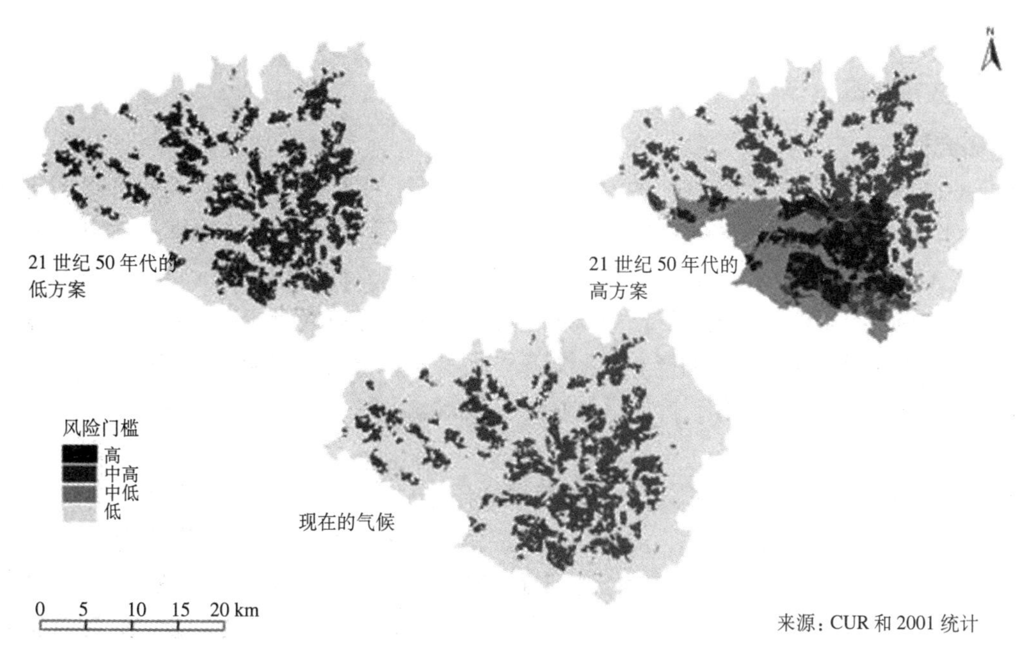

图9-14　大曼彻斯特地区当前和未来的7月份可能发生的热风险

（资料来源：UKCIP02，BETWIXT，UK Census of Population ，2001）

5）风险图层

本图层显示了极端天气和隐患程度的标准是如何被转换成风险类别的。例如，风险地图（图 9-14）是基于大曼彻斯特地区在空间上当严重危险和高风险隐患元素同时出现时，其遭遇高温风险的情况，运用类似技术与短期极端气候问题相关的规划决策支持系统也已经开发出来了。

9.2.5　结果和讨论

以上描述的应对气候变化风险评估方法应用在特大城市级别的高温风险评估中，可以绘制出大城市地区的高温风险地区。该空间筛选方法，一旦整个筛选过程完成，那些需要特别加以关注和预防的 UMT 单元就可以被认识出来。另一个项目（BESEECH 研究项目），通过上述方法预测了基于英国人口特征和行为的四种社会—经济场景。其变量是四个 UKCIP 社会—经济坐标下人口的年龄和收入分布，坐标分别是世界市场、地方管理、全球责任感和国家企业。它们被用来当作预估未来人口特征的基准（UKCIP，2001），也即代表未来风险的参数。在该案例中，用 2050 年的预估人口年龄和社会剥夺效应作为其他隐患因素的总体表征。虽然预测过程有很多限制条件，但它总体上可以提供一些隐患因素潜在变化的趋势。

ASCCUE 研究的下一步计划是详细探索未来隐患带来的连锁效应和风险趋势。在本文展示的高温风险评估案例中，这些探索的内容已经包括了对高风险区域城市肌理特性的考虑，例如城市绿地空间的大小等现状。因而有利于降低高温风险程度，同时也有利于促进适应性气候策略的实施。

本书描述的气候风险评估方法，作为特大级别城市的空间筛选工具，可以成功地将与气候变化风险相关、需要进一步采取措施的相关城市区域识别出来。其中不完善的地方可以通过层次重合方法来定量地得到基于某一地点的风险评估结果。以 UMT 单元为基础的气候风险评估方法提供了一个良好的筛选工具，并且克服了许多人口统计单位和行政界限的缺陷。将风险和相关不确定因素可视化，从而为城市决策者和更广泛的社区提供良好的应对气候变化风险管理的服务。

9.3 武汉经济技术开发区碳排放审计

9.3.1 碳排放审计概述

1）理念及研究概述

城市碳排放量是指一段时间内某个城市的温室气体排放总量，主要源于该城市在社会经济与自然环境两个体系，是包括 CO_2，CH_4，N_2O，PFC_3，HFC_5，FS_6[54] 等六类温室气体在内的总碳排放量。其中，除 CO_2 之外的五类温室气体都需要转换为“二氧化碳等量值”（Carbon Dioxide equivalent:CO_2e）进行汇总计算。

碳排放审计的研究内容丰富，有国际、国家层面的宏观研究，也有涉及城市、社区、建筑等相比之下较为微观的研究。主要应用于国家、城市的产业能源领域，而针对城市规划的碳排放审计研究较少，在搜集的资料中，相关论文仅 6 篇，主要是阐释碳排放审计在城市规划方案中的应用。

2）具体应用

首先，建立一种适合城市规划编制流程中可以使用的碳排放评估方法，分析影响碳排放的因素；然后，将城市碳排放总量根据这些因素进行分解，对现状碳排放情况、常规情景模式、低碳情景模式，分别进行碳排放审计；最后，对各种情景模式下的碳排放情况进行比较、总结。该方法在城市规划中的应用有助于推动城市政府以降低二氧化碳排放为目的的规划和管理政策制定，提升城市规划管理的能力，应对气候变化的挑战，减缓气候变化影响。

①构建城市建立城市规划的碳排放评估方法：

Kaya 碳排放恒等式是 1989 年由日本教授 Yoichi Kaya 在 IPCC 研讨会上最先提出，通过城市人口、生活水平、能源使用强度和碳排放强度决定城市碳排放量。

Kaya 碳排放恒等式的基本计算公式为：

$$C=\Sigma iCi=\Sigma i\,(Ei/E)\times(Ci/Ei)\times(E/Y)\times(Y/P)\times P$$

式中：

C——碳排放量；

Ci——i 种能源的碳排放量；

E——一次能源的消费量；

Ei——i 种能源的消费量；

Y——国内生产总值；

P——人口。

②分解碳排放审计部门：

通过分析上式可知，影响碳排放量的变数包括以下四个：其一是 i 种能源在一次能源消费中的份额，表现为能源结构因素 Si=Ei/E；其二是消费单位 i 种能源的碳排放量，表现为各类能源排放强度 Fi=Ci/Ei；其三是单位 GDP 的能源消耗，表现为能源效率因素 I=E/Y；其四是经济发展因素，表现为 R=Y/P。

城市规划可以直接影响决定上述四个变数中的三个，即能源结构，可以由城市能源供应规划决定；能源效率，可以由城市建筑、产业活动和交通模式决定；经济发展因素，可以由城市发展人口与经济规模决定。因此，可以把城市碳排放总量分解为规划内的四个主要控制范畴：建筑节能、交通出行、工业规模、能源供应结构。

③碳排放审计政策情景分析（图 9-15）：

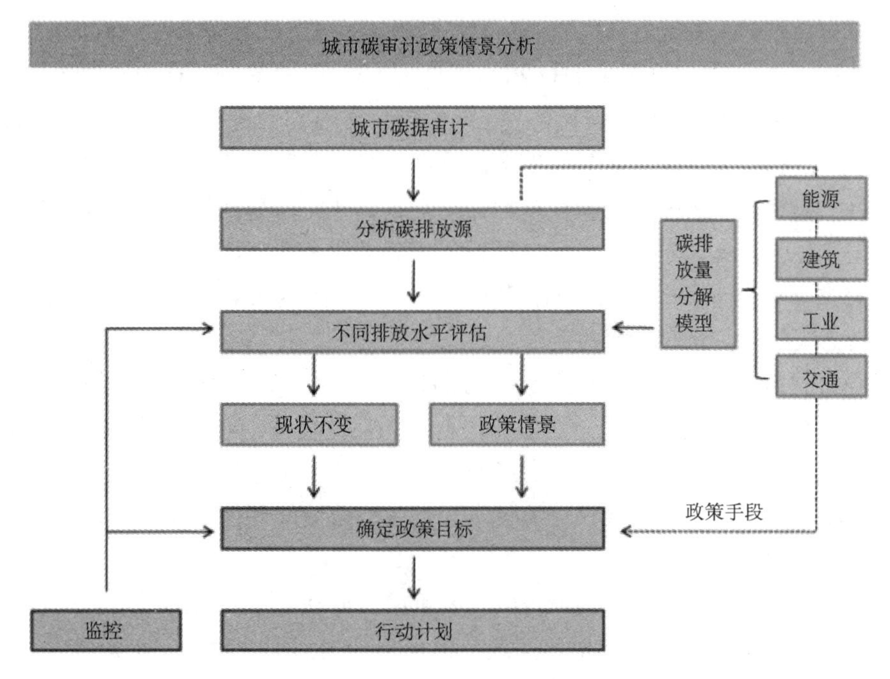

图9-15　城市碳审计政策情景分析

（资料来源：叶祖达．低碳生态空间：跨维度规划的再思考[M]．大连：大连理工大学出版社，2011）

参考宏观经济分析的情景比较方法，对未来的排放水平进行评估，可以包括现状不变情景，以及针对控制手段减低排放的低碳情景两种假设。

④现状碳排放审计与未来常规模式、低碳情景模式碳排放审计：

首先从工业、交通、建筑、能源等四个方面对现状碳排放进行审计，然后再分别就维持现状的常规模式和推行低碳模式这两种情景，对未来碳排放水平展开评估。通过对比两种情景模式下碳排放审计结果，进一步明确低碳情景模式下碳减排目标，最终制定实现低碳发展目标的政策与实施路径。

9.3.2　项目区位与背景介绍

城市是社会应对气候变化挑战的重要行动平台和载体，对城市进行碳排放审计是实施低碳城市规划工作必需的科学数据基础。然而，不少城市本身对其二氧化碳排放的基线分析、未来情景比较、减量方法和范畴等都还没有可以直接应用到城市规划编制流程的科学分析方法和工具。本书介绍了一种尝试，将现有能源规划研究模型发展为城市空间规划方法[162]。以碳排放模型 Kaya 公式为基础，分别从建筑部门、交通部门、工业部门、能源部门对模型进行分解。建议的模型可以把能源需求模块分解为三个部门：建筑部门、交通部门和工业部门。根据常规模式和低碳模式的分析，得到各部门在各模式下的能源使用结构和量。并根据 IPCC 对于各类能源的排放强度定义的缺省值，计算出各部门在常规模式和低碳模式下的 2020 年总的排放量。

1）项目区位

武汉经济技术开发区始建于 1991 年，1993 年 4 月经国务院批准设立。该区位于武汉城区西南部，东临长江，南依东荆河，西靠京珠高速公路，处于市区中环线和外环线之间。园区范围 192.7km^2，其中 102km^2 为新开发区域。该开发区建成区已达 40km^2。生产总值由 2004 年的 116.8 亿元增加至 2008 年的 326.7 亿元。汽车零件制造业占总产值的 60.97%，电子电气占 30.31%，为园区两大主要产业①。

武汉经济技术开发区发展低碳经济既有优势，也存在挑战。武汉经济技术开发区经济基础发达，是先进

① 资料来源：http://www.wedz.gov.cn/.

制造业集中、产业聚集效应突出的区域。同时，环境质量体系完善，2002年建立ISO 14000环境管理体系并通过中国环境科学院认证审核，2007年建立ISO 9000质量管理体系，并通过认证中心审核。园区重视节能环保，出台了《武汉经济技术开发区环境保护奖奖励办法》等文件。并在公共机构率先开展能源资源消耗统计工作，制定了到2010年，以2005年为基数实现节电20%，节水20%，单位建筑能耗和人均能耗分别降低20%。创建一批节能示范单位，制定全区公共机构能耗定额标准，建立并完善能耗信息化管理平台的目标。在园区的带动下，区内的东风本田、东风鸿泰集团、可口可乐公司等工业企业利用提升科技节能降耗成效明显，如东风本田公司致力于打造"绿色工厂"，该公司在喷漆工序采用了新型水溶性涂料，通过优化组合，使生产工位减半，实现了电力、天然气、水等资源的节约。

但同时，武汉经济技术开发区在发展低碳经济方面也存在着一定的挑战。该区的大部分区域均已建成，且部分建筑是在国家发布建筑节能标准之前建造的，总体能耗比较大；同时，园区第二产业比重高，工业企业能耗大，而个别企业的能耗和环境污染目前占经开区的能耗和污染总量的一半以上，给整个园区的节能降耗工作带来了挑战。从外部环境来看，武汉经济技术开发区建设节能环保产业园区，提倡低碳经济发展是与宏观经济的发展趋势相一致的。

该区发展低碳经济有很大空间，但低碳经济的发展目前正处在一个快速的时期，许多理论和技术的探索还在继续，因此并没有一套非常成熟的理论和实践经验来指导我们如何建设一个低碳经济园区。这是挑战，同样是机遇，对于将低碳经济应用到规划层面，提出碳审计、碳减排、低碳行动计划具有很强的示范意义。

2）如何在城市规划领域应用城市碳排放量基本概念

低碳经济发展最主要的实施平台就是城市。城市化过程中，由于基础建设需要大量的高能源、高碳密度原材料产品，包括钢材、水泥等，消耗了大量能源并产生大量排放，成为全球气候变暖的主要源头。同时，目前提高能耗效率和减排技术，已有大部分成本合理的手段可以在城市内规模化地应用。要推动有关的低碳城市规划，我们必须从传统的思维跳出来。目前在城市规划领域应对气候变化控制碳排放，要考虑两个基本挑战：

（1）我们最熟识的城市规划和城市设计思维方法是把城市以有形的形态表达出来，所以我们看见的是空间形态的表现形式。事实上，要规划一个节能、低排放、低碳的城市，我们首先要了解影响城市能源和资源使用效率的决定因素：城市的经济、社会、文化、环境和市民的价值观念、生活方式、消费习惯等，与城市的能源和自然资源的运用及分配息息相关，从而直接影响城市碳排放量。城市规划、管理要把握和应用这个主要原则，将其实施到规划编制方法上。

（2）城市是社会应对气候变化挑战的重要行动平台和载体，城市政府有责任推动以降低二氧化碳排放为目的的规划和管理政策，对城市进行碳排放审计是实施以上具体工作必需的科学数据基础。然而，不少城市本身对其二氧化碳排放的基线分析、未来情景比较、减量方法和范畴等都还没有完整的科学数据，无法供政策情景分析之用。

城市"碳排放量"计量的是一个城市经济、社会、环境体系在一段时间内温室气体的总排放量。即碳排放量不只是计算二氧化碳，而是把二氧化碳（CO_2）、甲烷（CH_4）、氧化亚氮（N_2O）、全氟化碳（PFCs）、氢氟碳化物（HFCs）、六氟化硫（SF_6）6类温室气体都包含在内。每一类温室气体再通用蚕食转换为"二氧化碳等量值"。宏观层面的碳排放分析、研究工作近年不断推进，对整个社会经济体系做出碳排放分析和预测都有不少成果[163、164]。

然而，目前国内外的研究工作都存在不足，影响了在城市规划领域内应对气候变化工作的推进。现有碳排放模型的主要对象，是宏观层面的国家地区及微观层面的企业。如何在一个中观，即城市或园区层面开展低碳经济规划，是笔者强调需要研究的重点。现有的主要宏观能源模型具有重要的借鉴意义。笔者通过采用现有宏观碳排放分析模型为基础，尝试建立城市规划编制流程中可以使用的碳排放评估方法。

9.3.3　碳排放模型

由于传统城市规划方法研究在量度碳排放方面工作比较少，要建立一个适合城市规划编制流程中使用的碳排放评估方法，可以在能源政策规划研究领域参考现有工具，调整适合城市规划管理方法。笔者参考使用 Kaya 碳排放恒等式模型[164、165]。

Kaya 碳排放恒等式是 1989 年由日本教授 Yoichi Kaya 在联合国政府间气候变化专门委员会（IPCC）研讨会上最先提出。Kaya 恒等式通过一种简单的数学公式将经济、政策和人口等因子与人类活动产生的二氧化碳建立起联系，等式的一侧将主要排放驱动力分为乘法因子，而另一侧对应于二氧化碳排放量。根据该恒等式，碳排放量主要是由人口、生活水平、能源使用强度和碳排放强度决定的。

碳排放量的基本公式为：

$$C=\Sigma iCi=\Sigma iEi/E\times Ci/Ei\times E/Y\times Y/P\times P \quad (1)$$

式中：

C——碳排放量；

Ci——i 种能源的碳排放量；

E——一次能源的消费量；

Ei——i 种能源的消费量；

Y——国内生产总值（GDP）；

P——人口。

从 (1) 可以分析 4 个影响碳排放量的变数为：

能源结构因素 Si=Ei/E，即 i 种能源在一次能源消费中的份额；

各类能源排放强度 Fi=Ci/Ei，即消费单位 i 种能源的碳排放量；

能源效率因素 I=E/Y，即单位 GDP 的能源消耗；

经济发展因素 R=Y/P。

就是说，要控制碳排放，有关城市系统需要针对能源结构、各类能源排放强度、能源效率、经济发展和城市空间规划管理的关系。

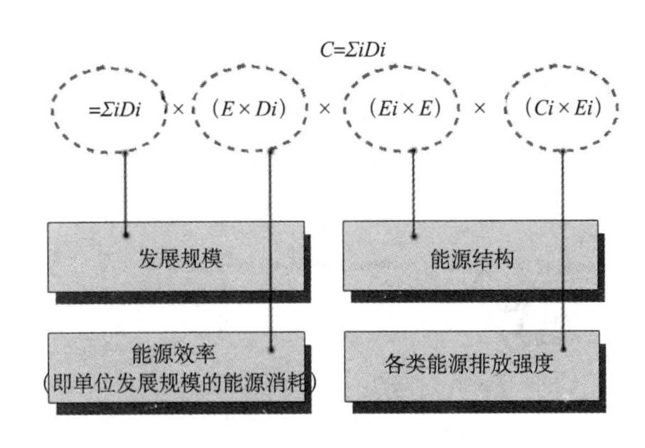

C——园区碳排放量；
Di——i 部门的发展规模；
E——园区一次能源的消费量；
Ei——i 种能源的消费量；
Ci——i 种能源的碳排放量；

图9-16　碳排放量驱动力公式应用

（资料来源：叶祖达，碳排放量评估方法在低碳城市规划之应用[J].现代城市研究，2009）

城市空间规划可以影响或决定城市（或分区、园区、新区等不同空间）内上面 4 个因素中的 3 个：城市能源供应规划可以决定能源结构，城市建筑、产业活动和交通模式可以决定能源效率，城市发展人口与经济规模可以决定经济发展因素。可以说，通过以低碳发展为目标的城市规划编制，我们的城市规划管理体系有能力应对气候变化的挑战。

以下尝试把有关模型再发展成为城市空间规划方法。以碳排放模型 Kaya 公式为基础，运用部门分类的思路，分为建筑部门、交通部门、工业部门、能源部门对模型进行分解。

Kaya 公式的提出是针对宏观经济的，人口、生活水平、能源使用强度和碳排放强度是碳排放的驱动因子，而将 Kaya 模型运用到城市空间园区层面，特别是分解到各部门，人口与生活水平很难作为驱动因子进行衡量。故通过对 Kaya 模型的调整重写，将等式 (1) 右边的驱动力修正为部门发展规模（产业经济结构 / 规模 / 建筑总量 / 客流总量）、能源效率（单位发展规模的能源消耗，建筑节能 / 交通 / 生活方式）、能源结构和各类能源的排放强度（图 9-16）。

在分解了碳排放的驱动力之后，将碳排放的审计进行部门分类，其目的是为了就各部门不同的特点进行碳审计，同时相对应的低碳经济策略和行动计划也会更具针对性和可操作性。笔者将这个模型作为工具应用于武汉的一个项目。

9.3.4 低碳发展规划方法应用和现状评估

低碳经济规划首先将对园区目前的整体碳排放进行审计，分为工业、交通、建筑、能源 4 个部门；然后对未来的排放水平进行评估，包括现状不变和低碳情景两种假设。在明确了低碳情景的碳减排绩效后，相应地提出如何达到这种低碳经济的政策目标和行动计划（图 9-17）。

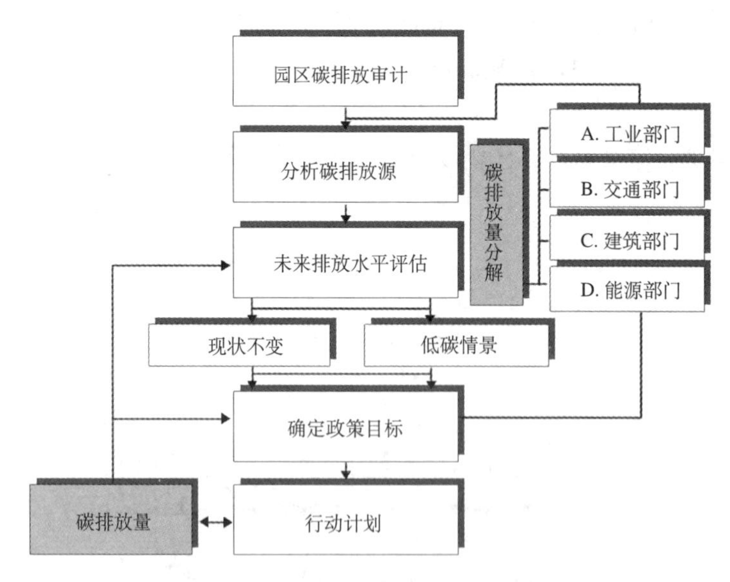

图9-17 低碳发展规划方法应用

（资料来源：叶祖达，碳排放量评估方法在低碳城市规划之应用[J].现代城市研究，2009）

1）民用建筑部门

建筑能耗一般是指在建筑正常使用的条件下消耗的能量，包括采暖、空调、热水供应、照明等系统的能耗。由于建筑能耗已经成为继工业之后，与交通并称为城市能耗的主要大户，因此，建筑能耗日益受到专家和社会的瞩目。建筑节能已经成为一个关系社会、经济可持续发展，关系百姓切身利益的综合性课题。到目前为止，国家陆续颁布了一系列建筑节能设计标准，如 2001 年出台的《夏热冬冷地区居住建筑节能设计标准》

(JGJ 134－2001)，2005 年 4 月出台的《公共建筑节能设计标准》(GB 50189–2005）等，不断推进城市区域的建筑节能工作。如何在已有城市区域开展建筑节能活动，促进城市区域的低碳生态发展模式的形成具有重要的意义。

民用建筑部门碳排放的驱动力主要包括园区内住宅或公共建筑总的建筑面积、住宅或公共建筑单位面积的能耗，以及用能需求类型。根据现场调研、访谈，以及相关资料，开发区 90.7km^2 范围内，未建设住宅和公共建筑面积为 709 万 m^2。其余地块均为已建地块（表 9-7)。

武汉经济技术开发区已建和未建住宅、公建面积（单位：万m^2）　　表9-7

建筑类型	现状未建	现状已建
住宅	268	1430
公建	441	826
总计	708	2257

（资料来源：叶祖达，碳排放量评估方法在低碳城市规划之应用 [J]. 现代城市研究，2009）

通过抽样调查、分析以及与相关专家进行讨论后，我们发现现状已建建筑，包括住宅、公建，其能耗也可分两种情况：一种“旧时期建筑”是在国家颁布节能标准之前建造的，能耗较大；另一种“节能标准建筑”是在节能标准颁布之后，其节能设计标准较为严格，能耗较小。假设旧时期建筑，其能耗以“旧时期建筑”的抽样能耗模拟作为代表；以节能标准建成建筑，其能耗以“节能标准建筑”的抽样能耗模拟作为代表。

然后利用动态能耗模拟软件，采用武汉地区气象数据，对上述几类建筑分别进行动态能耗模拟。最终达到把握其能耗现状，进而提出相应节能措施，并对这些措施的节能效果进行评估的目的。

根据住宅或公共建筑总的建筑面积，以及住宅或公共建筑单位面积的能耗，计算现有建筑的总能耗。园区现有民用建筑每年的能耗总计 3877GWh(表 9-8)。碳排放总量通过能源供应结构估算为 133 万 t 二氧化碳。

武汉经济技术开发区现有住宅、公建能耗计算（单位：GWh）　　表9-8

建筑类型	总计	供暖	炊事	生活热水	制冷	用电
住宅	2191	984	121	489	280	316
公建	1686	85	183	183	154	1081
总计	3877	1069	305	672	434	1397

（资料来源：叶祖达，碳排放量评估方法在低碳城市规划之应用 [J]. 现代城市研究，2009）

2）交通部门

交通部门碳排放的驱动力主要包括各种交通出行方式，以及各类交通工具的能耗。通过研究园区交通流量和出行数据，规划对碳排放量现状做出评估。

武汉经济技术开发区现有人口约 135900 人，根据规划指标和户均小汽车拥有推算：公交车约有 90 辆，每辆公交车每天出行 8 次，公交路线平均约 10km；小汽车约有 1656 辆，每天可行走 45km。

根据公交车和小汽车的燃料特性估算，设公交气缸容量 7500ml，每 1000ml 行走 1km 产生 120g 碳排放。每辆小汽车气缸容量为 2250ml，每 1000ml 行走 1km 可产生 105g 碳排放。

则每年交通碳排放总量为 9000t，其中包括：公交车 2500t，小汽车 6500t。

3）工业部门

工业部门碳排放的驱动力主要包括园区总的工业增加值，以及单位工业增加值的能耗。2004 ~ 2008 年武汉经开区综合能耗逐年增加：从 2004 年的 341871t 标煤增长到 2008 年的 754013t 标煤，增长了 121%；而单位工业增加值综合能耗持续下降，从 2004 年的 0.39t 标煤 / 万元持续下降到 2008 年的 0.24t 标煤 / 万元，优于国家综合类生态工业园区单位工业增加值综合能耗 0.5t 标煤 / 万元的标准值。说明武汉经开区的能源利用的经济效益显著。

2008 年武汉经开区能源消耗种类主要有电力、原煤、天然气、柴油、汽油等，综合能源消费总量（折标煤）为 717999.89t。其中原煤占 46.62%，电力占 30.12%，天然气占 14.07%，柴油占 4.58%，汽油占 4.12%。武汉市经开区现状工业增加值能耗为 0.24t 标煤 / 万元工业增加值，工业增加值总量 301.8 亿元。

估算园区工业碳排放量（包括工业生产和工业建筑）为 175 万 t 二氧化碳。

4）能源部门

目前，武汉经济技术开发区的能源供给以常规的化石能源为主。电力供给来自于华中电网。此外，至 2008 年，该区内辅助性供电已有规模为 192MW 沌口调峰电厂，并有一座 220kV 郭徐岭变电所，主变容量 2×180MV，还建有 3 座 110kV 公用变电所，最大用电负荷约 60MW，供电量 2.2 亿 kWh，供电能力 47.5 万 kva。供热规模包括一期规模为 150t/h 的供热中心可提供生产和生活用蒸汽和热水。供气方面，区内汉阳煤气厂（位于南台子湖南侧）其规模为 24 万 m^3/ 日，制气方式为水煤气两段炉；沌阳大街设有长度 2.5km 的煤气管。至 2008 年，经开区内共有锅炉 5 个，其他由外地引入，所用燃煤种类为贫瘦煤，发热量 5300kcal/kg 以上，水分含量 6%，挥发 12% ～ 18%、含硫小于 1.5%；运输川煤和山西煤，船运或火车运往汉阳火车站，供热大部分使用燃煤。蒸汽供应能力 774t/h；天然气供应能力 48 万 m^3/ 日。

5）园区现状总体碳排放审计

按照上述碳排放量驱动力公式计算，现有建筑每年碳排放总量为 133.3 万 t 二氧化碳，交通排放 9000t，工业 175.77 万 t 二氧化碳，总计 301 万 t 二氧化碳。其中，工业碳排放占总量的 56.7%，建筑部门碳排放占总量的 43%（表 9-9）。武汉经济技术开发区作为一个工业园区，工业的节能减排在碳减排中占最主要的地位。随着经济的发展，这一比例还将继续上升。同时，民用建筑在整个碳减排中也为主要源头。

武汉经济技术开发区现状碳排放审计 表9-9

类别 / 部门	排放现状（万 t 二氧化碳）	占碳排放总量的比例（%）
建筑部门	133.3	43
交通部门	0.9	0.3
工业部门	175.77	56.7
碳排放总量	301	100

（资料来源：叶祖达，碳排放量评估方法在低碳城市规划之应用 [J]. 现代城市研究，2009）

6）常规模式未来园区现状碳排放审计

园区规划发展是以 2020 年为规划终点年。按照现有园区总体规划的开发规模和土地使用布局，可以估算在目前碳排放技术、经济发展方式、能耗使用效率、能源供应结构等参数不变情况下，园区最后发展计划完成时的碳排放量和排放结构（表 9-10）。碳排放总量为 1302.5 万 t 二氧化碳。可以看到，园区未来土地发展由于主要为工业用途，民用建筑建设量和交通运输出行量相对比例不高。未来的碳排放量源头以工业部门为主，也是未来降低碳排放最重要的一环。

武汉经济技术开发区未来常规发展（2020年）碳排放审计　　表9-10

类别 部门	未来常规发展（万t二氧化碳）	占碳排放总量的比例（%）
建筑部门	169	12.9
交通部门	2.5	0.3
工业部门	1131	86.8
碳排放总量	1302.5	100

（资料来源：叶祖达，碳排放量评估方法在低碳城市规划之应用 [J]. 现代城市研究，2009）

9.3.5　低碳规划排放水平评估

对于低碳模式的定义，是指对现状各部门的经济活动进行节能减碳的改造，并对未来的活动进行低碳开发。即以低碳为指导原则，通过一系列的行动，实现低碳发展的模式。下文把不同部门降低碳排放规划要求的建议作一简述，并评估它们对未来碳排放量的影响。

1）已建建筑

对于已建建筑，建议进行建筑节能改造，提出建筑节能的措施，并通过模拟评估节能绩效；对于新建建筑，提出建筑节能和能耗的目标。节能措施包括改善围护结构、屋面、门窗，加外遮阳，利用节能型水龙头等。根据建筑不同的能源需求类型，并结合 IPCC 提供的碳排放系数缺省值，园区全部住宅、公共建筑 2020 年在低碳模式下总的碳排放量为 104 万 t 二氧化碳，与常规模式的 169 万 t 二氧化碳相比较，实现碳减排 38%。

2）交通部门

交通部门的低碳经济发展主要包括增加公交出行和轨道交通投入服务两种措施。为了要把碳排放量降低，建议把公交的规划调整至每1200人配一辆标准公交车。因此，在未来开发区内将需要209辆公交车。另一方面，因轨道交通的投入服务，碳排放亦可进一步减少。通过评估，未来分别有 14% 和 12% 的人会从小汽车出行改为公交出行和地铁出行。低碳模式下，园区共有 209 辆公交车和约 4500 辆小汽车出行，则碳排放总量约 20000t，实现碳减排 25%，其中：增加公交出行贡献率 8% ，而轨道交通投入运营贡献率 17%。如再通过改变公交车的燃料类型，可进一步实现碳减排。

3）工业部门

工业部门的低碳模式主要措施包括：(1) 调整和改善能源消费结构；(2) 推进和完善集中供热工程；(3)积极开展余热回收利用工程。规划2020年工业增加值1912亿元，万元工业增加值能耗降至0.1t标煤/万元，能耗总量约为 190 万 t 标煤，比常规模式节能约 58% 。其中，工业建筑的碳减排是很重要的一部分。工业建筑总能耗为 5406GWh，建筑节能 1871GWh，相当于为工业部门节能总量贡献了 10% 左右。

4）能源部门

在能源部门方面建议改善能源供应结构。对于宏观层面，如国家或区域的碳排放审计，能源转换部门主要包括发电、热电联产、城市集中供热及城市煤气生产等部门。而对于武汉经济技术开发区，由于研究范围内没有独立的常规发电厂等重大城市基础设施，因此，在这个中观的范围，将太阳能热水等建筑层面的可再生能源归入能源部门统一考虑。根据武汉地区的气候特征、建筑性质和建筑负荷大小来确定可利用的可再生和清洁能源的种类。主要建议包括两方面：(1) 由于夏热冬冷地区生活热水用量较大（设定 130L/户），利用太阳能热水以取代常规的电加热或燃气加热，效果明显。利用太阳能热水每年可提供能量 640GWh，相当于减少 23 万 t 二氧化碳。(2) 改造现有电厂引进秸秆发电系统：利用发电厂现有的燃煤锅炉进行节能改造，根据我们的经验，生物质能电厂较优规模为24MW，每年可产生电能160GWh，相当于减少碳排放6万t二氧化碳。

5）碳减排效果评估

按照上述建议的低碳开发手段，可以估算在碳排放技术、经济发展方式、能耗使用效率、能源供应结构等参数调整情况下，园区最后发展计划完成时的碳排放量和排放结构见表 9-11。低碳规划下碳排放总量为 550 万 t 二氧化碳。实现减低碳排放达 57.7%（图 9-18）。根据国家、武汉市和经开区的十一五规划，万元生产总值能耗的目标是 5 年降低 20% 左右。

①园区 2008 年实现 GDP326.7 亿元。现状万元 GDP 能耗约 3.7t 标煤；

②在常规模式下，2020 年万元 GDP 能耗约为 2.5t 标煤；

③在低碳模式下，2020 年万元 GDP 能耗约 1.1t 标煤，比 2008 年降低 70%；

④按复合降低的公式推算，相当于每 5 年降低 37% 左右。

武汉经济技术开发区未来低碳发展（2020年）碳排放审计　　表9-11

类别 / 部门	未来低碳发展（万 t 二氧化碳）	占碳排放总量的比例（%）
建筑部门	104	18.9
交通部门	2	0.4
工业部门	444	80.7
碳排放总量	550	100

（资料来源：叶祖达，碳排放量评估方法在低碳城市规划之应用 [J]. 现代城市研究，2009）

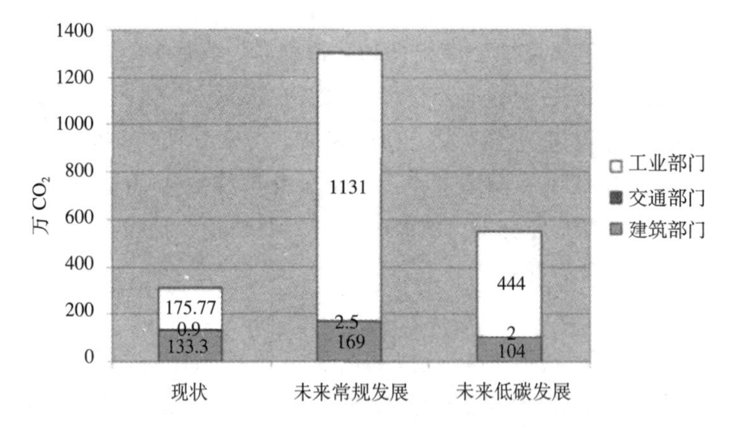

图9-18　武汉经济技术开发区碳排放审计

（资料来源：叶祖达，碳排放量评估方法在低碳城市规划之应用[J].现代城市研究，2009）

9.3.6 启示与讨论

在低碳经济体系内，经济和社会系统的投入和产出都以节能减排为原则，通过以技术、政策、生活方式、机制去实现整个系统的结构性调整。在此经济体系下，城市是最主要的载体，也是最主要的减碳源头。本文尝试具体把有关现有能源规划研究模型发展为城市空间规划方法。以碳排放模型 Kaya 公式为基础，运用城市规划编制可以影响的经济社会活动部门分类，分别从建筑部门、交通部门、工业部门、能源部门对模型进行分解。

可以把能源需求模块分解为三个部门：建筑部门、交通部门和工业部门。其中，建筑部门包括住宅和公建；工业部门包括工业生产和工业建筑。应用在武汉市经济技术开发区规划评估，根据常规模式和低碳模式的分析，得到了各部门在各模式下的部门发展规模（产业经济结构、规模、建筑总量、客流总量）、能源效率（单位发展规模的能源消耗，建筑节能、交通、生活方式）、能源结构。并根据IPCC对于各类能源的排放强度定义的缺省值，计算出了各部门在常规模式和低碳模式下的2020年总的排放量。

建议模型可以作为城市空间规划（或分区、园区、新区等不同空间）工具，在总体规划和详细规划编制过程中使用，分析城市能源供应规划可以决定能源结构、城市建筑、产业活动和交通模式、发展人口与经济规模等因素对不同规划手段情景下碳排放量的效果；通过以低碳发展为目标的城市规划编制，提升城市规划管理体的能力，应对气候变化的挑战。

9.4 应对气候变化的城市规划分析技术

为了更加准确的判断气候变化对城市建设的影响，编制更为有效应对气候变化的城市规划方案，在当前应对气候变化的城市规划国际主流研究中较多采用情景模拟的方法，借助相关计算机软件模拟气候变化条件下不同城市规划方案的应对效果，通过一系列的分析比较，得出最优方案。在本论文中，将这类技术统称为应对气候变化的城市规划分析技术，当前国际主流研究中较为常见的主要包括INDEX、I-PLACE3S、未来展望法、发展模式方法、城市热环境模拟方法等。

9.4.1 INDEX

（1）概述

INDEX是一款基于GIS技术平台再开发的分析软件，其技术特点是能够模拟评估各种土地利用与交通组织模式下的温室气体排放情况，城市规划能以此评估结果作为判断依据之一，选定更加符合应对气候变化目标的规划设计方案[166]。

（2）具体应用

INDEX是一种基于温室气体排放量比选的规划分析辅助技术，其应用在应对气候变化的城市规划研究中已经开始崭露头角。其基本应用原理是通过模拟计算不同使用性质的土地利用方案带来的建筑能耗与温室气体排放量，以及不同交通组织方式带来的交通能耗与温室气体排放量，最终比选温室气体排放量更少的规划方案。此外，也可以将基础设施的能源消耗和温室气体排放量纳入比选范畴内。INDEX温室气体排放技术路线如图9-19。

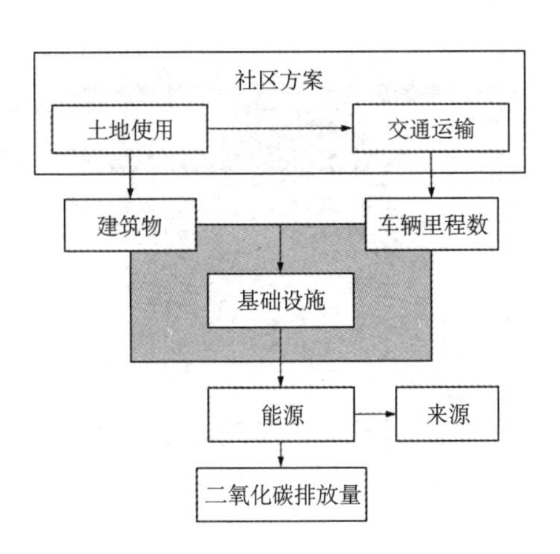

图9-19 基于INDEX的温室气体排放评估

（资料来源：Patrick M. Condon, Duncan Cavens, and Nicole Miller. Urban Planning Tools for Climate Change Mitigation[R]. LINCOLN INSTITTE OF LAND POLICY ,2009）

本文研究中，选取美国埃尔本车站地区规划案例为代表说明 INDEX 在规划方案编制中的具体应用情况。埃尔本车站地区现有土地利用规划如图 9-20。图 9-21 中显示的是专家研讨会中制定的三种方案；图 9-22 反应的是根据温室气体减排量及其满足社区规划目标的程度给这三种方案排名。经过反复研究，C 方案，实现最大程度的温室气体减排，并能最好地达到社会目标。这种温室气体排放优势主要源于高密度的住房和就业，由此带来的空调使用需求降低，汽车出行概率和行程长度减小，以及零排放的风力发电站耗电量在总耗电量中的比重增加。C 方案在其他社区规划目标中也更胜一筹，其中包括大量的公园空间以满足娱乐目标。

图9-20　埃尔本的现有土地利用规划

（资料来源:Patrick M. Condon, Duncan Cavens, and Nicole Miller. Urban Planning Tools for Climate Change Patrick M. Condon, Duncan Cavens, and Nicole Miller. Urban）

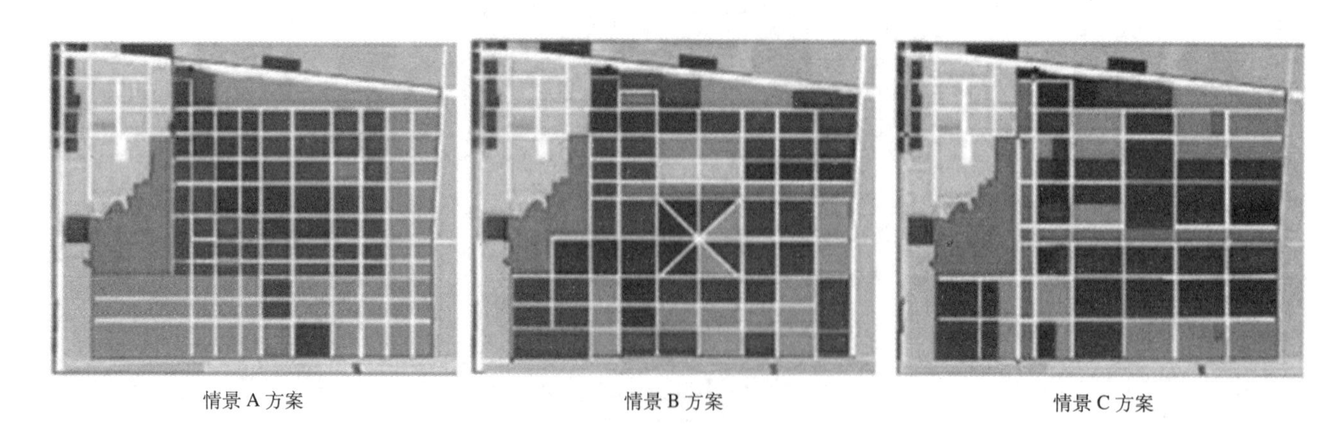

图9-21　埃尔本市车站地区三个规划方案

（资料来源:Patrick M. Condon, Duncan Cavens, and Nicole Miller. Urban Planning Tools for Climate Change Patrick M. Condon, Duncan Cavens, and Nicole Miller. Urban）

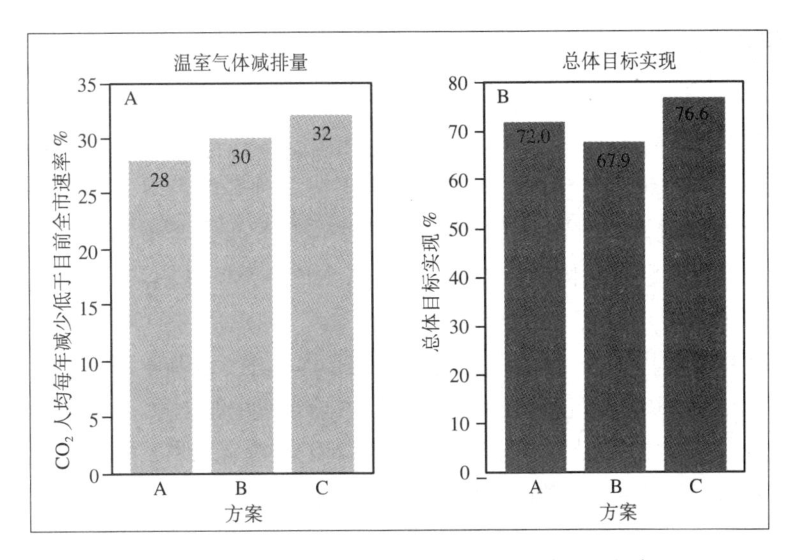

图9-22　基于温室气体减排和总体目标实现的排名

（资料来源：Patrick M. Condon，Duncan Cavens，and Nicole Miller. Urban Planning Tools for Climate Change Mitigation[R]. Lincoln Institte of Land Policy，2009）

9.4.2 I-PLACE3S

（1）概述

I-PLACE3S是一款基于网络公开建模平台开发的分析工具，主要借助城市人口、交通组织模式、能源消耗水平等一系列数据指标展开分析判断规划方案的合理性。其特点包括以下几个方面：首先，它是开放式网络平台并非某种软件，仅需要提供数据支撑即可开展分析；其次，它能够自由灵活的自定义分析模块构成，具有很强的机动性和适应性；最后，它的操作方法互动性强，可视化程度高，降低了非专业用户的使用难度。

（2）具体应用

应对气候变化的城市规划研究，主要借助I-PLACE3S评估不同土地利用方案造成的交通影响及其碳排放，本文研究以I-PLACE3S在华盛顿国王郡的项目应用为例，表述其具体应用办法。

该项目中，选取规划区的环境建设、交通组织、体育活动、温室气体排等指标构成评价模块，将其数据输入I-PLACE3S建模平台加以分析。如图9-23所示，左图表示研究对象处于低密度、通达性差且功能单一的社区环境，右图表示研究对象处于高密度、通达性好，且功能复合的社区环境，通过计算、对比研究对象在两种截然不同的社区环境下交通性碳排放情况，得出方案比选结论。

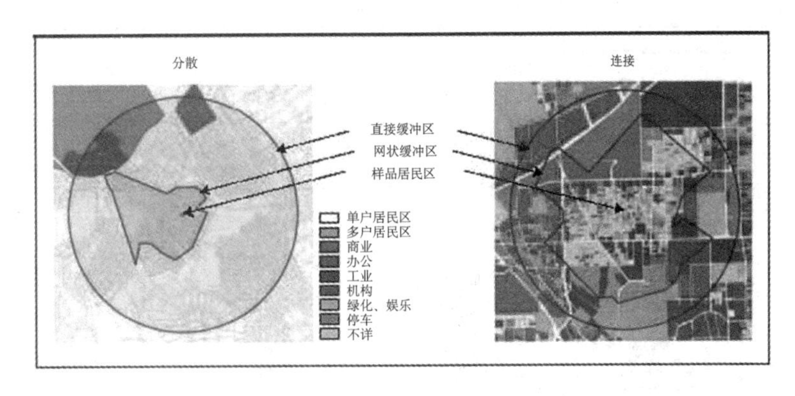

图9-23　单一及混合社区土地利用模式的对比

（资料来源：Patrick M. Condon，Duncan Cavens，and Nicole Miller. Urban Planning Tools for Climate Change Mitigation[R]. Lincoln Institte of Land Policy，2009）

9.4.3 未来展望法

（1）概述

“展望明天”是一种借助模拟城市发展模式及其土地利用方案，辅助各级规划决策制定的技术工具。其工作基本原理是，首先通过各类建筑物和设施的多种组合形成多种开发类型，推导其发展模式，具体步骤如图 9-24 所示；其次分析这些发展模式引导下，在规划所需的空间尺度上形成的土地利用方案；然后模拟各种规划方案的能源与水资源消耗、温室气体排放情况；最后得出比选结论并制定规划决策。

（2）具体应用

本文研究以亚利桑那州的项目为例，阐述未来展望法的具体应用。亚利桑那州项目中共计 20 种发展模式，每种模式又含 12 种建筑类型，每种建筑类型的能源性能数据皆有明确数据，以此展开模型构建与数据分析。通过一系列土地利用和交通方案的模拟，对各场景下的基础能源消耗及其经济性（图 9-25（1）），以及建筑与交通碳排放量（图 9-25（2））进行了分析比较，最终得出比选结果。

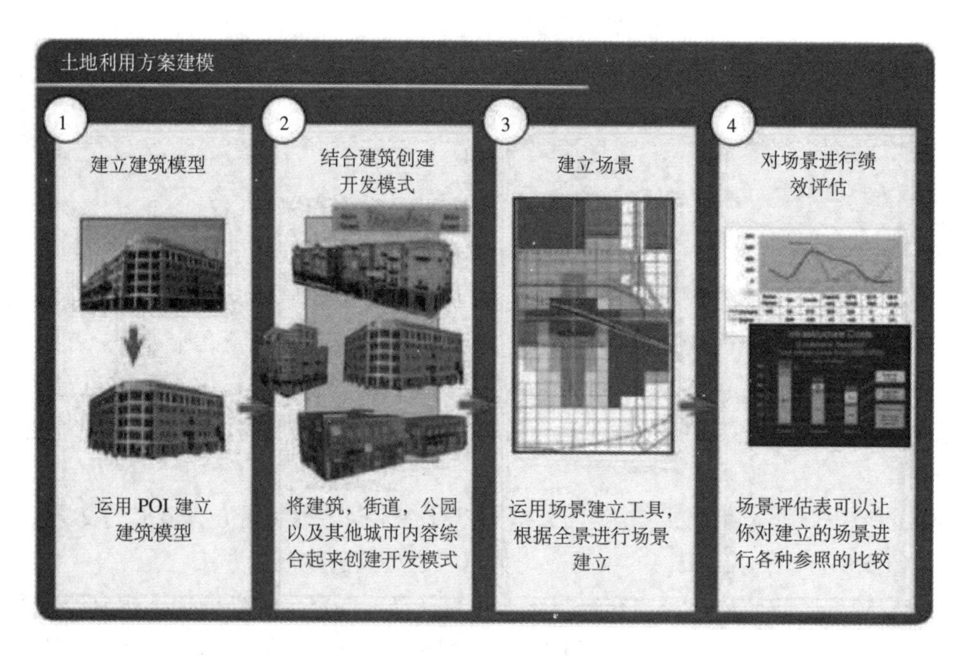

图9-24 土地利用方案建模步骤

（资料来源：Patrick M. Condon, Duncan Cavens, and Nicole Miller. Urban Planning Tools for Climate Change Mitigation[R]. Lincoln Institte Of Land Policy, 2009）

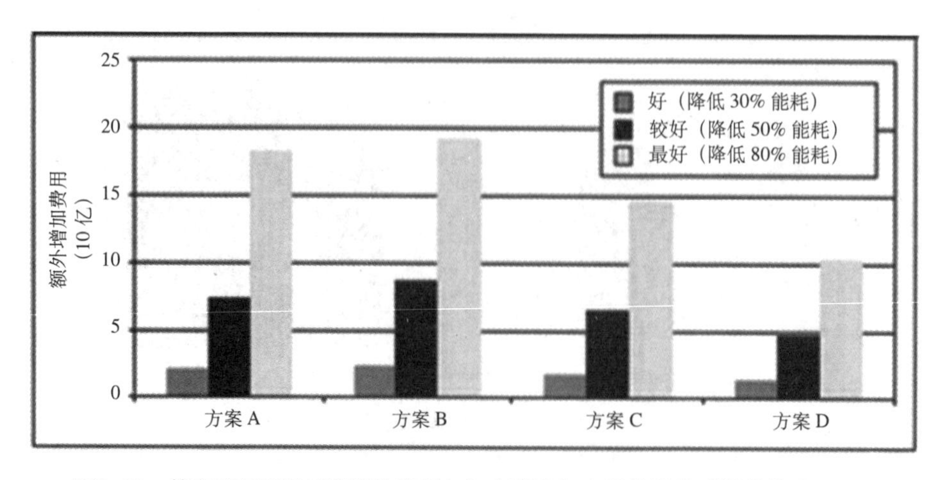

图9-25 基础能耗降低后的额外费用与年度建筑和交通排放的碳排放轨迹（1）

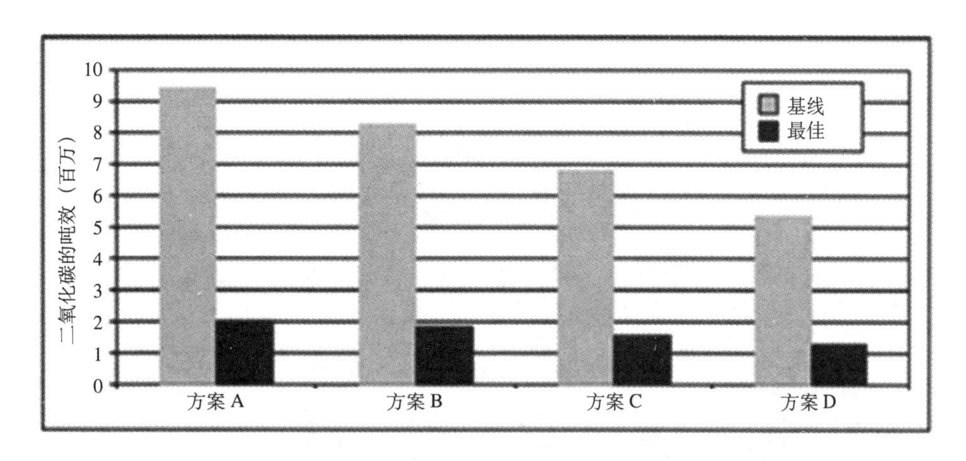

图9-25 基础能耗降低后的额外费用与年度建筑和交通排放的碳排放轨迹（2）

（资料来源：Patrick M. Condon, Duncan Cavens, and Nicole Miller. Urban Planning Tools for Climate Change Mitigation[R]. Lincoln Institte of Land Policy, 2009）

9.4.4 发展模式方法（DPA）

1）概述

发展模式方法（DPA）由英国哥伦比亚大学设计中心开发，为可持续的社区实验室服务，是一套用来创建城市发展方案以及根据各种可持续发展指标量化这些方案的方法。使用城市结构原型模式代表当前和未来的城市状况，用一套次级模型（如建筑、能源、交通）来了解这些状况，测量不同城市的特点，衡量温室气体对土地利用影响的决定。

2）具体应用

在北温哥华项目中，方法应用于计算和映射温室气体排放、输出两种情景模式建设下，建筑和交通相关的温室气体排放结果。研究人员对2007年和100年后两种情境下的温室气体排放量进行了估计，并制作了反映城市排放强度的地图（图9-26～图9-28），使得城市的当前状况和未来选择之间的比较变得可视化。

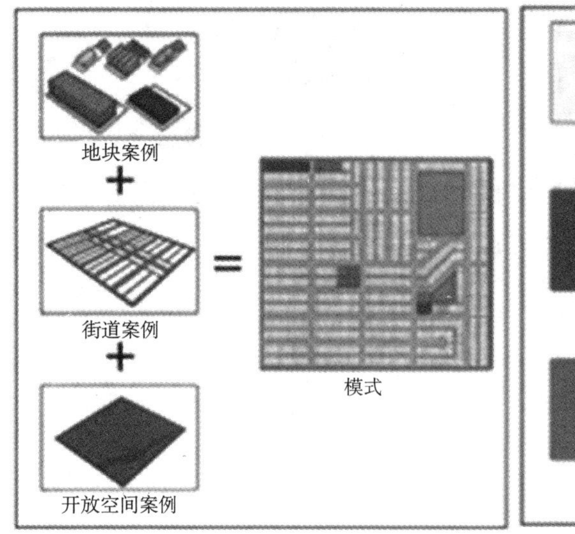

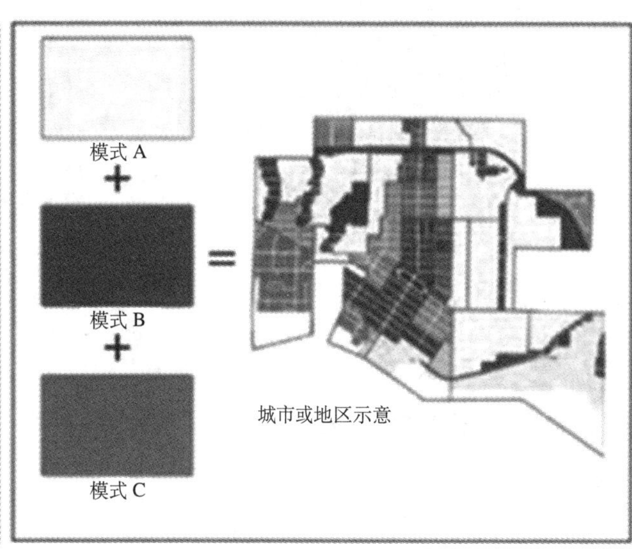

图9-26 发展模式的形成和组合

（资料来源：Patrick M. Condon, Duncan Cavens, and Nicole Miller. Urban Planning Tools for Climate Change Mitigation[R]. Lincoln Institte of Land Policy, 2009）

图9-27 专家研讨会期间由地理信息系统分配的发展模式

（资料来源：Patrick M. Condon，Duncan Cavens，and Nicole Miller. Urban Planning Tools for Climate Change Mitigation[R]. Lincoln Institte of Land Policy，2009）

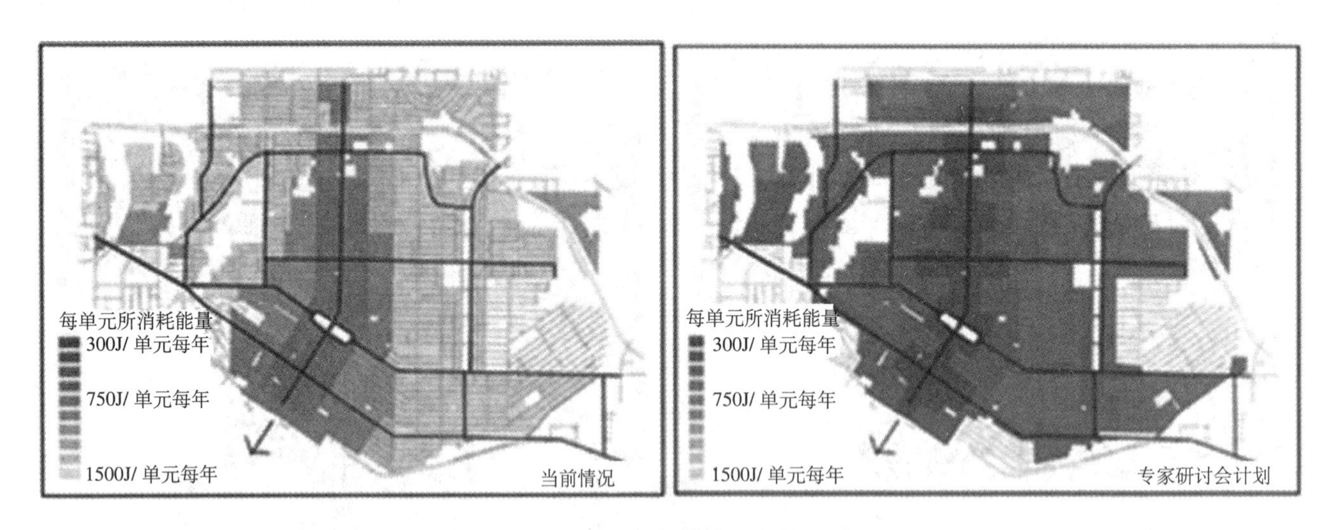

图9-28 现状与规划的每单位能源的空间化

（资料来源：Patrick M. Condon，Duncan Cavens，and Nicole Miller. Urban Planning Tools for Climate Change Mitigation[R]. Lincoln Institte of Land Policy，2009）

9.4.5 城市热环境模拟方法

1）概述

城市热环境是以空气温度和下垫面表面温度为核心，包括太阳辐射、人为产热以影响热量传输大气状况，和下垫面状况共同组成的一个影响人及人类活动的物理系统[167][146]。

对于城市热环境的城市规划研究主要借助计算流体力学（Computational Fluid Dynamics，简称CFD）的引入，通过数学物理模型的建立，模拟分析城市一定区域内的空气温度场和速度场，并将其结果运用于城市规划方案的编制与比选。

2）现有研究

城市热环境研究主要是城市热环境的现状特征、发生机理与影响因素、缓解策略、模拟技术等内容的研究。与应对气候变化的城市规划相关技术方法，主要是应用模拟技术分析城市和街区尺度的热环境，提出改善城市热环境的规划方法、措施。

3）具体应用

从应对气候变化的角度出发，对城市热环境的模拟研究主要针对城市热岛效应问题。通过研究城市的热环境状况，比较不同城市形态及街区空间适应城市气候的程度，对于选择更具气候适应性和节能性的城市空间与建筑形态具有重要意义。

本文以武汉市总体热环境研究为例加以阐述，该研究主要采用美国 Fluent 公司的通风分析软件 Airpak，对武汉市总体热环境进行模拟分析。

首先采集温度、风速、风向、太阳辐射等气象数据；然后构建城市数字模型，并拟定参数，具体包括设定材质、初始温度以及出风口等；最后分析得出模拟结果，包括风速图、温度图、辐射温度图、空气龄图、热舒适度图、大气压图（图 9-29）。

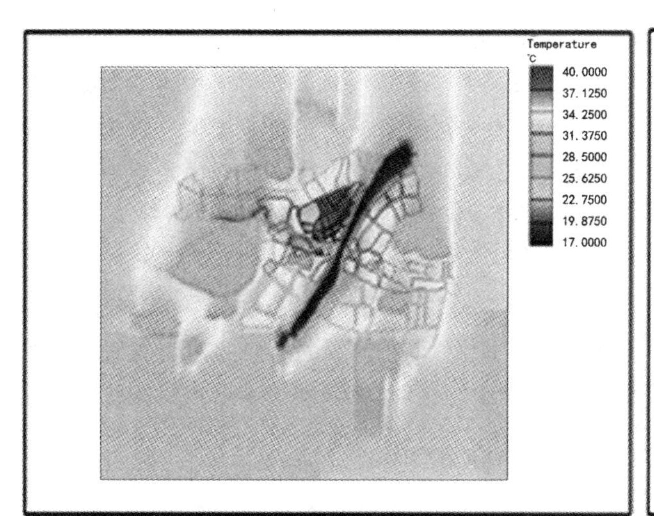

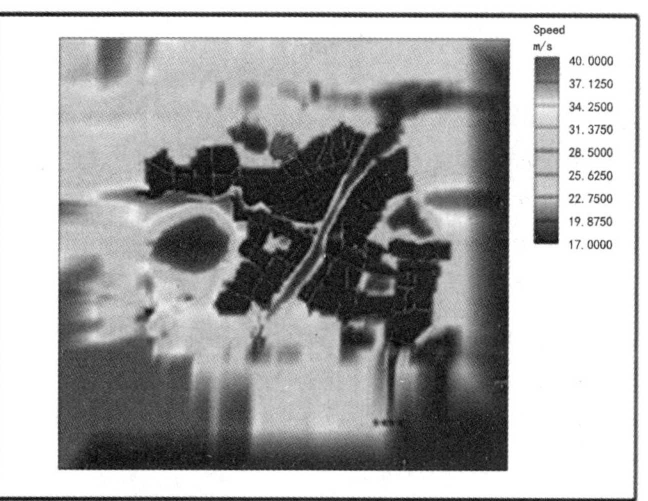

图9-29　武汉夏季东南风温度及风速

（资料来源：张辉．气候环境影响下的城市热环境模拟研究——以武汉市汉正街中心城区热环境研究为例[D]．武汉：华中科技大学，2006）

9.4.6　小结

以上几种应对气候变化的城市规划评估技术与分析技术各有所长，可以结合其特点，将其运用在应对气候变化的城市规划过程中的不同阶段：应对气候变化的脆弱性评估、风险评估可用于城市规划开展前的准备环节，评估得出规划范围内应对气候变化的脆弱性空间分布以及风险领域；INDEX、I-PLACE3S、未来展望法、发展模式方法（DPA）、城市热环境模拟等辅助设计技术可作为城市规划过程中方案优化选择的手段；碳排放审计和碳足迹计量则可作为城市规划完成后，对规划方案进行评价的重要依据。

附录　应对气候变化的城市规划编制技术标准

（立项稿）

1　总则

1.0.1　为控制和减少城镇温室气体的排放，更好适应和有效减缓气候变化对城镇发展的影响，提高城镇应对气候变化规划编制水平，实现经济、社会和环境的可持续发展目标，根据《中华人民共和国城乡规划法》以及其他相关法律和法规的规定，制定本标准。

【条文说明】

位列全球十大环境问题之首的气候变化问题是人类在21世纪及可预见的未来发展中将遭遇的最严峻挑战之一，当前应对气候变化已成为学界研究的热点和中国对外开展国际合作的重要领域。

2004年以后，我国城市规划领域关于气候变化问题的探讨显著增多，作为引导、管控城镇建设发展的重要手段，城市规划是实现城镇应对气候变化的主要途径。目前，国内外应对气候变化的城市规划研究与实践基本围绕减缓和适应气候变化两方面展开，应对气候变化的城市规划编制也因各国城市规划体系的差异而各有侧重。鉴于中国城市规划编制体系的自身特点，我国亟须建立符合现行城市规划编制体系的技术标准，以满足相关部门和人员的技术需求。

本标准是基于应对气候变化视角，通过总结、吸取国内外相关经验，在遵循《中华人民共和国城乡规划法》、《中华人民共和国应对气候变化法（建议稿）》以及其他相关法律、法规的基础上，针对城市规划编制提出的相关技术规定，旨在提升应对气候变化的城镇规划编制水平，力争在城镇规划建设领域有效控制并减少温室气体排放量，降低气候变化影响并增强气候灾害适应能力，推动社会、经济与环境的可持续发展。

1.0.2　本标准适用于城市和县人民政府所在地镇的总体规划和控制性详细规划的编制和管理工作。

【条文说明】

本标准适用于城市和县人民政府所在地镇的总体规划编制和管理工作，控制性详细规划参照本标准执行。这里包含两层意思：一是标准使用的对象限于城市以及县人民政府驻地镇；二是就工作性质而言，本标准适用于应对气候变化的城市总体规划和控制性详细规划的制定和日常管理需求。

1.0.3　制城市总体规划和控制性详细规划除应符合本标准外，尚应符合国家现行有关标准的规定。

【条文说明】

本标准是《中华人民共和国城乡规划法》、《中华人民共和国应对气候变化法（建议稿）》和《城市规划编制办法》的配套标准，各城市在编制或修订应对气候变化的城市总体规划和控制性详细规划时，除执行本标准的规定外，还应符合与城市规划有关的居住、道路、绿地等方面的规划设计标准以及国家其他有关条例、规范和标准的要求。与此同时，为避免本标准与法律法规出现相抵触的情况，本标准规定当出现该情况时，以法律法规为准。

2　术语

2.0.1　气候变化（Climate Change）

是指由于人类活动和自然变异，直接或间接地改变地球大气的物质成分，影响人类生产、生活的气候改变现象。

2.0.2　应对气候变化（Addressing Climate Change）

是指运用法律、经济、行政、科技、国际合作等手段，对自然变化或者人类活动引起或者可能引起的气候改变造成的影响所采取的适应与减缓等措施。

2.0.3　减缓气候变化（Mitigation of Climate Change）

是指为了减少对气候系统的人为强迫，通过减少温室气体排放和增加碳汇，以减小气候变化的速率和规模。

2.0.4　适应气候变化（Adaptation of Climate Change）

是指自然生态系统和人类经济社会系统为应对实际的或预期的气候刺激因素或其影响而做出的趋利避害的调整，通过工程设施和非工程措施化解气候风险，以适应已经变化而且还将继续变化的气候环境。

2.0.5　极端气候事件（Extreme Climate Events）

是指气候的状态严重偏离其平均态，在统计意义上属于不易发生的小概率事件。极端气候事件主要包括热浪和寒潮、大规模降水、反常风暴潮、洪水和干旱。

2.0.6　碳源（Carbon Source）

原指自然界中向大气释放碳的母体，在本标准中是指人为活动产生二氧化碳（CO_2）之源。

2.0.7　碳汇（Carbon Sink）

原指自然界中碳的寄存体，在本标准中是指从空气中清除二氧化碳（CO_2）的过程、活动、机制。

2.0.8　碳审计（Carbon Audit）

是指由独立审计机构对政府和企业在履行碳排放责任方面所进行的检查和鉴证，是对碳排放管理活动及其成果进行独立性监督和评价的一种行为。

2.0.9 碳生产力（Carbon Productivity）

是指单位二氧化碳（CO_2）排放所产出的GDP（国内生产总值），碳生产力的提高意味着用更少的物质和能源消耗产生出更多的社会财富。

2.0.10 有效绿地（Effective Green Space）

是指达到一定规模要求，能够在改善通风、降温增湿和碳汇中发挥较明显作用的各类绿地。

2.0.11 绿色基础设施（Green Infrastructure）

是指在不同尺度上，借助生态修复和景观生态设计等技术，将建筑绿化、街头绿地、公园、风景区和绿色廊道等要素融入城市总体结构而形成绿色化的生态网络。

2.0.12 闭路循环（Closed Loop）

是指在生产中采取一些特殊的处理工艺，将产生的废弃物回收利用，对外无排放，无污染，实现循环利用的过程，从而降低能耗，节约成本，并且有利环境保护。

3　基本规定

3.1　基本原则

3.1.1　本标准仅针对应对气候变化的城市规划编制技术加以规范。

【条文说明】

当前，气候变化对城市规划造成的新挑战日益引起广泛关注，但现行城镇规划在气候变化问题上应对乏力，例如对气候变化认知不足、工作程序有待完善、技术工具与科学分析方法支撑薄弱以及应对气候变化的专项研究成果缺失等。

本标准的主要内容是以应对气候变化为目的，在现行城市规划编制技术框架基础上，针对城市规划应对气候变化重点技术领域中的控制内容、控制要素和控制指标进行规范性补充与完善，充分体现了应对气候变化作为城市规划新的基本依据、目标和价值取向之一。此外，本标准仅针对应对气候变化的城市规划编制技术层面做出规定，不涉及其他。

3.1.2　本标准从减缓气候变化与适应气候变化两方面规范应对气候变化的城市规划编制技术。

【条文说明】

目前，国际上关于应对气候变化的主流研究包括减缓气候变化和适应气候变化两大策略。前者是从源头控制，被动减缓；后者是从结果入手，主动适应。在我国城市规划领域。减缓气候变化主要是通过规划技术手段减少城市温室气体排放量，增加碳汇面积，以此减缓气候变化速率及其潜在影响。适应气候变化主要是通过规划技术手段增强城市应对干旱、热浪、严寒、强降水与海平面上升等极端气候的能力，努力降低极端气候对人类社会造成的负面影响。

基于上述考虑，本标准的制定坚持两者并重，从减缓气候变化与适应气候变化两方面规范、完善应对气候变化的城市规划编制技术。

3.2　框架体系

3.2.1　本标准包括城市总体规划编制技术与详细规划编制技术两部分。

【条文说明】

依据《中华人民共和国城乡规划法》，我国城乡规划分为总体规划和详细规划两个阶段，可从宏观到中微观层面实现对城市建设发展的有效引导与管控。为了更好地与现行城市规划编制体系相衔接，本标准包括了城市总体规划编制技术与详细规划编制技术两部分内容，以提高本标准在应对气候变化的城市规划编制实践中的可操作性。

3.2.2 本标准中的城市详细规划编制技术是指应对气候变化的控制性详细规划编制技术。

【条文说明】

依据《中华人民共和国城乡规划法》，我国城乡规划分为总体规划和详细规划两个阶段。其中详细规划又包括控制性详细规划与修建性详细规划。本标准中的城市详细规划编制技术特指应对气候变化的控制性详细规划编制技术，不包括修建性详细规划编制技术。

从 1984 年我国城市规划踏上法制化道路到新版《中华人民共和国城乡规划法》施行至今，控制性详细规划和修建性详细规划始终是我国法定规划体系中的组成部分。但随着我国社会主义市场经济体制不断深化、完善，修建性详细规划作为法定规划的社会和经济背景已经发生深刻变化，并在实践中暴露出诸多问题：如现有法律法规对由不同主体编制的修建性详细规划在审批、实施、修改等环节界定模糊；市场化背景下，城市重点地段等由政府组织编制的修建性详细规划的建设主体趋于多元化，导致规划编制主体与建设主体不一致等。当控制性详细规划成为城市规划管理中必不可少的规划类型以及城市设计广泛开展时，修建性详细规划在规划管理中处于可有可无的尴尬地位。特别是 2012 年 10 月 10 日，国务院发文《国务院关于第六批取消和调整行政审批项目的决定》(国发〔2012〕52 号)，取消重要地块城市修建性详细规划审批，说明修建性详细规划在我国城市规划管理中的作用日益弱化。相反，控制性详细规划作为针对城市土地市场化运作进行控制与管理的详细规划类型，在实践中日益成熟，能够适应市场经济条件下建设主体多元化的需要，重要性不断上升。基于以上原因，本标准中的城市详细规划编制技术仅包括应对气候变化的控制性详细规划编制技术。

3.3 控制类型

3.3.1 本标准包括强制性与引导性两类应对气候变化的城市规划编制技术条文。

【条文说明】

本标准中，强制性条文是参与应对气候变化的城市规划编制各方统一执行的强制性技术标准和规划建设管理部门对执行情况实施监督的依据，列为强制性条文的所有条文都必须严格执行。引导性条文是鉴于我国各城市地域气候特征不同、经济与社会发展水平各异的现实状况，各地在编制应对气候变化的城市规划时应该因地制宜，结合自身特点选择执行最适宜的技术规定。

本标准引入强制性条文与引导性条文的目的在于：兼容城市规划的刚性与弹性控制特征，推动本标准更好地指导应对气候变化的城市总体规划和控制性详细规划的编制与管理工作，有效管控城市的开发、建设活动，推动实现特定的规划目标。

3.3.2 本标准中带下划线斜体字部分为强制性条文。

4　应对气候变化的城市总体规划编制技术标准

4.0.1　应对气候变化的城市总体规划编制技术包括市域城镇体系规划、中心城区规划和专项规划等三部分内容。

【条文说明】

本标准的制定强调与现行城市规划编制体系的良好衔接。现行城市规划编制体系中城市总体规划包括城镇体系规划、中心城区规划两部分。应对气候变化的城市总体规划编制技术标准首先对市域城镇体系规划、中心城区规划编制中与应对气候变化密切相关的内容进行了梳理、优化和完善。其次，能源、水资源循环利用、通风道、海岸线、绿色基础设施等作为城市规划应对气候变化的重要内容，全部以专项规划的形式新增至城市总体规划编制中。因此，应对气候变化的城市总体规划编制技术包括市域城镇体系规划、中心城区规划和专项规划等三个部分内容。

4.0.2　编制应对气候变化的城市总体规划，必须以城市应对气候变化脆弱性的现状评估为基础。

【条文说明】

应对气候变化的城市规划是针对城镇应对气候变化的不足而制定的一系列包括土地利用、交通组织、空间塑造等方面的政策规定与技术引导。因此，应对气候变化的城市规划的编制必须首先对城镇应对气候变化的现状能力加以分析，为针对性制定应对气候变化的城市规划相关内容提供基础科学支撑和参考，是弥补传统城市规划应对气候变化能力不足的重要内容。城镇应对气候变化的现状能力分析主要通过城镇应对气候变化脆弱性评估的形式开展。

城镇应对气候变化脆弱性评估是指：针对城镇系统由于自身内部结构问题而引发的容易遭受或没有能力应对气候变化，包括自然变率和极端气候事件带来的不利影响的程度或范围进行的综合评价。具体由城镇应对气候变化的风险度（遭遇气候变化扰动等不利影响的可能性）、敏感度（遭受气候变化扰动的容易程度）和适应度（抵抗气候变化扰动影响的恢复能力）三要素构成，主要通过建构城市应对气候变化脆弱性评估指标体系来完成。

4.1　市域城镇体系规划

4.1.1　城乡统筹发展

应遵循城乡大循环发展原则，以发展循环经济为核心，促进城乡统筹发展。

【条文说明】

城乡大循环是指加强一二三产业融合，突破传统单一产业内容的循环模式，形成三次产业循环发展格局，实现城乡产业联动发展。城乡大循环发展模式详见图 4.1.1。

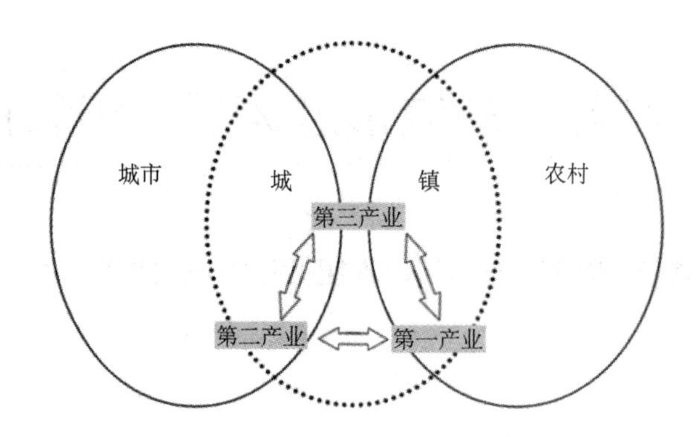

图4.1.1 城乡大循环发展模式示意

循环经济即物质闭路循环流动型经济是指：在人、自然资源和科学技术的大系统内，在资源投入、企业生产、产品消费及其废弃的全过程中，把传统的依赖资源消耗的线形增长的经济，转变为依靠生态型资源循环来发展的经济。

通过构建城乡大循环发展体系，利用一二三产的循环与融合，带动城市与乡村的协调、差异、互补发展，能够有效提高城镇应对气候变化的能力。一方面，借助生态型资源循环发展，既减少了资源开采与使用所需能耗，又节约了废弃物收集与治理能耗，从而有效降低了二氧化碳的排放量；另一方面，乡村的快速发展有利于缓解诸多“城市病”，在一定程度上缓解了极端气候事件对城镇的冲击与负面影响，有利于城镇发展更加适应气候变化的趋势。

4.1.2 区域空间管制

必须将有效应对气候变化作为区域空间管制分区划定的重要目标和要求。

【条文说明】

根据我国《城市规划编制办法》规定，传统市域城镇体系规划在划定区域空间管制分区时，主要是通过确定生态环境、土地和水资源、能源、自然和历史文化遗产等方面的保护与利用的综合目标和要求，提出空间管制原则和措施。

近年来随着气候变化引发的极端气候灾害日益频发，通过区域空间管制应对气候变化问题应该成为有效途径之一，其具体作用可以反映在减缓和适应气候变化两个方面：第一，加强对森林、湿地等生态用地的空间管制有助于形成覆盖全市域的宏观碳汇体系，最大限度地提升整体碳汇能力；第二，根据应对气候变化脆弱性程度，对市域空间进行管制分区划定并制定相应管理措施，有助于最大程度地降低极端气候灾害带来的负面影响，更好地适应气候变化的趋势。因此，很有必要将效应对气候变化作为区域空间管制分区划定的重要目标和要求。

4.1.3 区域人口规模

应运用城市资源承载力预测中的生态足迹计算法预测或校核区域总体人口规模。

【条文说明】

现行城市总体规划编制中的人口规模预测主要从资源环境承载力和社会经济相关分析两个方面进行，常用的预测方法主要有：综合平衡法、城镇化水平法、剩余劳动力转移法、Logistic 曲线拟合法、灰色预测法、线性回归模型、马尔萨斯模型、GM(1,1) 模型等。以上方法主要以确定人口增长率、以人口规模与社会经济之间相关性、以数理逻辑以及系统论等为依据预测城市人口规模。它们反映了以需求为导向的发展思路，与我国改革开放之后强调以经济建设为中心的总体发展战略相吻合。从社会发展的阶段性特征来看，也是必然的选择。然而，着眼于未来的长远利益，可持续发展理念已经成为当前国际城市规划行业的主流观念，为经济发展无限制地向自然索取资源的需求导向论已经引起广大城市规划师的反思，取而代之的是以供给为导向的发展思路，以资源环境承载力法预测城市人口规模就是这种思路的具体体现。

资源环境承载力法以资源环境承载力作为人口规模发展阀值的预测思想，将生态学的观点引入到人口规模预测中，预测为了维持生态系统平衡稳定状态时所达到的合理人口规模，并研究城市的各项承载能力与未来人口规模的发展规模是否相匹配，是种制约性的人口规模预测方法[58]。目前资源环境承载力的预测方法有以下两种：环境容量计算法、生态足迹计算法。其中环境容量计算法根据环境条件来确定城市允许发展的最大规模，适用于城市发展受自然条件的限制比较大的城市；生态足迹计算法将人类所消耗的资源与所排放的废弃物折合成生产性的土地面积，计算出特定区域的生态承载力、生态足迹、生态盈亏等指标，用以评价区域的可持续发展状况，进而预测相应的人口规模。

应对气候变化是实现可持续发展的一种新挑战，控制并降低温室气体排放量是其重要目标之一。因此，应对气候变化的城市总体规划人口规模预测应优先采用生态足迹计算法，这更有利于通过碳排放量的控制保证城市人口产生的碳排放量和资源消耗在城市的生态承载力范围内，从而使城市发展能更好地应对气候变化。

生态足迹法的具体计算公式为：$N=EC/(efo+edro)$

式中：N——人口规模容量（人）；EC——区域生态承载力（ghm^2）；efo——均衡人均生态足迹（ghm^2/人）；edro——均衡人均生态盈亏（ghm^2/人）。

本计算方法主要适用于城市总体规划阶段的市域城镇体系规划与中心城区规划编制中对人口规模进行预测与确定。在控制性详细规划阶段，可用此方法对规划区人口规模进行校核。

4.1.4　区域空间格局

城镇空间布局应与区域自然生态环境相融合，建立有效应对气候变化的市域空间格局。

【条文说明】

传统的市域城镇体系规划在城镇空间布局方面主要考虑的是城镇职能分工、区位与交通联系、产业合作与布局等因素。而随着应对气候变化问题日益受到重视，有必要从城镇空间布局的宏观层面考虑应对气候变化，强调城镇空间布局与区域生态环境的融合，构建有效应对气候变化的市域空间格局。

城镇空间布局与区域自然生态环境融合，在应对气候变化方面的作用包括减缓和适应两个方面：第一，有助于形成覆盖全市域的宏观碳汇体系，最大程度发挥区域生态资源的碳汇功能，实现减缓气候变化的目标；第二，有利于发挥自然生态环境的水土涵养功能，降低极端气候灾害对城镇建设区的冲击，实现适应气候变化的目标。

4.1.5　区域交通模式

4.1.5.1　区域公共交通网络布局应与城镇空间布局模式相适应。

【条文说明】

应建立以公共交通为主导的区域交通体系，引入重点城镇公共交通覆盖率的控制指标，控制区域整体公共交通网络的布局。公交网络布局应与城镇功能定位和经济区划等内容相协调，考虑与城镇空间结构以及产业布局的互动关系。公共交通的线路等级和站场的规模应根据所连接乡镇在市域城镇体系规划中的定位相应设置。

4.1.5.2 宜选择轨道交通作为区域交通联系的主要方式，其他公共交通方式围绕轨道交通方式组织设置。

【条文说明】

轨道交通作为一种快速大运量的公共交通，可以有效降低传统交通的碳排量，并能节约道路建设用地，有利于尽可能多的保留河流水系、山林农场等绿色资源，并积极地发挥碳中和作用，提升区域碳汇能力。其他公共交通方式宜围绕轨道交通站点展开设计，促进区域交通与本地交通的有机衔接，通过公交出行便捷性的提升吸引居民使用公交低碳出行。

4.1.5.3 应大力发展城乡客运一体化交通模式，引导区域交通出行有序发展。

【条文说明】

发展城乡客运一体化，有利于城乡客运资源共享，通过换乘便捷与优质服务吸引人们借助公交出行，减少交通碳排。

在模式选择方面，应结合地区经济发展水平与城镇化程度选择具体操作模式，在经济实力和城镇化程度高的地区鼓励推行城乡公交一体化；在其他地区，可分别发展城区公交和乡村农客班车，并加强换乘服务，为将来逐步实现城乡公交一体化打好基础。

4.1.5.4 宜设置区域绿道，促进低碳出行。

【条文说明】

绿道是一种线形绿色开敞空间，通常沿着河滨、溪谷、山脊、风景道路等自然和人工廊道建立，内设可供行人和骑车者进入的景观游憩线路，连接主要的公园、自然保护区、风景名胜区、历史古迹和城乡居住区等，有利于更好地保护和利用自然、历史文化资源，并为居民提供充足的游憩和交往空间。

区域绿道是指连接城镇与城镇，对区域生态环境保护和生态支撑体系建设具有重要影响的绿道。

区域绿道的设置，除了能够促进市民绿色出行，减少交通碳排放之外，还有助于串联起市域绿色开敞空间。这既能将绿色基础设施成网成片，有利于扩大碳汇面积和抵御极端气候事件；又能够带动旅游产业低碳化发展，提升绿色 GDP。

4.1.6 区域生态绿化

必须严格保护现有生态绿化资源，尤其是积极保护并扩大森林和湿地规模。

【条文说明】

森林和湿地是地球表层系统中的重要碳汇，对于吸收大气的温室气体、减缓全球气候变暖具有重要的作用。数据表明，森林每生长 $1m^3$ 生物量，平均吸收 1.83t 二氧化碳，有着很强的碳汇功能。湿地是世界上最大的碳库之一，碳储量约为 770 亿 t，占陆地生态系统碳素的 35%，在全球碳循环中发挥重要作用。

此外，森林和湿地都具有强大水土涵养与净化能力，能够有效降低因暴雨、海平面上升等极端气候灾害引发的洪水、泥石流、咸潮等次生灾害的负面影响程度。

4.1.7　区域公用设施

4.1.7.1　市域交通、通讯、能源、供水、排水、防洪、垃圾处理等重大基础设施，重要社会服务设施，危险品生产储存设施的选址与布局必须考虑极端气候事件的影响。

【条文说明】

受气候变暖影响，我国高温、热浪、干旱、洪涝、台风、沙尘暴等极端气象愈发频繁。应根据各类灾害的发生概率、城镇规模以及市政基础设施的重要性、使用功能、修复难易程度、发生次生灾害的可能性等，对市政基础设施进行合理选址。避开可能产生滑坡、塌陷、水淹危险或者周边有危险源的地带，保证设施在灾害发生的情况下可以正常运行，杜绝或最大程度降低设施因受到极端气候灾害影响而对国家财产与人民生命安全产生的负面影响。

4.1.7.2　市域给水工程规划应充分利用再生水、雨水和淡化海水等非常规水源；应增加农业用水规划内容，鼓励使用节水灌溉技术和雨水收集技术，推广节水器具使用。

【条文说明】

从20世纪中叶以来，受全球气候变化和人类活动影响，我国水资源短缺危机已成为继能源危机之后影响我国社会经济发展的最主要资源危机。因此在提高常规水源利用效率和效益的同时，也需积极开发利用非常规水源。开发利用非常规水源是解决水资源危机、缓解水资源短缺态势、增加水资源供给的重要途径。目前已被利用的非常规水资源主要包括再生水、海水、微咸水、雨洪水、矿井水等。

目前国内大部分地区的农业用水效率低下，大多采用大水漫灌等简单粗放的灌溉方式，造成了水资源的浪费。为了达到节水灌溉的目的，应在市域城镇体系规划的给水工程规划中增加农业用水规划内容，对农业用水水源、用水标准等加以控制，引导采用滴灌、喷灌、暗管渗灌等节水灌溉方式，以减少水分流失，提高用水效率。

4.1.7.3　市域污水工程规划应遵循“适度规模、合理分布、深度处理、就地循环”的原则。

【条文说明】

适度规模和合理分布是指：为了降低污水收集输送系统的投资和提高系统在极端灾害下使用的可靠性，污水处理厂在城市中的布局要均衡就近，其服务人口规模一般为20~50万。深度处理是指：污水处理后要达到1级A的标准，处理出来的就是可循环利用的中水，再流经自然湖泊、河流、湿地净化后就可达到三类水的标准。就地循环是指：就近补充地下水、地表水和再利用。

4.1.7.4　市域供电工程规划应积极使用可再生能源作为供电电源。

【条文说明】

一直以来，我国维持生活、生产的能源供应主要依赖于传统能源。而传统能源的短缺问题随着能源需求增长而越发突出，能源供应与经济发展的矛盾尖锐。在国内能源供应缺口日益放大的条件下，对于进口能源的依赖日益明显。根据国家发展与改革委员会的能源分析预测，至2020年，我国石油对外依存度将超过55%，天然气的进口依存度为25%～40%，而这种局面显然并不利于我国未来的长期稳定发展。因此，内部挖潜可替代传统能源的新型能源是关系到我国未来发展的头等大事。可再生能源因其清洁、可循环再生等优势成为首选。

传统能源燃烧时产生的各种气体和烟尘微粒，对空气、水源和土壤带来了污染，尤其是温室气体的排放成为导致全球气候变暖的主要原因。从表 4.1.7.4 中可以较为清晰的看到各种传统能源碳排放参考系数。从应对气候变化的角度判断，同样需要积极开发和使用可再生能源。与传统能源相比，可再生能源清洁环保，开发利用过程不增加温室气体排放等优势，对优化能源结构、保护环境、减排温室气体、应对气候变化具有十分重要的作用。目前的可再生能源主要包括水力发电、风力发电、生物质发电（包括农林废弃物直接燃烧和气化发电、垃圾焚烧和垃圾填埋气发电、沼气发电）、太阳能发电、地热能发电以及海洋能发电等。

表4.1.7.4 传统能源碳排放参考系数汇总

能源名称	平均单位发热量（kJ/kg）	折标准煤系数（kgce/kg）	单位热值含碳量（吨碳 /TJ）	二氧化碳排放系数（kg-CO_2/kg）
原煤	20908	0.7143	26.37	1.9003
焦炭	28435	0.9714	29.5	2.8604
原油	41816	1.4286	20.1	3.0202
燃料油	41816	1.4286	21.1	3.1705
汽油	43070	1.4714	18.9	2.9251
煤油	43070	1.4714	19.5	3.0179
柴油	42652	1.4571	20.2	3.0959
液化石油气	50179	1.7143	17.2	3.1013
炼厂干气	46055	1.5714	18.2	3.0119
油田天然气	38931kJ/m^3	1.3300kgce/m^3	15.3	2.1622kg-CO_2/m^3

注：“二氧化碳排放系数”计算方法：以“原煤”为例 1.9003=20908 × 0.000000001 × 26.37 × 0.94 × 1000 × 3.66667

（资料来源：上表前两列来源于《综合能耗计算通则》（GB/T 2589－2008），后两列来源于《省级温室气体清单编制指南》（发改办气候 [2011]1041 号））

4.1.7.5 市域通信工程规划必须建立覆盖市域范围的呼救中心和应急信息平台，建设区域性的应对气候变化网络交换、信息集散中心和灾害预警中心。

【条文说明】

呼救中心和应急信息平台应集综合服务、应急管理和应急救援处置于一体，涵盖监测监控、预测预警、处置、救援、评估和灾后重建等环节。市域通信工程规划要确保呼救与应急平台系统在极端气候灾害情况下的稳定运行，提高处理应变能力和救援能力。在市域城镇体系规划阶段，着重设立区域性应对气候变化的灾害预测、信息集散和灾情预警中心，形成应急救灾信息化网络的重要节点，完善应对极端气象灾害的应急预案、启动机制以及多灾种早期预警机制。

4.1.7.6 市域燃气工程规划宜选择天然气作为首选气源，鼓励使用沼气等可再生清洁能源作为燃气气源。

【条文说明】

天然气是城市燃气最理想的首选气源。其燃烧后无废渣、废水产生，相较煤炭、石油等能源有使用安全、热值高、洁净、无毒、环保等优势。用于供暖或工业，同热值的天然气二氧化碳排放比石油少 25% ～ 30%，比煤炭少 40% ～ 50%。可见，从应对气候变化的角度判断，天然气应当成为燃气工程的首选气源。

表4.1.7.6-1　几种能源的二氧化碳排放系数比较表

能源名称	平均低位发热量	折标准煤系数	单位热值含碳量（吨碳/TJ）	碳氧化率	二氧化碳排放系数
液化石油气	50179 kJ/kg	1.7143 kgce/kg	17.2	0.98	3.1013 kg-CO_2/kg
炼厂干气	46055 kJ/kg	1.5714 kgce/kg	18.2	0.98	3.0119 kg-CO_2/kg
油田天然气	38931kJ/m^3	1.3300 kgce/m^3	15.3	0.99	2.1622 kg-CO_2/m^3

注："二氧化碳排放系数"计算方法：以"原煤"为例 1.9003=20908 × 0.000000001 × 26.37 × 0.94 × 1000 × 3.66667

（资料来源：上表前两列来源于《综合能耗计算通则》(GB/T 2589-2008)，后两列来源于《省级温室气体清单编制指南》(发改办气候[2011]1041号)）

沼气来源广泛，垃圾、粪便、秸秆通过处理均可产生沼气，能够成为较为稳定的供气气源。更重要的是，沼气的生产和使用过程发挥了双重的减排功效。首先在沼气的生产过程中，通过利用封闭的空间对畜禽粪便及污水进行集中管理，使其在厌氧环境下产生沼气，避免了因粪便露天管理而向大气中排放大量甲烷，这部分减少的碳排放被称为"管理性"减排；其次，在沼气的使用过程中，在产生同样热量的情况下，沼气所排放的温室气体远小于传统的煤炭、秸秆和薪柴等能源形式（表4.1.7.6-2）。这部分减少的碳排放称为"替代性"减排。因此，沼气能够成为有助于应对气候变化的重要燃气气源。

表4.1.7.6-2　中国家庭生活用能中温室气体排放因子汇总表

项目	CO_2（g/kg）	CH_4（g/kg）	N_2O（g/kg）	燃烧效率
秸秆	1130	4.56	4	0.21
薪柴	1450	2.7	4.83	0.24
煤	2280	2.92	1.4	/
油品	3130	0.0248	4.18	0.45
液化石油气	3075	0.137	1.88	0.55
电	1.0577	——	——	——
沼气	748	0.023	——	——

（资料来源：刘宇等.农村沼气开发与温室气体排放[J].中国人口.资源与环境，2008（3）：50）

4.2　中心城区规划

4.2.1　发展目标

必须将全面提高应对气候变化的能力建设作为中心城区规划的主要发展目标之一。

【条文说明】

从20世纪80年代开始，全球气候变化就逐渐引起了国际社会的密切关注。近些年来，由气候变化导致的极端天气灾害频发，2012年7月21日，北京城遭遇暴雨灾害，造成77人遇难，为61年以来最大。全市经济损失近百亿元。全球气候变暖带来的极端天气事件已经让普通大众更直接地感受到气候变化问题的严重性。

城市以作为人类文明的空间载体，长久以来都在适应与改造自然环境。城市及城市活动是气温变暖的主要源头，而且也是气候变化的主要作用对象。这决定了城市是人类应对气候变化重要的平台。城市规划作为组织和配置空间环境资源、安排城市各项工程建设的综合部署的重要手段，其对城市空间环境的影响最为直接。而传统城市规划的发展目标更多地集中在社会经济发展水平上，对气候变化问题的考虑有所欠缺，难以满足当前日益显著的气候变化形势下城镇发展的新诉求。而只有发展观念与追求目标的根本转变，方能指引城市规划更好的应对气候变化问题。因此，本标准提出必须将全面提高应对气候变化的能力建设作为中心城（镇）区规划的主要发展目标之一。

4.2.2 人口规模

应运用城市资源承载力评估中的生态足迹计算法预测或校核中心城区人口规模。

【条文说明】

同 4.1.3 条文说明

4.2.3 空间管制

必须将适应强降水、海平面上升、热浪等极端气候事件，以及降低热岛效应等城市微气候影响要素作为空间管制分区划定的重要依据。

【条文说明】

住房和城乡建设部于 2006 年 4 月 1 号颁布施行的《城市规划编制办法》在第三十一条规定："中心城区总体规划应当划定禁建区、限建区、适建区和已建区，并制定空间管制措施。"禁建区主要包括饮用水源一级保护区、基本农田、风景名胜区的核心区、地质灾害区、城市生态廊道以及城市滞洪区等；限建区主要指生态敏感区和城市绿楔，生态敏感区主要包括水域生态敏感区和山地、丘陵生态敏感区等；适建区指综合条件下适宜城市发展建设的用地；已建区主要指现状的城市建设用地。空间管制概念提出的目的是：通过对区域城市空间整体使用的战略划分，解决城市发展与生态保护之间的矛盾，解决城市发展土地的弹性问题。

全球气候变暖带来的极端天气事件，如强降水、海平面上升、热浪等对城市产生了新的影响，已经让全球居民更直接地感受到气候变化问题的严重性。这就要求空间管制分区划定不仅要考虑土地资源等各种自然因素的稀缺及空间差异性，还必须把气候变暖带来的灾害事件作为空间管制分区划定的重要依据，并将不同程度的受灾影响区域纳入相应的空间管制范围内，并制定相应的空间管制措施。

4.2.4 空间形态

应从二维平面和三维立体两方面控制、引导中心城区的空间形态规划与建设，有效应对气候变化。

【条文说明】

城市二维平面指城市的平面大小与平面形态。城市二维平面将决定城市下垫面覆盖面积和建成区形状。在节能减排方面，首先通过二维平面的这两个因素，可以影响城市用地、交通、通信、产业总体能耗和碳排放量。例如人口规模较小的城市，平面通常采取单中心的团状二维平面形态，缩减交通能耗。人口规模较大的城市，采用多中心组团式二维平面形态。在气候调节方面，通过平面的空间有机疏散，可以进一步降低城市热岛效应。其次，城市平面演变成的各种形态，如矩形，圆形，楔形，局部的集中与分散，与盛行风向的夹角等，会影响风的进入，帮助或者阻碍局部通风道的形成，间接调节城市气候。然后，对于一些日照要求较高的城市，二维平面形态与日照的夹角会进一步影响城市日照状况，可通过调整平面形态与路网方向提高得热或者制造阴影。

城市三维立体指城市建筑群在高程上的空间分布。城市三维立体形态、用地开发强度与城市局部气候息息相关。例如热岛效应和通风道，防风壁障的建立、日照阴影区的形成。单位面积内高层建筑的分布密度过高将导致空气滞留和日照间距不足，增加制冷及室内照明能耗。局部形成的三维立体建筑壁障影响通风效果。在某些地区，也可通过建筑壁障形成风道，对城市通风进行引导。此外，高层建筑群的分布会直接影响周边用地的日照效果。以上种种，最终能够反映为各种能耗使用与碳排放情况。

城市二维平面与三维立体两方面的控制应紧密结合，不可偏废，方能最大程度的发挥减缓与适应气候变化的作用。

4.2.5　土地利用

4.2.5.1　应采用以公共交通为导向（TOD）的土地利用模式。

【条文说明】

以交通为导向的土地开发模式（Transit-Oriented Development，简称 TOD）由新城市主义代表人物彼得•卡尔索尔提出，为了解决二战后美国城市的蔓延式发展采取的一种以城市多中心、高密度的土地开发模式为基准，以高效率、大容量的公交运输场站为发展中心，旨在创造一个鼓励多数人使用公用交通的社区。TOD 最基本的规划和设计要素和原则是高密度、土地混合利用、以步行为核心的空间组织以及便捷的公交服务。

TOD 区域采用开发高密度住宅、商业、办公用地，同时开发服务、娱乐、体育等公共设施的混合用地模式。高密度开发以及区内各种功能空间的相互混合可以平衡各类消费，有效减少长距离出行概率，降低出行距离，减少机动车交通出行能耗，实现低碳。同时，TOD 区域通过便捷的公共交通和良好的步行环境的设计，能够有效的降低私人机动车出行率，促进非机动车和步行出行，提高公共交通的乘坐率，实现低碳出行。

4.2.5.2　结合公共交通线路与 TOD 站点布局，采用组团式城市用地功能结构。

【条文说明】

借助 TOD 模式，以公共交通站点为中心，采用组团式的城市用地功能结构。一方面借助轨道交通的快速与大运量特点提高站点周边土地的紧凑高效利用，减少二氧化碳排放量；另一方面在各个组团之间形成的城市生态廊道，增加了城市组团与生态绿地的接触界面，增加碳汇面积，同时组团间的城市生态廊道还可以作为应对极端气候事件的生态缓冲带。

4.2.5.3　城市各组团内部的用地布局应遵循“职住平衡”原则，合理配置生产、生活与各类服务设施用地。

【条文说明】

传统城市规划依据“功能分区”的原则开展城市用地布局，居民生活地与工作地距离较远，通勤交通出行量较大，给城市带来大量的“钟摆式”交通，易形成交通拥堵，并带来巨大的交通能耗和温室气体排放。而在 TOD 模式引导下的城市各组团内遵循“职住平衡”原则，合理配置生产、生活与各类服务设施用地，在组团内的提供与居民数量大致相当的就业岗位，确保大部分居民可以就近工作。通勤交通可采用步行、自行车或者其他的非机动车方式。即使是使用机动车，出行距离和时间也能控制在较短的合理范围内。这样有利于减少机动车，尤其是小汽车的使用，促进使用非机动交通方式出行，通过节能减排的方式实现应对气候变化的目的。

4.2.6 公共服务设施

市级、区级公共服务设施应结合公共交通枢纽站点设置。

【条文说明】

市级、区级公共服务设施结合公共交通枢纽站点设置。一方面有利于居民借助公共交通方式前往公共服务设施，在提高公共服务设施可达性的同时，借助公共交通出行方式实现低碳出行的目标；另一方面在轨道交通枢纽站设置市级、区级公共服务设施，有利于扩大设施的服务范围，提高设施使用率，从而提高设施的能耗使用效率，达到减少碳排放的目的。

4.2.7 产业发展

4.2.7.1 应积极发展循环产业集群。

【条文说明】

循环产业集群是指按产业生态学原理和循环经济理念营造和构建的，以循环经济模式运行的产业集群；是在特定区域内以产业链、生态链和价值链以及共性和互补性相联系的众多企业及相关机构所组成的，具有物质、能量和信息循环功能的空间聚集体。发展循环产业集群在低碳方面的优势体现在以下两个方面：

①通过空间聚集和产业关联降低污染治理和运输能耗。

产业集群内的同类或相近企业一般在排放污染物种类、性质上具有同质性或相近性。这为污染的集中治理提供了便利，从而减少污染治理和废物运输的能耗。

②通过循环利用和清洁生产降低污染治理能耗。

在整个集群内采用“资源—产品—再生资源”的物流循环方式，形成“资源要素—产品—资源要素—产品……”的往复循环，以实现资源的重复高效利用，避免各个环节污染物的产生和排放，从而降低了污染治理的能耗。

4.2.7.2 必须以碳审计为基础，制定产业发展策略与布局优化建议，优先选择发展低碳产业和碳生产力高的产业。

【条文说明】

传统产业一般从现有产业特征以及自身特殊状况出发，结合城市的地理条件限制以及发展方向选择，制定产业发展策略与产业布局。在全球气候变化的大背景下，产业的发展选择与产业布局应更多考虑低碳发展目标，制定各类产业发展政策。以碳审计为基数，考虑现状产业碳排放情况以及产业未来发展的碳排放情况，制定产业发展策略与布局优化建议，逐步淘汰能耗高、污染重的产业，大力发展以低能耗、低污染、低碳排放为基础的低碳产业。低碳产业主要包括节能、减污、降耗的高新技术产业。

4.2.7.3　2015 年单位 GDP 二氧化碳排放量不应高于 2.1t/ 万元。2020 年单位 GDP 二氧化碳排放量不应高于 1.67t/ 万元。

【条文说明】

单位 GDP 二氧化碳排放量即单位地区生产总值（GDP）的经济活动所产生的二氧化碳量。计算公式：单位 GDP 二氧化碳排放量 = 二氧化碳 /GDP。2015 年与 2020 年单位 GDP 二氧化碳排放量的具体计算过程如下：

（1）2010 年单位 GDP 二氧化碳排放量

采用 ARIMA 模型对 1950 ～ 2007 年二氧化碳排放量的数据（来源：世界银行）进行时间序列建模，粗略估计，2010 年二氧化碳排放量为 77.18 亿 t 左右。同时，统计年鉴显示，2010 年的不变价 GDP 为 31.44 万亿元。因此，2010 年单位 GDP 二氧化碳排放量为：77.18/31.44=2.45（t/ 万元）。

（2）2015 年单位 GDP 二氧化碳排放量

《国民经济和社会发展第十二个五年规划纲要》指出，要积极应对全球气候变化，把大幅降低能源消耗强度和二氧化碳排放强度作为约束性指标，有效控制温室气体排放，在"十二五"期间单位将 GDP 二氧化碳排放量下降 17%。因此，2015 年单位 GDP 二氧化碳量为：2.45×（1–17%）=2.03（t/ 万元）。

（3）2020 年单位 GDP 二氧化碳排放量

2009 年国务院常务会议决定，到 2020 年我国单位国内生产总值二氧化碳排放比 2005 年下降 40% ～ 50%，作为约束性指标纳入国民经济和社会发展中长期规划。而 2005 年的二氧化碳排放量数据与 GDP 都可以通过查阅往年数据获得。该年的单位 GDP 二氧化碳排放量为：56.1/18.49=3.03（t/ 万元）。在此基础上，2020 年下降幅度如取中值，按 45% 计算，则 2020 年我国单位 GDP 二氧化碳排放量为：3.03×（1-45%）=1.67（t/ 万元）。

4.2.7.4　城市支柱产业与重污染产业用地选址必须考虑极端气候灾害的影响。

【条文说明】

支柱产业是指在国民经济中生产发展速度较快，对整个经济起引导和推动作用的先导性产业。它对其所处地区的经济结构和发展变化有深刻而广泛的影响。所以，城市支柱产业用地选择必须考虑极端气候灾害的影响，避免极端气候事件影响其正常运行。重污染产业主要包括火电、钢铁、水泥、电解铝、煤炭、冶金、化工、石化、建材、造纸、酿造、制药、发酵、纺织、制革和采矿业等。污染性产业受到极端气候灾害的影响会造成污染源扩散，危害市民身体健康。所以，重污染产业用地选址必须避开极端气候事件易发区。

4.2.8　道路交通

4.2.8.1　路网与断面设计

4.2.8.1.1　应结合地域气候特征，选择合适的路网结构。

【条文说明】

城市路网由城市各种性质、级别的道路共同构成，承担着城市绝大部分的人员、物资流动，将城市的各个组成部分连接成为一个有机整体。一个科学合理、经济高效的路网体系是保证城市生产、生活有序健康运转的基础。它在城市应对气候变化中的作用，主要体现在两方面：其一是提高交通效率，通过减少交通出行距离和交通拥堵实现节能减排；其二是通过道路网布局优化城市通风环境，减缓城市热岛效应，从而减少相关能耗与二氧化碳排放。

城市主要的路网形式包括自由式、方格网式、环形放射式以及各类混合式（图 4.2.8.1.1），不同的路网形式具有不同的通风效果。为了有效缓解日益严重的城市热岛效应，节约相关能耗，降低二氧化碳排放，各地市应在尊重自身地形、地势等道路建设的物质环境条件基础上，结合地域气候特征，选择合适的路网形式。各类路网形式的通风效果如表 4.2.8.1.1：

表4.2.8.1.1　各类路网形式的通风效果

类型	基本特点	通风效果	典型城市
自由式	没有特定形态，为适应不可改造的自然环境，因地制宜的进行布置	通风效果不及方格网式路网。但由于布置较为灵活，可以适应多个角度的风向。适合风向较为复杂的地区	重庆
方格网式（棋盘式）	形式简单，建筑朝向统一，交通组织顺畅	与通风通道的角度易于把握，风的顺畅性较好，通风的效率高	北京
放射式	以明显中心为起始，路网向外呈放射状分布	这种路网体系没有明显的方向，通风设计和日照设计方面难以做到面面俱到	较少单独使用
环形放射式	环形路网与放射式路网的混合	由于房屋朝向不好排列和环形街道弯曲，对于日照设计和通风设计都很不利	巴黎
方格—环形—放射混合式	是环形放射式路网加入了对角线街道	这种形式会在城市中心区产生局部的通风不畅问题和空气污染	长春

（资料来源：根据郭盛裕．应对气候变化的城市设计技术导则研究 [D]. 华中科技大学建筑与城市规划学院，2013. 相关资料整理编辑）

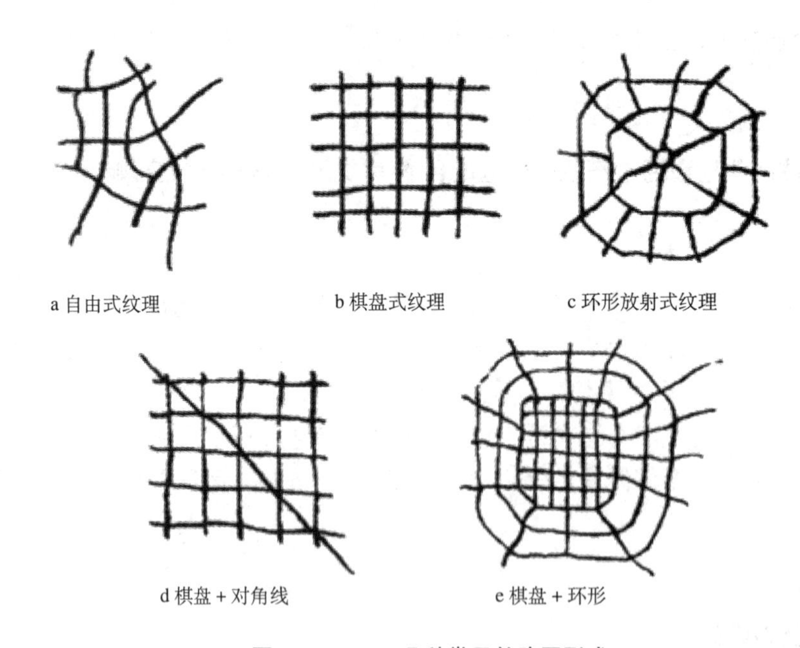

图4.2.8.1.1　几种常见的路网形式

（资料来源：宛素春．城市空间形态解析[M]．北京：科学出版社有限责任公司．2003：13）

4.2.8.1.2　结合地域气候特征，合理控制路网方位。

【条文说明】

城市路网的“开口”方向可以调控进风程度，进而对城市通风效果产生决定性影响。我国幅员辽阔，南北方城市对于通风的需求大相径庭。南方城市需要增强通风效果，力求为城市解暑降温；北方城市需要降低道路中的冷风速度，已达到驱寒保温的目的。因此，南方城市的道路主要方向应与地域夏季主导风向保持一致，而北方城市的道路主要方向则要与地域冬季主导风向保持一定的夹角。相关研究在国外早已开展，如 G.Z. 布朗等人曾就城市道路方向与城市通风的关系，对旧金山城市空间形态发展提出了改进建议，如图 4.2.8.1.2 所示。

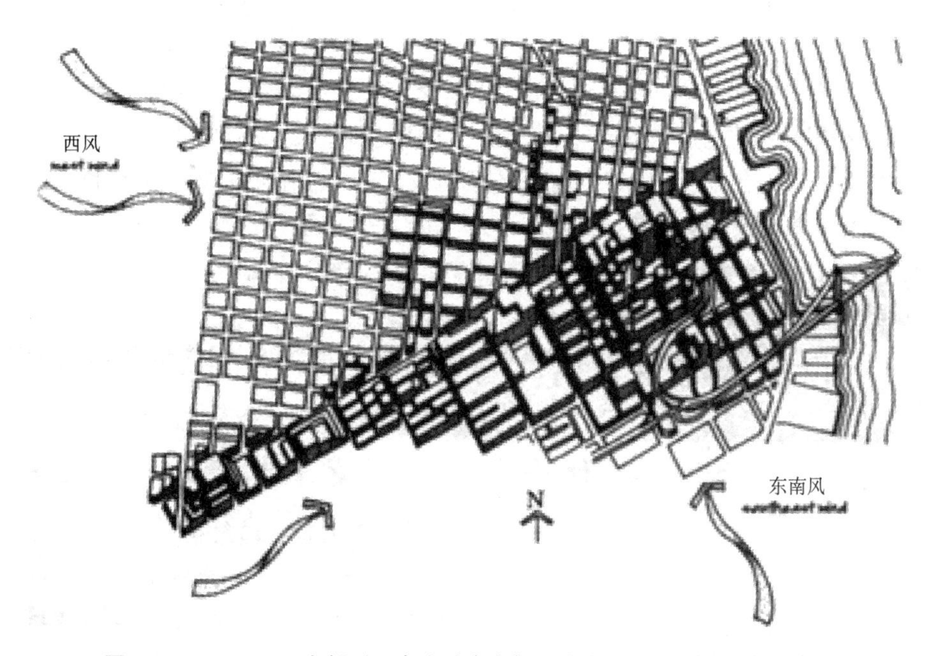

图4.2.8.1.2　G.Z.布朗对旧金山城市空间形态发展遵从风道提出的建议
（资料来源：Brown G Z，DeKay M. Sun，Wind & Light：Architectural Design Strategies[M]. 2. NewYork：John Wiley & Sons，2000.）

4.2.8.1.3　除了快速路之外的其他城市道路都应设置自行车专用道，有条件的道路应尽可能增设机非隔离带。

【条文说明】

随着城市的扩张和汽车数量的骤增，机动车的发展占据了道路资源，非机动车的道路空间受到严重挤压，一些城市甚至取消了非机动车道，导致自行车无路可行；此外，自行车出行受到行人和机动车的干扰，出行安全和速度都受到较大影响，导致很多城市自行车交通出行比例大幅度下降。这些都与当前交通低碳化发展的目标背道而驰。应当顺应发展趋势，通过自行车专用道的设置，将自行车与机动车、行人加以分隔，实行机非分流，为自行车通行提供一个安全、舒适、高效的环境，促进绿色出行。按照《城市道路交通规划设计规范》规定：城市道路双向行驶的自行车道最小宽度应为 3.5m，混有其他非机动车的，单向行驶的最小宽度应为 4.5m。

4.2.8.1.4　除了快速路之外的其他城市道路必须设置专用人行道。

【条文说明】

近年来，城市规划和交通设计深受“汽车本位”思想影响，城市交通资源分配不合理，步行的道路空间受到严重挤压，不利于引导居民通过步行实现低碳出行。应积极建设专用人行道系统，倡导步行出行，为行人通行提供一个安全、舒适、高效的步行环境，促进居民绿色出行。参考各地城市相关管理规定，建议人行专用道宽度不应低于 3m。

4.2.8.1.5 宜设置城市绿道，促进低碳出行。

【条文说明】

绿道释义见4.1.5.4条文说明。

城市绿道是指连接城市内重要功能组团，对城市生态系统建设具有重要意义的绿道。城市绿道的设置，为非机动车与机动车有效分离提供了新的安全通道。一方面能够在一定程度上缓解路面交通拥堵状况，提高机动车通行效率，减少机动车能耗与尾气排放，降低碳排放量；另一方面能够保障市民非机动车出行的安全，并通过良好的出行环境进一步吸引居民绿色出行，减少交通性碳排放；此外，城市绿道还能够串联城市内的公园、广场等绿色开敞空间，有助于将绿色基础设施联网成片，有利于扩大碳汇面积和抵御极端气候灾害。

城市绿道可与自行车道及人行道共用通道。

4.2.8.2 交通组织与设施

4.2.8.2.1 各地城市应根据自身实际情况，合理选择并优先发展地铁、轻轨与BRT等快速公共交通方式，与常规公交共同构建以公交系统为主导的综合交通体系。

【条文说明】

优先发展城市地铁、轻轨、BRT等大运量公共交通，是改善城市交通结构、提高交通资源利用效率、缓解城市交通拥堵、方便群众出行的重要手段，有利于完善城市功能，实现节能减排的低碳化发展目标。同时，考虑到各地城市不同的社会经济发展水平差异，各地市应结合自身实际情况，综合考虑交通客流需求、工程建设条件与工程造价成本（如表4.2.8.2.1-1）等因素，选择发展恰当的轨道交通形式。

如表4.2.8.2.1-2所示，轨道交通与常规公交两类交通方式各具特色。轨道交通（广义包含地铁、轻轨、BRT）具有快速、高效、运力强等优势，但也存在造价高、周期长，无法成网实现“门到门”服务的劣势；与之相反之，常规公交适应性强、线网稠密，基本能够实现“门到门”服务，但速度慢、受路面交通状况影响大、运力有限等缺陷明显。二者正好形成互补，可以构成满足不同层次、不同功能需求及不同服务水平的多元化交通体系，共同促进城市公共交通优先发展，实现绿色出行。较为理想化的城市交通组织模式可以设计为以轨道交通为骨架，常规公交为脉络，私人机动车交通为补充，自行车和步行等慢行交通系统发达的完整体系，如图4.2.8.2.1所示。

表4.2.8.2.1-1 地铁、轻轨、BRT造价比较

公交类型	造价（亿元/km）
地铁	7
轻轨	1
BRT	0.3

（资料来源：作者自绘）

表4.2.8.2.1-2 轨道交通与常规公交服务特性的比较

比较指标	快速、轨道交通	常规公交
舒适性	高	低
准点率	高	低

续表

比较指标	快速、轨道交通	常规公交
可达性	低	高
可靠性	高	低
服务面积	大	小
是否有堵车情况	无	有

（资料来源：作者自绘）

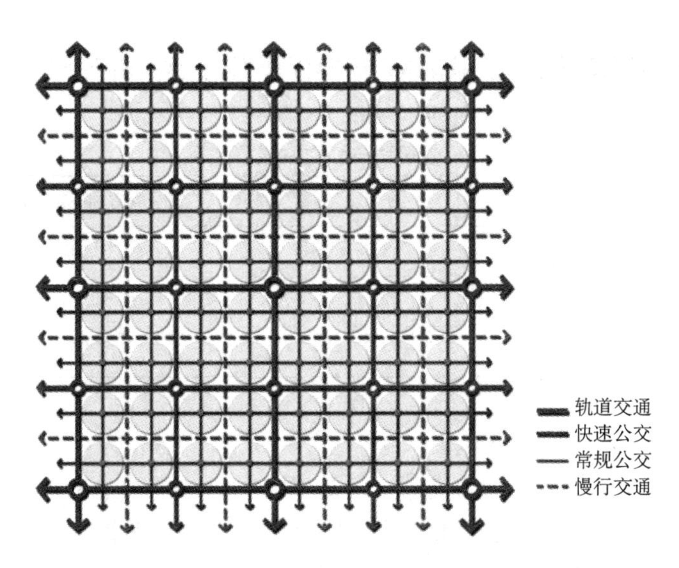

图4.2.8.2.1　城市公共交通组织理想模式示意

（资料来源：作者自绘）

4.2.8.2.2　应设置公交专用道。公共交通出行比例不应低于50%，各级城市万人公交拥有量指标赋值参见表4.2.8.2.2。

表4.2.8.2.2　各级城市万人公交拥有量指标

城市总人口	万人公交拥有量
300万人以上	15辆以上
100万～300万人	12辆以上
100万人以下	10辆以上

【条文说明】

近些年来，随着城市的扩张和汽车数量的骤增，我国大多数城市道路交通紧张状况日趋严重，已经影响到城市经济发展和居民生活质量。大力发展城市公共交通、实行公交优先成为缓解道路拥堵、实现低碳出行的必然选择。公交专用道的设置是保障公交道路使用权的最直接体现。借此能够提高常规公交的服务效率与质量，吸引居民借助常规公交方式低碳出行。此外，通过万人公交拥有量指标与公交站点覆盖率的控制，能够进一步从常规公交的硬件基础设施方面提升服务质量。

公共交通出行比例即：公共交通出行总量占所有交通出行总量的比值。《城市公共交通“十二五”发展规划纲要》指出：我国大城市公共交通出行比例现状平均约20%，中小城市公交出行比例现状平均不到10%，与欧洲、日本等大城市40%～70%的出行比例相比还有很大差距。提高公共交通出行比例，不仅可以提高交通资源利用效率，缓解城市交通拥堵，还可以实现节能减排，低碳出行。例如，深圳光明新区，根据规划，2020年新区公交分担率达到70%。其中轨道交通出行率占49%，公交站点500m，覆盖率达90%。重庆悦来绿色生态城，依托交通路网，交通出行比例占居民出行方式的50%以上。其中轨道交通占公共交通方式的50%以上。本标准提出，公共交通出行比例不应低于50%。

表4.2.8.2.2指标来源：《城市公共交通“十二五”发展规划纲要》。

4.2.8.2.3 公共交通站点覆盖率应结合城镇人口规模合理设置，详细赋值参见表4.2.8.2.3。

表4.2.8.2.3 各级城市公交站点覆盖率

城市总人口	公交站点300m覆盖率
300万人以上	＞85%
100万～300万人	＞75%
100万人以下	＞70%

【条文说明】

公交站点覆盖率是反映城市居民距离公交站点远近程度的一个重要指标，也是衡量公交线路规划中站点设置合理性的指标，通过公交站点服务面积与城市用地面积的比值获得。公交站点覆盖率通常以公交站点为圆心，用合理的步行距离为半径作圆（通常半径为300m或500m)，计算其覆盖面积。根据《城市公共交通“十二五”发展规划纲要》规定：300万人口以上的城市，城市建成区公交站点300m覆盖率不低于85%，公共汽电车进场率达到80%以上。100万到300万人口的城市，城市建成区公交站点300m覆盖率不低于75%，公共汽电车进场率达到85%以上。100万人口以下的城市，城市建成区公交站点300m覆盖率不低于70%，公共汽电车进场率达到90%以上。

表4.2.8.2.3指标来源：《城市公共交通“十二五”发展规划纲要》。

4.2.8.2.4 各类公共交通工具间宜做零换乘设计。

【条文说明】

零换乘是指将地铁、城铁、公交、出租车等不同客运方式的换车地点，整合在一个交通枢纽里，使乘客不出这个枢纽就能改乘其他的交通工具。公共交通零换乘设计可以提高换乘工具间的转换效率，缩短出行时间，进一步吸引居民使用公共交通方式出行，实现节能减排。

4.2.8.2.5 应结合公共交通站点规划布局机动车换乘停车场、自行车停车与投放点。

【条文说明】

由于公共交通不能完全满足所有“门到门”的交通出行需求，因此应考虑公共交通站点与私人交通方式的换乘需求，机动车停车场、自行车停车场与投放点等成为换乘设施的重要组成部分。通过公共交通的换乘配套设施建设可以延伸公共交通站点的服务范围，提高公共交通出行对公众的吸引力和可达性，有利于推动从私人机动车方式出行向公共交通方式出行转变，逐步实现节能减排。

4.2.8.2.6　应建立便捷的清洁能源供应站点网络。

【条文说明】

传统交通工具的能源供应以化石能源为主，大量的化石能源消费排放大量的二氧化碳（CO_2），破坏地球大气的碳平衡，引发全球变暖，威胁人类生存。从长远发展考虑，使用清洁能源的交通工具将日益受到重视。因此，应在规划中加入充电、加气等供应设施网体布局，建立便捷的清洁能源供应网络。供应站点的选址布局必须在保障安全的基础上，协调好供应站点数量和规模之间的关系，尽可能地采取“规模小，数量多”的原则来保证汽车加气或充电的方便，为逐步引导居民采用清洁能源车辆出行奠定基础。

4.2.8.2.7　应规划全天候慢行系统。

【条文说明】

根据地域气候特点，规划设计全天候步行交通系统，便于行人在不同的天气条件下，方便而安全地在预定的时间内到达目的地点，可以促进市民步行出行以及对公共交通的使用，减少私人机动车使用，实现节能减排。此外，在极端气候灾害发生时，能够继续为行人提供相对安全的出行通道，也是提升城市适应气候变化能力的重要表现。全天候步行系统规划需要注意以下几个方面的问题：

- 气候适应性，需要对气候变化具有充分的适应能力（如雨棚等遮雨、遮阳设施）。
- 系统性，构建完整的体系，保持与各类公共设施的良好衔接，并提供简明清晰的方向指引设施。
- 安全性，设置安全隔离设施与行人通行信号设施，对于地下过街通道等隐秘空间，要妥善考虑照明与安保设备。
- 兼容性，可结合人行道、非机动车道、公园、广场、建筑物外廊等多种类型的开放空间设置慢行通道。

4.2.9　绿地系统

4.2.9.1　必须运用碳汇量测算等量化方法，保障城市有效绿地基本规模与合理布局。

【条文说明】

作为城市生态系统的重要组成部分，城市绿地的价值主要表现为生态、景观、经济和社会文化等有形物品和无形服务。传统城市规划中的对城市绿地的考虑主要为景观及使用需求，而对城市绿地的生态碳汇功能考虑不足。在全球气候变化的大背景下，需在规划方案的比选时引入绿地碳汇量计算，测算不同类型不同规模绿地碳汇能力，通过量化分析促进城市有效绿地的合理布局，确保城市绿地碳汇作用最大化。

4.2.9.2　应结合城市通风道的设置，优化城市绿地系统布局。

【条文说明】

合理规划布局绿地系统和河湖水系，将其作为城市自然的通风廊道，达到改善城市的通风散热效果、降低城市温度缓解热岛的目的。强调绿地系统的连贯性，成网络、成体系的绿地网络结构能够更好地提高碳汇效率。绿地系统规划中应考虑连接、强化绿色网络，并增加中心城区的绿化覆盖率及绿量。

4.2.9.3 在合理布局的基础上，增加城市绿化形式的指引，鼓励以植树造林为主，并大力推广人工湿地建设。

【条文说明】

传统绿地系统规划对于绿化形式的引导较为欠缺，从应对气候变化的角度判断，植树造林与湿地建设相对其他绿化形式而言具有更强的碳汇能力和气候调节功能，它们能够吸收二氧化碳气体、缓解城市热岛效应。不仅如此，它们还可以增强水土涵养，有效减缓强降水等极端气候事件引发的洪涝灾害对城市的冲击。因此，有必要在绿地系统合理布局的基础上，增加绿化形式的引导。

根据相关研究，城市绿化植物种类的碳汇能力由强到弱的排序基本为：乔木、灌木、草本植物。

4.2.10 市政基础设施

4.2.10.1 基本规定

4.2.10.1.1 必须遵循资源节约与循环利用的基本原则编制各项市政基础设施规划。

【条文说明】

加强资源节约与循环利用是社会可持续发展的必然要求。在全球气候变化的背景下，资源节约和循环利用可以提高资源利用率，减少能源消耗，减少二氧化碳排放量。

4.2.10.1.2 各项市政基础设施规划必须制定极端气候事件的应对预案。

【条文说明】

市政基础设施的使用具有长期性和稳定性。传统的市政基础设施规划在应对气候变化问题上有所欠缺，一旦遭遇极端气候事件袭击，将会影响城市市政基础设施正常运行，给城市带来安全隐患。在全球气候变化的背景下，在编制城市各项基础设施规划时必须考虑极端气候事件对基础设施系统的特殊要求，并制定极端气候事件的应对预案，确保基础设施的正常运行。

4.2.10.1.3 市政管网普及率必须达到100%。

【条文说明】

市政管网普及率指包括供排水管网、再生水管网、燃气管网、通信管网、电力电缆、供热管网等在内的管网的普及率。

4.2.10.2 给水工程规划

应积极采用节水技术，实现多源供水；应对生产、生活的各类用水提供分质供水并制定循环利用办法，并对人均用水量标准进行合理调控。

【条文说明】

全球气候变化将导致水资源进一步短缺。因此，为了保障城市的给水供应，在给水工程规划中应当从“开源”与“节流”两方面加强对城市给水控制。“开源”主要是加强水资源的合理开发、收集和优化利用技术，包括对恶劣水质的水进行改造，改变其功能，使之成为可用水的技术，以及将使用后的废水回收再循环技术等；此外，多渠道开发利用非常规水源，收集雨水和淡化海水也是“开源”的重要途径。其中比较而言，雨水收集成本最低，并且节能环保，所以应考虑在给水工程规划中确定大型雨水收集设施的布点，提高雨水利用率。“节流”则是指在用水过程中，通过各种各样的工程技术手段、管理手段，达到节水目的的技术，比如分质供水、合理降低人均用水量标准等。国内外不少规划实践中都对城市给水工程进行了新的技术尝试。天津生态新城规划提出至2020年非传统水资源利用率不低于50%，人均综合用水量标准不高于320L/人·日。《无锡太湖新城规划指标体系及实施导则》中按照不同用地性质制订了非传统水资源利用率标准，即住宅建筑的非传统水源利用率宜大于30%，办公商业建筑的非传统水源利用率宜大于40%，宾馆建筑的非传统水源利用率宜大于15%，市政道路冲洗、绿化用水中非传统水源利用率达到80%。《中国低碳生态城市指标体系》中对再生水利用率也加以赋值控制，至2015年北方地区缺水城市可再生水利用率要达到城市污水排放量的20%～25%，南方沿海缺水城市要达到10%～15%，其他地区城市也应开展此项工作，并逐年提高利用率。

4.2.10.3　排水工程规划

4.2.10.3.1　必须遵循“雨污分流”的基本原则。

【条文说明】

“雨污分流”是指通过建设各自独立的雨水管网和污水管网，实现雨水和污水的单独收集与排放。雨污分流是排水工程规划中的传统原则，在应对气候变化中仍然能够发挥重要作用。一方面，污水通过污水管网输送至污水处理厂，既可以实现中水回用，节约了水资源，还能减少污水对河流、地下水等环境的污染，明显改善城市水环境，减少了污染治理能耗与碳排放。另一方面，雨水管网的单独设置，有利于雨水的搜集与循环利用，增加了水资源的供给途径，缓解气候变化带来的水资源匮乏。

4.2.10.3.2　应对气候变化的中心城区雨水工程规划应遵循“以蓄为主、以排为辅”的原则，建立自然水体蓄洪与人工管网排涝相协调的雨水排放系统，确定大型雨水收集设施的布点。

【条文说明】

随着我国城市化进程的快速发展，大量的水体和自然植被被破坏，取而代之的是大量硬质铺装，造成城市下垫面渗水性差，雨洪蓄滞能力不足，这直接导致了我国许多城镇在暴雨等极端气候事件下因地面径流过大而超出雨水管网负荷，从而形成内涝现象。因此，中心城区雨水工程规划应“以蓄为主、以排为辅”，通过增加水土涵养能力，可以减少城市的雨水外排径流量，减轻市政排水系统压力。自然蓄留的雨水在大大减少暴雨径流量、延缓汇流时间的基础上，还能够回补地下水、减缓地下水位下降趋势，防止地面沉降与增强水循环利用，并对控制初期雨水的径流污染，降低市政排水系统的治污负荷与能耗起到积极作用，从减缓和适应两方面加强了城镇应对气候变化的能力。

4.2.10.3.3　应对气候变化的中心城区，雨水工程规划应结合地域气候特征与主要极端气候灾害类型，研究调整暴雨强度标准与径流系数。

【条文说明】

在全球气候变暖的大背景下，暴雨等极端气候事件频发，一方面现有的暴雨强度计算标准遇到了新的挑战，有必要结合地域气候特征与主要极端气候灾害型，重新研究、校核并调整暴雨强度计算标准；另一方面由于城市化进程的快速推进，城镇地表环境已经发生了显著变化，地面径流量明显增大，径流系数的重新校核与调整同样刻不容缓。只有通过暴雨强度计算标准和径流系数的重新校核设定，方能更为准确的预测、计算气候变化背景下的城镇排水需求，从而更加科学合理地设置排水管网，提高设施的排水能力。

暴雨强度是指单位时间内的降雨量。径流系数是一定汇水面积内总径流量（mm）与降水量（mm）的比值，是任意时段内的径流深度 Y 与造成该时段径流所对应的降水深度 X 的比值。

径流系数指一定汇水面积雨水量与降雨量的比值，是任意时段内的径流深度 y（或径流总量 W）与同时段内的降水深度 x（或降水总量）的比值。径流系数说明在降水量中有多少水变成了径流，它综合反映了流域内自然地理要素对径流的影响。其计算公式为 a=y/x。暴雨强度是指单位时间内的降雨量，其计量单位通常以 mm/min 或 L/(s. 万 m^2) 表示。

4.2.10.3.4　应对气候变化的中心城区，污水工程规划应遵循“规模合理、分散布局、便利回用、节约能源”的原则开展污水处理厂的规划布局。污水管网应实现全覆盖，污水处理目标由达标排放向优质可再生水利用转变，并积极采用人工湿地等新型污水处理设施。

【条文说明】

中心城区规划的污水工程规划重点是合理布局污水处理厂和排污主干管网，从应对气候变化的角度分析，污水处理厂与污水管网的布局需要从减缓和适应两方面作出应对。

减缓气候变化的关键是减少二氧化碳排放量，在污水工程规划中，可以从污水的集中处理以及循环利用得以实现。一方面，通过污水主干管网的全覆盖，能够较好地杜绝污水不经处理的直接排放，减少了对城市环境的严重污染，节省了其污染治理能耗，同时污水经过管网集中到污水处理厂进行处理，能够提高处理能耗的利用率，也能达到减少相关能耗的目标。这两者通过减小能耗使用实现了二氧化碳的排放。另一方面，通过污水处理目标由达标排放向优质可再生水利用转变，大量污水经过处理后得以重新利用，间接地减小了城市供水端在水源寻找、处理净化等方面的能耗，也发挥了减少二氧化碳排放的作用。因此，倡导将污水处理工艺从中国的“一级 B”转向“一级 A”。“一级 A”处理出来的即为可循环利用的中水。

适应气候变化的核心是最大限度地减小并适应极端气候灾害对城市的负面影响，污水处理厂作为重要的城市市政基础设施，在极端气候灾害条件下如何维持正常的运行是提高城市应对气候变化能力的重要内容。根据国际水协会总结发达国家的经验，需要从污水处理厂的规模与布局两方面着手控制。首先是控制适度的规模，不能片面追求单个污水处理厂的超大规模和处理能力。否则超远距离的污水收集输送系统将产生巨大的能耗和碳排放，还容易遭受极端气候灾害影响而造成污水处理工作停摆，严重影响城市正常运行，单个污水处理厂能够维持 20 万～40 万 t 日处理能力即可。其次，解决上述问题的合理方案即分散式布局污水处理厂。单个污水处理厂服务范围应控制在就近的 20 万人口到 50 万人口，既可节约管网投资，减少运营能耗与碳排，而且在极端气候灾害条件下的系统可靠性也得以提高。

除了合理控制传统技术的污水处理厂之外，还需要加强对应用新型技术的污水处理设施引入。人工湿地是由人工建造和控制运行的与沼泽地类似的地面，将污水、污泥有控制地投入经人工建造的湿地上。污水与污泥在沿一定方向流动的过程中，主要利用土壤、人工介质、植物、微生物的物理、化学、生物三重协同作用，对污水、污泥进行处理。经人工湿地处理后的污水，至少能够达到“一级A”的水质，可以直接加以循环利用。人工湿地这一新型设施的引入，在污水处理的同时，还能利用其良好植被增加城市“碳汇”面积，利用其雨洪蓄滞能力提升城市应对强降雨、高温等极端气候灾害的能力，可谓一举数得。

4.2.10.4　电力工程规划

应规划布局高效节能电网。

【条文说明】

高效节能电网即智能电网。智能电网是以物理电网为基础（中国的智能电网是以特高压电网为骨干网架、各电压等级电网协调发展的坚强电网为基础），将现代先进的传感测量技术、通信技术、信息技术、计算机技术和控制技术与物理电网高度集成而形成的新型电网。智能电网在应对气候变化中的作用主要体现在减缓气候变化方面，即减缓二氧化碳排放，具体从以下五个途径实现：第一，支持清洁能源机组大规模入网，加快清洁能源发展，通过推动我国能源结构的优化调整实现减少碳排放；第二，促进特高压、柔性输电、经济调度等先进技术的推广和应用，降低输电损失率，通过降低能源输送损失实现减少碳排放；第三，引导用户合理安排用电时段，降低高峰负荷，稳定火电机组出力，通过降低发电煤耗实现减少碳排放；第四，实现电网与用户有效互动，推广智能用电技术，通过提高用电效率实现减少碳排放；第五，有助于推动电动汽车的大规模普及应用，通过减少交通能耗实现减少碳排放。

4.2.10.5　通信工程规划

必须建立能够覆盖中心城区范围的呼救中心和应急信息平台，建设市区应对气候变化网络交换、信息集散中心和灾害预警中心。

【条文说明】

同4.1.7.5条文说明。

4.2.10.6　供热工程规划

应鼓励使用工业废热、余热作为供热源；合理设置供热管网，提高能源输配效率；积极推广使用地源热泵等新型供热技术。

【条文说明】

工业余热主要是指工业企业的工艺设备在生产过程中排放的废热、废水、废气等低品位能源，利用余热回收技术将这些低品位能源加以回收利用，提供工艺热水或者为建筑供热、提供生活热水，回收工业余热，从而通过节约制热能源消耗减少二氧化碳排放。国内已有不少实践对此展开探索，如曹妃甸生态城规划中规定工业余热供热占市政供热比率不小于45%，鼓励利用电厂循环水余热，实现供热工程中热能的梯级利用；上海南桥新城的规划要求工业余热利用率达80%。

合理设置供热管网，提高能源输配效率，可减少热能输送损失增加的隐形碳排。

鼓励多元化低碳的热源供应方式，鼓励开发和利用水源热泵、地源热泵等新型供热技术，通过可再生能源及清洁能源利用实现减少二氧化碳排放。

水源热泵是利用地球水所储藏的太阳能资源作为冷、热源，进行转换的空调技术，可分为地源热泵和水环热泵。地源热泵是利用地球表面浅层水源（如地下水、河流和湖泊）和土壤源中吸收的太阳能和地热能，并采用热泵原理，既可供热又可制冷的高效节能空调系统。利用自来水的水源热泵习惯上被称为水环热泵。

4.2.10.7 燃气工程规划

应选择天然气作为首选气源，具体落实天然气调压站点与天然气供应管网布局，尽量提高天然气管网覆盖率。

【条文说明】

选择天然气作为首选气源的原因详见4.1.6.6条文说明。

提高天然气供应站覆盖率有助于减少居民使用煤炭、石油液化气等其他高碳排燃料的比例，有利于减少二氧化碳排放量，减轻温室效应。

4.2.10.8 环卫工程规划

应制定垃圾深度分类和回收再利用办法，从源头减少垃圾产生量和处理量；采用垃圾压缩中转技术，减少垃圾转运过程的二次污染与能源消耗；以减少碳排放为主要原则，兼顾运营成本，因地制宜地选择垃圾无害化处理技术。

【条文说明】

城市垃圾是城市为居民日常生活生产提供服务过程中产生的固体废弃物，而日益增长的城市垃圾不仅污染城市环境，还在垃圾收集、转运、处理过程中耗费大量的能源，并排放出大量二氧化碳。因此，中心城区的环卫工程规划应对气候变化的主要途径是加强对城市垃圾的收集、转运和处理的控制，以此实现减少碳排放的目标。具体而言，又分成减少垃圾产生量、完善垃圾转运技术、选择合适的垃圾处理技术等几个方面。

首先从垃圾收集的源头上减少垃圾产生量，通过对垃圾的深度分类，并对可回收垃圾制定回收再利用办法，将极大的降低垃圾实际处理量，既能通过减少垃圾处理能耗降低二氧化碳排放量，又能增加可回收垃圾的重复利用率，通过节约相关资源的开采与提炼、制造能耗实现减少二氧化碳排放。

其次在垃圾转运过程中减少二氧化碳排放，主要通过两方面完成。一是合理规划垃圾收集、转运站点布局，合理缩短垃圾运输车辆的出行距离，减少交通能耗及其二氧化碳排放；二是对中转垃圾实行压缩化处理，既能节约转运站点的用地，减少日常管理、维护能耗，又能减小垃圾转运过程中的因垃圾泄漏造成的二次污染，从而减少了相关污染治理的能耗及其二氧化碳排放。

最后在垃圾处理中减少二氧化碳排放，主要通过选择合适的垃圾处理技术完成。目前存在多种垃圾处理技术，如好氧堆肥技术、厌氧发酵产沼利用技术、填埋气体收集利用技术、焚烧发电技术等。各种处理技术的碳排量与成本各不相同，各地市应结合自身实际情况，以二氧化碳排放量为主要依据，兼顾运营成本，合理选择具体的垃圾处理技术。此外，还应注意垃圾处理的无害化问题，避免因形成二次污染而造成新的污染治理能耗及其碳排放。

4.2.11 综合防灾

4.2.11.1 必须将气候变化引发的气候灾害与极端气候事件作为重点考虑的灾害风险预测类型之一。

【条文说明】

目前，城市规划领域对于灾害风险预测的考虑欠缺，对于灾害风险预测也没有把极端气候事件涵盖进来。从其他领域来看，国内现有一部分主要气候灾害和主要灾种的风险评估与管理技术方法、评估流程与技术规范等。气象部门编制了气象灾害图集，主要灾害包括台风、暴雨、干旱的风险评估。出版了长江流域、华东区域、云南省、番阳湖、长江三峡库区等流域和区域的气候变化综合影响评估报告。对当地的气候变化风险进行了分析，并建立了“中国气候服务系统”，旨在帮助人们加强气候管理和灾害风险管理。在此基础上逐步增加高温、低温寒潮、海平面上升等气候灾害以及气候事件的综合灾害预测类型，完善整个预测体系。而后据当地各类气候灾害以及极端气候时间的危险性、可能发生灾害的影响情况及防灾要求，在城市规划领域，也必须将气候变化引发的气候灾害与极端气候事件作为重点考虑的灾害风险预测类型之一。

4.2.11.2　必须将强降水、风暴潮、高温等极端气候灾害的防灾减灾措施作为综合防灾规划的主要内容之一。

【条文说明】

目前，传统的城市综合防灾规划主要包括：城市消防规划、城市防灾减震规划、城市地质灾害减灾规划、城市水安全规划、城市气象减灾规划、城市生命线防灾规划、地下空间与防空防灾规划、应急交通规划、安全生产与安全生活规划、森林安全防灾规划、城市救灾规划、城市防疫规划、避险场所规划等基本内容。

开展气候变化背景下城市综合防灾规划的目的在于探索城市总体规划关键规划要素，和全面整体性的气候变化应对策略。在现有专项规划体系的基础上，增加防降水、风暴潮、高温等极端气候防灾减灾内容，进行综合气候防灾规划。其涉及灾前预防、灾中应急和灾后重建等三个层面，提出防护原则和应急措施。

4.2.11.3　应运用源头控制、雨水管网构建等雨洪管理技术建立城市雨洪安全格局。

【条文说明】

近年来，由气候变暖造成的极端气候事件频发对城市造成了极大破坏，其中最具代表性的是强降水引发的城市内涝，我国很多城市都遭受暴雨导致的雨洪灾害侵袭，“看海”一时成为城市居民热议的话题。作为我国城市普遍面临的主要气候灾害，雨洪管理在应对气候变化的城市综合防灾规划中应作为重点加以研究。

雨洪指的是在自然条件下，大气降水降落到地面后，超过城市下垫面自然消化能力的那部分雨水。由于这部分降水容易形成地表径流，长期以来一直被看作是一种致害因子，因此称之为雨洪灾害。

在城市化的过程中，随着人口和城市规模不断扩张，城市地表覆盖面由人工不透水地面取代了透水良好的林地、农田、湿地等，地表的滞水性、蓄水性、透水性等水文条件发生了改变。强降水来袭时，大量雨水无法通过人工不透水地面下渗，只能全部借助城市雨水工程管网排出，导致暴雨期间的实际流量远超管网设计负荷，无法顺利排出的雨水回灌入城，造成大面积城市内涝现象，严重影响城市正常运行秩序，危害居民生命与财产安全。

城市雨洪管理实用技术包括源头径流削减与控制技术、城市雨水管网构建技术和城市水循环模拟与调控技术等。三者相辅相成，不可分割。城市总体规划阶段的综合防灾规划在雨洪管理中的工作重点是加强源头径流量削减与控制，在传统排水管线工程基础设施的构建同时，利用城市拓展区、湿地、湖泊、洼地、水库等组成一个调蓄雨洪的系统，增强城市对强降水的蓄留、调控能力，减小对工程管网的直接冲击，借助城市自然水体的循环构建城市雨洪安全格局。

4.2.12 旧城更新

4.2.12.1 必须将旧城更新作为城市获取可持续性发展用地的主要途径。

【条文说明】

传统外延式的城市拓展把生态用地变成城市用地，大量森林湿地消失，削弱了自然生态系统本身的碳中和能力。不仅如此，大规模的城市新区建设还将消耗大量能源，增加二氧化碳排放量。从可持续发展角度，城市宜通过改造旧区获得继续发展的用地，实现城市拓展由外延式向内涵式转变。

4.2.12.2 存量土地开发量占城市年度发展用地总量的比例不宜低于50%。

【条文说明】

2012年，深圳新增建设用地800hm^2，存量建设用地918hm^2，存量土地更新面积占城市年度发展用地总量的53.4%。存量建设用地的供应规模首次超过新增建设用地，以城市更新为代表的土地二次开发已成为保障土地供给的重要力量。此外，广州、上海等一线城市，以及武汉、长沙等二线城市都积极进行旧城改造，释放存量土地。随着城市化水平的进一步提升，土地资源将日益紧缺，城市发展模式由外延式增长向内涵式增长的转变势在必行，最终实现存量土地的开发成为城市获取可持续发展用地的主要途径。

4.2.12.3 旧城更新应结合轨道交通的规划建设，在满足相应规模的有效绿地建设前提下，进行高强度、高兼容性开发。

【条文说明】

维持生产与生活的能源消耗和土地利用或覆盖变化造成的温室气体排放是城市影响气候变化的主要途径。因此，提高土地使用强度与弹性已经成为应对气候变化的城市规划重要手段，在旧城更新中也不例外。通过高强度和高兼容性的土地开发，提高了土地利用效率和弹性，减少了土地利用再次变更的可能性，从而减少相关建设带来的能耗与碳排放。

随着高强度的开发，生活与工作通勤交通需求大涨，为了尽量降低该部分交通碳排放，借助公共轨道交通势在必行，这将为更新区内的居民提供更加便捷、低碳的出行方式。当然，满足相应规模的有效绿地建设是必不可少的前提条件，它的存在既能提供足够的“碳汇”面积，也能够为更新区提供雨洪蓄留的绿色空间，从减缓和适应两方面进一步有效应对了气候变化问题。

4.2.13 地下空间利用

4.2.13.1 应确立积极开发地下空间，提高土地利用效率的基本原则。

【条文说明】

加强地下空间利用对城市低碳发展意义重大，具体如下：一是能够节约土地资源—利用地下空间，建造生产生活设施，如地铁、道路、多层广场等，极大的提高了土地利用效率，有助于城市紧凑发展，减小城市扩张带来的温室气体排放。二是可以改善城市交通—通过发展高效率的地下交通，形成四通八达的地下交通网，一方面能够有效缓解地面交通的拥堵问题，减少因拥堵产生的能源消耗与温室气体排放；另一方面能够积极推动公交出行，提高能源使用效率，减少温室气体排放。三是可以改善城市环境—把适宜地下建设的项目转移至地下，除了能够在一定程度上降低地表建筑密度，改善建筑光照与通风条件，降低采光和制冷能耗，减小温室气体排放，还能扩大绿化面积，有效增强“碳汇”能力，并改善城市生态环境。

4.2.13.2 地下空间利用应与轨道交通站点建设相结合，在满足人防要求的基础上，宜进行基础设施建设与商业开发。

【条文说明】

城市轨道交通不仅是城市的“交通生命线”，同时也是“经济繁荣线”。地下空间的使用必须有轨道交通作为支撑。一般而言，轨道交通站点属于人流密集区域，城市基础设施结合轨道交通站点布置，由于设施接近负荷中心，将有助于提高设施使用效率与能源使用效率，从而实现节能减排。

结合地下轨道交通建设进行地下空间开发的费用是地面建筑工程建造费用的2～4倍(同等面积情况下)，单纯依靠轨道交通有偿使用收费回收建设投资非常困难。在满足交通功能的前提下，进行商业性开发，如购物、餐饮、地下停车等，能较快的回收建设投资乃至增值。根据日本的经验，一般在8～10年即可收回投资。反而言之，商业性开发还能繁荣地区经济，增加轨道站点吸引力，能够在一定程度上促使人们使用轨道交通低碳出行，从而减少交通性碳排放，可谓一举两得。

4.3 专项规划

4.3.1 主要内容

应对气候变化的中心城区专项规划包括海岸线规划、水资源节约与综合利用规划、能源规划、通风道规划和绿色基础设施规划等六项内容。

【条文说明】

海岸线规划是指港口城市对临水岸线（包括毗邻的陆域和水域）合理使用所做出的安排。据统计，世界上人口超过1000万的前20座特大城市，其中16座位于沿海地区。在全球气候变暖的影响下，海平面上升、风暴潮等气候灾害的加剧对沿海城市的建设发展带来巨大的隐患，造成巨大的经济损失。在这些沿海城市的总体规划中加入海岸线专项规划的编制，能够有效提高沿海城市的安全保障能力，降低气候变化对沿海城市的不利影响。

IPCC技术报告之六《气候变化与水》（IPCC，2008）的序言中指出：“气候、淡水和各社会经济系统以错综复杂的方式相互影响。因而，其中某个系统的变化可引发另一个系统的变化。在判定关键的区域和行业脆弱性的过程中，与水资源有关的问题是至关重要的。因此，气候变化与水资源的关系是人类社会关切的首要问题，这两者之间的关系还对地球上所有生物物种产生影响”。我国水资源时空分布不均匀，年际变化大，水资源短缺严重。同时，气候变化背景下，部分流域极端气候、水文事件频率和强度可能增加。因此科学制定水资源节约与综合利用规划，对于保障城市供水安全，增强城市应对水旱灾害的能力，保障城市经济社会可持续发展具有重要作用。

能源的合理规划和优化配置是解决城市快速发展与能源短缺矛盾，协调城市化进程与能源资源合理利用的关键，同时对于减少温室气体排放，减缓和应对气候变化，实现经济社会的清洁发展具有十分重要的意义。能源规划应从能源的利用和节约两方面采取措施，节能与降耗并重，提高能源利用效率，提高可再生能源使用比例，创建多元化的能源供应体系，从而实现能源的生态化、节约化和可再生化。

城市通风道也叫城市通风廊道。就是在城市建设生态绿色走廊，在城市局部区域打开一个通风口，让郊区的风吹向主城区，增加城市的空气流动性，对城市的雾霾会起到一定的缓解作用。夏天还可以缓解“热岛效应”。从某种意义上说，“城市通风廊道”更多的是一种对城市结构的改造，对城市功能的完善。在全球变暖与快速城市化背景下，热污染与空气污染已对城市生态环境和居民身心健康造成严重威胁。合理规划城市通风道可将郊区新鲜凉爽的空气引入城区，并激发城区内部的局地环流，是促进城市通风、缓解城市热污染和空气污染、节约能源的重要手段。

绿色基础设施体系由网络中心、连接廊道、小型场地组成，包括各种开敞空间和自然区域，如生态保护区、湿地、森林、绿道、雨水花园等。这些要素组成一个相互连接、有机统一的网络系统。该系统可为野生动物迁徙和生态过程的起点和终点的同时，也可以自然地进行雨水调控，避免洪水灾害，改善空气和水的质量，有效调控城市气候，同时减少灰色基础设施的投入，节约城市管理的成本和资源。绿色基础设施通过合理规划可以自动管理环境，是为自然生态系统网络提供“生命支持”的必要基础设施。同时，这种生态网络体系可以从源头、中间、末端三个阶段减少城市二氧化碳排放，增强城市减缓和应对气候变化的能力。

4.3.2 海岸线规划

4.3.2.1 应以主动应对海平面上升、风暴潮等因气候变化引发的极端气候事件为主要目标之一，保护并改善海岸生态环境，兼顾城乡建设开发。

【条文说明】

海平面上升加剧了沿海地区海水入侵和土壤盐渍化程度，进而导致沿海地区土壤环境恶化、城市供水不足和水质受损；此外，海平面上升不仅会加剧风暴潮灾害，还会加大沿海地区洪涝灾害的威胁。而风暴潮能摧毁海堤，吞噬码头、工厂、城镇和村庄，从而酿成巨大灾难。

与此同时，海洋又是除了地质碳库以外最大的碳库，是参与大气碳循环最活跃的部分之一。地球上超过一半的生物碳①和绿色碳是由海洋生物（浮游生物、细菌、海草、盐沼植物和红树林等）捕获，单位海域中生物的固碳量约为森林固碳量的10倍，约为草原固碳量的290倍。沿海湿地、滩涂被誉为“海洋之肾”。作为海洋与陆地之间的过渡带，其丰富的生物资源和天然植被可以对污染物进行吸收隔离，更重要的是它们在削减洪峰，抵御海啸和风暴潮，防止海水入侵等过程中能够发挥重要作用。此外，沿海湿地、滩涂也具有很强的碳汇能力，对于吸收大气中的温室气体，减缓气候变暖有重要作用。

由此可见，在滨海地区规划中，应将主动应对海平面上升、风暴潮等因气候变化引发的极端气候事件作为滨海地区规划的主要目标和重点内容，一方面加强人工防灾设施建设，尽量降低极端气候事件对沿海城市的不良影响，另一方面积极保护海岸自然生态环境，最大程度发挥其碳汇作用和减灾作用。

4.3.2.2 应合理划定海岸区域的管制分区，制定相应的开发建设规定，保护性利用海岸线资源。

【条文说明】

海岸地区作为受气候变化影响最为严重的敏感地区，必须根据其不同区段的水文和地质等自然条件、开

---

① 生物体所产生和持有的碳即称为生物碳（Biogenic Carbon），一般认为生物碳是最终可以分解并重新变成二氧化碳（CO_2）的，只不过时间尺度不同，有些过程很快，如光合作用中的光呼吸过程，通常发生在几个毫秒内，而有些生物则通过沉积变成煤和石油，重新燃烧变成二氧化碳（CO_2），这个过程则要经过几百万年。由于没有定义碳汇的具体时间尺度，因此广义的来说，生物有机碳形成就是生物碳汇。但是通常意义上，人们还是认为将生物碳移入并保留在碳库的一段对人类有意义的时间，才是真正的碳汇。（孙军，2011）

发现状程度以及受海平面上升影响的脆弱性程度等各项因素，展开综合评估，以合理划定海岸区域管制分区。并制定相应的保护与开发建设规定，有效保护岸线的自然环境和海洋资源，保障城市安全，促进滨海城市经济社会可持续发展。

4.3.2.3　根据海岸的易受灾害影响程度、岸线保护要求和开发建设条件，宜将海岸区域划分为禁建区——核心保护区；限建区——限制开发区；适建区——都市发展区等三类。

【条文说明】

禁建区——核心保护区。主要包括沿海湿地林地保护区、海水水质一级保护区、地势低洼区域、地质不稳定易沉降区域等。应重点保护、修复生态环境，严格禁止沿岸地区的开发建设行为，种植防护林，防御风暴潮、海啸等灾害的侵蚀。监测排入近海海域废水量、近海海域主要污染物年均浓度等，量化保护的目标。

限建区——限制开发区。主要包括生态环境较好、地质条件稳定、地势较高的区域。主要用于居住、旅游、度假等功能区的开发，应预留生态保护缓冲地带，严格控制建设开发行为。临海地区的规划建设应慎重考虑防风暴潮的影响，加强海堤、拦潮闸等防御风暴潮工程体系的规划建设。

适建区——都市发展区。主要指对生态环境破坏较小、地质条件稳定、地势较高的适合建设区域。用于居住、商务、休闲、办公、现代服务业等功能区规划建设，应合理地规划用地布局，完善服务设施，提高环境品质，保护沿岸生态环境，并结合城市布局和居民需求，提供生活亲水空间。

4.3.2.4　在核心保护区加强海岸带生态环境修复，有效保护沿海湿地、滩涂和生物资源，构建生态型堤防体系；在限制开发区和都市开发区内加强自然岸线保护，在海堤与沿海建设用地之间规划生态缓冲带。

【条文说明】

自然岸线控制范围主要位于海岸生态敏感区与建设用地之间的过渡缓冲区域。这一区域是全球生态系统中的脆弱地带，也是海岸带资源环境系统稳定的基础。近年来，随着港口城市建设的不断发展，我国沿海自然岸线逐年减少，沿海滩涂湿地、红树林和珊瑚礁均遭受严重破坏，海底沉积环境受到污染，对海岸线生物多样性和生态系统稳定造成严重威胁，严重影响海洋碳汇功能的发挥。因此，结合自然岸线保护设置海岸生态缓冲带时不我待。借助生态缓冲带的规划建设不仅能够为人们提供美丽的岸线自然生态景观，而且有助于维护滨海生态系统稳定，强化碳汇能力，还可以降低海平面上升及其次生灾害对滨海城区的影响。

4.3.3　水资源节约与综合利用规划

4.3.3.1　应遵循“节流优先、治污为本、循环利用、多渠道开源”的基本原则，在优化水资源配置、建设节约高效的用水系统、水资源循环利用、利用非常规水源等四个方面制定相应的规划策略。

【条文说明】

随着城市经济发展水平和生活水平的提高，城市用水量也在不断增大。在水资源总量有限的前提下，迫于水资源危机的现实困境，应当将节约用水、高效用水、科学开源作为缓解水资源供需矛盾的根本途径和贯穿水资源综合利用的核心理念。在具体实践中，应将增强居民节水意识，加快污水资源化进程，提高水的重复利用率，多渠道利用非常规水源作为城市水资源可持续利用的新战略，以促进城市水系统的良性循环。

4.3.3.2 应在优化水资源配置、建设节约高效的用水系统、水资源循环利用、利用非常规水源等四个方面制定具体的体制、政策、技术和管理措施。

4.3.3.3 宜通过建立区域共享的水资源供应网络、分质供水网络、优化供水管网与加强渗漏控制等途径优化水资源配置，落实各类重要涉水设施用地和空间布局。

【条文说明】

区域共享供水网络是指通过统筹规划，在区域、流域范围内合理选择水源，科学划定水源保护区，加强水源地保护和生态修复，合理布局和建设各项供水取水设施，统筹调配水源，满足城镇密集地区的供水需求，促进区域的整体协调发展。区域共享的水资源供应网络能够在更大范围内进行水资源供需平衡，减少由于水资源使用造成流域上下游区域出现环境污染、取水不公平等负外部性问题。

当前我国的供水管网单一，所有用水都按生活饮用水标准供应，造成了巨大的水资源浪费和处理能耗浪费。实际上，城市不同用水需求所需的水质迥然不同，相关研究表明，城市居民需要的优质水仅占总量的5%，而其余绝大部分的用水并无高水质要求。而国外早已实施分质供水多年，饮用水供水管网之外，单独另设管网将低质水、回用水或海水供卫生洁具清洗、园林绿化、道路浇洒及工业冷却用水使用。因此，在应对气候变化的水资源节约与综合利用规划中应规划布局分质供水管网。

在中国，由于早期资金欠缺和条件限制，普遍使用了混凝土管、铸铁管、自应力管、冷镀锌管等材质较差的管材，致使大多数城市供水管网漏失严重、爆漏事故多。据统计，我国一般城市自来水漏损率达到10%~30%，平均水平在24%左右，远远高于欧洲7%的漏损率。[95] 这种资源的浪费还极大增加了供水的能耗，因此需要在应对气候变化的水资源节约与综合利用规划中通过优化供水管网与加强渗漏控制，提高管网运行效率，保证供水的节约和供水安全。

4.3.3.4 宜通过生活节水、工业生产节水与园林绿化节水建设节约高效的用水系统。

【条文说明】

在生活节水方面应鼓励采用节水型器具，主要包括节水型水嘴、节水型便器系统、节水型淋浴器、节水型洗衣机等。在工业生产节水方面，应强制执行一水多用，重复利用，提高水的重复利用率，强制推广“节约用水，推行循环用水、密闭用水、污水回用、一水多用、中水利用”等节水技术。在园林绿化节水方面应注意合理选择植物种类，科学进行灌溉设计，推广节水型灌溉技术，注重雨水和其他中水资源的循环利用。

4.3.3.5 宜通过建设高效的城市污水收集、处理、回用系统，实现水资源的循环利用。

【条文说明】

高效的城市污水收集、处理、回用系统是解决城市和工业用水短缺的有效途径。据统计，城市供水量的约80%排进城市污水管网中，收集起来再生处理后70%可以安全使用，变成再生水返回到对城市水质要求较低的用户，替代等量自来水。可见，规划建设高效的城市污水收集、处理、回用系统，对于城市水资源节约与再利用具有重大意义。国外已有不少成功经验值得借鉴，如新加坡采用“双介质过滤—反渗透”(DMF-RO)工艺对城市三级处理污水进行深度处理，2000年在裕廊岛工业园投产一套产水规模3×105m^3/d的城市污水深度处理装置，出水主要回用于给水和消防系统。另外以三级处理的城市污水为水源，采用“超滤—紫外光—

反渗透”生产“新生水”工艺，投资建设一套产水能力 3.3×105m^3/d 用于饮用水的城市污水深度处理装置，该系统所产生的“新生水”大部分进入饮用水源水库作为饮用水。

4.3.3.6　应鼓励积极采用非常规水资源，多渠道开发利用再生水、收集利用雨水和淡化海水，各地区应结合实际情况，合理确定非传统水资源利用率。

【条文说明】

非常规水资源的开发利用作为城市常规水源的有力补充，能够有效提高城市适应气候变化的能力。当前国内不少低碳生态新城规划都对此做出了有益的尝试，根据各自城市的水资源背景及市政设施配套情况等，各地确定的规划期末（至 2020 年）非传统水资源利用率从 10% ～ 100% 不等。北方资源型缺水性地区，如中新天津生态城和唐山曹妃甸新城，受困于常规水资源的匮乏，因此对非常规水资源的利用寄予较大期望。中新天津生态城规划提出规划期末非常规水资源利用率达到 50%，唐山曹妃甸新城规划提出规划期末非常规水资源利用率达到 100%；南方水质性缺水地区，如上海南桥新城，通过对水质的改善处理（如再生水利用）既可满足用水需求。因此，对非常规水资源的利用需求并不迫切，规划期末（2020 年）的非传统水资源利用率仅为 10%。各地市在开展非常规水资源利用时，应结合本地区缺水类型，合理选择非常规水资源的种类，并设定利用率目标。

4.3.4　能源规划

4.3.4.1　应遵循“高效利用、减排环保”的基本原则，在提高能源使用效率、优先发展清洁可再生能源、建立智能管理平台等三个方面制定相应的规划策略

【条文说明】

能源供应系统是二氧化碳排放主要源头，因此它在应对气候变化中的主要作用体现在减缓气候变化方面，即减少二氧化碳排放。其具体实现途径包括：一是通过技术创新提高能源利用效率，减少能源消耗总量，进而减少因化石燃料产生的二氧化碳排放量；二是需找新的清洁可再生能源替代现有石化能源，从根本上减少二氧化碳排放。在当前的信息化时代，以上两条路径的实施都需要借助智能化管理平台方可完成。因此，应对气候变化的城市规划在能源规划的专项研究应从上述三个方面展开。

循环节约旨在集约节约利用能源，通过采取必要的技术和措施，对余热、余压等废弃能源回收与循环利用，实现物尽其用，控制能源消费总量，从而降低能耗、物耗和二氧化碳排放强度。

4.3.4.2　应在提高能源使用效率、优先发展清洁可再生能源、建立智能管理平台、设立碳交易市场等四个方面制定具体的体制、政策、技术和管理措施。

4.3.4.3　应积极使用分布式能源技术，提高能源使用效率，宜因地制宜地选择使用分布式冷、热、电三联供技术。

【条文说明】

分布式能源是一种建在用户端的能源供应方式，可独立运行，也可并网运行，是以资源、环境效益最大化确定方式和容量的系统。它是将用户多种能源需求，以及资源配置状况进行系统整合优化，采用需求应对式设计和模块化配置的新型能源系统，是相对于集中供能的分散式供能方式。它在减缓气候变化方面的作用体现如下：在环境保护上，通过将部分污染分散化、资源化实现适度排放的目标；在能源的输送和利用上，通过分片布置实现在有效提高能源利用安全性和灵活性的同时，减少长距离输送能源的损失。

冷、热、电联供系统是一种建立在能量梯级利用基础上的综合产、用能系统，其能源利用率可达到70% ～ 90%。首先利用一次能源驱动发动机供电，再通过各种余热利用设备对余热进行回收利用，最终实现更高能源利用率、更低能源成本、更高供能安全性以及更好环保性能等多功能目标。

并不是所有的地区都适合发展冷、热、电联供系统，应在结合相应需求情况，根据当地气象条件、能源状况、建筑类型、居民生活习惯以及经济承受能力等因素，进行技术经济比较，因地制宜地选择规划建设联供系统。

4.3.4.4 应积极鼓励使用太阳能、浅层地热能、风能、生物质能等可再生能源；宜结合地域气候特征，选择利用合适的可再生能源种类

【条文说明】

2011年IPCC发布的《可再生能源资源与减缓气候变化特别报告》中明确指出了六种有利于减缓气候变化有关的可再生能源，即生物质能源、直接太阳能、地热能、水力发电、海洋能和风能。因此，应对气候变化的城市规划在能源规划专项中应鼓励积极使用这六种可再生清洁能源，分担石化能源的供应压力，减少二氧化碳排放。

我国各地市应根据本地区可再生能源的分布特点，在资源评估、技术研发和供应设施与管网布局等方面制定规划策略，因地制宜地大力发展可再生能源，有效应对气候变化。目前，国内的低碳生态新城规划实践中普遍重视可再生能源的利用，天津中新生态城、深圳光明新区和北京长辛店低碳社区等地规划中都提出了可再生能源使用率大于20%的要求。

4.3.4.5 建立区域能源实时在线检测和信息化管理的能源管理系统，提高能源管理效率。

【条文说明】

能源的使用在不同时间段存在一定的起伏，不同终端在能源使用中也存在差异，传统能源供应缺乏实时监控和信息化管理，造成了不少不必要的能源浪费。在当前的信息化时代，有必要在应对气候变化的能源规划中引入这些先进的技术手段，进一步节约能源消耗，减少二氧化碳排放。

能源实时在线监测系统采用高质量的专用智能电表、智能水表、蒸汽流量计、热能计等各种通讯功能的仪表，采集能耗数据；通过布线或者无线传输到软件平台，从而实现对区域内电、水、煤、汽（气）、油等日常生产生活活动可能消耗能源的实时在线计量和监测。

信息化能源监控管理系统基于计算机技术、网络通信和自动化仪表技术的应用，统计区域内各地区能源消耗情况，并对各地区的能耗信息进行加工、分析、管理及保存，从而实现对各地区用能情况全面、规范、有效的管理和控制。同时，该系统也为各地区能耗指标的制定提供了更为科学的依据。

4.3.4.6 可建立区域碳交易市场，利用市场机制推进节能减排。

【条文说明】

碳交易是《京都议定书》为促进全球温室气体排减，以国际公法作为依据的温室气体排减量交易。在6种需要减排的温室气体中，二氧化碳（CO_2）为最大宗，所以这种交易以每吨二氧化碳当量（tCO_2e）为计算单位，通称为“碳交易”。其交易市场称为碳市（Carbon Market）。

中国是全球第二大温室气体排放国，虽然没有减排约束，但中国被许多国家看作是最具潜力的减排市场。我国“十二五”规划提出了到2015年实现单位国内生产总值二氧化碳排放比2010年下降17%的目标，并强调要更多发挥市场机制对实现减排目标的作用。通过建立自愿碳交易市场，鼓励企业自愿参与碳减排交易，不仅可以培育与提升企业及个人减排的社会责任意识，而且可以激励企业加快技术改造，推进绿色低碳转型，从而有助于我国节能减排目标的实现。目前我国已经在北京、天津、上海、深圳等多个城市建立了多家环境能源交易所。

4.3.5 通风道规划

4.3.5.1 应统筹城市外围通风道与城市内部通风道，共同构建城市通风道系统。

【条文说明】

良好的城市通风效果，需要城市外围的湿润低温空气与城市内部的干燥高温空气形成互通式对流。因此，必须对城市内外的通风廊道予以同等重视。城市外围通风道应利用现状的河湖水系、生态湿地、风景区山林、基本农田等自然生态资源，形成连通城市与郊区的绿楔；城市内部通风道应结合城市街道、绿地公园、河湖水系和低强度开发区设置，与城市外部通风廊道相连接，共同构成城市通风道的主体框架。

4.3.5.2 应根据地域气候特征，合理设计城市通风道的主体方向。

【条文说明】

通风道的具体设置方式应根据不同地域的气候特征区别对待。北纬40度以北地区城市，除考虑夏季导热外，还要考虑冬季挡风的需求，因此，通风道方向宜与冬季主导风向成夹角；北纬32度以南地区城市重点考虑城市导风散热需求，因此，通风道方向宜与夏季主导风向平行，缓解城市热岛效应，降低制冷能耗与碳排放量。

4.3.5.3 城市外围通风道应利用现状河湖水系、生态湿地、风景区山林、基本农田等自然生态资源，形成连通城市与郊区的绿楔，并与城市内部通风道连接。

4.3.5.4 城市内部通风道应结合城市街道、绿地公园、河湖水系和低密度开发区域设置。

4.3.5.5 具有较理想效果的通风道最小宽度宜不小于150m。

【条文说明】

通过借助计算流体力学（Computational Fluid Dynamics，CFD）的计算机城市风场模拟实验，可以发现，城市通风道的实际效果与风道的总体宽度密切相关。一般风速情况下，宽度在80m以下的城市通风道排热效果并不十分明显；而只有当通风道总体宽度达到150m左右时，才能达到较为理想的通风排热效果。因此，在规划城市通风道时，如选择依托城市道路设计通风道，应将道路空间与街道两侧的绿化空间、低层或低密度开发带进行整合，形成总体宽度达150m以上的城市通风道；若选择依托生态绿地、河流水系设计通风道，同样需要达到不低于150m的宽度要求。如此，利用自然风的流动促进城市通风排热才有可能。

4.3.6 绿色基础设施规划

4.3.6.1 在生态安全的基础上，着重强调以提升城市碳汇能力、污染控制和降低极端气候事件冲击等作为中心城区绿色基础设施规划的新目标，进一步深化落实市区级绿色基础设施网络中心与连接廊道。

【条文说明】

中心城区以城市建成区为主体，自然生态绿化与人工生态绿化穿插其中，绿色基础设施维护生态安全的作用更显重要。同时，中心城区是温室气体排放的主要场所，也是对极端气候灾害敏感性和脆弱性最强的地区，是城市应对气候变化的“主战场”。因此，在中心城区的绿色基础设施规划中，应在维护生态安全的职能基础上，增加有效应对气候变化作为中心城区绿色基础设施规划的主要目标，并以此作为选择市区级绿色基础设施网络中心和连接廊道的基本原则，与市域级网络中心、连接廊道共同构成城市绿色基础设施的主体框架。

4.3.6.2 市域城镇体系规划：以生态安全为目标，确定市域级绿色基础设施网络中心与连接通道。

【条文说明】

在市域城镇体规划这一大尺度层面，研究绿色基础设施规划的国际主流思想是基于景观生态学和保护生态学，注重对现有生态环境的维护与优化，强调生态安全格局的构建，这也能够实现市域尺度下增强碳汇和抵御极端气候灾害等应对气候变化目标。因此，在此可以借用常规绿色基础设施规划的方法与技术。

绿色基础设施的网络中心是多种生态过程的“源”，为野生动物提供栖息地或迁移目的地，为人类提供休闲娱乐、环境保护和交流交往场所。根据美国马里兰州绿色基础设施网络规划的经验，网络中心需满足以下一个或多个条件：具有敏感的植物或动物物种；大规模连接较好的内陆森林（面积大于100hm^2，并有100m过渡区域）；具有至少100hm^{2}未开发的水域；政府或社会团体的保护地。可以此为参考，根据地方实际情况进行调整设定门槛。

绿色基础设施的连接廊道是用来连接网络中心，促进生态过程流动的线性空间实体。国际主流研究将连接廊道分为陆地、湿地、水域三种类型，通过模拟生态过程确定廊道路径，包括对种子迁移扩散、动物迁移、基因流和土壤侵蚀等生态过程进行顺利程度的测度，最终结合周边地形和地标形态确定一定宽度的廊道。

4.3.6.3 网络中心的规划布局宜与中心城区应对气候变化的脆弱性分区相结合，并充分利用现有绿色资源。

【条文说明】

传统的绿色基础设施规划强调与市区总体结构、城市空间和生态安全格局相耦合，从应对气候变化的角度分析，还应该在规划网络中心布局时注重与中心城区应对气候变化的脆弱性分区相结合。脆弱性越强的区域越应当增强该区域绿色基础设施的规划建设力度，以此增强该区域应对气候变化的能力。在有条件的情况下，通过网络中心的设置推动“以点带面”的建设不失为极具效率的途径。

此外，中心城区土地资源有限，绿色基础设施的网络中心规划应充分利用现有绿色资源，促进城市集约发展。可以加以利用的绿色资源大致分为以下两大类：

第一类，可建设用地类，其中又可以细分为传统的城市公共开放空间和修复后的城市生态退化区。传统的城市公共开放空间主要包括公园、绿地、运动场和城市广场等绿色空间；修复后的城市生态退化区包括重新修复或开垦的工业废弃地、矿地、退化湿地以及和垃圾填埋场等。

第二类，非建设用地类，主要包括自然山体、河流水域、湿地、农林牧场等，较具代表性的是城市内的风景名胜区。

4.3.6.4　绿色连接廊道宜选择沿河流与道路分布。

【条文说明】

绿色基础设施的绿色连接廊道一般分为河流生态廊道和道路生态廊道两大类，从应对气候变化的角度分析，这两类连接廊道依然能够发挥重要的积极作用，值得继续沿用并作优化设计。

河流生态廊道依托河流水系的树枝状空间格局体征布置，包括河流水面、河流边缘的防护林带、河漫滩植被等。市域尺度的宏观层面，在促进物质输送和物种迁徙方面具有无可替代的作用；中心城区尺度的中观层面，在应对气候变化过程中的作用同样不可低估。由于河流廊道的地势较低，在遭遇强降水的极端气候灾害后，大量降水向河道汇集，良好的河流生态廊道能够在此时发挥强大的雨洪蓄滞作用，减缓下游城区发生洪涝灾害的危险，降低极端气候灾害对周边地区的破坏和冲击。此外，考虑到人类天然的亲水习性，中心城区的滨水型连接廊道必然成为市民休闲、健身、聚会的热点区域，由此带来的各种碳排放活动在所难避。而河流廊道周边的良好生态植被，能够就近发挥“吸碳、固碳”的作用，为减缓气候变化贡献力量。

在市域及以上尺度的宏观层面，道路型生态廊道的设定主要是为了降低道路网络对于生态环境的干扰，如环境污染、切割生境、阻断物种流和基因流等，具体设计形式主要分为垂直道路设置的路上式、路下式和涵洞式。然而，在中心城区尺度的中观层面，从应对气候变化的角度出发，宜考虑将道路生态廊道沿道路平行设置。道路是中心城区产生交通性碳排放和尾气污染的主要场所，相关研究显示，道路交通产生的二氧化碳排放量约占全球温室气体排放量（折算为二氧化碳当量）的10%。通过沿道路平行设置的绿色基础设施连接廊道，能够就近发挥“吸碳、固碳”作用，有效降低大气中的二氧化碳含量，同时还能净化空气，减轻空气污染程度，从而减小污染治理能耗及其碳排放。

5 应对气候变化的城市控制性详细规划编制技术标准

5.1 基本控制内容及要求

5.1.1 土地利用规划

5.1.1.1 用地布局

用地布局必须遵循混合开发、紧凑有序的基本原则。

【条文说明】

控规阶段，土地使用控制是减少温室气体排放，应对气候变化的主要路径之一；而传统规划对用地进行严格的功能分区，会降低规划区活力，加剧钟摆交通并增加污染物排放。基于此，应对气候变化的城镇控规规划区土地使用应遵循混合开发、紧凑布局的原则，打破严格的功能分区界线，达到功能有机混合、布局紧凑有序和职住平衡的规划目标，引导居民使用公共交通短距离出行，减少长距离通勤带来的交通温室气体排放。

5.1.1.2 用地性质分类

用地性质分类宜以中类为主、小类为辅。

【条文说明】

传统控制性详细规划涉及的土地使用性质分类和代码均采用中华人民共和国国家标准《城市用地分类与规划建设用地标准》(GB 50137-2011)，用地划分遵守“以小类为主、中类为辅”的原则。在实际使用中，地块开发弹性不足的问题日益显著，屡遭土地开发方的诟病。

应对气候变化的城市控制性详细规划中，用地性质分类和代码依然遵循中华人民共和国国家标准《城市用地分类与规划建设用地标准》(GB 50137-2011)，用地划分的原则建议调整为“以中类为主、小类为辅”。一方面，可增强土地使用兼容性，体现其弹性控制特征，方便未来的地块开发建设与管理工作；另一方面，为规划区土地的混合开发利用和多元功能复合集聚提供实施的技术平台，既有利于缩短居民出行距离，减少交通碳排放，又有利于避免城市更新中的大拆大建行为，减少二次建设产生的温室气体排放。

5.1.1.3 街区尺度控制

街区尺度控制在尊重土地产权前提下，宜以小尺度街区为主，可兼顾地域气候特征适当调整。

【条文说明】

街区尺度较大则需通过外部交通解决可达性问题，增加了私人机动车出行概率和通勤距离；而小尺度街区的空间可达性明显优于大街区，通过适当提高路网密度、合理组织慢行交通体系并增加地块开发强度，可有效引导居民步行或使用公共交通实现短距离低碳出行，降低交通温室气体排放。

在此基础上，街区尺度划分可兼顾考虑地域气候特点，适当调整街区大小。例如，炎热气候地区考虑到城镇通风散热需求，建议适当减小街区尺度；寒冷气候地区出于保温御寒目的，建议适当增加街区尺度。通过适当调整，可显著减少城镇供热和制冷所需能源消耗，降低温室气体排放。

根据国内外相关实践成功经验，小尺度街区的边长宜控制在 100 ～ 200m。

5.1.1.4　兼容性控制

5.1.1.4.1　应根据各地实际情况，在可混合兼容或可选择兼容中的任选一种方式实施用地兼容性控制。其中，可混合兼容用地必须明确可混合用地的种类及各自建设量与所占比重，可选择兼容用地必须明确可选择的用地性质种类及各自的规划控制指标。

【条文说明】

“用地兼容性”包括两方面含义：一是指不同土地使用性质在同一土地中共处的可能性，即表现为同一城市土地上多种性质综合使用的允许与否，反映不同土地使用性质之间亲和与矛盾的程度，即可混合兼容；二是指同一地块，使用性质的多种选择与置换的可能性，即可选择兼容。“用地兼容性”表现为土地使用性质的“弹性”、“灵活性”与“适建性”，主要体现该用地周边环境对于该地块使用性质的约束关系，即建设的可能性和选择的多样性，可以给规划管理提供一定的灵活性。

用地兼容性控制是实现土地弹性利用及混合利用的有效途径，有助于打破规划的严格功能分区，一定程度上促进减少私人机动车出行概率，缩短通勤距离，进而降低交通能耗和温室气体排放。目前各地都出台了用地兼容利用的管理方法，如：《广东省城市控制性详细规划编制指引（2005）》提出需要对商住用地混合使用的最大与最小容积配比限制进行控制；《安徽省城市控制性详细规划编制规范（2005）》将混合用地分为市场混合居住、办公混合居住、商业混合居住和商业混合办公四类；《上海市控制性详细规划技术准则（2011）》通过建筑面积指标对混合用地进行定义。即一个地块中有两类或两类以上使用性质的建筑，且每类建筑的地上面积占地上总建筑面积比例均超过 10% 的用地。但各地对混合型用地的定义标准都不尽相同，且缺乏对土地利用弹性方面的控制。

5.1.1.4.2　必须明确可选择兼容用地的性质和规划控制指标。

【条文说明】

可选择兼容（如：R2/B2）：地块的用地性质有两种以上选择，并对每种用地性质提出规划控制指标，在规划实施时根据实际情况及需求，选择其中一类用地性质及相应指标进行管理。

5.1.1.4.3　必须明确可混合兼容用地的各自建设量及所占比重。

【条文说明】

可混合兼容（如：R2B2）指同一地块内可同时建设包括两种及两种以上的用地性质，并对每种用地性质的比例做出控制。

5.1.1.5　整合交通开发

5.1.1.5.1　公共轨道交通站点宜分为都市型、居住型和交通型三种类型，各类站点周边用地开发的基本特征详见表 5.1.1.5.1。

表5.1.1.5.1 公共轨道交通站点分类及周边用地开发基本特征

公共轨道交通站点类型		周边用地开发基本特征
都市型	市级	站点中心以商业和办公用地为主，向外依次分布居住和公建
	区级	
居住型		站点中心以服务社区的商业为主，在商业物业之上建设住宅物业，周边开发高密度住宅
交通型	外部交通枢纽（高铁站、城际铁路站等）	站点中心以大量站场用地和商业用地为主，外围分布居住和公建
	内部交通枢纽（两条及以上地铁或轻轨换乘站）	

【条文说明】

建立完善的公共交通系统（主要是轨道交通体系）是实现土地集约化利用、降低温室气体排放的基础。因此，控制性详细规划中的土地使用控制应与交通开发相整合，推行TOD交通导向的土地混合开发模式。

国外的TOD理论提供了轨道交通站点地区开发的一般性设计框架。由于轨道交通途经沿线的不同区位、城市功能、既有用地格局的影响，TOD模式的站点地区用地布局会呈现出差异性。因此有必要依据不同功能、区位,对轨道交通站点进行类型划分,分类探讨。目前国内的城市轨道交通分类包括节点导向与功能导向两类。节点导向的分类主要是按车站的交通功能划分，例如大型换乘枢纽站、换乘站、一般车站等。功能导向主要是按照站点地区用地功能及在城市中的作用进行划分。

从对站点地区土地开发引导的角度，功能导向的分类更为适宜。将轨道交通站分为三大类型：都市型、居住型、交通型。都市型站点地区为城市公共活动中心，商业、办公等公共服务功能集中，有较大人流集散。根据这些公共服务设施的级别与服务范围，又可将都市型站点分为市级与区级两个级别。居住型站点地区为城市居住区，以居住功能为主，包括具有公共服务功能的社区中心。交通型站点地区为重要的城市交通枢纽转换节点，是多种交通方式换乘区，以交通功能为主。其中又可分为以过境交通换乘为主的外部交通枢纽和以市内交通换乘为主的内部交通枢纽两类。

不同类型的轨道交通站点周边地区土地开发的基本特征也各不相同，本标准通过研究日本等国家及我国香港、上海、深圳等城市的不同轨道交通站点周边土地开发案例，总结得出表5.1.1.5.1中的相关结论。

5.1.1.5.2 公共轨道交通站点周边用地规划应结合站点类型，围绕站点展开，土地利用、开发强度和混合利用程度的空间分布宜选择圈层式结构，具体详见表5.1.1.5.2。

表5.1.1.5.2 公共轨道交通站点周边用地开发的空间分布建议

轨道站点周边用地圈层划分		站点类型	土地利用构成建议						开发强度	混合利用
类型	大致范围		R	A	B	S	G	其他		
核心圈层	围绕站点200m内	都市型	10%	15%	20%	10%	40%	5%	高	高度混合
		生活型	20%	15%	20%	5%	35%	5%		
		交通型	——	——	40%	50%	5%	5%	中	
外围圈层	围绕站点200～500m	都市型	30%	15%	15%	5%	30%	5%	中高	适度混合
		生活型	45%	15%	10%	5%	20%	5%		
		交通型	10%	5%	25%	45%	10%	5%	高	

注：R——居住用地；A——公共管理与公共服务用地；B——商业服务业设施用地；S——道路与交通设施用地；G——绿地与广场用地。

【条文说明】

轨道交通站点对周边用地的影响通常表现为，站点影响范围的用地呈围绕站点紧凑的环形布局形态，沿站点径向呈同心圆环状向外扩展。对于单条轨道交通线路，在城市空间的中观层面上，其影响范围往往为条带状区域。就单个站点而言，一般研究都将其影响区确定在以站点为圆心的环状区域内，通过确定影响区半径划定影响范围。

通常将轨道交通的步行合理区作为站点的直接影响区。步行合理区是指乘客到轨道交通站点的合理步行时间内所行走的距离范围。站点对周边用地开发强度的影响最为直接，土地利用的集聚效应也最为突出。根据相关研究，合理的步行时间约为10分钟，即人们选乘区域公共交通之前所能承受的最大行程时间，按照步行速度5km/h，步行合理区范围一般确定为轨道站点外半径500m的范围，对应用地规模约80hm^2，作为规划研究重点范围。

轨道交通站点周边用地开发的基本用地性质类型主要包括R——居住用地；A——公共管理与公共服务用地；B——商业服务业设施用地；S——道路与交通设施用地；G——绿地与广场用地等五类，但不同类型的站点周边各类用地的构成比例略有不同，本标准通过研究日本等国家及我国香港、上海、深圳等城市的不同轨道交通站点周边土地开发案例，总结得出表5.1.1.5.2中的相关结论。

轨道交通作为一种大运量的公共交通工具，从支持该交通方式的土地使用强度特征而言，要使其成为主要的交通方式，基本要素就是必须保证足够的临近站点的人口居住和就业岗位的密度。这也就意味着基于对轨道交通方式的支撑，临近站点地区的土地开发必须达到一定的强度。同时，从产生交通出行总量角度来看，距离站点近的地区开发强度越高，意味着最集中的出行量分布在站点的近距离范围内，从而在整个地区开发总量确定的情况下，这种沿站点开发强度梯度递减的空间分布特征能够最大程度减少该地区的乘客到达站点的出行距离总量，使得轨道交通得以为居民提供优质的服务。站点地区土地使用强度的特征表现为：支持高密度的土地使用。整体开发强度高，围绕站点呈现圈层式梯度递减。

不同站点处于城市不同区位，周边地块开发强度会呈现较大差异。一方面可以根据不同类型站点的特征确定适宜的开发总量规模和总体强度；另一方面，各站点地区在保证公共设施、公共空间以及城市文化、美学、生态等前提下，依据梯度递减的原则进行开发规模分配和强度分级控制。在实际赋值过程中应结合各地市、各站点实际情况综合考虑，尤其是都市型站点地区，往往为城市各类市级、区级中心，适宜采取最高集约化的土地利用。而且不同级别的中心，开发强度会由大变小存在峰值现象。从日本及我国香港地铁站周围用地性质与最大容积率关系来看，容积率高低和站点所处区位等级有关。站点对应的城市中心功能等级越高，容积率也越高。香港城市一级中心站点周边，以商业为主的地块容积率最高可达10～15，以住宅为主的地块容积率最高也可达8～10。

5.1.1.6 环境容量控制

应以减少碳排放和增强应对极端气候事件能力为规划目标，合理确定地块容积率、建筑密度、空地率、有效绿地率、可透水地面率等控制指标。

【条文说明】

①当前我国控制性详细规划对于地块环境容量的控制主要通过设定容积率、建筑高度、建筑密度、绿地率等技术指标完成。其中：容积率的设定更多考虑的土地开发收益与周边道路交通承载能力等因素；建筑高度与密度的设定是在符合容积率要求的基础上更多考虑城市景观与基本日照采光要求等因素；绿地率的设定也是在满足国家、地方技术规定的基础上考虑环境美化等因素，对于气候变化的应对鲜有涉及。本文的研究提倡在控制性详细规划编制中积极优化环境容量控制的技术指标，以积极应对气候变化。基本思

路如下：综合考虑规划区环境资源承载力与节能减排的目标设定，适度提高容积率，降低建筑密度，借此增加空地面积，提高空地率，优化街区和地块的通风环境，以降低制冷、取暖的能耗与温室气体排放；此外，新增有效绿地率和可透水地面率两项控制指标，以提高规划区碳汇能力与适应强降水等极端气候灾害能力。

②有效绿地率是指有效绿地面积占地块面积的比率。有研究表明，绿地面积不小于3hm^2，且绿化面积大于80%，宽度不小于8m的绿地，以及种植乔木属于降温增湿效果明显的有效绿地。通过增加有效绿地面积，还能够提高规划区的碳汇能力，起到减缓气候变化的作用。

③“可透水地面率”即一块用地内，雨水可实现完全渗透的面积（即可透水面积）与地块面积的比例。“可透水面积”由三部分构成：其一是植被覆盖的绿地面积（以绿地透水系数为1.0，其可透水面积即绿地面积；可透水的花池、树坑等均可计入其中）；其二是透水地面可按其透水性能折算可透水面积（如某种透水地面的透水系数为0.5，则其可透水面积＝透水地面面积 ×0.5）；其三是雨水收集与回用设施以其集水面积为可透水面积。各地城市规划管理部门应根据本地的实际情况，科学合理地确定“可透水地面率”的控制指标。

5.1.2 道路交通规划

5.1.2.1 路网密度控制

应采用高密度、扁平化的路网布局，每平方公里内道路交叉口数量不宜少于50个，街区边长宜控制在100~200m。

【条文说明】

传统城市规划中道路等级分明，各级道路的宽度差异明显；在实际建设中对于主干路网的控制较为严格，对于支路网系统较为忽视；对于当前许多城市普遍发生的交通拥堵现象，仍然有不少地方政府片面的认为是由与主干路网的宽度不足而导致拥堵，但实际上支路系统的不健全才是道路拥堵的主要原因。

片面重视宽阔的主干路网建设带来了许多交通问题：首先是交通疏散的备选线路不足，交通疏散的难度加大；其次是车辆掉头或转向受到限制，增加了绕行距离；然后过于宽阔的主干道路影响了行人和自行车的安全与使用便捷程度，如过街时间增长、过街车辆过度密集等问题，使得非机动车交通组织混乱；最后由此不断增加的道路拥堵影响了公交线路的运行效率，降低了居民使用公交出行的积极性。与之相反，如采用高密度、扁平化的路网布局，不但以上交通问题能够得到较好的解决，同时还能对街区尺度进行较好的控制，小尺度的街区一方面有利于促进居民采用步行和自行车方式低碳出行，另一方面也有利于街区用地的混合开发，更好的实现组团内的职住平衡，二者都与减缓气候变化的城市规划策略相吻合。

实际上，在西方国家很多城市都采取了高密度、扁平化路网布局（图5.1.2.1），如西班牙巴塞罗那基本由130m×130m的路网覆盖，其道路网密度高达15～20km/km^2，远高于我国《城市道路交通规划设计规范》(GB 50220−95）中城市道路路网密度平均值6～8km/km^2、中心地区10～12km/km^{2}的标准。近年来，我国也有不少城市开始在新城规划中尝试高密度、扁平化路网布局。如昆明呈贡新城控制性详细规划中，平均每平方公里内有50个交叉路口，即每个街区的边长控制在140m以内。无锡太湖生态新城规划中提出合理控制街区规模，构建有利于行人与自行车使用的地块尺度，并针对不同功能的用地设定街区规模范围。本文的研究借鉴国内外相关案例的经验数据，建议中心城区每平方公里道路交叉口数量不宜少于50个，街区边长宜控制在100～200m。在此基础上，可以根据具体用地功能对多个街区进行组合，以满足特殊用地规模需求。

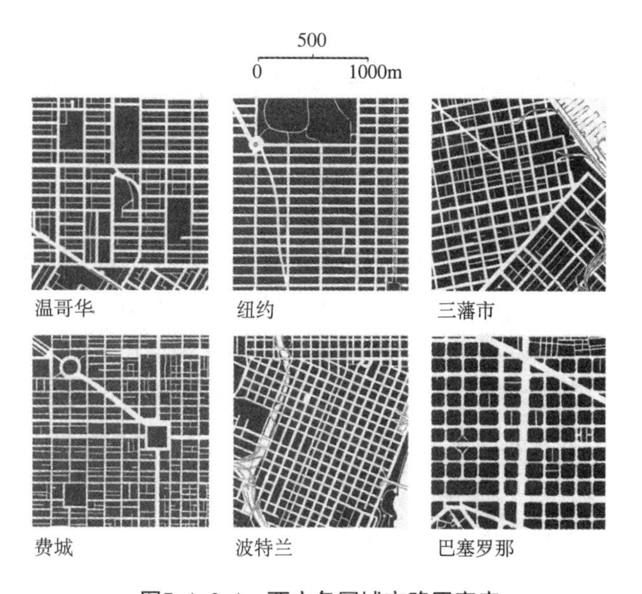

图5.1.2.1　西方各国城市路网密度

（资料来源：卡尔索普事务所．低碳城市设计原则与方法[R]．2012）

5.1.2.2　交通换乘设施

5.1.2.2.1　应根据公共交通站点等级确定主要换乘方式，换乘步行距离不宜大于 300m。

【条文说明】

秦焕美、关宏志、敖翔龙等（2012）对北京市天通苑北、通州北苑两个轨道交通站点周边的停车换乘设施使用者开展了问卷调查，对停车换乘设施使用者对换乘距离的接受程度进行了研究。结果显示，使用者最大可接受换乘步行距离为 300m（图 5.1.2.2.1），本文的研究对此加以参考借鉴。此外，在有条件的轨道站点应设置与换乘停车场连接的全天候通道，有利于在不利天气或极端气候条灾害条件下保障居民正常使用换乘系统，提升私人小汽车与公共交通方式的换乘便捷性与安全性，推进私人机动车出行向公共交通出行的转变，实现节能减排。

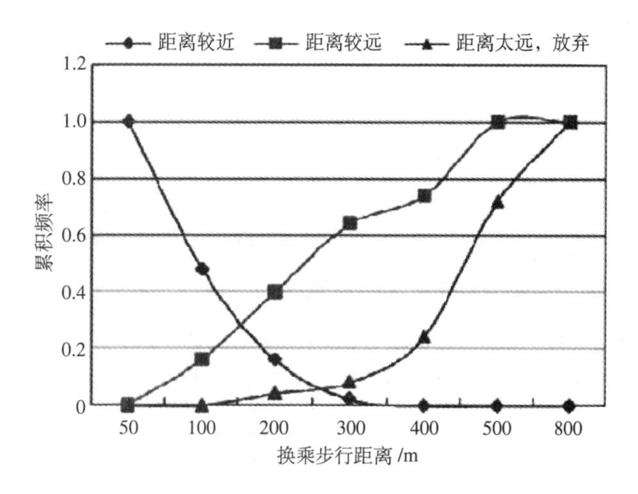

图5.1.2.2.1　使用者可接受的停车换乘步行距离评价

（资料来源：秦焕美，关宏志，敖翔龙，等．停车换乘设施使用者调查[J]．城市交通，2012,10(1):80−83，94.）

5.1.2.2.2 应结合公共轨道交通站点规划设置驻车换乘（P+R）系统，在公共轨道交通站点 300m 范围内应设置驻车换乘停车场，有条件的站点宜建立与换乘停车场连接的全天候通道。

【条文说明】

停车换乘（Park and Ride，P+R）是指不同交通方式间的换乘，尤指在一次完整出行中，通过提供与公共交通服务直接相连的停车设施，实现私人小汽车交通方式与公共交通之间的转换。换乘停车场是通过提供低价收费或免费的停车设施吸引公众实现停车换乘而设置的停车场，通常布设在城市中心区以外，靠近轨道交通车站、公交枢纽站、公共交通首末站以及对外联系的主要公路通道附近。

由于公共交通不能实现所有的点到点交通出行，在交通枢纽站点 500m 内规划布局驻车换乘（P+R）系统，设置驻车换乘停车场，并建立与枢纽站点地下或地上连通通道，可以促进私人小汽车与公共交通方式的换乘便利性，有效减少私人小汽车出行率，实现节能减排。

5.1.2.2.3 各公交站点（场）周边就近规划自行车停车场及公共租赁点

【条文说明】

公共交通，即便是常规公交也无法完全满足“门到门”的出行需求，而自行车与公共交通的结合能够有效解决“最后一里路”的交通需求。此外，自行车出行是符合低碳交通出行的典型代表，与私人小汽车相比，一辆自行车一年可节油 2700L，节约社会资源 14000 元，减少碳排放 5.3t。可见，大力发展自行车与公共交通的结合换乘出行，是推进交通低碳化发展，积极应对气候变化的必要之举。自行车与公交换乘存在两种方式：其一是私人自行车与公交换乘，其二是租赁自行车与公交换乘。因此，在公交站点周边必须考虑以上两种方式的换乘停车场地。自行车换乘停车场必须在公交站点周边就近设置，避免因换乘步行距离过远而超出使用者最大承受限度。相关研究显示，该距离正常情况下不宜超过 100m，特殊情况不超过 150m。

5.1.2.3 慢行交通体系

5.1.2.3.1 应整合公共交通站点（场）换乘系统以及公共设施空间体系，构建以步行和自行车等交通方式为主的慢行交通体系。

【条文说明】

慢行交通指的是步行或自行车等以人力为空间移动动力的交通。慢行交通系统在完善与提升城市空间功能，提高非机动车出行率，倡导绿色出行方面具有重要作用。推行慢行交通是节能型交通发展模式的首选。

慢行交通主要依靠人力为其动力，成本较低，不产生废气，绿色环保健康。而且占用道路面积少，人均占路面积仅次于公共交通而优于其他交通方式。数据资料显示，慢行交通中自行车的静态占地面积约为 1.85 ～ 2.10m^2，停放一辆机动车的用地可以停放 8 ～ 12 辆自行车；而步行交通方式占用更少的空间，因而较节省土地资源和交通资源。慢行交通是城市公共交通系统的主要接驳方式，是机动出行开始端和结束端的延伸。整合交通枢纽、公交站点（场）换乘系统以及公共设施空间体系，完善慢行交通体系，提高公共交通出行对公众的吸引力和可行性，鼓励多乘坐公共交通，实现节能减排。

5.1.2.3.2　应重点完善轨道交通站点周边的慢行通道，在以轨道站点为中心 500m 半径范围内完善步行通道，以轨道站点为中心 3km 半径范围内完善自行车通道。

【条文说明】

轨道站点周边人流密集，各类交通换乘、停车设施与轨道站点的联系几乎都依赖慢行交通系统，重点完善该区域的慢行通道，有利于改善公共交通与私人交通的换乘条件，提升公交服务质量，有助于吸引居民借助公交低碳出行。此外，轨道交通站点对周边地区使用人群存在一定的换乘吸引范围，在《2011 深圳城市交通白皮书》中对此已经做出了明确规定：轨道站点为中心 500m 半径范围内，完善步行通道；在以轨道站点为中心 3km 半径范围内，完善自行车通道。因此，本文的研究对此加以参考借鉴，确定该区域为慢行通道的重点优化范围。

5.1.2.3.3　宜设置社区绿道，促进低碳出行。

【条文说明】

绿道释义见 4.1.5.4 条文说明。

社区绿道是指连接社区公园、小游园和街头绿地，主要为附近社区居民服务的绿道。社区绿道的设置，有助于在居民日常生活与工作出行中通过步行和自行车低碳出行，减少机动车出行概率，同时还能促进道路交通中的机非分离，一定程度上缓解路面交通拥堵状况，多方面减少碳排放。

5.1.2.3.4　进一步深化落实全天候慢行系统。

【条文说明】

根据总体规划制定的全天候慢行交通系统布局，在控制性详细规划中加以具体深化与落实，在详细设计中应结合地域气候特点，进一步突出气候适应性特征，具体措施主要包括：

①遮阴措施：非机动车道和人行道设置人工或自然遮阴，在过街等候时间长的交叉口设置非机动车遮阳棚；在公园、广场和街道等公共空间栽植占地少、遮阳效果好的乔木；遮挡设置必须满足人行道设计指引规定的步行净空限制要求。

②避雨措施：在衔接地铁站出入口与重要人流吸引点的步行通道上建设连续的风雨连廊系统。

③防风、防寒措施：对步行系统进行冰雪应急规划；利用公共建筑室内廊道、地下空间等设置全封闭步道系统。

5.1.2.4　清洁能源供应设施

在总体规划构建的清洁能源供应设施整体布局基础上，具体落实清洁能源供应（充电、供气）设施布点，供气站点选址布局时必须首先满足安全性要求。

【条文说明】

传统能源供应以化石能源为主，大量的化石能源消费排放大量二氧化碳（CO_2），破坏地球大气的碳平衡，引发全球变暖，威胁人类生存。从长远发展考虑，清洁能源的使用应受重视，在交通领域主要体现在推动新能源汽车的普及率。为此，在城市规划领域应加强对其能源供应设施的控制与引导。控制性详细规划编制中应在总体规划构建的清洁能源供应设施总体布局基础上，结合传统交通能源供应设施（如加油站）布局，具体落实清洁能源供应（充电、供气）设施的选点，节约土地资源。在加气站点选址布局时，应首先满足基本的安全要求，距最近民用建筑物最短距离为27m，与最近的消防单位相距3.7km，以保障站点周边用地、设施及居民安全。

5.1.3 公共服务设施规划

居住区级及以上的公共服务设施布局应与公共交通站点相结合，设施级别应与站点等级、类型相匹配，设施与站点间的距离不宜大于500m。

【条文说明】

结合公交站点合理规划布局居住区级公共服务设施，借助公共交通与适宜距离步行相结合的方式既能够增强公共服务设施的可达性，有效促进居民低碳出行，减少交通碳排放量，又能为居民日常出行与使用公共服务设施相结合提供了机会，通过减少出行概率达到节能减排的目的。

居住区级及以上的公共服务设施规划布局应该与公共交通站点等级、类型相匹配是指市级公共服务设施应尽量结合市级都市型轨道交通站点布置，片区级公共服务设施应尽量结合片区级都市型轨道交通站点设置，居住区级公共服务设施应尽量结合居住型轨道交通站点或普通公交枢纽站点设置。通过不同级别的交通可达性与出行流量保障不同级别的公共服务设施的能耗使用效率，进而实现减少温室气体排放的目标。

5.1.4 公共基础设施规划

5.1.4.1 给水工程规划

5.1.4.1.1 应根据工业及生活用水的不同需求与标准实行分区、分质供水，规划不同的给水管网。

【条文说明】

工业用水与生活用水的水质要求与用水量标准差异较大，如用同一套管网供水，将造成不必要的水处理能耗及其碳排放。针对用水系统的不同特点实施不同的供水方案，有利于促进水资源节约利用与降低相关能耗，实现减少二氧化碳排放。分质供水，根据工业用水与生活用水标准的不同，采用两套给水管网系统分别供应，是一种按用途分等级供水的给水方式，体现“优质有用、低质低用”的原则。采用分质供水分别解决和满足不同的供水需求，可谓物尽其用。

5.1.4.1.2 宜结合各地市实际情况，建设再生水供水系统，对非传统水资源利用率（包括可污水回收利用率、雨水收集率、海水淡化率等）进行量化指标控制。

【条文说明】

再生水供水系统系指将基地内的生活杂排水（如洗澡水、洗手水、洗碗水或轻度使用过之污排水，如洗澡水、洗手水或拖地污水）汇集处理控制后，达到一定的水质标准，能在一定范围内重复使用于非与身体接触用水、非饮用之再生水处理系统。

加大力度开发利用回收污水、雨水、淡化海水等非常规水源，建设再生水供水系统，能够补充城市水源，缓解常规水资源紧缺，保障城市供水安全。

5.1.4.2　排水工程规划

应采用源分离生态排污系统，将工业及生活用水按其水质进行分类收集、输送及处理。

【条文说明】

源分离和分质处理是指在源头分类收集、处理和回用，将优质饮用水和低质回用水分开供给用户，以实现水资源最大化利用、最少化排污和最优化循环。生活污水的源头分类收集就是将其分为雨水、灰水、黄水、褐水等，然后分类收集到不同的管道系统，其中灰水是除粪便水外来自厨房、浴室、洗衣房等受污染程度相对较轻的生活污水；褐水是仅含粪便和冲洗水的污水，黄水仅指小便和冲洗液。若将大小粪便和冲厕水合起来则成为黑水。有的分类收集方式仅仅将生活污水分为灰水和黑水，再分别收集处理。污水源头分类收集技术一般有雨水蓄积、灰水独排、尿液分离厕所和负压生态排水等。

5.1.4.3　供应工程规划

5.1.4.3.1　供应工程规划包括供电、供热和供气三方面内容。

5.1.4.3.2　宜运用基于分布式能源的微能源技术以及冷、热、电三联供等技术构建微供应系统。

【条文说明】

分布式能源系统涉及科学与技术的诸多方面，包括动力与能源转换装置技术、能源的深度利用技术、智能控制与群控优化技术以及综合系统优化技术等。其主要特点如下：

① 燃料多元化。以化石能源为主，可再生能源为辅。

② 冷、热、电联产化。以分布在用户端的冷、热、电联供为主，集中式能源供应为辅。

③ 设备微小型化。以燃气轮机作为动力系统，低压电网和冷热水管网就近支援。

④ 绿色环境化。以零 SO_2 排放和低 NO_X 排放技术将污染分散、资源化。

⑤ 网络智能信息化。以低压电网、冷热水管网和信息网络系统构成能源网络信息系统，采用智能化监控，网络化群控和远程遥控技术。

冷、热、电联供系统的具体释义参见条文说明第 4.3.4.3，使用冷、热、电三联供集成技术可以实现城镇能源更加安全、高效、环保和低成本的利用，对于节约能源，减少温室气体排放意义重大。

微能源技术是实时地将环境中存在的其他形式的能量转化为电能的一种技术。在我们生活的物质空间里，存在着各种可以利用的潜在能源，例如太阳能、风能、热能、机械振动能、声能、电磁能等。如果能够在传感器网络节点上收集储存这些能源，然后将其转化为电能，就可以为无线传感器网络源源不断地供应能量，大大提高节点的使用寿命。近年来，微能源系统在国际上的应用日益增多，与传统大型电厂集中式的供电方式不同，分布式能源将供能点分散布置。建立能源供应微网既能够推动可再生能源的使用，还能避免传统供电电网在输变电过程中的能源损耗，提高能源利用率以减少温室气体排放。此外，还能够提高城镇供应系统的稳定性与安全性，增强其防御极端气候灾害等突发性事件的能力。

5.1.4.3.3　宜运用情景分析方法分析预测规划区电、热、气等能源需求，并根据能源资源评估确定主要使用能源。

【条文说明】

建筑能耗统计方面，目前我国尚未建立系统的建筑能耗统计标准，在实践应用中可暂时参考中华人民共和国行业标准《民用建筑能耗统计标准（征求意见稿）》执行。评估规划区热电与燃气等能源消费状况，待有关行业标准制定完善后遵照执行即可。

“情景分析方法”(Scenario Analysis) 是在对经济、产业或技术等重大演变提出各种关键假设的基础上，通过对未来详细地、严密地推理和描述来构想未来各种可能的方案。情景分析法在国外已有数十年的成熟应用史，在国内的应用也正方兴未艾，其最大优势是使管理者能发现未来变化的某些趋势和避免过高或过低估计未来的变化及其影响。

因此，控规层面热电供应设施规划首先需进行建筑能耗统计，在此基础上采用情景分析方法对未来规划区热电、燃气等能源需求进行预测分析，并根据能源或资源评估确定主要能源类型。情景分析法的引入强化了城镇控规的弹性和灵活性，能够有效管控规划区能源需求，减少温室气体排放；主要能源类型的确定也能够促进优化能源消费结构，提高清洁能源使用率，减少温室气体排放。

5.1.4.3.4　应在划定供应分区的基础上，依托厂矿企业、写字楼、宾馆、商场、医院、银行、学校等公用建筑进行分布式能源系统一体化设计布局。

【条文说明】

分布式能源系统以其最优化的投资、最有效的能源利用，灵活的变负荷性和适合可再生能源等特点，成为集中式能源供应系统不可或缺的重要补充。随着世界分布式能源的迅猛发展，中国政府也充分认识到其重要性。2000 年，中国国家发展计划委员会、国家经济贸易委员会、建设部和国家环保总局联合发布了《关于发展热电联产的规定》，明确指出：以小型燃气发电机组和余热锅炉等设备组成的小型热电联产系统，适用于厂矿企业、写字楼、宾馆、商场、医院、银行学、校等较分散的公用建筑。它具有效率高、占地小、保护环境、减少供电线路损失和应急事件等综合功能，在有条件的地区应逐步推广。

因此，应对气候变化的城市控制性详细规划在进行供应工程布局时应首先划定供能分区，将适于应用分布式能源系统的公用建筑进行一体化设计布局，减少能源损耗，降低温室气体排放。

5.1.4.4　环卫工程规划

进一步具体落实垃圾收集设施与转运站点布点，并利用垃圾收集设施设置引导开展垃圾精细化分类，力争垃圾分类覆盖率达到 100%，生活垃圾回收利用率不低于 30%。

【条文说明】

垃圾分类可以大大减少垃圾处理量和处理设备，降低处理成本，减少资源消耗，是从源头上实现垃圾减量和资源化的根本途径。在控制性详细规划编制中，应在落实垃圾收集设施与转运站点布点的基础上，按照精细化分类管理原则，通过垃圾收集设施的详细分类建立多个专项废物回收计划，逐步提高垃圾分类覆盖率及垃圾回收率。

以瑞典首都斯德哥尔摩为例，垃圾收集设施主要分为六类，分别是金属、有色玻璃、无色玻璃、报纸、硬纸壳、塑料等，每种收集设施上都有明确的引导性标识，清晰易懂，居民投掷垃圾时只需要“对号入座”即可。该地区的垃圾分类覆盖率达到 100%，生活垃圾回收利用率高达 80%。日本在 20 世纪 90 年代，提出了环境立国的口号，并集中制定了《废弃物处理法》、《促进资源有效利用法》等一系列法律法规，形成了城市废弃物减量和资源化利用的较为完善的法律体系；依靠这些法律的有效实施，日本生活垃圾回收率提高到 30%~35%。在我国，也有不少地区对此做出尝试，如苏州独墅湖科教创新区低碳生态控制性详细规划提出了垃圾分类覆盖率达到 100%，城市生活垃圾回收利用率不低于 30% 的指标要求。本文的研究对此加以参考借鉴。

5.1.5　公共安全设施规划

5.1.5.1　防洪排涝设施规划

5.1.5.1.1　宜适当提高防洪工程设施建设标准。

【条文说明】

目前，我国城市规划建设领域有关防洪规划建设的内容依然遵循中华人民共和国国家标准《防洪标准》(GB 50201-94)（最新修订版尚未正式发布）和《城市防洪工程设计规范》(GB/T 50805-2012)（根据《城市防洪工程设计规范》(CJJ 50-92) 修订而来）。与上述标准颁布之时相比，我国城市生态环境状况早已发生较大变化，特别是全球气候变化的不利影响日益显现，而指导城市防洪规划建设的现行标准未能体现应对气候变化的现实需求。尤其是因为强降水的发生频率和强度较之以前都发生较大程度的增强，其次生洪灾的频繁发生，现有城市防洪工程的相关建设标准已显滞后，应在充分调研的基础上，适当提高防洪工程设施建设标准，以有效应对气候变化的新挑战。

5.1.5.1.2　应采用非工程性防洪措施，构建生态化堤岸。

【条文说明】

非工程性防洪措施是指通过法令、政策、经济手段和工程以外的其他技术手段减少洪灾损失的措施。从应对气候变化的角度判断，工程性防洪堤坝建设存在以下问题：首先，工程性堤防建造、维护成本高昂，其生产建设过程属于高碳排行为；其次，气候变化背景下极端洪水发生频率增加，按照现有防洪标准建设的防洪工程难以应对，若全面提升建设标准，势必将带来更大的碳排放；最后，随着城市规模的不断扩张，原属洪泛区的用地很快转变为城市建设用地，工程性防洪堤坝不断外移，在不断的重复建设中产生巨大的碳排。

生态型防洪堤坝的建设，在应对气候变化方面具有得天独厚的优势。通过非工程性防洪措施，构建生态堤岸，既能够保护岸坡的稳定性，还兼具生态、景观、旅游等多层次功能，最重要的是还能发挥重要的应对气候变化作用。一方面，生态护岸多采用自然材料构建，避免了生产过程的碳排放；另一方面，生态堤岸上种植了大量护坡植物，其发达的根系和茂密的枝叶不仅能有效固结坡面土壤，减缓降雨淋蚀和风浪淘蚀，增强堤坝防渗，还具有显著的碳汇功效。当然，堵不如疏，生态化堤坝的建设与城市自然水系的疏浚工作相配合，方能较好解决城市雨洪灾害问题。

5.1.5.1.3　应运用计算机模拟技术构建规划区排涝系统模型，以此指导城市防洪排涝规划与建设。

【条文说明】

当前，我国尚未发布城镇排涝标准，也缺少城镇排涝规划设计规范，传统控规只能通过相关工程设计标准对城镇排涝设施进行控制；但伴随强降水等极端气候事件频率增加，影响范围持续扩大，按现行工程技术标准指导建设的排涝设施已严重滞后于现实需求，于城镇防灾减灾作用有限。

鉴于世界范围内科技进步日新月异，城市规划技术方法也在不断更新拓展，纯技术层面的梳理及数字技术和计算机技术开始发挥主导作用。我国部分地区已经在规划实践中运用计算机模拟技术构建规划区排水系统模型，通过科学合理地优化排涝方案设计，量化排涝指标，为排涝工程提供设计参数及依据，以便更好地适应气候变化。如北京奥运中心区雨水排水系统规划，通过构建数据库、雨水系统模型，对监测数据进行分析研究，确定规划区雨水设计标准，这些创新经验值得各地市学习借鉴。

5.1.5.1.4 应利用透水铺装、雨水花园、植被滞留、雨养型屋顶绿化等生态型工程与自然植被、水体共建雨洪管理体系。

【条文说明】

透水性铺装地面是指在较大降雨情况下，能够较快地下渗雨水，使地表不积水或少积水的铺装地面。

雨水花园是利用浅洼地形（深约 3 ～ 45cm）种植本地植物，通过吸附、渗透和过滤等原理对降落在不透水地面的雨水进行控制利用。

植被滞留是指发生暴雨时，采用生物滞留设施将汇集的径流进行消纳。雨养型屋顶绿化技术是通过采取适宜的屋顶雨水收集利用措施和绿化结构层及植被，使绿化屋顶免于灌溉或采用其他屋面的雨水灌溉，不需要用其他水源灌溉养护的技术。

鼓励使用透水铺装、雨水花园、植被滞留、绿色屋顶等生态型工程措施，可以有效增加城市下垫面的渗水率，降低地表径流系数，从而减小雨洪流量过大对人工排水管网的冲击。此外，其他的自然植被和水体同样能够发挥雨洪蓄留、错峰调节作用。两种方式的结合方能合理构建有效的城市雨洪管理体系，最大程度地降低雨洪灾害对城市的影响，还能通过雨水循环再利用，缓解了水资源紧张的矛盾，增强了我国城市适应气候变化的能力。

5.1.5.2 防灾设施规划

5.1.5.2.1 应规划应对极端气候事件的防灾设施体系，合理布局应急避难通道、避难场地和应急指挥中心。

【条文说明】

传统城市控制性详细规划中的防灾设施规划缺乏应对极端气候事件的相关内容，在应对气候变化的城市控制性详细规划中应予以补充完善。应急避难通道要充分结合城市主次干道、城市内外疏散场地（旷地）和公交站点（场）设立，保证海平面上升和强降水等极端气候事件来袭时，居民能够安全、迅速撤离，同时方便救援行动展开；应急指挥系统要与城市生命线系统相整合，特别是电力、通信系统要在危急情况下保持基本服务能力，并设应急指挥中心统筹抢险救灾工作；避难场地要结合公共服务设施（学校、医院等）、绿化开敞空间（公园绿地、广场等）、地下空间和人防系统等设置，如地下空间和人防系统可以兼做应对高温灾害的避难场所。通过应对极端气候事件的防灾设施体系建立，确保居民在遭遇海平面上升和高温、强降水等极端气候事件时能够保证人身和财产安全。

5.1.6 绿地系统规划

5.1.6.1 进一步深化完善绿地网络结构

【条文说明】

在城市总体规划层面的绿地系统规划指引下，深化完善绿地网络结构，将城市绿地的主体框架与各点状、线状绿地（如各类设施绿地、农地、河流、道路的植栽带、绿道、庭院等）相互连接，构建层次丰富的绿地网络，并考虑其布局的均衡性。

5.1.6.2　应按照应对气候变化的具体需求，设置绿化形式。

【条文说明】

按照应对气候变化的不同需求，绿地的形式和功能设定多种多样。例如：以缓解热岛效应为主要需求的地区，绿化形式应以构筑作为风道、通风散热为主要目标，滨水绿地是其代表；以增加碳汇为主要需求的地区，绿化形式应以种植碳汇能强的乔木植物为主；以防寒保暖为主要需求的地区，绿化形式应在城镇冬季主导风向的上风向，构筑阻挡冬季强风的防风林等等。

5.1.6.3　积极采用立体绿化形式，包括道路绿化、屋顶绿化、构筑物绿化等形式，对立体绿化率进行量化指标控制，立体绿化率应大于 50%。

【条文说明】

城市立体绿化是城市绿化的重要形式之一，是改善城市生态环境，丰富城市绿化景观重要而有效的方式。发展立体绿化，能丰富城区园林绿化的空间结构层次，有助于进一步增加城市绿量，减少热岛效应，吸尘、减少噪音和有害气体，营造和改善城区生态环境。屋顶绿化及构筑物绿化能保温隔热，节约能源，同时能滞留雨水，缓解城市下水、排水压力。

国内部分城市对立体绿化已经制订了具体规定，如《广州市绿化条例》(2010) 提出新建建筑面积在 2 万 m^2 以上的大型公共建筑，在符合公共安全的要求下，应当进行立体绿化，建造天台花园，面积不少于地面面积的 50%，本文对此加以参考引用。

5.1.6.4　绿地规模

5.1.6.4.1　应尽量提高规划区的有效绿地率。

【条文说明】

绿色植物、特别是绿色生物量达到一个较大数量的植物群落具有显著的吸碳产氧、吸收二氧化硫、滞尘和蒸腾降温等功能，但并非任何规模的绿地都具有良好的碳汇与降温增湿作用。有研究表明，绿地面积不小于 3ha，且绿化面积大于 80%，宽度不小于 8m 的绿地才属于降温增湿效果明显的有效绿地。为了减少热岛效应，应当尽量扩大有效绿地的规模。

5.1.6.4.2　对绿化植被种类加以引导，引入乔木覆盖率和本地植物指数两项指标进行量化控制。

【条文说明】

不同的绿化植被种类的碳汇能力也存在差异。一般而言，乔木的吸碳、固碳能力要强于灌木、地被植物等，提高乔木的覆盖率能够有效增强规划区碳汇能力。陈自新等（1998 年）就北京城郊建成区园林绿地的生态效应开展的研究结果显示，乔木的生态效应都强于其他类植物。因此，应在绿地系统规划中增加乔木覆盖率指标，以更好应对气候变化。

表5.1.6.4.2-1　单株乔木、灌木和1㎡草坪日吸收二氧化碳和释放氧气量比较

研究选项 / 植物种类	株数（株）	绿量（m^2）	吸收二氧化碳（kg/d）	释放氧气（kg/d）
落叶乔木	1	165.7	2.91	1.99
常绿乔木	1	112.6	1.84	1.34
灌木类	1	8.8	0.12	0.087
草坪（m^2）	1	7.0	0.107	0.078
花竹类	1	1.9	0.0272	0.0196

（资料来源：陈自新，苏雪痕，刘少宗，张新献．北京城市园林绿化生态效益的研究(3)[J]. 中国园林,1998,03:51-54.）

表5.1.6.4.2-2　单株乔木、灌木和1㎡草坪日蒸腾吸热、蒸腾水量比较

研究选项 / 植物种类	株数（株）	绿量（m^2）	蒸腾水量（kg/d）	释放吸热（kkj/d）
落叶乔木	1	165.7	287.98	706.644
常绿乔木	1	112.6	239.29	586.8
灌木类	1	8.8	13.021	31.95
草坪（m^2）	1	7.0	8.933	21.9204
花竹类	1	1.9	3.2136	7.8786

（资料来源：陈自新，苏雪痕，刘少宗，张新献．北京城市园林绿化生态效益的研究(3)[J]. 中国园林,1998,03:51-54.）

此外，还应积极鼓励种植本地植物，这也能为应对气候变化发挥不小的作用。首先，本地植物取材方便，运输成本低，降低了运输能耗和交通碳排；其次，本地植物成活率高，寿命长，后期维护成本也较低，降低了后期维护能耗及其碳排；最后，由于本地植物对当地环境具有最高的适应能力，具有较强的抗逆性，其旺盛的生长状态能有效抵御极端天气损害，保障最大限度地发挥绿地功能和生态效益，发挥固碳、增湿降温的功能。因此，应在绿地系统规划中增加本地植物指数指标，以更好应对气候变化。国内不少城市已经对此做出尝试，如《广州市绿化条例（2010）》提出，乔木种植面积应当不低于绿地总面积的60%，天津中新生态城提出本地植物比例应当达到70%以上，无锡太湖生态新城提出乡土植物比例应当达到80%以上。

5.1.7　城市设计引导

5.1.7.1　规划区城市设计引导主要控制总体空间格局，应结合城市气候特征，统筹考虑通风廊道、生态空间、步行系统等布局。

【条文说明】

以往的城市设计往往侧重于城市形态美化及满足功能要求，并没有过多考虑气候变化的因素。本文的研究着眼于应对气候变化的新需求，提出应当把通风廊道、生态空间、步行系统等布局进行统筹考虑。通过合理设置通风廊道能够有效调节城市小气候、改善空气质量，从而降低夏季能源消耗；保留生态空间能够增加城市碳汇功能、增强抵御极端天气的能力；统筹步行系统能够促进低碳交通出行比例，降低交通领域碳排放。

5.1.7.2　主要轴线作为规划区主要通风廊道进行控制，布局方向应重点考虑城市主导风向。

【条文说明】

城市轴线通常是指一种在城市空间布局中起空间结构驾驭作用的线形空间要素。其构成要素包括人工建筑和构筑物，如主要道路、绿地广场、重要公共建筑；以及自然物，如山川、河流等。主要轴线一般是位于城市核心区、较开敞的连续线性空间，应设置为缓解城市热岛效应的通风廊道。控规阶段需要深化对上位规划或通风道专项规划中对通风道的具体布局要求，主要通过对主要街道、生态绿地的整合，通风廊道平面及断面形式设计对主要轴线进行控制。

根据不同地方实际情况，设置主轴线与主导风向的关系。例如：在夏热冬冷地区，夏季高温火炉的极端气候条件属于主要矛盾，主要轴线应与主导风向保持一致，以达到缓解城市热岛效应、促进城市通风排热、改善微气候的效果；在严寒地区，主要轴线应与主导风向保持一定夹角，防止冬季风贯穿城市。

5.1.7.3　高度分区控制

5.1.7.3.1　高度分区控制应考虑对城市风向、风速的影响。

【条文说明】

在控制性详细规划中应细化总体规划中对高度分区的要求，主要考虑对城市主导风向的影响。适宜的建筑群体布局能够改善城市局部环境气候尤其是风环境，对于围绕高层建筑可能出现的局部高风速区，可以通过降低建筑物高度或改变布局的方式加以改进（图 5.1.7.3.1）。

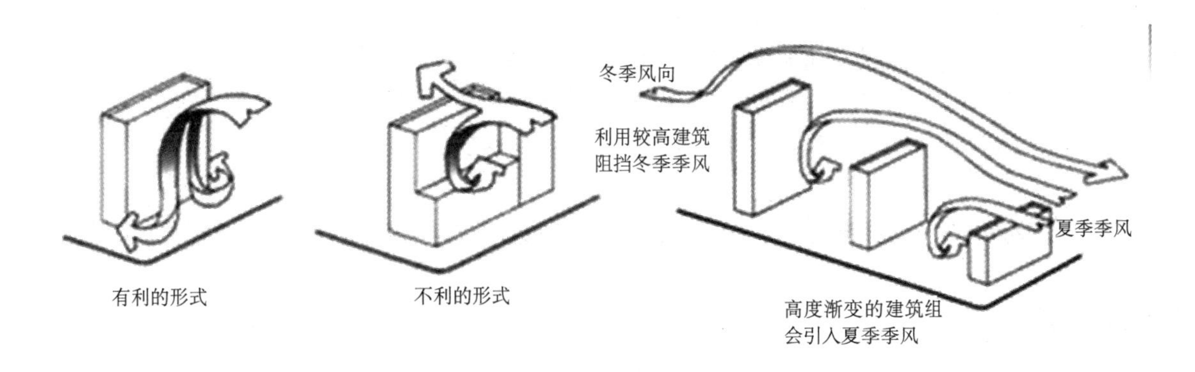

图5.1.7.3.1　建筑高度与风向关系

（资料来源：冷红，郭恩章，袁青.气候城市设计对策研究[J].城市规划，2003(9)：49-54.）

5.1.7.3.2　高层区应平行通风廊道方向布置，寒冷地区高层区应垂直冬季主导风向布置。

【条文说明】

高层建筑沿街有一定的后退距离，留出一定的空间，故下垫面较光滑。光滑的下垫面比粗糙的下垫面更适宜流体的运动。因此，在这种模式下，风速比较快而且风的穿行不受遮挡，较冷的空气比较容易进入温度较高的城区。风速随着高度的增加而递增，而城市通风是在一定高度的情况下考虑才有意义的，因此，高层区应平行通风廊道方向布置。

寒冷地区高层区应设置在冬季主导风向上风向方位，垂直于冬季主导风向能够阻挡冷空气、达到保温的效果，减少冬季采暖消耗。

5.1.7.3.3　应控制形成有利于改善城市气候、减缓热岛效应、降低空气污染的城市天际轮廓线。

【条文说明】

城市天际轮廓线指以天空为背景的一栋或一组建筑物，以及其他物体所构成的轮廓线或剪影。在本质上，天际轮廓线的形成不是预想秩序的结果，而是在城市的发展过程中历经千年逐渐形成的。

改善城市热环境应形成连续性、多层次的天际线。高层建筑应采用集群式布局，总体高度控制应采用渐进式；低层区周围应布局开敞空间及绿地，促进冷热气流的循环流动。

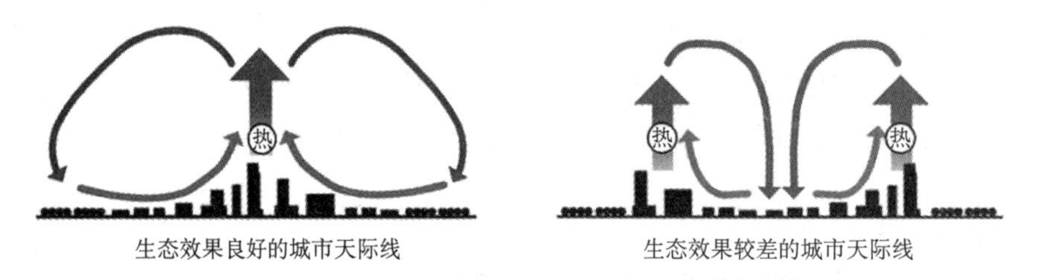

图5.1.7.3.3　改善城市气候效果不同的城市天际线

5.1.7.3.4　在确定城市重点片区和生态敏感区的高度控制时，应进行高度控制的气候影响分析。

【条文说明】

城市重点片区是城市的门户及形象，或者是城市建设的重点区域。生态敏感区是指那些对人类生产、生活活动具有特殊敏感性或具有潜在自然灾害影响，极易受到人为的不当开发活动影响而产生生态负面效应的地区。生态敏感区包括生物、生境、水资源、大气、土壤、地质、地貌以及环境污染等属于生态范畴的所有内容。

高度控制的气候影响分析包括：通风廊道、建筑微气候、热岛效应分析。通过以上分析能够确定建筑高度对气候要素的影响和作用机制，有助于从应对气候变化的角度进行高度控制。

5.1.7.3.5　高度分区应以街区为基本单位，街区内如有重要廊道需要控制，高度分区控制应深化到地块。

【条文说明】

街区内重要廊道的形式主要包括达到通风效果良好宽度的街道、自然生态绿地、低层低密度开发建设区等。

5.1.7.4　公共开放空间

5.1.7.4.1　应构建系统的公共开放空间网络和连续的城市风道。

【条文说明】

城市的公共开放空间网络一般由水系、绿带、道路等空间资源构成。丰富、连贯、舒适的公共开放空间网络能够提供市民户外公共活动、休闲、娱乐的场所，有利于促进人们借助自行车、步行等低碳交通方式出行。公共开放空间的系统化构建有助于完善慢行交通体系；随着慢行交通与机动车交通的有序分离，将极大改善交通运输的通行能力，减少因交通拥堵造成的能源消耗与尾气排放，达到降低碳排放的目标。成体系、规模化的公共开放空间还能够成为城市应对极端气候灾害的防灾避难场所。此外，成体系的公共开放空间能够成为城市通风道的重要组成部分，有利于最大化发挥通风作用，有效降低城市热岛效应。

5.1.7.4.2 宜积极鼓励各建设项目提供公共开放空间。

【条文说明】

建设项目提供公共开放空间是对城市整体开放空间体系的补充，有利于形成城市通风廊道，缓解城市热岛效应。

国内不少城市已经出台了相关的技术管理规定，以深圳市为例，在《深圳市城市设计标准与准则引导与控制》中明确提出在一般情况下，公共开放空间占建设用地比例为5%～10%，小于10000m^{2}的地块宜采用上限标准，大于10000m^{2}宜采用下限标准。

5.1.7.4.3 公共开放空间的设置应结合城市公共交通体系和居民生活游憩功能，重点对人均公共开放空间用地、公共开放空间可达性进行控制。

【条文说明】

李云、杨晓春（2007年）在对深圳经济特区的公共开放空间进行具体化和计量化的探索中，结合国内外相关研究成果和规划案例，提出了人均公共开放空间和步行可达范围覆盖率两项基准指标：人均公共开放空间用地面积为8.3～16m^2/人；市区级公共开放空间取800m为半径，街道社区级公共开放空间取300m（5分钟步行距离）为服务半径。通过以上指标的控制，能够有力保障城市公共开放空间的数量与质量，更好地应对气候变化的新挑战。

5.1.8 建筑建造引导

5.1.8.1 应建立低碳的建筑空间结构。

【条文说明】

从应对气候变化的角度出发，低碳的建筑空间结构体现为：在主动应对气候环境影响的同时，能够精明而节制地减少对环境的干预。应当针对不同地域气候问题，合理地根据朝向、日照、风向等综合因素，进行不同的气候适应性设计。建筑的组合模式多种多样（图5.1.8.1-1），在不同地域气候条件下，基于不同的气候适应性设计条件，其低碳化建筑空间结构的选择也是不同的。如优先考虑通风条件的情况下，寒冷地区的建筑群宜选择围合式布局，以有效抵挡冬季寒风的侵袭；炎热地区的建筑宜选择行列式，以利于夏季通风。此外，建筑的高低错落顺序、组合方式都将对局部通风效果造成不同影响（图5.1.8.1-2）。

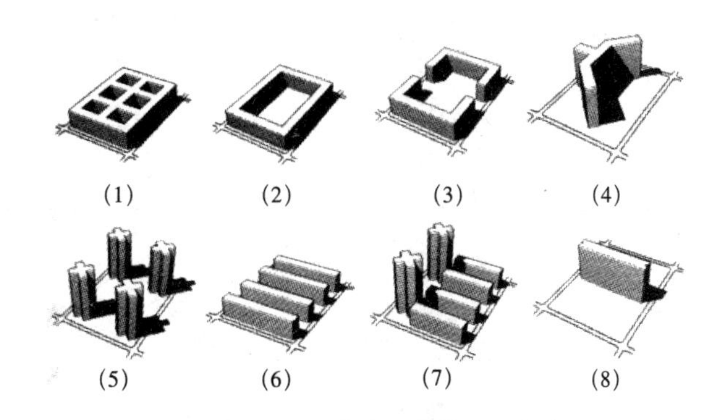

图5.1.8.1-1 建筑组合模式的分类

（资料来源：A.B.布宁，T.O.萨瓦连斯卡娅.城市建设艺术史：20世纪资本主义国家的城市建设[M].黄海华，译.北京：中国建筑工业出版社.1992）

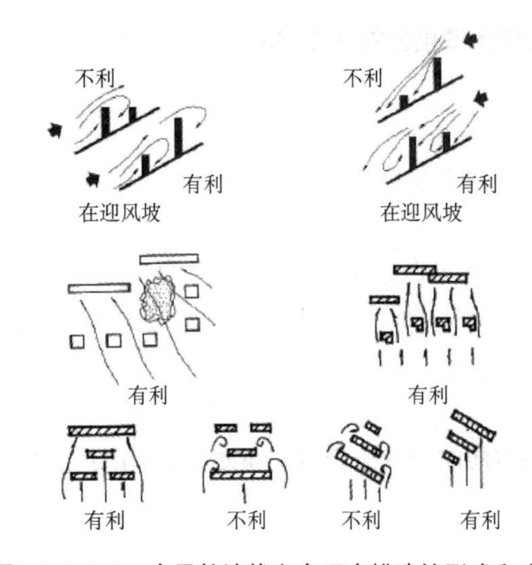

图5.1.8.1-2　在风的流线上合理安排建筑形式和次序

（资料来源：郭潇鸿．应对气候变化的城市设计导则研究[D]．武汉：华中科技大学，2013）

5.1.8.2　建筑控制

建筑控制除必须满足日照、通风、安全等要求外，应根据建筑物所在地段的实际情况考虑下述要素。

5.1.8.2.1　评估建筑高度组合对风的影响，避免因高度的突然变化改变风速。

【条文说明】

风受到建筑物的阻碍作用，与建筑的高度、建筑组合的形式及组合密度有关（图5.1.8.2.1），评估建筑高度组合对风环境的影响能够有效指导建筑的合理布局。例如：如果高层建筑与低层建筑布局不够合理，会对城市空间“空气场”造成不良影响，人工排热和污染物在城市中滞留，既增强了热岛效应，也影响空气质量，并将带来相关的治理能源和碳排放。

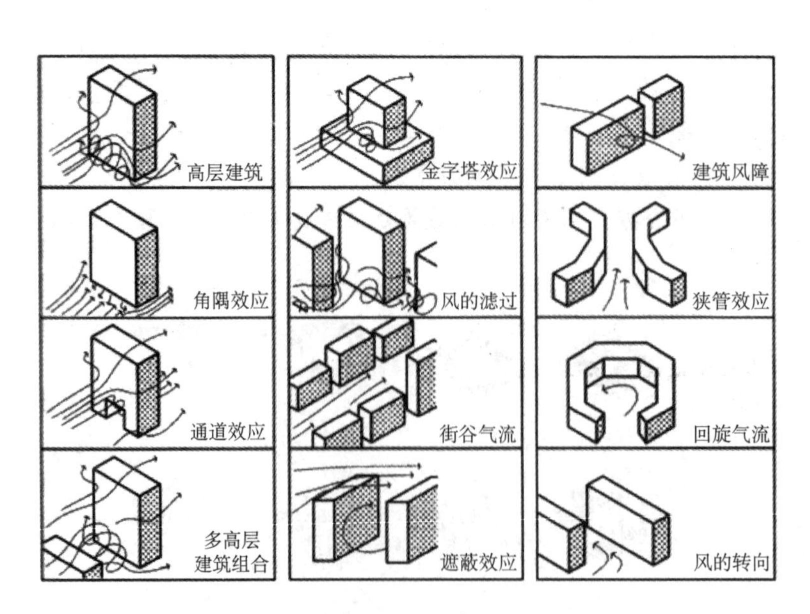

图5.1.8.2.1　建筑物组合形成的各种“风效应”

（资料来源：Servando Alvarez，Architecture and urban space proceedings of the Ninth International PLEA Conference 'September 1991，P37）

5.1.8.2.2　对高层建筑对局部微气候的影响进行评估，特殊情况下对高层建筑的屋顶形式等影响城市天际轮廓线的因素提出城市设计引导。

【条文说明】

高层建筑局部微气候的影响体现在建筑热环境、气旋等方面。以城市局部地段空间为研究对象，通过数据采集、环境模拟等技术手段进行热环境和风环境研究等，能够有助于判断影响微气候的关键因子，研究其作用机制。由于局部微气候环境在城市及更大区域气候中有了一定变化自由度和人工可调性，可以提出的技术方法包括：空间形体设计改进、环境材质选择、建筑构件选择等。

5.1.8.2.3　对建筑后退线、建筑界面控制、面迎主导风向区块的间口率等提出重点控制要求。

【条文说明】

建筑后退线是指建筑物应距离城市道路或用地红线的程度。对临高速公路、快速路等城市道路提出建筑后退线的控制要求，保证防灾通道和通风廊道的畅通。

建筑界面则应该是指将不同的建筑空间质地分隔开的面的组合，包涵了实体和空间两方面的属性。利用建筑界面的绿化来调节建筑气候的做法有：营造墙体垂直绿化、屋顶绿化与掩土建筑、附于界面绿色缓冲空间。不仅改善了建筑外部视觉环境，而且成了建筑界面的热缓冲层，是一种调节微气候简便易行的方式。美观、生态的建筑界面能够提升公共开放空间的环境品质，鼓励慢行交通出行。

间口率 = 建筑面宽 / 基地面宽。面迎主导风向的区块建筑物对主导风有较直接影响的。在寒冷地区，北面建筑物的面宽应较长，开口较小，能够有效抵御北向寒风；在炎热地区和夏热冬冷地区，应该打开南面建筑群之间的缺口，引导自然风进入（图 5.1.8.2.3）。

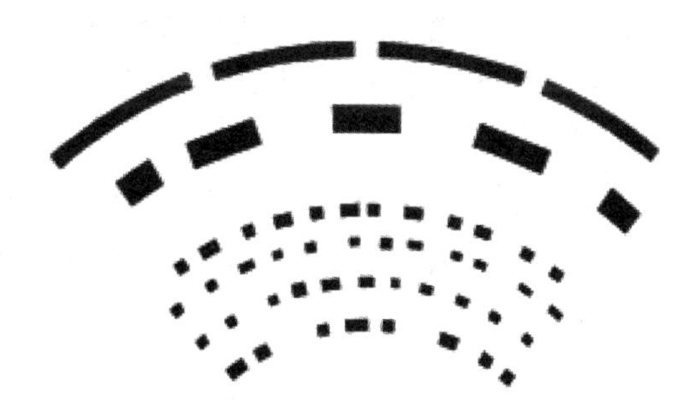

图5.1.8.2.3　防止冬季冷风、增强夏季通风的建筑示意图

（资料来源：郭潇鸿．应对气候变化的城市设计导则研究[D]．武汉：华中科技大学，2013）

5.1.8.3　规划区内绿色建筑比例应大于 30%；节能建筑比例应大于 65%。

【条文说明】

绿色建筑是指在建筑的全寿命周期内，最大限度地节约资源（节能、节地、节水、节材）、保护环境和减少污染，为人们提供健康、适用和高效的使用空间，与自然和谐共生的建筑。节能建筑是指遵循气候设计和节能的基本方法，对建筑规划分区、群体和单体、建筑朝向、间距、太阳辐射、风向以及外部空间环境进行研究后，设计出的低能耗建筑。

本文的研究参考了《夏热冬冷地区居住建筑节能设计标准》(JGJ 134)、《公共建筑节能设计标准》

(GB 50189)、《绿色建筑评价标准》(GB/T 50378) 等相关内容，提出规划区内绿色建筑比例和节能建筑比例两项控制指标。

5.1.9 地下空间规划

5.1.9.1 地下空间利用应与应对极端气候灾害的避灾场地布局相结合。

【条文说明】

全球气候变暖导致持续高温、强降雨、海平面上升等极端气候事件频发，对人民财产安全与正常生活造成巨大影响。如2003年在历史上罕见的热浪袭击下，8月前半个月法国的死亡人数与往年同期相比多出至少1.14万人，是“9.11”事件的四倍。

由于土壤传递热量的功能较差，使得地下空间与地面环境的能量交换很少，几乎不受地面气候、天气、温湿度等的影响，环境稳定性很高。相关的研究表明，在地下5m处，日平均气温基本不随季节变化，且地下空间所在的深度越大，其湿度与温度的稳定性越强。利用这一原理，地下空间能够成为较理想的避暑地点。因此，应考虑将地下空间开发与应对持续高温的避灾场所布局相结合，在城市控制性详细规划编制中予以重点控制。

5.1.9.2 地下空间规划应与全天候无障碍慢行交通体系相结合，并与停车设施相衔接。

【条文说明】

地下空间开发的主要依托是地下交通建设，尤其是地铁等公共轨道交通建设。在完善地下交通网络的基础上，应该将地下空间利用与城市全天候无障碍慢行交通系统建设相结合，共同构建打造城市全天候低碳交通体系。一方面能够进一步促进公众借助公共轨道交通和步行方式“零碳”出行，减少二氧化碳排放量；另一方面也为极端气候事件条件下的正常出行提供了通道，有效提升了城镇适应气候变化的能力。

此外，地下空间利用与停车设施衔接，通过构建地下轨道交通的驻车换乘系统，为全程私人机动车出行向私人机动车与公共交通结合出行提供了便利条件，也是当前城市交通低碳化发展的现实选择，同样促进了节能减排。

5.1.10 环境保护规划

制定规划区环境保护目标，提出环境污染控制和治理要求，重点强调污染物排放方面的控制。

【条文说明】

人类活动中向水、空气、土壤等自然环境排入化学物质、放射性物质、病原体、废热等污染物，当其数量和浓度达到一定程度，会影响生物正常生长和生态平衡，降低环境的碳汇能力，所以需要对污染物排放进行控制，同时能够有效减少污染物收集、处理过程中带来的能耗和碳排放。环境保护主要控制指标包括噪声震动等允许标准值、水污染物允许排放值、水污染物允许排放浓度、废气污染物允许排放量、固体废弃物控制。

5.2　特殊地区控制要求

5.2.1　控制对象

特殊地区主要包括滨海地区与历史街区两类。

【条文说明】

滨海地区规划是对港口城市临海岸线地区（包括毗邻的陆域和海域）有效应对气候变化而新增的专项规划。在全球气候变暖的影响下，日益加剧的海平面上升、风暴潮等气候灾害对沿海城市安全带来巨大的隐患，造成巨大的经济损失，严重影响了沿海城市的可持续发展。

传统控规编制中，对于历史街区的规划控制内容主要是通过城市紫线的划定提出历史文化街区、传统风貌区、文物保护单位、历史建筑等具体保护对象的保护和控制范围，而忽略了历史街区在建设开发中的其他问题。在气候变化的宏观背景下，历史街区特殊的空间格局、建筑材料、微观气候环境等导致本标准中控规的基本控制内容与技术手段未必适用于历史街区的保护与可持续更新规划，同样需要对其进行专门研究，并提出特殊控制要求。

5.2.2　滨海地区

5.2.2.1　海平面上升影响度区划

按海平面上升程度、海岸地貌、沿海海拔、沿海坡度、海岸线侵蚀、沿海土地利用率，平均潮差、平均波高八项因素以及相互间权重关系，将中国沿海城市划分为轻度、中度、高度、重度四类影响度区划，作为滨海地区规划控制和有效应对海平面上升灾害的重要依据。具体内容详见表 5.2.2.1-1。

表5.2.2.1-1　中国沿海海平面上升影响度分区表

重度影响区	天津地区，江苏省北部
高度影响区	长三角、珠三角局部、辽东半岛西部及山东半岛西部
中度影响区	辽东半岛东部沿海、山东半岛北部和南部、浙江至广东东部沿海
轻度影响区	山东半岛东部、珠三角局部及珠三角以西海域

【条文说明】

按海平面上升程度、海岸地貌、沿海海拔、沿海坡度、海岸线侵蚀、沿海土地利用率，平均潮差、平均波高八项因素以及相互间权重关系可将我国沿海城市划分为海平面上升轻度、中度、高度、重度四类影响度分区。具体权重值如表 5.2.2.1-2 所示：

表5.2.2.1-2　海平面上升影响度权重赋值表

目标指标	权重	评估指标分类	权重	评估指标	权重
海平面上升影响度	1	海洋因素	0.5	海平面上升	0.31
				平均潮差	0.09
				平均潮高	0.10
		陆地因素	0.5	海岸地貌	0.11
				沿海海拔	0.19
				沿海坡度	0.03
				海岸线侵蚀	0.07
				沿海土地利用度	0.10

（资料来源：Jie Yin, Zhane Yin, etc. National Assessment of Coastal Vulnerability to Sea-level Rise for the Chinese Coast[J]. Journal of Coastal Conservation. 2012, 16(1): 123~133）

权重值与影响度分区对应关系如表 5.2.2.1-3 所示。

表5.2.2.1-3　海平面上升影响度权重值与影响度分区对应表

权重值	对应影响区
>3.25	重度影响区
2.5~3.25	严重影响区
1.75~2.5	中度影响区
<1.75	轻度影响区

（资料来源：Jie Yin, Zhane Yin, etc. National Assessment of Coastal Vulnerability to Sea-level Rise for the Chinese Coast[J]. Journal of Coastal Conservation. 2012, 16(1): 123~133）

根据表 5.2.2.1-4 的若干指标控制值，制定表 5.2.2.1-1：中国沿海海平面上升影响度分区表。

表5.2.2.1-4　海平面上升影响评估指标与影响度分区对应表

类别 \ 影响程度分区	重度影响区	严重影响区	中度影响区	轻度影响区
海平面上升（mm/a）	>6	4~6	2~4	<2
海岸地貌	沿海滩涂	河湾、三角洲	低矮岩石，沙丘	大型岩石堆
沿海海拔 (m)	<1	1~5	5~10	>10
沿海坡度（%）	<0.5	0.5~1.5	1.5~3	>3
海岸线侵蚀（m/a）	>10	5~10	0~5	0
沿海土地利用度	建成区	农田、森林	水体、湿地、草地	裸地
平均潮差 (m)	>3	2~3	1~2	<1
平均波高 (m)	1.2~1.5	0.9~1.2	0.6~0.9	0.3~0.6

（资料来源：Jie Yin, Zhane Yin, etc. National Assessment of Coastal Vulnerability to Sea-level Rise for the Chinese Coast[J]. Journal of Coastal Conservation. 2012, 16(1): 123~133）

各影响区的具体空间分布如图 5.2.2.1 所示：

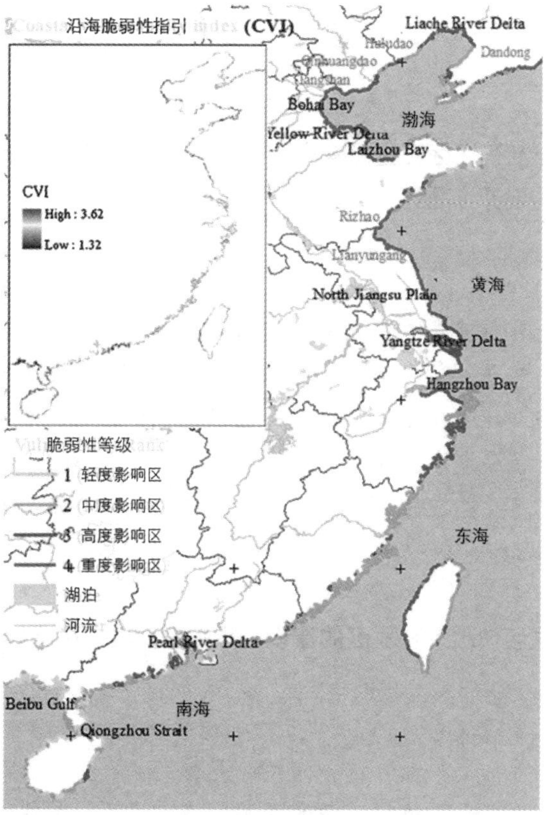

图5.2.2.1　中国沿海海平面上升影响度分区图

（资料来源：Jie Yin，Zhane Yin，etc．National Assessment of Coastal Vulnerability to Sea-level Rise for the Chinese Coast[J]．Journal of Coastal Conservation．2012，16(1)：123～133）

5.2.2.2　空间管制

5.2.2.2.1　按易受灾害影响程度、保护要求和开发建设条件，将规划滨海区划分为重点保护区、限制开发区、工业发展区和生活发展区四类。具体内容详见表 5.2.2.2.1。

表5.2.2.2.1　滨海地区空间管制分区及控制要求

<table>
<tr><th colspan="2">空间管制分区</th><th>范围界定</th><th>控制要求</th></tr>
<tr><td colspan="2">重点保护区</td><td>沿海湿地林地保护区、海水水质一级保护区、地势低洼区域、地质不稳定易沉降区域</td><td>严格禁止与保护无关的各类建设活动，对已有的与保护无关的建、构筑物予以拆除</td></tr>
<tr><td colspan="2">限制开发区</td><td>生态环境较好、地质条件稳定、地势较高的区域；主要用于居住、旅游、度假等功能区的开发</td><td>对开发建设项目类别、开发强度、建筑体量、建筑高度和轮廓线进行严格控制，禁止对生态环境的影响</td></tr>
<tr><td rowspan="2">适宜建设区</td><td>工业发展区</td><td>工业用地、港口等功能区</td><td rowspan="2">建设开发优先选择区，对开发强度、建筑体量、建筑高度和轮廓线进行严格控制</td></tr>
<tr><td>生活发展区</td><td>居住、商务、休闲、办公、现代服务业等功能区</td></tr>
</table>

【条文说明】

根据上位城市总体规划中对滨海地区空间管制的分区要求，按易受灾害影响程度、保护要求和开发建设条件，将规划区划分为重点保护区、限制开发区、工业发展区和生活发展区。其中重点保护区应严格禁止与保护无关的各类建设活动；限制开发区可进行适当建设开发，并对开发项目类别、开发强度等方面进行严格控制；工业和生活发展区作为滨海适宜建设区是建设开发的优先选择对象，在满足防护措施的基础上可鼓励适度开发。

5.2.2.2.2 都市发展区和限制开发区应重点考虑海平面上升的趋势及其影响，合理确定各项建设用地的场地标高，适当调整各类防潮工程的设计标准。

【条文说明】

全球变暖背景下，海平面上升趋势明显。相关研究数据表明，1891 ~ 1960 年中国沿海平均海平面上升速率为 1.4 mm/a；1960 年以来，中国沿海平均海平面上升速率为 2.1 ~ 2.3 mm/a，海平面上升呈加速趋势。按照目前的海平面上升速率，2050 年我国沿海地区海平面将上升约 50 ~ 90cm。因此，在都市发展区与限制发展区的城市规划建设中，应以《海港水文规范》(JTJ 213–98) 为基础，结合当地具体的海平面上升幅度，合理确定各项建设用地的场地标高，并在设计、建造防潮、防洪堤围时超前考虑海平面上升因素，适当调整滨海地区现有防潮工程的设计标准。

5.2.2.2.3 重点对都市发展区和限制开发区的建设进行控制，其中可将都市型发展区细分为工业发展区与生活发展区，分别制定控制要求。

【条文说明】

根据滨海地区的自然地理条件差异，依据“深水深用、浅水浅用”的原则，科学利用滨海岸线资源。深水区应优先满足工业发展需要，规划工业发展区，建立高效的安全和防污染监控管理体系，采取严格措施，控制滨海工业污染物的排放量；浅水区适宜规划生活发展区，建设生活型岸线或生态保护型岸线，积极强化滨海区域的生态保育功能，提升海洋碳汇能力。

5.2.2.3 海岸线防护措施

5.2.2.3.1 自然岸线控制

生态敏感区与建设用地之间的过渡缓冲区域：该类用地具有一定的生态敏感性，主要包括：森林公园、植被繁盛、生态状况良好的连绵山体、重要的水源涵养地和林地、河口湿地及滨海山体间的视线开敞区。禁止任何对自然滨海岸线有破坏的行为及变相的开发建设。

【条文说明】

自然岸线控制范围主要位于生态敏感区与建设用地之间的过渡缓冲区域。这一区域是全球生态系统中的脆弱地带，也是海岸带资源环境系统稳定的基础。近年来，随着港口城市建设的不断发展，我国海岸带自然岸线逐年减少，沿海滩涂湿地、红树林和珊瑚礁均遭受严重破坏，海底沉积环境受到污染，对海岸线生物多样性和生态系统稳定造成严重威胁，严重影响海洋碳汇功能的发挥。因此，应当强调对自然滨海岸线的生态修复，禁止任何对自然滨海岸线有破坏的行为及变相的开发建设。

5.2.2.3.2 工程措施

加强海岸线综合防护，积极应对风暴潮对沿海岸线的侵蚀，具体详见表 5.2.2.3.2。

表5.2.2.3.2　海岸线防护工程措施分类

硬性措施	软性措施
• 堤线布置应力求平顺，各堤段平缓转弯处尽可能避免强风暴潮正面袭击，同时应考虑利于防潮抢险和工程管理 • 采用具有较强防风暴潮能力的海堤断面型式、扩面结构和消浪措施 • 集中收集附近生活区、车站和餐饮店的污水和垃圾，拆除沙滩上现有的污水池。排水管道的建设和当地排水管道交接，纳入集中处理范围，禁止乱堆放	• 扩坡与护滩结合，保护好现有植被（王棕树、灌木、杂草等）；其次，引进沙滩植物和潮滩植物（推荐乔木为最佳） • 人工补沙拓展海滩 • 修建水下丁坝、离岸堤

【条文说明】

滨海岸线区域长期受自然环境变化及人类活动的影响，是海岸侵蚀、海水入侵、风暴潮等灾害的多发地带，对沿海城市的社会经济发展带来了巨大危害。因此，应当综合软性和硬性两方面工程措施，提高海岸线区域的防护能力。

5.2.2.3.3　防洪排涝工程标准

在设计、建造防潮、防洪堤围时，应超前考虑海平面上升的因素，提高滨海地区现有防潮工程的设计标准，详见表5.2.2.3.3。相关规划标准参照《城市防洪工程设计规范》（GB 50137-2011）。

表5.2.2.3.3　防潮工程设计水位调整表

设计水位上调值（cm） 海平面上升影响区	近期规划（50年）	远期规划（100年）
重度影响区	75	150
高度影响区	60	120
中度影响区	50	100
轻度影响区	40	80

【条文说明】

相关研究数据表明，1891～1960年中国沿海平均海平面上升速率为1.4mm/a。1960年以来，中国沿海平均海平面上升速率为2.1～2.3mm/a，海平面上升呈加速趋势。按照目前的海平面上升速率，2050年，我国沿海地区海平面将上升约50～90cm，因此滨海地区应在现有防潮工程设计标准的基础上，根据受海平面上升影响程度的不同，适度提高防潮工程设计水位值。

5.2.2.4　预警机制

加强海平面变化的监测、加强城市环境遥感监测系统、灾害预报与防灾减灾体系、突发性灾害预警和应急体系建设，提高相应的遥感监测，预报等市政设施的配套指标标准。

【条文说明】

城市环境遥感监测系统是基于环境遥感监测应用技术的软件实现。随着我国沿海地区经济高速发展，海岸带区域的环境状况发生了显著变化。这些变化信息依靠常规的调查手段难以及时获取，而卫星遥感技术能够通过多源、多通道、多时相、主被动融合的海量星载遥感数据获取海岸带及毗连海域资源环境信息，成为海岸带实时监测及突发性灾害预警的有效手段。

5.2.3 历史街区

5.2.3.1 道路设施

5.2.3.1.1 结合规划区内文物保护和现状街巷条件对道路系统进行重新组织，合理组织规划区内、外动态与静态交通。

【条文说明】

历史街区道路网络相对密集，缺乏系统性，多种交通方式相互交织，道路功能混杂，机动车与非机动车和行人之间缺乏有效的隔离。因此，历史街区道路规划应按照“快慢分离、动静分区”的原则，合理组织规划区内、外动态与静态交通。

5.2.3.1.2 尽量保留街区内现状路网格局和路幅宽度，严格限制通过拓宽道路缓解历史街区的交通问题，通过内部路网整改梳理、外围交通分流的方法，缓解街区内交通压力。

【条文说明】

历史街区的交通资源和街道空间是历史遗存的重要组成部分，路网格局和路幅宽度原则上不能轻易改变，如果确实需要改变，应事先进行充分论证，在不破坏风貌区的整体特色前提下进行调整。传统历史街区的道路宽度是适合步行、自行车交通等慢行交通使用的密肋式街坊。拓宽道路不仅会破坏原有街区尺度，而且会进一步刺激汽车交通的发展，导致慢行交通逐渐被摒弃的恶性循环。而大量的私人交通耗能对于维持街区的碳排放量是十分不利的，因此应采用内部梳理，外围分流的方法来缓解街区内交通压力。

5.2.3.1.3 主要机动车道和停车设施沿保护区外围设施，实现街区内外人车分流；鼓励地上地下结合的立体停车形式，实行车行及停车的分区、分时管控。

【条文说明】

历史街区的用地紧张，建筑排列比较密集，机动车、非机动车和行人之间的相互干扰较大。可考虑实现街区内外人车分流，主要机动车道和停车设施沿保护区外围设置，区内则鼓励慢行和步行交通等低碳化出行方式。通过合理分流，减少人机之间的相互干扰，既能保障行人安全，又能提高机动车通行效率，降低交通能耗。

与传统停车场相比，在立体停车场车辆一进库就熄火，由机械设备自动存放，减少了车辆在车库内的迂回行驶和尾气排放，是一种低碳化的停车方式。车行及停车的分区、分时管控的目的在于最大限度的减少机动交通出行，降低汽车尾气污染对历史街区造成的不良影响。

5.2.3.2 给排水设施

5.2.3.2.1 对街区内现有给排水管道进行改造和更换，合理布置区块内供水管网系统；采用雨污分流的排水管道布置，增加必要的污水管和雨水管，并对雨污管道进行合理布置。

【条文说明】

历史街区普遍存在市政基础设施严重滞后的现状，给排水设施的落后直接导致了历史街区健康状况下降，河水腐臭，暴雨漫街，污水四溢。因此，应当采用新材料、新技术、新工艺对历史街区内的给排水管道进行更换。

如通过增强管材强度和密封性减少给水管网的漏失率；采用非标准检查井或以闸阀替代检查井；增加隔离和防护设施，使直埋管线的安全间距和覆土深度大大低于规范限值．以适应历史街区狭窄的地下空间等。

雨污分流是将雨水和污水分开，各用一条管道输送，进行排放或后续处理的排水体制。由于雨水污染轻，经过分流后，可直接排入城市内河，经过自然沉淀，即可作为天然的景观用水，也可作为供给喷洒道路的城市市政用水。因此，雨水经过净化、缓冲流入河流，可以提高地表水的使用效益。同时，让污水排入污水管网，并通过污水处理厂处理，实现污水再生回用。雨污分流后能加快污水收集率，提高污水处理率，避免污水对河道、地下水造成污染，明显改善历史街区的水环境。

5.2.3.2.2 排水设施进行翻修清淤工作，提高利用率；提高软质渗水地面的面积，实现建设后径流系数不超过建设前。

【条文说明】

软质渗水地面拥有 15% ～ 25% 的孔隙，能够使透水速度达到 31 ～ 52L/m/h，远远高于最有效的降雨在最优秀的排水配置下的排出速率。软质渗水地面材料的密度本身较低降低了热储存的能力，独特的孔隙结构使较低的地下温度传入地面，从而降低整个铺装地面的温度。这些特点使透水铺装系统在吸热和储热功能方面接近于自然植被所覆盖的地面，比一般混凝土路面拥有更强的抗冻融能力。

5.2.3.3 能源供应

通过利用太阳能、风能等来减少不可再生能源使用；通过使用绿色建材改良室内环境等。另外，选择低能耗的建材和绿色清洁能源。

【条文说明】

太阳能、风能等可再生能源清洁环保，开发利用过程不增加温室气体排放，对气候变化的影响较小。绿色建材是指采用清洁生产技术，少用天然资源和能源，大量使用工业或城市固态废物生产的无毒害、无污染、无放射性、有利于环境保护和人体健康的建筑材料。与传统建材相比，绿色建材具有低消耗、低能源、无污染、多功能、可循环利用等多方面优点。

5.2.3.4 建筑环境

5.2.3.4.1 保护、修缮老旧房屋和新建建筑时，尽量使用复合、节能、环保材料，加大各类建筑材料的循环经济利用。

【条文说明】

复合、节能、环保材料在生产、土建和装修过程中均能够满足节约资源、保护环境的要求，并且还能做到充分利用废弃物，或能够对废弃物做净化处理。在使用过程中，复合、节能、环保材料将使用能耗和环境污染的指数降至最低，尽最大限度减少了“三废”的排放量。

5.2.3.4.2 减少因建筑等拆除而产生的固体建筑垃圾、新建活动产生的材料及能源需求和施工造成的大量能耗及环境污染。

【条文说明】

研究显示：建筑达到一定年限后，其平均单位年能耗量逐渐减少，变化曲线趋于水平。因而在历史街区保护中贯彻可持续发展的理念，需要在针对街区环境的保护和更新中，尽量减少老旧建筑拆除和新建活动，通过延长“尚可使用的旧建筑”及设施的生命周期，降低建筑物使用能耗，达到减少温室气体排放，最终实现节能减排的目标。

5.2.3.4.3　通过绿化系统、遮阳设施、生态铺装等适应性措施改善建筑微气候。

【条文说明】

建筑微气候是指人们日常生活的室内小环境，常规情况下主要依靠设备（如空调、暖气片、空气净化器等）来调节，这是一种以牺牲能耗为代价的“主动式调节”，也称为“设备调节”。与“主动式调节”相对应的是“被动式调节”，它在对建筑场地的自然环境进行深入研究的基础上，最大限度地利用自然环境的绿色潜能，对能够利用的因素加以积极利用，对不利因素则极力回避。通过采用绿化系统、遮阳设施、生态铺装等适应性措施，以不耗能或少耗能的方式来实现对室内环境舒适度的调节。

5.2.3.4.4　通过提高围护系统热工性能、使用先进能耗监测系统来改进建筑能耗性能；通过利用太阳能、风能等来减少不可再生能源使用；通过使用绿色建材改良室内环境等。

【条文说明】

正确选择外墙外保温体系和做好外墙及屋面的热桥部位的保温，提高围护系统热工性能，可以有效减少采暖和空调能耗。能耗监测系统通过能耗实时监测和能效评估，可以较快地发现建筑运行过程中出现的问题，并采取措施，从而改善耗能系统运行状况，提高能源利用率。

5.2.3.5　环境卫生

5.2.3.5.1　对于拆除、修缮过程中产生的废弃物要分类放置，合理规划垃圾处理及循环回收利用设施。

【条文说明】

合理规划垃圾处理及循环回收利用设施，实现垃圾处理无害化、资源化、减量化目标，能够最大限度的节约资源和减少环境污染，具有较好的社会经济和环境效益。

5.2.3.5.2　增加社区公共厕所的建设，减少粪便等污物直接进入雨水口和排水管线。

【条文说明】

历史街区普遍存在公共卫生设施条件落后和数量不足的现象，不但影响了居民的正常生活，也直接破坏了街区的历史风貌和景观。此外，粪便等污物直接进入雨水口和排水管线容易污染河道和地下水，对历史街区的水环境造成不良影响。

5.2.3.6　河流治理

对于水系发达的潮湿地区，加紧治理废旧的河川，提高历史街区河流水系网络化程度，有效调节雨季洪峰。

【条文说明】

气候变暖造成暴雨、洪水等极端气候事件频发，对历史街区造成严重影响。对于水系发达地区的历史街区更应注意提高水系的网络化程度，即时排除洪水，有效调节雨季洪峰，增强街区的防洪减灾能力。

5.2.3.7　绿地建设

5.2.3.7.1　保护古建筑周边及院内原有的名木古树，加大街区公园、河道绿化种植率，过滤有害气体，降低城市热岛效应。

【条文说明】

街区公园、河道绿化能够使气流受阻，降低风速，使空气中的一些污染物沉降下来，能够通过绿色植物对阳光直射的阻挡和蒸腾散热等作用，有效降低城市热岛效应。同时绿地还具有降低噪音、保持水土、涵养水源、增加碳汇等作用。

5.2.3.7.2　在历史街区环境保护和更新中，也要特别注意对植被环境的保护和培育，科学搭配植物种类，构建完整的绿化系统，提高街区绿化覆盖率。

【条文说明】

历史街区绿化应当优先选择本地乡土树种，减少因树种运输造成的能源消耗。同时，与外来树种相比，乡土树种对当地的自然气候适应力更强，大大降低了维护能耗和成本。不同绿化植物的碳汇能力不同（由强到弱分为:乔木、灌木、草本植物），历史街区绿化应当优先选择碳汇能力强的植物，如阔叶乔木等速生树种，注重科学搭配，充分发挥绿化植物调节气候、涵养水源、保持水土、吸收温室气体及减缓极端气候事件如洪涝灾害等对历史街区的冲击的作用。

5.2.3.8　改善通风条件

在旧城整治过程中，进行微观自然通风模拟分析，采用先进改造技术，改善古院落封闭状况。

【条文说明】

旧城区的自然通风条件一般较差，往往需要借助通风设备（风机、空气过滤器等）进行调节，由此产生大量能耗。借助先进的计算机技术对院落场地进行数值模拟分析，从微观上反映自然通风的效果，为旧城整治中通风设计策略的合理性和可靠性提供了保证，可以有效减少通风设备的使用。国内外主要采用网络法、CFD 模拟技术和区域模型法对自然通风进行模拟分析。

参考文献

[1] 世界银行 . 东亚环境检测：适应气候变化 [M]. 华盛顿 : 世界银行出版社 , 2007.

[2] UN-Habitat. State of the World's Cities 2012/2013– Prosperity of Cities[M]. 711 Third Avenue, New York, NY 10017: Routledge, 2013.

[3] UN-HABITAT. Cities and Climate Change — Global Report on Human Settlements 2011[M]. 联合国人居署北京信息办公室 , 译 . London: Earthscan, 2011.

[4] IPCC. Climate change 2001-IPCC Third Assessment Report[R].2001.

[5] UN. United Nations Framework Convention on Climate Change[R].1992.

[6] 王伟光 , 郑国光 . 应对气候变化报告（2011）[M]. 北京 : 社会科学文献出版社 , 2011.

[7] 中国城市科学研究会 . 中国低碳生态城市发展报告 2010[M]. 北京 : 中国建筑工业出版社 , 2010.

[8] Glaeser E L, Kahn M E. Sprawl and Urban Growth[J]. Discussion Paper No 2004, 2003.

[9] Fong W K, Matsumoto H, Ho C S. Energy consumption and carbon dioxide emission considerations in the urban planning process in Malaysia[J]. Journal of the Malaysian Institute of Planners, 2008(6):101-130.

[10] U. S. Department Of Transportation. Public Transportation's Role in Responding to Climate Change[R].2009.

[11] 仇保兴 . 我国城镇化中后期的若干挑战与机遇——城市规划变革的新动向 [J]. 城市规划 , 2010(1):15-23.

[12] 仇保兴 . 从绿色建筑到低碳生态城 [J]. 城市发展研究 , 2009(7):1-11.

[13] 仇保兴 . 我国绿色建筑发展前景及对策建议 [J]. 住宅产业 , 2011(Z1):10-11.

[14] 仇保兴 . 我国低碳生态城市建设的形势与任务 [J]. 城市规划 , 2012(12).

[15] 顾朝林 . 气候变化与低碳城市规划 [M]. 2. 南京 : 东南大学出版社 , 2013.

[16] 中国城市科学研究会 . 中国低碳生态城市发展战略 [M]. 北京 : 中国城市出版社 , 2009.

[17] 吕斌 , 佘高红 . 城市规划生态化探讨——论生态规划与城市规划的融合 [J]. 城市规划学刊 , 2006(4):15-19.

[18] 余猛 , 吕斌 . 低碳经济与城市规划变革 [J]. 中国人口 . 资源与环境 , 2010(7):20-24.

[19] 吕斌 , 孙婷 . 低碳视角下城市空间形态紧凑度研究 [J]. 地理研究 , 2013(6):1057-1067.

[20] 蔡博峰 . 低碳城市规划 [M]. 北京 : 化学工业出版社 , 2011.

[21] 周国梅 , 唐志鹏 , 等 . 资源型城市如何实现低碳转型 [J]. 环境经济 , 2009(10):31-36.

[22] 贾明迅 . 低碳城市建设“四重奏”[J]. 建设时报 , 2009(6):6-8.

[23] 熊国平 . 可持续发展战略与城市规划 [J]. 城市发展研究 , 1998(4):15-18.

[24] 倪黎燕 . 生态城思想探源：生态学视角下的经典城市规划理论解读 [D]. 北京 : 清华大学 , 2012.

[25] 刘志林 , 戴亦欣 . 低碳城市理论与国际经验 [J]. 城市发展研究 , 2009,6(16).

[26] 叶钟南 . 2000 年以来“紧缩城市”相关理论发展综述 : 2008 年城市发展与规划国际论坛论文集 , 2008[C].

[27] 詹克斯迈克 , 等 . 紧缩城市——一种可持续发展的城市形态 [G]. 周玉鹏 , 等 , 译 . 北京 : 中国建筑工业出版社 , 2004.

[28] 第二次气候变化国家评估报告编写委员会 . 第二次气候变化国家评估报告 [M]. 北京 : 科技出版社 , 2011.
[29] IPCC. Climate Change 2007: The Physical Science Basis, IPCC Fourth Assessment Report of Working Group I[R].2007.
[30] IPCC. Climate Change 2007: Synthesis Report[R].2007.
[31] UN-Habitat. PLANNING FOR CLIMATE CHANGE:A Strategic, Values-based Approach for Urban Planners[EB/OL]. http://www.unhabitat.org/pmss/listItemDetails.aspx?publicationID=3164.
[32] 陈新伟 . 欧盟气候变化政策研究 [D]. 外交学院 , 2012.
[33] 吴贤玮 , 顾青峰 , 贾朋群 , 等 . 各国气候变化应对体制研究报告 [R]. 中国气象局培训中心课题组 , 2005.
[34] 王伟男 . 欧盟应对气候变化的基本经验及其对中国的借鉴意义 [D]. 上海社会科院世界经济研究所 , 2009.
[35] 傅聪 . 欧盟应对气候变化治理研究 [D]. 中国社会科学院研究生院欧洲研究系 , 2010.
[36] 关健 , 刘立 . 欧盟框架计划的优先研究领域及其演变初探 [J]. 中国科技论坛 , 2008(1).
[37] 罗丽 . 日本应对气候变化立法研究 [J]. 法学论坛 , 2010(5):107-113.
[38] 杨巍 , 宋雨桐 , 王伶 . 日本应对气候变化的做法及对我国的启示 [J]. 经济研究参考 , 2013(69):68-72.
[39] 陈志恒 . 日本构建低碳社会行动及其主要进展 [J]. 现代日本经济 , 2009(6).
[40] 缪东玲 , 闫碘碘 . 美国气候变化立法中的贸易措施及工具 [J]. 亚太经济 , 2011(1):80-85.
[41] 高翔 , 牛晨 . 美国气候变化立法进展及启示 [J]. 美国研究 , 2010(3):39-51.
[42] 杨兴 , 胡苑 . 马萨诸塞州诉美国联邦环保局案的述评 [J]. 时代法学 , 2013(3).
[43] 赵绘宇 . 美国国内气候变化法律与政策进展性研究 [J]. 东方法学 , 2008(6).
[44] 蓝煜昕 , 杨丽 , 曾少军 . 美国 NGO 参与气候变化的策略及行为模式探析 [J]. 中国人口 . 资源与环境 , 2011(S2).
[45] 符冠云 , 白泉 , 杨宏伟 . 美国应对气候变化措施、问题及启示 [J]. 中国经贸导刊 , 2012(22):38-40.
[46] 张梓太 . 中国气候变化应对法框架体系初探 [J]. 南京大学学报 (哲学 . 人文科学 . 社会科学版), 2010(5).
[47] 汤钊 . 我国应对气候变化法律对策研究 [D]. 浙江大学光华法学院 , 2012.
[48] 孟丽丽 , 李惠 . 中西方低碳城市规划研究进展及启示 : 多元与包容——2012 中国城市规划年会 , 昆明 , 2012[C]. 云南科技出版社 .
[49] 张泉 , 叶兴平 , 陈国伟 . 低碳城市规划——一个新的视野 [J]. 城市规划 , 2010,34(2):13-18.
[50] 潘海啸 , 汤諹 , 吴锦瑜 , 等 . 中国“低碳城市”的空间规划策略 [J]. 城市规划学刊 , 2008(06):57-64.
[51] 顾朝林 , 谭纵波 , 刘宛 , 等 . 气候变化、碳排放与低碳城市规划研究进展 [J]. 城市规划学刊 , 2009(3):38-45.
[52] Neeraj Prasad, Federica Ranghieri, Fatima Shah, 等 . 气候变化适应型城市入门指南 [M]. 金鹏辉 , 方晓 , 张晓莹 , 等 , 译 . 北京 : 中国金融出版社 , 2009.
[53] 周全 . 应对气候变化的城市规划“3A”方法研究 [D]. 华中科技大学 , 2013.
[54] 叶祖达 . 低碳生态空间 : 跨维度规划的再思考 [M]. 大连 : 大连理工大学出版社 , 2011.
[55] 宋友亮 . 应对气候变化的城市规划编制前期工作研究 [D]. 武汉 : 华中科技大学建筑与城市规划学院 , 2014.
[56] 罗强 . 低碳建设项目规划情景分析法研究 [D]. 武汉 : 华中科技大学 , 2013.

[57] 宋佩锋 . 人口预测方法比较研究 [D]. 安徽大学 , 2013.
[58] 侯鑫喆 . 用生态足迹法研究我国土地资源人口承载力 [J]. 山西财经大学学报 (高等教育版), 2010(S2):7-10.
[59] 袁锦富 , 徐海贤 , 卢雨田 , 等 . 城市总体规划中"四区"划定的思考 [J]. 城市规划 , 2008,32(10):71-74.
[60] 彭小雷 , 苏洁琼 , 焦怡雪 , 等 . 城市总体规划中"四区"的划定方法研究 [J]. 城市规划 , 2009,33(2):56-61.
[61] 张鑫 . TOD 模式及其在我国的应用研究 [D]. 西南交通大学 , 2011.
[62] 郑文含 . 分类轨道交通站点地区用地布局探讨 : 生态文明视角下的城乡规划——2008 年中国城市规划年会 , 大连 , 2008[C]. 大连出版社 .
[63] Raymond Y C. Impact of comprehensive development zoning on real estate development in Hong Kong[J]. Land use policy, 2001,4(18):321-328.
[64] 边经卫 . 大城市空间发展与轨道交通 [M]. 北京 : 中国建筑工业出版社 , 2006.
[65] 周瑾 . 应对气候变化的控制性详细规划编制技术研究 [D]. 华中科技大学 , 2013.
[66] 童林旭 . 地下商业街规划与设计 [M]. 北京 : 中国建筑工业出版社 , 1997.
[67] 陈洪滨 , 刁丽军 . 2003 年的极端天气和气候事件及其他相关事件 [J]. 气候与环境研究 , 2004,9(1):218-223.
[68] 陈洪滨 , 刁丽军 . 2004 年的极端天气和气候事件及其他相关事件的概要回顾 [J]. 气候与环境研究 , 2005,10(1):140-144.
[69] 陈洪滨 , 范学花 , 董文杰 . 2005 年极端天气和气候事件及其他相关事件的概要回顾 [J]. 气候与环境研究 , 2006,11(2):236-244.
[70] 陈洪滨 , 范学花 . 2006 年极端天气和气候事件及其他相关事件的概要回顾 [J]. 气候与环境研究 , 2007,12(1):100-112.
[71] 陈洪滨 , 范学花 . 2007 年极端天气和气候事件及其他相关事件的概要回顾 [J]. 气候与环境研究 , 2008,13(1):102-112.
[72] 陈洪滨 , 范学花 . 2008 年极端天气和气候事件及其他相关事件的概要回顾 [J]. 气候与环境研究 , 2009,14(3):329-340.
[73] 陈洪滨 , 范学花 . 2009 年极端天气和气候事件及其他相关事件的概要回顾 [J]. 气候与环境研究 , 2010,15(3):323-336.
[74] 陈洪滨 , 范学花 . 2010 年极端天气和气候事件及其他相关事件的概要回顾 [J]. 气候与环境研究 , 2011,16(6):789-804.
[75] 苏秋迎 . 重庆市轨道交通地下站点周边地下空间综合开发利用模式和需求分析 [D]. 重庆 : 重庆大学土木工程学院 , 2012.
[76] Yin J, Yin Z, Wang J, et al. National assessment of coastal vulnerability to sea-level rise for the Chinese coast[J]. Journal of Coastal Conservation, 2012,16(1):123-133.
[77] 杜国云 , 刘俊菊 , 王竹华 , 等 . 海岸缓冲区研究——以莱州湾东岸为例 [J]. 鲁东大学学报 (自然科学版), 2008(02):172-178.
[78] Nellemann C, Corcoran E, Duarte C M, et al. BLUE CARBON: THE ROLE OF HEALTHY OCEANS IN BINDING CARBON[M]. United Nations Environment Programme, GRID-Arendal, www.grida.no, 2009.

[79] 张利平，陈小凤，赵志鹏，等．气候变化对水文水资源影响的研究进展 [J]. 地理科学进展，2008(03):60-67.

[80] 于子江，杨乐强，杨东方．海平面上升对生态环境及其服务功能的影响 [J]. 城市环境与城市生态，2003(06):101-103.

[81] 夏军，刘春蓁，任国玉．气候变化对我国水资源影响研究面临的机遇与挑战 [J]. 地球科学进展，2011(01):1-12.

[82] 夏军，Thomas Tanner, 任国玉，等．气候变化对中国水资源影响的适应性评估与管理框架 [J]. 气候变化研究进展，2008(04):215-219.

[83] 范晓婷．我国海岸线现状及其保护建议 [J]. 地质调查与研究，2008(01):28-32.

[84] Serge S. Cities and Forms: On Sustainable Urbanism[M]. Paris: Hermann, 2011.

[85] 何流，刘正平，李雪飞．新时期市域城镇体系规划方法探讨——以南京为例：多元与包容——2012 中国城市规划年会，中国云南昆明，2012[C].

[86] 凯文林奇．城市形态 [M]. 林庆怡，陈朝晖，邓华，译．北京：华夏出版社，2001.

[87] 郭盛裕．应对气候变化的城市设计技术导则研究 [D]. 华中科技大学建筑与城市规划学院，2013.

[88] 冷红，郭恩章，袁青．气候城市设计对策研究 [J]. 城市规划，2003(09):49-54.

[89] 李云，杨晓春．对公共开放空间量化评价体系的实证探索——基于深圳特区公共开放空间系统的建立 [J]. 现代城市研究，2007(02):15-22.

[90] 柏椿．城市气候设计——城市空间形态气候合理性实现的途径 [M]. 北京：中国建筑工业出版社，2009.

[91] 赖力．中国土地利用的碳排放效应研究 [D]. 南京大学，2010.

[92] 陈自新，苏雪痕，刘少宗，等．北京城市园林绿化生态效益的研究 (3)[J]. 中国园林，1998(03):51-54.

[93] 席宏正，焦胜，鲁利宇．夏热冬冷地区城市自然通风廊道营造模式研究——以长沙为例 [J]. 华中建筑，2010(06):106-107.

[94] 张秋明．绿色基础设施 [J]. 国土资源情报，2004(7):35-38.

[95] 周岚，张京祥，崔曙平，等．低碳时代的生态城市规划与建设 [M]. 北京：中国建筑工业出版社，2010.

[96] 吴伟，付喜娥．绿色基础设施概念及其研究进展综述 [J]. 国际城市规划，2009,5(24):67-71.

[97] 付喜娥，吴人韦．绿色基础设施评价（GIA）方法介述——以美国马里兰州为例 [J]. 中国园林，2009,9:41-45.

[98] Forman T R T, Gordron M. Landscape Ecology[M]. NewYork: John Wiley & Sons, 1986.

[99] Taylor D P, Fahrig L, Henein K, et al. Connectivity is a vital element of landscape structure[J]. Oikos, 1993,3(68):571-573.

[100] 艾伦· 巴伯，谢军芳，薛晓飞．绿色基础设施在气候变化中的作用 [J]. 中国园林，2009(02):9-14.

[101] UN-Habitat. State of the World's Cities 2008/2009–Harmonious Cities[M]. 711 Third Avenue, New York, NY 10017: Routledge, 2009.

[102] 中华人民共和国国家发展和改革委员会．中华人民共和国气候变化第二次国家信息通报 [R].2013.

[103] 王伟光，郑国光．应对气候变化报告（2013）——聚焦地碳城镇化 [M]. 北京：社会科学文献出版社，2013.

[104] 李保华．低碳交通引导下的城市空间布局模式及优化策略研究 [D]. 西安建筑科技大学，2013.

[105] 王茂奎 . 基于城乡统筹发展的客运一体化研究 [D]. 西南交通大学 , 2010.
[106] 李开然 . 绿道网络的生态廊道功能及其规划原则 [J]. 中国园林 , 2010(03):24-27.
[107] Brown G Z, DeKay M. Sun, Wind & Light: Architectural Design Strategies[M]. 2. NewYork: John Wiley & Sons, 2000.
[108] 邱杨 , 胡光明 . 浅谈城市自行车专用道设置 [J]. 城市道桥与防洪 , 2006(03):3-5.
[109] 牛艳丽 . 公路客运交通枢纽换乘高效化对策研究 [D]. 重庆大学 , 2013.
[110] 贾文磊 , 张增刚 , 田贯三 , 等 . 天然气汽车加气站规划方法研究 [J]. 山东建筑大学学报 , 2011,26(4):387-391, 402.
[111] 秦焕美 , 关宏志 , 敖翔龙 , 等 . 停车换乘设施使用者调查 [J]. 城市交通 , 2012,10(1):80-83, 94.
[112] 雒妮 . 城市自行车与公共交通换乘研究 [D]. 西安 : 西安建筑科技大学交通运输规划与管理 , 2013.
[113] 郑祖武 , 李康 , 徐吉谦 . 现代城市交通 [M]. 北京 : 人民交通出版社 , 1995.
[114] 勇应辉 , 许博涵 , 张凤娥 . 城乡统筹的循环型城镇产业规划实施路径探索 : 城市时代，协同规划——2013 中国城市规划年会 , 中国山东青岛 , 2013[C].
[115] 王明远 ."循环经济" 概念辨析 [J]. 中国人口 . 资源与环境 , 2005(06):13-18.
[116] 张彤 . 绿色北欧——可持续发展的城市与建筑 [M]. 南京 : 东南大学出版社 , 2009.
[117] 向秋兰 , 蔡绍洪 . 循环产业集群的组织治理与区域构建 [J]. 广西社会科学 , 2010(01):47-51.
[118] 中国城市科学研究会 . 中国低碳生态城市发展报告 2011[M]. 北京 : 中国建筑工业出版社 , 2011.
[119] 曲炜 . 我国非常规水源开发利用存在的问题及对策 [J]. 水利经济 , 2011(03):60-63.
[120] 仇保兴 . 重建城市微循环——一个即将发生的大趋势 [J]. 城市发展研究 , 2011(05):1-13.
[121] 刘建中 . 浅析中国新能源产业的发展现状及传统能源行业的战略选择 [J]. 中国煤炭 , 2010(01):21-23.
[122] 黄梦华 . 中国可再生能源政策研究 [D]. 青岛大学 , 2011.
[123] 迟娜娜 . 城市灾害应急能力评价指标体系研究 [D]. 首都经济贸易大学 , 2006.
[124] 单卫国 . 全球天然气市场发展及趋势 [J]. 中国能源 , 2011(01):13-16.
[125] 何瑞琳 . 沼气让农民生活很 "低碳" [N]. 扬州日报 .
[126] 中国建筑科学研究院 , 江苏省建设厅科技发展中心 , 无锡市规划设计研究院 , 等 . 无锡太湖新城 • 国家低碳生态城示范区规划指标体系及实施导则（2010-2020）[R].2010.
[127] 仇保兴 . 兼顾理想与现实——中国低碳生态城市指标体系构建与实践示范初探 [M]. 北京 : 中国建筑工业出版社 , 2012.
[128] 李昀涛 . 广州市中心城区雨污分流改造的思路 [J]. 中国市政工程 , 2010(01):30-31.
[129] 仇保兴 . 城镇水环境的形势、挑战和对策 [J]. 给水排水动态 , 2005(6):1-4.
[130] Xiaoqingwa. 智能电网 [EB/OL]. http://baike.baidu.com/view/2222513.htm.
[131] 连红奎 , 李艳 , 束光阳子 , 等 . 我国工业余热回收利用技术综述 [J]. 节能技术 , 2011(02):123-128.
[132] 石德智 . 基于新型分类收集系统的生活垃圾焚烧过程污染物控制及其机理研究 [D]. 浙江大学 , 2009.
[133] 李亚光 . 关于城市雨水资源化利用中雨洪安全问题的研究 [D]. 兰州交通大学 , 2013.
[134] 马捷 , 锁利铭 . 区域水资源共享冲突的网络治理模式创新 [J]. 公共管理学报 , 2010(02):107-114.
[135] 姚美康 . 建筑中节水问题及措施的思考 [J]. 中国住宅设施 , 2009(2):24-25.
[136] 黄增辉 . 谈园林绿化设计中的节水措施 [J]. 农业与技术 , 2013(07):158.

[137] Augusto Pretner, Alessandro Bettin, Luz Sainz, 等 . 节水方法 : 市政管网中的渗漏控制 [J]. 中国建设信息 (水工业市场), 2007(12):57-59.
[138] 陈玲俐 , 李杰 . 供水管网渗漏分析研究 [J]. 地震工程与工程振动 , 2003(01):115-121.
[139] 孙瑛 , 殷克东 , 高祥辉 . 能源循环利用的制度安排与经济的和谐增长——基于政府的机制设计 [J]. 生态经济 (学术版), 2008(02):99-103.
[140] 祝书丰 , 郭永聪 , 刘芳 . 深圳市大型公共建筑能耗监测系统运行维护及检测数据案例分析 [J]. 暖通空调 , 2010(08):5-9.
[141] 黄楠楠 . 碳排放约束下我国能源利用效率的研究 [D]. 辽宁大学 , 2012.
[142] 宫萍 . 辽宁省发展能源循环产业模式的对策研究 [J]. 东方企业文化 , 2013(03):265.
[143] Ottmar E, Ramón P, Youba S, et al. Renewable Energy Sources and Climate Change Mitigation[R]. Cambridge: IPCC, 2011.
[144] Cities and Climate Change: An Urgent Agenda[R].The World Bank, 2010.
[145] Planning for Climate Change——A Strategic, Values-based Approach for Urban Planners[R].UN Habitat, 2014.
[146] PlaNYC 2030——A Greener, Greater New York[S]. 2007.
[147] King Country, Washington, Comprehensive Emergency Management Plan[S]. 2011.
[148] Climate Booklet for Urban Development：Indications for Urban Land-use Planning[S]. 2012.
[149] South East Queensland Climate Change Management Plan[S]. 2009.
[150] N V. Planning for Climate Change in Coastal Victoria[J]. Urban Policy and Research, 2009,27(2):157-169.
[151] 深圳市城市规划设计研究院 . 深圳国际低碳新城系列规划 [S]. 2014.
[152] 路正南 , 孙少美 . 城市低碳化可持续发展指标初探 [J]. 科技管理研究 , 2011(04):57-59.
[153] 武汉市国土资源和规划局 . 武汉城市风道规划 [S]. 2009.
[154] AECOM. 呼和浩特市东部新区概念规划 [S]. 2009.
[155] 王春辉 , 王冉昕 . 呼和浩特市地下水资源面临的问题与对策 [J]. 内蒙古环境保护 , 2000(01):44-45.
[156] 高娄辉 , 杨泽 . 水敏感城市设计在住区规划中的探索 [J]. 中华民居 , 2011(11):2-4.
[157] 赵晶 . 城市化背景下的可持续雨洪管理 [J]. 国际城市规划 , 2012(02):114-119.
[158] 刘家琳 . 基于雨洪管理的节约型园林绿地设计研究 [D]. 北京林业大学 , 2013.
[159] 王原 . 城市化区域气候变化脆弱性综合评价理论、方法与应用研究 [D]. 复旦大学 , 2010.
[160] Climate change assessment for Sorsogon,Philippines: a summary[R].UN Habitat, 2010.
[161] Defra. UK Climate Change Risk Assessment[R].2012.
[162] 叶祖达 . 碳排放量评估方法在低碳城市规划之应用 [J]. 现代城市研究 , 2009(11):20-26.
[163] 中国城市科学研究会 . 中国低碳生态城市发展报告 2010[M]. 北京 : 中国建筑工业出版社 , 2010.
[164] GLAESER E L, KAHN M E. Sprawl and Urban Growth[J]. Discussion Paper, 2003(2004).
[165] FONG W K M H H C. Energy consumption and carbon dioxide emission considerations in the urban planning process in Malaysia[J]. Journal of the Malaysian Institute of Planners, 2008,6:101-130.
[166] Condon P M, Cavens D, Miller N. Urban Planning Tools for Climate Change Mitigation[R].LINCOLN INSTITTE OF LAND POLICY, 2009.
[167] 张辉 . 气候环境影响下的城市热环境模拟研究——以武汉市汉正街中心城区热环境研究为例 [D]. 武汉 : 华中科技大学 , 2006.

本标准用词说明

1．表示很严格，非这样做不可的用词：
正面词采用“必须”，反面词采用“严禁”；
2．表示严格，在正常情况均应这样做的用词：
正面词采用“应”，反面词采用“不应”或“不得”；
3．表示允许稍有选择，在条件许可时首先应这样做的用词：
正面词采用“宜”，负面词采用“不宜”；
4．表示有选择，在一定条件下可以这样做的用词采用“可”。

参考标准名录

1. 《国民经济和社会发展第十二个五年规划纲要》
2. 《城市公共交通“十二五”发展规划纲要》
3. 《城市用地分类与规划建设用地标准》(GB 50137-2011)
4. 《防洪标准》(GB 50201-94)
5. 《城市防洪工程设计规范》(GB/T 50805-2012)
6. 《城市道路交通规划设计规范》(GB 50220-95)
7. 《绿色建筑评价标准》(GB 50378)
8. 《公共建筑节能设计标准》(GB 50189)
9. 《绿色建筑评价标准》(GB/T 50378)
10. 《城市规划编制办法(2006)》中华人民共和国建设部令第146号
11. 《城市用地竖向规划规范》(CJJ 83-99)
12. 《海港水文规范》(JTJ 213-98)
13. 《夏热冬冷地区居住建筑节能设计标准》(JGJ 134)
14. 《民用建筑能耗统计标准》(征求意见稿)
15. 《广东省城市控制性详细规划编制指引(2005)》
16. 《安徽省城市控制性详细规划编制规范(2005)》
17. 《江苏省城市停车设施规划导则(试行)》
18. 《上海市控制性详细规划技术准则(2011)》
19. 《重庆市都市区控制性详细规划编制技术规定(2011)》
20. 《2011深圳城市交通白皮书》
21. 中国国家发展计划委员会、国家经济贸易委员会、建设部和国家环保总局——《关于发展热电联产的规定》(2000)
22. 国家生态市区城市指标
23. 政府间气候变化专门委员会(IPCC)技术报告《可再生能源与减缓气候变化特别报告》
24. 政府间气候变化专门委员会(IPCC)技术报告《气候变化与水》(2008)

后 记

本书的主要研究成果是“十二五”国家科技支撑计划项目：“城镇低碳发展关键技术集成研究与示范”（编号 2011BAJ07B00）的子课题成果。该项目组织单位为中国建筑设计研究院。项目研究共分为 7 个课题，其中课题 1：“城镇低碳建设规划关键技术研究与示范”（编号 2011BAJ07B01）牵头研究单位为同济大学。该课题共分为 4 个子课题，其中子课题 1：“城镇低碳建设发展模式与应对气候变化规划技术研究”（编号：2011BAJ07B01-1）由华中科技大学课题组承担。本书上篇（理论篇）的主要内容即由该子课题“应对气候变化规划技术”部分研究成果编辑整理而成。本书上篇核心章节由华翔的博士论文（论文题目：应对气候变化的城市规划编制技术研究）构成，同时还编辑了本工作室硕士研究生周全、蔡志磊、周瑾、郭盛裕、宋友亮、姚杨洋等同学的硕士论文成果。该研究成果按照子课题负责人王晓鸣教授的总体要求，同时还编写了《应对气候变化的城市规划编制技术标准（立项稿）》，于 2014 年 6 月 25 日邀请了湖北省城乡规划设计研究院、深圳市城市规划设计研究院、宁波市城市规划设计研究院、山西省晋城市城乡规划设计研究院以及河北省保定市城市规划设计研究院的技术专家对该标准立项稿进行了咨询。这一成果也作为该项研究内容列于本书“附录”中。

本书下篇（实践篇）编辑了世界银行、联合国人居署等国际组织和美国、德国等发达国家应对气候变化的城市规划政策、行动计划与规划指引。精选了近年来国内外若干应对气候变化的城市规划应用技术与实践案例。其中，国外部分的相关文献与案例来源于相应研究机构的公共网站，由本工作室硕士研究生吴硕、郭紫薇、侯杰、张丽红、周晓然、许杨、程超、陈琦等进行翻译编辑，并在书中标注资料来源出处。国内部分的相关案例与文献来源于国内规划设计机构与大学研究所。其中“深圳国际低碳新城”案例由深圳市城市规划设计研究院提供；“武汉市风道规划”案例由武汉市国土资源与规划局城市规划编制与展览中心提供；“呼和浩特新区雨洪管理”案例由艾奕康环境规划设计（上海）有限公司提供部分资料；“武汉经济技术开发区碳排放审计”案例资料来源于叶祖达《低碳生态空间：跨维度规划的再思考》（大连理工大学出版社，2011）。

本书是国内第一部从城市规划的角度系统研究应对气候变化的城市规划技术与编制方法的著作。本书的出版首先要感谢中国建筑设计研究院、同济大学给予的项目和课题支持。感谢华中科技大学土木学院王晓鸣教授团队，建规学院潘宜副教授、陈宏、戴菲、黄亚平、耿虹、何依、陈锦富、万艳华教授，以及武汉市国土资源与规划局刘奇志副局长、李延新高工给予的大力支持和科研指导。感谢中国建筑工业出版社王玉容老师对本书出版的大力帮助。同时还要衷心感谢以上无偿提供规划实践案例与研究资料的国内外规划设计机构与科研院所。正是大家的无私奉献和共同努力才使中国的城市规划在应对气候变化方面能有些许的创新与行动。

洪亮平　于华中科技大学

2015 年 7 月 5 日